U0145706

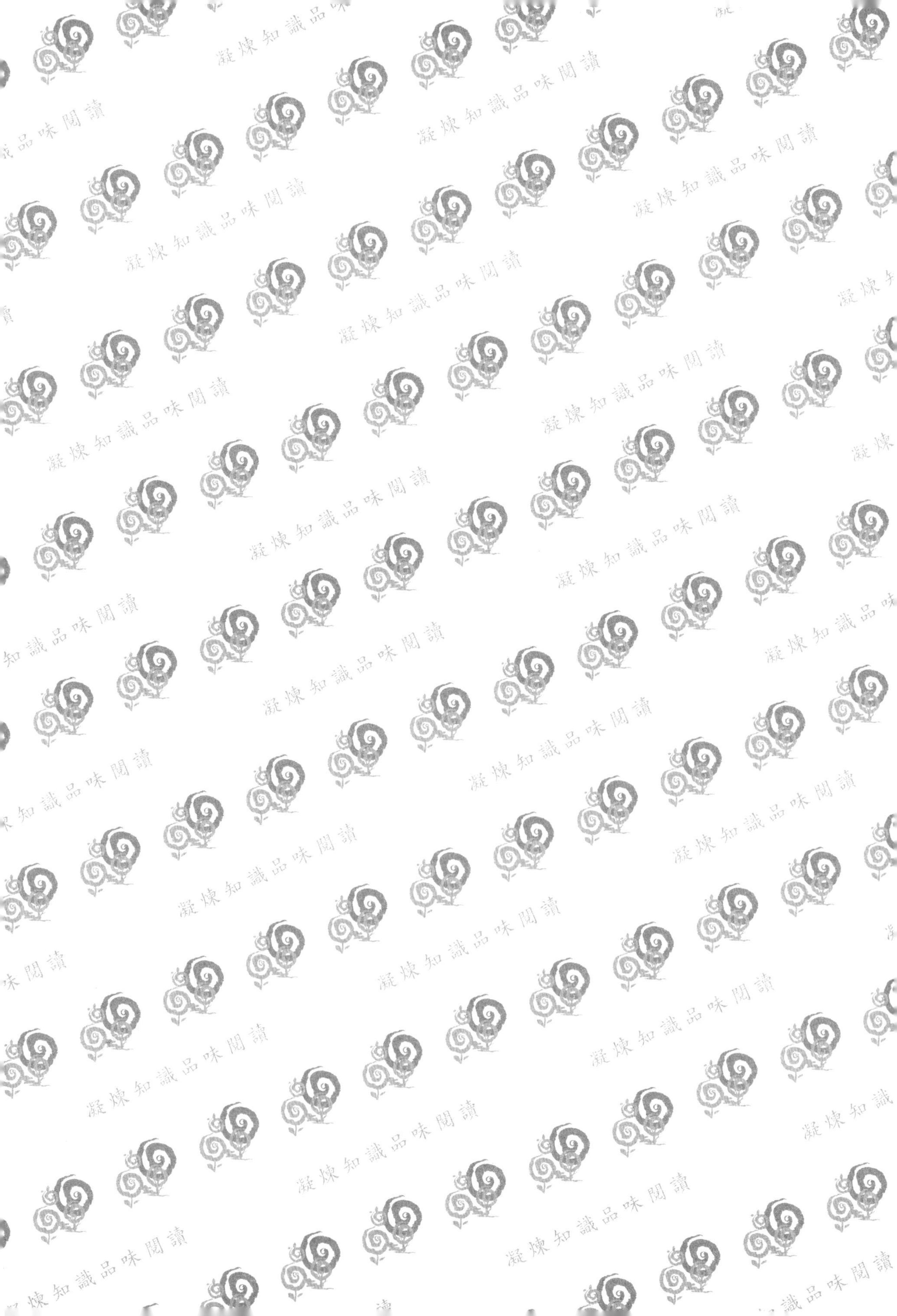
凝煉知識品味閱讀

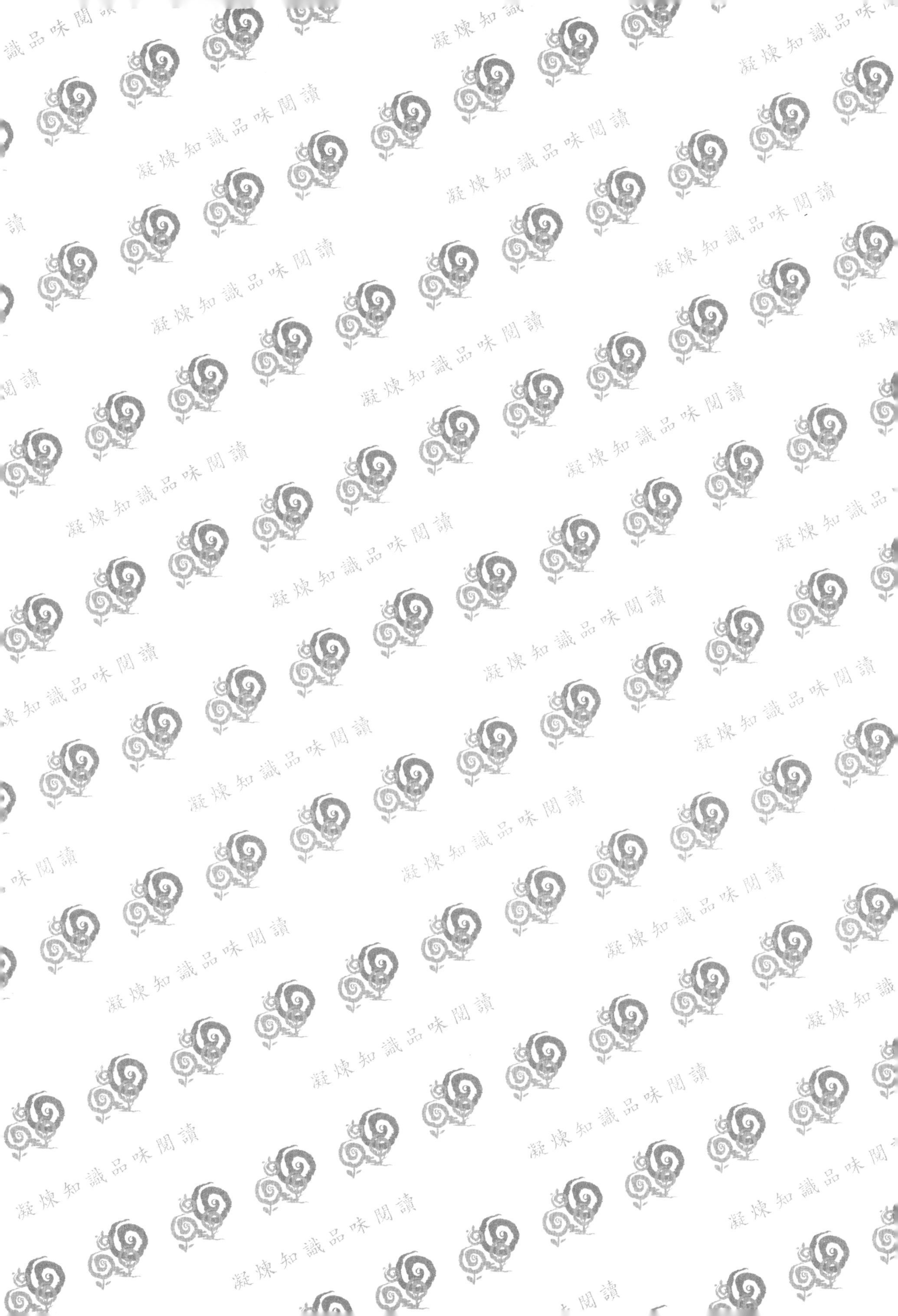

財金時間序列分析：使用R語言

林進益　著

五南圖書出版公司 印行

序言

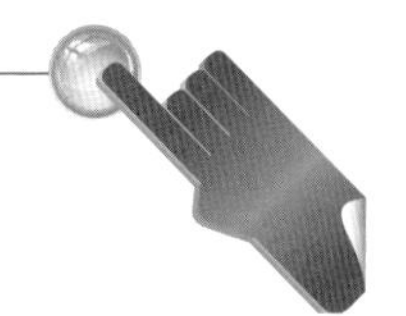

本書底下簡稱爲《財時》。「財金時間序列分析」（financial time series analysis）亦可稱爲「時間序列計量」（time series econometrics），其爲「時間序列分析」與「計量經濟學」的結合簡稱，而內容則較偏向於「財務金融計量經濟學」或計量經濟學內屬於時間序列分析部分；換句話說，《財時》可視爲筆者先前著作《財統》的延伸（可參考第 1 章的註 1）。《財統》的出現應該是筆者的一種新嘗試，原因就在於筆者並不滿意當初教授統計學的上課內容與方式。原本筆者打算寫一系列用 R 語言（底下簡稱 R）詮釋統計學或計量的書籍，不過《財數》與《衍商》二書的出現應純屬意外，即根據當初的構想，《財時》應該出現於《財統》之後。

《財時》的內容應該接近於例如 Hamilton（1994）、Mills 與 Markellos（2008）或 Neusser（2016）等書籍；可惜的是，後者大多只介紹理論部分而對於實際上的操作卻付之闕如。類似的情況亦容易出現在其他時間序列分析或計量經濟學等的專業書籍上。換言之，筆者應該頗早就有接觸計量經濟學等專業了，不過早期仍只局限於理論的探討；也就是說，筆者早期並不會操作計量經濟學或屬於實證的部分。初次接觸 Eviews2.0，大概只有幾個月的好奇與興奮，原因是若 Eviews 不會操作，筆者就不會了。是故，筆者開始嘗試學習程式語言。可惜的是，較深入的程式語言碼並不容易撰寫或不易找到；因此，因無法實際操作，故通常只能望「深入的書籍」興嘆了。其實，筆者心中難免埋怨：「爲何原作者不願意或忽略附上書內各內容的程式語言碼？其實，學習程式語言應該比專業的學習容易」。

或許是早期電腦的性能未能提升與普及，以致於例如上述專業的書籍大多沒有附上對應的電腦程式碼（筆者相信上述作者應該有使用電腦程式語言）；或者說，有可能因不想增加學習的困難度而作罷。此種做法若早在 20 或 30 年前或甚至於至目前，應該已經是司空見慣了；不過，若從現在來看，未來 20 或 30 年後的經濟或產業結構應該會有較大的突破或發展，電腦程式語言的撰寫應該已是一種趨勢了，即我們要先學會（電腦）程式語言後，機器才會寫程式語言（畢竟於人工智慧內，我們要教電腦寫程式），是故專業書籍的內容，的確也需要進一步突破。通常我們皆認爲會有人幫忙寫Eviews後讓我們操作，卻忽略了Eviews內的程式語言的撰寫者有可能就是我們。

《財時》一書仍是秉持著筆者先前著作的特性，即全書內只要有牽涉到例如讀取資料、計算、估計、模擬、製表或甚至於繪圖等動作，筆者皆有提供對應的 R 程式供讀者參考（全部程式碼皆置於隨書附上的光碟內）；換言之，《衍商》與《財時》二書倒是提供了一種當代專業書籍的模式之一，即若不使用光碟內的程式，二書與坊間的專業書籍並無不同，不過若讀者願意實際操作，二書卻可立即提供一些參考。現在於坊間已經有許多介紹R的書籍了，筆者當然不需要再錦上添花寫出類似的書籍，取代的是直接用 R 來應用；換言之，筆者的書籍大多集中於 R 在財金（經）專業上的應用。於《財數》與《財統》二書內，讀者於書內可以立即看到 R 的程式碼，因此上述二書可以當作 R 程式撰寫的基本練習之用。至於《衍商》與《財時》二書，對應的R程式碼卻附於光碟內，其目的自然是希望讀者事先能思考如何用R來操作。其實，讀者看到四本書的內容時，不妨先想看看，對應的 R 程式應如何撰寫？換句話說，四本書的確提供了一種撰寫 R 程式的方式；當然，筆者提供的指令僅供參考，讀者應該可以寫出更好的程式。

爲何筆者會有撰寫上述書籍的動機？其理由可有：

(1) 目前的學習環境已非過去可比擬，試著於 Google 內輸入 “Monte Carlo in r”、“bootstrapping in r”、或 “time series in r” 等字，自然可以得到相當多相關的資訊，其中不乏許多對應的 R 程式；換句話說，程式語言如 R 的學習已並非遙不可及。事實上，筆者於撰寫過程中，只要有一些觀念不能確定或 R 的語法不熟悉，亦是利用 Google 得到答案。因此，利用 R 來學習專業，應該不是一件新鮮的事。
(2) 如前所述，財金（經）專業書籍通常皆不會提供完整的程式語言，若有提供，應該也只是部分而已；因此，閱讀上述書籍最讓人頭疼且費時的部分，竟然就是不知如何實際操作。
(3) 筆者就是希望理論與實際能整合，即筆者的書籍相當於多本書籍的結合。
(4) 按照目前的學習方式，我們仍不擅長用「電腦的模擬或計算」來當作理論或數學推導的輔助工具，因此讀者若是學生，應該還不習慣程式語言的撰寫，不過筆者還是認爲除了外國語言之外，程式語言是最值得學習的科目之一；換言之，筆者倒是希望未來經常能於圖書館、咖啡或速食店內，看到讀者坐在筆電前思考如何撰寫程式的模樣。
(5) 筆者原本就使用 R 來撰寫上述專業書籍，故 R 程式的提供只不過是「舉手之勞」而已；或者說，若沒有置於各書內，未來反而容易遺失，未免有點可惜。有些時候，我們的確會忘記當初的構想。因此，讀者倒是可以回顧何種情況的 R 程式似曾相識，故筆者的書籍或許可以當作「財金 R 程式撰寫的參考」，即書內的程式內容或許可以提供一些啓發。

(6) 財金專業的學習者其實只要多練習或訓練，亦可能以程式語言當作思考或做決策的輔助工具。

(7) 財金專業程式語言碼未必不能由我們提供；換言之，熟悉程式語言的確較具優勢，即我們多了一項技能。

(8) 透過程式語言，專業的學習反而較爲容易；或者說，透過專業的學習，反而較爲容易學習寫程式語言。

(9) 就筆者而言，目前財金（經）專業書籍的內容仍「大同小異」，而若筆者要來重新詮釋，的確需要寫出不同「興味」的內容，此大概有些意義吧！

(10) 學寫程式語言若毫無頭緒，可從讀者的所能接觸的部分著手，筆者上述的書籍不就是如此嗎？等到熟悉程式語言的邏輯與語法後，再往外擴充或延伸。

現在我們來檢視《財時》。筆者於撰寫《財時》時，倒有下列的感想（其或許可視爲本書的特色）：

(1) 或許讀者亦可以使用 Eviews 操作書上的內容，不過應僅局限於部分。

(2) 於時間序列分析內，蒙地卡羅模擬方法、拔靴法與貝氏計量法應是皆屬於需要密集使用電腦的模擬方法。由於不習慣程式語言，故上述三種方法，我們並不熟悉。《財時》及時彌補了此一缺口，即於《財時》內，我們有介紹並使用上述方法。

(3) 我們已經利用 R 幫我們思考統計學、經濟數學、財務數學與衍生性商品等專業，如今《財時》亦提醒我們可以用 R 來學習或思考時間序列分析與計量經濟學；因此，筆者認爲財金專業的學習者應考慮至少學習一種電腦語言，如 R 或其他語言當作輔助工具，只是對應的程式未必容易撰寫。

(4) 因 R 是一種免費的軟體且網路上有提供程式套件的使用，可惜上述程式套件撰寫的「規格」並未標準化，即於《財時》內，筆者有時需要修改程式套件的程式內容方能爲我們所用；換言之，於《財時》內可看出若要深入檢視，單獨只使用 R 的程式套件是不夠的。

(5) 如同前述有關於 Eviews 限制的描述，目前仍缺乏完整 R 的程式套件，故讀者仍須學習 R 程式的撰寫；或者說，特殊事件或情況的出現，也許需要我們用 R 來模擬、估計、計算或甚至於繪圖，因此不能完全只依賴 R 的程式套件。

(6) 嚴格來說，時間序列計量專業學習的困難度或門檻並不低。通常，我們不容易瞭解上述專業的內容涵義，此時若有程式語言當作輔助，有時卻可透過後者瞭解前者；同理，專業程式語言亦不容易接近，而我們卻可透過書上的內容瞭解上述電腦程式語言的意思，因此筆者頗贊成二者應同時使用，相輔相成。換句話說，若讀者認眞學習《財時》，應該會有事半功倍的感覺。

(7) 若《財時》沒有附上對應的 R 指令，即使讀者能看懂書內的意思，不是仍有些遺憾嗎？即讀者未必會實際操作。《財時》就是希望彌補此遺憾。

(8)《財時》內仍附有習題練習，不過其大多只用於「提示或複習」，故應該不會增加額外負擔；換言之，筆者倒希望多一些文字上的解釋或說明，如此反而容易撰寫程式語言。

基本上，《財時》是統計學的延伸，雖說書名有「財金」二字，但讀者未必需要具備財金的專業知識；或者說，由於已經用電腦程式取代，故《財時》相當於只是用統計學來檢視財金時間序列資料而已，因此《財時》的門檻反而降低了。雖然，所附的光碟內有「密密麻麻」的程式碼，不過讀者只要先學會如何找出並執行對應的程式碼就可以了（表示已經可以操作了），因此倒不迫切需要知道上述程式碼如何撰寫，有空或有興趣再研究即可；同理，筆者上述其餘的書籍尤其是《衍商》，不是可以用相同的方式看待嗎？於所附的光碟內有筆者撰寫 R 程式的經驗之談（其亦附於五南本書的官網上），讀者倒是可以參考看看。

《財時》適合用於商科大學部高年級或研究所的「時間序列分析」、「計量經濟學」或「應用統計」等課程；不過，若搭配書內的附錄，該書倒也適合非商科背景而對財金時間序列分析有興趣的讀者自修之用。《財時》全書可以分成 8 章。第 1～2 章先整理出有關於迴歸模型的基本觀念，其中包括拔靴法的介紹。第 3～4 章介紹時間序列分析內的基本模型：*ARMA* 與 *ARIMA* 模型。第 5 章介紹及應用頻譜分析。嚴格來說，第 5 章的內容並不容易吸收，不過透過 R 等程式語言的應用，反倒讓我們發現一個可以學習的途徑。第 6 章除了比較定態與非定態隨機過程變數的統計特徵差異外，同時也比較了傳統與有效的單根檢定方法。第 7 章是有關於「傳統的」*VAR* 模型的詮釋，而第 8 章則介紹貝氏 VAR 模型，其中包括 Gibbs 抽樣方法的應用。當然，財金時間序列分析專業的範圍並不局限於此，筆者未來應會集中於其餘部分。

不少同業（包括出版社、學生或教師）認爲筆者先前的書籍因內容過多反而不易親近（而筆者當初反倒認爲筆者的書籍是物超所值），筆者認爲此乃因筆者嘗試改變目前的學習生態所造成的不適應或短期間無法接受。或者說，若讀者是在學學生，也許讀者並沒有較多的時間閱讀或練習，畢竟學校內部與外面的許多考試未必贊同筆者的想法，也許「大家」還是認爲目前（要）財金（經）學生學習程式語言仍是一件「不可思議」的事。不過，筆者還是認爲此種「熟悉程式語言」的趨勢應該已經是遲早的事。雖說如此，《財時》（或未來筆者的書籍）仍接受上述「同業」的建議；換言之，《財時》不僅已大幅縮小書內的範圍，同時亦減少書的厚度（即將原本書內與各章的附錄皆置於光碟內），希望透過此種方式更能提高讀者的學習意願。

回顧過去的學習過程，由於不知如何實際操作，筆者發現我們著實用太多時間於理論方面的檢視與探討，也許是期待 Eviews 能幫我們解決實證部分，又或是認爲我們無法或不需要學習電腦語言，以致於一直裹足不前。其實，讀者若 3 年前看到《財統》後就認眞學習，至目前應該已經有 3 年的 R 實力了。我們仍需要告訴電腦：「它要幫我們做什麼？」；換言之，每當我們有接觸到新的觀念或想法時，也許我們會思考電腦是否可以幫忙，只是應如何表達或說明，電腦才知道我們的意思？電腦語言（的學習）的確非常重要。

隨書仍附上兒子的作品，同時感謝內人的逐字校正。筆者才疏識淺，倉促成書，錯誤難免，望各界先進指正。筆者個人的簡易網頁爲 c12yih.webnode.tw，內有筆者的現況與未來的規劃，有興趣的讀者可以參考看看。

林進益

寫於屛東涼山

2020/2/7

Contents

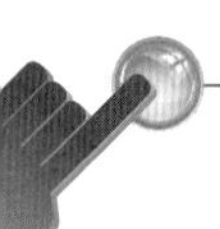

Chapter 1 迴歸模型(一)

顧名思義，時間序列計量是計量經濟學（econometrics）內有關於時間序列分析部分；也就是說，時間序列計量就是用計量經濟學的觀念或方法來檢視時間序列的變數或資料。計量經濟學的核心是迴歸模型（regression models），即計量學者經常使用不同的資料，以估計許多不同的統計模型，而這些統計模型的特色，大概皆會牽涉到迴歸模型或與其相關模型的應用。因此，無法避免地，時間序列計量亦以迴歸分析爲基礎，故於本章與第 2 章，我們將介紹或複習迴歸模型，因此本章的內容是《財統》的延伸，不熟悉的讀者，可以隨時參考或翻閱[①]。

如本書的序言所述，由於早期電腦資訊的不普及或電腦性能的無法提升，以致於許多專業上的模擬方法並不容易出現在專業書內，故我們反而對於模擬方法並不熟悉；不過，於計量經濟學內，蒙地卡羅模擬方法以及拔靴法（bootstrapping）的重要性是不容忽視的，因此第 2 章的第二部分將簡單介紹拔靴法以及該方法於迴歸模型上的應用。其實，於《財統》內，我們早就在使用上述二種模擬方法了，只是當初我們並未詳細地介紹上述二種方法，故於本章與第 2 章，我們倒是可以比較上述二種模擬方法的異同。讀者應該可以發現使用電腦語言如 R 語言（底下簡稱 R）的最顯著優點，就是我們不僅可以見識到模擬方法的威力，同時亦可以模擬方法取代繁瑣的數學推導或證明。

爲了能深入檢視與節省空間，無可避免地，本書會使用向量與矩陣觀念，尤其

---

① 筆者的另外三本著作分別爲《財金統計學：使用 R 語言》，簡稱爲《財統》；《經濟與財務數學：使用 R 語言》，簡稱爲《財數》以及《衍生性金融商品：使用 R 語言》，簡稱爲《衍商》，三本皆爲五南出版。

是矩陣代數（matrix algebra）的操作[②]；還好，我們已經用 R 當作輔助工具了，複雜的數學模型或矩陣代數操作，讀者可以利用 R 來模擬或計算，因此應可以降低學習的困難度；或者說，許多專業的學習，機器（電腦）語言的使用是不可欠缺的。

1. 迴歸模型的意義

我們先來檢視迴歸模型。一種線性的複迴歸模型可以寫成：

$$\mathbf{y} = \mathbf{X}\beta + \mathbf{u} \tag{1-1}$$

其中 $\mathbf{y}$ 與 $\mathbf{u}$ 皆是一個 $n \times 1$ 向量，而 $\mathbf{X}$ 與 β 分別是一個 $n \times k$ 矩陣以及 $k \times 1$ 向量；換言之，$\mathbf{y}$、$\mathbf{X}$、β 與 $\mathbf{u}$ 分別可寫成：

$$\mathbf{y} = \begin{bmatrix} y_1 \\ y_2 \\ \vdots \\ y_n \end{bmatrix}、\mathbf{u} = \begin{bmatrix} u_1 \\ u_2 \\ \vdots \\ u_n \end{bmatrix}、\mathbf{X} = \begin{bmatrix} x_{11} & x_{12} & \cdots & x_{1k} \\ x_{21} & x_{22} & \cdots & x_{2k} \\ \vdots & \vdots & \vdots & \vdots \\ x_{n1} & x_{n2} & \cdots & x_{nk} \end{bmatrix} \text{以及 } \beta = \begin{bmatrix} \beta_1 \\ \beta_2 \\ \vdots \\ \beta_k \end{bmatrix}$$

其中 $\mathbf{X}$ 內的 x_{ij} 元素表示第 j 個迴歸因子的第 i 個觀察值，而 $i = 1, 2, \cdots, n$ 以及 $j = 1, 2, \cdots, k$。有些時候，爲了分析方便起見，我們亦可以使用矩陣的分割，即：

$$\mathbf{X} = \begin{bmatrix} \mathbf{X}_1 \\ \mathbf{X}_2 \\ \vdots \\ \mathbf{X}_n \end{bmatrix} = [\mathbf{x}_1, \mathbf{x}_2, \cdots, \mathbf{x}_k] \tag{1-2}$$

其中 $\mathbf{X}_i$ 與 $\mathbf{x}_j$ 分別表示 $\mathbf{X}$ 矩陣的第 i 列向量與第 j 行向量。是故，利用（1-2）式，（1-1）式亦可改寫成：

$$y_i = \mathbf{X}_i\beta + u_i = \sum_{j=1}^{k} \beta_j x_{ij} + u_i,\ i = 1, 2, \cdots, n \tag{1-3}$$

② 可以參考本書的附錄（置於光碟內）。

因此，熟悉的簡單線性迴歸模型，相當於令 $k = 2$ 而可寫成：

$$y = \beta_1 + \beta_2 x + u \qquad (1\text{-}4)$$

其中 y 與 x 是二個隨機變數[3]，其並不是以向量或矩陣的型態表示。比較（1-1）與（1-4）二式，應會發現有包括常數項的迴歸模型相當於令 $\mathbf{x}_1 = \iota$，其中 ι 爲一個元素皆爲 1 的 $n \times 1$ 向量。

讀者應該已經知道迴歸模型的用處，即（1-1）式內的 $\mathbf{y}$ 可以有下列的名稱：因變數（dependent variable）、被解釋變數（explained variable）、目標變數、反應變數或迴歸值（regressand）；相同地，（1-1）式內的 $\mathbf{X}$ 亦可以有下列的名稱：自變數（independent variable）、解釋變數（explanatory variable）、預測變數、控制變數或迴歸因子（regressor）等。因此，從上述 $\mathbf{y}$ 與 $\mathbf{X}$ 的稱呼，不難看出迴歸模型究竟可以用於何處。

於經濟學內，倒是用另外一種名稱來表示 $\mathbf{y}$ 與 $\mathbf{X}$，前者稱爲內生變數（endogenous variables）而後者則稱爲外生變數（exogenous variables）。我們先舉一個簡單的例子說明。考慮一個簡單的供需模型：

$$p_t = \alpha_1 + \alpha_2 q_t + u_{t,D} \qquad (1\text{-}5)$$

與

$$q_t = \beta_1 + \beta_2 q_{t-1} + u_{t,S} \qquad (1\text{-}6)$$

類似於（1-4）式，（1-5）與（1-6）二式可說是（1-1）式的簡化版，即 $k = 2$ 與令 $i = t$ 表示時間。顯然，需求曲線如（1-5）式並無法用迴歸模型估計，或者說利用（1-5）式估計出來的結果的確讓我們產生困擾，因爲我們竟無法分別出其究竟屬於供給抑或是需求曲線。利用內生變數與外生變數的觀念，我們不難解釋上述估計

[3] 原本筆者打算用大寫 Y 表示隨機變數，故（1-4）式亦可寫成 $Y = \beta_1 + \beta_2 X + U$，不過因如此表示方式看起來「怪怪的」而作罷。其實筆者認爲只要事先說明或定義清楚，用何種方式表示應該不重要。因此，底下有些時候稱 y 是一種隨機變數，而稱 y_t 爲 y 的實現值，但是有時又會稱 y_t 是另一種隨機變數，希望沒有帶給讀者困擾。因此，若有一組 y_t 與 x_t 的樣本資料，（1-4）式可再寫成 $y_t = \beta_1 + \beta_2 x_t + u_t$，其中 $t = 1, 2, \cdots, n$。

結果是無意義的。換言之，p_t（價格）與 q_t（交易量）於供需模型內皆是屬於內生變數，套用計量經濟學的術語，（1-5）式並無法認定（unidentified）；不過，若將（1-6）式代入（1-5）式內，可得：

$$p_t = \lambda_1 + \lambda_2 p_{t-1} + u_{t,\lambda} \qquad (1\text{-}7)$$

明顯地，（1-7）式可用於描述某產品價格隨時間經過的動態調整過程，即若估計（1-7）式，其估計結果是可以解釋的。

另外再舉一個例子。思考 CAPM 的方程式如：

$$\left(r_t^i - r_f\right) = \beta_{1,i} + \beta_{2,i}\left(r_t^M - r_f\right) + u_{i,t}\text{，}u_{i,t} \sim NID(0, \sigma_i^2) \qquad (1\text{-}8)$$

其中 $\left(r_t^i - r_f\right)$ 與 $\left(r_t^M - r_f\right)$ 分別表示第 i 種資產與市場的超額報酬率（r^i、r^M 與 r_f 分別表示第 i 種資產必要報酬率、市場報酬率與無風險利率），而 $NID(\cdot)$ 表示獨立且相同的常態分配。根據例如 Luenberger（1998）可知，（1-8）式是屬於單一因子模型（single-factor model），其可用於簡化資產組合內報酬率的共變異數結構。換言之，一個由 n 種資產所組成的資產組合，若使用平均數—變異數方法（mean-variance approach），其將需要計算 $2n + n(n-1)/2$ 個參數；但是，CAPM 如（1-8）式若是一個可被接受的模型，上述資產組合卻只需要計算 $3n + 2$ 個參數[4]。我們已經知道透過因子模型可將第 i 種資產的風險拆成系統風險與非系統風險二部分，其中後者可用 σ_i 表示；理所當然，當 n 愈大，σ_i 會愈接近 0，但是系統風險卻無法降低。

上述例子說明了迴歸模型如（1-1）式的使用，其實是透過一連串的縮減過程（reduction process）。上述簡化過程並不難理解。假定現在有三種隨機變數 x_t、y_t 與 z_t，而若以統計學的觀念思考，上述三種隨機變數的聯合 PDF 可寫成 $D(\cdot)$。假定我們有興趣想要瞭解 y_t，為了取得有關於 y_t 的資訊，透過直覺或經濟與財務理論，首先當然先除去與 y_t 無關的變數，故此相當於欲估計：

$$D(y_t, x_t \mid \mathbf{y}_{t-1}, \mathbf{x}_{t-1}; \beta^*) = D(y_t, x_t, z_t \mid \mathbf{y}_{t-1}, \mathbf{x}_{t-1}, \mathbf{z}_{t-1}; \theta) \qquad (1\text{-}9)$$

---

[4] 例如：由 1,000 個資產所構成的資產組合，使用平均數 - 變異數方法將需要計算 501,500 個參數，而若使用單一因子模型如 CAPM，卻只要計算 3,002 個參數。

其中參數向量 $\beta^* \subseteq \theta$。於（1-9）式內，我們是假定 z_t 與 y_t 毫不相關[5]，因此上述聯合 PDF 的維度（dimensions）減少了。值得注意的是，此時聯合 PDF 是以條件 PDF 的型態表示，即我們是以 $\mathbf{y}_{t-1}$ 與 $\mathbf{x}_{t-1}$ 爲已知的情況下來檢視聯合 PDF；換言之，考慮 t 期的 y_t 預期，而我們只擁有至 $t-1$ 期的資訊，此相當於今日（$t-1$ 期）欲預期明日（t 期）的股價。

透過聯合機率分配等於條件機率分配乘上邊際機率分配的結果，（1-9）式可再縮減成：

$$D(y_t, x_t \mid \mathbf{y}_{t-1}, \mathbf{x}_{t-1}; \beta^*) = D(y_t \mid x_t, \mathbf{y}_{t-1}, \mathbf{x}_{t-1}, \mathbf{z}_{t-1}; \beta) D(x_t \mid \mathbf{y}_{t-1}, \mathbf{x}_{t-1}; \beta^1) \tag{1-10}$$

其中參數向量 $\beta^* = (\beta, \beta^1)$。因我們所關心的標的是 y_t，或是 y_t 的 PDF，故於（1-10）式，條件 PDF 如 $D(y_t \mid x_t, \mathbf{y}_{t-1}, \mathbf{x}_{t-1}, \mathbf{z}_{t-1}; \beta)$ 反而是我們有興趣想要知道的部分，而邊際 PDF 如 $D(x_t \mid \mathbf{y}_{t-1}, \mathbf{x}_{t-1}; \beta^1)$ 部分則幾乎可以省略。我們從 CAPM 的方程式如（1-8）式亦可看出端倪，即市場超額報酬率如 $\left(r_t^M - r_f\right)$ 是如何產生的並不是我們注意的重點，反而是第 i 種資產的超額報酬率如 $\left(r_t^i - r_f\right)$ 的產生過程才是我們所關心的部分。

總結上述所述，我們可以整理出有關於迴歸模型如（1-1）式具有下列的涵義：

(1) 迴歸分析最主要是在描述因變數 **y** 與若干自變數 **X** 之間的關係，通常我們會認爲 **X** 的變動會影響 **y** 的變動；因此，**y** 亦可稱爲被解釋變數，而 **X** 則稱爲 **y** 的解釋變數。面對隨機的（不確定的）環境，實際的 **y** 與 **X** 之間的關係當然不是那麼的明確；是故，迴歸模型或分析是將 **y** 拆成「系統成分」與「非系統成分」二部分，前者是以 **y** 之預期值（expected value）表示，而後者則以一個誤差項 **u** 表示。直覺而言，當我們發現到「實際值」與「預期值」有差異時，該差異就是 **u**，故 **u** 相當於表示「出乎意料之外」的成分。因此，簡單來說，迴歸分析是說明如何透過統計方法將 **y** 拆成「預期值」與「非預期值」二部分[6]。財金迴歸分析就是希望透過財務或經濟理論找 **y** 出 **X** 與之間的（迴歸）函數，其中

[5] 當然我們不會用所有的變數來解釋或估計所關心的變數。例如：我們不會使用醬油的價格來預測台積電的股價。

[6] 直覺而言，系統成分應該是有軌跡脈絡可循，而非系統成分則指無軌跡脈絡可循的部分，故誤差項 **u** 相當於在描述「雜亂無章」的成分；換言之，**u** 亦可稱爲 **y** 之干擾項（disturbances）或「外在的衝擊」（innovations or shocks），以表示對於 **y** 的未知部分。

該函數是透過未知的參數 β 來表示 **y** 與 **X** 之間的關係。

(2) 於經濟或財務學內，爲了說明起見，簡單的模型如（1-4）式倒是容易見到。若假定 t 爲時間如年，則 y_t 可以表示第 t 年的所有家庭的消費支出，而 x_t 則可以表示同年度所有家庭的可支配所得；也就是說，（1-4）式就是基本的總體經濟學內的消費函數。若忽略誤差項，則 β_2 可以稱爲邊際消費傾向（MPC），而 β_1 則稱爲自發性（autonomous）消費支出。如同許多表示經濟理論的計量模型，於我們的例子內，參數值可以直接用經濟理論解釋，但消費與所得「變數」，正如同「變數」的意思，每年的消費與所得皆不相同，不過二個參數值 β_1 與 β_2 卻皆相同。

(3) 模型化（1-1）式的目的，就是想要說明因變數的觀察值 **y** 可以藉由自變數的觀察值「解釋或表示」。按照（1-1）式，線性函數部分即 $\mathbf{X}\beta$，可以稱爲迴歸函數（regression function）。若沒有進一步針對誤差項 **u** 做「假定或說明」，單獨只看迴歸函數，的確沒有提供什麼額外資訊；另一方面，我們也從迴歸函數內看不到「不確定性」，雖說也可以讓參數值即 β「變動」，不過此舉只會使模型更複雜。

(4) 因此，爲了讓（1-1）式「有意義」，我們必須進一步做一些假定，特別是針對誤差項部分。倘若誤差項只包括會影響因變數的其他自變數，則情況並未改善多少；因此，誤差項應該有一個部分能代表「不確定性」或「無知」（ignorance）[7]，統計學如何處理上述情況，答案就是將誤差項視爲一個隨機變數。

(5) 除了將誤差項視爲一個隨機變數之外，從事前來看，因變數與自變數 **y** 與 **X** 亦分別皆可以視爲一個隨機變數（畢竟事前皆不知其值爲何）；因此，若以此觀點來看，（1-1）式就是一個統計模型。

(6) 於時間序列計量分析內，如前所述，我們所關心的是 $D(\mathbf{y}\mid\cdot)$，於底下的分析中，我們可以看出「弱外生性」（weak exogeneity）的觀念相當重要。

(7) 針對（1-1）式，通常我們會抽取一組樣本（樣本數爲 n），此樣本內有 y 與 k 種 x 的觀察值（或稱爲實現值），寫成 y_t 與 x_{tj}，其中 $t = 1, \cdots, n$ 與 $j = 1, \cdots, k$；不過，因 y_t 與 x_{tj} 有可能屬於例如恆常消費與恆常所得等「理論上（隨機）變數」，故眞實的 y_t 與 x_{tj} 值未必可以觀察到。

也許我們仍不習慣以矩陣表示的迴歸模型，不過因（1-4）式是（1-1）式的一個特

[7] 此處「無知」可以包括出乎意料之外的衝擊。

例，故上述涵義亦可透過（1-4）式瞭解。

至於（1-4）式的意義，我們倒是可以透過一種二元變量常態機率分配，進一步瞭解其意義；換言之，於二元變量連續機率分配內，常態分配仍是一個最重要的分配，其 PDF 可寫成：

$$f(y,x)=\frac{(1-\rho)^{-1/2}}{2\pi\sqrt{\sigma_{11}\sigma_{22}}}\exp\left\{-\frac{1}{2(1-\rho^2)}\left[\left(\frac{y-\mu_y}{\sqrt{\sigma_{11}}}\right)^2-2\rho\left(\frac{y-\mu_y}{\sqrt{\sigma_{11}}}\right)\left(\frac{x-\mu_x}{\sqrt{\sigma_{22}}}\right)+\left(\frac{x-\mu_x}{\sqrt{\sigma_{22}}}\right)^2\right]\right\} \tag{1-11}$$

其中隨機變數 y 的平均數與變異數分別爲 μ_y 與 σ_{yy} 以及隨機變數 x 的平均數與變異數分別爲 μ_x 與 σ_{xx}；其次，$\rho=\dfrac{\sigma_{yx}}{\sqrt{\sigma_{yy}}\sqrt{\sigma_{xx}}}$ 表示 y 與 x 的相關係數（σ_{yx} 爲共變異數）。令 $\sigma_{yx}=2$ 與 $\sigma_{yy}=\sigma_{xx}=3$（$\rho$ 約爲 0.67），圖 1-1 繪製出 μ_y 與 μ_x 皆爲 0 的二元變量常態分配的 PDF，可以參考所附的 R 程式。於圖內可看出二元變量常態分配仍屬於「鐘形」的型態，當然由上述 $f(y, x)$ 的定義可看出其總共有 5 種參數可以左右該分配之位置、離散以及方向（圖內爲西南 - 東北走向）。

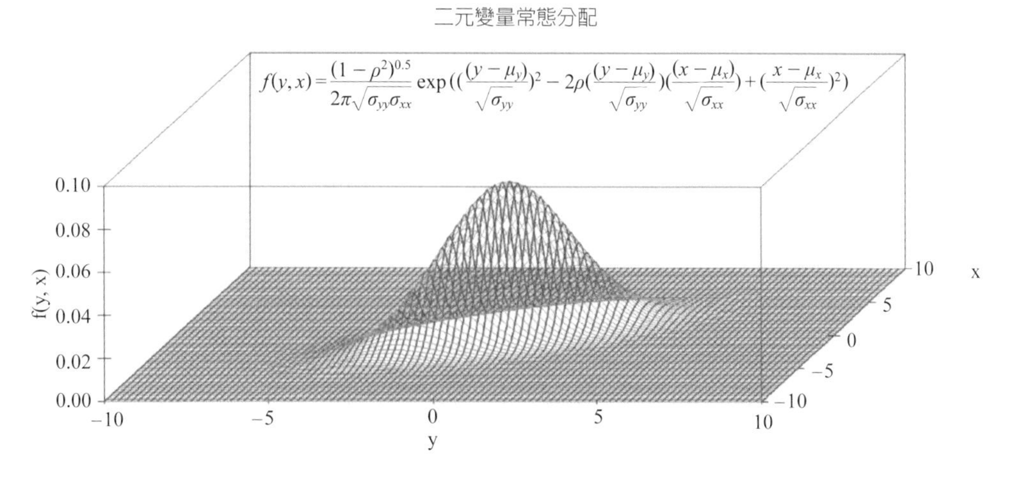

圖 1-1　二元變量常態分配之 PDF

若令 $\mu_y=\mu_x=0$ 與 $\sigma_{yy}=\sigma_{xx}=1$，則二元變量常態分配變成二元變量標準常態分配，其 PDF 可寫成：

$$f(y,x)=\frac{(1-\rho)^{-1/2}}{2\pi}\exp\left[-\frac{1}{2(1-\rho^2)}\left(y^2-2\rho yx+x^2\right)\right]$$

從（1-11）式自然可以推導出對應的邊際分配，只不過其推導過程稍嫌複雜，不宜在此介紹，但是其結論卻是有用的，即：

$$f(y)=\int_{-\infty}^{\infty}f(y,x)dx=\frac{1}{\sqrt{2\pi}}e^{-\frac{1}{2}y^2} \text{ 以及 } f(x)=\int_{-\infty}^{\infty}f(y,x)dy=\frac{1}{\sqrt{2\pi}}e^{-\frac{1}{2}x^2}$$

換言之，二元變量標準常態分配的邊際分配皆屬於標準常態分配。

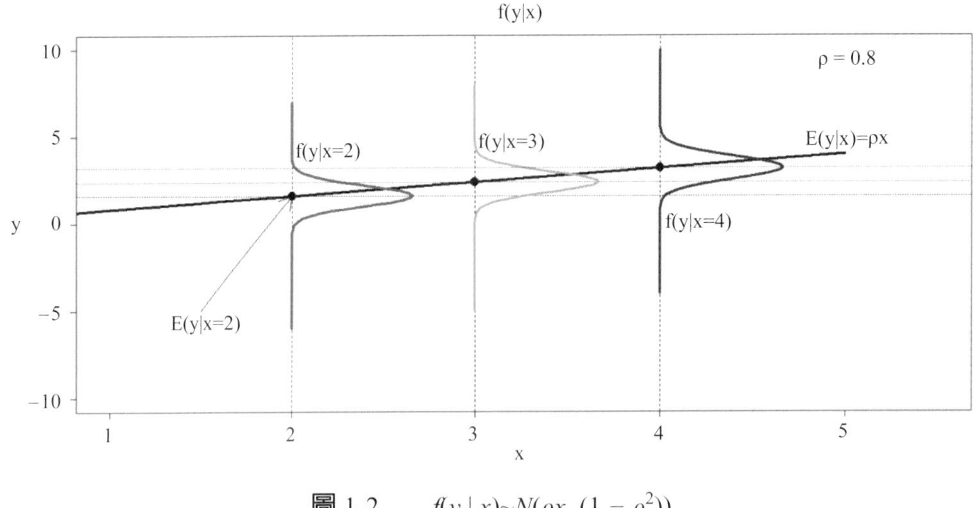

圖 1-2　$f(y\mid x)\sim N(\rho x,(1-\rho^2))$

上述結果提醒我們，若 $f(y, x)$ 屬於一個二元變量（標準）常態分配，則其邊際分配 $f(y)$ 與 $f(x)$ 亦屬於（標準）常態分配。是故，於 x 的條件下，y 的條件 PDF 可寫成：

$$f(y\mid x)=\frac{f(x,y)}{f(x)}=\frac{(1-\rho^2)^{-1/2}}{\sqrt{2\pi}}\exp\left[-\frac{1}{(1-\rho^2)}(y-\rho x)^2\right]$$

上式倒是不難導出，讀者可以試試。若檢視上式，應該可以發現 $f(y\mid x)$ 竟是平均數與變異數分別爲 ρx 與 $(1-\rho^2)$ 的常態分配，寫成：

$$f(y\mid x)\sim N(\rho x,(1-\rho^2)) \tag{1-12}$$

（1-12）式的結果是有意義的，因為 $f(y \mid x)$ 竟會隨著不同的 x 值而移動，可以參考圖 1-2。於該圖內可以看出 $f(y \mid x)$ 具有下列特色：

(1) $E(y \mid x)$ 是 x 的函數，即若 $\rho > 0$，y 與 x 之間呈正關係；相反地，若 $\rho < 0$，則 y 與 x 之間呈負關係。
(2) 若 $\rho = 0$，$f(y \mid x)$ 並不會隨著不同的 x 值而移動，因 x 與 y 皆為常態分配的隨機變數，但是二者並不相關，隱含著 x 與 y 之間相互獨立。
(3) 若 $\rho \neq 0$，$f(y \mid x)$ 的變異數與 ρ 之間呈現負的關係；有意思的是，當時 $\rho = 0$，x 並不會影響 y 的變異數，不過若 $\rho \neq 0$，隨著 ρ 值（絕對值）的提高，$f(y \mid x)$ 的變異數卻會下降，隱含著 x 有解釋 y 變異的能力。

習題

(1) 試利用簡單迴歸模型如（1-4）式解釋（A1-11）式。提示：

若以 OLS 估計（1-4）式，可得 $b_1 = \bar{y} - b_2\bar{x}$ 與 $b_2 = \dfrac{\sum_{i=1}^{n}(x_i - \bar{x})(y_i - \bar{y})}{\sum_{i=1}^{n}(x_i - \bar{x})^2}$；因此，

迴歸函數的預期值可寫成 $\hat{y} = b_1 + b_2 x$。

(2) 試以 R 自行設計並繪製二元變數常態分配的 PDF。提示：如圖 E1 所示。

$$f(x_1, x_2) = \frac{(1-\rho^2)^{\frac{1}{2}}}{2\pi\sqrt{\sigma_{11}\sigma_{22}}}\exp\left(\left(\frac{x_1-\mu_1}{\sqrt{\sigma_{11}}}\right)^2 - 2\rho\left(\frac{x_1-\mu_1}{\sqrt{\sigma_{11}}}\right)\left(\frac{x_2-\mu_2}{\sqrt{\sigma_{22}}}\right) + \left(\frac{x_2-\mu_2}{\sqrt{\sigma_{22}}}\right)^2\right)$$

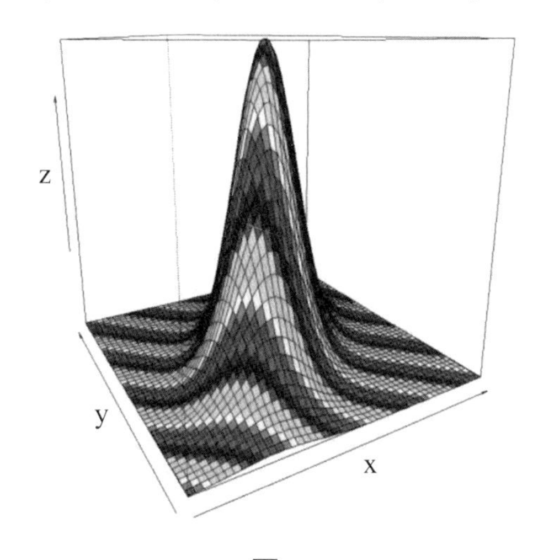

圖 E1

(3) 我們如何模擬出有相關的常態隨機變數？試說明之。

(4) 試以模擬的方式「證明」（1-12）式。提示：可以參考圖 E2 與 E3。

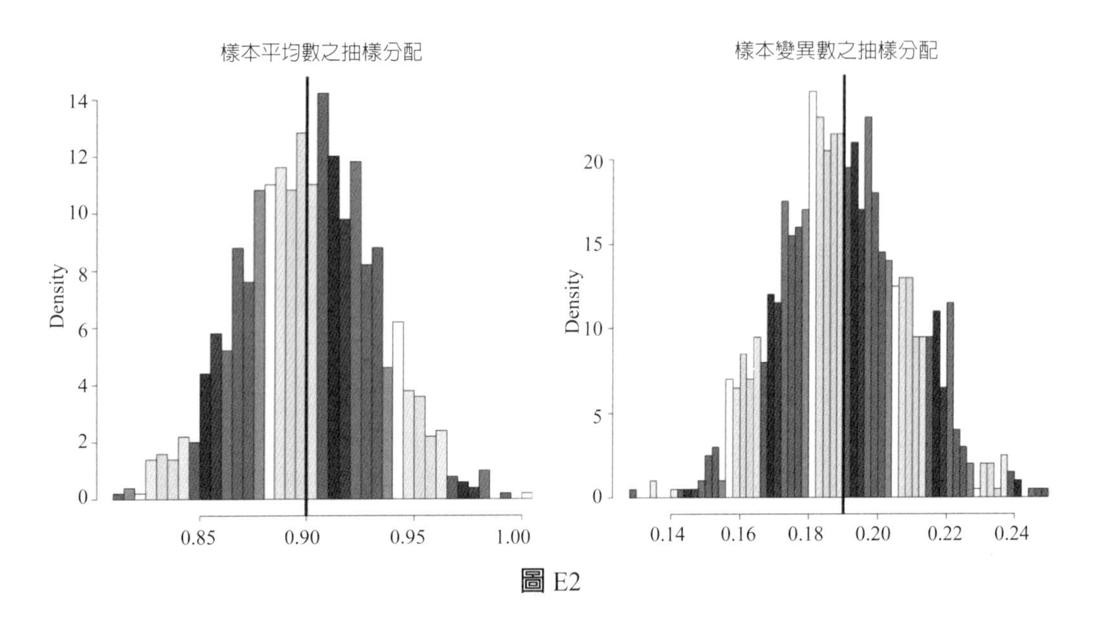

圖 E2

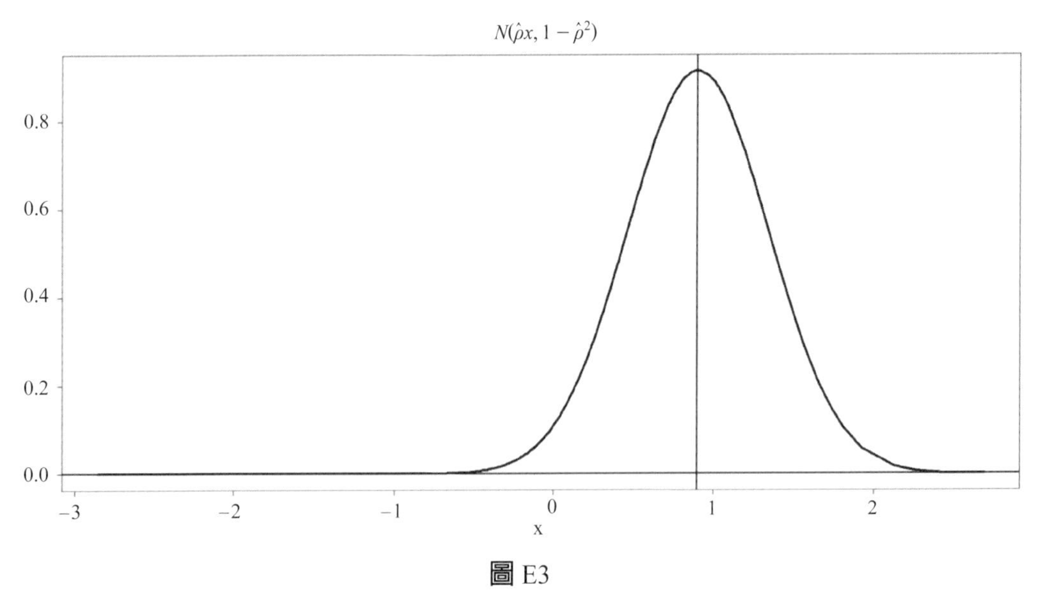

圖 E3

(5) 我們如何合理化迴歸模型的誤差項？試解釋之。

(6) 何謂認定？於供需曲線內我們如何認定？

(7) 試解釋圖 1-2。

(8) 圖 1-2 與（1-4）式有何關係？試說明之。

(9) 試說明迴歸模型的建立過程。
(10) 迴歸分析是透過統計方法，將 **y** 拆成系統與非系統二成分？試解釋之。

2. OLS 估計式的幾何特徵

於《財統》內，我們已經知道可以使用最小平方法（method of ordinary least squares, OLS）估計（1-1）式的參數 β；換言之，若使用 OLS，則 β 的估計式 **b** 可寫成：

$$\mathbf{b} = (\mathbf{X}^T\mathbf{X})^{-1}\mathbf{X}^T\mathbf{y} \qquad (1\text{-}13)$$

於底下，我們發現有多種方式可以導出（1-13）式。於本節，我們將介紹 **b** 的數值特徵（numerical properties）。何謂 **b** 的數值特徵？簡單來說，至目前爲止，我們尚未強調 **b** 其實也是一個隨機變數向量，因此於第 3 節內，我們可以導出 **b** 的抽樣分配，不過本節仍只是將 **b** 視爲一種數值向量（或純量向量）。我們發現（1-13）式或迴歸分析亦可用幾何學的觀點來檢視，不過此會牽涉到向量空間（vector space）的觀念。乍看之下，幾何向量空間的觀念頗爲抽象，但是從直覺來看，倒也不難接近。

2.1 OLS 估計式的數值特徵

顧名思義，向量空間是由「向量所形成的空間」，可以參考圖 1-3。令：

$$\mathbf{v} = \begin{bmatrix} 2 \\ 3 \end{bmatrix} \text{與 } \mathbf{w} = \begin{bmatrix} -4 \\ 1 \end{bmatrix}$$

分別表示內有二個元素的向量，故可於 E^2 內繪製出 **v** 與 **w** 如圖 1-3 所示。於該圖內可看出 **v** 與 **w** 分別表示不同的「位置」，隱含著二向量之間並無關聯。向量空間的特性是 E^2 內的任何一點可以由 **v** 與 **w** 所構成。例如：向量 **z** 與 $\mathbf{v}_1$ 分別可由 **v** + **w** 以及 $k\mathbf{v}$ 表示，其中 k 是一個純量。因此，於向量空間內，我們亦可進行向量代數的操作；換言之，若 **u**、**v** 與 **w** 分別表示向量空間的三個向量，而 k_1 與 k_2 則皆爲純量，則基本的向量代數操作可有：

(1) $\mathbf{v} + \mathbf{w} = \mathbf{w} + \mathbf{v}$

(2) $\mathbf{u} + (\mathbf{v} + \mathbf{w}) = (\mathbf{u} + \mathbf{v}) + \mathbf{w}$

(3) $k_1(\mathbf{v} + \mathbf{w}) = k_1\mathbf{v} + k_1\mathbf{w}$

(4) $(k_1 + k_2)\mathbf{v} = k_1\mathbf{v} + k_2\mathbf{v}$

即向量代數操作可包括加法與乘法。有意思的是，透過加法與乘法的操作，可以更擴大瞭解向量空間的意思，即 n 維度向量空間的任何一點，可由 n 個彼此獨立的向量所編織而得；或者說，「於一個向量空間內操作上述的向量代數，最後的結果仍落於該向量空間內！」。

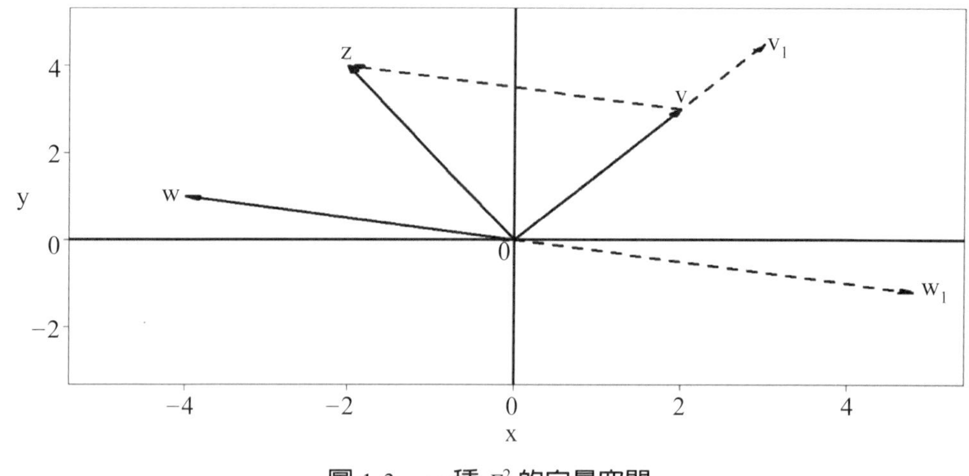

圖 1-3　一種 E^2 的向量空間

大概瞭解向量空間的意思後，我們就可以進一步介紹向量空間的子空間（subspace）。顧名思義，一個向量空間 E^n 的子空間 E^m，就是維度較低的向量空間，即 $m < n$；也就是說，一個向量空間的子空間，其實亦是一個向量空間，故其仍擁有向量空間的特性。我們可以重新檢視圖 1-3 的情況。於該圖內 $n = 2$，故圖內的向量空間就是一個平面，而 $\mathbf{v}$ 與 $\mathbf{w}$ 二向量就是該平面的二個基底（basis），因此平面上的任何一點如 $\mathbf{z}$ 或 $\mathbf{v}_1$，可由上述二個基底表示。既然圖 1-3 是屬於 E^2，而其子空間爲何？不就是平面上的一條直線嗎！於圖 1-3 內，我們有繪製出四條直線分別爲 x 軸（橫軸）、y 軸（縱軸）、通過 $\mathbf{v}$ 與原點的一條直線以及通過 $\mathbf{w}$ 與原點的一條直線，讀者可以練習看看，是否每一條直線具有向量空間的特性？

接下來，我們回到迴歸模型的情況。迴歸因變數 $\mathbf{y}$ 是一個 $n \times 1$ 向量，而迴歸因子 $\mathbf{X}$ 則是一個 $n \times k$ 矩陣，其中 $\mathbf{x}_i$ 爲 $\mathbf{X}$ 內的行向量。$\mathbf{y}$ 與 $\mathbf{x}_1, \cdots, \mathbf{x}_k$ 皆可想像成 E^n 上的一點。只要 $\mathbf{x}_1, \cdots, \mathbf{x}_k$ 相互獨立，如前所述，可以構成 E^n 的一個子空間，寫

成 $\delta(\mathbf{X})$。換言之，$\delta(\mathbf{X})$ 內可包含 E^n 內一點如 $\mathbf{z} = \mathbf{X}\gamma$，其中 γ 是一個 $k \times 1$ 向量，即 $\mathbf{z}$ 可由 $\mathbf{X}$ 所構成。$\delta(\mathbf{X})$ 的維度等於 $\mathbf{X}$ 的秩（即相互獨立的行向量數量，可參考本書附錄），是故 n 必須大於 k[⑧]。

類似於內積的概念（見本書附錄），$\delta(\mathbf{X})$ 內的一點 $\mathbf{z}$ 可寫成：

$$\mathbf{z} = \begin{bmatrix} \mathbf{x}_1 & \mathbf{x}_2 & \cdots & \mathbf{x}_k \end{bmatrix} \begin{bmatrix} \gamma_1 \\ \gamma_2 \\ \vdots \\ \gamma_k \end{bmatrix} = \sum_{i=1}^{k} \gamma_i \mathbf{x}_i = \mathbf{X}\gamma \qquad (1\text{-}14)$$

故 $\mathbf{z}$ 亦是一個 $n \times 1$ 向量。由（1-14）式可看出實際上 $\mathbf{z}$ 就是獨立的 $\mathbf{x}_1, \cdots, \mathbf{x}_k$ 向量的線性組合，其中 γ 只是「線性組合係數」向量；不過，透過 γ，我們可以認定 $\delta(\mathbf{X})$ 內的一點如 $\mathbf{z}$。

（1-14）式說明了矩陣 $\mathbf{X}$ 透過向量 γ 的轉換，$\mathbf{z}$ 仍然停留於 $\delta(\mathbf{X})$ 內，那如果 $\mathbf{X}$ 透過例如矩陣 $\mathbf{A}$ 的轉換呢？只要 $\mathbf{A}$ 是一個 $k \times k$ 的非奇異矩陣，因 $\mathbf{X}$ 仍保留「滿秩」的特性，$\delta(\mathbf{X})$ 仍不會被「破壞」，即若 $\mathbf{z} = \mathbf{X}\gamma$，則令 $\mathbf{X}^* = \mathbf{XA}$，可得：

$$\mathbf{z} = \mathbf{X}^*\mathbf{A}^{-1}\gamma = \mathbf{X}^*\gamma^* \qquad (1\text{-}15)$$

即 $\mathbf{z}$ 不僅可以由 $\delta(\mathbf{X})$ 表示，同時亦可由 $\delta(\mathbf{X}^*)$。此種情況有點類似於圖 1-3 內的一點如 $\mathbf{w}_1$ 不僅可以由 $\mathbf{v}$ 與 $\mathbf{w}$ 二向量表示，而後二者亦可由 x 軸與 y 軸表示，故透過 x 軸與 y 軸，我們仍能找到 $\mathbf{w}_1$。因此，$\delta(\mathbf{X})$ 的性質並不會受到線性轉換的影響。

其實圖 1-3 內的 x 軸與 y 軸關係，提醒我們注意 E^n 內尚有一個子空間 $\delta^{\perp}(\mathbf{X})$，其可稱為 $\delta(\mathbf{X})$ 的正交補餘（orthogonal complement）；換言之，$\delta(\mathbf{X})$ 內的每一點如 $\mathbf{z}$，我們皆能於 $\delta^{\perp}(\mathbf{X})$ 內找到對應的一點 $\mathbf{w}$，二點形成正交的關係，即 $\mathbf{w}^T\mathbf{z} = 0$。因此，$\delta(\mathbf{X})$ 與 $\delta^{\perp}(\mathbf{X})$ 形成「互補」的關係，即若 $\delta(\mathbf{X})$ 的維度為 k，$\delta^{\perp}(\mathbf{X})$ 的維度則為 $n-k$。有些時候，我們稱 $\delta^{\perp}(\mathbf{X})$ 的維度為 $n-k$，而其「餘維」（codimension）則為 k。

---

⑧ 理所當然，若 $n < k$，$\mathbf{X}$ 不會出現「滿秩」。

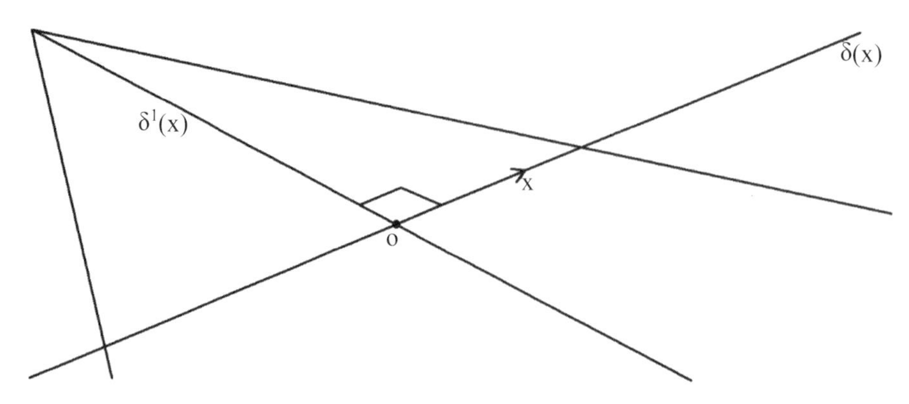

圖 1-4　$\delta(\mathbf{X})$ **與** $\delta^{\perp}(\mathbf{X})$ **（子）空間，圖內以** $\delta^{1}(\mathbf{X})$ **表示** $\delta^{\perp}(\mathbf{X})$

$\delta(\mathbf{X})$ 與 $\delta^{\perp}(\mathbf{X})$ 之間的「互補」關係可以簡單的以一個平面空間表示，如圖 1-4 所示。當然，若 $n > 3$，我們的確無法繪製出 $\delta(\mathbf{X})$ 與 $\delta^{\perp}(\mathbf{X})$ 的形狀，但是 $\delta(\mathbf{X})$ 與 $\delta^{\perp}(\mathbf{X})$ 之間的正交關係卻是確定的；因此，圖 1-4 反倒是提供了一個簡易的圖示。值得注意的是，由（1-15）式可知，$\delta(\mathbf{X})$ 與 $\delta^{\perp}(\mathbf{X})$ 並不受到任何非奇異轉換 $\mathbf{X}$ 的影響。使用圖 1-4 尚有另一個用處，就是可以將其視爲圖 1-3 的「升級版」，畢竟前者是用於描述 E^{n} 而後者卻只適用於 E^{2}。例如：E^{n} 內的一點 $\mathbf{z}$，其長度（norm）的計算可寫成：

$$\|\mathbf{z}\| \equiv \left(\sum_{i=1}^{n} z_i^2\right)^{1/2} = \left|\left(\mathbf{z}^T\mathbf{z}\right)^{1/2}\right| \qquad (1\text{-}16)$$

如前所述，如（1-14）式所示，$\delta(\mathbf{X})$ 上的任何一點可用 $\mathbf{X}\beta$ 表示，其中 β 是一個 $k \times 1$ 向量。直覺而言，二點之間最近的距離爲「正交距離」，可參考圖 1-5。於該圖內，可看出點 $\mathbf{y}$ 與 $\delta(\mathbf{X})$ 之間最近的距離恰出現於 $\mathbf{X}\beta$ 上；換言之，我們可於 $\delta(\mathbf{X})$ 上找出一個適當的 β，使得 $\mathbf{y}$ 與 $\delta(\mathbf{X})$ 之間的距離最小。利用（1-16）式，$\mathbf{y}$ 與 $\mathbf{X}\beta$ 之間的距離亦可寫成：

$$\sum_{i=1}^{n}(y_t - \mathbf{X}_t\beta)^2 = (\mathbf{y} - \mathbf{X}\beta)^T(\mathbf{y} - \mathbf{X}\beta) = \mathbf{u}^T\mathbf{u} \qquad (1\text{-}17)$$

因此適當 β 的找出，相當於極小化（1-17）式。

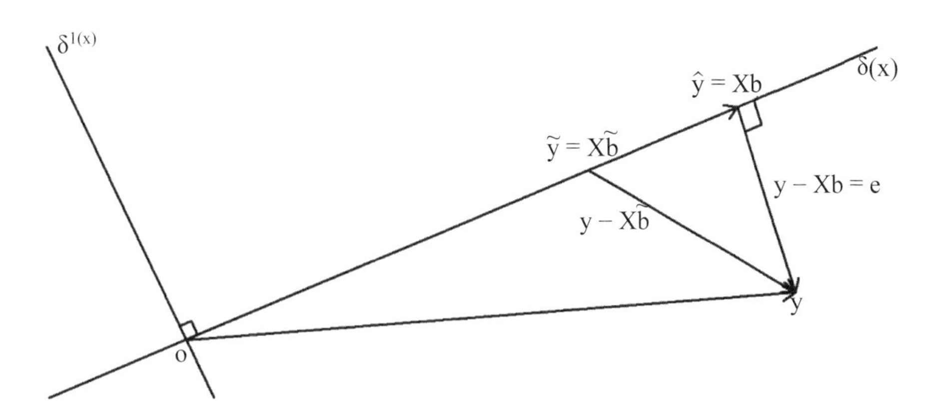

圖 1-5　將 y 投影於 $\delta(\mathbf{X})$ 上，圖內 $\delta^{\text{l}}(\mathbf{X})$ 以 $\delta^{\perp}(\mathbf{X})$ 表示

若（1-17）對 β 微分[9]（可參考《財統》），可得：

$$\mathbf{X}^T(\mathbf{y} - \mathbf{X}\beta) = \mathbf{0} \qquad (1\text{-}18)$$

求解（1-18）式，即可得 OLS 的估計式 $\mathbf{b}$ 如（1-13）式所示。因此只要 $\mathbf{X}$ 內行向量相互獨立，隱含著 $\mathbf{X}^T\mathbf{X}$ 是一個非負定的非奇異矩陣，故可知（1-17）式是一個 β 的嚴格的凸函數，隱含著可以找到最小值[10]。我們知道以 $\mathbf{b}$ 取代（1-18）式內的 β，則 $\mathbf{y}$ 與 $\mathbf{Xb}$ 之間的距離可稱爲殘差值（residuals）（向量）$\mathbf{e}$，其爲一個 $n\times 1$ 向量；理所當然，$\mathbf{e}$ 可用於取代 $\mathbf{u}$。我們稱 $\mathbf{e}^T\mathbf{e}$ 爲殘差值平方和（sum of squared residuals, SSR）。於圖 1-5 內，我們稱 $\hat{\mathbf{y}} = \mathbf{Xb}$ 爲迴歸線的配適值（fitted values）（向量），於圖內可看出 $\hat{\mathbf{y}}$ 與 $\mathbf{e}$ 呈現出正交的情況，此大概是 OLS 估計值的特色，隱含著 $\|\mathbf{y} - \mathbf{X}\tilde{\mathbf{b}}\|$ 會大於 $\|\mathbf{e}\|$，其中 $\tilde{\mathbf{b}}$ 表示其他的估計值。

若以 $\mathbf{b}$ 取代（1-18）式內的 β，可得：

$$\mathbf{X}^T(\mathbf{y} - \mathbf{Xb}) = \mathbf{X}^T\mathbf{e} = \mathbf{0} \qquad (1\text{-}19)$$

---

[9] 令 $L = (\mathbf{y} - \mathbf{X}\beta)^T(\mathbf{y} - \mathbf{X}\beta) = \mathbf{y}^T\mathbf{y} - \beta^T\mathbf{X}^T\mathbf{y} - \mathbf{y}^T\mathbf{X}\beta + \beta^T\mathbf{X}^T\mathbf{X}\beta$
$= \mathbf{y}^T\mathbf{y} - 2\beta^T\mathbf{X}^T\mathbf{y}\beta + \beta^T\mathbf{X}^T\mathbf{X}\beta$
故 $\partial L / \partial\beta = -2\mathbf{X}^T\mathbf{y} + 2\mathbf{X}^T\mathbf{X}\beta$ 而 $\partial^2 L / \partial\beta^2 = 2\mathbf{X}^T\mathbf{X}$。

[10]（1-18）式是極小化（1-17）式的必要條件；另外，因 $\partial^2 L / \partial\beta^2 = 2\mathbf{X}^T\mathbf{X}$，故極小化（1-17）式的充分條件爲 $\mathbf{X}^T\mathbf{X}$ 是一個正定矩陣。此處凸函數是指凹口向上曲線。

（1-19）式可稱爲迴歸模型的標準方程式（normal equations）。我們從圖 1-5 內亦可看出標準方程式所隱含的意思。原來上述標準方程式就是在描述 $\mathbf{X}$ 內的每一行向量必須與 $\mathbf{e}$ 正交；換言之，因 $\mathbf{X}$ 內有 k 個行向量，其中包括元素皆爲 1 之行向量，故 OLS 估計式 $\mathbf{b}$ 的導出，背後其實需符合 k 條標準方程式。

利用（1-13）式，可得：

$$\mathbf{Xb} = \mathbf{X}\left(\mathbf{X}^T\mathbf{X}\right)^{-1}\mathbf{X}^T\mathbf{y} = \mathbf{P_X y} \tag{1-20}$$

我們稱 $\mathbf{P_X} = \mathbf{X}\left(\mathbf{X}^T\mathbf{X}\right)^{-1}\mathbf{X}^T$ 是一個 $k \times k$ 的正交投影矩陣（orthogonal projection matrix）。根據（1-20）式與圖 1-5，我們不難瞭解 $\mathbf{P_X}$ 的意思，原來 $\mathbf{P_X}$ 是將 $\mathbf{y}$ 投影至 $\delta(\mathbf{X})$ 上；是故，我們有另外一種方式可以得到迴歸線的配適值，即：

$$\hat{\mathbf{y}} = \mathbf{P_X y} \tag{1-21}$$

既然可以透過 $\mathbf{P_X}$ 將 $\mathbf{y}$ 投影至 $\delta(\mathbf{X})$ 上，那是否存在另一種正交投影矩陣，將 $\mathbf{y}$ 投影至 $\delta^{\perp}(\mathbf{X})$ 上呢？答案是有的，其可寫成：

$$\mathbf{M_X} = \mathbf{I} - \mathbf{P_X} \equiv \mathbf{I} - \mathbf{X}(\mathbf{X}^T\mathbf{X})^{-1}\mathbf{X}^T \tag{1-22}$$

其中 $\mathbf{I}$ 是一個 $n \times n$ 的單位矩陣。利用（1-21）式，可知：

$$\mathbf{M_X y} = (\mathbf{I} - \mathbf{P_X})\mathbf{y} = \mathbf{y} - \mathbf{P_X y} = \mathbf{y} - \mathbf{Xb} = \mathbf{e} \tag{1-23}$$

即 $\mathbf{M_X}$ 竟然將 $\mathbf{y}$ 映射至 $\mathbf{e}$。

我們先舉一個例子說明上述矩陣代數的操作。至英文的 Yahoo 網站下載 2000/1~2016/2 期間台灣加權指數（TWI）、NASDAQ、日經 225（N225）與上海綜合指數股價指數（SSE）月收盤價的時間序列資料，而圖 1-6 則繪製出上述四種月收盤價的時間走勢圖。於圖內可看出除了上海綜合指數股價之外，前三者之走勢頗爲類似。

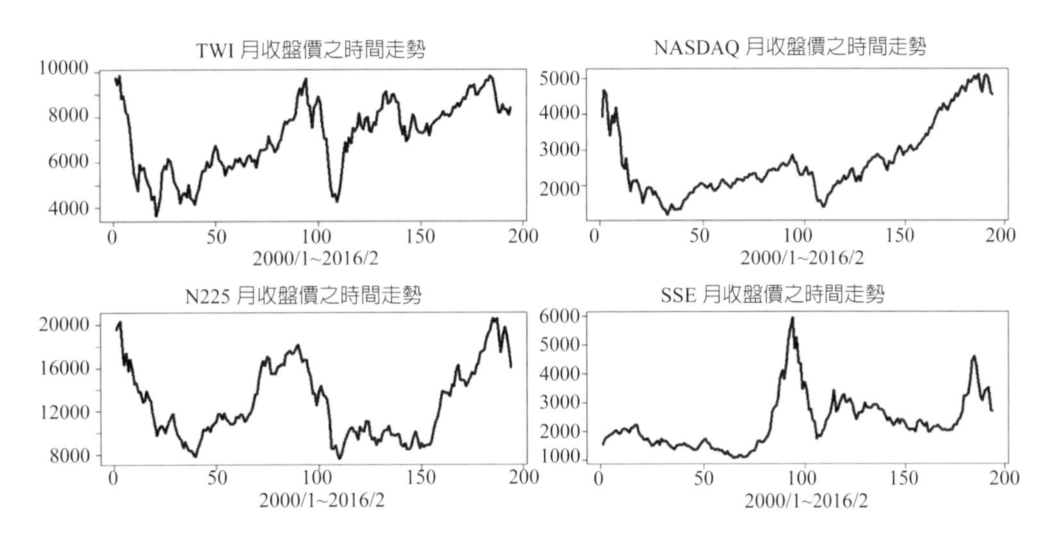

圖 1-6　四種指數月收盤價之時間走勢

利用圖 1-6 內的資料，我們可以將四種指數月收盤價轉換成月對數報酬率，並分別令 $\mathbf{y}$、$\mathbf{x}_2$、$\mathbf{x}_3$ 與 $\mathbf{x}_4$ 表示 TWI、NASDAQ、N225 與 SSE 月對數報酬率序列資料；另一方面，令 $\mathbf{X} = [\iota \quad \mathbf{x}_2 \quad \mathbf{x}_3 \quad \mathbf{x}_4]$，故利用 $\mathbf{y}$ 與 $\mathbf{X}$ 內的資料，我們可以檢視對應的 $\mathbf{P_X}$ 與 $\mathbf{M_X}$ 的性質；換言之，$\mathbf{P_X}$ 與 $\mathbf{M_X}$ 具有下列的性質（可參考所附的 R 指令）：

(1) $\mathbf{P_X}$ 與 $\mathbf{M_X}$ 皆是一種 $n \times n$ 自乘不變矩陣（idempotent matrix），即：

$$\mathbf{P_X P_X} = \mathbf{P_X} \text{ 與 } \mathbf{M_X M_X} = \mathbf{M_X}$$

(2) $\mathbf{P_X}$ 與 $\mathbf{M_X}$ 之間正交，即 $\mathbf{P_X M_X} = \mathbf{O}$，其中 $\mathbf{O}$ 爲一個元素皆爲 0 的 $n \times n$ 矩陣。
(3) 若 $\mathbf{X}$ 的秩等於 k，則 $\mathbf{P_X}$ 的秩亦等於 k，不過 $\mathbf{M_X}$ 的秩卻等於 $n - k$。
(4) $\mathbf{P_X}$ 與 $\mathbf{M_X}$ 皆是一種對稱的矩陣。
(5) 按照 $\mathbf{P_X}$ 與 $\mathbf{M_X}$ 的定義，可得 $\mathbf{P_X X} = \mathbf{X}$ 而 $\mathbf{M_X X} = \mathbf{0}_{n \times k}$，其中 $\mathbf{0}_{n \times k}$ 爲一個元素皆爲 0 的 $n \times k$ 矩陣。
(6) 因 $\mathbf{P_X} + \mathbf{M_X} = \mathbf{I}$，故 $\mathbf{P_X y} + \mathbf{M_X y} = \mathbf{y}$。

上述性質 (6) 說明了透過 $\mathbf{P_X}$ 與 $\mathbf{M_X}$ 的使用，竟然可以將 $\mathbf{y}$ 正交分割成二部分，即 $\mathbf{y} = \hat{\mathbf{y}} + \mathbf{e}$，隱含著 $\hat{\mathbf{y}}^T \mathbf{e} = 0$。我們亦可參考圖 1-7，該圖只不過將圖 1-5 改成用 $\mathbf{P_X}$ 與 $\mathbf{M_X}$ 表示。

圖 1-7 有一個重要涵義，因爲利用畢氏定理（Pythagoras theorem）可得：

$$\|\mathbf{y}\|^2 = \|\mathbf{P_X y}\|^2 + \|\mathbf{M_X y}\|^2 \tag{1-24}$$

其中 $\|\mathbf{M_X y}\|^2$ 就是 SSR，即：

$$\mathbf{e}^T\mathbf{e} = (\mathbf{M_X y})^T(\mathbf{M_X y}) = \mathbf{y}^T\mathbf{M_X M_X y} = \mathbf{y}^T\mathbf{M_X y} = \|\mathbf{M_X y}\|^2 \tag{1-25}$$

其次，$\|\mathbf{P_X y}\|^2$ 亦可稱爲解釋平方和（explained sum of squares, ESS），即：

$$\hat{\mathbf{y}}^T\hat{\mathbf{y}} = (\mathbf{P_X y})^T(\mathbf{P_X y}) = \mathbf{y}^T\mathbf{P_X P_X y} = \mathbf{y}^T\mathbf{P_X y} = \|\mathbf{P_X y}\|^2 \tag{1-26}$$

當然，$\|\mathbf{y}\|^2$ 可稱爲 **y** 之總平方和（total of sum squares, SST）。因此，迴歸分析可以將 **y** 之「總離散差異（即 SST）」拆成 ESS 與 SSR 二部分之和，即 SST = ESS + SSR。

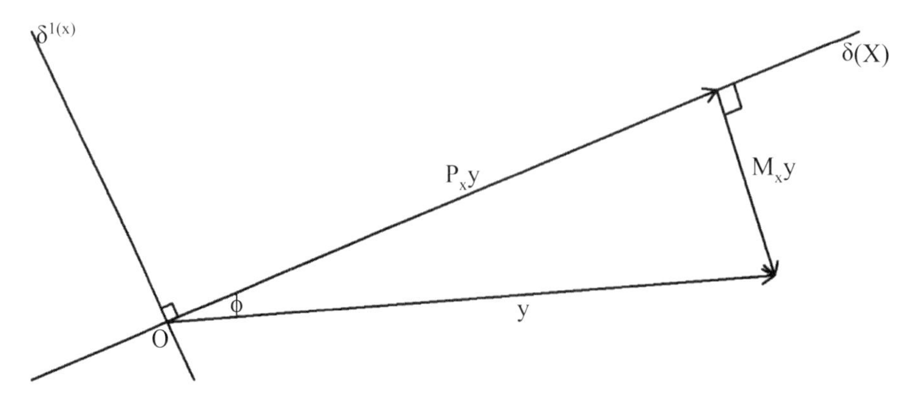

圖 1-7　y 的正交分割，圖內以 δ^1(X) 表示 $\delta^\perp$(X)

通常，我們可以使用判定係數（coefficient of determination）以衡量迴歸線的配適度，而（1-24）式提供了一種最簡單的判定係數，我們稱爲非中央型（uncentered）判定係數 R_u^2，即：

$$R_u^2 = \frac{\|\mathbf{P_X y}\|^2}{\|\mathbf{y}\|^2} = 1 - \frac{\|\mathbf{M_X y}\|^2}{\|\mathbf{y}\|^2} \tag{1-27}$$

值得注意的是，R_u^2 可用百分比表示（即其沒有衡量單位），且其值一定介於 0 與 1 之間。我們亦可從圖 1-7 內看出該結果，即 $\mathbf{y}$ 與 $\mathbf{P_X y}$ 二向量的角度可用：

$$\cos\phi = \frac{\|\mathbf{P_X y}\|}{\|\mathbf{y}\|}$$

內的 ϕ 衡量。換言之，（1-27）式亦可寫成 $R_u^2 = \cos^2\phi$，即若 $\mathbf{y}$ 落於 $\delta(\mathbf{X})$ 上，$R_u^2 = 1$；反之，若 $\mathbf{y}$ 落於 $\delta^\perp(\mathbf{X})$ 上，$R_u^2 = 0$。

與 R_u^2 對應的是中央型（centered）判定係數 R_c^2，我們可將 $\mathbf{M_X}$ 改成以用 $\mathbf{M}_\iota$ 取代，其中 $\mathbf{M}_\iota = \mathbf{I} - \iota(\iota^T\iota)\iota^T = \mathbf{I} - n^{-1}\iota\iota^T$，而 ι 是一個元素皆爲 1 的 $n \times 1$ 向量；因此，R_c^2 可定義成：

$$R_c^2 \equiv 1 - \frac{\|\mathbf{M_X y}\|^2}{\|\mathbf{M}_\iota \mathbf{y}\|} \tag{1-28}$$

我們可以先來檢視 $\mathbf{M}_\iota$ 究竟表示何意思？

例 1　變數與其平均數差距

如前所述，ι 是一個元素皆爲 1 的 $n \times 1$ 向量，$\mathbf{M}_\iota$ 乘以任何向量如 $\mathbf{y}$ 可等於 $\mathbf{y} - \bar{y}\iota$，即 y_i 與其平均數 $\bar{y}$ 差距所形成的向量。以前述四種指數月報酬率的線性複迴歸模型爲例，其可寫成：

$$y_t = \beta_1 + \beta_2 x_{t2} + \beta_3 x_{t3} + \beta_4 x_{t4} + u_t \tag{1-29}$$

其中 y_t 表示台股月報酬率，而 x_{t2}、x_{t3} 與 x_{t4} 分別表示 NASDAQ、N225 與 SSE 月報酬率。利用 OLS 估計（1-29）式，可得：

$$b = \begin{bmatrix} b_1 & b_2 & b_3 & b_4 \end{bmatrix} \approx \begin{bmatrix} -0.12 & 0.39 & 0.22 & 0.12 \end{bmatrix}$$

利用 $\mathbf{M}_\iota$，我們也可以將（1-29）式改成：

$$y_t - \bar{y} = \beta_2(x_{t2} - \bar{x}_2) + \beta_3(x_{t3} - \bar{x}_3) + \beta_4(x_{t4} - \bar{x}_4) + v_t \tag{1-30}$$

利用（1-13）式估計（1-30）式，可得：

$$b^* = \begin{bmatrix} b_2 & b_3 & b_4 \end{bmatrix} \approx \begin{bmatrix} 0.39 & 0.22 & 0.12 \end{bmatrix}$$

顯然，雖然線性（複）迴歸模型可分別用（1-29）或（1-30）式表示，其中後者並沒有包括常數項，不過用 OLS 估計二式結果卻是一樣的。

瞭解 $\mathbf{M}_\iota$ 的意義後，類似於（1-27）式，R_c^2 亦可以表示成：

$$R_c^2 = \frac{\left\|\mathbf{P_X M}_\iota \mathbf{y}\right\|^2}{\left\|\mathbf{M}_\iota \mathbf{y}\right\|} \tag{1-31}$$

不過（1-31）式要能等於（1-28）式的條件卻是 $\mathbf{P_X}\iota = \iota$，即 $\delta(\mathbf{X})$ 需有包括 ι，其隱含著迴歸模型必須有包括常數項或是迴歸因子的線性組合爲一個常數，即：

$$\mathbf{M_X M}_\iota \mathbf{y} = \mathbf{M_X}(\mathbf{I} - \mathbf{P}_\iota)\mathbf{y} = \mathbf{M_X y}$$

存在的條件爲 $\mathbf{M_X P}_\iota$ 等於 0，其仍是 ι 必須屬於 $\delta(\mathbf{X})$。因此，當線性迴歸模型沒有包括常數項時，我們反而有二種方法計算 R_c^2，其一是使用（1-28）式，另一則是使用（1-31）式；顯然，利用（1-31）式計算的 R_c^2 值會介於 0 與 1 之間，但是利用（1-28）式計算，R_c^2 值卻有可能爲負值。當然，若線性迴歸模型有包括常數項，則二式計算出的結果應該是相同的。因此，若使用（1-31）或（1-28）式計算例 1 內的（1-29）式，其 R_c^2 值約爲 0.358。

例 2　線性迴歸模型沒有包括常數項

假定我們欲估計（1-4）式，但是於估計的迴歸模型內卻忽略包括常數項，此種結果相當於未估計之前先限制 $b_1 = 0$，即迴歸線必須通過原點，如圖 1-8 內的虛線所示；因此，若 $\beta_1 \neq 0$，圖內的虛線估計應該會失真。即若使用 OLS 估計，圖內的 L2 虛線，爲其估計的迴歸線。爲了比較起見，圖內亦繪製出有含常數項的 OLS 估計的迴歸線（實線 L1），讀者自然可以看出其中的差異。

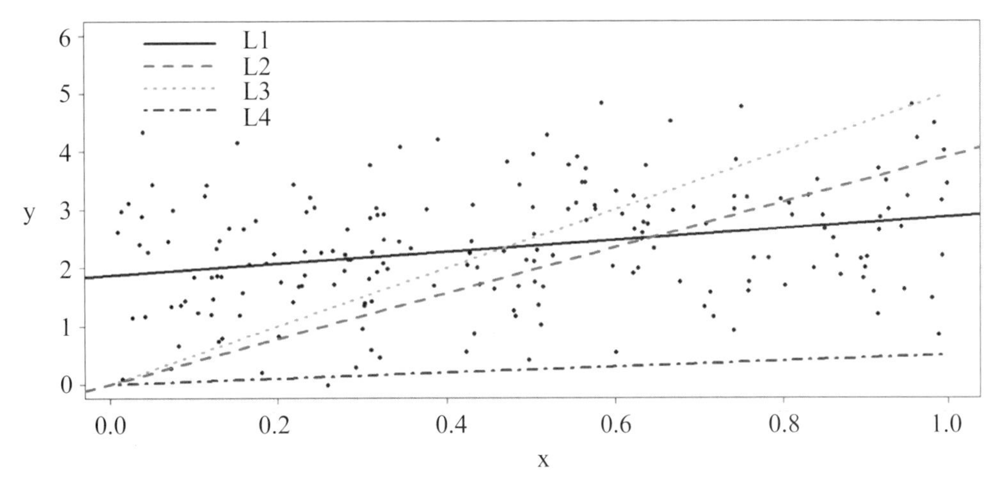

圖 1-8　含與不含常數項的簡單線性迴歸線

例 3　R_u^2 與 R_c^2 的次數分配

有關於 R_u^2 與 R_c^2 計算的比較，我們試著以一個簡單的蒙地卡羅模擬方法說明，可以參考圖 1-9。圖 1-9 的繪製是事先模擬出一個簡單的迴歸模型如（1-4）式所示（樣本數爲 $n = 100$），然後使用 OLS（不包括常數項）估計該迴歸模型後再分別計算 R_u^2 與 R_c^2，其中後者是根據（1-28）式計算，類似的動作重複 10,000 次，自然可以得出各 10,000 個 R_u^2 與 R_c^2，再按照直方圖的方式繪製。於圖內可以看出 R_c^2 的確有可能出現負值的情況，而 R_u^2 則全數皆爲正數值（右圖）。

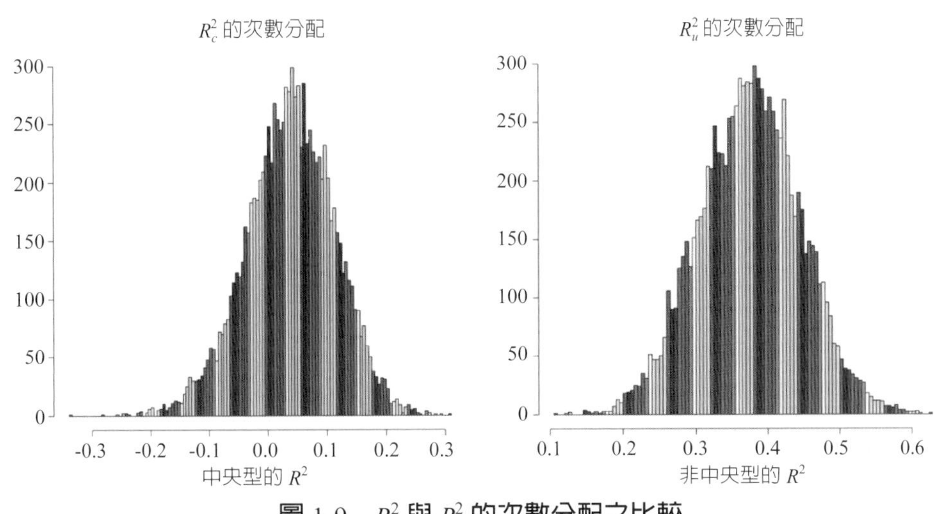

圖 1-9　R_u^2 與 R_c^2 的次數分配之比較

例 2 與 3 的例子提醒我們應避免使用不含常數項的線性迴歸模型，畢竟迴歸模型內的常數項是否爲 0，最後可用統計檢定的方式判斷。

習題

(1) 何謂迴歸模型的標準方程式？試解釋之。
(2) 我們如何得到迴歸模型的標準方程式？試解釋之。
(3) 試以模擬的方式說明 $\mathbf{P_X}$ 與 $\mathbf{M_X}$ 的性質。
(4) 續上題，若迴歸模型內不包括常數項，則 $\mathbf{P_X}$ 與 $\mathbf{M_X}$ 的性質是否不變？
(5) 續上題，分別計算對應的 R_u^2 與 R_c^2，其結果爲何？
(6) 於迴歸分析內使用原始資料以及使用扣除平均數後的資料的結果是否相同？試解釋之。
(7) 傳統使用的 R^2（如《財統》內所示）是屬於 R_u^2 或 R_c^2？試解釋之。

2.2 Frisch-Waugh-Lovell 定理

若再重新檢視（1-29）與（1-30）二式，可以發現（1-30）式內 OLS 估計值 b_2、b_3 與 b_4 的取得是經過二個步驟：第一，每一變數先除去其（樣本）平均數後得到一個新變數（即變數與其平均數差距）；第二，再根據（1-30）式以 OLS 估計。熟悉迴歸分析的讀者應該會發現其實第一個步驟就是以 OLS 計算常數項對 y_t 的迴歸模型的殘差值[11]；因此，第二個步驟其實就是在估計 y_t 之殘差值與 x_t 之殘差值之間的迴歸式。

上述二個步驟似乎有點抽象，我們再舉一個例子說明。考慮一個複迴歸模型而以矩陣的型態表示如（1-1）式所示。我們先將 $\mathbf{X}$ 矩陣拆成 $\mathbf{X}_1$ 與 $\mathbf{X}_2$ 二個小矩陣，令 $\mathbf{e}_1$ 表示 $\mathbf{X}_1$ 對 $\mathbf{y}$ 迴歸式所得的殘差值向量，即 $\mathbf{y} = \mathbf{X}_1\mathbf{b}_1 + \mathbf{e}_1$，則根據（1-13）式可得 $\mathbf{b}_1 = (\mathbf{X}_1^T\mathbf{X}_1)^{-1}\mathbf{X}_1^T\mathbf{y}$；另一方面，令 $\mathbf{e}_2$ 表示 $\mathbf{X}_1$ 對 $\mathbf{X}_2$ 迴歸式的殘差值向量，即 $\mathbf{X}_2 = \mathbf{X}_1\mathbf{b}_2 + \mathbf{e}_2$ 而 $\mathbf{b}_2 = (\mathbf{X}_1^T\mathbf{X}_1)^{-1}\mathbf{X}_1^T\mathbf{X}_2$。同理，考慮迴歸式 $\mathbf{e}_1 = \mathbf{e}_2\mathbf{b}_3 + \mathbf{e}_3$，則如何解釋 $\mathbf{b}_3$？我們用之前 TWI 月報酬率的複迴歸模型的例子說明，首先令 $\mathbf{X}_1$ 表示合併

---

[11] 於《財統》內，我們可以得到（1-4）式之 OLS 估計式 $b_2 = \dfrac{\sum(x-\bar{x})(y-\bar{y})}{\sum(x-\bar{x})^2}$ 與 $b_1 = \bar{y} - b_2\bar{x}$。當迴歸模型的解釋變數只有常數項，則 $b_1 = \bar{y}$，故 $y-\bar{y}$ 可視爲一種殘差值序列。

NSADAQ 與 N225 報酬率序列所形成的矩陣（含常數項），而 $\mathbf{X}_2$ 與 $\mathbf{y}$ 則分別表示 SSE 與 TWI 報酬率序列向量，故 $\mathbf{e}_1$ 相當於表示過濾完 NSADAQ 與 N225 報酬率影響的 TWI 報酬率的剩餘部分；同理，$\mathbf{e}_2$ 可以表示 SSE 報酬率序列經過 NSADAQ 與 N225 報酬率（影響）過濾的剩餘部分，是故 b_3 不就是表示 SSE 報酬率影響 TWI 報酬率的「直接純粹力道」嗎？換言之，利用 OLS，可以估計出 $\mathbf{b}_3$ 約為 0.12，此恰為上述複迴歸模型 SSE 報酬率之 OLS 估計值；因此，透過上述的拆解，我們倒是可以解釋 b_4 的意義，即於其他情況不變下，SSE 報酬率（平均）上升（下跌）1%，TWI 報酬率會（平均）上升（下跌）0.12%。同理，我們可以分別解釋複迴歸模型內 OLS 各估計值的意義。

上述推理過程可稱為 Frisch-Waugh-Lovell（FWL）定理。我們寫成較一般的形式。首先，複迴歸模型可寫成：

$$\mathbf{y} = \mathbf{X}_1\mathbf{b}_1 + \mathbf{X}_2\mathbf{b}_2 + \mathbf{e} \tag{1-32}$$

其中 $\mathbf{X}_1$ 與 $\mathbf{X}_2$ 分別表示一個 $n \times k_1$ 與 $n \times k_2$ 矩陣，故 $\mathbf{X} = [\mathbf{X}_1, \mathbf{X}_2]$ 為一個 $n \times k$ 矩陣。$\mathbf{y}$ 與 $\mathbf{e}$ 仍分別表示一個 $n \times 1$ 向量，而 OLS 估計式 $\mathbf{b} = [\mathbf{b}_1, \mathbf{b}_2]^T$ 仍為一個 $k \times 1$ 向量，其中 $\mathbf{b}_1$ 與 $\mathbf{b}_2$ 分別表示一個 $k_1 \times 1$ 與 $k_2 \times 1$ 向量以及 $k = k_1 + k_2$。考慮下列的迴歸式，即：

$$\mathbf{M}_1\mathbf{y} = \mathbf{M}_1\mathbf{X}_2\mathbf{b}_2 + \mathbf{e}^* \tag{1-33}$$

其中 $\mathbf{M}_1 \in \delta^{\perp}(\mathbf{X}_1)$，可寫成 $\mathbf{M}_1 = \mathbf{I} - \mathbf{X}_1(\mathbf{X}_1^T\mathbf{X}_1)\mathbf{X}_1^T$。

類似於（1-23）式，（1-33）式內的 $\mathbf{M}_1\mathbf{y} = \mathbf{e}_1$，表示 $\mathbf{X}_1$ 對 $\mathbf{y}$ 迴歸的殘差值向量；同理，$\mathbf{M}_1\mathbf{X}_2 = \mathbf{e}_2$ 表示 $\mathbf{X}_1$ 對 $\mathbf{X}_2$ 迴歸的殘差值向量。因此，利用（1-13）式，（1-32）式內的 $\mathbf{b}_2$ 可寫成：

$$\mathbf{b}_2 = [(\mathbf{M}_1\mathbf{X}_2)^T\mathbf{M}_1\mathbf{X}_2]^{-1}(\mathbf{M}_1\mathbf{X}_1)^T\mathbf{M}_1\mathbf{y} = (\mathbf{X}_2^T\mathbf{M}_1\mathbf{X}_2)^{-1}\mathbf{X}_2^T\mathbf{M}_1\mathbf{y} \tag{1-34}$$

讀者並不難證明 $\mathbf{M}_1$ 是一個對稱且自乘不變矩陣。類似於（1-34）式，讀者亦可以嘗試計算 $\mathbf{b}_1$ 為何。

例 1　再檢視 TWI 月報酬率複迴歸模型

試利用前述 TWI 月報酬率複迴歸模型檢視（1-32）式，其中 $\mathbf{b}_1$ 與 $\mathbf{b}_2$ 各為何？

解：可參考所附的 R 指令。

例 2 簡單迴歸模型

（1-34）式乍看之下似乎複雜，不過若將（1-32）式視為（1-4）式，其中 $\mathbf{X}_1 = \iota$ 而 $\mathbf{X}_2 = x$ 且 $\mathbf{y} = y$，則 $\mathbf{M}_1$ 不就是 $\mathbf{M}_\iota$ 嗎？換言之，（1-34）式內的 $(\mathbf{X}_2^T\mathbf{M}_1\mathbf{X}_2)^{-1}$ 相當於 $1/\sum_{t=1}^{n}(x_t-\bar{x})^2$ 而 $\mathbf{X}_2^T\mathbf{M}_1\mathbf{y}$ 則等於 $\sum_{t=1}^{n}(x_t-\bar{x})(y_t-\bar{y})$，故 $b_2 = \dfrac{\sum_{t=1}^{n}(x_t-\bar{x})(y_t-\bar{y})}{\sum_{t=1}^{n}(x_t-\bar{x})^2}$。

習題

(1) 假定我們懷疑 TWI 的月報酬率時間序列可能存有季節性因素，我們如何將該因素消除？提示：使用季節的虛擬變數。

(2) 續上題，若欲以 $AR(1)$ 模型估計已除去季節性因素的 TWI 的月報酬率時間序列，其步驟為何？

(3) 續上題，其估計結果為何？提示：使用程式套件（TSA）。

(4) 試解釋 FWL 定理。

(5) 我們亦可以使用調整後的資料從事迴歸分析，此處調整後的資料是指：(1) 扣除掉平均數；(2) 扣除掉趨勢項；(3) 扣除掉季節因子後的資料。試解釋之。

(6) 類似於（1-34）式，$\mathbf{b}_1$ 為何？

3. 迴歸模型的假定與 OLS

現在我們回到迴歸模型如（1-1）式的檢視。有關於迴歸模型的設定，可以有下列的假定：

AT：真實的模型（true model）。

AL：線性化（linearity）。

AFR：滿秩（full rank）。

AX：外生性（exogeneity）。

AH：同質性（homoscedasticity）或稱為無相關性（uncorrelatedness）。

AN：常態性（normality）。

根據上述假定，我們分成三個部分討論。於底下的分析可看出時間序列分析並不適用於有限樣本（即小樣本）的情況，其反而需訴諸於漸近理論（asymptotic theory）；因此，本節的第四部分將介紹 Mann-Wald 定理，該定理可說是本書第 3 與 4 章的基礎。

3.1 AT、AL 與 AFR 的意義

我們不難想像 AT 的意義。假定眞實的迴歸模型為：

$$y = \beta_1 + \beta_2 x + \beta_3 x^2 + u \tag{1-35}$$

而我們卻只使用（1-4）式；明顯地，忽略 $\beta_3 x^2$ 項，故屬於誤設模型的情況，我們不難用模擬的方式檢視會產生何結果？讀者可以練習看看。

（1-35）式的設定方式提醒 **AL** 的假定其實擁有頗大的設定模型範圍；也就是說，若令 $z = x^2$，則（1-35）式的設定方式仍脫離不了線性化迴歸模型的設定方式。底下，列出一些仍屬於線性化迴歸模型的設定範圍，即只要經過適當的轉換，其仍不違反 **AL** 的假定。考慮下列的模型：

(1) $\log y = \beta_1 + \beta_2 t + u, t = 1, 2, \cdots, n$
(2) $\log y = \beta_1 + \beta_2 \log x + u$
(3) $\dfrac{1}{y} = \beta_1 + \beta_2 x + u$
(4) $y = \beta_1 + \beta_2 \dfrac{1}{x} + u$
(5) $y = \beta_1 + \beta_2 xz + u$
(6) $y = \beta_1 + \beta_2 \beta_3 x^3 + u$
(7) ……

理所當然，上述模型 (1)-(5) 的設定仍符 **AL** 的假定，不過於模型 (6) 內，雖可以 $z = x^3$ 轉換，但是其卻屬於無法認定的模型，即我們無法分別出 β_2 與 β_3 的不同。值得注意的是，上述模型 (1)-(5) 內的迴歸函數是屬於非線性的函數。

我們也可以列出一些屬於「非線性」迴歸模型的例子，即：

(1n) $y = Ax^{\beta_2} + u$

(2n) $y = \beta_1 + \dfrac{\beta_2}{x - \beta_3} + u$

(3n) $y_t = y_{t-1} - \left\{1 - \exp\left[\beta_1 (y_{t-1} - \beta_2)^2\right]\right\}\left(y_{t-1} - \beta_3\right) + u_t$

(4n) $\begin{cases} y_t = y_{t-1} + \beta\left(y_{t-1} - c\right) + u_t^{out}, & \text{若} \quad y_{t-1} > c \\ y_t = y_{t-1} + u_t^{in}, & \text{若} \ -c \geq y_{t-1} \geq c \\ y_t = y_{t-1} + \beta(y_{t-1} + c) + u_t^{out}, & \text{若} \quad -c > y_{t-1} \end{cases}$

(5n) $\cdots$

顯然上述模型並不能經過變數的轉換成線性迴歸模型。我們已經於《財數》內討論過模型（1n）與（2n），至於模型（3n）與（4n）等的檢視，我們會在適當的章節探討[12]。

於第 1 節內，我們已經知道迴歸模型如（1-1）式是一個統計模型，故其統計推論仍是由「樣本」推論「母體」，不過因使用「縮減過程」，反而可以縮小「母體」的範圍；換言之，於（時間序列）計量經濟學內，反而使用一種稱為「資料產生過程」（data generation process, DGP）的觀念來取代「母體」。因此，若迴歸模型內的 AT 與 AL 假定成立的話，一種最簡單的 DGP（母體）可以寫成：

$$\mathbf{y} = \mathbf{X}\beta_0 + \mathbf{u}, \quad \mathbf{u} \sim NID(\mathbf{0}, \sigma_0^2 \mathbf{I}_n) \tag{1-36}$$

其中 β_0 與 σ_0^2 皆為一個固定的數值。使用 DGP 的觀念是有意義的，畢竟我們可以利用（1-36）式以模擬的方式檢視「母體」的情況；或者說，看到一組樣本資料，難道不會思考該組資料從何而來嗎？

再檢視（1-13）式，若 $(\mathbf{X}^T\mathbf{X})$ 符合「滿秩」的假定，即若符合 **AFR** 的假定，則可計算出 **b** 值；換言之，**b** 的導出只需要 **AT**、**AL** 以及 **AFR** 的假定。

例 1 $(\mathbf{X}^T\mathbf{X})$ 的檢視

AFR 的假定要求 $(\mathbf{X}^T\mathbf{X})$ 符合「滿秩」的條件，此隱含著 $(\mathbf{X}^T\mathbf{X})$ 是一個可逆的矩陣，或者說 $(\mathbf{X}^T\mathbf{X})$ 是一個非奇異矩陣。仍利用前述 TWI 月報酬率之複迴歸模型的例子。令 **y** 表示 TWI 月報酬率序列，而 **X** 表示由 NASDAQ 等三種指數月報酬

[12] 如序言所述，本書只介紹《時間序列計量》的部分內容，有關於非線性時間序列部分如模型（3n）與（4n）等將於未來介紹。

率序列合併而成的矩陣（含常數項），我們可以檢視 $(\mathbf{X}^T\mathbf{X})$ 項的秩等於 4；另一方面，令 $\mathbf{x}_5$ 表示 N225 以及 SSE 月報酬率序列的乘積，以（行）合併 $\mathbf{X}$ 與 $\mathbf{x}_5$ 而為 $\mathbf{X}_a$ 後，再計算 $(\mathbf{X}_a^T\mathbf{X}_a)$ 項的秩等於 5，隱含著二種情況的 $\mathbf{b}$ 值皆可計算。

例 2　線性重合

續例 1，若分別以 $\mathbf{x}_2$ 與 $\mathbf{x}_3$ 表示 NASDAQ 與 N225 月報酬率序列。考慮下列二種可能：

$$\mathbf{x}_6 = 0.3\mathbf{x}_2 + 0.4\mathbf{x}_3 \text{ 與 } \mathbf{x}_7 = 0.3\mathbf{x}_2 + 0.4\mathbf{x}_3 + 2\mathbf{u}$$

其中 $\mathbf{u}$ 是一個標準常態分配向量。令 $\mathbf{X}_b = [\mathbf{X} \quad \mathbf{x}_6]$ 與 $\mathbf{X}_c = [\mathbf{X} \quad \mathbf{x}_7]$，則 $(\mathbf{X}_b^T\mathbf{X}_b)$ 與 $(\mathbf{X}_c^T\mathbf{X}_c)$ 項的秩分別為 4 與 5，隱含著前者屬於一個奇異矩陣，而後者則屬於一個非奇異矩陣。讀者倒是可以利用 R 內的 $lm(\cdot)$ 指令分別檢視二種情況的結果看看。上述二種例子分別可稱為完全的線性重合（multicollinearity）與部分的線性重合誤設，由於是我們自行設計，自然知道如何解決線性重合問題。

習題

(1) 何謂 DGP？試解釋之。

(2) 雖然我們沒有介紹模型（3n），不過倒是可以模擬該模型內 y_i 的走勢，令 $\beta_2 = 0.3$，$\beta_3 = 0.7$ 以及 $u_t \sim NID(0, 1)$，試分別模擬 $\beta_1 = -0.08$ 與 $\beta_1 = -0.8$ 下 y_t 的走勢。提示：可參考圖 E4。

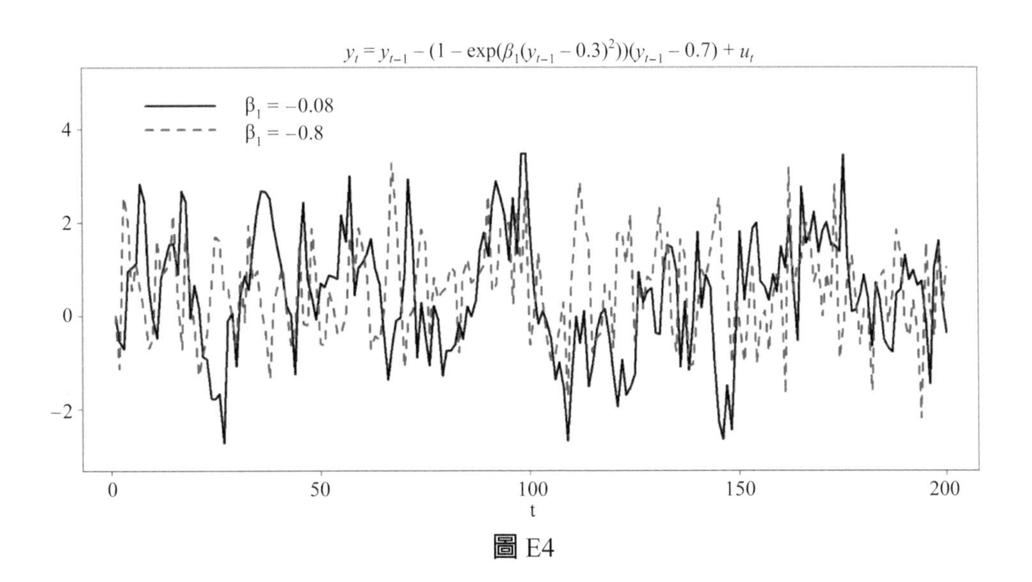

圖 E4

(3) 續上題，其與 $AR(1)$ 模型如 $y_t = \beta_1 y_{t-1} + u_t$ 的走勢有何不同？
(4) 那如果模擬模型（4n）呢？可以嘗試看看。
(5) 線性重合有何特色？試解釋之。
(6) 何謂 AFR 的假定？試解釋之。

3.2 AX 的假定

於本節，我們將分成二部分來介紹，其中第一部分是說明「弱外生性」於時間序列分析內的重要性，第二部分則是說明亦可以使用動差法（method of moments, MM）推導出 **b**。

3.2.1 弱外生性

若再檢視（1-1）式，除了常數項之外，**X** 內的變數應該皆爲隨機變數；因此，**AX** 的假定是指：

$$E(\mathbf{u} \mid \mathbf{X}) = \mathbf{0} \qquad (1\text{-}37)$$

即（1-37）式可稱爲滿足嚴格外生性（strict exogeneity）的假定；也就是說，（1-1）式的目的是爲了解釋 Y，故 Y 可稱爲內生變數，與之對應的 **X** 內的變數則稱爲外生變數。嚴格外生性隱含的意義可以整理如下性質：

(1) 嚴格外生性亦可寫成 $E(u_i \mid \mathbf{x}_1, \mathbf{x}_2, \cdots, \mathbf{x}_n) = 0 \quad (i = 1, 2, \cdots, n)$。
(2) 誤差項 **u** 之非條件平均數等於 **0**，即 $E[E(\mathbf{u} \mid \mathbf{X})] = E[\mathbf{u}] = \mathbf{0}$。
(3) 條件預期值。即 $E[(\mathbf{y} \mid \mathbf{X})] = \mathbf{X}\beta$。
(4) 迴歸因子與誤差項之間相互正交。即 $E(\mathbf{X}^T\mathbf{u}) = \mathbf{0}$。

上述性質 (1) 是指過去、現在甚至於未來的 $\mathbf{x}_i$ 值並無法取得有關於 u_i 的相關訊息。性質 (2) 則表示既然誤差項可以用於表示「不確定」或「無知」，一個直接的想法，就是其平均數爲 0，可寫成 $E(\mathbf{u}) = \mathbf{0}$，表示 **u** 的期望值（就是平均數）等於 **0**[13]；換言之，**u** 可以表示對因變數 **y** 的瞭解程度未必能完全掌握，故對 **y** 之「高估」或「低估」程度，其平均力道應該差不多。值得注意的是，**u** 的期望值等於 **0**，未必表示對 **y** 的「不瞭解程度」很小，此仍取決於外在因素對 **y** 的影響程度而定。

---

[13] 其實根據重複期望值定理可知 $E(\mathbf{u}) = E[E(\mathbf{u} \mid \mathbf{X})] = \mathbf{0}$，故 $E(\mathbf{u} \mid \mathbf{X}) = \mathbf{0}$ 隱含著 $E(\mathbf{u}) = \mathbf{0}$。

$E(\mathbf{u}) = \mathbf{0}$ 可以稱爲對 $\mathbf{u}$ 之「非條件預期」（unconditional expectation）等於 $\mathbf{0}$，非條件預期就是沒有條件下的預期。但是，若觀察（1-1）式，經濟或財務理論有提供了可以先經由 $\mathbf{X}$ 來解釋 $\mathbf{y}$，因此誤差項應是 $\mathbf{y}$ 透過 $\mathbf{X}$「過濾」後所剩下的「無知」部分；是故，$E(\mathbf{u}) = \mathbf{0}$ 的假定應改爲 $E(\mathbf{u} \mid \mathbf{X}) = \mathbf{0}$，而其就是表示對 $\mathbf{u}$ 之「條件預期」（conditional expectation）等於 $\mathbf{0}$！既然 $E(\mathbf{u} \mid \mathbf{X}) = \mathbf{0}$，$\mathbf{y}$ 剩下的部分，就是對迴歸函數的預期 $E[(\mathbf{y} \mid \mathbf{X})] = \mathbf{X}\beta$。

至於性質 (4) 則表示 $E(x_{il}u_j) = 0$（$i, j = 1, 2, \cdots, n; l = 1, 2, \cdots, k$），此乃因 $E(x_{il}u_j) = E[E(x_{il}u_j) \mid x_{il}] = E[x_{il}E(u_j \mid x_{il})] = 0$（根據重複期望値定理），故其表示就所有的觀察値 x_{il} 而言，其與誤差項呈現出現正交的關係。我們可以進一步看出此處所謂二變數的「正交關係」相當於二變數的共變異數或相關係數等於 0，即：

$$Cov(\mathbf{X}, \mathbf{u}) = E(\mathbf{X}^T\mathbf{u}) - E(\mathbf{X})E(\mathbf{u}) = \mathbf{0}$$

隱含著$E(\mathbf{X}^T\mathbf{u}) = \mathbf{0}$。

利用上述假定，我們進一步檢視 $\mathbf{b}$ 的平均數與變異數。首先來看 $\mathbf{b}$ 的平均數的計算。利用（1-1）與（1-13）二式，可得：

$$\begin{aligned}\mathbf{b} &= (\mathbf{X}^T\mathbf{X})^{-1}\mathbf{X}^T(\mathbf{X}\beta + \mathbf{u}) \\ &= \beta + (\mathbf{X}^T\mathbf{X})^{-1}\mathbf{X}^T\mathbf{u} = \beta + \mathbf{H}\mathbf{u}\end{aligned} \qquad (1\text{-}38)$$

因 $\mathbf{X}$ 屬於一種隨機的矩陣，故（1-38）式可改成用條件平均數的方式表示，即因 $\mathbf{H} = (\mathbf{X}^T\mathbf{X})^{-1}\mathbf{X}^T$ 爲 $\mathbf{X}$ 的函數，於 $\mathbf{X}$ 已知的情況下對其並沒有影響；另一方面，利用（1-38）式，可得：

$$E(\mathbf{b} \mid \mathbf{X}) = \beta + E(\mathbf{H}\mathbf{u} \mid \mathbf{X}) = \beta + \mathbf{H}E(\mathbf{u} \mid \mathbf{X}) = \beta$$

利用重複期望値定理，可知：

$$E(\mathbf{b}) = E[E(\mathbf{b} \mid \mathbf{X})] = \beta + E[\mathbf{H}E(\mathbf{u} \mid \mathbf{X})] = \beta \qquad (1\text{-}39)$$

是故（1-37）式是 $\mathbf{b}$ 爲 β 之不偏估計式的一個重要的假定。我們不難用模擬的方式看出若違反 $\mathbf{AX}$ 的假定，$\mathbf{b}$ 會如何偏離 β，可以參考圖 1-10。

圖 1-10 是一個小型的蒙地卡羅模擬結果。該圖假想母體是一個簡單的線性迴歸模型如（1-4）式，其中 $\beta_1 = 0.5$、$\beta_2 = 0.8$ 與 u 是一個標準常態隨機變數。圖 (a) 與 (b) 繪製出於 x 與 u 有相關的情況下，b_1 與 b_2 的抽樣分配，其中 x 與 u 的相關係數分配則繪製於圖 (e)。同理，圖 (c) 與 (d) 繪製出於 x 與 u 沒有相關的情況下，b_1 與 b_2 的抽樣分配，其中黑點分別表示對應的 β_1 與 β_2，而 x 與 u 的相關係數分配則繪製於圖 (f)。我們從圖內可以看出若 x 與 u 之間存在有高度的相關，$\mathbf{b} = (b_1, b_2)^T$ 的確會偏離 $\beta = (\beta_1, \beta_2)^T$ 甚遠，故 OLS 並不是一個「萬靈丹[14]」，反而 $\mathbf{b}$ 是 β 的偏估計式。

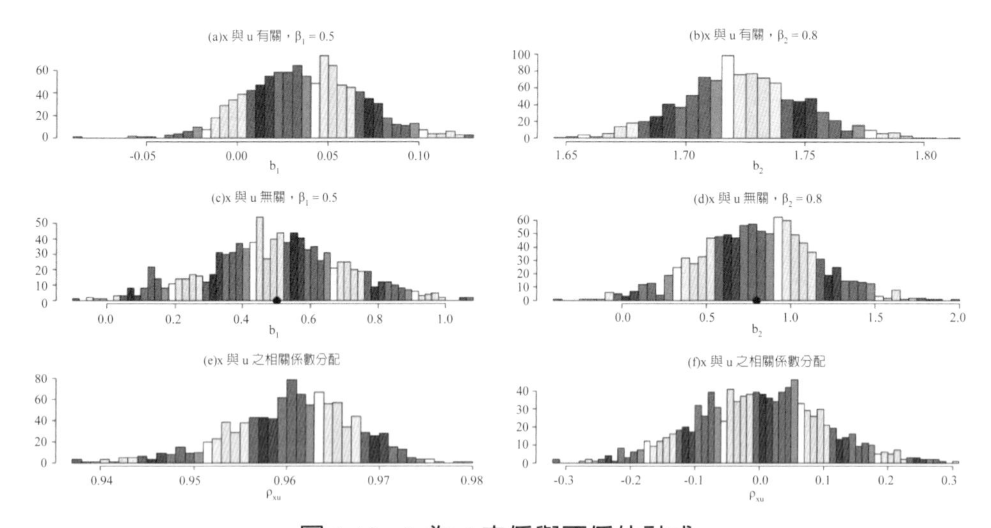

圖 1-10　**b 為 β 之偏與不偏估計式**

雖然透過模擬的方式，我們不難得到想要的結果，不過於實際應用上卻未必是如此；換言之，於圖 1-10 內可看出 **AX** 的假定頗爲重要，我們倒是可以進一步檢視究竟該假定是否可以成立？於文獻上，此部分可稱爲內生性（endogeneity）問題，我們可以分成三部分說明：

(1) 衡量誤差（measurement error）。假定一個眞正的模型爲 $\mathbf{y} = \mathbf{X}\beta + \mathbf{u}$，不過我們卻只能觀察到 $\mathbf{X}^o$，故存在一個衡量（隨機）誤差 η，即 $\mathbf{X}^o = \mathbf{X} + \eta$，故上述模型，我們是使用 $\mathbf{y} = \mathbf{X}^o\beta + \mathbf{u}^o$，其中 $\mathbf{u}^o = \mathbf{u} - \beta\eta$。因此，

[14] 即並不是不加思索就可用迴歸模型而以 OLS 估計。

$$Cov(\mathbf{X}^o, \mathbf{u}^o) = Cov(\mathbf{X} + \eta, \mathbf{u}) - \beta Cov(\mathbf{X} + \eta, \eta) \neq \mathbf{0}$$

其中 $Cov(\mathbf{X} + \eta, \mathbf{u}) = 0$，但是 $Cov(\mathbf{X} + \eta, \eta) \neq \mathbf{0}$。

(2) 聯立方程式誤差（simultaneous equation bias）。聯立方程式誤差是一種頗爲普遍的現象，該誤差強調經濟單位的決策是相互關聯的，我們並不容易分開出單獨的決策。例如：總體經濟的消費函數可寫成 $C = \beta_0 + \beta_1 Y + u$，而總合支出可寫成 $Y = C + Z$，其中 Z 表示投資或政府等支出。明顯地，若欲估計消費函數，我們發現 Y 與 u 是有關的，故 OLS 估計式並不是一個適當的估計式。

(3) 弱外生性。如前所述，符合（1-37）式稱爲滿足嚴格外生性，不過（1-37）式的條件似乎過於嚴苛，我們可以轉而注意弱外生性。滿足弱外生性的條件爲：

$$E(x_{ik}u_i) = 0 \text{（就 } k \text{ 個迴歸因子而言，} i = 1, 2, \cdots, n\text{）}$$

即嚴格外生性強調目前的 x_{ik} 值與誤差項 u_j 之間完全無關（含未來、目前或過去），而弱外生性則表示雖然目前或未來的誤差項 u_j 與目前的 x_{ik} 值之間無關，但是目前的 x_{ik} 值與過去的誤差項 u_j 未必無關。

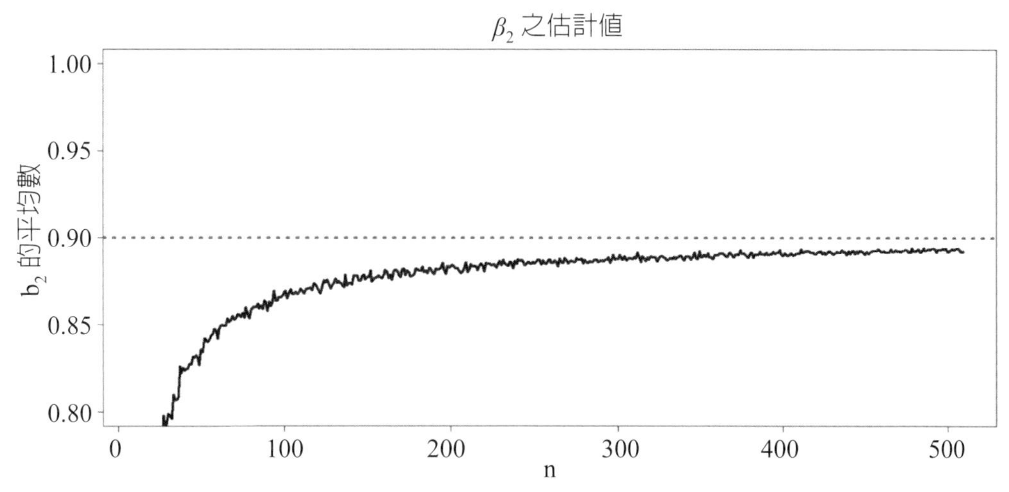

圖 1-11　於不同樣本數下，以 OLS 估計 $AR(1)$ 模型內的 β_2，其中 $\beta_2 = 0.9$

顯然地，若存在衡量誤差與聯立方程式誤差，則即使使用大樣本數，OLS 的估計式 **b** 會喪失其具有一致性的特性[15]；不過，若強調弱外生性，於小樣本數下，

[15] 一致性是指隨著樣本數 n 的逐漸提高，**b** 會逐漸接近於 β，可以參考本書附錄。

b 的估計也許仍有偏差，但是於大樣本數下，該偏差卻會逐漸縮小，故 **b** 仍是一個具有一致性的估計式。弱外生性的假定容易出現於時間序列分析內，例如我們再檢視圖 1-6 內四種指數收盤價之月時間走勢，可以發現一般時間序列的觀察值如上述收盤價等，大多具有趨勢的走勢，此表示財金序列資料具有相當的持續性（persistence）。通常我們是使用自我迴歸（autoregressive models, AR）模型描述上述現象，而最簡單的自我迴歸模型，莫過於 $AR(1)$ 模型。其實，$AR(1)$ 模型只是將（1-4）式的 x_t 改成 y_{t-1}，此時 β_2 值的大小正可以表示持續性的強弱；也就是說，想像 $\beta_2 = 0.95$ 與 $\beta_2 = 0.2$ 的差異，前者隱含著 y_{t-1} 對 y_t 的影響程度遠大於後者，此不是表示來自「前一期」的持續力道相當強勁嗎！

不過，使用時間序列模型如 AR 模型，於有限樣本（小樣本）下，參數如 β 值的估計會有偏誤（bias）。底下，我們亦嘗試著用一個小型的蒙地卡羅模擬方法說明上述的偏誤。該蒙地卡羅模擬分成三個步驟執行：第一，利用 $AR(1)$ 模型（假定誤差項爲標準常態隨機變數）如（1-40）式分別模擬出 501 個 y 的實現值 y_t，y_t 的樣本數 $n = 10, 11, \cdots, 510$，其中 y_0 皆假定爲 0；第二，上述 501 個 y_t 皆用 $AR(1)$ 模型化，並使用 OLS 分別估計 β_2 值；第三，重複第一與第二步驟 500 次，再計算不同樣本數下 β_2 估計值之平均數。

圖 1-11 繪出不同樣本數下 β_2 估計值之平均數，從圖內可看出於小樣本下，以 OLS 估計 β_2 值會產生低估的情況（眞正的值爲 0.9），還好隨著樣本數的增加，上述低估會逐漸消失。爲何於小樣本下會產生估計偏誤現象？此時弱外生性的假定就可派上用場；換言之，上述 $AR(1)$ 模型可寫成：

$$y_t = \beta_1 + \beta_2 y_{t-1} + u_t \tag{1-40}$$

用反覆替代的方式，（1-40）式可再改寫成：

$$y_1 = \beta_1 + \beta_2 y_0 + u_1$$
$$y_2 = \beta_1 + \beta_2 y_1 + u_2 = \beta_1 + \beta_2(\beta_1 + \beta_2 y_0 + u_1) + u_2 = \beta_1 + \beta_2\beta_1 + \beta_2^2 y_0 + \beta_2 u_1 + u_2$$
$$\vdots$$
$$y_t = \alpha_0 + \sum_{i=0}^{t-1} \beta_2^i u_{t-i} + \beta_2^t y_0 \tag{1-41}$$

其中 $\alpha_0 = \beta_1 + \beta_2\beta_1 + \cdots$。是故，從（1-41）式可以看出與 y_{t-1} 與 $u_t, u_{t+1}, \cdots$無關，但是卻與 $u_{t-2}, u_{t-3}, \cdots$有關。因此，只要 $|\beta_1| < 1$，隨著樣本數的提高，y_{t-1} 與過去的

u_{t-1} 的關係逐漸降低，故 OLS 估計式雖於小樣本數下會有偏誤，但是於大樣本數下，其仍是一個具有一致性的估計式。

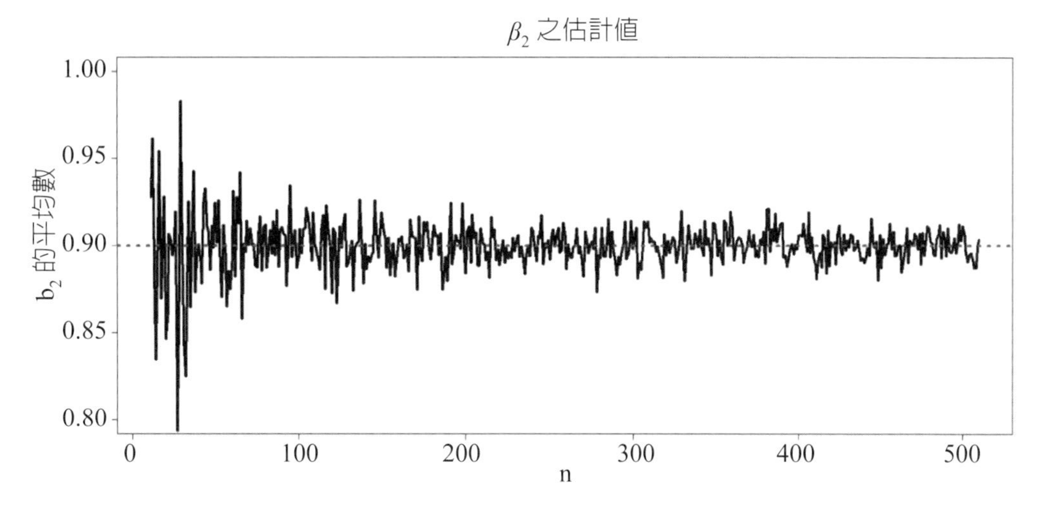

圖 1-12　於不同樣本數下，以 OLS 估計簡單迴歸模型內的 β_2，其中 $\beta_2 = 0.9$

例 1　b 是 β 的不偏估計式

倘若不違反 **AX** 的假定，用 OLS 估計（1-1）式內的參數值，其會不會出現類似於圖 1-11 的結果？換言之，若（1-1）式的設定符合（1-37）式，於小樣本下，**b** 是否是 β 的不偏估計式？爲了澄清上述的疑惑，我們仍以一個小型的蒙地卡羅模擬方法說明。該模擬方法類似於圖 1-11，只不過我們將其內的 $AR(1)$ 模型改成以（1-4）式取代，其中 x_t 與 u_t 分別表示均等分配與標準常態分配的隨機變數，而參數值不變，該模擬結果可繪製於圖 1-12。從圖 1-12 內可看出不管樣本數爲何，只要符合 **AX** 的假定，**b** 仍是 β 的不偏估計式，故此隱含著 **AX** 的假定與不偏估計式的取得，其實是與樣本數的大小無關。

上述 $AR(1)$ 模型的情況，我們亦可以使用 FWL 定理說明。通常，時間序列的迴歸模型會牽涉到落後變數（lagged variables）的迴歸因子，例如 AR 模型就是以落後的因變數爲解釋變數；因此，於時間序列計量模型內，反而較不重視（1-37）式，而以（1-42）式取代，即：

$$E(u_t \mid \mathbf{X}_t) = 0 \tag{1-42}$$

即當期的 **u** 與 **X** 無關。以（1-42）式取代（1-37）式並不是沒有代價的，即我們必須使用大的樣本數。（1-42）式亦可稱爲迴歸模型的預定條件（predeterminedness condition），即弱外生性亦可稱爲預定條件。仍以 $AR(1)$ 模型爲例，（1-40）式亦可寫成：

$$\mathbf{y}=\beta_1\iota+\beta_2\mathbf{y}_1+\mathbf{u},\quad \mathbf{u}\sim IID(\mathbf{0},\sigma^2\mathbf{I}) \tag{1-43}$$

其中 ι 仍表示其內元素全爲 1 的 $n\times 1$ 向量，而 $\mathbf{y}_1$ 則表示 $\mathbf{y}$ 之落後 1 期的向量。當然，（1-43）式亦可寫成：

$$y_t=\beta_1+\beta_2 y_{t-1}+u_t,\quad u_t\sim IID(0,\sigma^2)$$

值得注意的是，因於 y_{t-1} 的條件下，$E(u_t)=0$，故 $AR(1)$ 符合上述迴歸模型的預定條件，即於期 t 下，反而 y_{t-1} 是一個預定（已知）的變數；不過，因（1-37）式如 $E(\mathbf{u}\mid\mathbf{y}_1)=\mathbf{0}$ 需要 y_{t-1} 與 $u_{t-1},u_{t-2},\cdots$ 無關，顯然 $AR(1)$ 無法符合，故 $AR(1)$ 無法滿足（1-37）式的假定。

我們可以利用 FWL 定理說明上述 $AR(1)$ 的情況。根據（1-34）式，（1-43）式內的對應的 OLS 之參數 β_2 估計式可寫成：

$$\mathbf{b}_2=(\mathbf{y}_1^T\mathbf{M}_\iota\mathbf{y}_1)\mathbf{y}_1^T\mathbf{M}_\iota\mathbf{y}$$

其中 $\mathbf{M}_\iota=\mathbf{I}-\iota(\iota^T\iota)^{-1}\iota^T$。將（1-43）式代入上式內，因 $\mathbf{M}_\iota\iota=\mathbf{0}$，故可得：

$$\begin{aligned}\mathbf{b}_2&=(\mathbf{y}_1^T\mathbf{M}_\iota\mathbf{y}_1)\mathbf{y}_1^T\mathbf{M}_\iota(\mathbf{y}_1\beta_2+\mathbf{u})\\&=\beta_2+(\mathbf{y}_1^T\mathbf{M}_\iota\mathbf{y}_1)\mathbf{y}_1^T\mathbf{M}_\iota\mathbf{u}\end{aligned} \tag{1-44}$$

因此，$\mathbf{b}_2$ 爲一個不偏的估計式的條件必須是 $E((\mathbf{y}_1^T\mathbf{M}_\iota\mathbf{y}_1)\mathbf{y}_1^T\mathbf{M}_\iota\mathbf{u})=0$，不過因 $E(\mathbf{u}\mid$ y1$)\neq\mathbf{0}$，故 $\mathbf{b}_2$ 是一個偏的估計式；另一方面，因 $\mathbf{b}_1$ 與 $\mathbf{b}_2$ 的推導過程頗爲類似，$\mathbf{b}_2$ 既不是一個不偏的估計式，同理，$\mathbf{b}_1$ 亦不是一個不偏的估計式。換言之，類似於（1-44）式，我們亦不難導出 $\mathbf{b}_1$ 的結果爲：

$$\mathbf{b}_1=\beta_1+(\iota^T\mathbf{M}_{\mathbf{y}_1}\iota)^{-1}\iota^T\mathbf{M}_{\mathbf{y}_1}\mathbf{u} \tag{1-45}$$

其中 $\mathbf{M}_{\mathbf{y}_1}=\mathbf{I}-\mathbf{y}_1(\mathbf{y}_1^T\mathbf{y}_1)^{-1}\mathbf{y}_1^T$。同理，因 $\mathbf{y}_1$ 與 $\mathbf{u}$ 有關，故 $\mathbf{b}_1$ 亦是一個偏的估計式。

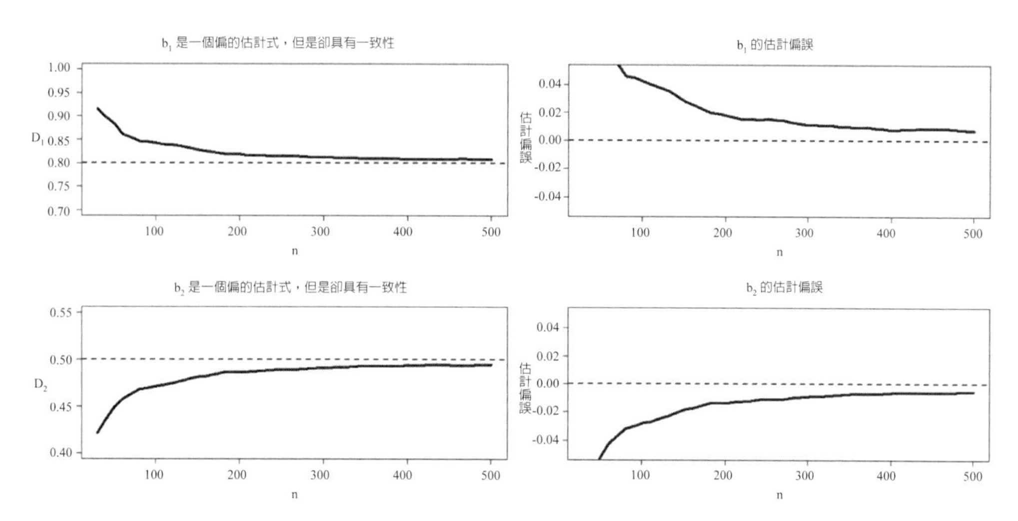

圖 1-13　$AR(1)$ 內 $\mathbf{b}_1$ 與 $\mathbf{b}_2$ 皆是偏的估計式，但是卻具有一致性的性質

不偏性的性質絕非是一個估計式所需具備的特徵，其他一個重要的性質是一致性。一個具有一致性的估計式是指隨著樣本數的逐漸提高，該估計式的估計值會逐漸接近於欲估計的標的值；也就是說，於大樣本數下，上述估計值會接近於「眞實值」。通常，OLS 之參數估計式 **b** 即使是偏的估計式，不過它卻具有一致性的特性。例如：考慮一個 $AR(1)$ 模型如（1-43）式所示，其中 $\beta_1 = 0.8$、$\beta_2 = 0.5$ 以及 $\mathbf{u} \sim NID(\mathbf{0}, \mathbf{I})$。於不同的樣本數 n 之下，我們不難模擬出 N 個 **y** 値，因此根據（1-44）與（1-45）二式，可分別得出 N 個 $\mathbf{b}_1$、$\mathbf{b}_2$ 以及各自對應的估計偏誤值，接下來再分別計算其平均數，最後的結果可繪製於圖 1-13。從圖內的各小圖可看出 $\mathbf{b}_1$ 與 $\mathbf{b}_2$ 並不是一個不偏的估計式，但是隨著 n 的逐漸提高，二估計式的（平均）估計偏誤亦逐漸下降；最後，即 $n \to \infty$，$\mathbf{b}_1$ 與 $\mathbf{b}_2$ 應分別能估計到 β_1 與 β_2，後二者於圖內以水平虛線表示（左圖）。於圖 1-13 的模擬過程內（亦可參考所附的 R 指令），不難看出 DGP 如（1-36）式所扮演的角色，即我們可以透過電腦的模擬，如使用蒙地卡羅模擬方法當作例如（1-44）與（1-45）二式的輔助工具，藉以瞭解上述二式的意思。

習題

(1) 試解釋迴歸模型內的 AX 假定。

(2) 試用模擬的方式比較 $y_t = 0.9y_{t-1} + \sigma u_t$ 與 $y_t = -0.9y_{t-1} + \sigma u_t$ 的走勢，其中 u_t 爲標準常態隨機變數，而 $\sigma > 0$ 表示一種擴散因子。提示：可參考圖 E5。

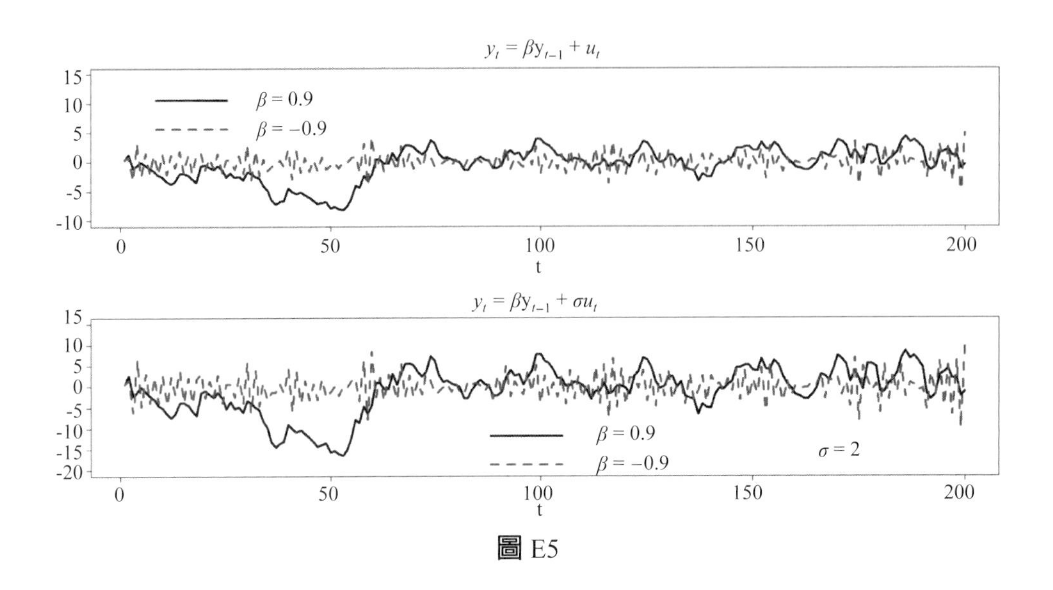

圖 E5

(3) 續上題，何種 y_t 的走勢較合理？爲什麼？

(4) 至主計總處下載台灣 CPI 時間序列資料並轉成（年）通貨膨脹率資料（1982/1~2018/12）。試以 $AR(1)$ 模型如（1-40）式而以 OLS 估計，通貨膨脹率資料的持續性爲何？其會高估抑或會低估？爲什麼？提示：β_2 值可用以表示持續性程度。

(5) 續上題，若 $AR(1)$ 模型適用於模型化上述通貨膨脹率資料，則根據（1-44）式，持續性低估値爲何？

(6) 續上題，若將月通貨膨脹率轉成季通貨膨脹率呢？

(7) 至主計總處下載台灣實質 GDP 時間序列資料並轉成季經濟成長率資料（1981/1~2018/4），重做 (4) 與 (5)。

(8) 試解釋弱外生性所扮演的角色。

3.2.2 動差法

既然可以使用 OLS 取得（1-1）式內 β 的估計式 $\mathbf{b}$，故（1-1）式的「樣本」型態可寫成：

$$\mathbf{y} = \hat{\mathbf{y}} + \mathbf{e} = \mathbf{Xb} + \mathbf{e} \tag{1-46}$$

其中 $\mathbf{e}$ 是一個 $n\times 1$ 向量。$\mathbf{e}$ 表示迴歸模型的殘差值，其可用估計（1-1）式的 $\mathbf{u}$；換言之，如（1-36）式所示，迴歸模型的「母體」可視爲一種 DGP，我們可以使用 OLS 以估計未知的參數 β_0，因此（1-1）式與（1-46）式之間猶如統計學內的母體與樣本的關係。

如前所述，我們可以使用動差法導出 OLS 之母體參數的估計式，即計量或統計模型內皆有未知的參數，我們當然有興趣想要知道上述參數的估計值爲何？若檢視（1-1）與（1-46）二式可以發現後者係「模仿」前者而生，其實這也沒有錯，我們的興趣或目標是「母體」而可以接觸到的卻是「樣本」，是故統計學教我們用「樣本」來估計「母體」；換言之，我們可以由樣本的動差估計母體的動差，此大概就是動差法的由來，只不過迴歸模型的「動差」爲何？

利用不偏性的特性，即（1-39）式，可知 $E(\mathbf{b}) = \beta$，可以知道母體的參數竟然是以期望值 $E(\cdot)$ 的型態表示，是故我們要使用動差法估計母體的參數，不就是相當於要使用 $E(\cdot)$ 的樣本型態嗎？即只要使用對應的樣本平均數的觀念而已！換言之，利用迴歸模型內的 AX 假定，即（1-37）式，隱含著：

$$E(\mathbf{X}^T\mathbf{u}) = \mathbf{0} \tag{1-47}$$

値得注意的是，於（1-47）式內，其相當於由 k 條方程式所構成的聯立方程式體系。利用（1-1）式可得 $\mathbf{u} = \mathbf{y} - \mathbf{X}\beta$ 代入（1-47）式內，故只要滿足 AFR 的假定，自然可以得到 $\beta = (\mathbf{X}^T\mathbf{X})^{-1}\mathbf{X}^T\mathbf{y}$，而其中 β 的「樣本型態」不就是（1-13）式嗎？換言之，（1-47）式的樣本型態，可寫成：

$$\frac{1}{n}\mathbf{X}^T\mathbf{e} = \mathbf{0} \tag{1-48}$$

其中 $\mathbf{e} = \mathbf{y} - \mathbf{X}\mathbf{b}$。（1-48）式亦可稱爲迴歸模型的標準方程式，即其就是在描述 $\mathbf{b}$ 具有滿足上述標準方程式的性質。我們可以回想迴歸因子矩陣亦可寫成 $\mathbf{X} = [\mathbf{x}_1, \mathbf{x}_2, \cdots, \mathbf{x}_k]$，其中 $\mathbf{x}_1 = \iota$ 爲一個元素皆爲 1 之 $n\times 1$ 的向量。想像一個最簡單的情況，即假定（1-4）式內的 $\beta_2 = 0$，故（1-48）式亦可改寫成：

$$\frac{1}{n}\iota^T\mathbf{e} = \overline{e} = 0 \tag{1-49}$$

就 n 個觀察値而言，（1-49）式隱含著：

$$\frac{1}{n}\iota^T\mathbf{e} = \frac{1}{n}\sum_{t=1}^{n}(y_t - b_1) = 0 \Rightarrow b_1 = \overline{y} = \frac{1}{n}\sum_{t=1}^{n}y_t$$

其中 b_1 爲 β_1 之 OLS 估計式。換言之，若迴歸模型內只有常數項而無解釋變數，因變數的樣本平均數竟然就是 OLS 的估計式。

上述的想法，當然可以繼續擴充。就（1-4）式而言，若 $\beta_1 \neq 0$ 與 $\beta_2 \neq 0$，則（1-49）式亦可寫成：

$$\frac{1}{n}\begin{bmatrix} \iota^T \\ \mathbf{x}_2^T \end{bmatrix}\mathbf{e} = \begin{bmatrix} \frac{1}{n}\iota^T\mathbf{e} \\ \frac{1}{n}\mathbf{x}_2^T\mathbf{e} \end{bmatrix} = \begin{bmatrix} 0 \\ 0 \end{bmatrix} \tag{1-50}$$

同理，於（1-1）式內，若 $\beta_j \neq 0$，其中 $j = 1, 2, \cdots, k$，則（1-49）式可擴充改寫成：

$$\frac{1}{n}\begin{bmatrix} \iota^T \\ \mathbf{x}_2^T \\ \vdots \\ \mathbf{x}_k^T \end{bmatrix}\mathbf{e} = \frac{1}{n}\begin{bmatrix} \iota^T\mathbf{e} \\ \mathbf{x}_2^T\mathbf{e} \\ \vdots \\ \mathbf{x}_k^2\mathbf{e} \end{bmatrix} = \begin{bmatrix} 0 \\ 0 \\ \vdots \\ 0 \end{bmatrix} \tag{1-51}$$

於（1-50）式內，可知 $e_t = y_t - b_1 - b_2x_{2t}$，其中 b_2 是 β_2 的 OLS 估計式而 $t = 1, 2, \cdots, n$，故（1-50）式隱含著：

$$\frac{1}{n}\sum_{t=1}^{n} e_t = \frac{1}{n}\sum_{t=1}^{n}(y_t - b_1 - b_2x_{t2}) = 0 \Rightarrow b_1 + \left(\sum_{t=1}^{n} x_{t2}\right)b_2 = \frac{1}{n}\sum_{t=1}^{n} y_t$$

$$\frac{1}{n}\sum_{t=1}^{n} e_t x_{t2} = \frac{1}{n}\sum_{t=1}^{n}(y_t - b_1 - b_2x_{t2})x_{t2} = 0 \Rightarrow \left(\sum_{t=1}^{n} x_{t2}\right)b_1 + \left(\sum_{t=1}^{n} x_{t2}^2\right)b_2 = \frac{1}{n}\sum_{t=1}^{n} x_{t2}y_t$$

$$\Rightarrow \begin{bmatrix} n & \sum_{t=1}^{n} x_{t2} \\ \sum_{t=1}^{n} x_{t2} & \sum_{t=1}^{n} x_{t2}^2 \end{bmatrix}\begin{bmatrix} b_1 \\ b_2 \end{bmatrix} = \begin{bmatrix} \sum_{t=1}^{n} y_t \\ \sum_{t=1}^{n} x_{t2}y_t \end{bmatrix}$$

同理，於（1-51）式內，因 $e_t = y_t - b_1 - b_2x_{t2} - b_3x_{t3} - \cdots - b_kx_{tk}$，其中 b_j 是 β_j 的 OLS 估計式，而 $j = 1, 2, \cdots, k$ 與 $t = 1, 2, \cdots, n$，故（1-51）式隱含著：

$$\begin{bmatrix} n & \sum_{t=1}^{n} x_{t2} & \cdots & \sum_{t=1}^{n} x_{tk} \\ \sum_{t=1}^{n} x_{t2} & \sum_{t=1}^{n} x_{t2}^2 & \cdots & \sum_{t=1}^{n} x_{t2}x_{tk} \\ \vdots & \vdots & \ddots & \vdots \\ \sum_{t=1}^{n} x_{tk} & \sum_{t=1}^{n} x_{t2}x_{tk} & \cdots & \sum_{t=1}^{n} x_{tk}^2 \end{bmatrix} \begin{bmatrix} b_1 \\ b_2 \\ \vdots \\ b_k \end{bmatrix} = \begin{bmatrix} \sum_{t=1}^{n} y_t \\ \sum_{t=1}^{n} x_{t2}y_t \\ \vdots \\ \sum_{t=1}^{n} x_{tk}y_t \end{bmatrix} \tag{1-52}$$

是故（1-48）式亦有另一種表示方式，即其可以「標準方程式」如（1-52）式的方式表示。事實上，利用（1-48）式與 $\mathbf{X} = [\mathbf{x}_1 \quad \mathbf{x}_2 \quad \cdots \quad \mathbf{x}_k]$，我們亦可得出：

$$\mathbf{X}^T\mathbf{X} = \begin{bmatrix} \mathbf{x}_1^T\mathbf{x}_1 & \mathbf{x}_1^T\mathbf{x}_2 & \cdots & \mathbf{x}_1^T\mathbf{x}_k \\ \mathbf{x}_2^T\mathbf{x}_1 & \mathbf{x}_2^T\mathbf{x}_2 & \cdots & \mathbf{x}_2^T\mathbf{x}_k \\ \vdots & \vdots & \ddots & \vdots \\ \mathbf{x}_k^T\mathbf{x}_1 & \mathbf{x}_k^T\mathbf{x}_2 & \cdots & \mathbf{x}_k^T\mathbf{x}_k \end{bmatrix} \text{與 } \mathbf{X}^T\mathbf{y} = \begin{bmatrix} \mathbf{x}_1^T\mathbf{y} \\ \mathbf{x}_2^T\mathbf{y} \\ \vdots \\ \mathbf{x}_k^T\mathbf{y} \end{bmatrix}$$

利用上述結果，讀者並不難證明（1-52）式。

本章從開始就強調迴歸分析是可以將因變數 $\mathbf{y}$ 拆成「系統」與「非系統」二成分，前者是以 $\mathbf{X}\beta$ 而後者是以 $\mathbf{u}$ 表示；沒想到，於迴歸分析內普遍使用的 β 之 OLS 估計式 $\mathbf{b}$ 的導出，竟然就是利用此種分割方式，即 $\mathbf{X}\beta$ 與 $\mathbf{u}$ 之間沒有任何相關，此應該有些意義吧！

例 1　偏態係數

（1-48）式內有利用到第一與二級（階）動差，至於更高階的動差呢？於《財統》內，我們曾介紹過利用機率分配的第三級中央型動差 μ_3 可用於計算該分配的偏態係數（coefficient of skewness）*Skew*，*Skew* 可定義成：

$$Skew = \frac{\mu_3}{(\mu_2)^{3/2}}$$

顯然利用動差法，我們可以計算 *Skew* 的樣本估計式 $\widehat{Skew}$，可以參考圖 1-14 以及所附的 R 指令。圖 1-14 分別繪製出四種不同樣本數下之標準常態分配的 $\widehat{Skew}$ 的抽樣分配，從圖內可看出 $\widehat{Skew}$ 應該是 *Skew* 的不偏或一致性估計式，圖內的黑點表示 $\widehat{Skew}$ 的樣本平均數，四種情況皆顯示出黑點頗接近於 0，表示標準常態分配應屬於對稱的分配；另一方面，從圖內亦可看出隨著樣本數的提高，上述抽樣分配的標準差亦隨之下降。

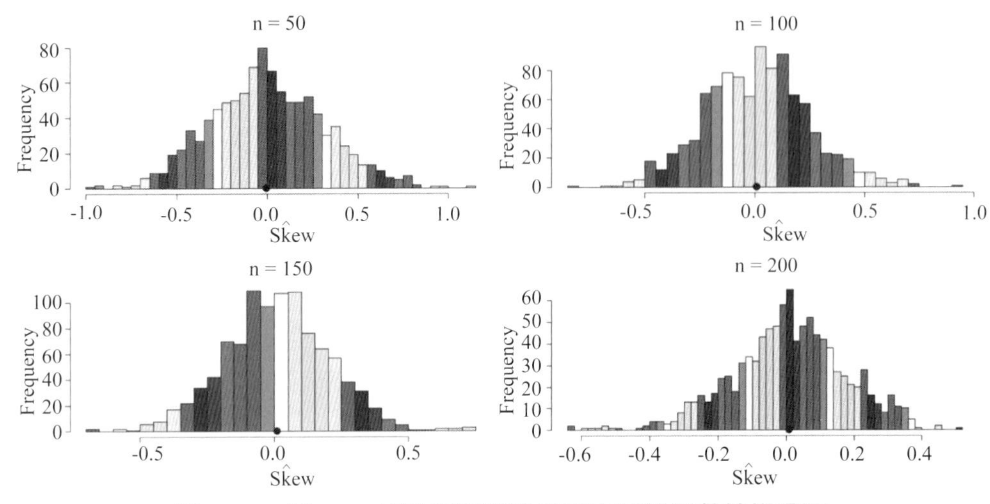

圖 1-14　以 MM 估計標準常態分配之偏態係數抽樣分配

例 2　峰態係數

類似地，機率分配的第四級中央型動差 μ_4 可用於計算該分配的峰態係數（coefficient of kurtosis）*Kurt*，*Kurt* 可定義成：

$$Kurt = \frac{\mu_4}{(\mu_2)^2}$$

同理，利用標準常態分配，我們亦可以找出 *Kurt* 的樣本估計式 $\hat{Kurt}$ 並繪製出其抽樣分配如圖 1-15 所示。有意思的是，於圖內可看出 $\hat{Kurt}$ 未必為 *Kurt* 的不偏估計

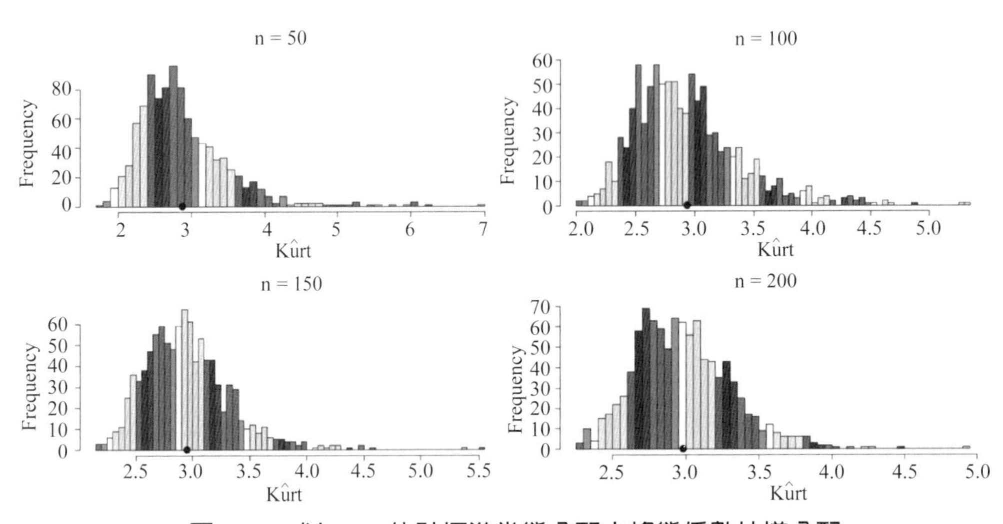

圖 1-15　以 MM 估計標準常態分配之峰態係數抽樣分配

式，還好於樣本數 $n = 200$ 之下，$K\hat{u}rt$ 的平均數（圖內黑點）已接近於理論値 3。

習題

(1) 何謂動差法？試解釋之。
(2) 若迴歸模型內不包括常數項，則對應的標準方程式爲何？
(3) 我們如何用動差法估計偏態與峰態係數？其對應的估計式分別爲何？
(4) 利用 3.2.1 節習題內的月通貨膨脹率時間序列資料，試分別計算偏態與峰態係數估計值。
(5) 續上題，上述月通貨膨脹率時間序列資料的估計 PDF 屬於高峽峰或低闊峰？提示：可參考圖 E6。
(6) 誤差項 u_t 的 PDF 若屬於高峽峰或低闊峰，OLS 的估計式如的性質是否會受影響？
(7) 究竟迴歸模型的標準方程式是在描述什麼？試解釋之。

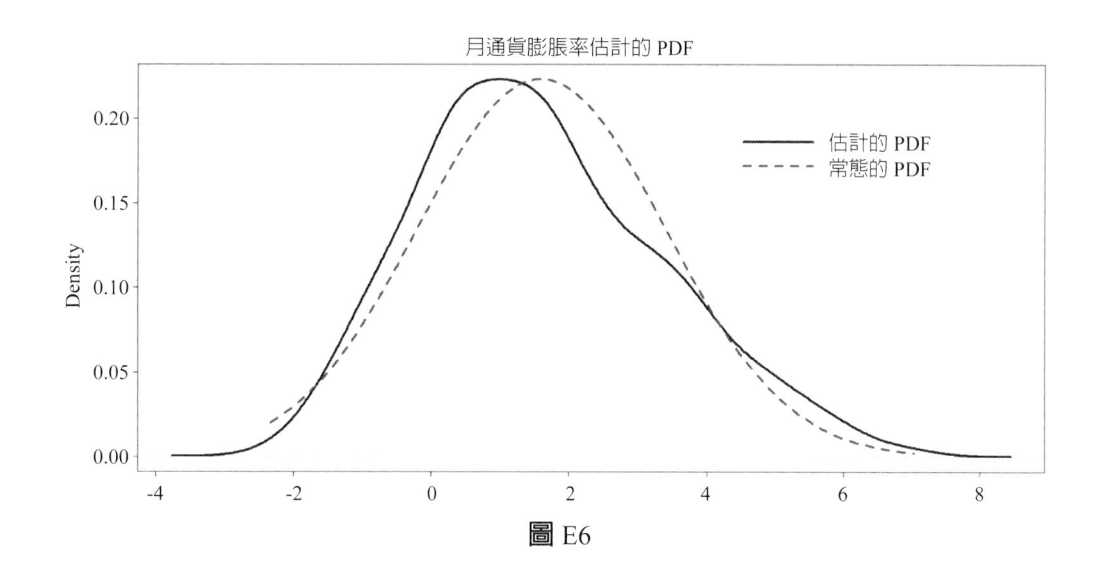

圖 E6

3.3 AH 與 AN 的假定

利用（1-38）式，接下來，我們來看 **b** 的變異數的導出。不過於尚未導出之前，我們尚需要二個針對 **u** 的假定；換言之，**AH** 的假定可以分成二部分來看。第一：於不同觀察値之下，u_i 的變異數爲一個固定的數値 σ^2，即：

$$Var(u_i \mid \mathbf{X}) = E(u_i^2 \mid \mathbf{X}) - [E(u_i \mid \mathbf{X})]^2 = \sigma^2 \quad (1\text{-}53)$$

即若符合（1-53）式，**u** 則稱的條件變異數具有同質性（即有相同的變異數）；同理，若違反（1-53）式，則稱 **u** 的條件變異數具有異質性（heteroscedasticity）（即沒有相同的變異數）。第二：不同 u_i 與 u_j（$i \neq j$）之間的條件共變異數等於 0，故：

$$Cov(u_i, u_j \mid \mathbf{X}) = 0 \;（i, j = 1, 2, \cdots, n; i \neq j） \quad (1\text{-}54)$$

即 **u** 的不同觀察值之間是無關的。於時間序列分析內，違反（1-54）式亦可稱爲序列相關（serial correlation）或自我相關。結合（1-53）與（1-54）二式，可得：

$$E(\mathbf{u}\mathbf{u}^T \mid \mathbf{X}) = Var(\mathbf{u} \mid \mathbf{X}) = \sigma^2 \mathbf{I}_n \quad (1\text{-}55)$$

利用（1-38）與（1-55）二式，可得：

$$\begin{aligned} Var(\mathbf{b} \mid \mathbf{X}) &= E[(\mathbf{b} - \beta)(\mathbf{b} - \beta)^T \mid \mathbf{X}] \\ &= E[\mathbf{H}\mathbf{u}\mathbf{u}^T\mathbf{H}^T \mid \mathbf{X}] \\ &= \mathbf{H}E[\mathbf{u}\mathbf{u}^T \mid \mathbf{X}]\mathbf{H}^T \\ &= \mathbf{H}(\sigma^2\mathbf{I}_n)\mathbf{H}^T = \sigma^2\mathbf{H}\mathbf{H}^T \\ &= \sigma^2(\mathbf{X}^T\mathbf{X})^{-1} \;（因\ \mathbf{H}\mathbf{H}^T = (\mathbf{X}^T\mathbf{X})^{-1}\mathbf{X}^T\mathbf{X}(\mathbf{X}^T\mathbf{X})^{-1} = (\mathbf{X}^T\mathbf{X})^{-1}） \end{aligned} \quad (1\text{-}56)$$

顯然，因 σ^2 爲未知（u 的變異數），不過因可用 **e** 估計 **u**，其中 $\mathbf{e} = \mathbf{y} - \hat{\mathbf{y}} = \mathbf{y} - \mathbf{X}\mathbf{b}$ 表示殘差值向量，故 σ^2 的估計式爲：

$$s^2 = \frac{\mathbf{e}^T\mathbf{e}}{n-k} \quad (1\text{-}57)$$

讀者應不難用模擬的方式證明 $E(s^2) = \sigma^2$（習題），於本書的附錄內，我們有證明（1-57）式。是故，$Var(\mathbf{b} \mid \mathbf{X})$ 的估計式可寫成：

$$Var(\mathbf{b} \mid \mathbf{X}) = s^2(\mathbf{X}^T\mathbf{X})^{-1} \quad (1\text{-}58)$$

利用（1-58）式的結果，我們可以再回到 TWI 月報酬率複迴歸模型的例子，即常數項、NSADAQ、N225 以及 SSE 月報酬率之對應的標準誤分別約為 0.39、0.07、0.09 與 0.05，其中 s 約為 5.39。

若上述迴歸模型的 **AT**、**AL**、**AFR**、**AX** 以及 **AH** 的五種假定皆能成立，按照 Gauss-Markov 定理[16]，OLS 的估計式 **b** 不僅具有不偏估計式的特性之外，尚且是於所有線性不偏估計式中最為有效的估計式（BLUE）；另一方面，若誤差項屬於常態分配，即符合 **AN** 的假定，則於所有不偏估計式中，**b** 擁有最小的變異數，故其最為有效。

上述誤差項屬於常態分配的假定，可以說是本章迴歸分析的第 6 個假定；因此，利用第 1~6 個假定與（1-56）式，可得出於 **X** 的條件下，**b** 的抽樣分配為：

$$\mathbf{b} \mid \mathbf{X} \sim N\left(\beta, \sigma^2 (\mathbf{X}^T \mathbf{X})^{-1}\right) \tag{1-59}$$

即 **b** 屬於平均數與變異數分別為 β 與 $\sigma^2(\mathbf{X}^T\mathbf{X})^{-1}$ 的常態分配。

例 1 報酬率序列存在自我相關

前述利用四種股價指數月收盤價計算月報酬率的例子內，我們是將每一種指數視為一種資產而投資人擁有四種資產；不過，若要計算保有期限超過 1 個月的報酬率時，應避免使用「重疊」的月收盤價資料計算報酬率，因後者的計算容易造成有序列相關的報酬率序列（可參考《財統》）。例如：圖 1-16 內的圖 (a) 與 (c) 分別繪製出保有 TWI 與 SSE 資產 1 個月，而圖 (b) 與 (d) 則分別繪製出保有上述二資產 5 個月報酬率的自我相關係數；值得注意的是，圖 (b) 與 (d) 是利用重疊的月收盤價序列資料所繪製。我們從圖內可看出保有 TWI 與 SSE 資產 1 個月報酬率的自我相關幾乎不存在，但是保有 5 個月報酬率卻存在明顯的自我相關。我們嘗試以「不重疊」月收盤價方式計算 5 個月的報酬率序列，其自我相關圖則繪製於圖 (e) 與 (f)；顯然，二圖皆顯示出自我相關的現象已不復存在。

---

[16] 學過計量經濟學的讀者應該不會對 Gauss-Markov 定理感到陌生，該定理於基礎的計量經濟學的教科書如 Gujarati（2004）或較深入的教科書如 Davidson 與 Mackinnon（2004）等書皆有介紹或證明，我們於此就不再多做說明。

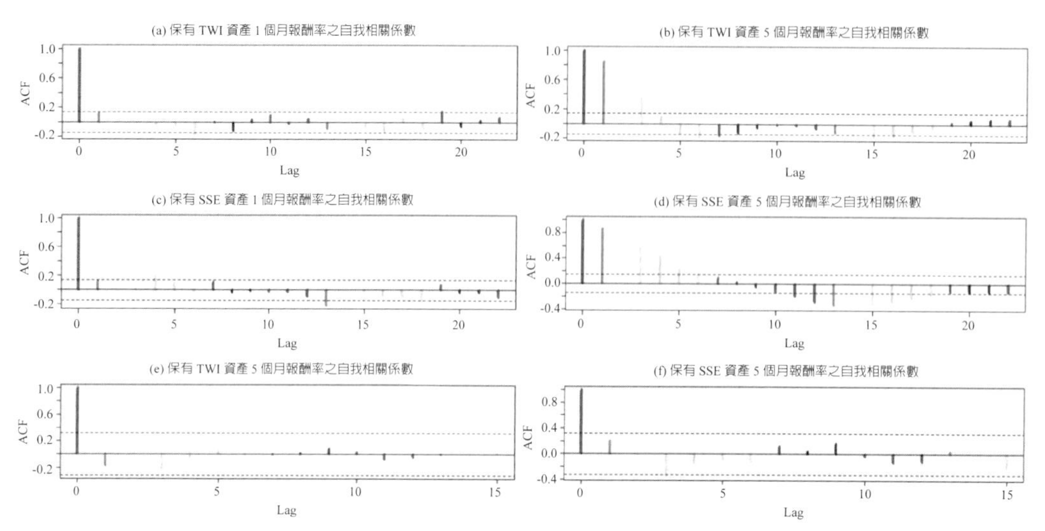

圖 1-16　保有 TWI 與 SSE 資產 1 個月與 5 個月報酬率之自我相關係數

例 2　*m* 個月報酬率之迴歸式

續例 1，利用「不重疊」月收盤價計算 m 個月報酬率，我們重新檢視以台股 m 個月報酬率為因變數，而以其餘三種指數 m 個月報酬率為自變數的複迴歸模型。仍以 OLS 估計，可得 $m=5$ 之結果為：

$$\underset{}{TWI} = \underset{(2.03)}{-1.19} + \underset{(0.19)}{0.55}NASDAQ + \underset{(0.22)}{0.35}N225 + \underset{(0.11)}{0.1}SSE,$$

其中小括號內之值為對應的估計標準誤。我們可以看出於顯著水準為 5% 之下，只有 NASDAQ 的報酬率會影響台股報酬率。讀者可練習其他的 m 值，同時與利用「重疊」的月收盤價所計算的報酬率比較。

例 3　條件變異數

至英文的 Yahoo 網站下載台股加權股價指數（TWI）日收盤價時間序列資料後（2000/1/4~2018/8/20），再將其轉成日對數報酬率時間序列資料，再分別估計 AR(4) 模型為：

$$\hat{y}_t = \underset{(0.02)}{0.01} + \underset{(0.02)}{0.06}y_{t-1} - \underset{(0.02)}{0.04}y_{t-2} + \underset{(0.02)}{0.01}y_{t-3} - \underset{(0.02)}{0.04}y_{t-4}$$

與

$$\hat{y}_t^2 = 0.88 - 0.32y_{t-1}^2 - 0.24y_{t-2}^2 - 0.22y_{t-3}^2 - 0.11y_{t-4}^2$$
$$(0.04)\ (0.05)\qquad (0.05)\qquad (0.05)\qquad (0.05)$$

其中 y_t 表示台股日對數報酬率。我們可以發現，除了落後 1 與 3 期之外，y_t 幾乎與其餘落後期無關，亦可參考圖 1-17 內的左圖；不過，若檢視 y_t 的平方序列，則其卻有顯著的自我相關，由圖 1-17 的右圖內可看出此自我相關程度可維持甚久。由於採用日資料，故日報酬率平方（加總）幾乎可以視為變異數的估計值，是故台股日報酬率的條件變異數並不是一種固定的數值，即其會出現忽高忽低現象。

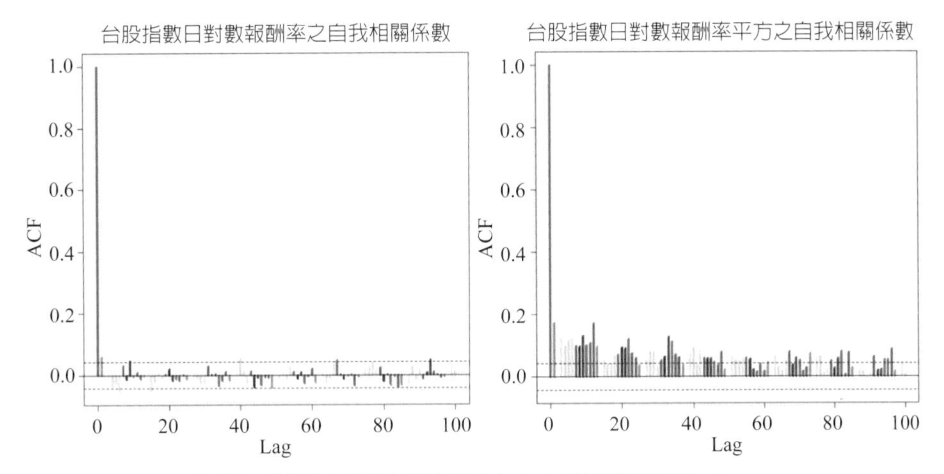

圖 1-17　台股指數日對數報酬率與其平方之自我相關係數（2000/1/4~2018/8/20）

習題

(1) 試以模擬的方式證明 $E(s^2) = \sigma^2$。

(2) 試以模擬的方式證明（1-59）式。提示：可參考圖 E7。

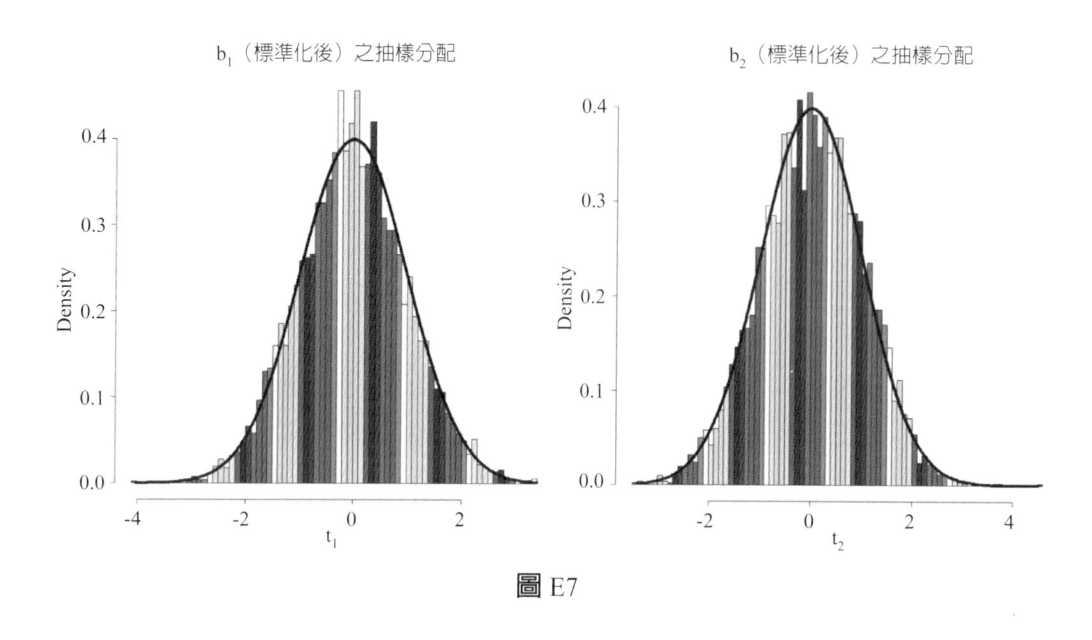

圖 E7

(3) 續上題，若將誤差項改爲 $\sigma\varepsilon_t$，其中 ε_t 爲 IID 之均等分配（介於 −3 與 3 之間）的隨機變數，則結果爲何？

(4) 於迴歸模型的假定內，何種假定最爲重要？爲什麼？

(5) 於迴歸模型的假定內，何種假定較不重要？爲什麼？

(6) 若使用「重疊」的月收盤價資料計算報酬率序列，爲何該報酬率序列易存在序列相關？

(7) 續上題，於迴歸分析內，其有何涵義？

(8) 於 AH 的假定內，哪一個假定比較重要？爲什麼？

3.4 Mann-Wald 定理

圖 1-11 與 1-13 說明了當考慮時間序列如 AR 模型時，OLS 估計式 **b** 是 β 參數的偏估計式，不過隨著樣本數的提高，**b** 卻是 β 的一致性估計式。因此，OLS 估計式 **b** 的使用除了考慮其有限樣本特徵外，尙可以考慮其「大樣本」的特徵，此就是屬於漸近理論的範圍。其實我們對於漸近理論並不陌生，因爲（基礎）統計學內的統計推論可說是建立在該理論上，例如樣本平均數的抽樣分配（或是估計式的檢定統計量分配）就是利用熟悉的中央極限定理（central limit theorem, CLT）；當然，於此處我們自然會提出一個疑問，那就是 CLT 的觀念是否可以應用於迴歸分析內？此大概可以分成二部分來看：第一，除了利用不偏性或有效性等觀念外，是否還有其他的方式可以判斷估計式的優劣？第二，如前所述，於迴歸模型內，我們

是透過 AN 的假定得以進一步針對 OLS 估計式 **b** 進行統計推論，不過若無法符合 AN 的假定，那是否可以用 CLT 取代 AN？或者說，也許有些估計式的有限樣本分配並不易取得，我們也只能透過大樣本來檢視；換言之，從 $\bar{x}$ 至 **b** 的統計推論，我們可以看到 CLT 觀念的延伸或擴充，因此通稱爲漸近理論。

因此，若考慮迴歸模型的「漸近理論」此相當於需將迴歸模型的基本假定如 **AFR**、**AX** 以及 **AN** 分別改成以 **AsFR**、**AsX** 以及 **AsN** 取代；也就是說，改寫（1-38）式可得：

$$\mathbf{b}_n = \beta + \left(\frac{1}{n}\mathbf{X}^T\mathbf{X}\right)^{-1}\left(\frac{1}{n}\mathbf{X}^T\mathbf{u}\right) = \beta + \mathbf{Q}_n^{-1}\mathbf{Q}_{n\mathbf{u}} \qquad (1\text{-}60)$$

其中 $\mathbf{b}_n$ 表示使用樣本數爲 n 之 OLS 估計式。從（1-60）式可以看出 $p\lim \mathbf{b}_n = \beta$ 的條件爲 $p\lim \mathbf{Q}_n$ 爲一個非 0 的（確定的）實數矩陣 **Q** 以及 $p\lim \mathbf{Q}_{n\mathbf{u}}$ 等於 **0**[17]；換言之，**b** 爲 β 的一致性估計式的條件爲：

$$\textbf{AsFR}：p\lim \mathbf{Q}_n = \mathbf{Q}$$

與

$$\textbf{AsX}：p\lim \mathbf{Q}_{n\mathbf{u}} = \mathbf{0}$$

我們不難利用模擬的方式來檢視 **AsFR** 與 **AsX** 假定的情況。

考慮一個含確定趨勢的 AR(1) 模型，即：

$$y_t = \beta_1 + \beta_2 t + \beta_3 y_{t-1} + u_t,\ u_t \sim NID(0, \sigma^2) \qquad (1\text{-}61)$$

令 $y_0 = 0$、$\beta_1 = 0.3$、$\beta_2 = 0.05$、$\beta_3 = 0.7$ 與 $\sigma = 1$。我們從（1-61）式內抽出 n 個樣本後再分別計算 $\mathbf{Q}_n$ 與 $\mathbf{Q}_{n\mathbf{u}}$，其結果可繪製於圖 1-18，其中 $\mathbf{Q}_{nij}{}^{-1}$ 與 $\mathbf{Q}_{n\mathbf{u}ij}$ 分別表示 $\mathbf{Q}_n^{-1}$ 與 $\mathbf{Q}_{n\mathbf{u}}$ 內之第 i 列與第 j 行的元素。於圖 1-18 內，圖 (a)~(i) 是分別繪製 $\mathbf{Q}_n^{-1}$ 內元素隨不同 n 值收斂情況，而圖 n(j)~(l) 則繪製出不同 n 值下 $\mathbf{Q}_{n\mathbf{u}}$ 內之元素值；因此，從圖 1-18 內的各小圖可看出，隨著 n 的提高，$\mathbf{Q}_n^{-1}$ 會收斂至一個固定的數值

[17] $p\lim$ 表示機率極限，可參考本書之附錄。

矩陣，而 $\mathbf{Q}_{n\mathbf{u}}$ 則會接近於 $\mathbf{0}$。當然，我們也可以從另一個角度來檢視圖 1-18 的結果，即於不同的 n 值之下根據（1-60）式計算 $\mathbf{b}_n$，$\mathbf{b}_n$ 內的元素估計結果就繪製如圖 1-19 所示，其中水平虛線爲對應的 β 向量之元素。從圖 1-19 內可看出 $\mathbf{b}$ 的確是 β 的一致性估計式。

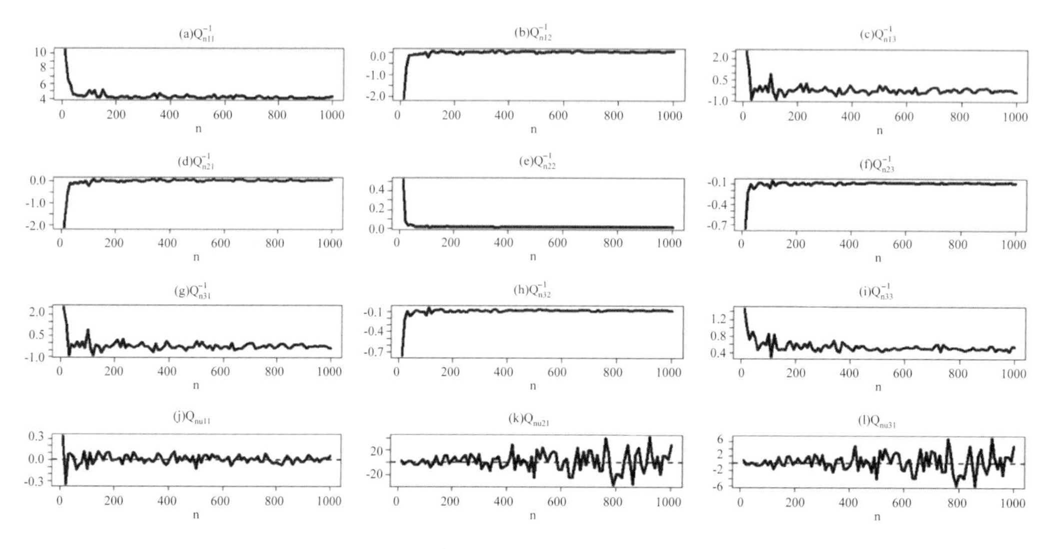

圖 1-18　不同樣本數下，（1-61）式內的 $\mathbf{Q}_n^{-1}$ 與 $\mathbf{Q}_{n\mathbf{u}}$

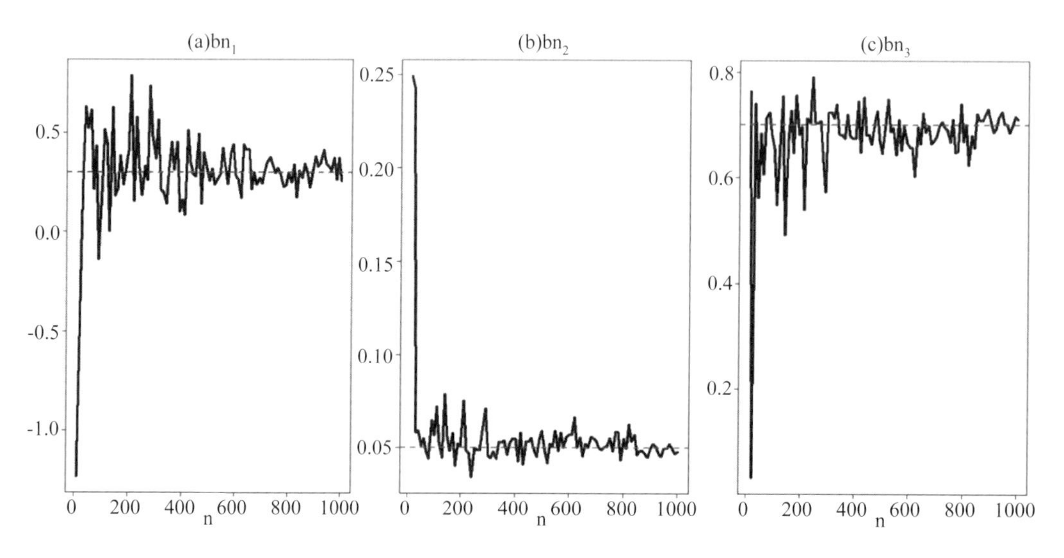

圖 1-19　於不同的 n 之下，$\mathbf{b}_n$ 內元素收斂情況（根據圖 1-18）

至於 **AsN** 的假定，我們重寫（1-60）式爲：

$$\sqrt{n}(\mathbf{b}_n-\beta)=\mathbf{Q}^{-1}\left(\frac{1}{\sqrt{n}}\right)\mathbf{X}^T\mathbf{u} \quad (1\text{-}62)$$

利用（1-62）式，我們不難證明[18]：

$$\mathbf{AsN}：\left(\frac{1}{\sqrt{n}}\right)\mathbf{X}^T\mathbf{u}\xrightarrow{d}N(0,\sigma^2\mathbf{Q}) \quad (1\text{-}63)$$

當然，（1-63）式仍須使用 AH 的假定。因此，利用（1-63）式可得：

$$\sqrt{n}(\mathbf{b}_n-\beta)\xrightarrow{d}N(\mathbf{0},\sigma^2\mathbf{Q}^{-1})\text{ 或 }\mathbf{b}_n\overset{a}{\sim}N\left(\beta,\frac{\sigma^2}{n}\mathbf{Q}^{-1}\right) \quad (1\text{-}64)$$

即 $\mathbf{b}_n$ 的漸近抽樣分配仍屬於常態分配，此仍屬於 CLT 的應用。於文獻上，我們也可以利用 Mann-Wald 定理導出（1-64）式，該定理可以視爲時間序列模型內定態隨機過程（stationary stochastic process）的統計基礎，使得我們可以進一步進行統計推論[19]。

類似於圖 1-18 與 1-19，我們亦可以模擬的方式「證明」（1-64）式；換言之，仍使用上述二圖的假定以及 $\sigma=2$，我們分成 $n=101,501$ 二種情況。首先考慮，按照（1-61）式，我們自然可以得到 b_{n1}、b_{n2} 與 b_{n3} 的抽樣分配直方圖，其結果則分別繪製於圖 1-20 的上圖；另一方面，爲了比較起見，圖內的曲線則按照（1-64）式所繪製。從圖內的各圖可看出，除了 b_{n1} 之外，b_{n2} 與 b_{n3} 的抽樣分配直方圖與「理論的」分配之配適度並不理想；不過，若改用 $n=501$，其結果則繪製於圖 1-20 的下圖，上圖的「不理想」明顯獲得改善。

綜合以上所述，可知只要迴歸模型的假定能夠成立，則 **b** 是一個不偏且有效或具一致性且有效的估計式，雖說如此，就經濟或財務變數而言，上述假定仍是屬於一種簡單的假定，例如：若 AH 的假定不成立，則 **b** 雖然仍是一個具有一致性特性的估計式，不過其卻未必有效。考慮下列的迴歸模型：

$$\mathbf{y}=\mathbf{X}\beta+\mathbf{u},\ \mathbf{u}\sim ND(\mathbf{0},\sigma^2\Omega) \quad (1\text{-}65)$$

---

[18] 可參考本書附錄。

[19] 可以參考 Mann 與 Wald（1944）。於第 3 章內，我們發現 AR(1) 模型如（1-40）式屬於定態隨機過程的條件爲 $|\beta_2|<1$，因此只要 $u_t\sim IID(0,\sigma_0^2)$，我們的確不難得到（1-64）式的結果。

其中 Ω 是一個 $n \times n$ 的對稱正定矩陣。（1-65）式可視爲（1-1）式的延伸，即後者並未明確說明誤差項 **u** 的情況。理所當然，面對（1-65）式，使用（1-13）式的 OLS 估計式 **b** 當然是不正確的，我們如何處理（1-65）式呢？

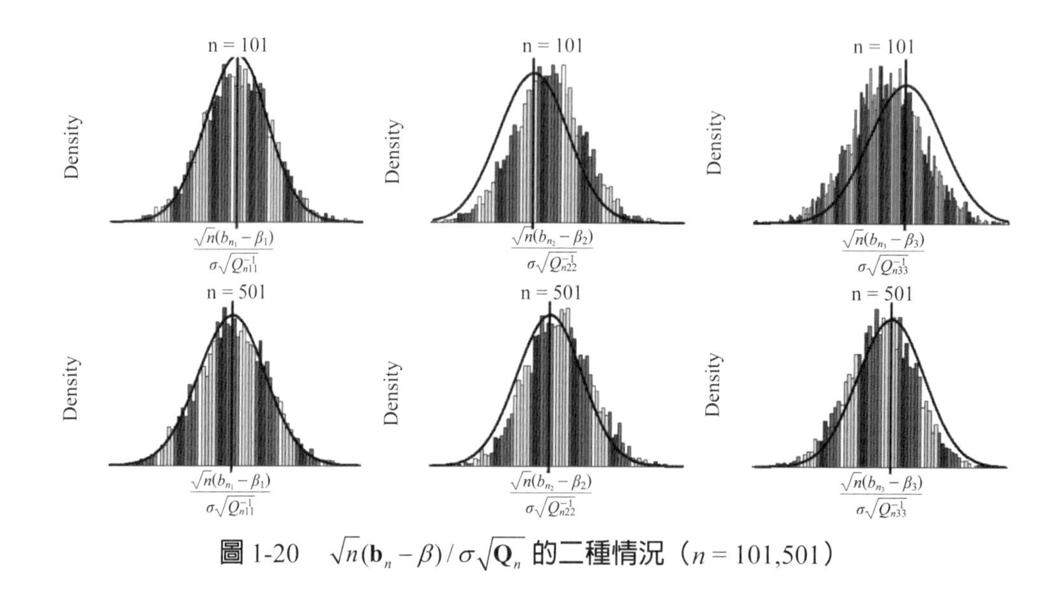

圖 1-20　$\sqrt{n}(\mathbf{b}_n - \beta)/\sigma\sqrt{\mathbf{Q}_n}$ 的二種情況（$n = 101,501$）

於本書附錄內可知，一個對稱的正定矩陣如 Ω，我們知道 Ω^{-1} 仍是一個對稱的正定矩陣，故可找到一個 $n \times n$ 非奇異矩陣 **P**，使得 $\mathbf{P}^T\mathbf{P} = \Omega^{-1}$ 與 $\mathbf{P}\Omega\mathbf{P}^T = \mathbf{I}_n$。因此，（1-65）式可改寫成：

$$\mathbf{Py} = \mathbf{PX}\beta + \mathbf{Pu} \Rightarrow \mathbf{y}^* = \mathbf{X}^*\beta + \mathbf{u}^*,\ \mathbf{u}^* \sim ND(\mathbf{0}, \sigma^2\mathbf{I}_n) \tag{1-66}$$

因此利用（1-13）式可得：

$$\begin{aligned}\mathbf{b}_{GLS} &= (\mathbf{X}^{*T}\mathbf{X}^*)^{-1}\mathbf{X}^{*T}\mathbf{y}^* = (\mathbf{X}^T\mathbf{P}^T\mathbf{PX})^{-1}\mathbf{X}^T\mathbf{P}^T\mathbf{Py} \\ &= (\mathbf{X}^T\hat{\Omega}^{-1}\mathbf{X})^{-1}\mathbf{X}^T\hat{\Omega}^{-1}\mathbf{y}\end{aligned} \tag{1-67}$$

其中 $\hat{\Omega}$ 爲 Ω 的估計式而 $\mathbf{b}_{GLS}$ 則稱爲一般化最小平方法（method of generalized least squares, GLS）的估計式。利用（1-56）式，可知 $\mathbf{b}_{GLS}$ 的變異數爲：

$$Var(\mathbf{b}_{GLS} \mid \mathbf{X}) = \Sigma_\beta = \sigma^2(\mathbf{X}^T\Omega^{-1}\mathbf{X})^{-1} \tag{1-68}$$

因此，從上述的推導過程可看出，若 **AH** 的假定無法成立，則（1-1）式可以進一步寫成如（1-65）式所示。理論上，若能將 Ω^{-1} 拆成 $\mathbf{P}^T\mathbf{P}$，透過 **P** 的轉換，GLS 的使用仍只是屬於 OLS 的應用。雖說如此，但是於實際應用上，**P** 的選定並不容易達成（畢竟 Ω 是未知的），故於底下的例子內，我們仍使用 OLS 估計式而面對（1-65）或（1-68）式，$Var(\mathbf{b})$ 的一致性估計式型態可寫成：

$$Var(\mathbf{b}) = \sigma^2(\mathbf{X}^T\mathbf{X})^{-1}\mathbf{X}^T\Omega\mathbf{X}(\mathbf{X}^T\mathbf{X})^{-1} \tag{1-69}$$

即反而不使用（1-68）式。

例 1 變異數異質的校正

若迴歸模型寫成：

$$\mathbf{y} = \mathbf{X}\beta + \mathbf{u},\ \mathbf{u} \sim ND(\mathbf{0}, \Omega)$$

其中

$$\Omega = \begin{bmatrix} \sigma_1^2 & 0 & \cdots & 0 \\ 0 & \sigma_2^2 & \cdots & 0 \\ \vdots & \vdots & \ddots & \vdots \\ 0 & 0 & \cdots & \sigma_T^2 \end{bmatrix}$$

顯然，誤差項的每期變異數並不相等（$i = t, n = T$）。於此情況下，如前所述，為了取得 GLS 的估計式，我們需要適當的選擇 **P** 以模型化變異數異質性；不過，White（1980）卻提出一種仍使用 OLS 估計的一致性估計式，即：

$$\hat{\Sigma}_\beta^W = \frac{T}{T-k}(\mathbf{X}^T\mathbf{X})^{-1}\left(\mathbf{X}^T\hat{\Omega}\mathbf{X}\right)(\mathbf{X}^T\mathbf{X})^{-1}$$

其中 $\hat{\Omega}$ 為 Ω 的不偏估計式。令 e_i 表示第 i 個（期）殘差值，$\hat{\Omega}$ 可為：

$$\hat{\Omega} = \begin{bmatrix} e_1^2 & 0 & \cdots & 0 \\ 0 & e_2^2 & \cdots & 0 \\ \vdots & \vdots & \ddots & \vdots \\ 0 & 0 & \cdots & e_T^2 \end{bmatrix}$$

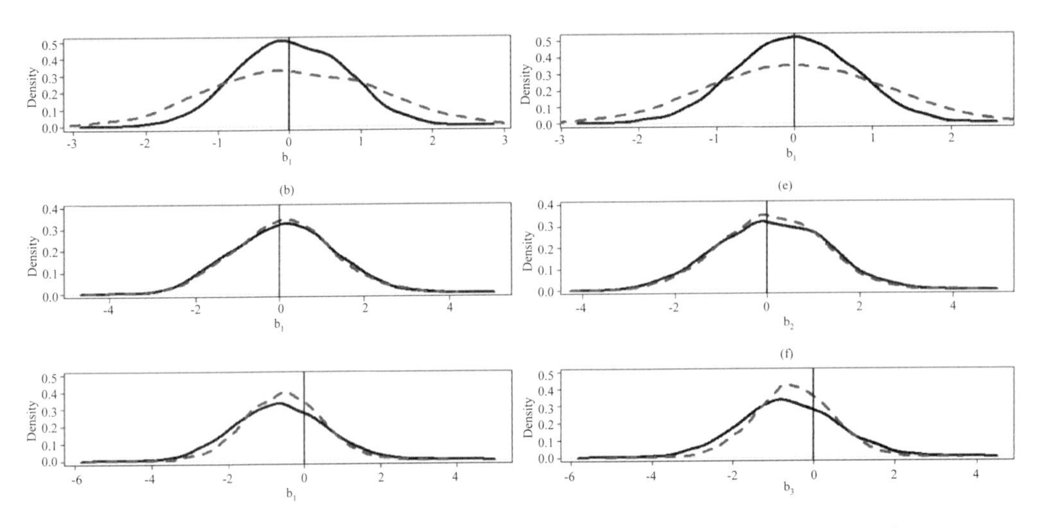

圖 1-21　使用 OLS 與 White 校正，左圖（右圖）的樣本數 101（501）

我們舉一個例子說明。仍使用圖 1-18 的假定，不過 σ 改成從 2 至 40 逐期遞增。我們先以 OLS 估計，可分別得出 $\hat{\Omega}$ 與 $\hat{\Sigma}_{\beta}^{W}$，圖 1-21 分別繪製出 b_i（$i = 1, 2, 3$）的 t 檢定統計量（即 b_i 之標準化），其中實線爲不使用 White 校正，而虛線則使用 White 的估計式。圖 1-21 的左圖與右圖分別使用 $T = 101$ 與 $T = 501$，其中右圖的繪製是參考程式套件（sandwich）內的指令。從圖內可看出除了 b_1 外，b_2 與 b_3（抽樣）分配的標準誤因使用 White 的估計式而下降了；值得注意的是，於有限樣本下，雖說使用 White 校正，b_i 仍是偏的估計式。

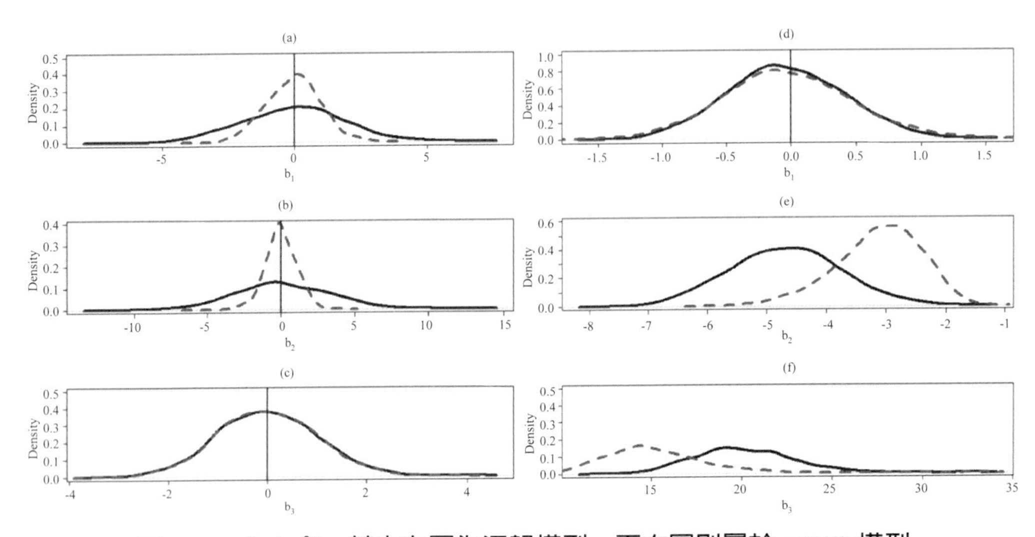

圖 1-22　$\Omega \neq \sigma^2\mathbf{I}$，其中左圖為迴歸模型，而右圖則屬於 AR(1) 模型

例 2 HAC

如前所述，**AH** 假定的無法成立，除了包括誤差項之變異數異質外，尚有可能包含誤差項之序列相關；例如：若誤差項出現一階自我相關，則 Ω 可寫成：

$$\Omega = \sigma^2 \begin{bmatrix} 1 & \rho & \rho^2 & \cdots & \rho^{T-1} \\ \rho & 1 & \rho & \cdots & \rho^{T-2} \\ \rho^2 & \rho & 1 & \cdots & \rho^{T-3} \\ \vdots & \vdots & \vdots & \ddots & \vdots \\ \rho^{T-1} & \rho^{T-2} & \rho^{T-3} & \cdots & 1 \end{bmatrix}$$

其中 ρ 表示相關係數。例 1 內的 White 估計式只是處理誤差項之變異數異質，即其假定誤差項並沒有出現序列相關；但是，如果誤差項有同時存在變異數異質以及序列相關時，我們應該如何處理？於《財統》內，我們曾介紹或使用 Ω 之 Newey 與 West（1987）與 HAC（heteroscedasticity and autocorrelation consistent）估計式[20]；不過，於底下的例子內，我們可以看出，也許上述二種估計式可以取得 **b** 之標準誤之一致性估計值，但是卻無法避免誤差項出現序列相關對 **b** 的影響，此尤其對時間序列模型的影響更大。

我們繼續使用圖 1-18 內的假定，不過此時假定誤差項 u_t 屬於一階的自我相關如：

$$u_t = \rho u_{t-1} + \varepsilon_t,\ \varepsilon_t \sim ND(0, \sigma_i^2)$$

換言之，此相當於假定（1-61）式內的誤差項同時存在變異數異質以及序列相關。假定 $\rho = 0.8$ 以及 σ 值逐期從 2 上升至 40。我們考慮二種情況，其模擬結果則繪製於圖 1-22（$T = 501$）。圖 1-22 的左圖考慮（1-61）式內 $x_t = y_{t-1}$，其中 x_t 屬於介於 -2 與 2 之間的均等分配隨機變數，至於右圖則仍使用（1-61）式；換言之，圖 1-22 的左圖考慮如（1-4）式的迴歸模型，而右圖則考慮 AR(1) 模型。

圖 1-22 的結果是相當有意義的，即若誤差項同時存在變異數異質以及序列相關，迴歸模型內 **b** 抽樣分配的標準誤（圖內是以 **b** 之 t 檢定統計量分配表示）會隨 HAC 的使用而下降（虛線），不過 **b** 具有不偏性的特性並沒有被破壞，甚至於仍

---

[20] Newey-West 與 HAC 估計式的介紹以及使用，除了可參考程式套件（sandwich）的使用手冊之外，尚可以參考 Zeileis（2004）。

使用（1-58）式計算其標準誤（實線）；但是，若使用時間序列模型如 AR(1) 模型，即使使用 HAC 校正，**b** 卻是偏的估計式。因此，圖 1-22 提醒我們應注意時間序列模型，當誤差項出現序列相關時，即使是大樣本的情況，**b** 有可能並不是一個一致性的估計式。

例 3　再檢視 TWI 月報酬率複迴歸模型

於時間序列資料內，存在變異數異質的情況應是普遍的現象，可參考圖 1-17。我們可以重新檢視前述 TWI 月報酬率複迴歸模型的例子。仍使用 OLS 估計，不過此時我們使用 HAC 估計 **b** 的標準誤。雖說如此，我們從圖 1-22 內左圖的結果應可以知道有無使用 HAC 的結果，應該差距不大，可以參考所附的 R 指令。

習題

(1) 何謂 GLS? 其與 OLS 有何不同？

(2) 何為 Mann-Wald 定理？

(3) 其實於大樣本下，AN 的假定是多餘的。例如：考慮一種定態的 $AR(1)$ 模型如 $y_t = \beta_1 + \beta_2 y_{t-1} + u_t$，只要 u_i 屬於一種 IID 過程，則（1-64）依舊能成立。試利用 u_i 屬於一種 IID 均等分配以模擬的方式證明（1-64）式。

(4) 續上題，直覺而言，我們可以「抽出放回」的方式取代 IID 的抽樣，即先從介於 −3 與 3 之間的均等分配抽取 n 個觀察值 $\hat{u}_t$，然後再使用「抽出放回」的方式從 $\hat{u}_t$ 抽取觀察值，故依舊可以模擬出 y_t 的觀察值。試利用此種方式證明（1-64）式。

(5) 試比較習題 (3) 與 (4) 的結果。

(6) 何謂變異數異質的校正？試解釋之。

迴歸模型（二）

本章可說是第 1 章的延伸，即本章可以分成二部分：第一，我們將介紹如何於迴歸模型內進行統計推論[①]；第二，如前所述，我們會介紹拔靴法與其於迴歸模型的應用。因此，第 1 與 2 章的內容相當於統計學內的迴歸分析或應用。

1. 統計推論

於迴歸模型內，我們是透過誤差項的機率分配假定，取得因變數的機率分配，而這之間有牽涉到 PDF 的變數轉換（change of variables）。假定 u 是一個隨機變數而其 PDF 為 $p(u_t)$；另外，若一個新的隨機變數 y 定義為 $y = f(u)$，則 y 之 PDF 將取決於 $p(u_t)$ 與 $f(u_t)$ 之間的轉換。假定 y 與 u 之間的關係為單調遞增如圖 2-1 所示，此時若 u 落於區間 Δu_t 內，則 y 亦落於對應的區間 Δy_t 內，二者之間的關係可為（以機率的型式表示）：

$$p(y_t{}')\Delta y_t = p(u_t{}')\Delta u_t$$

其中 $p(y_t{}')$ 與 $p(u_t{}')$ 分別表示「適當的」y_t 與 u_t 落於 Δy_t 與 Δu_t 內的 PDF。若考慮極限值，則上式可改成：

$$p(y_t) = p(u_t)\frac{du_t}{dy_t}$$

---

① 本章部分內容係參考 Johnston 與 DiNardo（1997）。

因 PDF 不為負值（有可能 y_t 與 u_t 為負關係），故上式可以改以絕對值的形式表示，即：

$$p(y_t) = p(u_t)\left|\frac{du_t}{dy_t}\right| \tag{2-1}$$

因此，若以（1-4）式為例，因就所有 t 而言，$\frac{du_t}{dy_t}=1$，故可得 y_t 出之（聯合）PDF。

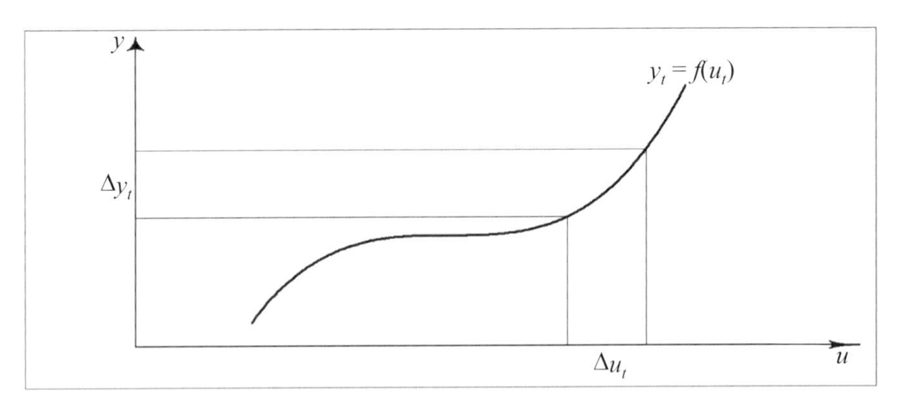

圖 2-1　單一變數的轉換

上述的例子亦可以用向量或矩陣表示，即若 **u** 與 **y** 皆為一個 $n\times 1$ 向量，則（2-1）式可擴充為：

$$f(\mathbf{y}) = f(\mathbf{u})\left|\frac{\partial \mathbf{u}}{\partial \mathbf{y}^T}\right| \tag{2-2}$$

其中 $|\partial \mathbf{u} / \partial \mathbf{y}^T|$ 表示偏微分矩陣（或行列式）而以絕對值的方式表示，而：

$$\frac{\partial \mathbf{u}}{\partial \mathbf{y}^T} = \begin{bmatrix} \frac{\partial u_1}{\partial y_1} & \frac{\partial u_1}{\partial y_2} & \cdots & \frac{\partial u_1}{\partial y_n} \\ \frac{\partial u_2}{\partial y_1} & \frac{\partial u_2}{\partial y_2} & \cdots & \frac{\partial u_2}{\partial y_n} \\ \vdots & \vdots & \ddots & \vdots \\ \frac{\partial u_n}{\partial y_1} & \frac{\partial u_n}{\partial y_2} & \cdots & \frac{\partial u_n}{\partial y_n} \end{bmatrix}$$

其行列式之絕對值可稱 **u** 與 **y** 與之亞可比轉換（Jacobian transformation）。

考慮一個線性的迴歸模型 $\mathbf{y} = \mathbf{X}\beta + \mathbf{u}$，為了能進行統計推論，我們需要進一步假定於 **X** 的條件下 **y** 之分配，即利用 **AH** 與 **AN** 的假定可得：

$$\mathbf{u}|\mathbf{X} \sim N(\mathbf{0}, \sigma^2\mathbf{I}_n) \quad (2\text{-}3)$$

此假定相當於：

$$\mathbf{y}|\mathbf{X} \sim N(\mathbf{X}\beta, \sigma^2\mathbf{I}_n) \quad (2\text{-}4)$$

換言之，**y** 與 **u** 的條件分配是屬於相同型態的分配。利用（2-3）或（2-4）式，不難證明出 OLS 估計式 **b** 之條件分配亦為常態，其可寫成：

$$\mathbf{b}|\mathbf{X} \sim N(\beta, \sigma^2(\mathbf{X}^T\mathbf{X})^{-1}) \quad (2\text{-}5)$$

於線性迴歸模型內，（2-5）式可用於「建構」信賴區間與「執行」假設檢定。考慮下列式子：

$$\frac{(\mathbf{b}-\beta)^T\mathbf{X}^T\mathbf{X}(b-\beta)}{\sigma^2} = \frac{\mathbf{u}^T\mathbf{X}(\mathbf{X}^T\mathbf{X})^{-1}\mathbf{X}^T\mathbf{X}(\mathbf{X}^T\mathbf{X})^{-1}\mathbf{X}^T\mathbf{u}}{\sigma^2} = \frac{\mathbf{u}^T\mathbf{P_X}\mathbf{u}}{\sigma^2} \quad (2\text{-}6)$$

利用（2-6）式與本書附錄（置於光碟內）的結果，可得：

$$\frac{\mathbf{u}^T\mathbf{P_X}\mathbf{u}}{\sigma^2} \,|\, \mathbf{X} \sim \chi^2(k) \quad (2\text{-}7)$$

因 σ^2 為未知參數，故（2-7）式實際上應用不大；不過，因 $\mathbf{e} = \mathbf{M_X}\mathbf{u}$ 的關係與本書附錄之分析可知：

$$\frac{\mathbf{u}^T\mathbf{M_X}\mathbf{u}}{\sigma^2} \,|\, \mathbf{X} \sim \chi^2(n-k) \quad (2\text{-}8)$$

由於 $\mathbf{M_X}\mathbf{P_X} = \mathbf{0}$（二者正交），故（2-7）與（2-8）二式互為獨立；因此，二式之比可為：

$$\frac{(\mathbf{b}-\beta)^T\mathbf{X}^T\mathbf{X}(\mathbf{b}-\beta)/\sigma^2}{ks^2/\sigma^2}=\frac{\mathbf{u}^T\mathbf{P}_\mathbf{X}\mathbf{u}}{\mathbf{u}^T\mathbf{M}_\mathbf{X}\mathbf{u}}\frac{(n-k)}{k}\sim F(k,n-k) \quad (2\text{-}9)$$

其中 $s^2=\mathbf{u}^T\mathbf{M}_\mathbf{X}\mathbf{u}/(n-k)$。

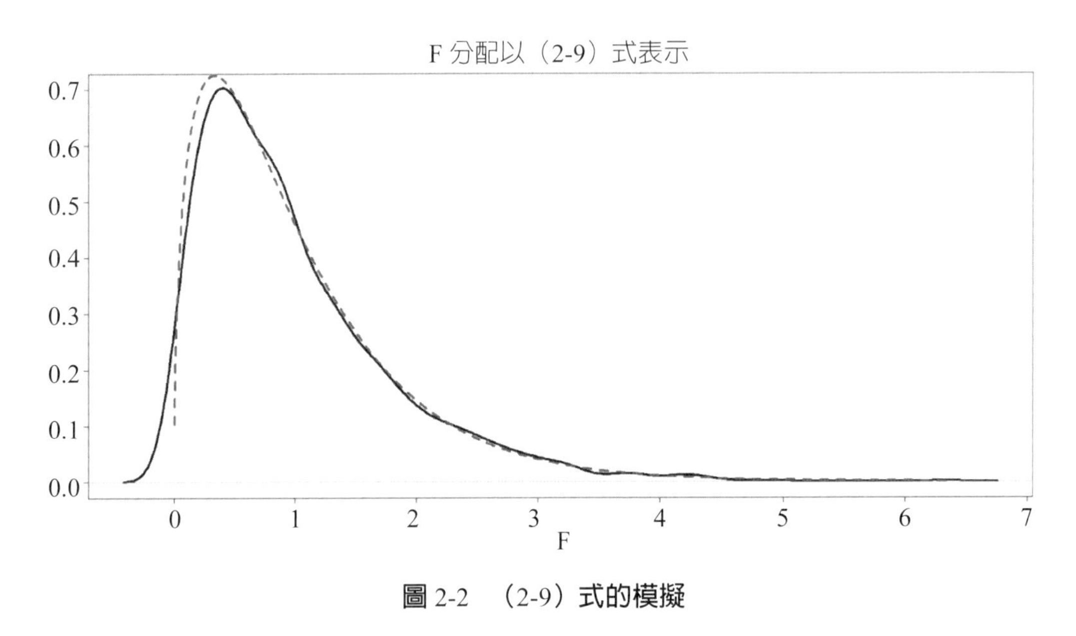

圖 2-2　（2-9）式的模擬

利用（2-9）式，我們可以討論一些有關於 β 的線性假設檢定問題。不過，事先我們可以先利用蒙地卡羅模擬方法檢視（2-9）式。考慮一個有二個自變數的複迴歸模型，二個自變數皆假定爲標準常態分配；其次，假定 $\beta_1=0.2$、$\beta_2=0.3$ 與 $\beta_3=0.4$，而誤差項亦爲常態分配但其平均數與變異數分別爲 0 與 4。利用上述母體迴歸模型的資訊，考慮樣本數爲 300，蒙地卡羅模擬方法的步驟爲：於母體內抽出樣本後，以 OLS 估計母體參數値，再依（2-9）式計算 F 值；上述過程重複 2,000 次，再估計 2000 個値之 PDF，其結果則繪製於圖 2-2。

於圖 2-2 內，可以看出估計與理論（虛線）的 PDF 之間的差距並不大，表示我們的確可以進一步討論（2-9）式的應用。

1.1 有關於 β 的線性假設檢定

一般而言，就迴歸模型 $\mathbf{y}=\mathbf{X}\beta+\mathbf{u}$ 如（1-1）式而言，我們不僅關心 β 的估計值是否與 $\mathbf{0}$ 有顯著的差異外，我們還可以瞭解 β 內是否存在一些線性限制；換言之，我們可能欲檢視 β 內的 r 個限制（$r<k$）。若只考慮線性限制，則其一般式可以寫成：

$$H_0 : \mathbf{R}\beta = \mathbf{r} \tag{2-10}$$

其中 $\mathbf{R}$ 是一個 $q \times k$ 矩矩陣，其秩為 q（$q < k$）而 $\mathbf{r}$ 則為一個 $q \times 1$ 向量（q 個限制）。

（2-10）式可用於檢定下列有關於 β 的線性假設檢定例子：

(1) $H_0 : \beta_j = 0$，此設定用於檢定迴歸因子 x_{ij} 是否會影響因變數 y_i。
(2) $H_0 : \beta_j = \beta_{j0}$，其中 β_{j0} 表示特定的數值。例如：有些時候，我們想要知道資產報酬率是否會隨通貨膨脹率同比例調整，即 $\beta_{j0} = 1$。
(3) $H_0 : \beta_2 + \beta_3 = 1$。例如：於生產函數的估計內，勞動與資本的產出彈性是否合計為 1，即是否合乎固定規模報酬。
(4) $H_0 : \beta_2 = \beta_3$ 或 $H_0 : \beta_2 - \beta_3 = 0$，即欲檢定 x_{i2} 與 x_{i3} 對 y_i 的影響是否相同。
(5) $H_0 : \beta_2 = \beta_3 = \cdots = \beta_k = 0$。此設定用於檢定所有的迴歸因子是否會影響因變數 y_i；故此可用於檢定所有的迴歸因子是否對 y_i 有解釋能力，相當於檢定迴歸模型的「配適度」情況。
(6) $H_0 : \beta_{2*} = 0$。此設定是將 β 向量拆成二部分，即 β_{1*} 與 β_{2*} 向量，其分別為 k_1 與 $k - k_1$ 向量。我們欲檢定後者對應的迴歸因子對 y_i 沒有解釋能力。

若使用（2-10）式表示，其中 $\mathbf{R}$、$\mathbf{r}$ 與 q 的型式，上述 6 個例子依序分別為：

(1n) $\mathbf{R} = [0 \quad \cdots \quad 0 \quad 1 \quad 0 \quad \cdots \quad 0]$（即第 j 個元素為 1）、$\mathbf{r} = 0$ 以及 $q = 1$。
(2n) $\mathbf{R} = [0 \quad \cdots \quad 0 \quad 1 \quad 0 \quad \cdots \quad 0]$、$\mathbf{r} = \beta_{i0}$ 以及 $q = 1$。
(3n) $\mathbf{R} = [0 \quad 1 \quad -1 \quad 0 \quad \cdots \quad 0]$、$\mathbf{r} = 0$ 以及 $q = 1$。
(4n) $\mathbf{R} = [0 \quad 1 \quad 1 \quad 0 \quad \cdots \quad 0]$、$\mathbf{r} = 0$ 以及 $q = 1$。
(5n) $\mathbf{R} = [0 \quad \mathbf{I}_{k-1}]$、$\mathbf{r} = 0$ 以及 $q = k - 1$。
(6n) $\mathbf{R} = [\mathbf{0}_* \quad \mathbf{I}_{k_2}]$（其中 $\mathbf{0}_*$ 表示 $k_2 \times k_1$ 向量，其內之元素皆為 0）、$\mathbf{r} = \mathbf{0}$ 以及 $q = k_2$。

為了導出一般的線性假設檢定過程，一個有效的方式是應用（2-5）式，即：

$$\mathbf{Rb} \mid \mathbf{X} \sim N(\mathbf{R}\beta, \sigma^2 \mathbf{R}(\mathbf{X}^T\mathbf{X})^{-1}\mathbf{R}^T) \tag{2-11}$$

由（2-11）式可知：

$$\mathbf{R}(\mathbf{b}-\beta)\,|\,\mathbf{X} \sim N(0, \sigma^2\mathbf{R}(\mathbf{X}^T\mathbf{X})^{-1}\mathbf{R}^T) \quad (2\text{-}12)$$

若虛無假設為 $\mathbf{R}\beta = \mathbf{r}$ 為眞，則：

$$(\mathbf{Rb}-\mathbf{r})\,|\,\mathbf{X} \sim N(0, \sigma^2\mathbf{R}(\mathbf{X}^T\mathbf{X})^{-1}\mathbf{R}^T) \quad (2\text{-}13)$$

（2-13）式可視為 **Rb** 的抽樣分配。利用（2-6）與（2-13）二式，可得：

$$(\mathbf{Rb}-\mathbf{r})^T[\sigma^2\mathbf{R}(\mathbf{X}^T\mathbf{X})\mathbf{R}^T]^{-1}(\mathbf{Rb}-\mathbf{r}) \sim \chi^2(q) \quad (2\text{-}14)$$

再利用（2-8）式，可得：

$$\mathbf{e}^T\mathbf{e}/\sigma^2 \sim \chi^2(n-k) \quad (2\text{-}15)$$

因此，藉由 F 分配的性質，即（2-9）式，可得：

$$\frac{(\mathbf{Rb}-\mathbf{r})^T[\mathbf{R}(\mathbf{X}^T\mathbf{X})^{-1}\mathbf{R}^T]^{-1}(\mathbf{Rb}-\mathbf{r})/q}{\mathbf{e}^T\mathbf{e}/(n-k)} \sim F(q, n-k) \quad (2\text{-}16)$$

或因 $s^2 = \mathbf{e}^T\mathbf{e}/(n-k)$，故（2-16）式又可改寫成：

$$(\mathbf{Rb}-\mathbf{r})^T[s^2\mathbf{R}(\mathbf{X}^T\mathbf{X})^{-1}\mathbf{R}^T]^{-1}(\mathbf{Rb}-\mathbf{r})/q \sim F(q, n-k) \quad (2\text{-}17)$$

是故，利用（2-16）或（2-17）式，若計算出的 F 值超過一個預設的臨界值，則上述檢定過程可用於拒絕虛無假設為 $\mathbf{R}\beta = \mathbf{r}$。

就（2-16）或（2-17）式的應用而言，我們亦可以先使用一個蒙地卡羅模擬說明。考慮上述例子 (5)，即假定 $H_0 : \beta_2 = \beta_3 = \cdots = \beta_k = 0$ 的情況。我們考慮四種樣本數，即 n 分別為 50、100、200 與 500。其次，假定 $k = 3$ 與 $\alpha = 0.05$（顯著水準）；是故，利用（2-17）式，若虛無假設為眞，則計算出的值超過臨界值的機率應為 0.05。因此，透過模擬，我們除了可以證明（2-17）式的可應用性外，亦可以說明樣本數的多寡如何影響到檢定的可信度。

若將上述蒙地卡羅模擬的次數設為 5,000 次，則按照上述樣本數分別為 30、50、100 與 150 的順序，所計算出 F 值超過臨界值的「比重」分別約為 0.0464、

0.0556、0.0530 與 0.0488；因此，可以發現於小樣本數下，所謂的顯著水準 5% 未必恆等於機率爲 5%！因此，樣本數應不能太低。

接下來，我們來看如何應用（2-16）或（2-17）式從事一般的假設檢定。由於我們所關心的大多侷限於有關於 β 的檢定，因此若仍以 **b** 表示 OLS 的估計式，則從（1-58）式可知 **b** 之估計的變異數矩陣爲 $s^2(\mathbf{X}^T\mathbf{X})^{-1}$，從而其內之元素如第 i, j 個元素以 $c(i, j)$ 表示，則於 $i, j = 1, \cdots, k$ 下，可得；

$$s^2c(i, i) = Var(b_i) \text{ 與 } s^2c(i, i) = Cov(b_i, b_j)$$

利用上述表示方式，我們可以分別討論前述 β 的線性假設檢定例子。

(1n) $H_0 : \beta_i = 0$。利用 $\mathbf{Rb}$ 選出 b_i 而從 $\mathbf{R}(\mathbf{X}^T\mathbf{X})^{-1}\mathbf{R}^T$ 挑出 $c(i, i)$，則由（2-17）式可得出：

$$F = \frac{b_i^2}{s^2c(i,i)} = \frac{b_i^2}{Var(b_i)} \sim F(1, n-k)$$

又因 $t^2(n-k) = F(1, n-k)$，故可得：

$$t = \frac{b_i}{s\sqrt{c(i,i)}} = \frac{b_i}{se(b_i)} \sim t(n-k)$$

其中 $se(\cdot)$ 表示估計的標準誤。換言之，此例說明了可以 t 分配檢定上述虛無假設。

(2n) $H_0 : \beta_i = \beta_{i0}$。是故，上述 t 檢定統計量應改爲：

$$t = \frac{b_i - \beta_{i0}}{s\sqrt{c(i,i)}} = \frac{b_i - \beta_{i0}}{se(b_i)} \sim t(n-k)$$

(3n) $H_0 : \beta_3 - \beta_4 = 0$。因此，於此例子下，若以前述 TWI 月報酬率之複迴歸模型爲例，其解釋變數分別爲 NASDAQ、N225 以及 SSE 月報酬率；此時，於本例相當於欲檢定虛無假設爲 N225 與 SSE 月報酬率對 TWI 月報酬率的影響程度是相同的，我們可以令 $\mathbf{R} = (0 \quad 0 \quad 1 \quad -1)$、$\mathbf{r} = 0$ 以及 $q = 1$，代入（2-17）式內，可得 F 檢定統計量約爲，其中中括號內之値表示對應之 p 値，故可知無法拒絕虛無假設。

(4n) $H_0: \beta_3 + \beta_4 = 1$。若仍以 TWI 月報酬率之複迴歸模型為例，可以令 $\mathbf{R} = (0 \quad 0 \quad 1 \quad 1)$、$\mathbf{r} = 1$ 以及 $q = 1$，代入（2-17）式內，可得 F 檢定統計量約為 54.55[0.00]，故可知會拒絕日經與上海綜合指數月報酬率對台股指數月報酬率的影響程度之合計為 1 的虛無假設。

(5n) $H_0: \beta_2 = \beta_3 = \cdots = \beta_k = 0$。若仍以台股指數月報酬率之複迴歸模型為例，於虛無假設下，$\mathbf{R}\beta = \mathbf{r}$ 可設為：

$$\begin{bmatrix} 0 & 1 & 0 & 0 \\ 0 & 0 & 1 & 0 \\ 0 & 0 & 0 & 1 \end{bmatrix} \begin{bmatrix} \beta_1 \\ \beta_2 \\ \beta_3 \\ \beta_4 \end{bmatrix} = \begin{bmatrix} 0 \\ 0 \\ 0 \end{bmatrix}$$

其次 q =3。代入（2-17）式內，可得 F 檢定統計量約為 35.13[0.00]，故明顯拒絕虛無假設。

其實，我們也可以使用另外一種方式檢定上述（5n）的虛無假設。若 $\mathbf{y} = \mathbf{X}\beta + \mathbf{u}$，可將 $\mathbf{X}$ 矩陣拆成 $[\iota \quad \mathbf{X}_2]$，其中 ι 是一個元素皆為 1 之 $n \times 1$ 向量，$\mathbf{X}_2$ 則表示所有 $k-1$ 個自變數，故其為一個 $n \times (k-1)$ 矩陣，則可得：

$$\mathbf{X}^T\mathbf{X} = \begin{bmatrix} n & \iota^T\mathbf{X}_2 \\ \mathbf{X}_2^T & \mathbf{X}_2^T\mathbf{X}_2 \end{bmatrix}$$

令 $\mathbf{X}_* = \mathbf{M}_\iota\mathbf{X}_2$，而 $\mathbf{M}_\iota = \mathbf{I}_n - \left(\dfrac{1}{n}\right)\iota\iota^T$；另一方面，若令 $\mathbf{R} = [\mathbf{0} \quad \mathbf{I}_{k-1}]$ 及 $\mathbf{r} = \mathbf{0}$，則：

$$(\mathbf{Rb} - \mathbf{r})^T[\mathbf{R}(\mathbf{X}^T\mathbf{X})^{-1}\mathbf{R}^T]^{-1}(\mathbf{Rb} - \mathbf{r}) = \mathbf{b}_2^T\mathbf{X}_*^T\mathbf{X}_*\mathbf{b}_2$$

其中 $\mathbf{Rb} = \mathbf{b}_2$。上式就是（2-17）式的分子部分，其就是 ESS（上述結果可參考本章附錄 2，亦置於光碟內）[2]；因此，本例的檢定過程亦可寫成：

$$F = \frac{ESS / q}{SSR / (n-k)} \sim F(q, n-k) \tag{2-18}$$

[2] 可以注意的是 ESS 與 SSR 亦可以分成非中央與中央型二種。

其中 $q = k - 1$。利用本章附錄 2 的結果，（2-18）式亦可改為：

$$F = \frac{R_c^2 / q}{(1 - R_c^2)/(n-k)} \sim F(q, n-k) \tag{2-19}$$

至於 (6n) 的例子，其虛無假設可寫成 $H_0 : \beta_{2*} = 0$。此假設是假定有某些解釋變數的係數為 0；換言之，亦可將 $\mathbf{X}$ 拆成 $[\mathbf{X}_{1*} \quad \mathbf{X}_{2*}]$ 二部分，其內之「小」矩陣分別為 $n \times k_1$ 與 $n \times (k - k_1)$。因此，亦可以表示成：

$$\mathbf{y} = \begin{bmatrix} \mathbf{X}_{1*} & \mathbf{X}_{2*} \end{bmatrix} \begin{bmatrix} \mathbf{b}_{1*} \\ \mathbf{b}_{2*} \end{bmatrix} + \mathbf{e} = \mathbf{X}_{1*}\mathbf{b}_{1*} + \mathbf{X}_{2*}\mathbf{b}_{2*} + \mathbf{e}$$

其中 $\mathbf{b}_{i*}\ (i = 1, 2)$ 為對應之 OLS 估計式。類似地，$\mathbf{X}^T\mathbf{X}$ 可寫成：

$$\mathbf{X}^T\mathbf{X} = \begin{bmatrix} \mathbf{X}_{1*}^T\mathbf{X}_{1*} & \mathbf{X}_{1*}^T\mathbf{X}_{2*} \\ \mathbf{X}_{2*}^T\mathbf{X}_{1*} & \mathbf{X}_{2*}^T\mathbf{X}_{2*} \end{bmatrix}$$

若令 $\mathbf{R} = [\mathbf{0}_* \quad \mathbf{I}_{k_2}]$（其中 $\mathbf{0}_*$ 是一個 $k_2 \times k_1$ 矩陣）、$\mathbf{r} = \mathbf{0}$ 以及 $q = k_2$，則 $\mathbf{R}(\mathbf{X}^T\mathbf{X})^{-1}\mathbf{R}^T$ 可對應至 $(\mathbf{X}^T\mathbf{X})^{-1}$ 矩陣內之右下角，即：

$$\left(\mathbf{X}_{2*}^T\mathbf{X}_{2*} - \mathbf{X}_{2*}^T\mathbf{X}_{1*}(\mathbf{X}_{1*}^T\mathbf{X}_{1*})^{-1}\mathbf{X}_{1*}^T\mathbf{X}_{2*}\right)^{-1} = \left(\mathbf{X}_{2*}^T\mathbf{M}_1\mathbf{X}_{2*}\right)^{-1}$$

其中 $\mathbf{M}_1 = \mathbf{I}_n - \mathbf{X}_{1*}(\mathbf{X}_{1*}^T\mathbf{X}_{1*})\mathbf{X}_{1*}^T$ 是一個 $n \times n$ 之對稱的自乘不變矩陣。

利用第 1 章第 2 節的觀念，可知 $\mathbf{M}_1\mathbf{M}_{1*} = 0$ 與 $\mathbf{M}_1\mathbf{e} = \mathbf{e}$；其次，於 $\mathbf{y}$ 對 $\mathbf{X}_{1*}$ 的迴歸模型內，若 $\mathbf{e}_{1*}$ 表示殘差值向量，則 $\mathbf{M}_1\mathbf{y} = \mathbf{e}_{1*}$。是故，（2-17）式的分子可寫成：

$$\mathbf{b}_{2*}^T(\mathbf{X}_{2*}^T\mathbf{M}_1\mathbf{X}_{2*})\mathbf{b}_{2*} / q$$

而因

$$\mathbf{M}_1\mathbf{y} = \mathbf{M}_1\mathbf{X}_{2*}\mathbf{b}_{2*} + \mathbf{e} = \mathbf{e}_{1*}$$

故

$$\mathbf{y}^T\mathbf{M}_1\mathbf{y} = \mathbf{b}_{2*}^T\mathbf{X}_{2*}^T\mathbf{M}_1\mathbf{X}_{2*}\mathbf{b}_{2*} + \mathbf{e}^T\mathbf{e} = \mathbf{e}_{1*}^T\mathbf{e}_{1*}$$

其中 $\mathbf{e}^T\mathbf{e}$ 與 $\mathbf{e}_{1*}^T\mathbf{e}_{1*}$ 分別表示 $\mathbf{X}_{1*}$ 與 $\mathbf{X}_{2*}$ 對 $\mathbf{y}$ 以及 $\mathbf{X}_{1*}$ 對 y 的迴歸模型之 *SSR*。因此，（2-17）式可改寫成：

$$F = \frac{\left(\mathbf{e}_{1*}^T\mathbf{e}_{1*} - \mathbf{e}^T\mathbf{e}\right)/q}{\mathbf{e}^T\mathbf{e}/(n-k)} \tag{2-20}$$

有關於（2-20）式的應用（該式的導出亦可參考本章附錄 4），我們繼續延伸上述 TWI 月報酬率的例子；不過，於此處我們再加進二個解釋變數，即台灣的月通貨膨脹率（以年率表示）（以落後 1 期表示）以及月失業率之變動率並令二者之合併爲 $\mathbf{X}_{2*}$，另一方面，上述二序列再合併 NASDAQ、N225 以及 SSE 指數報酬率爲 $\mathbf{X}_{1*}$。利用（2-20）式，可計算 F 檢定統計量約爲 2.33[0.1]；明顯地，於顯著水準爲 0.05 下，我們並無法拒絕虛無假設爲 $\beta_{2*} = 0$！

顯而易見，上述例子（5n）屬於例子（6n）的一個特例；其實，我們也可以用另外一種方式解釋例子（6n）。事實上，於例子（6n）內，我們分別估計二個迴歸模型：第一個模型之解釋變數爲 $\mathbf{X}_{1*}$ 而第二個模型的解釋變數則爲 $\mathbf{X}_{2*}$，但是 $\mathbf{X}_{1*}$ 包含 $\mathbf{X}_{2*}$；因此，第一個模型可以稱爲無限制的迴歸模型（unrestricted regression）而第二個模型則稱爲受限制的迴歸模型（restricted regression），其中虛無假設正是無限制內有受限制的部分。因此，我們可以直覺的方式思考（2-20）式：受限制的 *SSR*（即 $\mathbf{e}_{1*}^T\mathbf{e}_{1*}$）理所當然會比無限制的 *SSR*（即 $\mathbf{e}^T\mathbf{e}$）大！

習題

(1) 利用本章附錄 2 的結果，試以模擬的方式「導出」R_c^2 的抽樣分配。提示：可參考圖 E1。

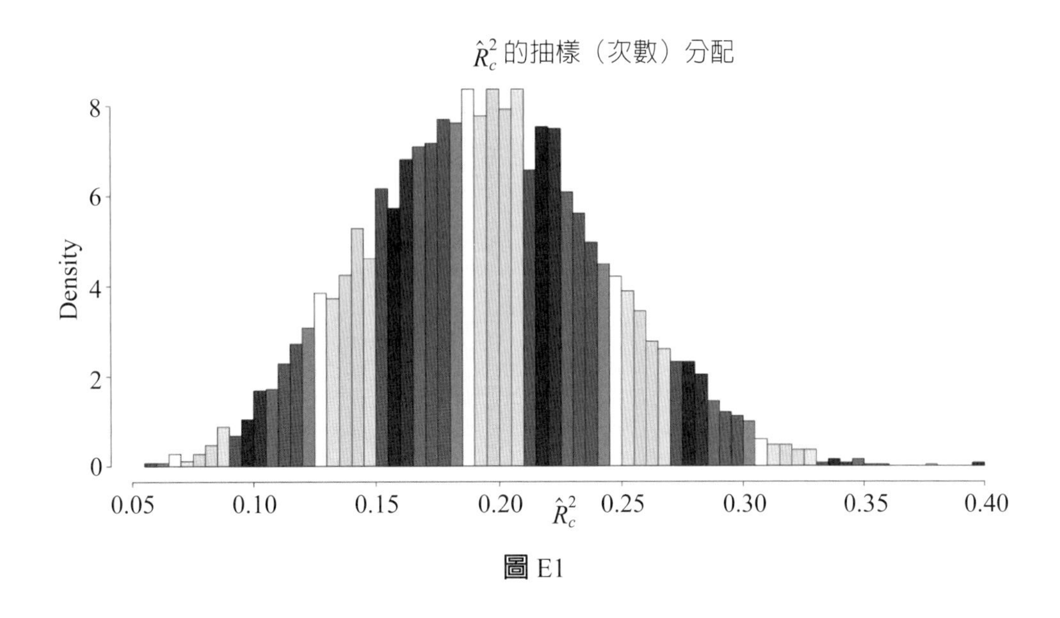

圖 E1

(2) 利用前述四種股價指數資料，仍以 TWI 的月報酬率爲因變數，而以其餘三種月報酬率爲解釋變數，試根據本章附錄 2 的結果，計算上述複迴歸的 R_c^2 估計值。

(3) 試以模擬的方式「證明」（2-18）或（2-19）式。提示：可參考圖 E2。

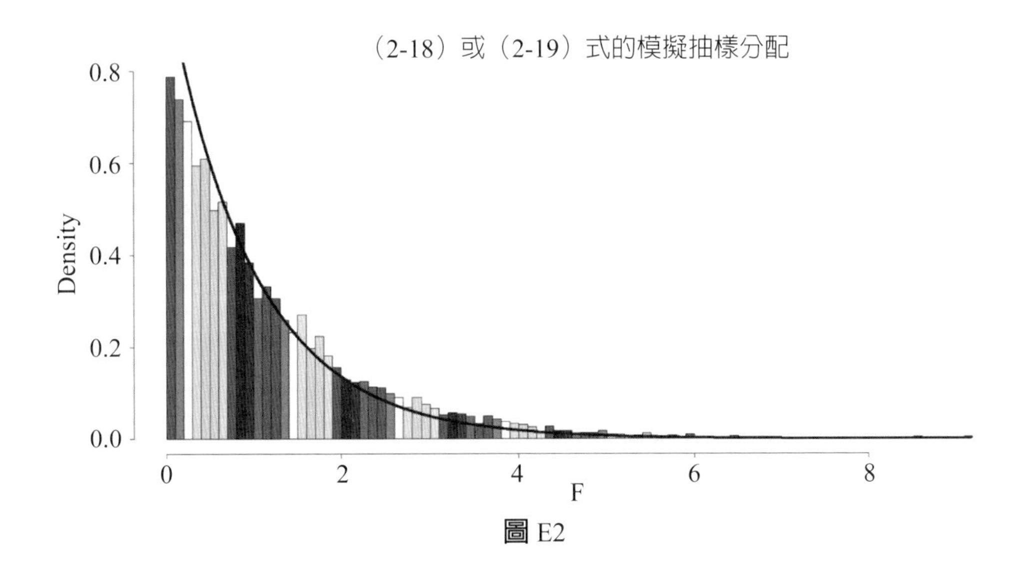

圖 E2

(4) 例如：就例子（5n）而言，以 F 分配檢定統計量總共有多少種型態？試解釋之。

(5) 於模擬圖 E2 內抽樣分配時會遇到什麼問題？試解釋之。

(6) 試解釋（2-20）式。爲何 $\mathbf{e}_{1*}^T\mathbf{e}_{1*}$ 會大於 $\mathbf{e}^T\mathbf{e}$？試解釋之。

(7) 試以模擬的方式解釋（2-20）式。提示：可以參考圖 E3。

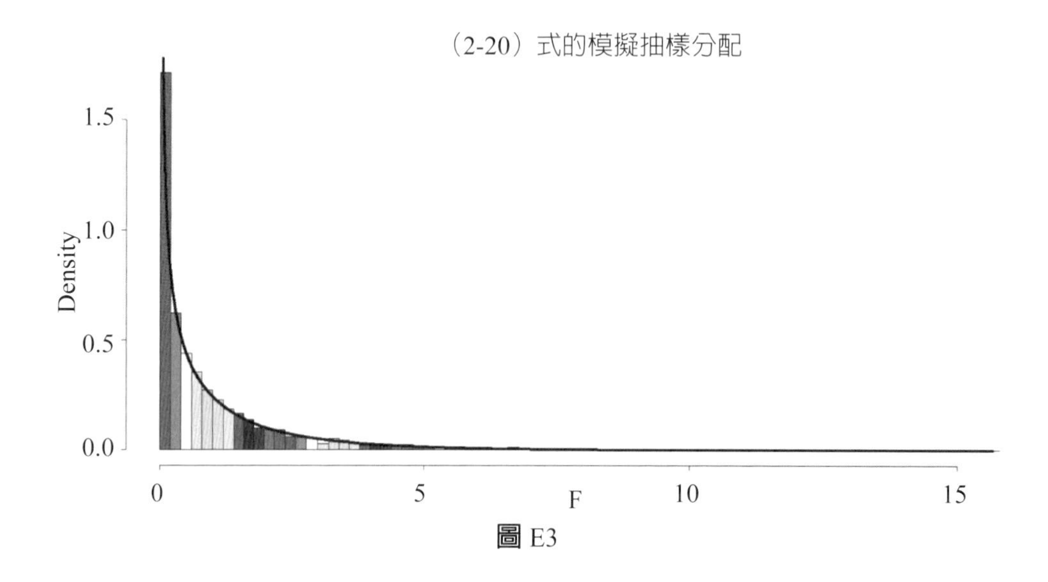

圖 E3

(8) 其實 t 分配也可以使用下列式子導出：

$$t = \frac{z}{\sqrt{\frac{\chi^2}{\nu}}}$$

其中 z 與 ν 分別表示標準常態變數與卡方分配之自由度，試解釋之。

(9) 續上題，試以模擬的方式證明。

(10) 試以模擬的方式證明 $t_n = \sqrt{F(1,n)}$。

(11) 於迴歸分析內，我們是用 t 分配來進行參數的統計推論，試解釋之。

(12) 於迴歸分析內，t 與 F 分配各有何用處？試解釋之。

(13) 於迴歸分析內，卡方分配有何用處？試解釋之。

(14) 於迴歸分析內，常態、t、卡方與 F 分配可用於有限樣本（小樣本）與大樣本的統計推論，試解釋之。

1.2 線性限制下的估計

於本節，我們嘗試探討若忽略參數之間的限制，其會對 OLS 的估計式有何影響？也就是說，若眞實的 DGP 爲：

$$\mathbf{y} = \mathbf{X}\beta + \mathbf{u} \text{ 但是受限於 } \mathbf{R}\beta - \mathbf{r} = 0 \quad (2\text{-}21)$$

不過，我們卻忽略 $\mathbf{R}\beta - \mathbf{r} = 0$ 而只考慮 $\mathbf{y} = \mathbf{X}\beta + \mathbf{u}$，則其結果會如何？

事實上，限制式如（2-21）式是內含的（implicit）型式，於此處，我們倒是可以介紹一種由 Sargan（1980）所提出的外顯的（explicit）型態，即：

$$\beta = \mathbf{H}\theta + \mathbf{s} \tag{2-22}$$

其中 $\mathbf{H}$ 是一個秩爲 $k - q$ 之 $k \times (k - q)$ 之矩陣，而 $\mathbf{s}$ 則是一個 $k \times 1$ 向量。例如：考慮下列迴歸式：

$$y_t = \beta_1 + \beta_2 x_{t2} + \beta_3 x_{t3} + \beta_4 x_{t4} + u_t$$

假定我們欲檢定 $H_0 : \beta_2 = 0$，則按照 $\mathbf{R}\beta - \mathbf{r} = 0$ 的設定，其可爲：

$$\begin{pmatrix} 0 & 1 & 0 & 0 \end{pmatrix} \begin{pmatrix} \beta_1 \\ \beta_2 \\ \beta_3 \\ \beta_4 \end{pmatrix} = 0$$

又若欲檢定 $H_0 : \beta_2 = 0$，$\beta_3 + \beta_4 = 1$，則：

$$\begin{bmatrix} 0 & 1 & 0 & 0 \\ 0 & 0 & 1 & 1 \end{bmatrix} \begin{pmatrix} \beta_1 \\ \beta_2 \\ \beta_3 \\ \beta_4 \end{pmatrix} = \begin{pmatrix} 0 \\ 1 \end{pmatrix}$$

因此 $\mathbf{R}$ 是一個 $q \times k$ 矩陣，其中 $q < k$，相當於 k 內設定 q 個限制，由於是屬於有效的限制，其應彼此相互獨立，故 $\mathbf{R}$ 的秩爲 q；於上述二個虛無假設內，可以看出 q 分別爲 1 與 2。另一方面，我們也可從 $\mathbf{r}$ 的維度看出限制的個數。

雖說以 $\mathbf{R}\beta - \mathbf{r} = 0$ 的設定較爲簡易，不過此種設定卻有一個缺點：若虛無假設爲 $\mathbf{R}\beta = \mathbf{r}$，則對立假設可爲 $\mathbf{R}\beta > \mathbf{r}$ 或 $\mathbf{R}\beta < \mathbf{r}$。當然，若能事先預知對立假設爲何，自然可以提高檢定的效力。

現在考慮 $\beta = \mathbf{H}\theta + \mathbf{s}$ 的設定，於 $\mathbf{R}$ 內可知 β 內有 q 個限制，故 β 內剩下 $k - q$ 個不受限制或「自由參數」而以 θ 表示，此種轉換是透過一個 $k \times (k - q)$ 之 $\mathbf{H}$ 矩陣完成；換言之，$\beta = \mathbf{H}\theta$ 是將 β 向量轉成較小參數維度的 θ 向量！若以上述 $H_0 : \beta_2 =$

0 爲例，按照 $\beta = \mathbf{H}\theta + \mathbf{s}$ 的設定，其可爲：

$$\begin{pmatrix} \beta_1 \\ \beta_2 \\ \beta_3 \\ \beta_4 \end{pmatrix} = \begin{bmatrix} 1 & 0 & 0 \\ 0 & 0 & 0 \\ 0 & 1 & 0 \\ 0 & 0 & 1 \end{bmatrix} \begin{pmatrix} \theta_1 \\ \theta_2 \\ \theta_3 \end{pmatrix} + \begin{pmatrix} 0 \\ 0 \\ 0 \\ 0 \end{pmatrix}$$

因此 $H_0 : \beta_2 = 0$，相當於存在 $k - q = 4 - 1 = 3$ 個自由參數，故 $\mathbf{H}$ 與 θ 分別爲一個 4×3 矩陣與 3×1 向量；因此，從上式可以看出 $\beta_1 = \theta_1$、$\beta_3 = \theta_2$ 以及 $\beta_4 = \theta_3$。同理，就 $H_0 : \beta_2 = 0$，$\beta_3 + \beta_4 = 1$ 而言，可爲：

$$\begin{pmatrix} \beta_1 \\ \beta_2 \\ \beta_3 \\ \beta_4 \end{pmatrix} = \begin{bmatrix} 1 & 0 \\ 0 & 0 \\ 0 & 1 \\ 0 & -1 \end{bmatrix} \begin{pmatrix} \theta_1 \\ \theta_2 \end{pmatrix} + \begin{pmatrix} 0 \\ 0 \\ 0 \\ 1 \end{pmatrix}$$

是故，可以直接令參數 $\beta_1 = \theta_1$、$\beta_3 = \theta_2$ 與 $\beta_4 = -\theta_2 + 1$。

由於二種設定皆可用於同一個虛無假設，故二種設定應該是一樣的，即 $\mathbf{R}\beta - \mathbf{r} = 0$ 且 $\mathbf{RH}\theta + \mathbf{Rs} - \mathbf{r} = 0$，此隱含著下列二個條件：

(1) $\mathbf{RH} = \mathbf{0}$；
(2) $\mathbf{Rs} - \mathbf{r} = \mathbf{0}$。

我們可以直接用外顯的限制導出限制的最小平方法（method of restricted least square, RLS）之估計式，並比較 OLS 與 RLS 估計式之性質。爲了導出 RLS 之估計式，可將（2-22）式代入 $\mathbf{y} = \mathbf{X}\beta + \mathbf{u}$ 內，可得：

$$\mathbf{y} - \mathbf{Xs} = \mathbf{XH}\theta + \mathbf{u} \qquad (2\text{-}23)$$

（2-23）式可以進一步改寫成：

$$\mathbf{y}^* = \mathbf{X}^*\theta + \mathbf{u} \qquad (2\text{-}24)$$

其中 $\mathbf{y}^* = \mathbf{y} - \mathbf{Xs}$ 而 $\mathbf{X}^* = \mathbf{XH}$。由（2-24）式可看出，因是使用原來迴歸模型的誤差項，因此只要符合迴歸模型的假定，其亦可使用 OLS 估計未知參數 θ，故 RLS 之估計式可爲：

$$\hat{\theta} = (\mathbf{X}^{*T}\mathbf{X}^*)^{-1}\mathbf{X}^{*T}\mathbf{y}^* = (\mathbf{H}^T\mathbf{X}^T\mathbf{XH})^{-1}\mathbf{H}^T\mathbf{X}^T(\mathbf{y}-\mathbf{Xs}) \qquad (2\text{-}25)$$

是故，透過（2-25）式，亦可取得 β 之 RLS 之估計式爲 $\hat{\beta} = \mathbf{H}\hat{\theta} + \mathbf{s}$。類似地，RLS 估計式之變異數可爲：

$$Var(\hat{\theta} \mid \mathbf{X}) = \hat{\sigma}^2(\mathbf{X}^{*T}\mathbf{X})^{-1} = \hat{\sigma}^2(\mathbf{H}^T\mathbf{X}^T\mathbf{XH})^{-1}$$

或

$$Var(\hat{\beta} \mid \mathbf{X}) = Var(\mathbf{H}\hat{\theta} + \mathbf{s} \mid \mathbf{X}) = \mathbf{H}Var(\hat{\theta} \mid \mathbf{X})\mathbf{H}^T$$

有關於 RLS 估計式的性質，不難以蒙地卡羅模擬方法證明出其仍具有不偏的性質；另外，畢竟有使用到額外的資訊（如限制式等），因此 RLS 估計式應比 OLS 估計式來得有效。

底下，我們仍使用 TWI 指數月報酬率迴歸模型的例子說明 RLS 的使用。若使用 OLS 估計，其結果可爲：

$$\hat{y}_t = 0.46 + 0.37x_{t2} + 0.22x_{t3} + 0.10x_{t4} - 0.58x_{t5} - 1.70x_{t6}$$
$$(0.47)\ (0.07)\quad (0.09)\quad (0.05)\quad (0.28)\quad (3.27)$$

其中 y_t 與 x_{ti} $(i = 2, \cdots, 6)$ 分別表示 TWI、NASDAQ、N225、SSE 月報酬率、月通貨膨脹率與月失業率之變動率（小括號內之値爲對應之標準誤）。因此，從上式之估計結果可看出，於顯著水準爲 5% 下，三個指數月報酬率對台股指數月報酬率皆有顯著的影響；比較意外的是，月通貨膨脹率對台股指數月報酬率有顯著的負面影響，而失業率的變動則對台股指數月報酬率無顯著的影響。

利用前一節檢定的結果，我們大致取得 N225 與 SSE 報酬率對 TWI 報酬率影響的程度相當，即 $\beta_3 = \beta_4$；另一方面，於例子（6n）內，亦可看出「合併」月通貨膨脹率與失業率的變動對台股報酬率亦無顯著的影響力，因此我們嘗試令 $\beta_5 =$

$-\beta_6$，藉以瞭解通貨膨脹率與失業率的變動是否有可能有同幅度的影響。若進一步考慮上述二個限制式，使用 RLS，其估計結果可爲：

$$\hat{y}_t = 0.39 + 0.41x_{t2} + 0.14x_{t3} + 0.54x_{t5}$$
$$(0.45)\ (0.06)\qquad (0.04)\qquad (0.28)$$

由上述估計結果可發現於 $H_0: \beta_5 = 0$ 下，β_5 之 RLS 估計值之 p 值約爲 0.0518；因此，於顯著水準爲 10% 下，會拒絕虛無假設爲沒有影響。

我們由 RLS 的估計結果，可發現月通貨膨脹率與失業率的變動對台股指數月報酬率具有相反的影響力，即月通貨膨脹率具有正面而月失業率有反面的影響力，此種結果應該是不容易利用 OLS 檢視出的。

習題

(1) 仍以上述以 TWI 月報酬率爲因變數的複迴歸模型爲主，若事先認爲 SSE 與 N225 月報酬率對 TWI 報酬率影響的程度相當，試以 RLS 估計其結果。
(2) 試以模擬的方式比較 OLS 與 RLS 之 σ^2 估計式抽樣分配。
(3) 試以模擬的方式比較 OLS 與 RLS 之 β 估計式抽樣分配。
(4) 試解釋 $\mathbf{R}\beta - \mathbf{r} = 0$ 與 $\beta = \mathbf{H}\theta + \mathbf{s}$ 之間的差異。

1.3 一個例子：MRW（1992）

於本節，我們利用 MRW（Mankiw et al., 1992）的實例以說明不受限制與限制迴歸模型的應用。MRW 發現 Solow（1956）的成長模型大致提供了一個正確的預估方向，即儲蓄率與人口成長率會影響一國的經濟成長率；換言之，按照 Solow 的成長模型可以知道儲蓄率愈高的國家愈富裕，但是人口成長率愈高的國家卻愈貧窮。

不過，根據實際的樣本資料，MRW 卻發現利用 Solow 的成長模型，儲蓄率與人口成長率對每人所得的影響通常會有高估的傾向；因此，MRW 建議採取一種擴充的（augmented）Solow 成長模型，該成長模型有包括 Solow 忽略的人力資源貢獻。直覺而言，較高的儲蓄率或低的人口成長率會造成較高的所得水準，此應會造成更高的人力資本累積，因此當有考慮到人力資源的貢獻，更高資本累積應會對所得有更大的影響。另一方面，人力資本累積當然對經濟成長有影響；因此，若忽略人力資本累積的貢獻，儲蓄率或人口成長率的估計值當然就會有偏誤。

我們發現部分 MRW 的實證方法仍只是 OLS 與 RLS 的應用，故於本節，我們簡單介紹 MRW 的實證方法，有興趣的讀者可參考 MRW 的原文[3]。

1.3.1 Solow 的成長模型

Solow 的模型是將儲蓄率 s、人口成長率 n 以及生產技術視爲外生的變數。考慮勞動 L 與資本 K 二種生產投入，其中二種生產投入的支付係按照各自的邊際生產力；因此，若假定柯布 - 道格拉斯（Cobb-Douglas）生產函數，則該函數於 t 期可寫成：

$$Y_t = K_t^{\alpha}(A_t L_t)^{1-\alpha},\ 0<\alpha<1 \qquad (2\text{-}26)$$

其中 Y 表示產出而 α 則表示資本占產出的份額。

假定 L 與 A（生產技術）的成長率分別爲 n 與 g，二者可寫成：

$$L_t = L_0 e^{nt} \qquad (2\text{-}27)$$

與

$$A_t = A_0 e^{gt} \qquad (2\text{-}28)$$

因此有效的勞動（A_tL_t）成長率爲 $n+g$。Solow 的模型假定產出的某一個比重 s 用於投資。定義 $k = K / AL$ 與 $y = Y / AL$ 爲每單位有效勞動的資本存量與產出，則隨著時間 t 的 k 的變化可寫成：

$$\frac{dk}{dt} = \dot{k} = sy_t - (n+g+\delta)k_t = sk_t^{\alpha} - (n+g+\delta)k_t \qquad (2\text{-}29)$$

其中 δ 表示（資本）折舊率。（2-29）式隱含著 k 會趨向於一個穩定狀態值（steady-state value）k^*，其可寫成：

---

[3] 於 MRW 的原文的附錄內有提供所使用的樣本資料資訊，不過本節只使用其中的 75 個國家的樣本資料。

$$k^* = \left(\frac{s}{n+g+\delta}\right)^{\frac{1}{1-\alpha}} \qquad (2\text{-}30)$$

從（2-30）式可看出 k^* 與 s 呈正的關係，而與 $(n+g+\delta)$ 呈負的關係，可以參考圖 2-3。圖內描述當 s 下降時，k^* 亦隨之減少。

Solow 的模型可用以檢視儲蓄與人口成長等因素對實質所得的衝擊；換言之，將（2-30）式代入（2-26）式內，整理後可得：

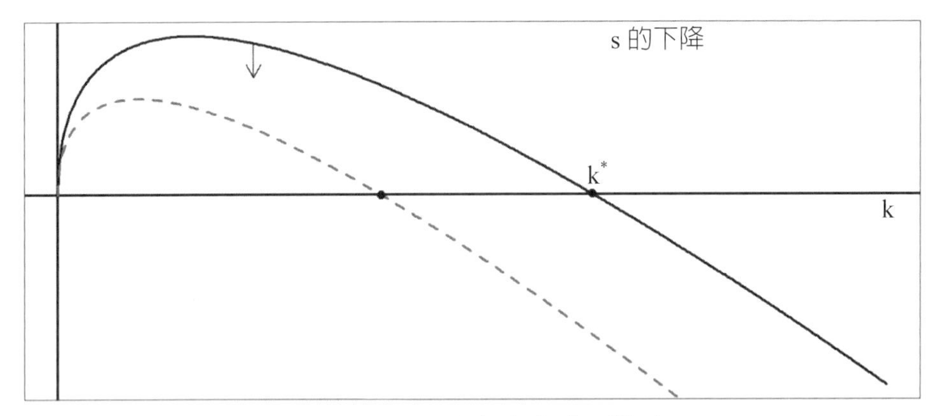

圖 2-3　Solow 的新古典成長模型

$$\log\left(\frac{Y_t^*}{L_t}\right) = \log A_0 + \frac{\alpha}{1-\alpha}\log s - \frac{\alpha}{1-\alpha}\log(n+g+\delta) \qquad (2\text{-}31)$$

因此透過（2-31）式，我們可以用（複）迴歸模型衡量，例如：儲蓄率、折舊率、人口成長率以及技術成長率等因素對產出的影響。

面對（2-31）式，我們自然好奇如何取得式內變數的實際資料以及如何進行實證上的估計。首先，MRW 以 1960~1985 年 75 個國家的橫斷面（cross-section）資料爲調查對象④；其次，畢竟（2-31）式是根據理論模型而得，故其並不是一個統計模型，即（2-31）式內並無誤差項。MRW 忽略（2-31）式內 Y 與 Y^* 之間的差異並將注意力集中於生產技術 A 項。換言之，A 不僅反映出目前的技術狀態，同時亦受

④ 其中 n 是勞動人口（15~64 年齡）的成長率而則取投資額占 GNP 的份額，二者皆取 1960~1985 的年平均值；另外，$y=\log(Y/L)$ 取自 1985 年的每人 GDP。由於 $(g+\delta)$ 的資料並不容易取得，故 MRW 以 0.05 取代。

到其他因素例如自然資源、氣候或生產制度等影響；因此，MRW 採取底下的設定方式：

$$\log A_0 = a + u_i$$

其中 a 是一個常數而 u_i 是一個來自於因個別國家而異的誤差項。是故，（2-31）式可以進一步改寫成：

$$\log y_i = a + \frac{\alpha}{1-\alpha}\log s_i - \frac{\alpha}{1-\alpha}\log(n_i + g + \delta) + u_i \qquad (2\text{-}32)$$

Solow 的成長模型的實證檢視相當於估計（2-32）式。就使用 MRW 的樣本資料而言，可以估計下列的複迴歸模型：

$$\log y_i = \beta_1 + \beta_2 \log s_i + \beta_3 \log(n_i + g + \delta) + u_i \qquad (2\text{-}33)$$

其中$\beta_2 = \dfrac{\alpha}{1-\alpha}$ 與 $\beta_3 = -\beta_2$。換言之，於尚未估計（2-33）式之前，MRW 提供的事前資訊是 $\beta_3 = -\beta_2$；另一方面，MRW 認為合理的 α 估計值應為 1/3，故 s_i 與 $(n_i + g + \delta)$ 對 y_i 的彈性分別為 0.5 與 −0.5。

利用 MRW 的 75 個國家的樣本資料，我們以 OLS 估計（2-33）式可得：

模型 1：

$$\log \hat{y}_i = \underset{(1.54)}{5.37} + \underset{(0.17)}{1.33}\log s_i - \underset{(0.53)}{2.01}\log(n_i + g + \delta)$$

$\overline{R}_c^2 = 0.59$ 與 $s = 0.61$（s 為迴歸模型內的估計標準誤）

其中小括號內之值為對應的估計標準誤。根據模型 1 的估計結果，不難發現 β_i（i = 1, 2, 3）皆能顯著地異於 0。我們可以進一步檢定 $H_0: \beta_2 = -\beta_3$ 以及 $H_0: \beta_2 = -\beta_3$，$\beta_2 = 0.5$，可得 F 分配的檢定統計量分別為 1.26 [0.27] 與 23.48 [0.00]，其中中括號內之值為對應的 p 值。就虛無假設為 $\beta_2 = -\beta_3$ 而言，顯然無法拒絕虛無假設（顯著水準為 10%）；但是，虛無假設若為$\beta_2 = 0.5$ 與 $\beta_3 = -0.5$，則即使顯著水準為 0.01，其仍會拒絕該虛無假設。於 $\beta_2 = -\beta_3$ 的限制下，我們進一步以 RLS 估計（2-33）式可得：

模型 2：

$$\log \hat{y}_i = 7.09 + 1.44 \log s_i \text{（}\log s_i = -\log(n_i + g + \delta)\text{）}$$
$$(0.15)\ (0.14)$$
$$\overline{R}_c^2 = 0.59 \text{ 與 } s = 0.61 \text{（} s \text{ 爲迴歸模型內的估計標準誤）}$$

從模型 1 與 2 的估計結果可以看出 Solow 模型的實證具有下列的 4 種涵義：

(1) 模型 1 的估計結果指出儲蓄率 s 對每人所得 y 有正面的影響，而人口成長率 n 則對每人所得 y 有反面的影響，此種結果與 Solow 模型的預期一致。
(2) s 與 n 分別對 y 的「絕對值」彈性有可能會相等。
(3) 模型 2 的實證結果指出，於涵義 (2) 的前提下，（2-37）式內 α 估計值約爲 0.59[5]，顯然與 MRW 的事前資訊爲 $\alpha = 1/3$ 不符，即若後者是正確的話，顯然用（2-32）或（2-33）式估計會高估 α。
(4) MRW 建議應於 Solow 的模型內加入人力資本等因素，若依此方向來看，豈不是顯示出（2-33）式遺漏了一個重要的解釋變數？換言之，（2-33）式的設定方式不符合迴歸模型內 AT 的假定。

1.3.2 擴充的 Solow 模型

如前所述，MRW 建議應於 Solow 模型內加入人力資本投入，故生產函數可改寫成：

$$Y_t = K_t^{\alpha} H_t^{\beta} (A_t L_t)^{1-\alpha-\beta} \tag{2-34}$$

其中 H 表示人力資本存量。令 s_k 與 s_h 分別表示物質資本（physical capital）與人力資本占所得的份額，則上述二者隨時間的演變爲：

$$\dot{k}_t = s_k y_t - (n + g + \delta) k_t \tag{2-35}$$

與

---

[5] 即 $\dfrac{0.59}{1-0.59} \approx 1.44$。

$$\dot{h}_t = s_h y_t - (n + g + \delta) h_t \tag{2-36}$$

其中 $y = Y / AL$、$k = K / AL$ 與 $h = H / AL$ 分別以有效勞動表示數量。

假定 $\alpha + \beta < 1$（即規模報酬遞減），則（2-35）與（2-36）二式隱含著 k_t 與 h_t 的穩定狀態分別爲：

$$k^* = \left(\frac{s_k^{1-\beta} s_h^{\beta}}{n + g + \delta} \right)^{1/(1-\alpha-\beta)} \text{ 與 } h^* = \left(\frac{s_k^{\alpha} s_h^{1-\alpha}}{n + g + \delta} \right)^{1/(1-\alpha-\beta)} \tag{2-37}$$

類似於（2-33）式，將（2-37）式代入（2-34）式，整理後可得：

$$\log y_i = \eta_1 + \eta_2 \log(n_i + g + \delta) + \eta_3 \log s_{ik} + \eta_4 \log s_{ih} + u_i \tag{2-38}$$

其中 $\eta_1 = \log A_0$、$\eta_2 = -(\eta_3 + \eta_4)$、$\eta_3 = \alpha / (1 - \alpha - \beta)$ 與 $\eta_4 = \beta / (1 - \alpha - \beta)$。於（2-38）式內可看出每人所得 y 受到人口成長率 n、物質資本 s_k 以及人力資本 s_h 累積的影響。

我們利用 MRW 所提供的人力資源資料[6]，仍假定 $g + \delta$ 約爲 0.05 以及利用 75 個國家的樣本資料，我們以 OLS 估計（2-38）式可得：

模型 3：

$$\log \hat{y}_i = \underset{(1.15)}{4.45} - \underset{(0.40)}{1.50} \log(n_i + g + \delta) + \underset{(0.15)}{0.71} \log s_{ik} + \underset{(0.10)}{0.73} \log s_{ih}$$

$\bar{R}_c^2 = 0.77$ 與 $s = 0.45$（s 爲迴歸模型內的估計標準誤）

顯然於模型 3 內 η_i 皆能顯著地異於 0；另一方面，從比較模型 1 與 3 內的 $\bar{R}_c^2$ 與 s 值，亦可看出模型 3 優於模型 1。我們進一步檢視 $H_0: \eta_2 + \eta_3 + \eta_4 = 0$，可得 F 分配的檢定統計量約爲 0.02 [0.90]，顯然頗接近於（2-38）式的設定。

我們亦進一步以 RLS 估計 $\eta_2 = \eta_3$ 以及 $\eta_4 = \eta_3$ 的情況，其估計結果爲：

[6] MRW 利用勞工於 1960~1985 期間中學的修業平均年數當作人力資源的指標。

模型 4：

$$\log \hat{y}_i = 4.59 + 0.72x_{i2} + 0.73x_{i3}$$
$$(0.34)\ (0.14)\quad (0.09)$$

$\overline{R}_c^2 = 0.78$ 與 $s = 0.45$（s 爲迴歸模型內的估計標準誤）

其中 $x_{i2} => \log s_{ik} = \log(n_i + g + \delta)$ 與 $x_{i3} => \log s_{ih} = \log(n_i + g + \delta)$。從模型 4 的估計結果不難找出對應的 α 與 β 估計值分別約爲 0.29 與 0.3，二者頗接近於 MRW 事先的預期值 $\alpha = \beta = 1/3$。

2. LR、Wald 與 LM 檢定

於《財統》內我們曾介紹最大概似（maximum likelihood, ML）估計法，於此處我們倒是可以介紹或複習上述方法於迴歸模型的應用。另一方面，新發展的計量檢定方法有許多係根源於 Wald 與拉氏乘數（Lagrange multiplier, LM）法，即 Wald 與 LM 檢定，後二者亦與 ML 估計有關；換言之，時間序列計量統計檢定方法大致可以分成概似比率（likelihood ratio, LR）、Wald 與 LM 檢定等三種型態。

2.1 ML 估計

令 $\mathbf{y}^T = (y_1, y_2, \cdots, y_n)$ 與 $\theta^T = (\theta_1, \theta_2, \cdots, \theta_k)$ 分別表示 n 個樣本觀察值與 k 個未知參數向量；另一方面，令 $f(\mathbf{y}; \theta)$ 表示聯合 PDF。$f(\mathbf{y}; \theta)$ 可有二種解釋方式：第一，於既定的 θ 下，$\mathbf{y}$ 出現的機率；第二，於 $\mathbf{y}$ 出現的條件下，$f(\mathbf{y}; \theta)$ 是 θ 的函數。ML 估計就是強調上述第二種解釋方式，即 $f(\mathbf{y}; \theta)$ 亦可稱爲概似函數（likelihood function）。是故，概似函數可寫成：

$$L(\theta; \mathbf{y}) = f(\mathbf{y}; \theta) \qquad (2\text{-}39)$$

因此不難瞭解 ML 估計是欲找出能出現 $\mathbf{y}$ 值的最適 θ 值；換言之，極大化概似函數的 $\hat{\theta}$ 值可稱爲 ML 估計式，隱含著出現 $\mathbf{y}$ 值的機率最大。

一般而言，因極大化對數概似函數較爲簡易，故（2-39）是通常改寫成[7]：

---

[7] 如同筆者的前三本著作，我們皆以 log 表示自然對數。

$$l(\theta;\ \mathbf{y}) = \log L(\theta;\ \mathbf{y}) \tag{2-40}$$

對（2-40）式微分可得：

$$\frac{\partial l(\theta;\mathbf{y})}{\partial\theta} = \frac{1}{L(\theta;\mathbf{y})}\frac{\partial L(\theta;\mathbf{y})}{\partial\theta} \tag{2-41}$$

即 $\hat{\theta}$ 能極大化 $l(\theta;\ \mathbf{y})$ 亦能極大化 $L(\theta;\ \mathbf{y})$。通常我們稱 $l(\theta;\ \mathbf{y})$ 對 θ 的第一次微分為計分（score），即 $\hat{\theta}$ 是透過計分等於 0 取得；換言之，$\hat{\theta}$ 可透過下列式子取得：

$$s(\theta;\mathbf{y}) = \frac{\partial l(\theta;\mathbf{y})}{\partial\theta} = \mathbf{0} \tag{2-42}$$

即 $s(\theta;\ \mathbf{y})$ 可稱為 ML 的計分。有關於 ML 估計式的特徵可以參考本章的附錄 3。

底下，我們介紹如何於線性迴歸模型下使用 ML 估計方法。考慮一個線性迴歸模型如：

$$\mathbf{y} = \mathbf{X}\beta + \mathbf{u}$$

其中 $\mathbf{u} \sim N(0,\ \sigma^2\mathbf{I}_n)$。$\mathbf{u}$ 之多元變數 PDF 可寫成：

$$f(\mathbf{u}) = \frac{1}{\left(2\pi\sigma^2\right)^{n/2}}e^{-\left(1/2\sigma^2\right)\left(\mathbf{u}^T\mathbf{u}\right)}$$

故 $\mathbf{y} \mid \mathbf{X}$ 之多元變數 PDF 可寫成：

$$f(\mathbf{y} \mid \mathbf{X}) = f(\mathbf{u})\left|\frac{\partial\mathbf{u}}{\partial\mathbf{y}}\right|$$

其中 $|\partial\mathbf{u}\ /\ \partial\mathbf{y}|$ 表示 $\mathbf{y}$ 對 $\mathbf{u}$ 之偏微分矩陣（$n \times n$）的絕對值行列式，而於本例內上述矩陣為 $\mathbf{I}_n$。是故，對應的對數概似函數為：

$$l = \log f\left(\mathbf{y} \mid \mathbf{X}\right) = \log f(\mathbf{u}) = -\frac{n}{2}\log 2\pi - \frac{n}{2}\log\sigma^2 - \frac{1}{2\sigma^2}\mathbf{u}^T\mathbf{u}$$

$$= -\frac{n}{2}\log 2\pi - \frac{n}{2}\log\sigma^2 - \frac{1}{2\sigma^2}\left(\mathbf{y}-\mathbf{X}\beta\right)^T\left(\mathbf{y}-\mathbf{X}\beta\right) \qquad (2\text{-}43)$$

其中未知參數向量 θ 內含 $k+1$ 個元素，即 $\theta^T = (\beta^T, \sigma^2)$。

根據（2-42）式，可得：

$$\begin{cases} \dfrac{\partial l}{\partial\beta} = -\dfrac{1}{\sigma^2}\left(-\mathbf{X}^T\mathbf{y} + \mathbf{X}^T\mathbf{X}\beta\right) = \mathbf{0} \\ \dfrac{\partial l}{\partial\sigma^2} = -\dfrac{n}{2\sigma^2} + \dfrac{1}{2\sigma^4}\left(\mathbf{y}-\mathbf{X}\beta\right)^T\left(\mathbf{y}-\mathbf{X}\beta\right) = 0 \end{cases}$$

故分別可得 $\hat{\beta} = \left(\mathbf{X}^T\mathbf{X}\right)^{-1}\mathbf{X}^T\mathbf{y}$ 與 $\hat{\sigma}^2 = \left(\mathbf{y}-\mathbf{X}\hat{\beta}\right)^T\left(\mathbf{y}-\mathbf{X}\hat{\beta}\right)/n$。因此，ML 估計式 $\hat{\beta}$ 與 OLS 估計式 $\mathbf{b}$ 相同；不過，就 σ^2 的估計式而言，二者卻稍有不同，即前者爲 $\hat{\sigma}^2$ 而後者卻爲 $s^2 = \dfrac{\mathbf{e}^T\mathbf{e}}{n-k}$。我們已經知道 $E(s^2) = \sigma^2$，但是 $E\left(\hat{\sigma}^2\right) = \sigma^2(n-k)/n$，故雖說 $\hat{\beta}$ 仍是 β 的不偏估計式，不過 $\hat{\sigma}^2$ 卻是 σ^2 的偏估計式。

我們進一步計算二次微分分別可得：

$$\frac{\partial^2 l}{\partial\beta\partial\beta^T} = -\frac{\mathbf{X}^T\mathbf{X}}{\sigma^2}\text{，其中 } -E\left(\frac{\partial^2 l}{\partial\beta\partial\beta^T}\right) = \frac{\mathbf{X}^T\mathbf{X}}{\sigma^2}\text{、}$$

$$\frac{\partial^2 l}{\partial\beta\partial\sigma^2} = -\frac{\mathbf{X}^T\mathbf{u}}{\sigma^4}\text{，其中 } -E\left(\frac{\partial^2 l}{\partial\beta\partial\sigma^2}\right) = \mathbf{0}$$

與

$$\frac{\partial^2 l}{\partial(\sigma^2)^2} = \frac{n}{2\sigma^4} - \frac{\mathbf{u}^T\mathbf{u}}{\sigma^6}\text{，其中 } -E\left(\frac{\partial^2 l}{\partial(\sigma^2)^2}\right) = \frac{n}{2\sigma^4}\text{（因 } E\left(\mathbf{u}^T\mathbf{u}\right) = n\sigma^2\text{）}$$

因此，訊息矩陣可寫成：

$$\mathbf{I}(\theta) = \mathbf{I}\begin{pmatrix}\beta \\ \sigma^2\end{pmatrix} = \begin{bmatrix} \dfrac{1}{\sigma^2}\left(\mathbf{X}^T\mathbf{X}\right) & \mathbf{0} \\ \mathbf{0} & \dfrac{n}{2\sigma^4} \end{bmatrix}$$

而其倒數則爲：

$$\mathbf{I}^{-1}(\theta)=\mathbf{I}^{-1}\begin{pmatrix}\beta\\ \sigma^2\end{pmatrix}=\begin{bmatrix}\sigma^2\left(\mathbf{X}^T\mathbf{X}\right)^{-1} & \mathbf{0}\\ \mathbf{0} & \dfrac{2\sigma^4}{n}\end{bmatrix}$$

於本章的附錄 3 內可看出 $\mathbf{I}^{-1}(\theta)$ 爲 $\hat{\theta}$ 的漸近變異數，其中 $\theta^T=(\beta,\sigma^2)$。

將上述 $\hat{\beta}$ 與 $\hat{\sigma}^2$ 值分別取代（2-43）式內的 β 與 σ^2 值後，再取指數值可得最大概似值爲：

$$L\left(\hat{\beta},\hat{\sigma}^2\right)=\left(2\pi e\right)^{-n/2}\left(\sigma^2\right)^{-n/2}$$

$$=\left(\frac{2\pi e}{n}\right)^{-n/2}\left(\mathbf{e}^T\mathbf{e}\right)^{-n/2}$$

$$=K\left(\mathbf{e}^T\mathbf{e}\right)^{-n/2} \qquad (2\text{-}44)$$

其中 K 是一個與參數值無關的常數。

例 1 ML 估計

雖然 β 與 σ^2 的估計皆有明確的估計式如 $\hat{\beta}$ 與 $\hat{\sigma}^2$ 所示，不過我們倒是可以練習 ML 估計的操作。考慮 $y=1.5+0.7x_2+0.5x_3+u$，其中 $u\sim N(0,25)$、$x_2\sim N(0,4)$ 與 $x_3\sim N(0,25)$。於 $n=2{,}000$ 之下，我們先分別模擬出 x_2、x_3、u 以及 y 的觀察值，然後再使用 OLS 估計可得 $\mathrm{b}^T=(1.5148,0.6552,0.5172)$ 以及 $s^2=23.6691$。因 $Var(\beta)=\sigma^2\left(\mathbf{X}^T\mathbf{X}\right)^{-1}\approx\begin{bmatrix}0.0125 & 0 & 0\\ 0 & 0.0032 & 0\\ 0 & 0 & 0\end{bmatrix}$，故 θ 的共變異數矩陣約爲：

$$\mathbf{I}^{-1}\begin{pmatrix}\beta\\ \sigma^2\end{pmatrix}\approx\begin{bmatrix}0.0125 & 0 & 0 & 0\\ 0 & 0.0032 & 0 & 0\\ 0 & 0 & 0 & 0\\ 0 & 0 & 0 & 0.625\end{bmatrix}$$

同理，因 $Var(b) = s^2\left(\mathbf{X}^T\mathbf{X}\right)^{-1} \approx \begin{bmatrix} 0.0118 & 0 & 0 \\ 0 & 0.003 & 0 \\ 0 & 0 & 0 \end{bmatrix}$，而以 s^4 取代 σ^4，故可得 θ 的估計共變異數矩陣約為：

$$\hat{\mathbf{I}}_{OLS}^{-1}\begin{pmatrix} \beta \\ \sigma^2 \end{pmatrix} \approx \begin{bmatrix} 0.0118 & 0 & 0 & 0 \\ 0 & 0.003 & 0 & 0 \\ 0 & 0 & 0 & 0 \\ 0 & 0 & 0 & 0.5602 \end{bmatrix}$$

顯然與上述的 $\mathbf{I}^{-1}(\theta)$ 值差距不大。

利用相同的模擬值，我們使用 R 內的 optim() 指令，使用「BFGS」方法，同時令 θ 的期初值為 $\theta_0^T = (0.1,0.1,0.1,0.2)$，可得 $\hat{\beta}^T = (1.6049,0.7564,0.5586,55.9056)$；另一方面，可得 θ 的估計共變異數矩陣約為：

$$\hat{\mathbf{I}}_{ML}^{-1}\begin{pmatrix} \beta \\ \sigma^2 \end{pmatrix} \approx \begin{bmatrix} 0.0279 & 0 & -0.0001 & -0.0326 \\ 0 & 0.0071 & 0 & -0.0366 \\ -0.0001 & 0 & 0.0011 & -0.015 \\ -0.0326 & -0.0366 & -0.015 & -20.2269 \end{bmatrix}$$

明顯與上述的 $\mathbf{I}^{-1}(\theta)$ 值差距甚大；是故，另使用 OLS 估計值為期初值，即令 $\theta_0^T = (\mathbf{b}^T, s^2)$，重新估計可得 $\hat{\mathbf{I}}_{ML}^{-1}\begin{pmatrix} \beta \\ \sigma^2 \end{pmatrix} \approx \begin{bmatrix} 0.0118 & 0 & 0 & 0 \\ 0 & 0.003 & 0 & 0 \\ 0 & 0 & 0 & 0 \\ 0 & 0 & 0 & 0.5619 \end{bmatrix}$，其已接近上述的 $\mathbf{I}^{-1}(\theta)$ 值。此例說明了使用 ML 估計方法的「困難或無奈」，即除了應注意「是否收斂（即是否存在最大值）」外，尚須留意期初值的選定；還好，通常我們以 OLS 估計值為 ML 的期初值。可以參考所附的 R 指令。

例 2 **TWI 月報酬率複迴歸模型以 ML 方法估計**

我們繼續以 ML 方法估計前述的 TWI 月報酬率複迴歸模型。使用 OLS 估計值為期初值，自然可以得出類似於 OLS 估計的結果；不過，使用 ML 估計有一個額外的好處，即可以得到 σ^2 的標準誤估計值約為 2.9，可以參考所附的 R 指令。

習題

(1) 何謂概似函數？試解釋之。
(2) 我們如何於 R 內執行 ML 估計方法？試說明之。
(3) 我們如何得到 $\hat{\theta}$ 的標準誤？試解釋之。
(4) 令 $\theta_0^T = (\mathbf{b}^T, x)$，其中 $0 < x \leq s^2$，試繪製出 l 與 $\hat{\sigma}^2$ 的圖形。其有何特色？

2.2 LR、Wald 與 LM 檢定

我們繼續檢視迴歸模型下，關於 β 的線性假設如（2-10）式所示，此可分成 LR、Wald 與 LM 檢定。

LR 檢定

2.1 節內的 $\hat{\beta}$ 與 $\hat{\sigma}^2$ 可稱為「無任何限制下」的 ML 估計式；換言之，（2-44）式內的 $L(\hat{\beta}, \hat{\sigma}^2)$ 亦可稱為無任何限制的最大概似值，而對應的 $\mathbf{e}^T\mathbf{e}$ 為無限制的 SSR。我們當然可以進一步估計受限制的 ML 估計式（即額外考慮 $\mathbf{R}\beta = \mathbf{r}$），而令受限制的估計式分別為 $\tilde{\beta}$ 與 $\tilde{\sigma}^2$，故對應的（最大）概似函數值為 $L(\tilde{\beta}, \tilde{\sigma}^2)$。理所當然，限制的 $L(\tilde{\beta}, \tilde{\sigma}^2)$ 不會超過無限制的 $L(\hat{\beta}, \hat{\sigma}^2)$，不過若限制為眞，則前者會接近於後者。因此，我們可以定義 LR 為：

$$\lambda = \frac{L\left(\tilde{\beta}, \tilde{\sigma}^2\right)}{L\left(\hat{\beta}, \hat{\sigma}^2\right)}$$

直覺而言，於 $H_0: \mathbf{R}\beta = \mathbf{r}$ 之下，若 λ 值愈小，則愈會拒絕 H_0。通常，LR 檢定統計量可以寫成：

$$LR = -2\log\lambda = 2\left[\log L\left(\hat{\beta}, \hat{\sigma}^2\right) - \log L\left(\tilde{\beta}, \tilde{\sigma}^2\right)\right] \overset{a}{\sim} \chi^2(q) \qquad (2\text{-}45)$$

即 LR 檢定統計量的漸近分配為自由度為 q 的卡方分配。

其實受限制的 ML 估計式可利用「拉氏乘數法」導出，即受限制的對數概似函數可寫成：

$$l^* = l - \mu^T(\mathbf{R}\beta - \mathbf{r}) \tag{2-46}$$

其中 μ 是一個 $q \times 1$ 向量（即拉氏乘數向量），而 l 則爲無限制的對數概似函數如（2-43）式所示。事實上，$\tilde{\beta}$ 就是 $\mathbf{b}_*$（見本章附錄 4），即其符合於 $\mathbf{Rb}_* = \mathbf{r}$ 的限制；換言之，令 $\mathbf{e}_* = \mathbf{y} - \mathbf{Xb}_*$ 表示受限制的殘差值向量，則 σ^2 之受限制的 ML 估計式爲 $\tilde{\sigma}_*^2 = \mathbf{e}_*^T\mathbf{e}_* / n$，故根據（2-44）式可得：

$$L\left(\tilde{\beta}, \tilde{\sigma}^2\right) = K_1\left(\mathbf{e}_*^T\mathbf{e}_*\right)^{-n/2} \tag{2-47}$$

其中 K_1 是一個常數項。將（2-44）與（2-47）二式代入（2-45）式內，可得 LR 檢定統計量有另外一種表示方式，即：

$$\begin{aligned} LR &= n\left(\log \mathbf{e}_*^T\mathbf{e}_* - \log \mathbf{e}^T\mathbf{e}\right) \\ &= n\log\left(1 + \frac{\mathbf{e}_*^T\mathbf{e}_* - \mathbf{e}^T\mathbf{e}}{\mathbf{e}^T\mathbf{e}}\right) \\ &= n\log\left[\frac{1}{1-\left(\mathbf{e}_*^T\mathbf{e}_* - \mathbf{e}^T\mathbf{e}\right)/\mathbf{e}_*^T\mathbf{e}_*}\right] \end{aligned} \tag{2-48}$$

即我們需要同時計算受限制與無限制模型，才能取得 LR 檢定統計量。

例 1　LR 檢定的執行

考慮一個複迴歸模型如 $y = \beta_1 + \beta_2 x_2 + \beta_3 x_3 + u$，其中 $u \sim N(0, \sigma^2)$。假定我們欲檢定 $H_0 : \beta_2 + \beta_3 = 1$。我們可以將上述迴歸式視爲無限制的迴歸式，至於受限制的迴歸式，則考慮於 H_0 爲眞的情況下，上述迴歸式可改寫成：

$$y = \beta_1 + \beta_2 x_2 + (1 - \beta_3)x_3 + u$$

上式即爲受限制的迴歸式。令 $n = 200$、$\beta_1 = 1.5$、$\beta_2 = 0.3$、$\beta_3 = 1.7$、$x_2 \sim N(0,4)$、$x_3 \sim N(0,5)$ 與 $\sigma = 5$，我們不難以模擬的方式執行 LR 檢定。就我們的模擬資料而言，可得 LR 檢定統計量若使用（2-45）式約爲 22.6545，而若使用（2-48）式，則約爲

22.5666。二者的 p 值皆接近於 0。

Wald 檢定

不像 LR 檢定會同時使用到 $\hat{\beta}$ 與 $\tilde{\beta}$ 值的計算，就 Wald 檢定而言，則僅需要計算值 $\hat{\beta}$。換言之，我們可以藉由檢視 $(\mathbf{R}\hat{\beta}-\mathbf{r})$ 值得知是否與 $H_0:\mathbf{R}\beta=\mathbf{r}$ 一致，即若 $(\mathbf{R}\hat{\beta}-\mathbf{r})$ 值接近於 0，則「支持」H_0；反之。若有「較大」的 $(\mathbf{R}\hat{\beta}-\mathbf{r})$ 值，則當然懷疑 H_0 的正確性。由本章的附錄 3 可知，$\hat{\beta}$ 的漸近分配屬於平均數與變異數分別為 β 與 $\mathbf{I}^{-1}(\beta)$ 的多元變數常態分配，故於 $H_0:\mathbf{R}\beta=\mathbf{r}$ 下，$(\mathbf{R}\hat{\beta}-\mathbf{r})$ 亦屬於平均數與變異數分別為 $\mathbf{0}$ 與 $\mathbf{R}\mathbf{I}^{-1}(\beta)\mathbf{R}^T$ 的多元變數常態分配，其中 $\mathbf{I}^{-1}(\beta)=\sigma^2(\mathbf{X}^T\mathbf{X})^{-1}$。利用常態分配與卡方分配的關係，可得：

$$\left(\mathbf{R}\hat{\beta}-\mathbf{r}\right)^T\left[\mathbf{R}\mathbf{I}^{-1}(\beta)\mathbf{R}^T\right]^{-1}\left(\mathbf{R}\hat{\beta}-\mathbf{r}\right)$$

$$=\left(\mathbf{R}\hat{\beta}-\mathbf{r}\right)^T\mathbf{R}\left[\sigma^2\left(\mathbf{X}^{-1}\mathbf{X}\right)^{-1}\right]^{-1}\mathbf{R}^T\left(\mathbf{R}\hat{\beta}-\mathbf{r}\right)\overset{a}{\sim}\chi^2(q) \qquad (2\text{-}49)$$

其中 q 表示 $\mathbf{R}$ 內受限制的個數。若使用 $\hat{\sigma}^2=\mathbf{e}^T\mathbf{e}/n$ 取 σ^2，則（2-49）式可以進一步改寫成：

$$W=\frac{\left(\mathbf{R}\hat{\beta}-\mathbf{r}\right)^T\left[\mathbf{R}\sigma^2\left(\mathbf{X}^{-1}\mathbf{X}\right)^{-1}\mathbf{R}^T\right]^{-1}\left(\mathbf{R}\hat{\beta}-\mathbf{r}\right)}{\hat{\sigma}^2}\overset{a}{\sim}\chi^2(q) \qquad (2\text{-}50)$$

（2-50）式即為 Wald 檢定統計量。根據（附 16）式（本章附錄 4），Wald 檢定統計量亦可寫成：

$$W=\frac{n\left(\mathbf{e}_*^T\mathbf{e}_*-\mathbf{e}^T\mathbf{e}\right)}{\mathbf{e}^T\mathbf{e}}\overset{a}{\sim}\chi^2(q) \qquad (2\text{-}51)$$

例 2 執行 Wald 檢定

續例 1，若 $H_0:\beta_2+\beta_3=1$ 而使用 Wald 檢定，則 Wald 檢定統計量按照（2-50）式計算約為 23.8884，而若使用（2-51）式計算則約為 23.889。二者對應的 p 值接近於 0。

LM 檢定

LM 檢定又名計分檢定（score test）。顧名思義，LM 檢定係根源於 $s(\theta)$。無限制的 $\hat{\beta}$ 可以根據（2-42）式取得，即 $s(\hat{\theta})=\mathbf{0}$；不過，若使用受限制的估計式 $\tilde{\theta}$，則 $s(\tilde{\theta})$ 未必等於 $\mathbf{0}$。還好，若 $H_0:\mathbf{R}\beta=\mathbf{r}$ 為真，則 $s(\tilde{\theta})$ 接近於 $\mathbf{0}$，隱含著 $l(\tilde{\theta})$ 接近於 $l(\hat{\theta})$。根據 ML 估計式的特徵 (3)~(5)（本章附錄 3），可知 $s(\theta)$ 的平均數與變異數分別為 $\mathbf{0}$ 與 $\mathbf{I}(\theta)$，而 $s(\theta)^T\mathbf{I}^{-1}(\theta)s(\theta)$ 則屬於卡方分配；因此，於上述 H_0 之下，我們可以定義 LM 檢定統計量為：

$$LM=s\left(\tilde{\theta}\right)^T\mathbf{I}^{-1}\left(\theta\right)s\left(\tilde{\theta}\right)\overset{a}{\sim}\chi^2(q) \tag{2-52}$$

可以留意（2-52）式內 $s(\theta)$ 是於 $\theta=\tilde{\theta}$ 內計算。因此，不同於 Wald 檢定檢視無限制模型，LM 檢定卻使用受限制模型如（2-52）式所示。

其實，我們亦可檢視 $s(\theta)$ 值，即：

$$s\left(\theta\right)=\begin{bmatrix}\dfrac{\partial l}{\partial\beta}\\ \dfrac{\partial l}{\partial\sigma^2}\end{bmatrix}=\begin{bmatrix}\dfrac{1}{\sigma^2}\mathbf{X}^T\mathbf{u}\\ -\dfrac{n}{2\sigma^2}+\dfrac{\mathbf{u}^T\mathbf{u}}{2\sigma^4}\end{bmatrix} \tag{2-53}$$

因 LM 檢定係計算受限制 $\theta=\tilde{\theta}$ 的情況，故可以 $\mathbf{e}_*=\mathbf{y}-\mathbf{X}\tilde{\beta}$ 取代（2-53）式的 $\mathbf{u}$ 值，而另以 $\tilde{\sigma}^2=\mathbf{e}_*^T\mathbf{e}/n$ 取代 σ^2，即（2-53）式亦可改成：

$$s\left(\theta\right)=\begin{bmatrix}\dfrac{\partial l}{\partial\beta}\\ \dfrac{\partial l}{\partial\sigma^2}\end{bmatrix}=\begin{bmatrix}\dfrac{1}{\sigma^2}\mathbf{X}^T\mathbf{e}_*\\ 0\end{bmatrix} \tag{2-54}$$

其次，根據 2.1 節的訊息矩陣倒數（於 $\theta=\tilde{\theta}$ 下）為：

$$\mathbf{I}^{-1}\left(\tilde{\theta}\right)=\begin{bmatrix}\tilde{\sigma}^2\left(\mathbf{X}^T\mathbf{X}\right)^{-1} & \mathbf{0}\\ \mathbf{0} & \dfrac{2\tilde{\sigma}^4}{2}\end{bmatrix} \tag{2-55}$$

將（2-54）與（2-55）二式代入（2-52）式內，可得：

$$LM = \begin{bmatrix} \frac{1}{\tilde{\sigma}^2}\mathbf{e}_*^T\mathbf{X} & 0 \end{bmatrix} \begin{bmatrix} \tilde{\sigma}^2\left(\mathbf{X}^T\mathbf{X}\right)^{-1} & \mathbf{0} \\ \mathbf{0} & \frac{2\tilde{\sigma}^4}{n} \end{bmatrix} \begin{bmatrix} \frac{1}{\tilde{\sigma}^2}\mathbf{X}^T\mathbf{e}_* \\ 0 \end{bmatrix}$$

$$= \frac{\mathbf{e}_*^T\mathbf{X}\left(\mathbf{X}^T\mathbf{X}\right)^{-1}\mathbf{X}^T\mathbf{e}_*}{\tilde{\sigma}^2}$$

$$= n\frac{\mathbf{e}_*^T\mathbf{X}\left(\mathbf{X}^T\mathbf{X}\right)^{-1}\mathbf{X}^T\mathbf{e}_*}{\mathbf{e}_*^T\mathbf{e}_*}$$

$$= nR_{c*}^2 \tag{2-56}$$

其中 $R_{c*}^2 = \frac{\mathbf{e}_*^T\mathbf{X}\left(\mathbf{X}^T\mathbf{X}\right)^{-1}\mathbf{X}^T\mathbf{e}_*}{\mathbf{e}_*^T\mathbf{e}_*}$ 表示 $\mathbf{X}$ 對 $\mathbf{e}_*$ 迴歸式的 R_c^2[8]。因此，LM 檢定的操作可以分成二個步驟：步驟 1 即先計算受限制的估計式 $\tilde{\beta}$ 後進一步取得 $\mathbf{e}_*$；步驟 2 再估計 $\mathbf{X}$ 對 $\mathbf{e}_*$ 迴歸式的 R_c^2。利用上述二步驟，可得 $LM = nR_{c*}^2 \overset{a}{\sim} \chi^2(q)$。

例 3　執行 LM 檢定

續例 1 與 2，顯然若欲執行 LM 檢定，利用（2-56）式反而較爲簡易；換言之，若使用（2-56）式可得 LM 檢定統計量約爲 21.3395，其對應的 p 值亦接近於 0。比較例 1~3 的結果，大致符合 $W \geq LR \geq LM$ 的性質[9]。

習題

(1) 試解釋 LR、Wald 與 LM 檢定。
(2) 利用前述 TWI 月報酬率複迴歸模型的例子，試以 LR 檢定檢視 N225 與 SSE

[8] 即 $\mathbf{e}_* = \mathbf{X}\beta^* + \mathbf{u}^*$，則 OLS 估計式爲 $\mathbf{b}^* = \left(\mathbf{X}^T\mathbf{X}\right)^{-1}\mathbf{X}^T\mathbf{e}_*$。根據（附 5）式（本章附錄 2），可得 $\mathbf{b}^{*T}\left(\mathbf{X}^T\mathbf{X}\right)\mathbf{b}^* = \mathbf{e}_*^T\mathbf{X}\left(\mathbf{X}^T\mathbf{X}\right)^{-1}\left(\mathbf{X}^T\mathbf{X}\right)\left(\mathbf{X}^T\mathbf{X}\right)^{-1}\mathbf{X}^T\mathbf{e}_* = \mathbf{e}_*^T\mathbf{X}\left(\mathbf{X}^T\mathbf{X}\right)^{-1}\mathbf{X}^T\mathbf{e}_*$，此恰爲 R_{c*}^2 的分子部分。

[9] 有關於 $W \geq LR \geq LM$ 性質的證明，可參考 Johnston 與 DiNardo（1997）。

月報酬率對 TWI 月報酬率的影響程度是否相同？

(3) 續上題，改用 Wald 檢定檢視。

(4) 續上題，改用 LM 檢定檢視。

(5) 續上題，三種檢定統計量是否仍符合 $W \geq LR \geq LM$ 的性質？

3. 初見拔靴法

於前面的分析內，我們經常使用蒙地卡羅模擬方法，而在統計或計量文獻內尚有另外一種模擬方法，該方法就是拔靴法。蒙地卡羅模擬方法與拔靴法皆需要密集使用電腦工具，尤其需要電腦語言程式的撰寫；因此，如前所述，我們以電腦語言做爲學習統計或計量的輔助工具，最佳的收穫就是我們可以見識到模擬方法的威力，同時亦可實際應用。

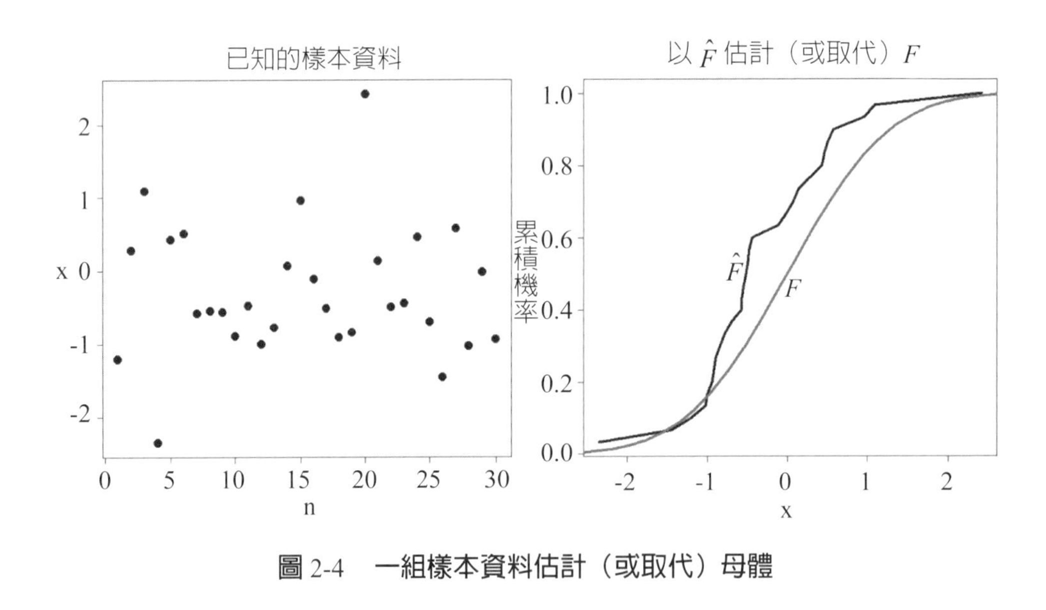

圖 2-4　一組樣本資料估計（或取代）母體

於統計學內，拔靴法是指利用已知的樣本（即有限樣本）以「抽出放回」（with replacement）或以「重新取樣」（resampling）的抽樣方法，推導出樣本統計量的抽樣分配。因此，拔靴法亦可稱爲重新取樣法。不過，自 Efron（1979）提出與使用「拔靴法」這個名詞後，拔靴法已成爲統計學或計量經濟學內不可或缺的模擬方法[10]。其實拔靴法只是以樣本資料爲母體以及使用「抽出放回」的抽樣方法而已。

[10]「拔靴法」這個名詞的本意是「靠自己的力量站起來」（pulling oneself up by one's

我們先舉一個簡單的例子讓讀者自行判斷蒙地卡羅模擬方法與拔靴法二者之不同，或者比較何者較爲簡易？假定我們有一組個數爲 30 的樣本資料，如圖 2-4 的左圖所示。假定圖內的資料是從一個未知的母體內抽出，該母體的 CDF 爲 F。於本書附錄內，我們已經知道任何一組樣本資料可以繪製出對應的 EDF，是故利用圖 2-4 內左圖的樣本資料，我們可以得到對應的 EDF，我們姑且稱該 EDF 爲 $\hat{F}$，以表示可以用 $\hat{F}$ 估計（或取代）F。

學過統計學的人，一定聽過 CLT。CLT 是指隨機變數屬於一種獨立且相同的機率分配（IID），其中 $E(x) = \mu$ 與 $Var(x) = \sigma^2$（μ 與 σ^2 皆是一個固定的數值）。若我們從該分配內抽出 n 個 x 的觀察值，只要 n 夠大的話，則 $\bar{x}$ 的抽樣分配會接近於平均數與變異數分別爲 μ 與 σ^2/n 的常態分配。假定我們要用模擬的方式證明 CLT，我們會使用何方法？蒙地卡羅模擬方法當然是其中一種方法；換言之，令 $n = 30$ 以及 x 屬於標準常態分配，圖 2-5 就是利用蒙地卡羅模擬方法繪製出不同模擬次數爲 N 下的 $\bar{x}$ 的抽樣分配直方圖，其中曲線部分爲對應的常態分配 PDF。

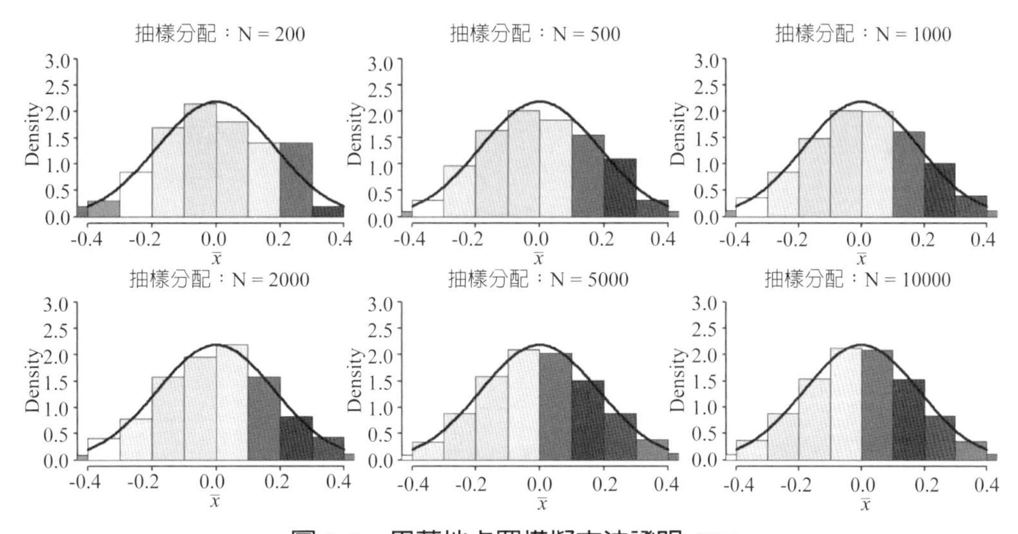

圖 2-5　用蒙地卡羅模擬方法證明 CLT

接下來，我們來看拔靴法。如前所述，我們面對的是圖 2-4 內的樣本資料，其中 $n = 30$。我們並不知該資料從何而來，即 F 爲未知。就拔靴法而言，它認爲該

bootstraps）；換言之，Efron 取自 Baron Münchhausen 所講到的：「深陷於湖底中，思考如何拔自己靴後根的拔靴拉環（bootstraps）脫離」。於統計學內，拔靴法所帶來的衝擊或影響是相當深遠的；其實，只要 Google 一下，就可看出它的影響力。

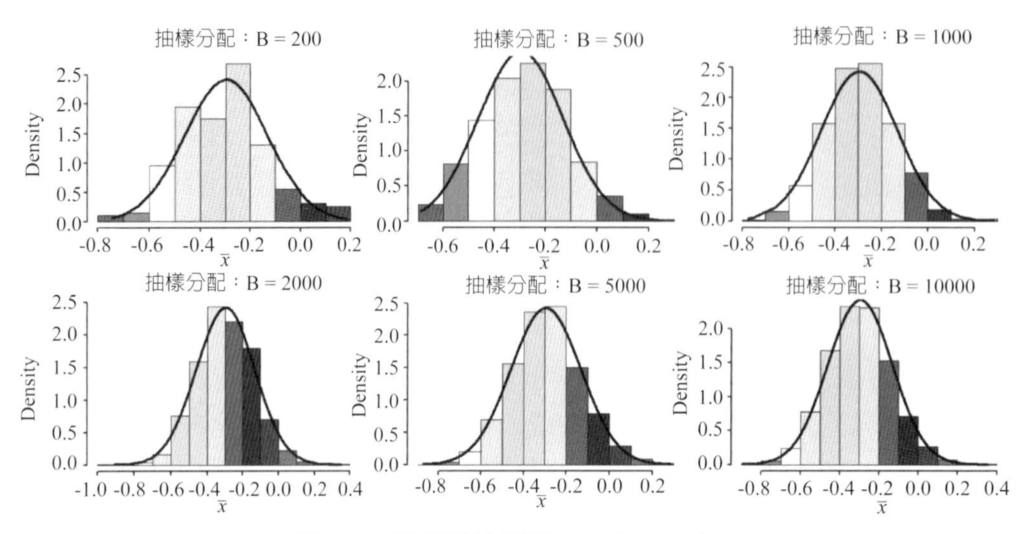

圖 2-6　用拔靴法證明 CLT（$n = 30$）

樣本資料已揭露母體的一些資訊；是故，拔靴法反而從 $\hat{F}$ 內以抽出放回的方式抽取出 n 個樣本，然後計算其平均數，如此的動作重複 B 次，最後自然可以繪製出 B 次 $\bar{x}$ 抽樣分配的直方圖，如圖 2-6 所示。比較特別的是，因母體的 μ 與 σ^2 爲未知，故圖 2-6 內的各圖的曲線，仍按照 CLT 所示以常態分配所繪製，不過 μ 與 σ 卻是使用圖 2-4 左圖的樣本資料之平均數與標準差取代。圖 2-5 與 2-6 的結果頗爲類似；換言之，CLT 的模擬證明，除了可以使用蒙地卡羅模擬方法之外，我們亦可以使用拔靴法。若仔細回想上述二種方法的模擬過程（可以參考所附之 R 指令），倒也有下列的涵義：

(1) 顯然，拔靴法不需要母體 F 屬於何分配的假定，但是蒙地卡羅模擬方法的操作，事先卻需要知道或假定 F 是何分配；因此，相對上，拔靴法所需要的假定較少。
(2) 直覺而言，拔靴法以 $\hat{F}$ 取代 F，即拔靴法視 $\hat{F}$ 爲母體，若 n 愈大，以 $\hat{F}$ 取代 F 的準確度就愈高，此種結果與使用蒙地卡羅模擬方法的結果一致。
(3) 拔靴法與蒙地卡羅模擬方法皆需要重複「相同的抽樣與計算」多次，爲了分別起見，前者我們以模擬 B 次而後者則以 N 次表示；換言之，若我們已經熟悉蒙地卡羅模擬方法，應可以發現於拔靴法的模擬過程中竟有蒙地卡羅模擬方法的影子。
(4) 早期因資訊科技不發達，故可能需事先知道上述二種模擬方法的 B 或 N 的最小值，但是現在如圖 2-5 或 2-6 內，我們已經可以輕易地計算出例如 B = 10,000

的結果了，故二種模擬方法反而愈來愈重要了。

(5) 假定我們只擁有 5 個樣本資料分別為 1、4、3、5 與 7，可以分別計算出對應的樣本平均數與標準差分別為 4 與 2.2361。因不知上述 5 個樣本資料出自何分配，故我們無法使用蒙地卡羅模擬方法，但是拔靴法卻仍可以使用，其結果就繪製如圖 2-7 內的各圖所示；換言之，從圖內可看出上述 5 個樣本資料的樣本平均數的抽樣分配與理論上的常態分配（平均數與標準差分別為 4 與 1[⑪]）曲線，於 $B = 10{,}000$ 之下，二者已頗為接近；因此，反而是拔靴法才能完整地說明 CLT。

(6) 通常我們只有一組樣本資料，而我們有興趣的是欲估計母體的參數 θ，θ 有可能包括平均數、變異數、1% 的風險值（VaR）、二變數的相關係數等母體的特徵；明顯地，蒙地卡羅模擬方法或 CLT 並不能派上用場，但是利用拔靴法，我們仍能取得 $\hat{\theta}$ 的抽樣分配並進一步針對 θ 做統計推論，其中 $\hat{\theta}$ 為 θ 的估計式。

(7) 既然拔靴法視 $\hat{F}$ 為母體，故其強調的並不是母體參數 θ 的估計而是 $\hat{\theta}$ 的抽樣分配或其對應的標準誤。例如：圖 2-7 內的「母體平均數」等於 $\mu = 4$，而從「母體 $\hat{F}$」內以抽出放回的方式抽取 B 次，每次皆計算樣本平均數 $\bar{x}$，當 $B \to \infty$ 時，B 次計算的 $\bar{x}$ 的「平均數」應會等於 4（即 $E(\bar{x}) = \mu$）；因此，$\mu = 4$ 並不是拔靴法所關心的，反而 $\bar{x}$ 的抽樣分配才是其所強調的。換句話說，若母體參數 θ

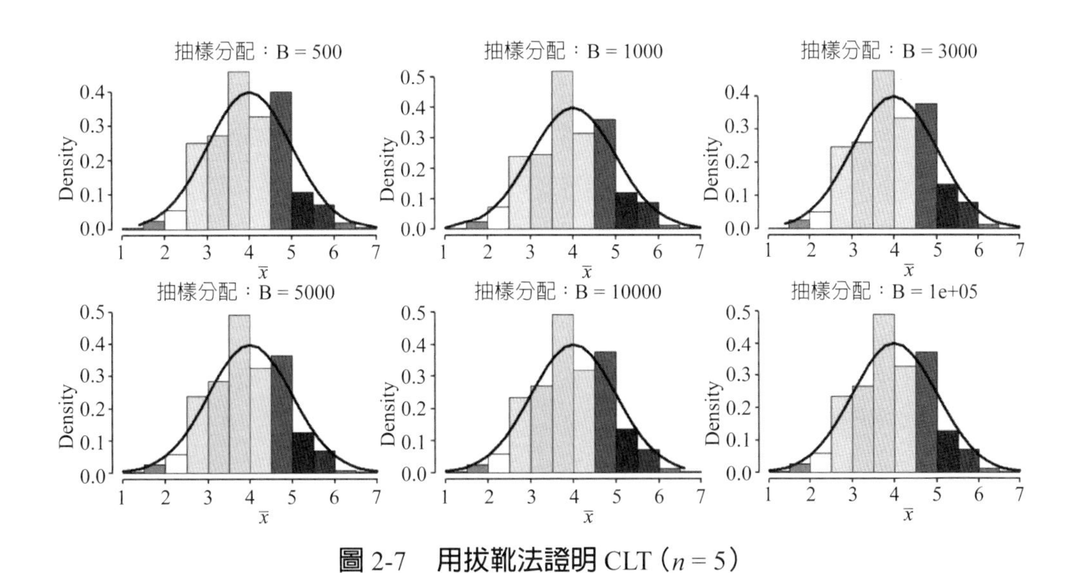

圖 2-7　用拔靴法證明 CLT（$n = 5$）

⑪ 即標準差為 $2.2361/\sqrt{5} = 1$。

爲 5% 的風險值，則 $\hat{\theta}$ 的抽樣分配爲何？CLT 或蒙的卡羅模擬方法並無法幫我們回答此一問題，但是拔靴法卻可以幫我們找出該抽樣分配，甚至於再進一步計算該分配的標準誤。

(8) 於實際的應用上，我們不大可能如蒙地卡羅模擬方法所強調的可以從一個母體內抽取 N 次的樣本；換言之，爲了節省成本，通常我們只有一組樣本可以分析，此時反而拔靴法較與實際一致。

從上述涵義可以看出拔靴法的重要性其實不輸給蒙地卡羅模擬方法。當然，我們已經見識過蒙地卡羅模擬方法的優點與威力[12]，於後面章節內，我們仍然會繼續使用。本節我們將簡單介紹拔靴法的意義與方法，其中包括拔靴法於迴歸模型內的應用。於後面的章節內，我們自然會再接觸更爲深入的拔靴法。

3.1 拔靴法的原理

從圖 2-5~2-7 內大概可以看出爲何需要認識拔靴法，因爲最起碼可以回想於統計學內，我們如何於小樣本下進行有關於母體平均數 μ 的統計推論？我們是假定母體是常態分配，然後再利用 t 檢定統計量的觀念，並進一步計算該統計量的 p 值，或者是直接計算 μ 的 $1-\alpha$ 信賴區間；但是，若母體不屬於常態分配呢？於統計學內，並沒有繼續再探討此一問題；不過，圖 2-7 內的結果或拔靴法的使用似乎提供了一些資訊，使得我們可以繼續檢視或處理上述小樣本數的問題。換句話說，於此處我們會介紹拔靴法，就是要處理於有限樣本下，當母體的分配爲未知時，有關於母體參數的統計推論。

如前所述，雖然計量經濟學仍屬於統計學的應用，不過它卻強調 DGP 的觀念，即計量經濟學通常是以 DGP 取代「母體」的觀念；也就是說，於計量經濟學內，反而比較重視 DGP。其實，我們對 DGP 的觀念並不陌生，因爲面對一組樣本資料，我們比較有興趣的是，該樣本資料究竟是如何產生的？若我們能找到該組樣本資料的 DGP，我們就能進行模擬分析，而於前面的模擬分析內，我們不就是皆先假定存在一種特定的 DGP 嗎？

也許，實際財金資料的 DGP 是複雜的，我們未必能掌握每一過程；不過，於目前我們倒是不需要太複雜的 DGP。例如：談到一種（複）迴歸模型，或許我們可以將該模型寫成：

---

[12] 可以參考《衍商》。

$$y_t = \mathbf{X}_t\beta + u_t,\quad u_t \sim IID(0,\sigma^2) \tag{2-57}$$

其中 u_t 是表示來自於一種 IID 的實現值。（2-57）式當然不是一個 DGP，因爲透過該式，我們只知 u_t 的平均數爲 0，但是 u_t 的分配與其變異數 σ^2 卻是未知的。事實上，透過（2-57）式，我們仍欠缺上述迴歸模型的相關資訊，故其並不是一個 DGP。最簡單 DGP 的設定，是將（2-57）改寫成：

$$y_t = \mathbf{X}_t\beta_0 + u_t,\quad u_t \sim NID(0,\sigma_0^2) \tag{2-58}$$

其中 u_t 爲獨立且相同常態分配的實現值，而該常態分配平均數與變異數分別爲 0 與 σ_0^2。（2-58）式是一個 DGP，因爲它彌補了（2-57）式的不足，即其不僅提供了明確的參數值 β_0 與 σ_0^2，同時 u_t 的分配（常態分配）亦爲已知的；因此，DGP 的意義，簡單地說，就是其可以用電腦模擬出資料來。

如此來看，所謂「模型」的意思，它也只不過是由「一堆」DGP 所構成的集合而已；換言之，只要模型內的參數值爲已知，透過機率分配的假定，我們亦可以使用電腦模擬出該模型內的資料。因此，（2-58）式不僅是一種簡單的 DGP，同時它亦是一種簡單的迴歸模型。於計量經濟學內，（2-58）式亦可以稱爲古典常態線性迴歸模型（classical normal linear regression models）。

不過，即使面對是古典常態線性迴歸模型，我們的確產生一些困擾：

(1) 於統計學內，通常只是強調樣本平均數 $\bar{x}$ 或樣本總和 $\sum x$ 的統計推論，即透過 CLT 可知上述二者抽樣分配的標準誤分別爲 $\sigma_0/\sqrt{n}$ 與 $\sqrt{n}\sigma_0$，其中 σ_0 表示母體的標準差；不過，若我們所關心的不是上述二個樣本統計量的統計推論，而是其他的樣本統計量如 Q_1（第一個四分位數）或樣本相關係數等的統計推論，此時 CLT 並未提供相關的資訊。

(2) 面對（2-58）式內 u_t 屬於 NID 的假定，於模擬過程內，我們自然容易利用 R 內建的函數指令如 $\sigma_0 \cdot rnorm(n)$ 或 $rnorm(n, 0, \sigma_0)$ 抽出平均數與標準差分別爲 0 與 σ_0 的 n 個常態分配的觀察値，不過因經濟或財務的變數未必皆屬於常態分配，則（2-58）式的使用豈不是有偏差嗎？

(3) 假定 u_t 屬於 IID 的假定如（2-57）式所示，類似於 CLT，我們應該也可以得到 β 之 OLS 估計式 **b** 的抽樣分配接近於常態分配的結果，不過此仍屬於「大樣本數」的情況。若我們只擁有小樣本（有限樣本）的觀察値，此時 **b** 的抽樣分配又爲何呢？

(4) 通常我們只擁有一組樣本資料而已，究竟該組資料透露何訊息？

讀者也許早就有上述的疑問，（傳統）統計學甚至於並未考慮到上述的問題；還好，拔靴法及時提供了另外一種思考方式。

若仔細思考圖 2-5~2-7 的模擬過程或其對應的 DGP，其步驟爲：

(1) 圖 2-5 是使用蒙地卡羅模擬方法，故每次模擬時需假定母體分配的 CDF 爲 F，其中 F 爲已知（該圖是假定 F 屬於標準常態分配），而圖 2-6 與 2-7 則是使用拔靴法，即其將一組已知的樣本視爲母體並以 $\hat{F}$ 表示，故 $\hat{F}$ 相當於 EDF，當然 $\hat{F}$ 的型態是未知的；換言之，蒙地卡羅模擬方法是從 F 內而拔靴法則從 $\hat{F}$ 內以「抽出放回」的方式，各抽取出 n 個樣本，並計算對應的樣本統計量如 $\bar{x}$。
(2) 重複步驟 (1) 各 N 與 B 次，其中 N 與 B 分別表示使用蒙地卡羅模擬方法與拔靴法的模擬次數。
(3) 利用模擬所得的 $\bar{x}$ 值（各分別有 N 與 B 個），再分別繪製出對應的直方圖。

從上述的步驟中，可以發現拔靴法相當於蒙地卡羅模擬方法內以 $\hat{F}$ 取代 F，至於 IID 的抽樣方式，則以「抽出放回」的方式的取代；因此，拔靴法可以取代蒙地卡羅模擬方法的其中一個關鍵是 $\hat{F}$ 是否可以取代 F？

通常，我們談到一個機率分配，相當於可以檢視該機率分配的 CDF，因此上述母體的分配 F 可以用母體分配的 CDF 表示；同理，而 $\hat{F}$ 指的是由已知樣本所構成的 EDF，該樣本是假定從 F 內抽出，故 $\hat{F}$ 是否可以取代 F，相當於欲檢視一個分配的樣本 EDF 是否可以取代該分配的母體 CDF。是故，簡單地說，拔靴法是否合理，關鍵竟是樣本的EDF是否可以估計到對應的母體CDF[13]。換句話說，於本章附錄內的圖 A2-2，我們曾繪製出 TWI 日對數報酬率序列（2000/1/4~2018/8/20）的 EDF；當然，我們未必能掌握到 TWI 日對數報酬率母體之分配，不過按照上述的說法，只要該日對數報酬率序列屬於 IID，圖 A2-2 內的 EDF 曲線幾乎可用於取代母體的 CDF。

---

[13] 於統計學內，我們可以利用強大數法則（strong law of large numbers , SLLN）的觀念來說明或證明 F 其實就是 $\hat{F}$ 的極限分配，寫成 $n\rightarrow\infty$，則 $\hat{F}\rightarrow F$。於第 3 章內我們會比較 SLLN 與弱大數法則（weak law of large numbers, WLLN）之不同。於統計的文獻上，若 $n\rightarrow\infty$，則 $\hat{F}\rightarrow F$，此屬於 SLLN 的應用 F，或稱爲 Glivenko-Cantelli 定理，有興趣的讀者可參考例如 Spanos（1999）。

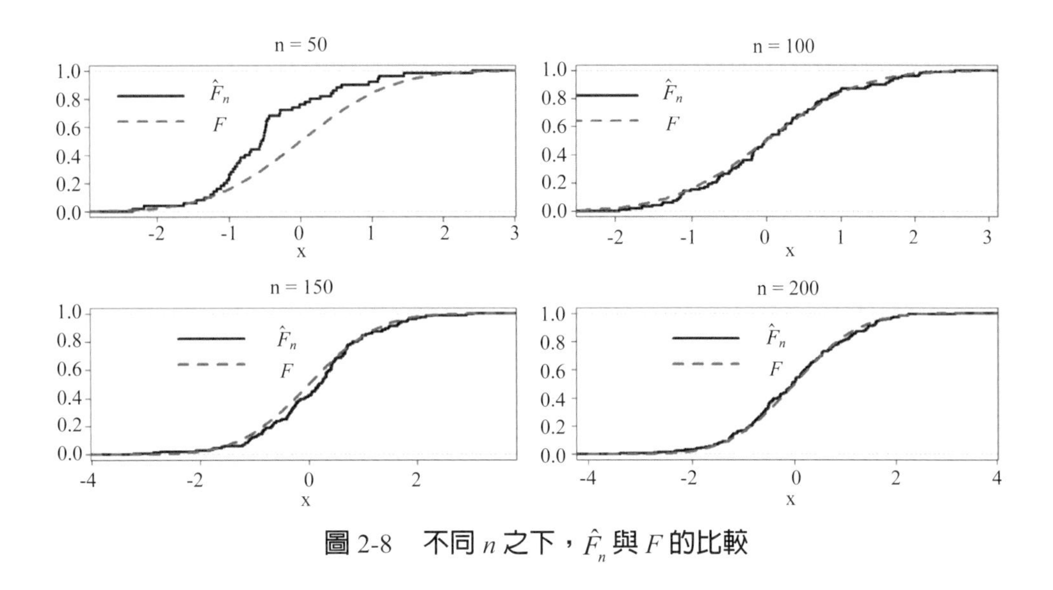

圖 2-8　不同 n 之下，$\hat{F}_n$ 與 F 的比較

我們於圖 A2-2 內已知如何計算一組樣本的 EDF，不過爲了說明隨著樣本數的增加，$\hat{F}$ 會接近於 F，前者亦可寫成 $\hat{F}_n$（即其可以對應至樣本個數爲 n）。我們可以先透過一個已知的母體分配說明。例如圖 2-8 內的各圖繪製出利用標準常態分配所繪製出的 $\hat{F}$ 與 F（即實證 CDF 與理論 CDF），於圖內可看出抽出樣本數的 n 提高，$\hat{F}$ 與 F 之間的差距逐漸縮小；因此，不難達到 $n \to \infty$，$\hat{F} \to F$ 的結論。因爲拔靴法是將 $\hat{F}$ 視爲母體，故圖 2-8 的結果是合乎直覺的，即 n 愈大，$\hat{F}$ 愈接近於 F；換言之，拔靴法的使用仍舊脫離不了以樣本推測母體的特性。其實，我們從直覺來看，亦可以看出拔靴法存在的合理性。

假定讀者有看過朋友與其父親在一起的相片，總覺得二人長得非常相像。現在如果要讓讀者描述讀者朋友父親的長相，讀者會如何做？或者說，讀者有聽過朋友與其父親長得非常像，但讀者並沒有親自見過朋友的父親，現在讀者要來描述朋友父親的面貌是否有可能？理論上是有可能的，否則怎會有人說二人長得非常像呢？也就是說，二人的相似度可能集中於例如眼睛或鼻子等臉部的特徵上，因此讀者若集中於檢視朋友臉部的特徵，應該能勾繪出朋友父親的面貌吧。若讀者觀察朋友的臉部特徵 100,000 次或更多的次數，應該比只觀察 100 次更能正確描述朋友父親的面貌吧！每天見到朋友的臉部特徵，不是有點類似於「抽出放回」的動作嗎？當然，讀者未必能檢視朋友 100,000 或更多的次數，但是透過電腦的操作呢？

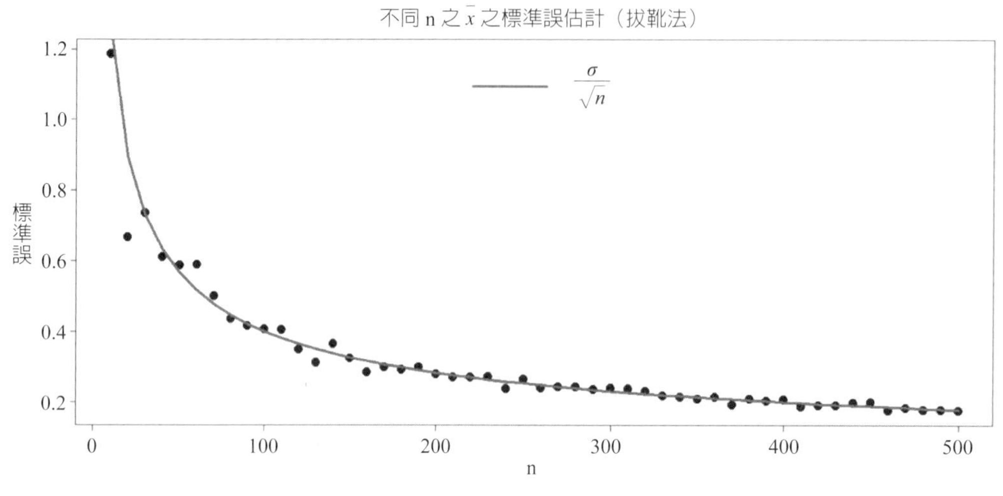

圖 2-9　不同 n 之下，$\bar{x}$ 標準誤之估計（拔靴法）

因此，若仔細思考拔靴法背後所隱藏的涵義，自然會發現其實拔靴法也不是一種太抽象的想法。我們再舉一個例子說明。假定我們從一個平均數與變異數分別爲 10 與 16 的常態分配內抽取 20 個觀察值後，可得 $\bar{x}$ 約爲 9；另一方面，按照 CLT 可知 $\bar{x}$ 的標準誤約爲 0.89（即 $\sigma/\sqrt{n}$），而利用上述觀察值所計算的標準誤則約爲 0.90（即 $s/\sqrt{n}$）。倘若我們根據上述 20 個觀察值，使用拔靴法，於 $B = 10{,}000$ 次之下，可得 $\bar{x}$ 抽樣分配的平均數與標準誤分別約爲 9 與 0.88。如前所述，因拔靴法視上述 20 個觀察值爲「母體」，故其「母體平均數」的估計值仍爲 9，即其只是用另外一種方式估計出上述 20 個觀察值的平均數而已；換言之，使用拔靴法後，眞正的母體平均數 $\mu = 10$ 仍估計不到，其估計誤差爲 1，該結果與使用上述 20 個觀察值的平均數估計 μ 所產生的誤差相同！因此，拔靴法的用處並不在於母體參數 θ 的估計，反而在於 $\hat{\theta}$ 的抽樣分配或該分配的標準誤估計，其中 $\hat{\theta}$ 爲 θ 的估計式。我們再舉一個例子說明。圖 2-9 繪製出不同樣本數 n 下，使用拔靴法 $\bar{x}$ 估計抽樣分配的標準誤，其中實線表示理論值。我們從圖內可看出隨著 n 的變大，標準誤估計值愈接近於理論值。

圖 2-9 說明了可用拔靴法估計 $\bar{x}$ 抽樣分配的標準誤，那拔靴法是否也可以估計其他母體的參數？仍使用上述從平均數與變異數分別爲 10 與 16 的常態分配內抽取 20 個觀察值的例子，利用上述 20 個觀察值，我們可以估計 5% 的 VaR 約爲 4.94，不過其理論值卻約爲 3.42，顯然存在不小的誤差[14]。若使用拔靴法，於 $B = 10{,}000$ 之

[14] 即 5%VaR 的理論值相當於平均數與變異數分別爲 10 與 16 的常態分配的 5% 分位數。

下，上述 20 個觀察值的 5%VaR 估計值與標準誤分別約為 4.24 與 2.26。如前所述，拔靴法因視上述 20 個觀察值為母體，故 5%VaR 估計值應會接近於 4.94，因此於此例中，顯然使用 $B = 10{,}000$ 是不夠的；換言之，將 $B = 10{,}000$ 提高至 $B = 500{,}000$，我們重新再估計上述 20 個觀察值的 5%VaR，其估計值與標準誤則分別約為 4.27 與 2.25。雖然有改善，但是離 5%VaR 的理論值仍太遠了；另一方面，我們亦可以進一步繪製出上述 5%VaR 估計值的抽樣分配，如圖 2-10 內的圖 (a) 所示。

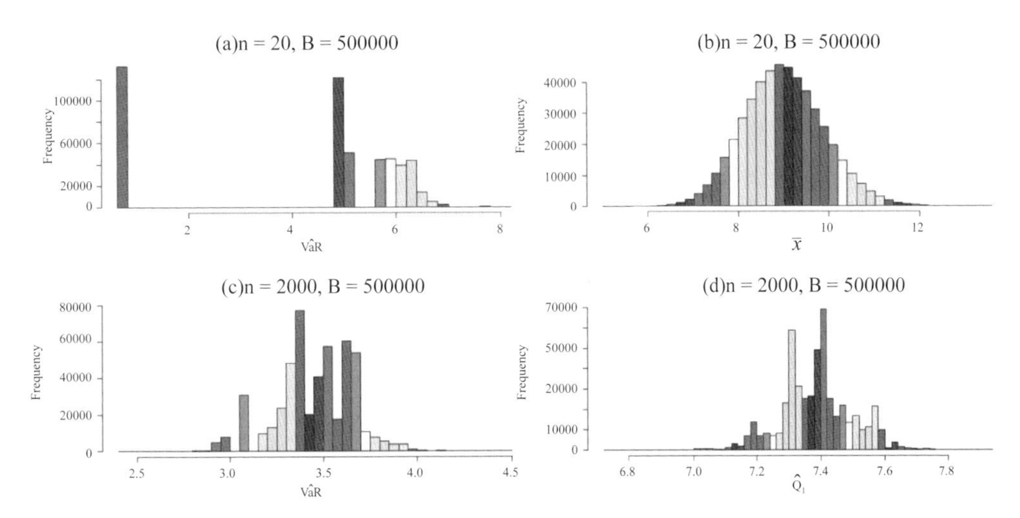

圖 2-10　於 $N(10,16)$ 之下，以拔靴法計算 5%VaR、$\bar{x}$ 以及 Q_1 估計值抽樣分配

圖 2-10 內圖 (a) 的結果是出乎意料之外的，因為若是計算 $\bar{x}$ 而非 5%VaR，則使用拔靴法可得出 $\bar{x}$ 的抽樣分配，該分配則繪製於圖 (b)（圖 2-10）。比較圖 (a) 與 (b) 的結果，應該可以發現 $\bar{x}$ 的抽樣分配較容易取得，但是若欲得到 5%VaR 估計值的抽樣分配，即使是使用拔靴法，可能仍需「加把勁」。我們不難想像出為何會出現圖 (a) 內的結果，畢竟該圖只是利用 $n = 20$ 個觀察值所繪製而成。我們繼續於 $N(10,16)$ 之下抽出 $n = 2{,}000$ 個觀察值，可得出 5%VaR 與 Q_1 的估計值分別約為 3.48 與 7.40（Q_1 表示第一個四分位數），若與理論值比較（Q_1 的理論值約為 7.30），誤差已縮小了。於 $B = 500{,}000$ 之下，使用拔靴法（以上述 $n = 2{,}000$ 個觀察值為母體），可以分別得出 5%VaR 與 Q_1 估計值的抽樣分配，二分配則分別繪製如圖 (c) 與 (d) 所示（圖 2-10）。從上述二圖內，可看出 5%VaR 與 Q_1 估計值抽樣分配的「雛型」，其有可能接近於常態分配。若進一步計算 5%VaR 估計值與其標準誤，則分別約為 3.46 與 0.21；至於 Q_1 估計值與其標準誤，則分別約為 7.39 與 0.11。讀者應該可以判斷上述結果。

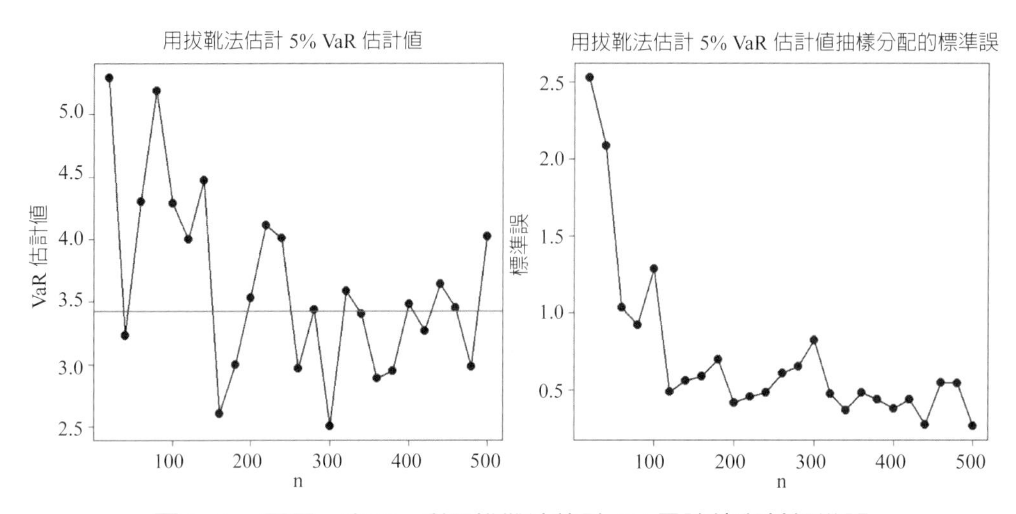

圖 2-11　不同 n 之下，利用拔靴法估計 5% 風險值與其標準誤

圖 2-10 內的結果，提醒我們注意拔靴法的用處，即除了 $\bar{x}$ 或 $\sum x$ 之外，我們無法使用 CLT 得出 $\hat{\theta}$ 的抽樣分配，拔靴法卻及時彌補了此一缺口，使得我們可以繼續進行 $\hat{\theta}$ 的統計推論探討。類似於圖 2-10 的繪製，圖 2-11 分別繪製出於之下，不同 n 之 5%VaR 估計值與其估計之標準誤走勢，讀者可以將其擴充至更一般化的結果（即使用更大的 n 與 B，可以參考所附之 R 指令）。

例 1　二母體平均數差異

表 2-1 列出 TWI 與 NASDAQ 之 5 個月報酬率各 10 個觀察值（取自第 1 章 3.3 節的例 2），其中前者的平均報酬率約為 0.2355（%），而後者的平均報酬率約為 6.2134（%）。利用表 2-1 內的資料，我們打算檢視 TWI 與 NASDAQ 之 5 個月報酬率是否有顯著的不同。直覺而言，若二種報酬率並沒有什麼不同，則可將表 2-1 內的資料「混合」並稱混合的資料為 x，故 x 內共有 20 個觀察值。我們重複底下的動作 10,000 次：先從 x 內以「抽出不放回」的方式抽出 n_1 個觀察值，並分別計算抽出與沒有抽出的平均數差異。上述結果可繪製於圖 2-12 內的左圖，我們姑且將上述稱為方法 1。利用圖 2-12 內左圖的資訊，可計算二平均數差異超過 7% 的機率約為 0.0019；或者說，二平均數差異的絕對值超過 7% 的機率約為 0.0038。是故，可以進一步推測出二平均數差異的絕對值超過 5.296% 的機率約為 0.05。因此，利用方法 1，我們大概可以得到顯著水準為 5% 的臨界值約為 5.296%（虛無假設為二母體平均數沒有差異）。因利用表 2-1 內的資料可得 NASDAQ 與 TWI 之 5 個月平均報酬率的樣本差異約為 5.9779%，故可知二母體平均數是有差異的（顯著水準為 5%）。

表 2-1 TWI 與 NASDAQ 之 5 個月報酬率（單位：%）（不重疊）

TWI					
	3.9578	−10.7143	4.1712	4.9926	−0.9852
	2.2181	5.1381	−1.3766	3.5587	−8.6051
NASDAQ					
	15.2685	−1.0790	2.3774	9.7514	8.7382
	9.4484	3.9866	3.3445	8.9659	1.3322

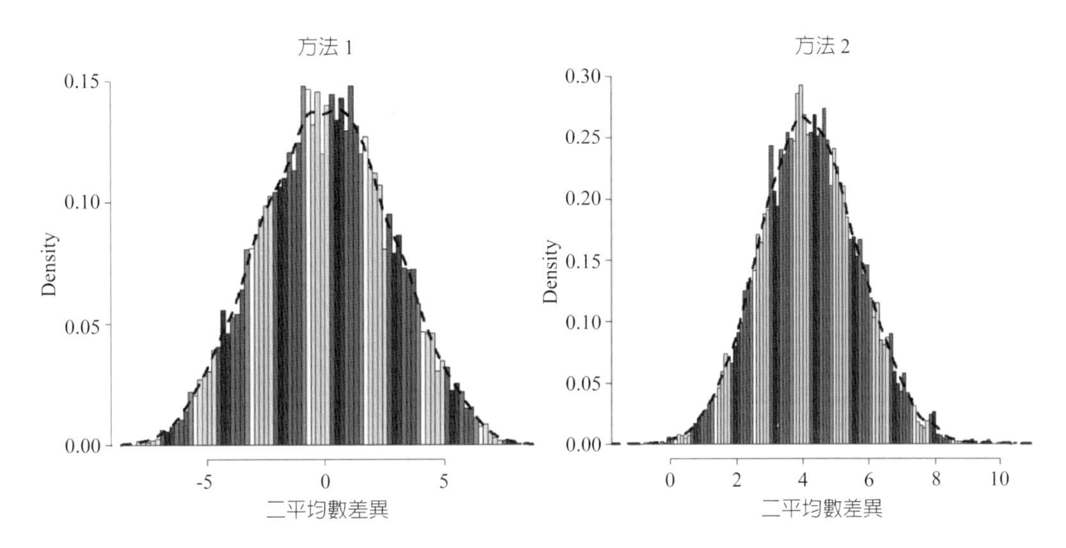

圖 2-12 方法 1 與 2 內二樣本平均數差異之抽樣分配

例 2 二母體平均數差異（續）

除了使用方法 1 之外，我們也可以使用拔靴法檢定表 2-1 內二母體平均數差異，我們姑且稱爲方法 2。方法 2 是利用表 2-1 內的 TWI 與 NASDAQ 資料，分別以抽出放回的方式各抽出 10 個樣本後，再計算二平均數差異；如此的動作重複 10,000 次，故可以繪製出圖 2-12 內右圖的直方圖。利用方法 2 得出的 10,000 個二平均數差異資訊，可得 95% 拔靴百分信賴區間（bootstrap percentile confidence interval）估計值[15]約爲 [1.3902, 7.1510]。顯然，上述區間估計值並未包括 0，故 TWI 與 NASDAQ 的 5 日報酬率並不會相等。

[15] 相當於計算 10,000 個二平均數差異的 2.5% 與 97.5% 分位數。

上述方法 1 與 2 的結論頗爲類似，不過我們還是對方法 2 較有興趣，原因就在於我們可將方法 2 再拆成三個步驟：第一，於 TWI 的 5 個月報酬率內以抽出放回的方式抽出 10 個觀察值後，再計算其平均數，如此動作重複 10,000 次，可得 95% 拔靴百分信賴區間估計值約爲 [-3.3574, 3.2702]；第二，以 NASDAQ 取代第一步驟的 TWI，可得 NASDAQ 的 5 個月報酬率之 95% 拔靴百分信賴區間估計值約爲 [3.3415, 9.2344]；第三，比較第一與第二步驟結果的差異，我們仍然得到二報酬率不會相等的結論。

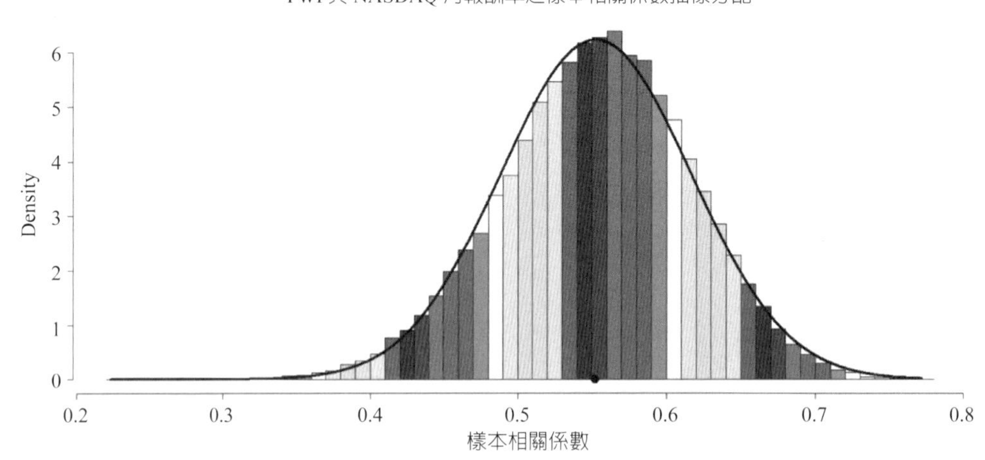

圖 2-13　TWI 與 NASDAQ 月報酬率之樣本相關係數抽樣分配

例 3　樣本相關係數抽樣分配

利用前述 TWI 月報酬率複迴歸模型內資料，可以計算 TWI 與 NASDAQ 月報酬率之間的（樣本）相關係數約爲 0.5523。利用 TWI 與 NASDAQ 月報酬率序列資料，於 $B = 50{,}000$，使用拔靴法，可以得到 B 個樣本相關係數並繪製出上述二序列資料之樣本相關係數抽樣分配如圖 2-13 所示，其中曲線是常態分配的 PDF，其內的平均數與標準差則是根據 B 個樣本相關係數計算而得。利用上述 B 個樣本相關係數可以得到其樣本平均數約爲 0.5524，頗接近於 0.5523（圖內的黑點），故隱含著 $B = 50{,}000$ 次是一個恰當的模擬數。利用圖 2-13 的結果，可以進一步計算母體相關係數的 95% 拔靴百分信賴區間估計值約爲 0.4211~0.6719。若使用圖 2-13 內的常態分配，則母體相關係數的 95% 百分信賴區間估計值則約爲 0.4270~0.6779，二者差距不大。

例 4 偏誤校正估計值

假定 $\hat{\theta}$ 是一個 θ 的偏誤但是卻是 θ 的一致性估計式，利用拔靴法，我們可以得到一個偏誤校正估計值（bias-corrected estimate）。換言之，$\hat{\theta}$ 的偏誤可寫成 $B(\hat{\theta}) = E(\theta) - \theta$，而偏誤校正估計值則爲 $\hat{\theta} - B(\theta)$。因 $B(\hat{\theta})$ 取決於未知的參數 θ，利用拔靴法，可得上述 $B(\hat{\theta})$ 的估計值爲 $\hat{B}(\hat{\theta}) = \overline{\theta}^* - \hat{\theta}$，其中 $\overline{\theta}^*$ 表示拔靴分配（bootstrap distribution）的平均數，即以 $\overline{\theta}^*$ 取代 $E(\hat{\theta})$；因此，偏誤校正估計值爲 $\tilde{\theta} = \hat{\theta} - \hat{B}(\hat{\theta}) = \hat{\theta} - (\overline{\theta}^* - \hat{\theta}) = 2\hat{\theta} - \overline{\theta}^*$。上述偏誤校正估計值並不難理解，即 $\hat{\theta}$ 視 θ 爲母體參數，而拔靴法則視 $\hat{\theta}$ 爲母體，故可得 $B(\hat{\theta})$ 的估計值爲 $\hat{B}(\hat{\theta}) = \overline{\theta}^* - \hat{\theta}$。就例 3 而言，$\hat{\theta} = 0.5524$ 而 $\overline{\theta}^* = 0.5523$，故 $\tilde{\theta} = 2\hat{\theta} - \overline{\theta}^* = 0.5522$。

習題

(1) 何謂拔靴法？試解釋之。
(2) 何謂拔靴法之偏誤校正估計值？試解釋之。
(3) 假定母體資料爲 1,2,3,4。試用拔靴法說明 CLT。
(4) 續上題，假定從上述母體內以抽出放迴的方式抽取 500 個觀察值並令其爲 x_3。試利用 x_3 的資訊，以偏誤校正估計值估計母體平均數。
(5) 續上題，試利用 x_3 的資訊，以偏誤校正估計值估計母體 5%VaR 值。
(6) 直覺而言，拔靴法的次數 B 應爲多少才足夠？試解釋之。

3.2 拔靴法於迴歸模型的應用

接下來，我們來檢視拔靴法於迴歸模型的應用。考慮（1-61）式，我們將誤差項改爲 u_t 改爲 IID 之均等分配（介於 −2 與 2 之間），另一方面，假定 $n = 100$、$\beta^T = (0.3,0.05,0.7)$ 與將 y_{t-1} 改成 x_{t3}，其中 x_{t3} 屬於平均數與標準差分別爲 1 與 2 的常態分配，利用（1-61）式可得 $\mathbf{y}$ 與 $\mathbf{X}$，其中 $\mathbf{X}$ 爲一個 $n \times 3$ 的矩陣而 $\mathbf{y}$ 則是一個 $n \times 1$ 向量。利用 OLS，可分別得出 $\mathbf{b}_1^T = (0.3924,0.0495,0.6763)$ 與 $\mathbf{e}$（殘差值向量）。面對 $\mathbf{y}$、$\mathbf{b}_1$、$\mathbf{e}$ 與 $\mathbf{X}$，我們如何得出 $\mathbf{b}$ 之拔靴抽樣分配？

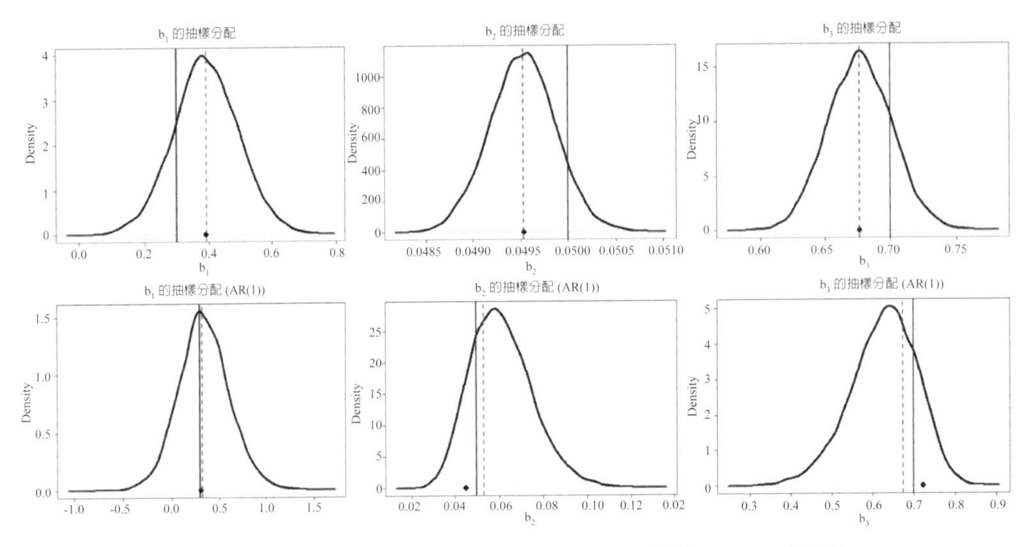

圖 2-14　利用拔靴法取得之抽樣分配（下圖為 $AR(1)$ 模型）

爲了取得 **b** 之抽樣分配，我們可以回想於蒙地卡羅模擬方法內是利用已知的 **u** 分配，連續抽出 N 次 n 的個觀察值，然後再按照（1-61）式得出不同的 **b** 值；不過，於實際上我們卻只有上述 **y**、$\mathbf{b}_1$、**c** 與 **X** 的資訊，那我們應如何做？拔靴法是強調可用 **e** 取代 **u**，再以「抽出放回」的方式抽取 n 個觀察值如 $\mathbf{e}^*$，然後利用 $\mathbf{X}\mathbf{b}_1 + \mathbf{e}^*$ 得出 $\mathbf{y}^*$，即 $\mathbf{y}^* = \mathbf{X}\mathbf{b}_1 + \mathbf{e}^*$；接下來，利用 $\mathbf{y}^*$ 與 **X** 以 OLS 取得 $\mathbf{b}^*$。重複上述過程 B 次，自然可得出 B 個 $\mathbf{b}^*$ 值。因此，利用上述資訊，於 $B = 10{,}000$ 之下，可得 **b** 之拔靴抽樣分配如圖 2-14 的上圖所示。於圖 2-14 的各圖內，**b** 之拔靴抽樣分配以曲線表示，而垂直線、虛線以及黑點分別表示 β、$\mathbf{b}_1$ 以及偏誤校正估計值。

如前所述，拔靴法是以「樣本 $\mathbf{b}_1$」爲母體，由於 $\mathbf{b}_1$ 與 β 本來就有差距，故於圖 2-14 上圖的各圖內，可以看出 $\mathbf{b}^*$ 之拔靴抽樣分配並不是以 β，反倒是以 $\mathbf{b}_1$ 爲中心；因此，由此例可看出拔靴法可以與蒙地卡羅模擬方法搭配，即後者可有 N 個的 **b** 值，而每一個 **b** 值卻有對應的 $\mathbf{b}^*$ 之拔靴抽樣分配！因此，如前所述，拔靴法並不是用於「證明」不偏性，反而利用拔靴法可以得到特定 $\mathbf{b}_1$ 的抽樣分配！

若上述的 x_{t3} 改回 y_{t-1}，按照繪製圖 2-14 上圖的步驟，自然可以繪製出 $AR(1)$ 模型的結果如圖 2-14 的下圖所示；換言之，使用（1-61）式與仍使用 u_t 改爲 IID 之均等分配（介於 −2 與 2 之間）的假定，圖 2-14 的下圖繪製出類似於上圖的結果。不過，似乎於圖 2-14 下圖的各圖顯示出「偏誤校正估計值」使用的重要性，讀者

倒是可以以不同 n，重新檢視看看[16]。

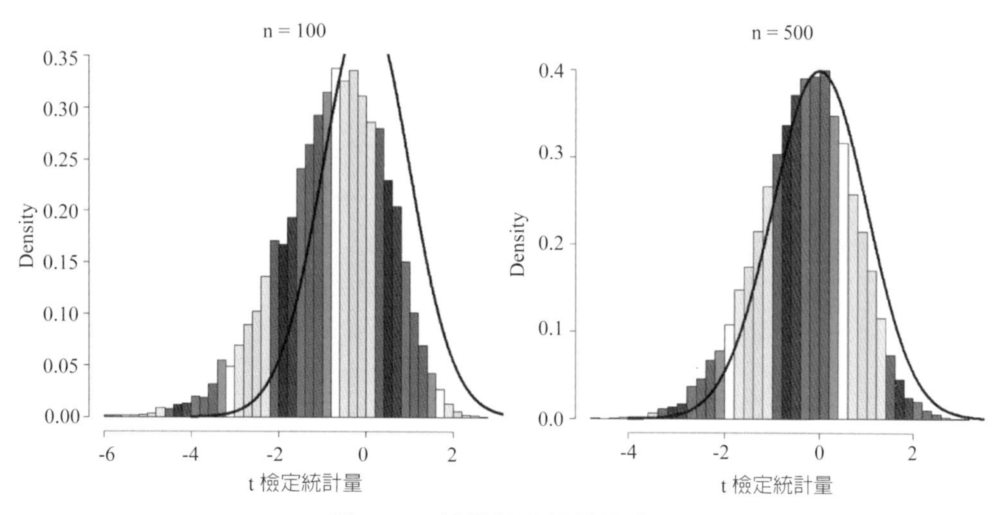

圖 2-15 拔靴檢定統計量分配

例 1 拔靴檢定

圖 2-14 繪製出誤差項屬於非常態分配的 **b** 有限樣本（拔靴）抽樣分配，我們當然可以進一步利用拔靴法計算或繪製出 t 檢定統計量分配。仍使用（1-61）式且將 u_t 改為 IID 之均等分配（介於 −2 與 2 之間）。假定 $n = 100$ 而我們有 $\mathbf{y}$、$\mathbf{b}_1$ 與 $\mathbf{X}$ 的資訊，其中 $\mathbf{b}_1^T = (0.0768,0.0402,0.7675)$。現在，我們有興趣想要檢定 $H_0 : \beta_3 = 0.7$ 而 $H_a : \beta_3 \neq 0.7$。通常，我們可以計算 b_3 的 t 檢定統計量如 $t_3 = \dfrac{b_3 - \beta_3}{s_{b_3}}$，其中 $t_3 \approx \dfrac{0.7675 - 0.7}{0.0661} = 1.0219$，不過因迴歸模型（於此例為 $AR(1)$ 模型）的 AN 假定並不成立，我們只有訴諸於漸近分配；換言之，於大樣本以及顯著水準為 5% 之下，漸近雙尾的臨界值分別約為 −1.9847 與 1.9847。透過拔靴法，我們倒是可以模擬的方式，取得上述 t_3 的有限樣本臨界值。

首先，於虛無假設成立的條件下，我們可以得出限制的 $AR(1)$ 模型如：

[16] 可以留意的是，圖 2-14 下圖的取得是使用 MacKinnon（2006）建議的「重新調整的殘差值」（rescaled residuals），即以 $\sqrt{\dfrac{n-p}{(n-p)-k}}\mathbf{e}$ 取代 $\mathbf{e}$，可以參考所附的 R 指令。

$$y-\beta_3 y_{t-1}=b_1+b_2 t+e_t \quad (2\text{-}59)$$

而拔靴法就是利用（2-59）式內的 e_t 轉成 $\sqrt{\frac{n-p}{(n-p)-k}}\mathbf{e}$ 後，利用後者以抽出放回的方式抽出 $\mathbf{e}^*$，重新估計：

$$y_t^*=b_1+b_2 t+\beta_3 y_{t-1}^*+e_t^* \quad (2\text{-}60)$$

利用（2-60）式，再計算對應的 t 檢定統計量如 t_3^*。重複計算（2-60）式 B 次，自然可以得出以拔靴法計算的 t_3^* 分配如圖 2-15 的左圖所示，其中黑色曲線爲對應的漸近常態分配的 PDF。從上述圖內可以看出 t_3^* 的有限樣本與漸近分配之間存在著差距；例如：顯著水準若爲 5%，則前者的臨界值分別約爲 –3.4109 與 1.3138，而後者則約爲 –1.9847 與 1.9847。爲了比較起見，圖 2-15 的右圖，則繪製出 $n = 500$ 的情況，仍以顯著水準爲 5% 爲基準，t_3^* 有限樣本的臨界值分別約爲 –2.4669 與 1.5585，而漸近分配的臨界值則約爲 –1.9647 與 1.96847。顯然，愈低的 n（即樣本數愈小），t_3^* 的有限樣本與漸近分配之間的差距愈大。

例 2 實證樣本規模

利用例 1 的結果，我們倒是可以進一步檢視拔靴檢定統計量的實證樣本規模（empirical sample size）；也就是說，顯著水準爲 α，利用拔靴檢定統計量分配，其拒絕虛無假設的面積是否眞的爲 α？換言之，利用蒙地卡羅模擬方法，我們可以模擬出 N 個 t_3，而每一個卻可對應至如例 1 所示的 B 個拔靴檢定統計量 t_3^*；因此，若我們欲執行拔靴檢定統計量的實證樣本規模的檢視，豈不是需要於蒙地卡羅模擬方法下，再額外使用拔靴法嗎？此屬於蒙地卡羅模擬方法與拔靴法的組合應用，不過由於模擬次數總共有 $N\cdot B$ 次，故電腦的執行時間可能較久。

仍使用例 1 內的假定，於 $n = 100$、$\alpha = 0.05$、$N = 500$ 與 $B = 1{,}000$ 之下，我們逐一計算 t_3 落於拔靴檢定統計量分配與漸近常態分配之「拒絕區」的次數，結果可得前者的比重約爲 5.8%，而後者則約爲 8%。讀者當然更改上述 n、N 與 B 值，重新再估計一次，可參考所附的 R 指令。

習題

(1) 我們如何應用拔靴法以模擬出迴歸模型內的因變數？試解釋之。

(2) 試說明拔靴法於迴歸模型的執行步驟。

(3) 續上題，若迴歸模型爲 $AR(1)$ 模型，該執行步驟是否相同？

(4) 試解釋拔靴檢定。

(5) 何謂實證樣本規模？試解釋之。

(6) 試解釋例 1。

(7) 試解釋例 2。

ARIMA模型 (一)

顧名思義，時間序列分析可以說是以統計方法來檢視單一或一組變數隨時間經過的特徵；比較特別的是，上述變數的特徵有可能會隨時間改變。因此，時間序列計量相當於在檢視或研究經濟或財務理論內變數的動態（調整）模型。若從此角度來看，至少有二層涵義：第一，基礎統計學內如平均數、變異數或共變異數等屬於敘述統計的計算，可以提供一些有用的數值，其可用於描述變數的特徵。第二，如前所述，計量經濟學強調 DGP 的觀念，該觀念若與時間序列分析結合，相當於在強調動態的 DGP，或稱爲動態模型；可惜的是，上述動態的 DGP 是未知的，我們學習時間序列計量的目的，當然就是欲估計上述動態的 DGP。

於時間序列分析內，倒是提供了一些動態的模型，而其「效果」未必較根據經濟或財務理論所產生的動態模型差。例如：於本章與下一章，我們會介紹一種簡單的自我迴歸移動平均（autoregressive moving-average, ARMA）以及由其所衍生的模型。上述模型的特色是使用者不需要有繁瑣且複雜的經濟或財務理論基礎。典型 *ARMA* 模型的使用或建立是來自於 Box 與 Jenkins（1970）以及後續的延伸。

於尚未介紹之前，我們可以先來檢視圖 3-1 的情況。圖 (a)、(b)、(e) 與 (f) 分別繪製出台灣的一些主要經濟變數的時間序列走勢，即分別爲季實質 GDP（1982/1~2018/2）、對數季實質 GDP、男女月失業率（1978/1~2018/9）以及月 CPI（1981/1~2018/10）走勢。圖 (c) 與 (d) 則分別繪製出根據圖 (a) 內的季實質 GDP 資料所計算的二種實質 GDP 年增率時間序列走勢；同理、根據圖 (f) 內的 CPI 資料，圖 (g) 繪製出 CPI 年增率（即通貨膨脹率）之時間走勢。最後，圖 (h) 與 (i) 分別繪製出美國 3 個月期 LIBOR 之日利率（2011/11/11~2018/11/9）與 10 年期公債之

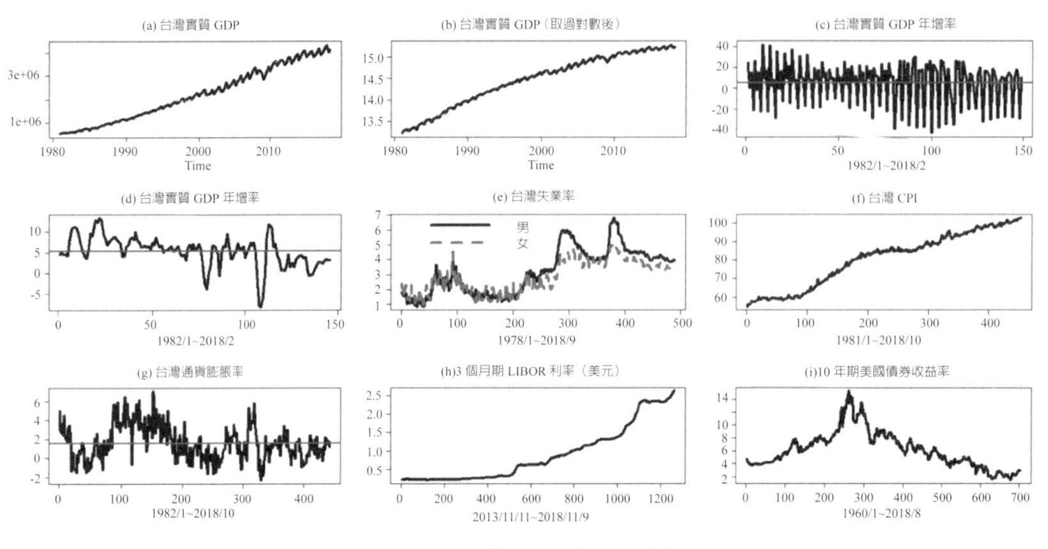

圖 3-1　一些時間序列資料

月收益率（1960/1~2018/8）時間走勢[1]。我們從圖 3-1 內的各圖可以看出一些涵義：

(1) 我們已經知道若從統計學與 DGP 的觀點檢視圖 3-1 內的結果，圖 3-1 內各圖的走勢其實是一種隨機過程（stochastic process）的一種實現值走勢而已，即重新再來一次，圖內的各走勢未必相同。當然，於現實中我們無法「重新再實驗一次」，不過若能掌握 DGP，於各圖內我們倒是可以模擬出 N 種走勢出來。

(2) 於圖 3-1 內各變數的走勢只是部分的結果，畢竟各變數的「樣本期間」是隨意取的；換言之，因未來可無限地延伸，因此各變數應該有無窮多個實現值，而我們只是截取其中的某段結果。

(3) 可惜的是，每一個時間（圖內有季、月與日三種時間頻率）各變數皆只有一個實現值，因此若要計算各變數的樣本特徵如樣本平均數的計算，自然會面臨到要思考一個問題：「不同時段的實現值是否可以加總？」。

(4) 顯然地，若檢視圖 (a) 或 (b) 內實質 GDP 的走勢，可以發現實質 GDP（樣本）平均數與變異數皆有可能會隨時間提高；換言之，若母體平均數或變異數並不是一個固定的數值，那我們如何用樣本平均數或變異數估計？於統計學內，我們是假定母體的參數是一個固定的數值，因此可用對應的樣本統計量估計；但是，若母體的參數值會隨時間改變，而我們仍使用對應的樣本統計量估計，邏

---

[1] 台灣的資料係取自主計總處，而美國的資料則取自 https://fred.stlouisfed.org。

輯上應該是行不通的。

(5) 於計量經濟學內，習慣上會使用對數值如 $\log y_t$ 表示，比較圖 (a) 與 (b) 的結果，可以發現 y_t 與 $\log y_t$ 的走勢與型態非常類似，顯示出變數透過對數的轉換並不影響該變數的性質；另一方面，因對數值可用較小的數值表示（可檢視圖 (b) 的縱軸），不同衡量單位表示的變數較容易比較，即讀者可練習於同一平面分別繪製 $\log y_t$ 與 $\log x_t$ 的走勢，其中 y_t 與 x_t 分別表示台灣實質 GDP 與 LIBOR（圖 (i)）。

(6) 除了檢視變數本身之外，我們亦會檢視變數之差分（differencing）的性質。例如：考慮台灣月 CPI 與其對應的年增率（即通貨膨脹率）的走勢如圖 (f) 與 (g) 所示，其中後者是按照 $\pi_1 = 100 \cdot (CPI_t - CPI_{t-12}) / CPI_{t-12}$ 計算而得，不過因 π_1 的計算仍嫌複雜（尤其用程式語言計算），我們倒是可以使用差分的型態如 $\pi = 100\Delta_{12} cpi_t = 100(cpi_t - cpi_{t-12})$ 的計算取代，其中 $cpi_t = \log CPI_t$ 而稱 $\Delta_{12} y_t = y_t - y_{t-12}$ 爲一種季節差分（seasonal difference），讀者亦可以嘗試比較 π_1 與 π 的差距。

(7) 若與上述季節差分比較，我們則稱 $\Delta y_t = y_t - y_{t-1}$ 爲一種規則差分（regular difference），簡稱爲差分。利用圖 (a) 內的實質 GDP 資料，我們可以分別利用差分與季節差分計算實質 GDP 之年增率走勢如圖 (c) 與 (d) 所示，即前者是按照 $r_1 = 400\Delta y_t = 400(y_t - t_{y-1})$ 而後者則根據 $r_2 = 100\Delta_4 y_t = 100(y_t - t_{y-4})$ 計算。比較圖 (c) 與 (d) 內之走勢，可以發現二者的差距頗大，我們可以理解爲何會如此？原因就在於前者並無法消除季節性，但是後者已無季節性因子[②]。因此，若欲得到實質 GDP 的年增率資料，圖 (d) 的結果應較爲合理。

(8) 就時間序列分析而言，非定態的隨機過程（nonstationary stochastic process）可用於模型化變數自身的走勢，而變數差分（含季節差分）後的 DGP 則屬於定態的隨機過程，前者的特色是母體的參數與時間有關，而後者母體參數則與時間無關；因此，時間序列分析可分成非定態與定態隨機過程的模型化二部分，例如：上述 *ARMA* 模型就是屬於定態的隨機過程。

(9) 就經濟或財務的變數而言，例如：實質 GDP、物價指數、失業率、股價指數或股價、匯率以及利率水準等，皆有可能屬於非定態的隨機過程。至於變數的報酬率或變動率如年增率等，則偏向於屬於定態的隨機過程。

(10) 非定態隨機過程的實現值走勢大多存在（隨機）趨勢項，而定態隨機過程的實

---

② 實質 GDP 的確有可能存在季節性，即第 1 季與第 4 季分別爲淡季與旺季。

現值走勢則不易脫離其平均數（即有向平均數反轉的傾向），例如：可參考圖 (c)、(d) 與 (g) 內之走勢，其中水平直線爲對應之平均數。

(11) 通常可利用「連續差分」的方式將屬於非定態隨機過程的變數轉換成屬於定態隨機過程的變數。就經濟或財務的變數而言，其連續差分的次數應不會高於 2。讀者倒是可以解釋 $\Delta\Delta_{12}cpi_t$ 究竟代表何意義？

本章我們將介紹單一變數定態的隨機過程，至於非定態隨機過程或多元變數隨機過程的部分，則留待後面的章節再探討。

1. 隨機過程

如前所述，圖 3-1 內各圖內的變數觀察值之時間走勢可視爲一種隨機過程的實現值走勢。於此，我們當然要再來檢視隨機過程的意義？考慮一種隨機變數 y_t 序列，顧名思義，若 y_t 序列是按照時間 t 來排列，即 $\{y_t\}_{-\infty}^{\infty}=\{\cdots,y_{-1},y_0,y_1,\cdots\}$，則 y_t 可以視爲一種隨機過程，可以參考圖 3-2。於該圖內，可看出每一時點 y_t 的實現值可以由一個未知的分配表示，其中各分配的平均數與變異數未必相等。假定我們處於 $t=3$，而並不知 $t=4$ 的 y_t 值爲何？其有可能等於 A 或 B。是故，由圖 3-2 內，我們的確相當無奈，因爲每一時點，我們的確只有一個觀察值 y_t，那我們如何透過 y_t 實現值的樣本統計量來推論 y_t 的特徵？因此，單獨檢視隨機過程是不夠的，我們需要考慮一些特殊的隨機過程。

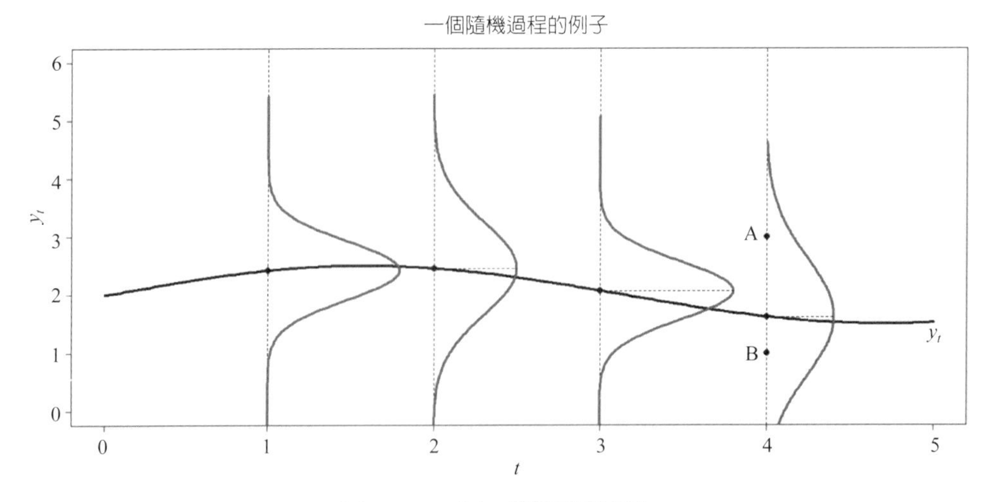

圖 3-2　y_t 是一種隨機過程

1.1 定態的隨機過程

直覺而言，若檢視圖 3-1 內的結果例如台灣實質 GDP 的時間走勢，該走勢應該是不同時間台灣實質 GDP 的聯合機率分配的一種實現值走勢，不過因每一時間只有一個觀察值且不同時間的實質 GDP 機率分配未必相同，因此若只是使用一組實現值（或觀察值）資料就要來估計整段時間的聯合機率分配，的確是相當困難。還好，於實際應用上，我們的確不需要完整地估計出上述的聯合機率分配，而只需要使用上述分配的一級與二級動差[3]。

上述動差就包括平均數（或期望值）$E(y_t)$，變異數 $Var(y_t)$ 以及共變異數 $\gamma(t, s) = Cov(y_t, y_s)$ 的計算[4]。底下，我們介紹一種稱爲共變異數定態隨機過程（covariance stationary stochastic process），該過程的特色是跨期相關與時間無關。共變異數定態隨機過程亦可稱爲弱式（weakly）定態隨機過程，即若 $\{y_t\}_{-\infty}^{\infty} = \{y_t\}$ 屬於共變異數定態隨機過程，其必須滿足下列三個條件：

(1) 就所有的 t 而言，$E(y_t) = \mu$ 是一個固定的數值。
(2) $Var(y_t) < \infty$。
(3) $\gamma(t, s) = \gamma(t + r, s + r)$。

因本書並未介紹其他的定態隨機過程，故本書所提及到的定態隨機過程就是指共變異數定態隨機過程。爲了書寫方便起見，$\{y_i\}$ 亦以 y_i 表示一種隨機過程。

最簡單的共變異數定態隨機過程應該就是白噪音（white noise）過程，該過程可寫成 $WN(0, \sigma_u^2)$，圖 3-3 繪製出白噪音過程的實現值走勢，其中右圖繪製出 5 條走勢，其目的當然在說明：「若重新再來一次，其結果未必相同」的性質。讀者應該不難解釋圖 3-3 的結果。白噪音過程是一種最基本的定態隨機過程，底下所論及到的其他型式的定態隨機過程，竟然是來自於白噪音過程[5]。

---

[3] 其實若 y_t 屬於常態分配，使用 y_t 的一級與二級動差資訊就足夠表示 y_t 的機率分配特徵了。

[4] 其實若 $t = s$，$Var(y_t) = Cov(y_t, y_t)$，因此一級與二級動差資訊相當於只需要計算 $E(y_t)$ 與 $\gamma(t, s)$。

[5] 可記得若 y_t 屬於一種白噪音過程，則 $E(y_t) = 0$、$Var(y_t) = \sigma^2$ 以及 $Cov(y_t, y_{t-j})$。爲了說明起見，底下我們皆使用「常態分配」的白噪音過程模擬。

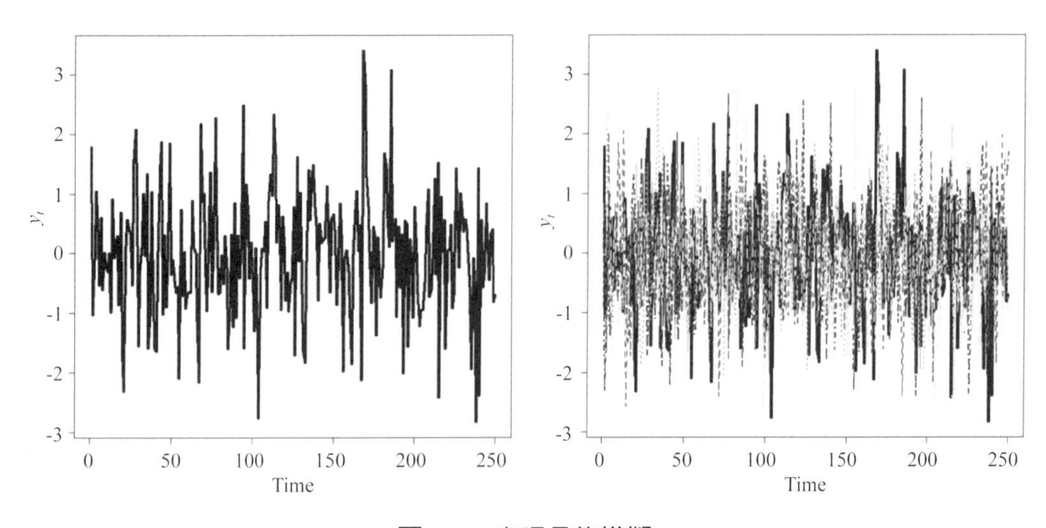

圖 3-3　白噪音的模擬

若重新檢視圖 3-3 內的走勢，可以發現白噪音過程只可說明 $\mu = 0$ 與 σ_u^2 爲一個固定的數值（圖內是假定 $\sigma_u = 1$）的定態隨機過程；換言之，於白噪音過程內，我們不僅看不到定態隨機過程內的自我相關函數（autocorrelation function, ACF）與偏自我相關函數（partial autocorrelation function, PACF），同時亦見不到上述二函數與時間無關的特性。於《財統》內，我們已經知道如何估計一種隨機過程實現值之 ACF 與 PACF，故圖 3-4 內繪製出一種 $WN(0,4)$ 實現值 y_t 之估計的 ACF 與 PACF，果然從圖內可看到 y_t 與 y_{t-j} 的自我相關與偏自我相關之估計係數與 0 並無顯著的差

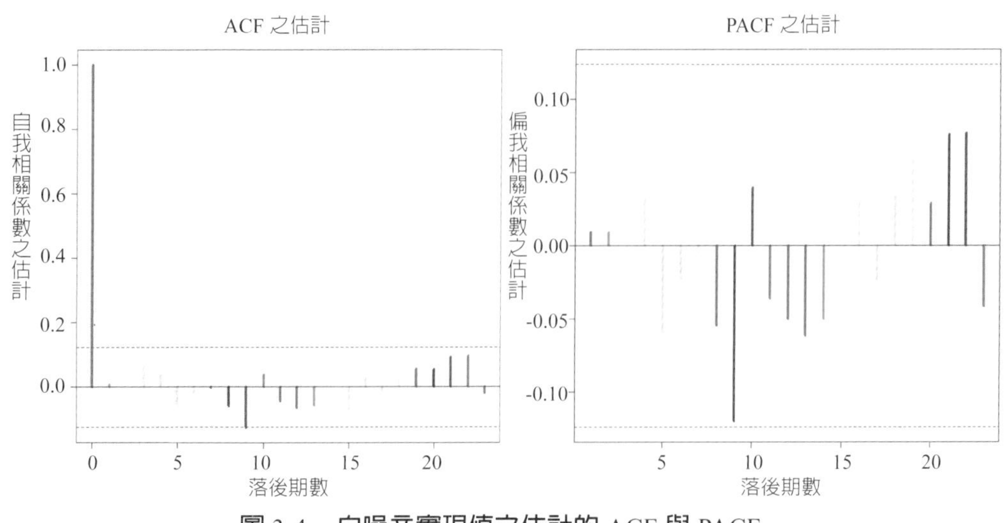

圖 3-4　白噪音實現值之估計的 ACF 與 PACF

異[6]。

有了白噪音過程的觀念後，我們就可以檢視上述定態隨機過程的意義，可以分述如下：

(1) 如前所述，若 $t = s$，則 $\gamma(t, t) = Cov(y_t, y_t) = \sigma_y^2$，其中 σ_y^2 爲 y_t 之非條件變異數，不過因 $\gamma(t + r, t + r) = \sigma_y^2$，顯示出若存在 σ_y^2，定態隨機過程的（非條件）變異數爲一個固定的數值；因此，一個簡單判斷定態隨機過程的方式，即該過程（用 y_t 表示）的平均數與變異數皆是固定數值，即就所有的 t 而言，$E(y_t) = \mu$ 以及 $Var(y_t) = \sigma_y^2$。

(2) 若 y_t 屬於定態隨機過程，令 $r = -s$，則自我共變異函數可改寫爲：

$$\gamma(t + r, s + r) = \gamma(t - s, 0)$$

因此，$\gamma(t + r, s + r)$ 並未受到時間 t 而是受到時間間隔 $t - s$ 的影響。有些時候，爲了簡化起見，定態隨機過程的自我共變異函數可再寫成 $\gamma(h)$，其中 h 是一個整數。因定態隨機過程的自我共變異函數是一種對稱的函數，即 $\gamma(t, s) = \gamma(s, t)$，故不難進一步知道 $\gamma(h)$ 是一種偶函數（even function），即就所有的而言，可得：

$$\gamma(h) = \gamma(-h)$$

通常我們只檢視 h 屬於正整數包括 0 的部分，即 $h = 0,1,2,\cdots$。因此，定態隨機過程的第三個條件是不同時段的自我共變數函數（或結構）是相同的[7]。

(3) 實際上，利用 ACF 取代自我共變數函數的計算，可能更爲便利，即 ACF 可寫成：

$$\rho(h) = \frac{\gamma(h)}{\gamma(0)} = Cor(y_{t+h}, y_t)$$

其中 $\gamma(0) = Var(y_t) = Var(y_{t-1}) = \cdots = \sigma_y^2$。

(4) $E(y_t) = \mu$ 的條件可以擴充至包括確定趨勢，即考慮下列的定態隨機過程：

---

[6] 圖 3-4 內的虛線是按照 5% 的顯著水準所繪製而成，而圖內各估計值並未落於拒絕區。

[7] 即於電腦內繪製出一種定態隨機過程的實現值走勢，若移動左右視窗，應可以發現走勢非常類似。

$$y_t = \alpha_0 + \alpha_1 t + u_t,\quad u_t \sim WN(0, \sigma_u^2) \tag{3-1}$$

根據（3-1）式，可得 $E(y_t) = \alpha_0 + \alpha_1 t$。換言之，定態隨機過程的第一個條件未必是 y_t 的平均數為一個固定的常數，其亦有可能是一種確定的趨勢，可以參考圖 3-5，該圖是根據（3-1）式所模擬而得，其中 $\alpha_0 = 0.02$、$\alpha_1 = 0.05$ 以及 $\sigma_u = 2$。我們從（3-1）式可看出 y_t 的隨機成分是來自於白噪音過程，故 y_t 相當於白噪音過程再加上一個「確定項」，故只要白噪音過程是一種定態隨機過程，y_t 亦是一種定態隨機過程。

(5) 比較圖 3-3 的左圖與圖 3-5 的上圖，可以發現定態隨機過程有向「確定項反轉」的傾向。例如，於圖 3-3 內可看出 y_t 的實現值走勢並不會脫離 $E(y_t) = \mu = 0$ 的水準，而於圖 3-5 內則可看出 y_t 的實現值走勢卻是以確定趨勢項為中心，似乎確定趨勢有相當的吸引力。

(6) 因圖 3-5 內的 y_t 實現值走勢是白噪音過程加上確定趨勢所產生的，而於圖 3-4 內可知白噪音過程的自我相關與偏自我相關的估計係數與 0 並無顯著的不同，隱含著白噪音過程是一種「無記憶」（no memory）的過程，是故圖 3-5 內的 ACF 與 PACF 估計應該是確定趨勢所造成的。從圖內可看出估計的自我相關係數遞減的速度相當緩慢，我們可以知道為何會如此，此乃因不同期的實現值存在有共同的趨勢（common trend）。

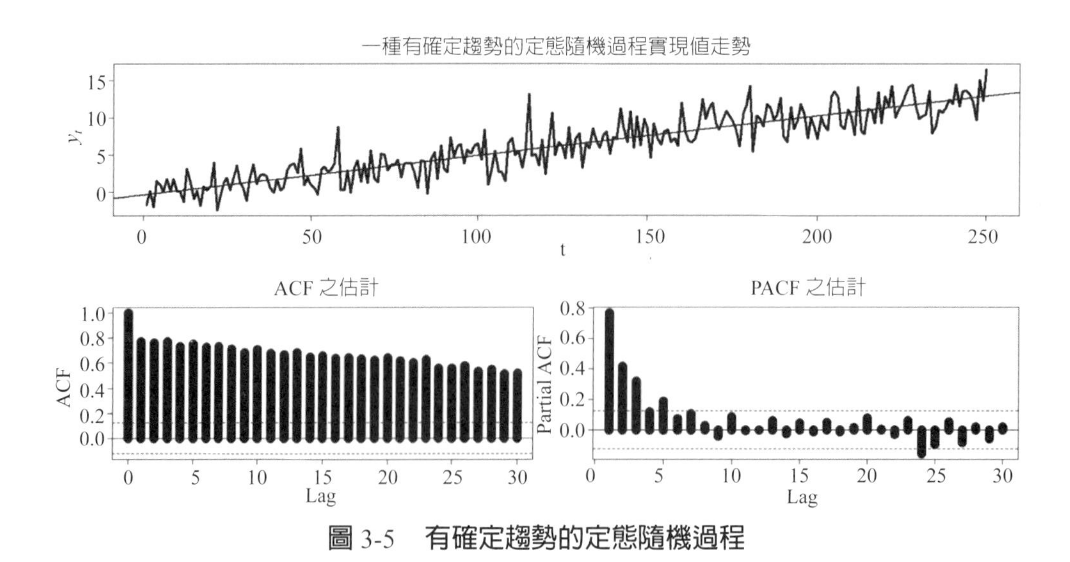

圖 3-5　有確定趨勢的定態隨機過程

例 1 自我共變異數函數的性質

若 $\{y_t\}$ 屬於定態的隨機過程，則對應的自我共變異數函數 $\gamma(h)$ 具有下列的性質：

(1) $\gamma(0) \geq 0$。
(2) $0 \leq |\gamma(h)| \leq \gamma(0)$。
(3) $\gamma(h) = \gamma(-h)$。

上述性質 (1) 是顯而易見的，因變異數不爲負值。性質 (2) 則根據 Cauchy- Schwarz 不等式定理[8]。性質 (3) 則按照自我共變異數的定義，自可知悉。

例 2 自我相關函數的性質

根據例 1，可推論出 ACF 具有下列的性質：

(1) $\rho(0) = 1$。
(2) $-1 \leq \rho(h) \leq 1$。
(3) $\rho(h) = \rho(-h)$。

我們已經知道自我相關係數如 $\rho(t, t-h)$ 可用於計算 y_t 與 y_{t-h} 的「線性」相關程度，故 $\rho(t, t-h)$ 值介於 1 與 −1 之間。重新檢視圖 3-3 內白噪音過程實現値走勢，該走勢呈現鋸齒狀，隱含著 $\rho(t, t-h) \approx 0$；相反地，若某一定態隨機過程的實現値呈現圓滑的走勢，此應該隱含著 $|\rho(t, t-h)| > 0$。

例 3 ACF 之漸近分配

於一定的條件下[9]，若 y_t 爲一種白噪音過程，則當 $n \to \infty$，樣本 ACF，即 $\hat{\rho}(h)$ 會接近於平均數與標準差分別爲 0 與 $1/\sqrt{n}$ 的常態分配。我們不難用模擬的方式說明上述的漸近分配。令 $\sigma_u = 2$，圖 3-6 分別繪製出不同 n 之下 $\hat{\rho}(1)$ 的直方圖，其中曲線則按照上述理論的漸近分配繪製。讀者自然可以進一步嘗試繪製出其餘 $\hat{\rho}(h)$

---

[8] Cauchy- Schwarz 不等式定理是指若 x 與 y 爲隨機變數，則 $|E(xy)| \leq \sqrt{E(x^2)}\sqrt{E(y^2)}$。我們不難將該定理轉換成 $|\gamma(s,t)|^2 \leq \gamma(s,s)\gamma(t,t)$。

[9] 該條件爲 y_t 屬於 IID 以及前四級動差爲有限值。

的直方圖或分配，可參考所附的 R 指令。

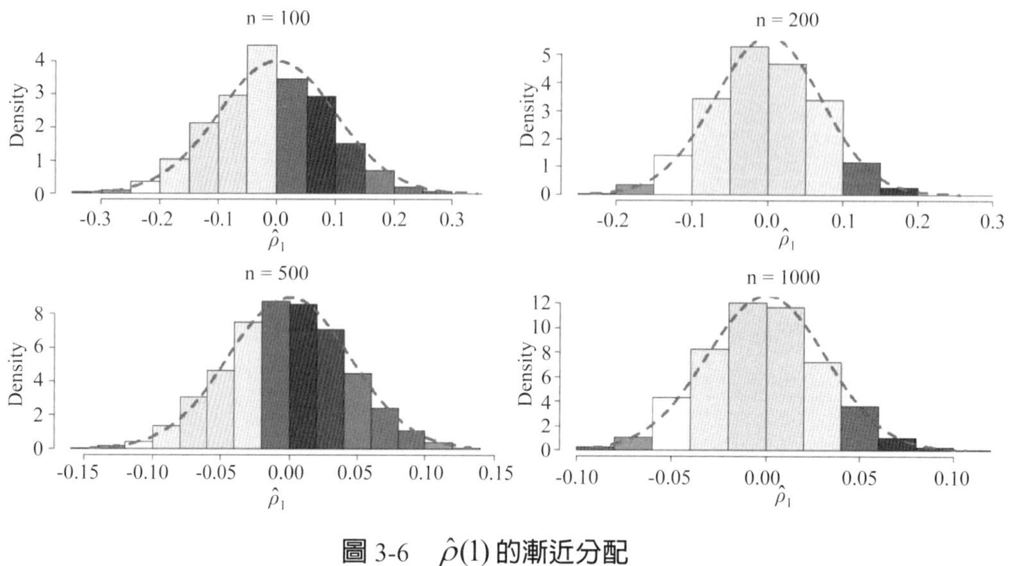

圖 3-6　$\hat{\rho}(1)$ 的漸近分配

例 4　交叉共變異數函數與 CCF

假定 y_t 與 x_t 皆爲定態隨機過程，我們可以分別計算交叉共變異數函數（cross-covariance function）與交叉相關函數（cross-correlation function, CCF）分別爲：

$$\gamma_{yx}(h) = Cov(y_t, x_{t-h}) = E(y_t - \mu_y)(x_{t-h} - \mu_x)$$

與

$$\rho_{yx}(h) = \frac{\gamma_{yx}(h)}{\sqrt{\gamma_y(0)}\sqrt{\gamma_x(0)}}$$

其中 $\mu_y = E(y_t) = E(y_{t-1}) = \cdots = E(y_{t-h})$ 與 $\mu_x = E(x_t) = E(x_{t-1}) = \cdots = E(x_{t-h})$。上述 $\gamma_{yx}(h)$ 與 $\rho_{yx}(h)$ 的計算只是 $\gamma_y(h)$ 與 $\rho_y(h)$ 的延伸。我們舉一個例子說明。利用第 1 章內 TWI 等四種月收盤價的資料，令 y 與 x 分別表示 TWI 與 NASDAQ 月報酬率序列。假定 y 與 x 皆爲定態隨機過程的實現值，我們當然可以分別計算 $\gamma_{yx}(h)$ 與 $\rho_{yx}(h)$ 的樣本值 $\hat{\gamma}_{yx}(h)$ 與 $\hat{\rho}_{yx}(h)$，其結果就繪製如圖 3-7 所示。讀者應不難解釋圖 3-7 內各小圖的意義。值得注意的是，應分別出 $\hat{\gamma}_{yx}(h)$（$\hat{\rho}_{yx}(h)$）與 $\hat{\gamma}_{xy}(h)$（$\hat{\rho}_{xy}(h)$）之不同。

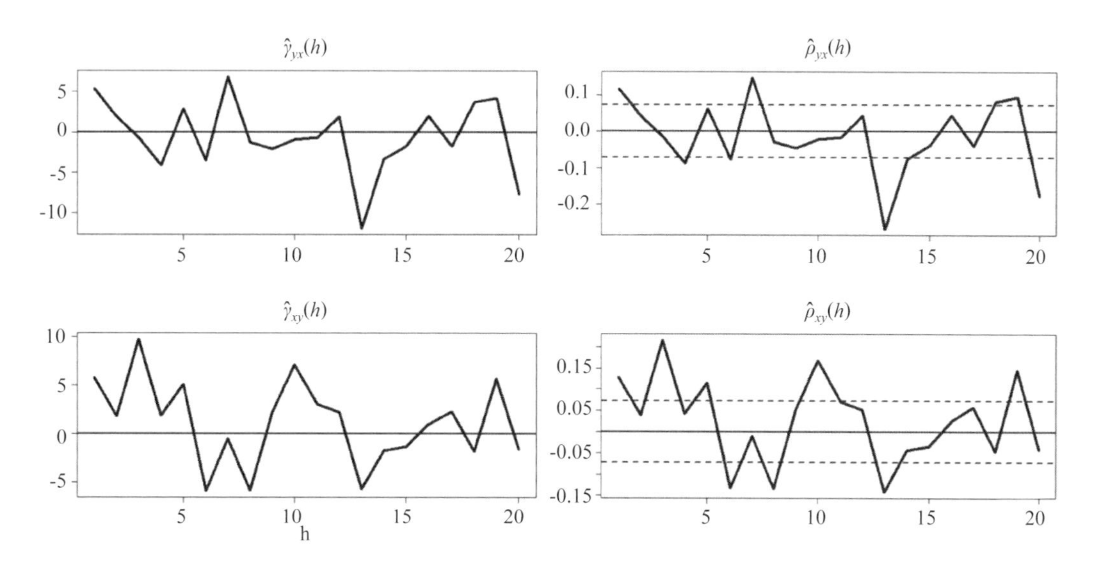

圖 3-7　TWI 與 NASDAQ 月報酬率之交叉共變數與交叉相關函數之估計

習題

(1) 何謂定態隨機過程？試解釋之。

(2) 何謂交叉相關函數？試解釋之。

(3) 根據圖 3-7 內的 TWI 與 NASDAQ 月報酬率序列資料，試分別繪製出上述二序列資料的估計自我相關與偏自我相關函數。

(4) 續上題，TWI 與 NASDAQ 月報酬率序列資料是否皆是一種白噪音過程的實現值？

(5) 我們是否可以利用自我相關與偏自我相關函數的估計，分別出非定態與定態隨機過程的差別？爲什麼？

(6) 白噪音的走勢爲何？試說明之。

1.2 定態隨機過程之建構

若檢視（3-1）式，可以發現透過白噪音過程 u_t，竟然產生一種趨勢定態隨機過程（trend stationary）y_t；不過，單獨只使用 u_t 仍嫌狹隘，若我們使用 u_t 的移動平均（moving average, MA）v_i 取代 u_t 呢？換言之，利用白噪音過程如 u_t，我們可以計算其移動平均 v_i 爲：

$$v_t = \frac{1}{m}(u_{t-m} + u_{t-(m-1)} + \cdots + u_t + u_{t+1} + \cdots + u_{t+m}) \qquad (3\text{-}2)$$

u_t 與 v_t 的實現值走勢可以參考圖 3-8[10]。於該圖內，我們使用 $\sigma_u = 2$ 以及考慮 m 分別等於 3 與 12。從圖 3-8 內可以看出至少存在四個特徵：第一，因 u_t 屬於定態隨機過程，故透過（3-2）式，v_i 亦為一種定態隨機過程；第二，u_t 的實現值走勢呈現鋸齒狀，不過 v_i 卻有較為圓滑的實現值走勢；第三，m 愈大，v_i 的實現值走勢愈圓滑；第四，如前所述，走勢愈圓滑，自我相關程度愈大，即透過（3-2）式，我們可以將不存在自我相關的白噪音過程轉換成有限自我相關程度的白噪音過程[11]。

雖說如此，白噪音過程的觀念還是比較重要，畢竟其他型式的定態隨機過程視白噪音過程為其基本的元素。考慮一種 $ARMA(p, q)$ 過程如；

$$y_t = \delta + \phi_1 y_{t-1} + \cdots + \phi_p y_{t-p} + u_t + \theta_1 u_{t-1} + \cdots + \theta_2 u_{t-q}, u_t \sim WN(0, \sigma_u^2) \qquad (3\text{-}3)$$

其中 δ 是一個常數。若 $\phi_1 = \cdots = \phi_p = 0$，則上述 $ARMA(p,\ q)$ 可以簡化成一種 $ARMA(0, q) = MA(q)$ 過程；同理，若 $\theta_1 = \cdots = \theta_p = 0$，則上述 $ARMA(p, q)$ 可以簡化成一種 $ARMA(p, 0) = AR(p)$ 過程。$AR(p)$ 過程我們並不陌生，第 1 章內的 $AR(1)$ 模型，

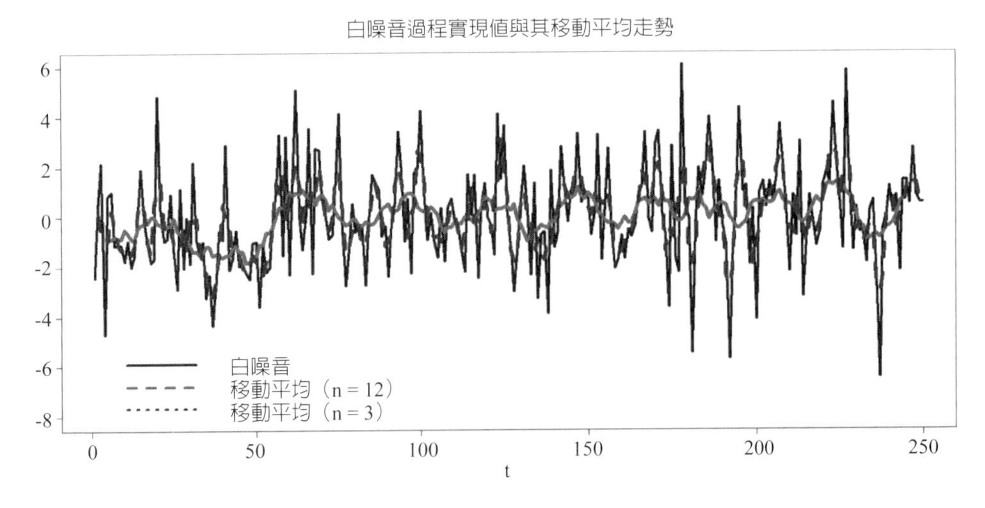

圖 3-8　一種白噪音過程實現值與其移動平均走勢

---

[10] 於時間序列分析內，（3-2）式亦可稱為一種過濾的序列（filtered series）。於 R 內，（3-2）式的實現值可以使用 filter() 函數指令，可以參考所附的 R 指令。

[11] 讀者倒是可以練習導出（3-2）式的 ACF。

就相當於 $AR(p)$ 過程，其中 $p = 1$。至於 $MA(q)$ 過程，該過程可視爲（3-2）式的一個特例[12]。由此來看，相對上 $AR(p)$ 過程較爲簡易，畢竟其屬於迴歸模型的應用。

例 1 隨機漫步

於《財統》或《財數》內，我們已經多次介紹過隨機漫步過程，該過程可寫成：

$$y_t = c_0 + y_{t-1} + u_t,\quad u_t \sim WN(0, \sigma_u^2)$$

其中若常數 $c_0 \neq 0$，則稱爲具有漂浮項（with drift）的隨機漫步過程。我們已經知道隨機漫步過程並不屬於定態隨機過程，即其屬於非定態隨機過程，反而其差分項 $\Delta y_t = y_t - y_{t-1}$ 才是一種定態隨機過程。具有與不具有漂浮項的隨機漫步過程的差異是，前者具有而後者沒有確定趨勢，其中 c_0 就是確定趨勢的係數。令 $x_t = x_{t-1} + u_t$ 以及假定 $c_0 = 0.1$ 與 $\sigma_u = 2$，圖 3-9 的上圖分別繪製出具有與不具有漂浮項的隨機漫步過程實現值走勢，於圖內可發現無漂浮項的隨機漫步過程實現值走勢仍擁有趨勢走勢，我們稱該趨勢是一種隨機趨勢（stochastic trend）；值得注意的是，上述隨機趨勢的估計 ACF 與 PACF 則繪製於圖 3-9 內的下圖，該二圖倒是可以與具有確定趨勢的圖 3-5 比較，此隱含著單獨只利用 ACF，我們並無法區分非定態與定態隨機過程之間的差異。

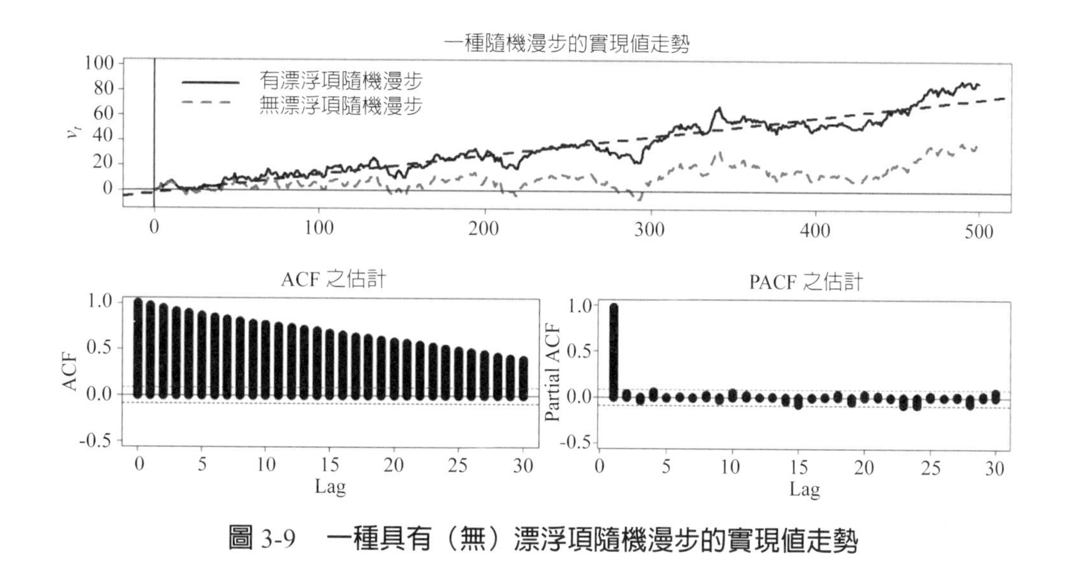

圖 3-9　一種具有（無）漂浮項隨機漫步的實現值走勢

---

[12] 即 $MA(q)$ 過程可視爲一種加權平均，而（2-2）式則爲一種算術平均的計算方式。

例 2 訊號雜訊比

於《財數》內，我們曾檢視下列的式子：

$$x_t = R\cos\left[\frac{2\pi}{n}(t-c)\right] + D \tag{3-4}$$

其中 $|R|$ 稱爲振幅（amplitude）、$\omega = 2\pi/n$ 稱爲頻率（frequency）、$2\pi/\omega = n$ 則稱爲週期（period）、c 與 D 則分別表示水平位移與垂直位移參數。顯然地，若 t 表示時間，x_t 並不是一種隨機過程；不過，若 $y_t = x_t + u_t$，其中 $u_t \sim WN(0, \sigma_u^2)$，則 y_t 可視爲一種隨機過程。令 $R = 2$、$n = 50$、$c = 0$ 以及 $D = 0.6\pi$，我們可以分別繪製出 x_t 與 y_t 的實現值走勢如圖 3-10 所示，其中圖 (b) 使用 $\sigma_u = 1$ 而圖 (c) 則假定 $\sigma_u = 5$。

我們從圖 3-10 內可看出白噪音過程可用於表示「雜訊」（noise）且 σ_u 愈大表示雜訊愈多，其當然會對「訊號」（signal）如圖 (a) 所示產生干擾，可以比較圖 (b) 與 (c) 的差異。通常，x_t 內的 $| R |$ 與 σ_u 之比可稱爲訊號雜訊比（signal-to- noise ratio, SNR），顯然 SNR 愈大，愈容易偵測到訊號。圖 (d) 繪製出 x_t 的估計 ACF 有出現週期的走勢，該走勢型態於時間分析內，我們倒是容易遇到。

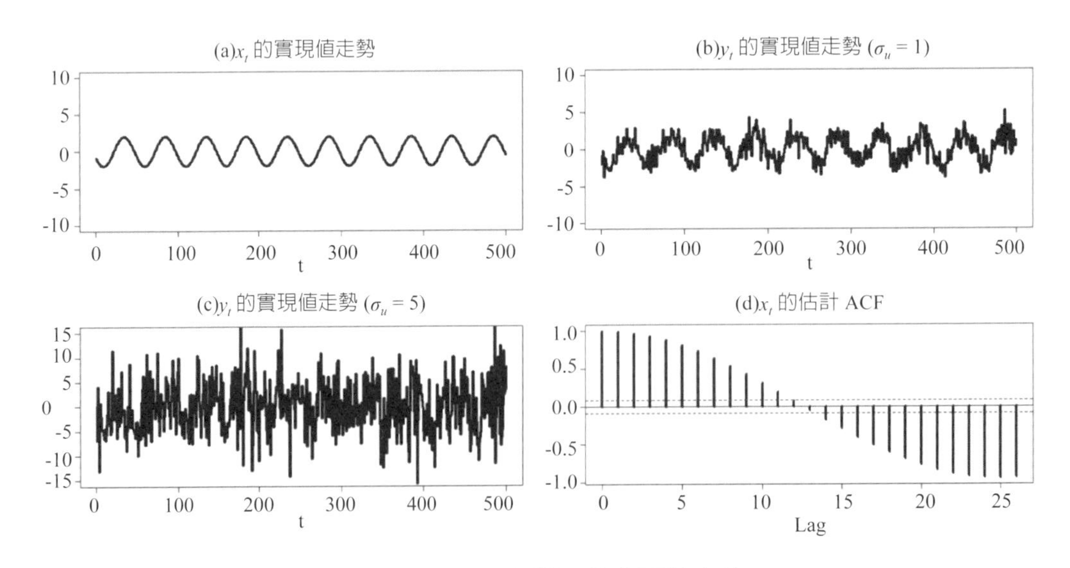

圖 3-10 信號加上雜訊的實現值走勢

習題

(1) 利用圖 3-8 內模擬的資料，試估計對應的自我相關與偏自我相關函數。
(2) 圖 3-10 內的模擬資料是否屬於定態隨機過程的實現值？試解釋之。
(3) 試繪製出一種 $ARMA(1,1)$ 過程的實現值走勢。
(4) 續上題，試估計對應的自我相關與偏自我相關函數。有何特色？
(5) 直覺而言，何模型可以模型化定態隨機過程？為何會有 $ARMA$ 過程的出現？
(6) 直覺而言，我們如何合理化 MA 過程？例如：若通貨膨脹率時間序列資料可以用一種 $MA(1)$ 過程模型化，我們如何解釋該 $MA(1)$ 模型？

1.3 落後運算式的應用

於時間序列文獻上，習慣上會使用落後運算式（lag operator）L 與由 L 所組成的多項式。假定 y_t 是一個時間序列，若於 y_t 內使用 L，此表示已將 y_t 轉換成 y_{t-1}，即：

$$Ly_t = y_{t-1}$$

同理，若繼續使用 L，可得：

$$Ly_{t-1} = L(Ly_t) = L^2 y_t$$

因此，我們可以寫成一般的結果，即：

$$L^k y_t = y_{t-k}, k = \cdots, -1,0,1,2,\cdots$$

可以注意的是當 $k = 0$ 時，$L^0 y_t = y_t$，即習慣上我們是以「1」取代 L^0。按照上述落後運算式的定義，若 $k > 0$，則將時間序列「往前」轉換 k 期；同理，若 $k < 0$，則「往後」轉換 k 期，例如 $L^{-2} y_t = y_{t+2}$。值得注意的是，上述落後運算式亦適用於指數運算，即：

$$L^m y_{t+n} = L^m (L^n y_t) = L^{m+n} y_t = y_{t-(m+n)}$$

利用 L 的性質，我們不難想像一個 $AR(p)$ 過程可由 $\phi(L)$ 表示，即：

$$y_t = \delta + \phi_1 y_{t-1} + \phi_2 y_{t-2} + \cdots + \phi_p y_{t-p} + u_t$$

$$= \delta + \phi_1 L y_t + \phi_2 L^2 y_t + \cdots + \phi_p L^p y_t + u_t$$

$$\Rightarrow (1 - \phi_1 L - \phi_2 L^2 - \cdots - \phi_p L^p) y_t = \delta + u_t$$

因此，$AR(p)$ 過程亦可寫成：

$$\phi(L) y_t = \delta + u_t \tag{3-5}$$

其中 $\phi(L) = 1 - \phi_1 L - \phi_2 L^2 - \cdots - \phi_p L^p$ 就是由 L 所組成的多項式。因 δ 是一個固定的常數，由於 $L\delta = \delta$（常數項無落後項），故可得：

$$\phi(L)\delta = (1 - \phi_1 - \phi_2 - \cdots - \phi_p)\delta \Rightarrow \phi(1) = (1 - \sum_{i=1}^{p} \phi_i) \tag{3-6}$$

即於 $\phi(L)$ 內以 L^0 取代 L^r（$r = 1, \cdots, p$）。於底下的分析內，自然可看出 $\phi(1)$ 所扮演的角色。

瞭解 $\phi(L)$ 的意義後，我們舉一個例子說明 $\phi(L)$ 的應用。考慮一種 $AR(1)$ 過程，該過程可改寫成：

$$(1 - \phi_1 L) y_t = \delta + u_t$$

可得：

$$y_t = \frac{\delta}{1 - \phi_1 L} + \frac{u_t}{1 - \phi_1 L}$$

若 $|\phi_1| < 1$，根據（無窮）等比級數公式，可知：

$$\frac{1}{1 - \phi_1 L} = 1 + \phi_1 L + \phi_1^2 L^2 + \cdots$$

是故，$AR(1)$ 過程亦有另外一種表示方式，即：

$$y_t = (1+\phi_1 L+\phi_1^2 L^2+\cdots)\delta+(1+\phi_1 L+\phi_1^2 L^2+\cdots)u_t$$

$$= (1+\phi_1+\phi_1^2+\cdots)\delta+u_t+\phi_1 u_{t-1}+\phi_1^2 u_{t-2}+\cdots$$

$$= \frac{\delta}{1-\phi_1}+\sum_{j=0}^{\infty}\phi_1^j u_{t-j} = \frac{\delta}{\phi(1)}+\sum_{j=0}^{\infty}\phi_1^j u_{t-j} \quad (3\text{-}7)$$

其中（3-7）式是一種 $MA(\infty)$ 過程。換言之，透過 $\phi(L)$ 的使用，只要 $|\phi_1|<1$，我們竟然可以將 $AR(1)$ 過程轉換成一種 $MA(\infty)$ 過程[13]，此種可轉換性說明了 AR 過程與 MA 過程的互通性。

同理，令 $\theta(L)=1+\theta_1 L+\theta_2 L^2+\cdots+\theta_q L^q$，則 $MA(q)$ 過程可寫成用 $\theta(L)$ 表示，即：

$$y_t = u_t+\theta_1 u_{t-1}+\cdots+\theta_q u_{t-q}$$

$$= (1+\theta_1 L+\cdots+\theta_q L^q)u_t = \theta(L)u_t \quad (3\text{-}8)$$

我們亦考慮一種 $MA(1)$ 過程來說明 $\theta(L)$ 的應用。$MA(1)$ 過程可寫成：

$$y_t = (1+\theta_1 L)u_t \Rightarrow \frac{1}{(1+\theta_1 L)}y_t = u_t$$

只要 $|\theta_1|<1$，則根據等比級數公式，可知：

$$\frac{1}{1-(-\theta_1)L} = 1+(-\theta_1)L+(-\theta_1)^2 L^2+\cdots$$

故可得：

$$y_t-\theta_1 y_{t-1}+\theta_2 y_{t-2}-\cdots = u_t \Rightarrow y_t = \theta_1 y_{t-1}-\theta_2 y_{t-1}+\cdots+u_t$$

---

[13] 我們可以回想於第 1 章內如何將（1-40）式轉換成（1-41）式。其實只要期初為 $t_0=-\infty$，只要 $|\beta_1|<1$，（1-41）式相當於（3-7）式。

即可將 $MA(1)$ 過程轉換成 $AR(\infty)$ 過程的條件竟是 $|\theta_1| < 1$。於底下的分析內，我們會發現 MA 過程會牽涉到「如何認定」的問題，於此，我們發現認定的依據竟然就是 MA 過程轉換成 AR 過程的可轉換性（invertibility）；有意思的是，AR 轉換成 MA 過程與 MA 轉換成 AR 過程的條件竟然頗爲類似，以前述 $AR(1)$ 與 $MA(1)$ 過程爲例，AR 與 MA 二過程可轉換性的條件分別爲 $|\phi_1| < 1$ 與 $|\theta_1| < 1$。

例 1　$ARMA(p,q)$ 過程

考慮一種 $ARMA(p, q)$ 過程，利用 $\phi(L)$ 與 $\theta(L)$，該過程可寫成：

$$\phi(L)y_t = \delta + \theta(L)u_t \tag{3-9}$$

利用（3-9）式，我們可以檢視 AR 與 MA 二過程之間的可轉換性。若 $\phi(L)$ 爲一種可轉換函數，則（3-9）式可改寫成：

$$y_t = \mu + \phi(L)^{-1}\theta(L)u_t \tag{3-10}$$

其中 $\mu = \delta / \phi(1)$。同理，若 $\theta(L)$ 是一種可轉換函數，則（3-10）式亦可改寫成：

$$\theta(L)^{-1}\phi(L)(y_t - \mu) = u_t \tag{3-11}$$

於第 2 與 3 節內，我們會分別說明 $\phi(L)$ 與 $\theta(L)$ 是一種可轉換函數的條件。

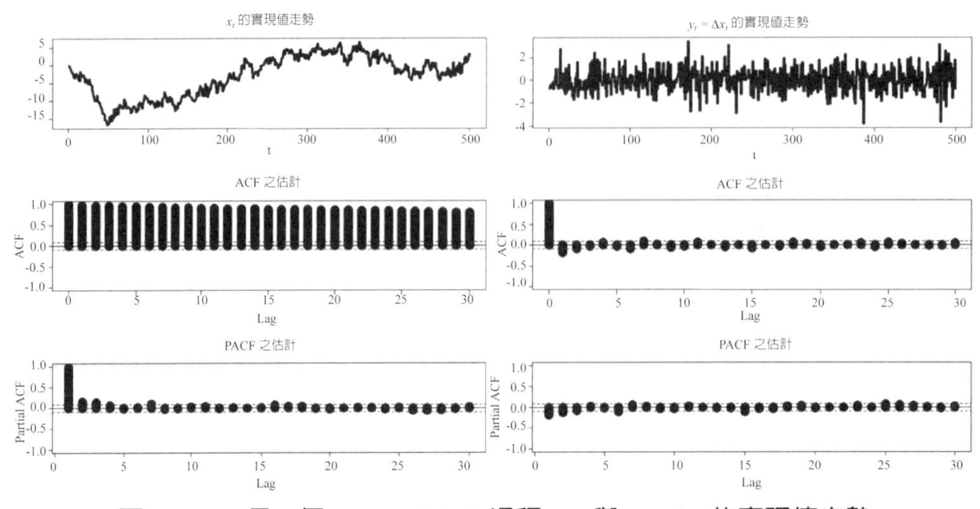

圖 3-11　x_t **是一個** $ARIMA(1,1,1)$ **過程，**x_t **與** $y_t = \Delta x_t$ **的實現值走勢**

例 2 *ARIMA* 過程

考慮一個 $x_t = 1.2x_{t-1} - 0.2x_{t-2} + u_t - 0.5u_t$，其中 u_t~$WN(0, \sigma_u^2)$。應用 L，x_t 可以改寫成：

$$(1 - 1.2L + 0.2L^2)x_t = \varepsilon_t - 0.5\varepsilon_{t-1} \Rightarrow (1-0.2L)(1-L)x_t = \varepsilon_t - 0.5\varepsilon_{t-1}$$

$$\Rightarrow (1-0.2L)y_t = \varepsilon_t - 0.5\varepsilon_{t-1}$$

其中 $(1 - L)x_t = \Delta x_t = y_t$。$x_t$ 簡單地說，x_t 是一種 *ARIMA*(1,1,1) 過程。我們稱整合的（integrated）*ARMA* 過程爲一種 *ARIMA* 過程，就是 *ARMA* 過程的延伸，即 *ARMA* 過程內有包含差分。換句話說，若 $\Delta^d x_t = (1-L)^d x_t$ 屬於一種 *ARMA*(*p*, *q*) 過程，則 x_t 爲一種 *ARIMA*(*p*, *d*, *q*) 過程。通常，我們可以將 *ARIMA*(*p*, *d*, *q*) 過程寫成：

$$\phi(L)\Delta^d x_t = \delta + \theta(L)u_t \tag{3-12}$$

假定 $E(\Delta^d x_t) = \mu$，則 $\delta = \mu(1 - \phi_1 - \phi_2 - \cdots - \phi_p) = \mu\phi(1)$。値得注意的是，若 x_t 爲一種 *ARIMA*(*p*, 1, *q*) 過程，顯然 x_t 是屬於一種非定態隨機過程；但是，$y_t = \Delta x_t$ 卻是一種 *ARIMA*(*p*, 0, *q*) = *ARMA*(*p*, *q*) 過程。以上述 x_t 是一個 *ARIMA*(1,1,1) 過程爲例，圖 3-11 分別繪製出 x_t 與 $y_t = \Delta x_t$ 的實現值走勢以及估計的 ACF 與 PACF，從 y_t 的估計 ACF 可知 y_t 是一種定態隨機過程。

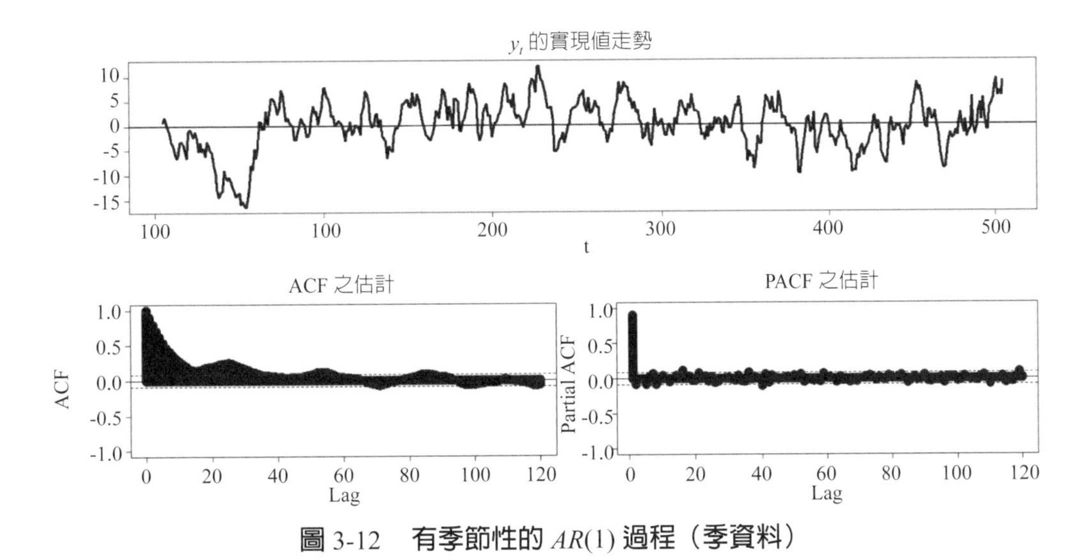

圖 3-12　有季節性的 *AR*(1) 過程（季資料）

例 3 有季節性的 *AR* 過程

考慮下列的過程：

$$y_t = \Phi y_{t-s} + u_t \text{ 或 } (1-\Phi L^s)y_t = u_t \qquad (3\text{-}13)$$

其中 $u_t \sim WN(0, \sigma_u^2)$。通常，一種（時間序列）隨機過程會出現季節性的走勢，例如（3-13）式可說是前述 $AR(1)$ 過程的「延伸版」，即的實現值走勢於其落後期數爲 s 或其倍數 ms（$m = 1, 2, \cdots$ ）出現較「強勁」的走勢；換言之，若使用季或月資料，即 $s = 4$ 或 $s = 12$，根據（3-13）式，則 y_t 的實現值走勢於第 4 季或 12 月有強勁的反彈。我們不難利用（3-13）式模擬出 y_t 的實現值走勢，其結果則繪製於圖 3-12 的上圖，其中 $\Phi = 0.9$ 與 $\sigma_u = 2$。其實，有季節性的隨機過程特徵，未必只出現於其實現值走勢上，我們亦可以檢視其對應的估計 ACF 走勢；換言之，於圖 3-12 的下左圖內可發現估計的 ACF 竟然出現週期性的走勢，雖說如此，其對應的估計 PACF 走勢並無明顯的季節性特徵。

例 4 有季節性的 AR 過程（續）

延續例 3 的例子，於（2-13）式內我們仍使用 $\Phi = 0.9$ 與 $\sigma_u = 2$ 的假定，不過考慮 $s = 12$；換言之，根據（2-13）式，我們模擬出一種定態隨機過程的月（季節性）實現值走勢，其結果則繪製於圖 2-13。由於是一種隨機過程的實現值走勢，12 月分的 y_t 未必全然處於最高檔，不過若檢視估計的 ACF，可以發現每隔 12 個月的走勢非常類似。

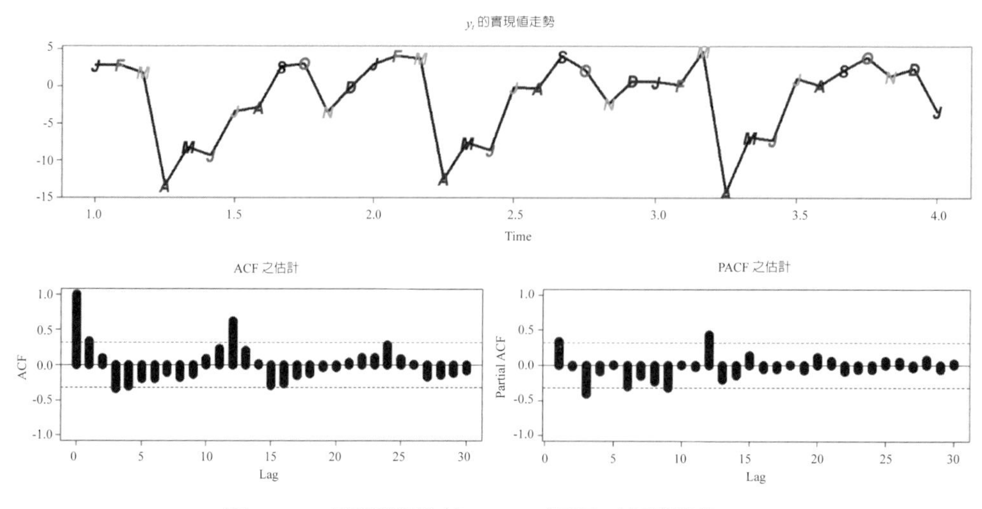

圖 3-13 有季節性的 $AR(1)$ 過程（月資料）

例 5 相乘的季節 *ARMA* 模型

例 3 與 4 的例子，提醒我們有一種類似於 $ARMA(p, q)$ 過程的純粹季節 *ARMA* 過程，寫成 $ARMA(P, Q)_s$，其可表示成：

$$\Phi(L^s)y_t = \Theta(L^s)u_t, \quad u_t \sim WN(0, \sigma_u^2) \qquad (3\text{-}14)$$

其中季節的落後運算式可分別寫成：

$$\Phi(L^s) = 1 - \Phi_1 L^s - \Phi_2 L^{2s} - \cdots - \Phi_P L^{2P}$$

與

$$\Theta(L^s) = 1 + \Theta_1 L^s + \Theta_2 L^{2s} + \cdots + \Theta_Q L^{2Q}$$

也就是說，$ARMA(P, Q)_s$ 過程類似於 $ARMA(p, q)$，而 $\Phi(L^s)$ 與 $\Theta(L^s)$ 則類似於$\phi(L)$ 與 $\theta(L)$。我們可以再進一步將非季節與季節的落後運算式「組合」（即相乘），而可寫成 $ARMA(p, q)\times(P, Q)_s$，即：

$$\Phi(L^s)\phi(L)y_t = \Theta(L^s)\theta(L)u_t, u_t \sim WN(0, \sigma_u^2) \qquad (3\text{-}15)$$

我們舉一例說明。考慮一種 $ARMA(0,1)\times(1, 0)_{12}$ 過程，根據（3-15）式，該過程可寫成：

$$y_t = \Phi y_{t-12} + u_t + \theta u_{t-1}$$

令 $\Phi = 0.9$、$\theta = 0.8$ 與 $\sigma_u = 2$，我們亦可模擬出上述過程的實現值走勢，其結果就如圖 3-14 所示。讀者可以自行判斷。

例 6 *SARIMA* 模型

延續例 5，我們可以再繼續考慮一種稱爲 *SARIMA* 過程，該過程可寫成：

$$\Phi(L^s)\phi(L)\Delta_s^D \Delta^d y_t = \delta + \Theta(L^s)\theta(L)u_t, u_t \sim WN(0, \sigma_u^2) \qquad (3\text{-}16)$$

其中 $d, D = 1, 2, \cdots$。我們稱 $\Delta_s^D = (1-L^s)^D$ 爲一種季節差分而 $\Delta^d = (1-L)^d$ 則爲一般的差分。通常，$D = 1$ 已足夠說明季節的定態隨機過程。（3-16）式亦可寫成 $ARIMA(p, d, q)\times(P, D, Q)_s$。我們亦舉一個例子說明。考慮一種含季節性的定態隨機過程如 $ARIMA(0,1,1)\times(0,1,1)_{12}$，假定 $\delta = 0$，則根據（3-16）式可得：

$$\Delta_{12}\Delta y_t = (1+\Theta L^{12})(1+\theta L)u_t$$

$$\Rightarrow (1-L^{12})(1-L)y_t = (1+\Theta L^{12})(1+\theta L)u_t$$

$$\Rightarrow (1-L-L^{12}+L^{13})y_t = (1+\theta L+\Theta L^{12}+\theta\Theta L^{13})u_t$$

$$\Rightarrow y_t = y_{t-1}+y_{t-12}-y_{t-13}+u_t+\theta u_{t-1}+\Theta u_{t-12}+\theta\Theta u_{t-13}$$

讀者倒是可以練習應如何模擬出 y_t 的實現值走勢。

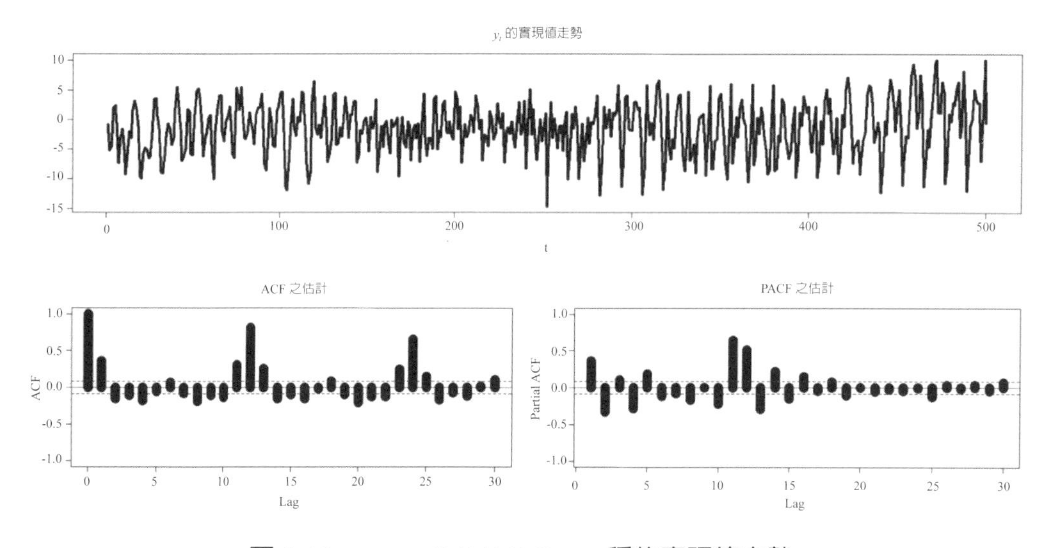

圖 3-14 $ARMA(0,1)\times(1,0)_{12}$ **一種的實現值走勢**

習題

(1) 何謂 $ARIMA$ 模型？試解釋之。

(2) 試繪製出一種 $ARIMA(1,2,1)$ 模型的走勢。提示：可參考圖 E1。

(3) 續上題，令上述實現值爲 x_t。令 $y_t = \Delta x_t$ 以及 $z_t = \Delta^2 x_t$。試分別繪製出 y_t 與 z_t 的

走勢。

(4) 試解釋圖 3-12。我們如何模擬出 y_t 的實現值走勢？

(5) 試解釋圖 3-14。我們如何模擬出 y_t 的實現值走勢？

(6) 試說明如何模擬出 $\Delta_{12}\Delta y_t = (1+\Theta L^{12})(1+\theta L)u_t$。

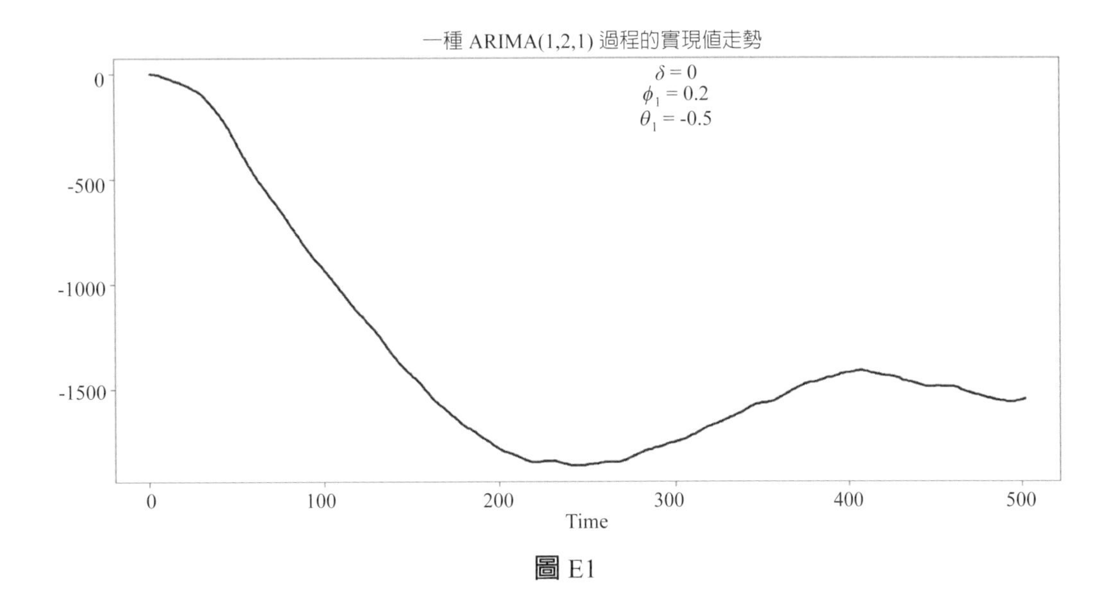

圖 E1

2. *AR* 過程

第 1 節我們大部分使用直覺或以模擬的方式來檢視定態或非定態隨機過程，於本節與下一節，我們則從「理論」的觀點來檢視於定態隨機過程內普遍使用的 *ARMA* 過程。*ARMA* 過程是重要的，因爲每一種定態隨機過程幾乎皆可以用 *ARMA* 過程模型化。其實，*ARMA* 過程係根源於一種線性隨機定差方程式（linear stochastic difference equation），即該方程式可寫成：

$$y_t - \phi_1 y_{t-1} - \cdots - \phi_p y_{t-p} = u_t + \theta_1 u_{t-1} + \cdots + \theta_q u_{t-q}$$

其中 $u_t \sim WN(0, \sigma_u^2)$。因此，只要 y_t 是一種定態的隨機過程，且 ϕ_p 與 θ_q 皆不爲 0，則上式所描述的就是 y_t 屬於一種 $ARMA(p, q)$ 過程。值得注意的是，上式並不含常數項，此隱含著 $E(y_t) = \mu = 0$；換言之，若 $\mu \neq 0$，則上式可改寫成：

$$y_t - \phi_1 y_{t-1} - \cdots - \phi_p y_{t-p} = \delta + u_t + \theta_1 u_{t-1} + \cdots + \theta_q u_{t-q}$$

$$\Rightarrow \phi(L) y_t = \delta + \theta(L) u_t$$

其中 δ 是一個常數。使用 $\phi(L)$ 與 $\theta(L)$ 是有意義的，因爲根據（3-6）式，y_t 的平均數 μ 有另外一種表示方式，即 $\mu = \phi_0 / (1-\phi_1 - \cdots - \phi_p) = \phi_0 / \phi(1)$。檢視 $\mu \neq 0$ 竟隱含著 $\sum_{i=1}^{p} \phi_i \neq 1$，否則我們無法定義 μ 值！因此，若 y_t 是一種定態的隨機過程，我們必須排除掉 $\sum_{i=1}^{p} \phi_i = 1$ 的可能；換言之，若 $\sum_{i=1}^{p} \phi_i = 1$，則不存在過程如（3-3）或（3-9）式所示。

因 $\mu = \delta / (1-\phi_1 - \cdots - \phi_p) \Rightarrow \delta = \mu(1-\phi_1 - \cdots - \phi_p)$，故（3-3）或（3-9）式可以進一步改寫成：

$$(y_t - \mu) - \phi_1 (y_{t-1} - \mu) - \cdots - \phi_p (y_{t-p} - \mu) = u_t + \theta_1 u_{t-1} + \cdots + \theta_q u_{t-q} \qquad (3\text{-}17)$$

我們應記得因 y_t 是一種定態的隨機過程，故 $E(y_t) = E(y_{t-1}) = \cdots = \mu$。

若檢視 *ARMA* 過程與前述「可轉換性」的特性，可以發現 *ARMA* 過程其實是一種以白噪音過程爲主的線性組合，我們亦可稱 *ARMA* 過程就是一種線性過程（linear process）。線性過程的想法是根據 Wold 之分解定理（Wold decomposition theorem）。

Wold 分解定理[14]

任何一種（共變異數）定態隨機過程 y_t 可寫成：

$$y_t = \mu + \sum_{j=0}^{\infty} \psi_j u_{t-j}, \quad u_t \sim WN(0, \sigma_u^2) \qquad (3\text{-}18)$$

其中 $\psi_0 = 1$ 而 $\sum_{j=0}^{\infty} \psi_j^2 < \infty$。利用白噪音過程的性質，不難得出（3-18）式內含的特性：

(1) $E(y_t) = \mu$

(2) $\gamma(0) = Var(y_t) = \sigma_u^2 \sum_{j=0}^{\infty} \psi_j^2 < \infty$

---

[14] Wold 分解定理的證明，可參考 Brockwell 與 Davis（1991）。

(3) $\gamma(j)=E\left[\left(y_t-\mu\right)\left(y_{t-j}-\mu\right)\right]=\sigma_u^2\left(\psi_j+\psi_{j+1}\psi_1+\cdots\right)$

$$=\sigma_u^2\sum_{k=0}^{\infty}\psi_k\psi_{k+j} \quad (3\text{-}19)$$

果然，只要 σ_u^2 是一個有限的數值，透過白噪音過程的不同期線性組合如（3-18）式可得出 y_t，其中 y_t 就是一種定態隨機過程。

就事前來看，於《財統》內，我們已經知道誤差項隨機過程可用白噪音過程表示，因此（3-18）式竟提供一種以誤差項之移動平均表示的過程，簡稱 *MA* 過程。不過，嚴格來說，Wold 分解定理如（3-18）式所提供的資訊是相當有限的，畢竟按照（3-18）式，我們竟然要估計無窮多個參數值（即 $\sigma_u^2, \psi_1, \psi_2, \cdots$），即（3-18）式屬於一種 MA(∞) 過程；還好，於實際應用上，我們可以由 Wold 分解定理所衍生的模型取代。

於本節我們將先介紹 *AR*(*p*) 過程，而於下一章則檢視 *MA*(*q*) 或 *ARMA*(*p*, *q*) 過程。

2.1 *AR*(*p*) 過程

直覺而言，我們已經見識過 *AR*(*p*) 過程，因爲於《財統》或第 1~2 章內，我們多少有接觸過 *AR*(*p*) 模型。若用迴歸模型來檢視 *AR*(*p*) 過程，該過程只不過是使用落後期的因變數爲自變數而已，因此 *AR*(*p*) 過程反而較爲簡易，因爲最起碼，我們可以用 OLS 估計 *AR*(*p*) 過程內的參數值。雖說如此，我們卻容易陷入一種「窘態」的情況，即有可能估計出的 *AR*(*p*) 迴歸模型並不是一種定態的隨機過程。是故，我們有必要重新檢視 *AR*(*p*) 過程。

利用（3-17）式，我們可以看出 *AR*(*p*) 過程的特徵，即於（3-17）式內令 $\theta_1=\cdots=\theta_q=0$，可得：

$$(y_t-\mu)=\phi_1(y_{t-1}-\mu)+\cdots+\phi_p(y_{t-p}-\mu)+u_t,\quad u_t\sim WN(0,\sigma_u^2) \quad (3\text{-}20)$$

理所當然，若 y_t 屬於一種定態過程，則（3-20）式即爲一種 *AR*(*p*) 過程。於（3-20）式等號的左右側各乘以 $(y_{t-\tau}-\mu)$，再取期望值，可得：

$$\begin{aligned}\gamma_y(\tau)&=E(y_{t-\tau}-\mu)(y_t-\mu)\\&=\phi_1E[(y_{t-\tau}-\mu)(y_{t-1}-\mu)]+\cdots+\phi_pE[(y_{t-\tau}-\mu)(y_{t-p}-\mu)]+E[(y_{t-\tau}-\mu)u_t]\end{aligned} \quad (3\text{-}21)$$

首先，於（3-21）式內分別考慮 $\tau = 0, 1, 2, \cdots, p$ 的情況，可得：

$$\begin{cases} \gamma(0) = \phi_1\gamma(1) + \phi_2\gamma(2) + \cdots + \phi_p\gamma(p) + \sigma_u^2 \\ \gamma(1) = \phi_1\gamma(0) + \phi_2\gamma(1) + \cdots + \phi_p\gamma(p-1) \\ \vdots \\ \gamma(p) = \phi_1\gamma(p-1) + \phi_2\gamma(p-2) + \cdots + \phi_p\gamma(0) \end{cases} \quad (3\text{-}22)$$

顯然地，（3-22）式的導出，除了根據 $\gamma(\tau)$ 的性質外，尚利用若 $\tau = 0$，則 $E[(y_{t-\tau} - \mu)u_t] = \sigma_u^2$，而若 $\tau > 0$，則 $E[(y_{t-\tau} - \mu)u_t] = 0$ 的關係。

（3-22）式是一種定差方程式體系，即若我們可以取得 ϕ_i 與 σ_u 的估計值，則根據（3-22）式，自然可以得出 $\gamma(\tau)$ 值（$\tau = 0,1,\cdots, p$）。就 $\tau > p$ 而言，根據（3-21）式可得：

$$\gamma(\tau) = \phi_1\gamma(\tau-1) + \phi_2(\tau-2) + \cdots + \phi_p\gamma(\tau-p) \quad (3\text{-}23)$$

因 $\rho(\tau) = \gamma(\tau) / \gamma(0)$，故（3-23）式亦可改寫成：

$$\rho(\tau) = \phi_1\rho(\tau-1) + \phi_2\rho(\tau-2) + \cdots + \phi_p\rho(\tau-p) \quad (3\text{-}24)$$

（3-23）或（3-24）式是一種線性齊次定差方程式（linear homogeneous difference equation），而其期初值如 $\rho(\tau)$（$\tau = 0, 1, \cdots, p$），則取自（3-22）式。

於（3-24）式內，我們可以找出 $AR(p)$ 過程的「安定條件」。首先考慮 $AR(1)$ 過程的情況。令 $p = 1$，從（3-22）式可得期初條件分別 $\gamma(0) = \phi_1\gamma(1) + \sigma_u^2$ 與 $\gamma(1) = \phi_1\gamma(0)$，故 $\gamma(0) = \sigma_y^2 = \dfrac{\sigma_u^2}{1-\phi_1^2}$；另一方面，根據（3-24）式，可知 $AR(1)$ 過程對應的「差分方程式」爲：

$$\rho(\tau) - \phi_1\rho(\tau-1) = 0 \quad (3\text{-}25)$$ [15]

而其對應的特性方程式（characteristic equation）爲：

[15] 其實該差分方程式亦可寫成 $y_t - \phi_1 y_{t-1} = 0$。

$$\lambda - \phi_1 = 0 \qquad (3\text{-}26)$$

（3-26）式的解（根，root）爲 $\lambda = \phi_1$。因此，（3-26）式有安定的解（即 $\lim_{\tau \to \infty} \rho(\tau) = 0$）的條件爲 $|\phi_1| < 1$。通常，於時間序列分析內，除了使用（3-26）式之外，我們亦可以使用另外一種方式取得（3-25）式的特性方程式，即根據 $AR(1)$ 過程如 $(1-\phi_1 L)y_t = \delta + u_t$，其特性方程式爲：

$$1 - \phi_1 L = 0 \qquad (3\text{-}27)$$

令 $z = L$，故（3-27）式之解爲 $z = 1/\phi_1$。因此，判斷 $AR(1)$ 過程是否安定，有二種方式，其一是利用（3-26）式，而另一則是根據（3-27）式；換言之，若 $AR(1)$ 過程如 $(1-\phi_1 L)y_t = \phi_0 + u_t$ 的安定條件爲 $|\phi_1| < 1$ 或 $|z| > 1$ [16]。

（3-24）式是利用 ACF 的性質「間接」取得 $AR(p)$ 過程的「安定」條件，其實我們也可以直接利用「求解定差方程式」的方式來判斷。就一種 $AR(2)$ 過程而言，該過程的線性齊次定差方程式可寫成：

$$y_t - \phi_1 y_{t-1} - \phi_2 y_{t-2} = 0 \qquad (3\text{-}28)$$

（3-28）式的齊次解（homogeneous solution）型態可爲 $y_t^h = C\lambda^t$。我們可以代入（3-28）式內「驗證」，即：

$$C\lambda^t - \phi_1 C\lambda^{t-1} - \phi_2 C\lambda^{t-2} = 0$$

$$\Rightarrow C\lambda^{t-2}(\lambda^2 - \phi_1\lambda - \phi_2) = 0$$

是故，就任何的 C 值而言，我們可以求解特性方程式如：

$$\lambda^2 - \phi_1\lambda - \phi_2 = 0 \qquad (3\text{-}29)$$

其中 λ 爲特性根（characteristic root）。類似於（3-26）與（3-27）二式，上述特性方程式亦有另外一種表示方式，即：

---

[16] 或者說爲（3-26）式的解小於單位圓的半徑長度（即 $|\phi_1| < 1$），而（3-27）式的解大於單位圓的半徑長度（即 $|z| > 1$），其中單位圓的半徑爲 1。

$$1-\phi_1 L-\phi_2 L^2=0 \tag{3-30}$$

因此，（3-29）與（3-30）二式安定的條件分別爲 $|\lambda|<1$ 或 $|z|>1$，其中 $z=L$。

就（3-29）式而言，λ 值可爲：

$$\lambda_1,\lambda_2=\frac{\phi_1\pm\sqrt{\phi_1^2+4\phi_2}}{2}=(\phi_1\pm\sqrt{D})/2 \tag{3-31}$$

換言之，（3-28）式有多種齊次解，而每一解來自於 λ_1 或 λ_2。我們可以考慮一種齊次解爲：

$$y_t^h=C_1\lambda_1^t+C_2\lambda_2^t \tag{3-32}$$

其中 C_1 與 C_2 爲任意的二個常數值。讀者可以嘗試證明（3-32）式爲（3-28）式的多重解，該解會受到 C_1 與 C_2 值的影響。

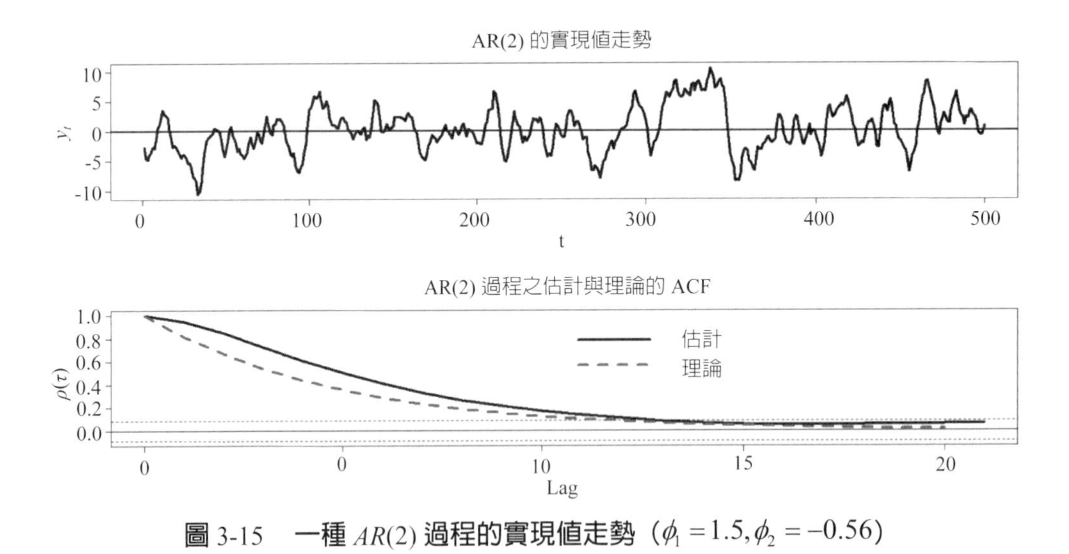

圖 3-15　一種 $AR(2)$ 過程的實現值走勢（$\phi_1=1.5,\phi_2=-0.56$）

例 1　$AR(2)$ 過程

考慮一種 $AR(2)$ 過程如下列所示：

$$y_t=1+1.5y_{t-1}-0.56y_{t-2}+u_t,\ u_t\sim WN(0,1)$$

類似於（3-29）式可得對應的特性方程式爲：

$$\lambda^2 - 1.5\lambda + 0.56 = 0$$

可得二個解（根）分別爲 $\lambda_1 = 0.8$ 與 $\lambda_2 = 0.7$，故上述 $AR(2)$ 過程屬於定態的隨機過程。我們可以進一步計算 $E(y_t) = 1/(1-\phi_1-\phi_2) = 1/(1-1.5+0.56) \approx 16.67$。於（3-22）式內，因 $\phi_1 = 1.5$、$\phi_2 = -0.56$、$p = 2$ 且 $\sigma_u = 1$，故可得 $\gamma(0) \approx 1.47$、$\gamma(1) \approx 1.42$ 以及 $\gamma(2) \approx 1.30$[17]。因此，根據（3-24）式，上述 $AR(2)$ 過程所對應的線性齊次定差方程式爲；

$$\rho(\tau) - 1.5\rho(\tau - 1) + 0.56\rho(\tau - 2) = 0$$

而其期初條件爲 $\rho(0) = 1$ 以及 $\rho(1) \approx 0.96$。根據（3-32）式，上述定差方程式的一般解可寫成：

$$\rho(\tau) = C_1\lambda_1^t + C_2\lambda_2^t$$

利用 $\lambda_1 = 0.8$、$\lambda_2 = 0.7$ 以及 $\rho(0) = 1$ 與 $\rho(1) \approx 0.96$ 二個期初條件，可得上述一般解爲：

$$\rho(\tau) = 1.16(0.8)^t - 0.16(0.7)^t$$

$\rho(\tau)$ 即爲對應的理論 ACF 走勢，該走勢可繪製於圖 3-15 內下圖的虛線。爲了與理論走勢比較，圖 3-15 內的上圖模擬出上述 $AR(2)$ 過程的實現值走勢以及下圖的實線則爲估計的 ACF 走勢，於該圖內，自然可以比較估計與理論的 ACF 走勢。

---

[17] 利用 (3-22) 式可得：

$$\begin{cases} \gamma(0) = \phi_1\gamma(1) + \phi_2\gamma(2) + \sigma_u^2 \\ \gamma(1) = \phi_1\gamma(0) + \phi_2\gamma(1) \\ \gamma(2) = \phi_1\gamma(1) + \phi_2\gamma(0) \end{cases} \Rightarrow \begin{cases} \gamma(0) = \phi_1\gamma(1) + \phi_2[\phi_1\gamma(1) + \phi_2\gamma(0)] + \sigma_u^2 \\ \gamma(1) = \phi_1\gamma(0) + \phi_2\gamma(1) \end{cases}$$

$$\Rightarrow \begin{cases} \gamma(0) = (1+\phi_2)\phi_1\gamma(1) + \phi_2^2\gamma(0) + \sigma_u^2 \\ \gamma(1) = \left(\dfrac{\phi_1}{1-\phi_2}\right)\gamma(0) \end{cases} \Rightarrow \gamma(0) = (1+\phi_2)\left(\dfrac{\phi_1^2}{1-\phi_2}\right)\gamma(0) + \phi_2^2\gamma(0) + \sigma_u^2$$

例 2 *AR*(2) 過程（重複根）

再考慮一種 $AR(2)$ 過程，其對應的定差方程式如（3-28）式所示；不過，根據（3-29）式的特性方程式可知[18]，若 $D=\phi_1^2+4\phi_2=0$，則求解（3-29）式可得 $\lambda_1=\lambda_2=\phi_1/2$。我們嘗試以 $y_t^h=t(\phi_1/2)^t$ 代入（3-28）式內可得：

$$t(\phi_1/2)^t-\phi_1[(t-1)(\phi_1/2)^{t-1}]-\phi_2[(t-2)(\phi_1/2)^{t-2}]=0$$

$$\Rightarrow(\phi_1/2)^{t-2}[t(\phi_1/2)^2-\phi_1(t-1)(\phi_1/2)-\phi_2(t-2)]=0$$

$$\Rightarrow-(\phi_1^2/4+\phi_2)t+(\phi_1^2/2+2\phi_2)=0$$

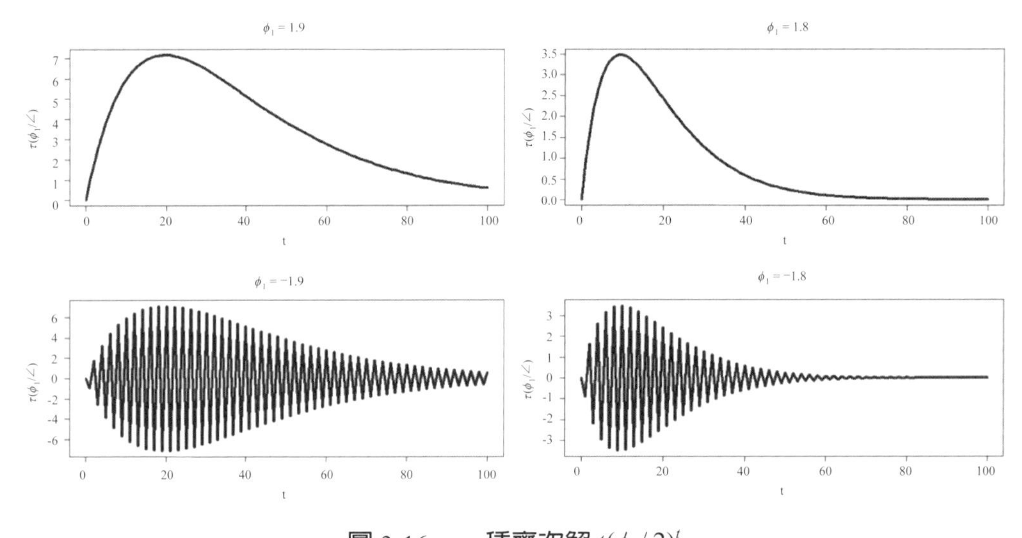

圖 3-16　一種齊次解 $t(\phi_1/2)^t$

因 $D=\phi_1^2+4\phi_2=0$，隱含著 $\phi_1^2/4+\phi_2=0$ 與 $\phi_1^2/2+2\phi_2=0$，故除了 $y_t^h=(\phi_1/2)^t$ 之外，$y_t^h=t(\phi_1/2)^t$ 亦為其中一個解；換言之，若 $\lambda_1=\lambda_2=\phi_1/2$，則（3-32）式可改寫成：

$$y_t^h=C_1\lambda_1^t+C_2t\lambda_2^t=C_1(\phi_1/2)^t+C_2t(\phi_1/2)^t \quad (3\text{-}33)$$

理所當然，若 $|\phi_1|<2$，則 $C_1(\phi_1/2)^t$ 會收斂；不過，$C_1(\phi_1/2)^t$ 呢？圖 3-16 繪製出

[18] 根據（3-32）式，可知 λ 的解為 $\lambda=\dfrac{\phi_1\pm\sqrt{\phi_1^2+4\phi_2}}{2}$。

$t(\phi_1/2)^t$ 的四種可能，即令 $\phi_1 = 1.9, 1.8, -1.9, -1.8$。從圖內可看出，若 $0 < \phi_1 < 2$，則齊次解會隨 $t \to \infty$ 遞減至 0，即 $\lim_{t\to\infty} t(\phi_1/2)^t = 0$；不過，若 $-2 < \phi_1 < 0$，上述齊次解不再是單調似遞減，反而隨著 t 值以來回震盪的方式遞減至 0。

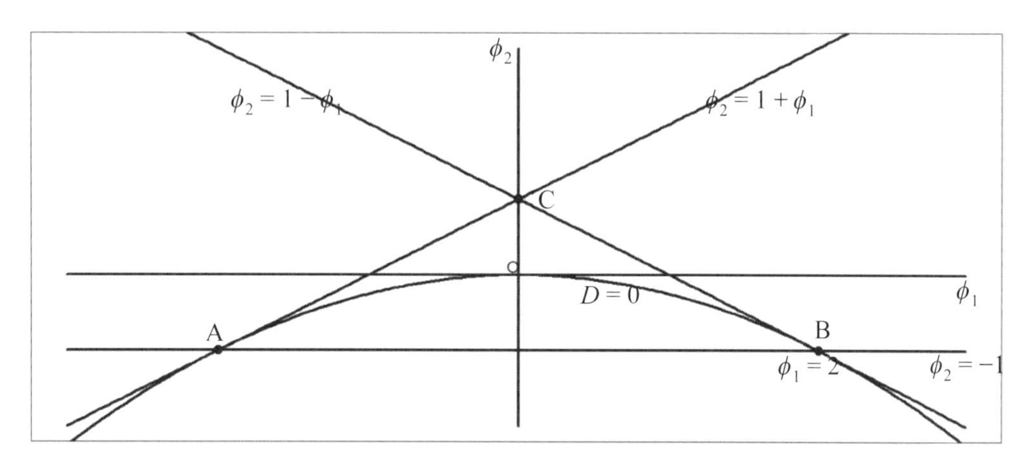

圖 3-17　$AR(2)$ 過程的安定條件

例 3　$AR(2)$ 過程（續）

考慮一種 $AR(2)$ 過程如 $y_t = \phi_1 y_{t-1} + \phi_2 y_{t-2}$，根據（3-24）式可知對應的定差方程式爲：

$$\rho(t) - \phi_1\rho(t-1) - \phi_2\rho(t-2) = 0$$

而其特性方程式爲：

$$\lambda^2 - \phi_1\lambda - \phi_2 = 0$$ [19]

可得 $\lambda_1, \lambda_2 = \dfrac{\phi_1 \pm \sqrt{\phi_1^2 + 4\phi_2}}{2}$。$AR(2)$ 過程的安定條件可以整理而繪製於圖 3-17 內的

[19] 如前所述，特性方程式亦可寫成 $1 - \phi_1 z - \phi_2 z^2 = 0$，其特性根爲 $z = \dfrac{\phi_1 \pm \sqrt{\phi_1^2 + 4\phi_2}}{-2\phi_2}$。

三角形ABC（即介於$\phi_2 > -1$、$\phi_2 < 1 - \phi_1$以及$\phi_2 < \phi_1 + 1$的區塊）。令$D = \phi_1^2 + 4\phi_2$。此可分成三種情況檢視。首先，我們先檢視 $D > 0$（即位於多邊形 AOBC 之內）的情況，即λ具有二種不同的實數根。因 $AR(2)$ 過程的安定條件為 $|\lambda| < 1$，故最大的實數根（即$\lambda < 1$）會滿足下列條件，即：

$$\lambda_1 = \frac{1}{2}(\phi_1 + \sqrt{D}) < 1 \Rightarrow \sqrt{D} < 2 - \phi_1$$

因 $D = \phi_1^2 + 4\phi_2 < \phi_1^2 - 4\phi_1 + 4$，故可得 $\phi_2 < 1 - \phi_1$。同理，最小的實數根（即$\lambda > -1$）會滿足下列條件，即：

$$\lambda_2 = \frac{1}{2}(\phi_1 - \sqrt{D}) > -1 \Rightarrow \phi_1 - \sqrt{D} > -2 \Rightarrow 2 + \phi_1 > \sqrt{D}$$

因 $D = \phi_1^2 + 4\phi_2 < \phi_1^2 + 4\phi_1 + 4$，故可得 $\phi_2 < \phi_1 + 1$。

至於情況 2，考慮 $D = 0$，則 $\lambda_1 = \lambda_2 = \phi_1 / 2$。從例 2 已知安定的條件為$|\phi_1| < 2$，故此相當於位於圖 3-17 內的弧形 AOB 上。情況 3 則考慮 $D < 0$ 的情形，因 $\phi_1^2 \geq 0$，故只有 $\phi_2 < 0$ 時，才有可能產生複根（complex root）。有了複根，我們可以於虛數平面（imaginary plane）上繪製出其位置，可以參考圖 3-18，其中橫軸表示實數而縱軸則表示虛數（imaginary number）。當然，若 λ_1 與 λ_2 皆為實數，其位置皆於橫軸上：但是，若 λ_1 與 λ_2 皆為複根如 $a \pm bi$ 型態，其中 $i = \sqrt{-1}$，則實數部分繪製於橫軸，而虛數部分則繪製於縱軸上。

若 $\phi_1 > 0$，則於 $D < 0$ 之下，$\lambda_1 = (\phi_1 + i\sqrt{D})/2$ 與 $\lambda_2 = (\phi_1 - i\sqrt{D})/2$ 二根可繪製於圖 3-18 內。我們可以進一步計算 λ_1 與 λ_2 於圖內的長度，即：

$$r = \sqrt{(\phi_1 / 2)^2 + (D^{1/2} i / 2)^2}$$

因 $i^2 = -1$，故 $r = (-\phi_2)^{1/2}$（可記得 $\phi_2 < 0$）。安定的條件需要 $r < 1$。因此，於虛數平面如圖 3-18 上，λ_1 與 λ_2 必須落於單位圓（半徑為 1）之內。

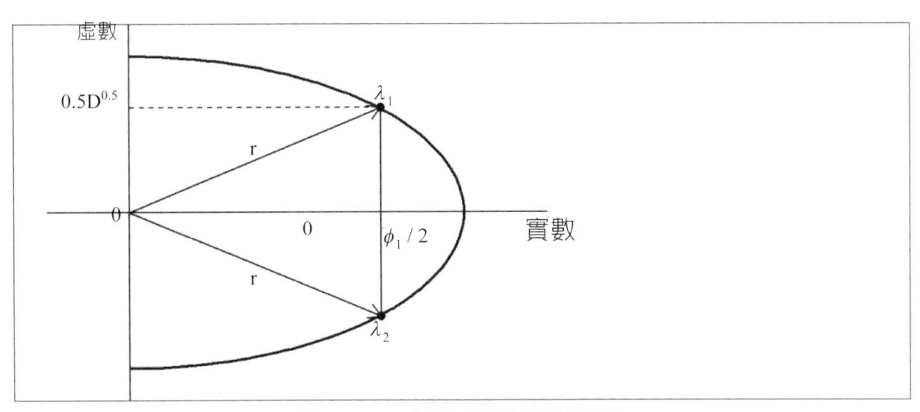

圖 3-18 特性根與虛數平面

例 4 *AR*(2) 過程（續）

考慮一種 $AR(2)$ 過程為 $y_t = 1.4y_{t-1} - 0.85y_{t-2} + u_t$，其中 $u_t \sim WN(0,1)$。上述過程的特性方程式為 $\lambda^2 - 1.4\lambda - 0.85 = 0$，因 $D < 0$ 故存在二種複根分別為 $\lambda_1 = 0.7 + 0.6i$ 與 $\lambda_2 = 0.7 - 0.6i$。根據本章附錄 1（置於光碟內），可知 r 約為 0.922。因 $r < 1$，故上述的 $AR(2)$ 過程是安定的，隱含著該過程亦是一種定態的隨機過程；另一方面，因：

$$\lambda_1 = a + bi = r[\cos(\theta) + i\sin(\theta)] \text{ 與 } \lambda_2 = a - bi = r[\cos(\theta) - i\sin(\theta)]$$

故可得 $\lambda_1 + \lambda_2 \Rightarrow 2a = 2r\cos(\theta) \Rightarrow \theta = arc\cos(a / r)$[20]。因此，因 $a = 0.7$ 而 $r \approx 0.922$，故可得 $\theta \approx 0.709$。

利用（3-22）與（3-24）二式，可知該 $AR(2)$ 過程對應的 ACF 為：

$$\rho(\tau) - 1.4\rho(\tau-1) + 0.85\rho(\tau-2) = 0, \quad \tau = 2, 3, \cdots$$

其中期初條件為 $\rho(0) = 1$ 與 $\rho(1) = 0.76$[21]。於本章附錄 1 內，可得 $\rho(\tau)$ 之齊次解為：

---

[20] $arc\cos(\theta)$ 為 $\cos(\theta)$ 的反函數。

[21] 即因 $\rho(0) = F_3\cos(F_2) = 1 \Rightarrow \cos(F_2) = 1 / F_3 \Rightarrow F_2 = \arccos(1 / F_3)$，可得：

$$\rho(1) = F_3 r\cos[\theta + arc\cos(1 / F_3)] = 0.76.$$

$$\rho(t) = F_3 r^t \cos(t\theta + F_2)$$

根據期初條件與 $\theta \approx 0.709$，可得 $F_3 = 0.82$ 與 $F_2 \approx 0$（可以參考所附之 R 指令）。類似於圖 3-15，圖 3-19 繪製出 y_t 的一種模擬時間走勢（上圖）以及估計與理論的 ACF（下圖），讀者應能解釋其結果。

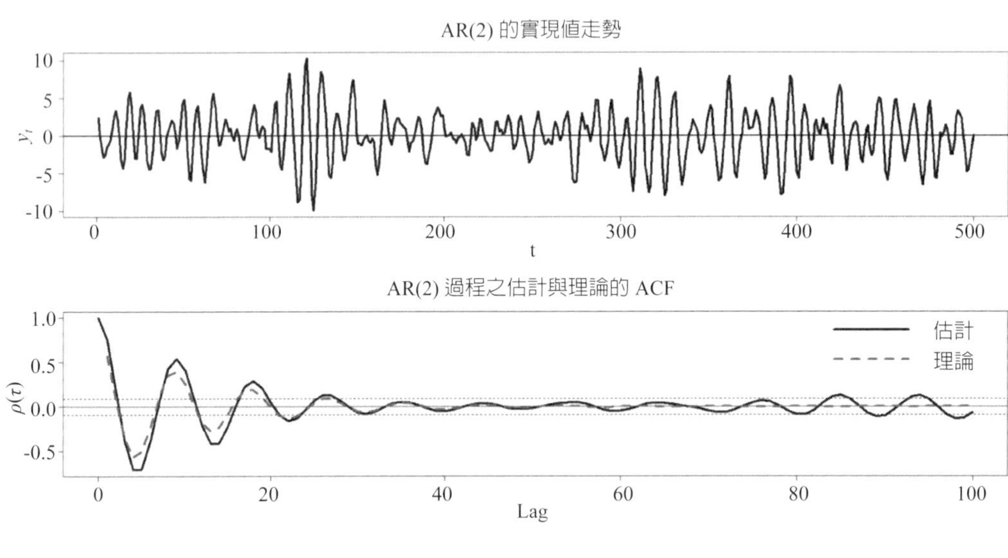

圖 3-19　一種 $AR(2)$ 過程的實現值走勢（$\phi_1 = 1.4$，$\phi_2 = -0.85$）

例 5 $AR(4)$ 過程

考慮一種 $AR(4)$ 過程如 $y_t = \phi_4 y_{t-4} + u_t$，其中 $u_t \sim WN(0, \sigma_u^2)$ 與 $0 < \phi_4 < 1$。根據（3-22）式，$\gamma(0) = \phi_4\gamma(4) + \sigma_u^2$、$\gamma(1) = \phi_4\gamma(3)$、$\gamma(2) = \phi_4\gamma(2)$、$\gamma(3) = \phi_4\gamma(1)$ 以及 $\gamma(4) = \phi_4\gamma(0)$；是故，解上述結果可得 $\gamma(0) = \sigma_u^2 / (1 - \phi_4^2)$、$\gamma(1) = \gamma(2) = \gamma(3) = 0$ 與 $\gamma(4) = \phi_4\sigma_u^2 / (1 - \phi_4^2)$。我們不難看出只有落後期數爲 $\tau = 4j$（$j = 1, 2, \cdots$）的 $\gamma(\tau)$ 係數不爲 0，我們可以進一步計算 y_t 之 ACF，其可寫成：

$$\rho(\tau) = \begin{cases} \phi_4^j, \ \tau = 4j, j = 1, 2, \cdots \\ 0, \qquad \text{其他} \end{cases}$$

即每隔 4 期的 $\rho(\tau)$ 係數皆不爲 0，其餘係數則皆爲 0。顯然地，上述 $AR(4)$ 過程可以用於模型化季節性走勢。我們舉一個例子說明。圖 3-20 繪製出 $\phi_4 = 0.8$ 與 $\phi_4 = -0.8$ 二種情況，我們可以分別出二者之差異。

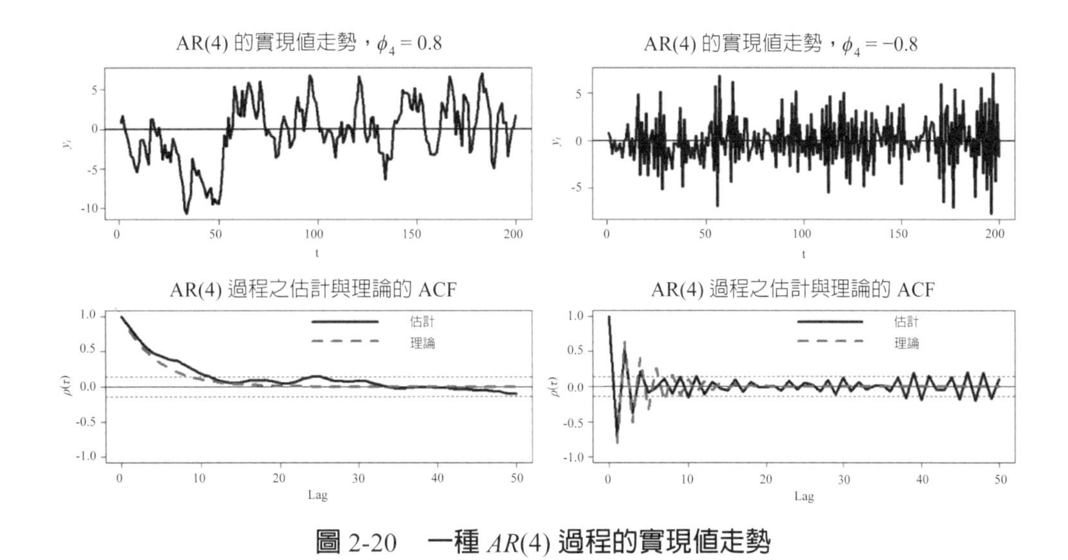

圖 2-20　一種 $AR(4)$ 過程的實現值走勢

例 6 Yule-Walker 方程式

若連續以 $\tau = 1, 2, \cdots, p$ 代入（3-24）式內，因 $\rho(\tau) = \rho(-\tau)$，故可得：

$$\begin{cases} \rho(1) = \phi_1 + \phi_2\rho(1) + \phi_3\rho(2) + \cdots + \phi_p\rho(p-1) \\ \rho(2) = \phi_1\rho(1) + \phi_2 + \phi_3\rho(1) + \cdots + \phi_p\rho(p-2) \\ \vdots \\ \rho(p) = \phi_1\rho(p-1) + \phi_2\rho(p-2) + \cdots + \phi_p \end{cases} \tag{3-34}$$

（3-34）式的結果亦可以用矩陣的型態表示，即令 $\mathbf{a} = [\rho(1) \quad \rho(2) \quad \cdots \quad \rho(p)]^T$、

$$\mathbf{f} = [\phi_1 \quad \phi_2 \quad \cdots \quad \phi_p]^T \text{ 以及 } \mathbf{R} = \begin{bmatrix} 1 & \rho(1) & \cdots & \rho(p-1) \\ \rho(1) & 1 & \vdots & \rho(p-2) \\ \vdots & \vdots & \ddots & \vdots \\ \rho(p-1) & \rho(p-2) & \cdots & 1 \end{bmatrix}$$

故可得：

$$\mathbf{a} = \mathbf{Rf} \tag{3-35}$$

（3-34）或（3-35）式可稱爲 Yule-Walker 方程式，該方程式可用於估計 $AR(p)$ 過程

內的 ϕ_i 係數；換言之，若第 1~p 個自我相關係數為已知，則 $AR(p)$ 過程內的 ϕ_i 係數可為：

$$\mathbf{f} = \mathbf{R}^{-1}\mathbf{a} \tag{3-36}$$

此隱含著第 1~p 個自我相關係數與 $AR(p)$ 過程內的 ϕ_i 係數存在著 1 對 1 的關係，當然我們不會使用 Yule-Walker 方程式估計 ϕ_i 係數（因可用 OLS），不過 Yule-Walker 方程式卻可用於估計 PACF。

例 7 PACF

因我們強調「安定」的 $AR(p)$ 過程，故該過程的自我相關係數 $\rho(t)$ 會隨 $t \to \infty$ 逐漸遞減為 0，中間並不會出現「中斷」的情形，此使得我們不易利用 ACF 判斷不同階次的 $AR(p)$ 過程（即不同的 p 值）。例如：單獨使用 ACF 應不容易分別出 $AR(2)$ 與 $AR(3)$ 過程之不同；換言之，我們需要另外一種輔助工具，該工具就是 PACF。

考慮下列的 $AR(k)$ 過程：

$$y_t = \phi_{k1} y_{t-1} + \phi_{k2} y_{t-2} + \cdots + \phi_{kk} y_{t-k} + u_t,\ u_t \sim WN(0, \sigma_u^2) \tag{3-37}$$

其中 ϕ_{ki} 表示 $AR(k)$ 過程內的落後期數為 $t - i$ 的係數。ϕ_{ki} 可用於衡量「除去 $y_{t-1}, y_{t-2}, \cdots, y_{t-(i-1)}, y_{t-(i+1)}, \cdots, y_{t-k}$ 對 y_t 的影響後」，y_t 與 y_{t-i} 的關係；因此，ϕ_{ki} 亦可稱為 y_t 與 y_{t-i} 之間的偏自我相關係數。根據 Yule-Walker 方程式，即（3-35）式，我們倒是可以利用自我相關係數導出偏自我相關係數，即：

$$\begin{bmatrix} 1 & \rho(1) & \cdots & \rho(p-1) \\ \rho(1) & 1 & \vdots & \rho(p-2) \\ \vdots & \vdots & \ddots & \vdots \\ \rho(p-1) & \rho(p-2) & \cdots & 1 \end{bmatrix} \begin{bmatrix} \phi_{k1} \\ \phi_{k2} \\ \vdots \\ \phi_{kk} \end{bmatrix} = \begin{bmatrix} \rho(1) \\ \rho(2) \\ \vdots \\ \rho(k) \end{bmatrix}, k = 1, 2, \cdots$$

利用克萊姆法則（Cramer's rule），可得：

$$\phi_{kk}=\frac{\begin{vmatrix}1 & \rho(1) & \cdots & \rho(1)\\ \rho(1) & 1 & \cdots & \rho(2)\\ \vdots & \vdots & \ddots & \vdots\\ \rho(k-1) & \rho(k-2) & \cdots & \rho(k)\end{vmatrix}}{\begin{vmatrix}1 & \rho(1) & \cdots & \rho(k-1)\\ \rho(1) & 1 & \cdots & \rho(k-2)\\ \vdots & \vdots & \ddots & \vdots\\ \rho(k-1) & \rho(k-2) & \cdots & 1\end{vmatrix}}$$

因此，若 DGP 是屬於 $AR(1)$ 過程，則其 PACF 爲[22]：

$$\phi_{11}=\rho(1)\text{ 與 }\phi_{22}=\frac{\begin{vmatrix}1 & \rho(1)\\ \rho(1) & \rho(2)\end{vmatrix}}{\begin{vmatrix}1 & \rho(1)\\ \rho(1) & 1\end{vmatrix}}=\frac{\rho(2)-\rho(1)^2}{1-\rho(1)^2}=0$$

同理，若 DGP 是屬於 $AR(2)$ 過程，則其 PACF 爲：

$$\phi_{11}=\rho(1)\text{、}\phi_{22}=\frac{\begin{vmatrix}1 & \rho(1)\\ \rho(1) & \rho(2)\end{vmatrix}}{\begin{vmatrix}1 & \rho(1)\\ \rho(1) & 1\end{vmatrix}}=\frac{\rho(2)-\rho(1)^2}{1-\rho(1)^2}\text{ 與 }\phi_{kk}=0\ (k>2)$$

上述的推導過程亦適用於 $AR(p)$ 過程；換言之，就 $AR(p)$ 過程而言，其落後 $t-(p+1)$ 期的偏相關係數爲 0。我們亦舉一個例子說明。考慮四種 $AR(1)$~$AR(4)$ 過程如 $y_t=0.9y_{t-i}+u_t$，其中 $i=1, 2, 3, 4$ 以及 $u_t\sim WN(0,1)$。我們先模擬各 500 個觀察値後再分別估計對應的 PACF，其結果則繪製於圖 3-21。從該圖內可看出估計的 PACF 有出現「中斷」的現象，使得我們得以利用估計的 PACF 判斷 $AR(p)$ 過程內的階次 p 値。

[22] 於底下的分析內可知，於 $AR(1)$ 過程內 $\rho(2)=\rho(1)^2$。

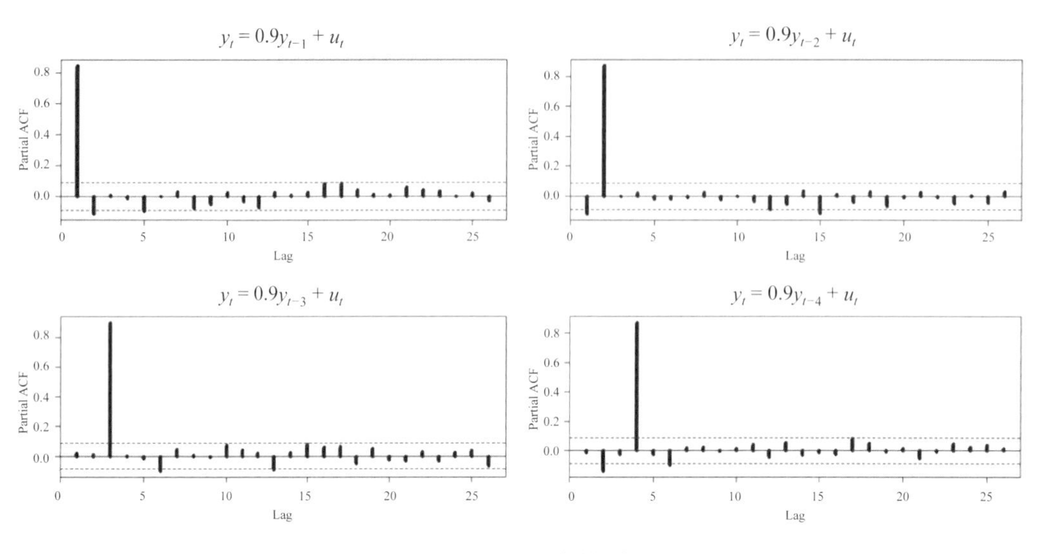

圖 3-21　$AR(1\sim4)$ 過程之估計的 PACF

例 8　$AR(p)$ 過程

從例 1~4 的例子內可看出定態隨機過程 y_t 的特性，即 y_t 的自我相關係數 $\rho(t)$ 會隨時間 t 的延伸而逐漸遞減，隱含著過去的 y_{t-m} 與 y_t 的相關性，隨著而遞減爲 0[23]，我們可以知道爲何會如此，其關鍵在於 $r < 1$。例 1~4 皆以 $AR(2)$ 過程爲例說明，利用類似的方法，我們不難將其擴充至檢視 $AR(p)$ 過程；換言之，若重新檢視（3-24）式，類似於（3-32）式，可知 $AP(p)$ 過程的齊次解可寫成：

$$\rho(t) = C_1\lambda_1^t + C_2\lambda_2^t + \cdots + C_p\lambda_p^t$$

其中對應的特性方程式爲 $\lambda^p - \phi_1\lambda^{p-1} - \phi_2\lambda^{p-2} - \cdots - \phi_p = 0$；當然，$C_1 \sim C_p$ 之值取決於期初條件，即透過（3-22）式可取得上述期初條件。因此，我們可以整理出 $AR(p)$ 過程的一些特徵；

(1) 特性根 λ 具有二種型態，其中一種爲實數值 λ_i，而安定的條件爲 $|\lambda_i|$ 值皆需小於 1；另外一種則是 λ_i 爲「成對」的複根，而安定的條件爲 λ_i 位於單位圓之內

[23] 於《衍商》內，我們亦以模擬的方式說明外在的衝擊於定態的隨機過程內只有短暫的影響。

如圖 3-18 所示。

(2) 其實，我們也未必需計算出所有的特性根，一種簡單判斷「安定」的方式是 $\sum_{i=1}^{p}\phi_i<1$，我們從例 1 或 4 大概可以看出端倪。

(3) 若 $\sum_{i=1}^{p}\phi_i=1$，則至少有一個特性根會等於 1，此表示上述 $AR(p)$ 過程並非屬於定態隨機過程，而是一種稱爲單根過程（unit root process）。單根過程將於後面的章節內介紹。

習題

(1) 爲何安定的 $AR(p)$ 過程隱含著定態隨機過程？試解釋之。
(2) 何謂 Wold 分解定理？試解釋之。
(3) 我們如何模擬出一種 $AR(p)$ 過程的實現值走勢？試解釋之。
(4) 續上題，該實現值的估計自我相關與偏自我相關函數的形狀爲何？
(5) 於 $AR(p)$ 過程內我們有二種方法可以計算對應的特性根，其分別爲何？
(6) 若一種 $AR(p)$ 過程存在複數根，我們如何得知其屬於安定的過程？
(7) 根據圖 3-1 內圖 (d) 的季經濟成長率資料，利用 OLS，試以 $AR(2)$ 模型估計，其結果爲何？
(8) 續上題，其對應的特性根爲何？該估計的 $AR(2)$ 模型是否安定？
(9) 續上題，其對應的估計 $\rho(\tau)$ 之齊次解爲何？

2.2 衝擊反應函數

於時間序列分析內 AR 過程（或稱爲 AR 模型）是重要的，畢竟與其他過程如 MA 或 $ARMA$ 過程比較，AR 過程還是一種比較簡易的過程，因此反而 AR 過程應用的層面較廣。於本節，我們利用 AR 過程來說明衝擊反應函數（impulse response function, IRF）觀念，該觀念普遍應用於總體經濟計量分析內。我們將分成二部分介紹：第一部分是利用過程說明；第二部分則利用向量矩陣型態介紹。

2.2.1 $AR(1)$ 過程

$AR(1)$ 過程可以寫成一種非齊次的隨機一階定差方程式（inhomogenous stochastic first order difference equation），即：

$$y_t=\delta+\phi_1 y_{t-1}+u_t,\quad u_t\sim WN(0,\sigma_u^2) \tag{3-38}$$

其中非齊次的部分爲 $\delta + u_t$，δ 爲一個固定數値而 u_t 則表示純隨機項部分。假定期初值 y_0 爲一個固定的數値，則類似於（1-41）式，利用反覆替代的方式，（3-38）式亦可寫成：

$$y_t = \phi_1^t y_0 + \frac{1-\phi_1^t}{1-\phi_1}\delta + \sum_{j=0}^{t-1}\phi_1^j u_{t-j} \tag{3-39}$$

（3-39）式隱含著 $AR(1)$ 過程其實是由與時間有關的確定項與純隨機項二部分所構成。理所當然，因從（3-39）式可看出 y_t 之第一與二級動差與時間有關，故 $AR(1)$ 過程未必屬於一種定態的隨機過程；不過，只要 $|\phi_1| < 1$，當 $t \to \infty$，（3-39）式亦可改寫成：

$$y_t = \frac{\delta}{1-\phi_1} + \sum_{j=0}^{\infty}\phi_1^j u_{t-j} \tag{3-40}$$

其中與時間有關的確定項已消失，即 $AR(1)$ 過程屬於一種漸近的定態隨機過程（asymptotically stationary stochastic process）[24]。比較（3-18）與（3-40）二式不難看出 $AR(1)$ 過程的確屬於 Wold 分解定理的一個特例，即只要 $|\phi_1| < 1$，則 $\mu = \delta/(1-\phi_1)$ 以及 $\psi_i = \phi_1^i$，故可得：

$$\sum_{j=0}^{\infty}\psi_j^2 = \sum_{j=0}^{\infty}\phi_1^{2j} = \frac{1}{1-\phi_1^2} < \infty$$

另一方面，從（3-25）式亦可知道 AR(1) 過程的自我相關函數（結構）可爲：

$$\rho(\tau) = \phi_1^\tau, \quad \tau = 1, 2, 3, \cdots \tag{3-41}$$

即當 $\tau \to 0$，ACF 的係數會以幾何的速度遞減至 0。

[24] 其實（3-26）式的導出亦可想像成期初值 y_{t_0} 是一個隨機變數，而期初爲 t_0，故只要 $|\phi_1| < 1$ 與 $t_0 = -\infty$，即（3-26）式可視爲只截取 $t > 0$ 的部分。

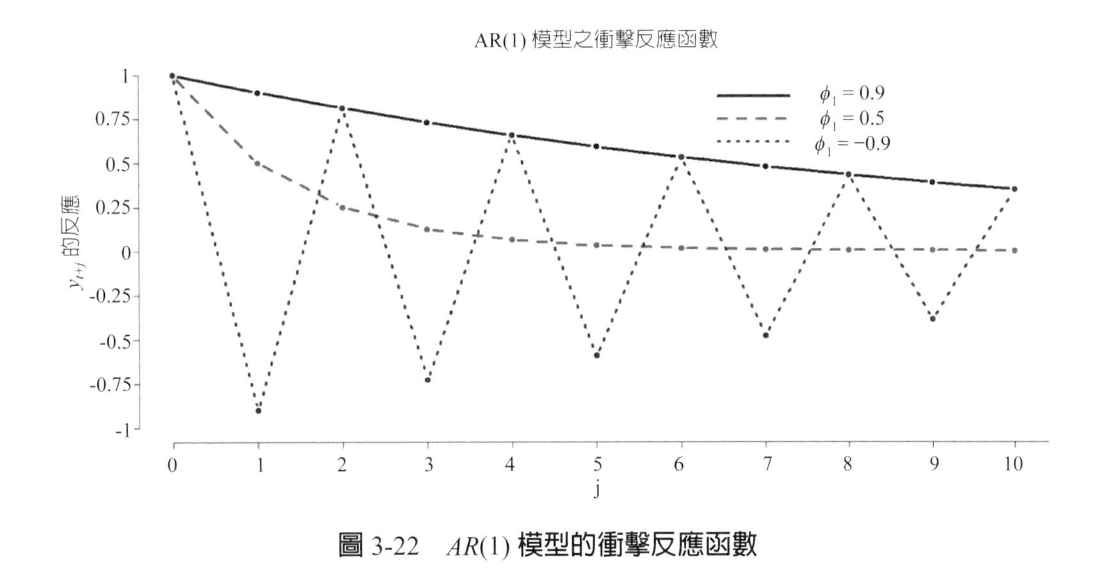

圖 3-22 $AR(1)$ 模型的衝擊反應函數

因此 AR(1) 模型其實就是 Wold 分解定理的一種精簡的（parsimonious）參數模型，畢竟按照（3-18）式，需要估計無窮多個參數值，而 $AR(1)$ 模型卻只需要估計 β_1、β_2 與 σ^2 三個參數值而已。我們再重新檢視（3-18）式。我們稱 ψ_j 爲一種動態乘數（dynamic multiplier），即根據（3-18）式，其可定義爲：

$$\frac{\partial y_j}{\partial u_0} = \frac{\partial y_{t+j}}{\partial u_t} = \psi_j \tag{3-42}$$

換言之，於其他情況不變下，誤差項 u_t 有變動時（衝擊），至 $t+j$ 期 y_{t+j} 的變動爲 ψ_j（反應）。有意思的是，根據（3-18）、（3-40）與（3-41）三式，$AR(1)$ 模型（過程）的動態乘數竟然就是自我相關係數 $\rho(j)$。利用動態乘數的觀念，我們可以進一步計算所謂的 IRF。

IRF 是在計算「外在力量（含經濟政策）改變的衝擊」下，經濟模型會有什麼反應？我們可以利用 $AR(1)$ 模型如（3-40）式說明 IRF 的意義。假定只有於 t 期 u_t 有變動 1 單位，之後 u_{t+j} 皆沒有變動（$j > 0$）。根據 $AR(1)$ 模型，我們可以計算出 y_{t+j} 的反應，其結果就繪製成如圖 3-22 所示；可以注意的是，當 $\phi_1 < 0$ 時，此時 y_{t+j} 的反應呈「鋸齒狀」遞減。

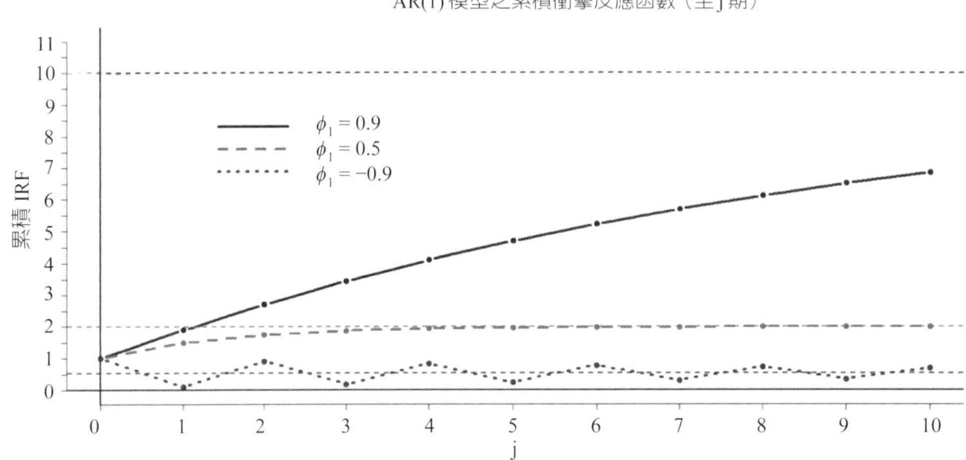

圖 3-23　$AR(1)$ 模型的累積衝擊反應函數

既然已經計算出 IRF，我們當然可以繼續計算至 $t+j$ 期的累積衝擊反應 $\sum_{i=1}^{j}\psi_j$ 以及長期累積衝擊反應 $\sum_{i=1}^{\infty}\psi_j$；換言之，於 $AR(1)$ 過程內，我們已經知道 $\psi_j = \phi_1^j$，因此上述至 $t+j$ 期的累積衝擊反應與長期累積衝擊反應分別可為：

$$\sum_{i=0}^{j}\psi_j = \sum_{i=0}^{j}\phi_1^j = 1+\phi_1+\phi_1^2+\cdots+\phi_1^j = \frac{1-\phi_1^j}{1-\phi_1} \tag{3-43}$$

以及

$$\sum_{i=0}\psi_i = \sum_{i=0}^{\infty}\phi_1^j = 1+\phi_1+\phi_1^2+\cdots = \frac{1}{1-\phi_1} = \frac{1}{\phi(1)} \tag{3-44}$$

可以注意的是，於 $AR(1)$ 過程內，因 $\phi(L) = 1-\phi_1 L$，故 $\phi(1) = 1-\phi_1$。利用圖 3-22 的結果，我們繼續計算 $t+j$ 期的累積衝擊反應，其結果就繪製如圖 3-23 所示，其中 ϕ_1 分別為 0.9、0.5 與 −0.9 的長期累積衝擊反應分別為 10、2 與 0.5263。

例 1　半衰期的計算

如前所述，外力衝擊對定態隨機過程的影響是短暫的，即外力衝擊的影響會出現「一股作氣，再而衰，三而竭」的現象；換言之，衝擊反應回到「期初衝擊反應的一半」所需要的時間，我們稱為半衰期（half-life）。利用 $AR(1)$ 過程，我們並不難計算半衰期，即：

$$\phi_1^j = 0.5 \Rightarrow j = \frac{\log(0.5)}{\log(\phi_1)}$$

利用上式，自然可以得出 j 值。例如：當 ϕ_1 分別為 0.99、0.9 與 0.1，所計算的半衰期分別約為 68.97、6.58 以及 0.3，表示 ϕ_1 值愈大、其對應的半衰期就愈長。

例 2 $AR(2)$ 模型的 IRF

考慮 2.1 節內例 1 的 $AR(2)$ 過程如：

$$y_t = \delta + \phi_1 y_{t-1} + \phi_2 y_{t-2} + u_t$$

其中 $\delta = 1$、$\phi_1 = 1.5$ 與 $\phi_2 = -0.56$。直覺而言，IRF 是用「反覆替代」的方式計算；因此，令 $IRF(j)$ 表示於 j 期 y_j 的衝擊反應，則可得：

$$\begin{aligned}
&IRF(0) = 1 \\
&IRF(1) = 1.5 \times IRF(0) = 1.5 = \phi_1 \\
&IRF(2) = 1.5 \times IRF(1) - 0.56 \times IRF(0) = 1.5^2 - 0.56 = \phi_1^2 + \phi_2 \\
&IRF(3) = 1.5 \times IRF(2) - 0.56 \times IRF(1) = 1.5 \times (1.5^2 - 0.56) - 0.56 \times 1.5 = \phi_1^3 + 2\phi_1\phi_2 \\
&\vdots
\end{aligned}$$

恰等於本章附錄 2（置於光碟內）之結果；換言之，根據本章附錄 2，上述 $AR(2)$ 模型的 IRF 為：$\psi_j - \phi_1\psi_{j-1} - \phi_2\psi_{j-2} = 0$，其中 $\psi_0 = 1$ 與 $\psi_1 = \phi_1$。

習題

(1) 何謂 IRF？試解釋之。
(2) 我們如何計算 IRF？試解釋之。
(3) 利用圖 3-1 內圖 (d) 的季經濟成長率資料若使用 $AR(1)$ 模型而以 OLS 估計，其 IRF 為何？
(4) 續上題，其對應的累積衝擊反應函數為何？
(5) 試解釋本章的附錄 2。

2.2.2 以向量矩陣型態表示

2.2.1 節的例 2 提醒我們欲計算 $AR(p)$ 模型的 IRF 有一定的困難度，不過 Hamilton（1994）卻提供了一種仿效 $AR(1)$ 模型的簡單方式。考慮一種 $AR(p)$ 模型如（3-20）式[25]，定義下列的 $p\times 1$ 向量：

$$\xi_t = \begin{bmatrix} y_t \\ y_{t-1} \\ \vdots \\ y_{t-p-1} \end{bmatrix}$$

我們進一步可將上述 $AR(p)$ 模型改寫成一種向量 $AR(1)$ 模型，即：

$$\begin{bmatrix} y_t \\ y_{t-1} \\ y_{t-2} \\ \vdots \\ y_{t-p-1} \end{bmatrix} = \begin{bmatrix} \phi_1 & \phi_2 & \phi_3 & \cdots & \phi_p \\ 1 & 0 & 0 & \cdots & 0 \\ 0 & 1 & 0 & \cdots & 0 \\ \vdots & \vdots & \ddots & \vdots & \vdots \\ 0 & 0 & \cdots & 1 & 0 \end{bmatrix} \begin{bmatrix} y_{t-1} \\ y_{t-2} \\ y_{t-3} \\ \vdots \\ y_{t-p} \end{bmatrix} + \begin{bmatrix} u_t \\ 0 \\ 0 \\ \vdots \\ 0 \end{bmatrix}$$

或

$$\xi_t = \mathbf{F}\xi_{t-1} + \mathbf{v}_t \tag{3-45}$$

因此，透過（3-45）式，我們竟然將 $AR(p)$ 模型轉換成一種 $AR(1)$ 模型，只不過後者是以向量矩陣的型態表示。

使用反覆替代的方式，（3-45）式可以進一步寫成：

$$\xi_{t+j} = \mathbf{F}^{j+1}\xi_{t-1} + \mathbf{F}^{j}\mathbf{v}_t + \cdots + \mathbf{F}\mathbf{v}_{t+j-1} + \mathbf{v}_{t+j} \tag{3-46}$$

考慮（3-45）式內的第 1 條方程式，即上述 $AR(p)$ 模型，令 $f_{ij}^{(t)}$ 表示 $\mathbf{F}^t$ 內之第 i 列

[25] 因 μ 值並不扮演著重要的角色，故此處假定 $\mu=0$。

與第 j 行元素，則（3-46）式內的第 1 條方程式可寫成：

$$y_{t+j} = f_{11}^{(j+1)} y_{t-1} + f_{12}^{(j+1)} y_{t-2} + \cdots + f_{1p}^{(j+1)} y_{t-p} + f_{11}^{(j)} u_t + \cdots + f_{11}^{(1)} u_{t+j-1} + u_{t+j} \quad (3\text{-}47)$$

於（3-47）式內可得動態乘數為：

$$\frac{\partial y_{t+j}}{\partial u_t} = f_{11}^{(j)} \quad (3\text{-}48)$$

是故，根據（3-48）式，我們可以得出 $AR(p)$ 模型的 IRF。我們舉一個例子說明。考慮一個 $AR(2)$ 模型如 $y_t = \phi_1 y_{t-1} + \phi_2 y_{t-2} + u_t$，寫成（3-45）式的型式可得：

$$\begin{bmatrix} y_t \\ y_{t-1} \end{bmatrix} = \begin{bmatrix} \phi_1 & \phi_2 \\ 1 & 0 \end{bmatrix} \begin{bmatrix} y_{t-1} \\ y_{t-2} \end{bmatrix} + \begin{bmatrix} u_t \\ 0 \end{bmatrix}$$

故根據（3-46）式可得：

$$\begin{bmatrix} y_{t+j} \\ y_{t+j-1} \end{bmatrix} = \begin{bmatrix} \phi_1 & \phi_2 \\ 1 & 0 \end{bmatrix}^{j+1} \begin{bmatrix} y_{t-1} \\ y_{t-2} \end{bmatrix} + \begin{bmatrix} \phi_1 & \phi_2 \\ 1 & 0 \end{bmatrix}^{j} \begin{bmatrix} u_t \\ 0 \end{bmatrix} + \cdots + \begin{bmatrix} \phi_1 & \phi_2 \\ 1 & 0 \end{bmatrix} \begin{bmatrix} u_{t+j} \\ 0 \end{bmatrix}$$

根據（3-48）式可分別得出 $j = 1$ 與 $j = 2$ 的動態乘數為：

$$\frac{\partial y_{t+1}}{\partial u_t} = f_{11}^{(1)} = \phi_1 \text{ 與 } \frac{\partial y_{t+2}}{\partial u_t} = f_{11}^{(2)} = \phi_1^2 + \phi_2$$

上述結果與 2.2.1 節的例 2 一致[26]。

根據（3-46）式可知（3-45）式之「安定或定態」的條件為：

$$\lim_{j \to \infty} \mathbf{F}^j = \mathbf{0} \quad (3\text{-}49)$$

---

[26] 因 $\mathbf{F} = \begin{bmatrix} \phi_1 & \phi_2 \\ 1 & 0 \end{bmatrix}$ 故 $\mathbf{F}^2 = \begin{bmatrix} \phi_1 & \phi_2 \\ 1 & 0 \end{bmatrix} \begin{bmatrix} \phi_1 & \phi_2 \\ 1 & 0 \end{bmatrix} = \begin{bmatrix} \phi_1^2 + \phi_2 & \phi_1\phi_2 \\ \phi_1 & \phi_2 \end{bmatrix}$。

（3-49）式的「證明」可透過 **F** 矩陣的特性根說明。換言之，若 λ 與 **x** 分別表示 **F** 之特性根與特性向量，則 $\mathbf{Fx} = \lambda\mathbf{x}$ 隱含著 $(\mathbf{F} - \lambda\mathbf{I})\mathbf{x} = \mathbf{0}$，亦隱含著 $|\mathbf{F} - \lambda\mathbf{I}| = 0$。以上述 $AR(2)$ 模型爲例，可得：

$$\left|\begin{bmatrix}\phi_1 & \phi_2\\ 1 & 0\end{bmatrix} - \begin{bmatrix}\lambda & 0\\ 0 & \lambda\end{bmatrix}\right| = 0 \Rightarrow \begin{vmatrix}\phi_1 - \lambda & \phi_2\\ 1 & -\lambda\end{vmatrix} = \lambda^2 - \phi_1\lambda - \phi_2 = 0$$

此恰爲（3-29）式；是故，我們可以得到 λ_i（$i = 1, 2$）。爲了說明 $|\lambda_i| < 1$ 隱含著（3-49）式，我們使用頻譜分解定理（spectral decomposition therorem）[27]，即：

$$\mathbf{F} = \mathbf{P}\Lambda\mathbf{P}^T$$

其中

$$\mathbf{P}^{-1} = \mathbf{P}^T \text{ 與 } \Lambda = \begin{bmatrix}\lambda_1 & 0\\ 0 & \lambda_2\end{bmatrix}$$

因 $\mathbf{F}^j = (\mathbf{P}\Lambda\mathbf{P}^{-1})\times\cdots\times(\mathbf{P}\Lambda\mathbf{P}^{-1}) = \mathbf{P}\Lambda^j\mathbf{P}^{-1}$，因此只要 $|\lambda_i| < 1$，則：

$$\lim_{j\to\infty}\mathbf{F}^j = \mathbf{P}\lim_{j\to\infty}\Lambda^j\mathbf{P}^{-1} = 0$$

例 1　$AR(2)$ 模型之解

再考慮上述 $AR(2)$ 模型的例子。令 $\mathbf{P} = \begin{bmatrix}p_{11} & p_{12}\\ p_{21} & p_{22}\end{bmatrix}$ 與 $\mathbf{P}^{-1} = \begin{bmatrix}p^{11} & p^{12}\\ p^{21} & p^{22}\end{bmatrix}$，計算 $\mathbf{F}^j = \mathbf{P}\Lambda^j\mathbf{P}^T = \begin{bmatrix}p_{11} & p_{12}\\ p_{21} & p_{22}\end{bmatrix}\begin{bmatrix}\lambda_1^j & 0\\ 0 & \lambda_2^j\end{bmatrix}\begin{bmatrix}p^{11} & p^{12}\\ p^{21} & p^{22}\end{bmatrix}$ 之第 1 列可得：

$$f_{11}^{(j)} = (p_{11}p^{11})\lambda_1^j + (p_{12}p^{22})\lambda_2^j = C_1\lambda_1^j + C_2\lambda_2^j = \psi_j$$

[27] 頻譜分解定理可以參考《財統》或《財數》。

其中由 2.1 節的例 1 內可知 $C_1 + C_2 = 1$。因此，只要上述模型屬於定態隨機過程，則其 IRF 會隨 $j \to \infty$ 而趨近於 0，即 $\lim_{j\to\infty}\psi_j = 0$。

例 2 AR(p) 模型之特性方程式

根據上述 $AR(2)$ 模型的例子，我們自然推導出 $AR(p)$ 模型之特性方程式可寫成：

$$\lambda^p - \phi_1\lambda^{p-1} - \phi_2\lambda^{p-2} - \cdots - \phi_{p-1}\lambda - \phi_p = 0$$

理所當然，若 $AR(p)$ 模型屬於安定或定態隨機過程的條件爲 λ_i（$i = 1, 2, \cdots, p$）之「長度」位於單位圓之內。類似於（3-30）式，上述特性方程式亦可寫成：

$$1 - \phi_1 z - \phi_2 z^2 - \cdots - \phi_p z^p = 0$$

則其安定或屬於定態隨機過程的條件爲其根之「長度」位於單位圓之外。

例 3 AR(2) 模型之 IRF

考慮二種 $AR(2)$ 模型如 $y_t = 0.6y_{t-1} + 0.2y_{t-2} + u_t$ 與 $y_t = 0.5y_{t-1} - 0.8y_{t-2} + u_t$ 分別稱爲模型 1 與 2。根據（3-48）式，可以得到上述二模型的 IRF 如圖 3-24 所示，可以參考所附的 R 指令。

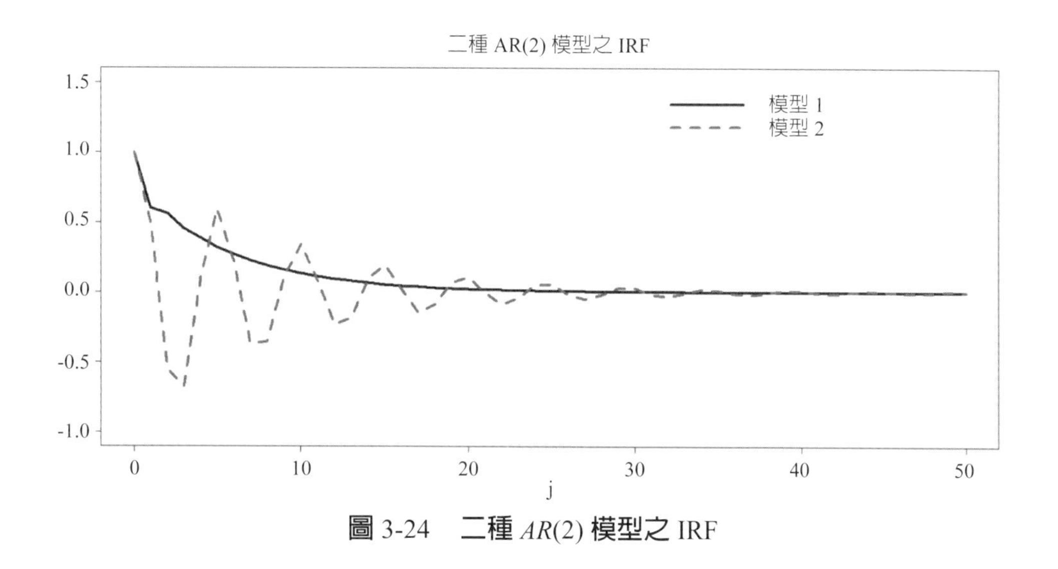

圖 3-24 二種 $AR(2)$ 模型之 IRF

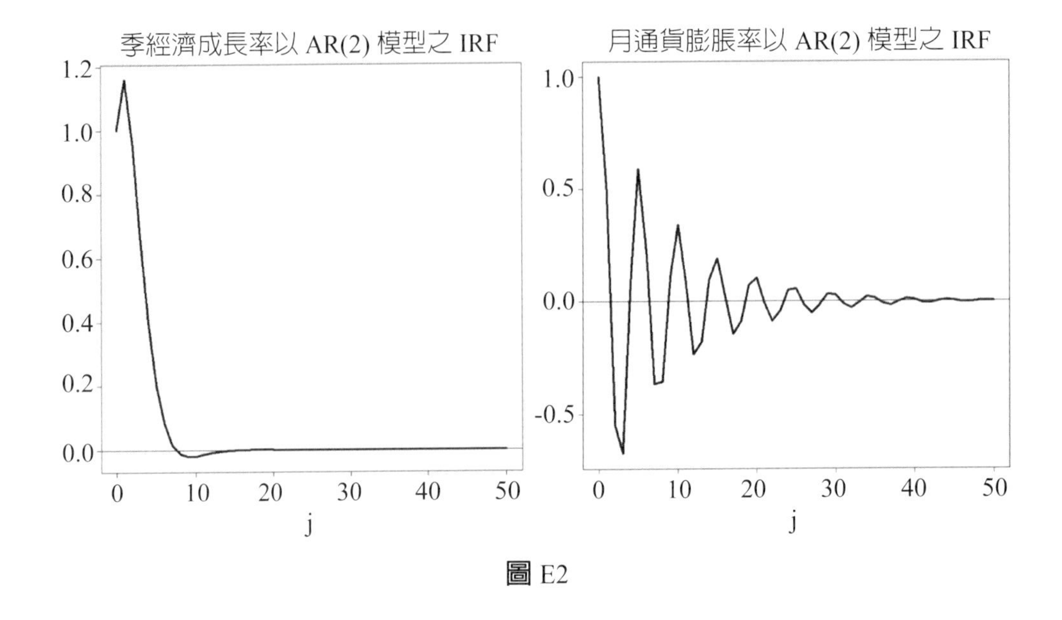

圖 E2

習題

(1) 試解釋（3-45）式。
(2) 我們如何透過 **F** 矩陣取得特性根？試解釋之。
(3) 例 3 內的二種 $AR(2)$ 模型的特性根分別為何？有何方式可計算？
(4) 利用圖 3-1 內圖 (d) 的季經濟成長率資料，若使用 $AR(2)$ 模型而以 OLS 估計，其 IRF 為何？可以參考圖 E2 的左圖。
(5) 利用圖 3-1 內圖 (g) 的月通貨膨脹率資料若使用 $AR(2)$ 模型而以 OLS 估計，其特性根為何？
(6) 續上題，其 IRF 為何？可以參考圖 E2 的右圖。
(7) $AR(3)$ 模型的 **F** 矩陣為何？

ARIMA模型(二)

本章可視爲第 3 章的延伸。本章可以分成二部分介紹，其中第一部分我們將繼續檢視 *MA*、*ARMA* 或 *ARIMA* 過程的特徵與估計方式。第二部分則檢視非定態隨機過程的一些內涵。

1. *ARIMA* 模型

瞭解模型（或過程）後，我們繼續檢視其他的定態隨機過程。此可分成三部分介紹，即分別介紹 *MA*、*ARMA* 與 *ARIMA* 模型。

1.1 *MA* 過程

我們已經遇過 $MA(\infty)$ 過程如（3-18）式。如前所述，因需要估計過多的參數值使得（3-18）式應用的範圍並不大；因此，反而只需要估計 $MA(q)$ 過程內的少數參數較爲吸引人。考慮下列的 $MA(q)$ 過程：

$$y_t = \mu + u_t - \beta_1 u_{t-1} - \beta_2 u_{t-2} - \cdots - \beta_q u_{t-q},\ u_t \sim WN(0, \sigma_u^2) \qquad (4\text{-}1)$$

其中 $\mu \neq 0$ 與 $\beta_q \neq 0$ 與。因（4-1）式只是（3-18）式的一個特例，即 $k > q$ 則 $\psi_k = 0$，故從 Wold 分解定理可知 $MA(q)$ 過程亦是一種定態隨機過程。利用 L 之多項式，（4-1）式亦可改寫成：

$$y_t - \mu = (1 - \beta_1 L - \beta_2 L^2 - \cdots - \beta_q L^q)u_t$$
$$= \beta(L)u_t \qquad (4\text{-}2)$$

顯然，比較（4-2）與（3-8）二式，當 $\theta_j = -\beta_j\ (j = 1, 2, \cdots, q)$，則 $\beta(L) = \theta(L)$。若對（4-2）是取期望值，可得 $E(y_t) = \mu$；另一方面，y_t 的變異數可爲：

$$\sigma_y^2 = Var(y_t) = E[(y_t - \mu)^2] = E[(u_t - \beta_1 u_{t-1} - \cdots - \beta_q u_{t-q})^2]$$
$$= (1 + \beta_1^2 + \beta_2^2 + \cdots + \beta_q^2)\sigma_u^2$$

其次，y_t 與 $y_{t-\tau}$ 之間的共變異數可爲：

$$\gamma(\tau) = Cov(y_t, y_{t+\tau}) = E[(y_t - \mu)(y_{t+\tau} - \mu)]$$
$$= E[(u_t - \beta_1 u_{t-1} - \cdots - \beta_q u_{t-q})(u_{t+\tau} - \beta_1 u_{t+\tau-1)} - \cdots - \beta_q u_{t+\tau-q})]$$
$$= E[u_t(u_{t+\tau} - \beta_1 u_{t+\tau-1} - \cdots - \beta_q u_{t+\tau-q})$$
$$-\beta_1 u_{t-1}(u_{t+\tau} - \beta_1 u_{t+\tau-1} - \cdots - \beta_q u_{t+\tau-q})$$
$$\vdots$$
$$-\beta_q u_{t-q}(u_{t+\tau} - \beta_1 u_{t+\tau-1} - \cdots - \beta_q u_{t+\tau-q})]$$

因此，就 $\tau = 1, 2, \cdots, q$ 而言，分別可得：

$$\gamma(1) = (-\beta_1 + \beta_1\beta_2 + \cdots + \beta_{q-1}\beta_q)\sigma_u^2$$
$$\gamma(2) = (-\beta_2 + \beta_1\beta_3 + \cdots + \beta_{q-2}\beta_q)\sigma_u^2$$
$$\vdots$$
$$\gamma(q) = -\beta_q\sigma_u^2$$

最後，當 $\tau > q$ 時，$\gamma(\tau) = 0$。

利用 $\rho(\tau) = \gamma(\tau) / \gamma(0)$ 的關係，我們不難將上述 $\gamma(\tau)$ 轉成 $\rho(\tau)$ 値。乍看之下，$MA(q)$ 過程的 ACF 頗爲複雜，不過其卻有一個特色，即其會出現「中斷」的現

象，即當 $\tau > q$ 時，$\rho(\tau) = 0$；因此，我們倒是可以利用 ACF 的估計以判斷 $MA(q)$ 過程內的階次 q 值。類似於圖 3-21，假定 $y_t = 0.9u_{t-i} + u_t$，其中 $i = 1, 2, 3, 4$ 以及 $u_t \sim WN(0, 2)$，圖 4-1 繪製出 y_t 模擬值之估計的 ACF。從圖內的確可看出 $MA(q)$ 過程的估計 ACF 並未出現隨落後期遞減的情況，不過於落後期為 $t - (i + 1)$ 時，自我相關係數反而等於 0。既然當 $|h| > q$ 時，y_{t+h} 與 y_t 的相關係數為 0，因此有些時候 $MA(q)$ 過程會被稱為一種短暫記憶過程，就是其只顯示出 y_{t+h} 與 y_t 之間的短距離（short range）相關。

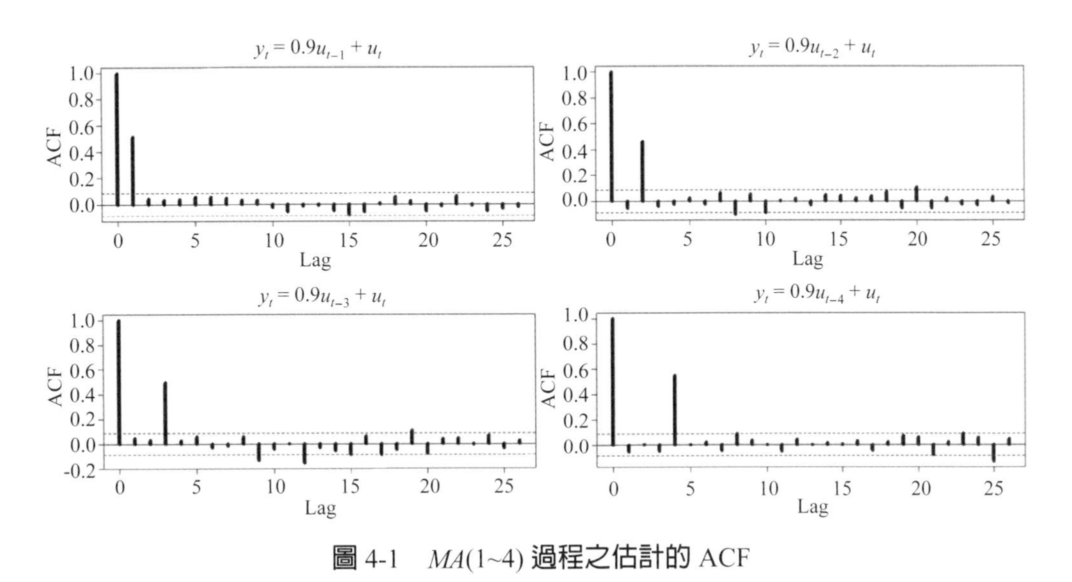

圖 4-1 $MA(1\sim4)$ 過程之估計的 ACF

其實 $MA(q)$ 過程的估計是比較麻煩的，因為我們可能會面臨多種 $MA(q)$ 過程會產生相同 ACF 的困擾，因此 $MA(q)$ 過程的估計會牽涉到應「如何認定」的問題。我們以 $MA(1)$ 過程如 $y_t = u_t + \theta u_{t-1}$ 為例說明，其中 $u_t \sim WN(0, \sigma_u^2)$。利用上述計算 $MA(q)$ 過程的 $\gamma(\tau)$ 結果，可知 $MA(1)$ 過程的 $\gamma(\tau)$ 與 $\rho(\tau)$ 可為：

$$\gamma(\tau) = \begin{cases} (1+\theta^2)\sigma_u^2, & \tau = 0 \\ \theta\sigma_u^2, & \tau = \pm 1 \\ 0, & \tau \ge |2| \end{cases} \text{ 與 } \rho(\tau) = \begin{cases} 1, & \tau = 0 \\ \theta/(1+\theta^2), & \tau = \pm 1 \\ 0, & \tau \ge |2| \end{cases} \quad (4\text{-}3)$$

其中 θ 是一個固定的參數值。是故，透過 $MA(1)$ 過程，我們竟然建構出一種定態隨機過程，該過程的特色是 y_t 與 y_{t-1} 之間有相關，且其相關係數介於 0 與 0.5 之間，即 $0 \le |\rho(1)| \le 0.5$，如圖 4-2 所示。其實（4-3）式或對應的 $\rho(\tau)$ 顯示出一種特色，

即當 t 與 s 的差距超過 1 期時，y_t 與 y_s 的相關係數竟爲 0。

根據（3-40）式，可知與 $\gamma(0) = (1 + \theta^2)\sigma_u^2$ 與 $\gamma(1) = \theta\sigma_u^2$，因 $\rho(1) = \theta/(1 + \theta^2)$，令 $\rho(1) = \rho_1$，故可得：

$$\rho_1\theta^2 - \theta + \rho_1 = 0$$

解上式，可得 θ 的二個解分別爲 θ_1^* 與 θ_2^*，其可分別寫成：

$$\theta_1^* = \frac{1}{2\rho_1}\left(1+\sqrt{1-4\rho_1^2}\right) \text{與} \ \theta_2^* = \frac{1}{2\rho_1}\left(1-\sqrt{1-4\rho_1^2}\right)$$

顯然 θ_1^* 與 θ_2^* 爲實數解的條件爲 $1 - 4\rho_1^2 > 0 \Rightarrow |\rho_1| \leq 1/2$。值得注意的是，$\theta_1^*$ 與 θ_2^* 之間的關係恰爲 θ_1^* 與 θ_2^*。因此，於 $MA(1)$ 過程內有牽涉到所謂的認定上的問題，可以分述如下：

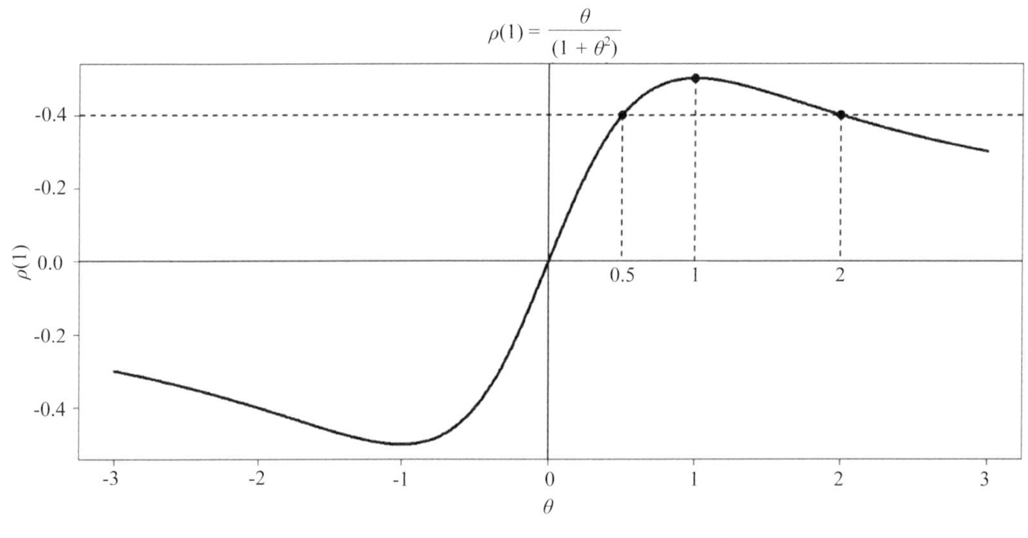

圖 4-2 $MA(1)$ **過程之** $\rho(1) = \theta / (1 + \theta^2)$

(1) $|\rho_1| < 1/2$：因 θ_1^* 與 θ_2^* 皆爲實數解，故存在二種完全相同的 $MA(1)$ 過程，當然需要進一步認定其中之一是我們所需要的。

(2) $\rho_1 = \pm 1/2$：存在唯一的 $MA(1)$ 過程，其可對應於 $\theta^* = \pm 1$。

(3) $|\rho_1| > 1/2$：因無 θ 的實數解，我們不考慮此種型態的 $MA(1)$ 過程。

是故，我們只能於 $|\rho_1| \leq 1/2$ 下檢視 $MA(1)$ 過程；只是，當 $|\rho_1| \leq 1/2$ 時，我們無法找出唯一的 $MA(1)$ 過程，即需要認定其中之一。

若重新檢視圖 4-2，自然可以發現若 $\rho_1 = 0.5$，我們可以找到唯一的 $MA(1)$ 過程，其 θ 值等於 1；但是，若 $\rho_1 = 0.4$，則存在二種 $MA(1)$ 過程，其 θ 值分別等於 0.5 與 2。其實於第 3 章 1.3 節內，我們已經注意到應使用 $|\theta| < 1$ 的 $MA(1)$ 過程，因爲此可將 $MA(1)$ 過程轉換成一種 $AR(\infty)$ 過程；換言之，於上述的例子內，當 $\rho_1 = 0.4$ 時，我們應選擇 $\theta = 0.5$ 的 $MA(1)$ 過程。

將 $MA(q)$ 過程轉換成一種 $AR(\infty)$ 過程尚有一個用處，即 $AR(\infty)$ 過程亦可用（3-37）式表示，其中 $k = \infty$；因此，若我們檢視 $MA(q)$ 過程的 PACF，若該 PACF 呈現隨落後期遞減，豈不是表示轉換後的 $AR(\infty)$ 過程亦是一種「安定」的過程嗎？因此，若估計圖 4-1 內的 y_t 模擬值的 PACF，我們可以預期該估計的 PACF 應該會出現隨落後期遞減的走勢，可以參考圖 4-3。

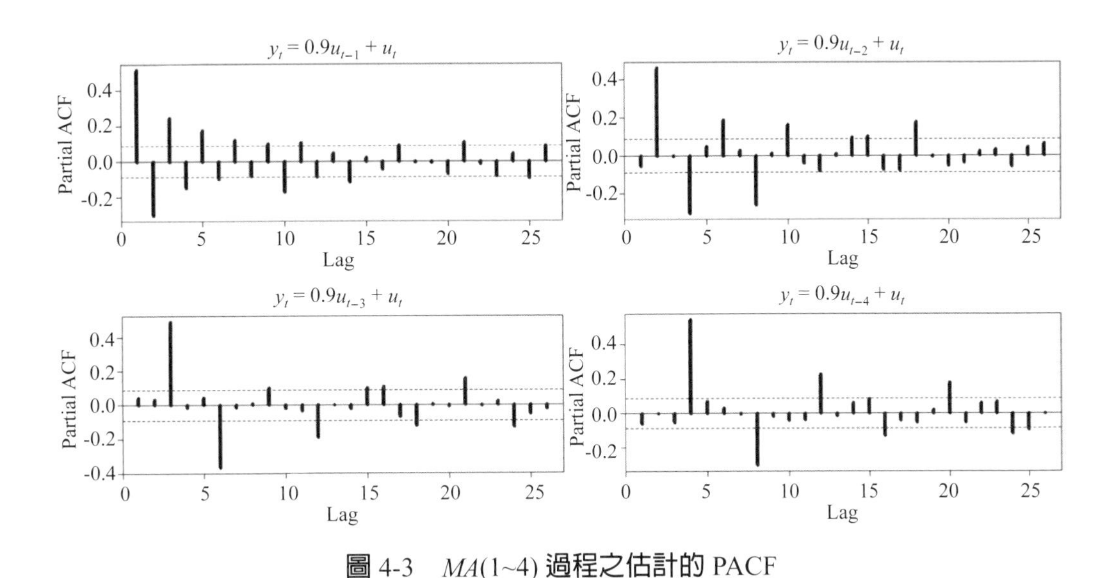

圖 4-3　$MA(1\sim4)$ 過程之估計的 PACF

例 1　$AR(p)$ 模型的估計

利用圖 3-1 內圖 (d) 的台灣實質季經濟成長率序列資料（1982/1~2018/2），我們打算以 $AR(4)$ 模型估計，利用第 1 章的迴歸模型（即以 OLS 估計），其估計結果爲：

$$\hat{y}_t = 1.46 + 1.09 y_{t-1} - 0.18 y_{t-2} - 0.2 y_{t-3} - 0.004 y_{t-4}$$
$$(0.33)\ (0.09) \qquad (0.13) \qquad (0.13) \qquad (0.09)$$

其中小括號內之值表示對應的估計標準誤。另一方面，我們亦可以使用 R 內的函數指令 *arima*() 估計，其估計結果爲：

$$\hat{y}_t = 5.36 + 1.08 y_{t-1} - 0.17 y_{t-2} - 0.18 y_{t-3} + 0.004 y_{t-4}$$
$$(0.56)\ (0.08) \qquad (0.12) \qquad (0.12) \qquad (0.08)$$

除了常數項之外，上述二估計結果差距不大。可以參考所附的 R 指令。上述估計結果顯示出 $AR(4)$ 模型是一個安定的模型，其對應的根皆爲虛根，而其「長度」皆小於 1。

例 2 估計 $MA(q)$ 模型

續例 1，若欲估計 $MA(q)$ 模型，顯然迴歸模型已不適用，不過仍可以使用上述函數指令 *arima*() 估計台灣季經濟成長率序列資料。就模型而言，其估計結果爲：

$$\hat{y}_t = 5.3 + 1.07 \hat{u}_{t-1} + 1.01 \hat{u}_{t-2} + 0.94 \hat{u}_{t-3} + 0.67 \hat{u}_{t-4}$$
$$(0.6)\ (0.07) \qquad (0.09) \qquad (0.09) \qquad (0.07)$$

有意思的是，上述估計結果隱含著 MA 轉成 AR 模型的「可轉換性」（可以參考所附的 R 指令）。就上述 $AR(4)$ 與 $MA(4)$ 模型的估計結果而言，我們的確不太需要去瞭解估計結果的「內部動態調整結構」。例如：我們的確無法解釋爲何 $\partial \hat{y}_t / \partial y_{t-1} < 0$、$\partial \hat{y}_t / \partial y_{t-2} < 0$ 或 $\partial \hat{y}_t / \partial \hat{u}_{t-1} < 0$ 等結果，我們只知道該結果是屬於一種估計的動態調整過程或「相關結構」，本身並無任何理論基礎；相反地，我們著重的是上述估計的 $AR(4)$ 與 $MA(4)$ 模型的預測（forecasting）效果，可以參考 2.4 節。

習題

(1) 二種 $MA(q)$ 模型可能存在相同的自我相關函數，我們應選擇何 $MA(q)$ 模型？爲什麼？

(2) 利用前述的台灣季經濟成長率時間序列資料，試以 $AR(1)$ 模型估計，其對應的根爲何？如何判斷其是否安定？

(3) 利用前述的台灣季經濟成長率時間序列資料，試以 $MA(1)$ 模型估計，其對應的根爲何？如何判斷其是否可轉換？

(4) 試模擬出一種 $MA(1)$ 模型如 $y_t = u_t + 2u_{t-1}$ 後，再以 $MA(1)$ 模型估計，其結果爲何？提示：使用 arima() 與 arima.sim() 指令。

(5) 續上題，該 $MA(1)$ 模型可對應至何模型？試繪製出二模型的實現值走勢，其有何特色？

(6) MA 過程的估計 PACF 有何特色？

(7) MA 過程的估計 ACF 有何特色？

(8) AR 過程的估計 PACF 有何特色？

(9) AR 過程的估計 ACF 有何特色？提示：可參考表 4-1。

1.2 *ARMA* 過程

雖然於第 1 章第 2 節與 1.1 節內我們發現透過 ACF 與 PACF 二函數的檢視可以幫助我們認定 $AR(p)$ 與 $MA(q)$ 過程所對應的階次 p 或 q，可以參考表 4-1；不過，單獨只使用 $AR(p)$ 或 $MA(q)$ 過程，恐怕無法符合「精簡模型」的要求。直覺而言，隨機過程 y_t 若欲「模型化」，當然找到的標的模型應愈簡單愈佳；換言之，單獨只使用 $AR(p)$ 或 $MA(q)$ 過程模型化，有可能所選擇的 p 或 q 值太大了，此隱含著欲估計的參數值太多了。底下我們介紹 $ARMA(p_0, q_0)$ 過程，該過程的 $p_0 + q_0$ 值可能低於上述 p 或 q 值。不過，若欲瞭解 $ARMA$ 過程，可先從 $ARMA(1, 1)$ 過程著手。

表 4-1 $AR(p)$ 與 $MA(q)$ 過程的特色

	ACF	PACF
$AR(p)$	隨落後期遞減	於落後期 p 中斷
$MA(q)$	於落後期 q 中斷	隨落後期遞減

考慮一種 $ARMA(1, 1)$ 過程，該過程可寫成：

$$y_t = \delta + \phi_1 y_{t-1} + u_t + \theta u_{t-1},\ u_t \sim WN(0, \sigma_u^2)$$

如前所述，上述過程亦可寫成：

$$(1-\phi L)y_t = \delta + (1+\theta L)u_t \tag{4-4}$$

顯然 ϕ 不會等於 $-\theta$，否則只使用 $y_t = \delta + u_t$ 過程就足夠了，根本就不需要考慮 $ARMA(1, 1)$ 過程。解（4-4）式可得：

$$y_t = \mu + \frac{1+\theta L}{1-\phi L} u_t \tag{4-5}$$

其中 $\mu = \delta/(1-\phi)$。如前所述，只要 $|\phi| < 1$，（4-5）式可以轉換成一種 $MA(\infty)$ 過程如（3-7）式所示；換句話說，若 $|\phi| < 1$，根據Wold分解定理，比較（3-18）與（4-5）二式，可得：

$$\frac{1+\theta L}{1-\phi L} = \psi_0 + \psi_1 L + \psi_2 L^2 + \cdots$$

$$\Rightarrow (1+\theta L) = (1-\phi L)(\psi_0 + \psi_1 L + \psi_2 L^2 + \cdots)$$

$$\Rightarrow (1+\theta L) = \psi_0 + \psi_1 L + \psi_2 L^2 + \cdots - \phi\psi_0 L - \phi\psi_1 L^2 - \phi\psi_2 L^3 - \cdots$$

是故，比較上式之 L^j 係數（$j = 0, 1, 2, \cdots$ ）可得：

$$\begin{aligned}
&\psi_0 = 1 \\
&\psi_1 - \phi\psi_0 = \theta \Rightarrow \psi_1 = \phi + \theta \\
&\psi_2 - \phi\psi_1 = 0 \Rightarrow \psi_2 = \phi(\phi + \theta) \\
&\psi_3 - \phi\psi_2 = 0 \Rightarrow \psi_3 = \phi^2(\phi + \theta) \\
&\vdots \\
&\psi_k - \phi\psi_{k-1} = 0 \Rightarrow \psi_k = \phi^{k-1}(\phi + \theta)
\end{aligned}$$

顯然，就 ψ_k 而言（$k \geq 2$），其爲一種線性齊次定差方程式，其中 $\psi_1 + \phi + \theta$ 爲期初條件。若 $|\phi| < 1$，則 ψ_k 會隨 $k \to \infty$ 遞減至 0；因此，上述 $ARMA(1, 1)$ 過程的「安定條件」與其中的 $AR(1)$ 成分一致。將上述 ψ_k 值代入（4-5）式內可得：

$$y_t = \mu + u_t + (\phi+\theta)u_{t-1} + \phi(\phi+\theta)u_{t-2} + \phi^2(\phi+\theta)u_{t-3} + \cdots \tag{4-6}$$

其爲一種 $MA(\infty)$ 過程。

同理，若 $|\theta| < 1$，根據可轉換性，（4-4）式亦可改寫成：

$$u_t = \frac{-\delta}{1-\beta} + \frac{1-\phi L}{1-\beta L} y_t \tag{4-7}$$

因 $\beta(L)=\theta(L)$，其中 $\theta_j=-\beta_j\,(j=1,2,\cdots,q)$。按照相同的推導過程，我們不難證明（4-7）式亦爲一種 $AR(\infty)$ 過程。換句話說，一種 $ARMA(p,q)$ 過程，只要該過程的「安定」與「可轉換性」條件皆成立，該過程背後竟同時隱含著 $MA(\infty)$ 與 $AP(\infty)$ 過程，若從此觀點來看，$ARMA(p,q)$ 過程的確是一種精簡的模型。

例 1 ***ARMA*(1, 1) 過程的模擬**

假定 $\mu=0$、$\sigma_u=2$、$\phi=0.8$ 以及 $\theta=0.6$，根據（4-4）式，我們不難模擬出 y_t 的實現值走勢，其結果如圖 4-4 之上圖所示；另一方面，根據該實現值，圖 4-4 之下圖繪製出估計的 ACF 與 PACF。從圖內不僅可以發現 y_t 的實現值走勢的確圍繞於 $\mu=0$，同時其估計的 ACF 與 PACF 並未出現「中斷」，反而隨落後期遞減。

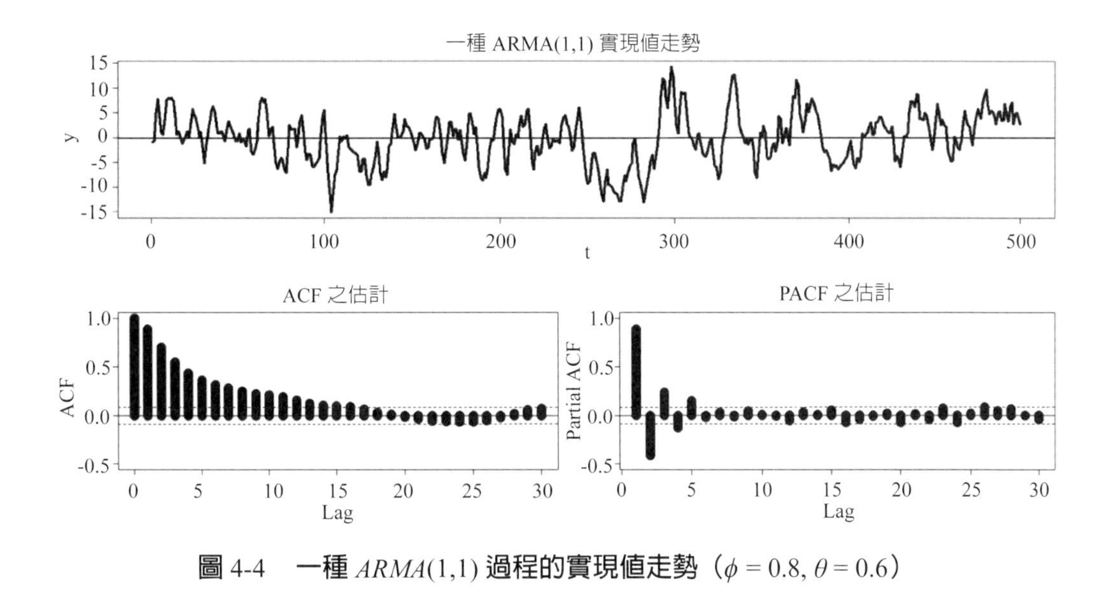

圖 4-4　一種 *ARMA*(1,1) 過程的實現值走勢（$\phi=0.8, \theta=0.6$）

例 2 ***ARMA*(1, 1) 過程與 *ARMA*(4, 2) 過程**

利用 1.1 節內之台灣季經濟成長率序列資料，我們分別以 $ARMA(1,1)$ 與 $ARMA(4,2)$ 過程估計，其估計結果分別爲：

$$\hat{y}_t = 5.31 + 0.75 y_{t-1} + 0.34 \hat{u}_{t-1}$$
$$(0.82)\ (0.06)\qquad (0.09)$$

與

$$\hat{y}_t = 5.32 + 1.17 y_{t-1} - 1.08 y_{t-2} + 0.78 y_{t-3} - 0.31 y_{t-4} - 0.1 \hat{u}_{t-1} + 0.97 \hat{u}_{t-2}$$
$$(0.6)\ (0.08)\qquad (0.14)\qquad (0.13)\qquad (0.08)\qquad (0.02)\qquad (0.07)$$

顯然，上述估計結果存在一致的情況，即 *ARMA*(1, 1) 模型與 *ARMA*(4, 2) 模型的估計結果皆顯示 y_t 出屬於定態的隨機過程。圖 4-5 繪製出上述二過程殘差值之估計的 ACF 與 PACF，從圖內明顯可看出 *ARMA*(4, 2) 過程較佳，因其殘差值序列較接近於白噪音過程。讀者可以練習判斷上述 *ARMA*(4, 2) 過程的估計結果是否符合安定與可轉換性條件。

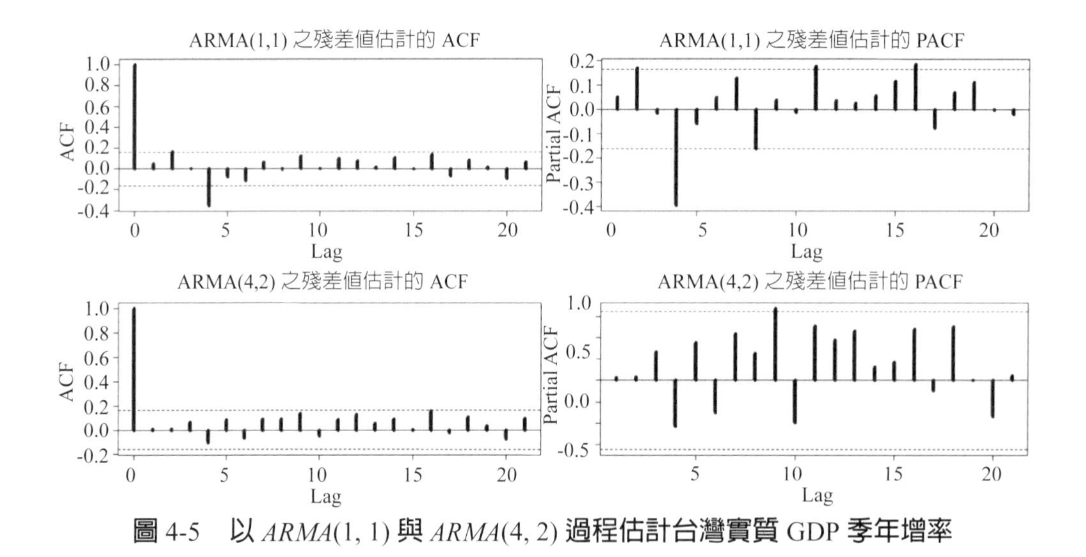

圖 4-5　以 *ARMA*(1, 1) 與 *ARMA*(4, 2) 過程估計台灣實質 GDP 季年增率

例 3　以 ML 估計 *ARMA* 模型

第 2 章使用的 ML 估計是假定 y_t 屬於 IID 過程，故 $f(y_1, y_2, \cdots, y_T)$ 的聯合 PDF 可寫成：

$$f(y_1, y_2, \cdots, y_T; \theta) = \prod_{t=1}^{T} f(y_t; \theta)$$

不過於時間序列分析內如 AR 模型，卻認爲 $f(y_1, y_2, \cdots, y_T)$ 有可能與其落後期有關，故 $f(y_1, y_2, \cdots, y_T)$ 的聯合 PDF 可寫成：

$$f(y_1, y_2, \cdots, y_T; \theta) = f(y_1; \theta) \prod_{t=2}^{T} f(y_t \mid y_{t-1}, y_{t-2}, \cdots, y_1; \theta) \tag{4-8}$$

即除了 $f(y_1; \theta)$ 之外，其餘皆以條件 PDF 的型態呈現[①]。當然，（4-8）式可轉換成概似函數。

考慮一個 $ARMA(p, q)$ 模型，類似於（4-8）式，該模型的聯合 PDF 可寫成：

$$f(y_1, y_2, \cdots, y_T; \theta) = f(y_s, y_{s-1}, \cdots y_1; \theta) \prod_{t=s+1}^{T} f(y_t \mid y_{t-1}, y_{t-2}, \cdots, y_1; \theta) \tag{4-9}$$

其中 $s = \max(p, q)$ 表示最大的落後期數。根據（4-9）式，其對應的對數概似函數可爲：

$$l = \log L_T(\theta) = \frac{1}{T}\left(\log f(y_s, y_{s-1}, \cdots, y_1; \theta) + \sum_{t=s+1}^{T} \log(y_t \mid y_{t-1}, \cdots, y_1; \theta) \right) \tag{4-10}$$

顯然透過（4-10）式可看出因包括了 $f(y_s, y_{s-1}, \cdots, y_1; \theta)$ 項而使得上述對數概似函數相對上較爲複雜；因此，通常我們假定 $(y_s, y_{s-1}, \cdots, y_1)$ 爲期初固定值，即其隱含著 $f(y_s, y_{s-1}, \cdots, y_1; \theta) = 1$，故（4-10）式可以進一步簡化爲：

$$l = \log L_T(\theta) = \frac{1}{T-s} \sum_{t=s+1}^{T} \log(y_t \mid y_{t-1}, \cdots, y_1; \theta) \tag{4-11}$$

---

① （4-8）式並不難理解：

$f(y_1; \theta) = f(y_1; \theta)$

$f(y_1, y_2; \theta) = f(y_2 \mid y_1; \theta) f(y_1; \theta)$

$f(y_1, y_2, y_3; \theta) = f(y_3 \mid y_2, y_1; \theta) f(y_2 \mid y_1; \theta) f(y_1; \theta)$

$\vdots$

自然可得 (4-8) 式的結果。

例 4 以 ML 估計 *ARMA*(1, 1) 模型

考慮一種 $ARMA(1,1)$ 模型如 $y_t = \delta + \phi y_{t-1} + u_t + \theta_1 u_{t-1}$，其中 $u_t \sim NID(0, \sigma_u^2)$；因此，上述模型的參數為 $\theta = \{\delta, \phi, \theta_1, \sigma_u^2\}$。因 $s = \max(p, q) = 1$，故根據（4-11）式可得對應的對數概似函數為：

$$
\begin{aligned}
l &= \frac{1}{T-1}\sum_{t=2}^{T}\log\left(y_t \mid y_{t-1},\cdots,y_1;\theta\right) \\
&= \frac{1}{T-1}\sum_{t=2}^{T}\left(-\frac{1}{2}\log 2\pi - \frac{1}{2}\sigma_u^2 - \frac{1}{2\sigma_u^2}\left(y_t - \delta - \phi y_{t-1} - \theta_1 u_{t-1}\right)^2\right) \\
&= -\frac{1}{2}\log 2\pi - \frac{1}{2}\sigma_u^2 - \frac{1}{2\sigma_u^2(T-1)}\sum_{t=2}^{T}\left(y_t - \delta - \phi y_{t-1} - \theta_1 u_{t-1}\right)^2
\end{aligned}
$$

因此，第一階條件為：

$$
\begin{cases}
\dfrac{\partial l}{\partial \delta} = \dfrac{1}{\sigma_u^2(T-1)}\displaystyle\sum_{t=2}^{T} u_t\left(1 + \theta_1\dfrac{\partial u_{t-1}}{\partial \delta}\right) \\
\dfrac{\partial l}{\partial \phi} = \dfrac{1}{\sigma_u^2(T-1)}\displaystyle\sum_{t=2}^{T} u_t\left(y_{t-1} + \theta_1\dfrac{\partial u_{t-1}}{\partial \phi}\right) \\
\dfrac{\partial l}{\partial \theta_1} = \dfrac{1}{\sigma_u^2(T-1)}\displaystyle\sum_{t=2}^{T} u_t\left(u_{t-1} + \theta_1\dfrac{\partial u_{t-1}}{\partial \theta_1}\right) \\
\dfrac{\partial l}{\partial \sigma_u^2} = -\dfrac{T-1}{2\sigma_u^2(T-1)} + \dfrac{1}{2\sigma_u^4}\displaystyle\sum_{t=2}^{T} u_t^2
\end{cases}
\qquad (4\text{-}12)
$$

明顯地，從（4-12）式可看出因存在 $\partial u_{t-1}/\partial\theta$ 項而不易極大化對數概似函數。一個取巧的方式是於既定的 y_t 下，令 $u_0 = 0$，然後再依 $u_t = y_t - \hat{\delta} - \hat{\phi} y_{t-1} - \hat{\theta}_1 u_{t-1}$ 取得 u_t 值，再進一步取得 $\hat{\sigma}_u^2$ 值（可以參考所附的 R 指令）。利用前述台灣的季經濟成長率時間序列資料，我們以上述 ML 估計 $ARMA(1,1)$ 模型，其估計結果為：

$$
\begin{aligned}
\hat{y}_t = \underset{(0.4)}{1.34} + \underset{(0.06)}{0.75} y_{t-1} + \hat{u}_t + \underset{(0.09)}{0.34}\hat{u}_{t-1}
\end{aligned}
$$

其中 $\hat{\sigma}_u^2 \approx 3.75$ 以及對數概似值約為 –303.56。若與例 2 的結果比較，除了常數項之外，其餘估計值倒也相當接近。

例 5 使用 Wald 檢定

續例 4，我們可以使用 Wald 檢定分別檢視 $H_0: \phi = 0$，其對應的 Wald 檢定統計量約爲 142.85；其次，檢定 $H_0: \theta_1 = 0$，可得對應的 Wald 檢定統計量約爲 15.6；最後，檢定 $H_0: \phi = 0, \theta_1 = 0$，可得對應的 Wald 檢定統計量約爲 264.42。上述三個 Wald 檢定統計量對應的 p 值皆接近於 0，故皆拒絕 H_0。

例 6 使用 LR 檢定

續例 4，我們亦可以使用 LR 檢定 $H_0: \phi = 0, \theta_1 = 0$，其對應的 Wald 檢定統計量約爲 189.34，而對應的 p 值皆接近於 0，故拒絕 H_0。

習題

(1) 試利用例 4 所附的 R 指令說明如何利用 ML 估計 *ARMA* 模型。
(2) 於例 4 內，我們如何取得 σ_u^2 的估計值？
(3) 續上題，常數項的估計並不一致，我們如何解決？提示：使用除去平均數變數。
(4) 於例 2 內 *ARMA*(1, 1) 模型爲 *ARMA*(4, 2) 模型的受限制模型，利用 LR 檢定前者比後者是否恰當？
(5) 試利用圖 3-1 圖 (g) 的月通貨膨脹率序列資料而以 *ARMA*(1, 1) 模型估計，其結果爲何？
(6) 續上題，試分析對應的殘差值序列。
(7) 試解釋表 4-1。

1.3 *ARIMA* 模型的建立

當我們面臨時間序列資料如圖 3-1 內的台灣實質 GDP 序列資料時，首先當然先繪製該序列資料走勢，或將其做適當的轉換如圖 3-1 內的圖 (b) 所示。若單獨只檢視走勢，的確不容易進一步深入探討該時間序列走勢究竟有何涵義？現在我們有接觸到 *ARMA* 過程，自然會需要思考如何該將時間序列走勢「模型化」而以 *ARMA* 模型表示。雖然，許多實際的時間序列資料未必只可用簡單的 *ARMA* 模型表示，不過許多複雜的模型如本書後面章節所探究的模型，於這些模型內不難看出其組成

成分仍有 $ARMA$ 模型的「影子」，因此我們的確必須瞭解 $ARMA$ 模型如何建立。

有關於 $ARMA$ 模型的建立，我們可以分成三個步驟說明：

步驟 1：將實際的時間序列資料轉換成定態的時間序列資料

通常，就本質而言，財經（金）變數有可能皆屬於非定態隨機過程，因此面對上述變數，首先當然要將其轉換成屬於定態的隨機過程；換言之，若欲模型化財經（金）變數，除非從事於共整合（co-integration）分析，否則我們欲模型化的標的應該是上述變數的差分而非上述變數本身，此種結果相當於我們欲模型化變數的「報酬率、成長率或是變動率等」特性。例如，於圖 3-1 內，我們以 $ARMA$ 模型化的標的是實質 GDP 成長率（即經濟成長率）或通貨膨脹率等變數。如前所述，有包含差分的 $ARMA$ 模型可以稱爲 $ARIMA(p, d, q)$ 模型，可以參考第 3 章的 1.3 節。因此，若欲模型化 y_t，我們可以分成二階段來看：第一，若 y_t 是變數本身如股價、股價指數、物價或匯率等，我們可以使用 $ARIMA(p, d, q)$ 模型化，其中差分的次數 d，於後面的章節內自然會介紹如何判斷；第二，若 $y_t = \Delta^d x_t$ 已經是一種差分結果如前述的「報酬率、成長率或是變動率」等，則以 $ARMA(p, q)$ 模型化 y_t。

步驟 2：選擇適當的 p 與 q

除了利用表 4-1 的結果可以選擇適當的 p 與 q 之外，另外我們也可以使用極小化所謂的「訊息準則」（information criterion）來判斷。就既有的樣本資料而言，若持續提高 p 或 q 值，雖可降低模型內殘差值的變異數 s_{pq}^2（可用於估計 σ_u^2），但是提高 p 或 q 值卻與「精簡模型」的目標衝突，因此經由提高 p 或 q 值所產生的 s_{pq}^2 值應進一步做修正。通常，訊息準則可寫成：

$$\log(s_{pq}^2) + (p+q)\frac{C(T)}{T} \tag{4-13}$$

其中 $C(T)$ 是一種遞增的函數，而 T 則表示樣本數。因 s_{pq}^2 包含於（4-13）式內，故我們以極小化訊息準則選擇適當的 p 與 q。底下介紹三種訊息準則，其分別爲 AIC（Akaike information criterion）、BIC（Bayesian information criterion or Schwartz information criterion）以及 HQC（Hannan-Quinn information criterion）[2]，即：

---

[2]（4-14a）與（4-14b）二式的定義與 R 內 AIC 與 BIC 的定義稍有不同，即後二者可分別可寫成 $AIC = -2ll + 2(p + q)$ 與 $BIC = -2ll + 2(p + q)\log(T)$，其中 ll 表示對數概似值。（4-14）式的表示方式較符合直覺的判斷，其定義方式類似於 Shumway 與 Stoffer（2016）。

$$AIC(p,q)=\log(s_{pq}^{2})+(p+q)\frac{2}{T} \quad (4\text{-}14a)$$

$$BIC(p,q)=\log(s_{pq}^{2})+(p+q)\frac{\log(T)}{T} \quad (4\text{-}14b)$$

$$HQC(p,q)=\log(s_{pq}^{2})+(p+q)\frac{2\log(\log(T))}{T} \quad (4\text{-}14c)$$

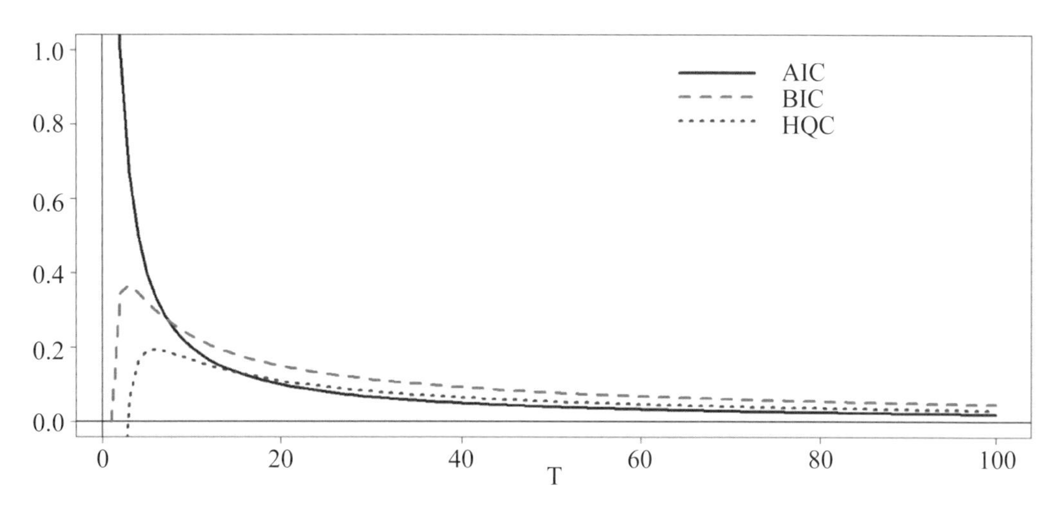

圖 4-6　***AIC*、*BIC* 與 *HQC* 的比較**

於圖 4-6 內可知約自 $T \geq 16$ 後 $AIC < HQC < BIC$，故使用極小化 *AIC* 當作選擇 *ARMA*(*p*, *q*) 模型內之 *p* 與 *q* 依據，通常會得到「較大的模型（即 $p+q$ 值較大」；同理，若使用極小化 *BIC* 爲模型參數值選擇之依據，則易得出「較小的模型」[3]。雖說如此，極小化 *AIC* 的參考依據於文獻上仍普遍被使用。

步驟 3：檢視模型的合理性

一旦有了選擇的標的模型，我們仍需檢視該模型的可信度，此可分成下列四點來看：

(1) 殘差值是否屬於白噪音過程？畢竟至目前爲止，模型內的誤差項皆假定屬於白噪音過程。

---

[3] 圖 4-6 分別只繪製出 *AIC*、*BIC* 與 *HQC* 內的 $2/T$、$\log(T)/T$ 與 $2\log(\log(T))/T$ 部分，故後三者愈小（大），$p+q$ 值愈大（小）。

(2) 參數值的估計是否合理？
(3) 參數值的估計是否「安定」？於後面的章節內，我們自然會介紹檢視方法。
(4) 該模型可否提供合理的預測值？

表 4-2　以台灣季經濟成長率資料計算 $ARMA(p, q)$ 模型之 AIC (BIC)

	$p=0$	$p=1$	$p=2$	$p=3$	$p=4$	$p=5$
$q=0$	2.6472 (2.6881)	1.4646 (1.5259)	1.3167 (1.3984)	1.2962 (1.3983)	1.3098(1.4325)	1.1978 (1.3408)
$q=1$	1.7841 (1.8454)	1.369 (1.4507)	1.3939 (1.4961)	1.3153 (1.4379)	1.2618 (1.4048)	1.2113 (1.3748)
$q=2$	1.5978 (1.6795)	1.3363 (1.4385)	1.244 (1.3666)	1.3016 (1.4447)	1.1864 (1.3499)	1.1871 (1.371)
$q=3$	1.2393 (1.3414)	**1.1435 (1.2661)**	1.1543 (1.2974)	1.1585 (1.3219)	1.1696 (1.3535)	1.1833 (1.3876)
$q=4$	1.1567 (1.2793)	1.1556 (1.2986)	1.1652 (1.3287)	1.1702 (1.3541)	1.1509 (1.3553)	1.1439 (1.3687)
$q=5$	1.1446 (1.2877)	1.1568 (1.3203)	1.1702 (1.3541)	1.183 (1.3874)	1.1589 (1.3837)	1.1643 (1.4095)

註：估計期間爲 1982/1~2015/4

我們亦舉一個例子說明。仍使用前述之台灣季經濟年成長率資料[4]，我們分別以 $ARMA(p, q)$ 模型估計，其中 $p, q = 0\sim5$，各模型的估計 AIC 與 BIC 則列於表 4-2 內，其中小括號內之值表示對應的估計 BIC 值。若以極小化 AIC 或 BIC 來看，二種訊息準則皆顯示 $ARMA(1, 3)$ 模型較佳。我們重新估計 $ARMA(1, 3)$ 模型，其結果可爲：

$$\hat{y}_t = 5.47 + 0.40 y_{t-1} + 0.69 \hat{u}_{t-1} + 0.67 \hat{u}_{t-2} + 0.64 \hat{u}_{t-3}$$
$$(0.74)\ (0.10) \qquad (0.09) \qquad (0.08) \qquad (0.08)$$

根據上述估計結果，我們可以進一步檢視其滿足「安定」與「可轉換性」條件；另一方面，於顯著水準爲 5% 下，其內之參數值的估計值皆能顯著地異於 0。其次，我們使用二種方式檢視上述估計模型的殘差值序列，其一當然是使用估計的 ACF 與 PACF，其結果則繪製於圖 4-7。另外一種方式則使用 Ljung-Box 檢定（LB 檢定），LB 檢定統計量 Q 可寫成：

$$Q = T(T+2)\sum_{h=1}^{n}\frac{\hat{\rho}(h)}{T-h}$$

---

[4] 圖 3-1 的資料期間爲 1982/1~2018/2，爲了評估「樣本內」之預測效果，表 4-2 估計期間爲 1982/1~2015/4。

其屬於自由度爲 n 之卡方分配[5]。LB 檢定是一種聯合檢定，其可用於檢定虛無假設爲 $\rho(1) = \rho(2) = \cdots = \rho(n)$ 的情況，習慣上我們使用 $n = 20$。換言之，利用圖 4-7 的結果，我們進一步計算 Q 值約爲 16.02，而其對應的 p 值則約爲 0.72；因此，二種方法皆顯示出估計的 $ARMA(1, 3)$ 模型殘差值接近於白噪音過程。

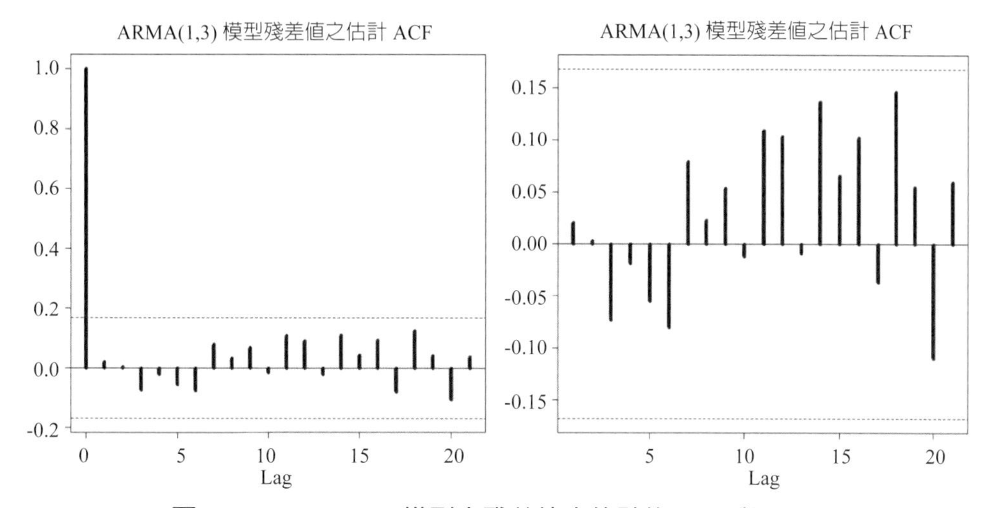

圖 4-7　$ARMA(1, 3)$ 模型內殘差值之估計的 ACF 與 PACF

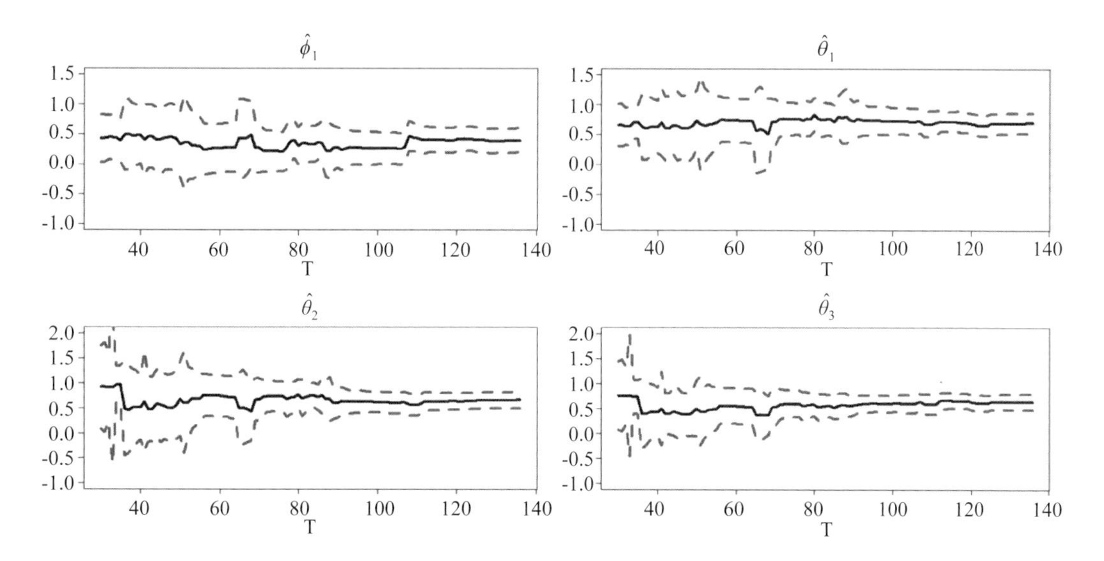

圖 4-8　以滾動的方式估計 $ARMA(1, 3)$ 模型內的參數值

[5] 於《財統》內有介紹 LB 檢定。

透過表 4-2 以及 $ARMA(p, q)$ 模型的建構過程，可知台灣季經濟成長率資料較適合用 $ARMA(1, 3)$ 模型化。接下來，我們來看估計的 $ARMA(1, 3)$ 模型內參數的穩定性。我們使用一種簡易的方式，即以 $n = 1, 2, \cdots, T$，其中 $T = 30, 31, \cdots, T_1$（T_1 爲台灣季經濟成長率資料的樣本數），逐次以 $ARMA(1, 3)$ 模型估計（樣本數爲 T），圖 4-8 內的各小圖繪製出每次參數估計值以及對應的 95% 信賴區間估計值。從圖內可看出除了樣本數較低的估計值有波動之外，隨著樣本數的增加，參數的估計值已趨向於穩定。

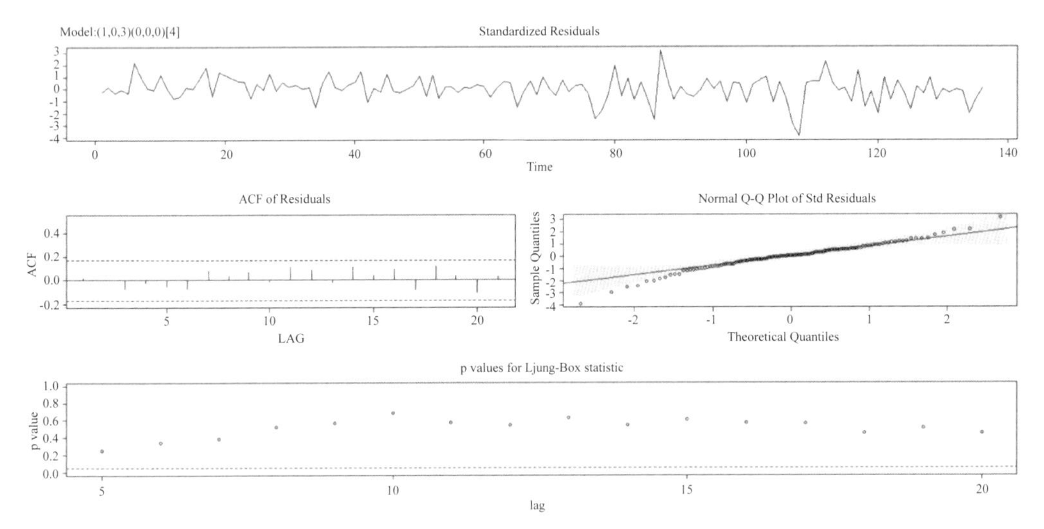

圖 4-9　使用函數指令 **sariam()** 估計 $ARMA(1, 3)$ 模型後的診斷圖示

例 1　使用程式套件（astsa）

我們也可以使用程式套件（astsa）內的函數指令 sariam() 估計上述的台灣季經濟成長率資料，使用上述函數指令有一個優點就是其可繪製出估計後的診斷圖示（diagnostic plot）如圖 4-9 所示。若圖形不夠清晰，可找出所附的 R 指令，執行後就可顯示於讀者的顯示器內。

例 2　使用程式套件（astsa）（續）

$ARMA(1, 3)$ 模型若使用季成長率資料估計，相當於用（對數）實質 GDP 季資料而以 $ARIMA(1, 0, 3)\times(0, 1, 0)_4$ 模型估計；因此，後者的估計結果除了常數項之外，其餘與 $ARMA(1, 3)$ 模型使用季成長率資料估計相同，可參考所附的 R 指令。

習題

(1) *ARMA* 模型的估計步驟爲何？試解釋之。
(2) 試解釋例 2。
(3) 試利用圖 3-1 圖 (g) 的月通貨膨脹率序列資料，而以 *ARMA*(*p*, *q*) 模型估計，其結果爲何？使用 $p = q = 4$，依 *AIC* 最小取得合適的模型，該模型爲何？
(4) 續上題，該模型的估計結果爲何？
(5) 續上題，若使用對數 CPI 資料，其估計的結果爲何？
(6) 續習題 (4)，對應的殘差值序列有何特色？
(7) 續上題，可以使用何種方法以提高該估計模型的配適度？

1.4 預測

於 70 年代時間序列分析會被接受的原因之一是其預測能力未必較大型的經濟計量模型差；換言之，時間序列模型反而提供了一種簡單的預測模型。於本節，我們檢視 *ARMA* 模型對未來的預測能力，即一旦 y_i 可以由 *ARMA* 模型化，我們可以進一步檢視 y_T 的 τ 步向前預測值（τ-step ahead forecast）。令 $\hat{y}_T(\tau)$ 表示 $y_{T+\tau}$ 的預測函數，其中 $\hat{y}_T(\tau)$ 是一個隨機變數。如前所述，因 Wold 分解定理，即所有的 *ARMA* 模型有一種 Wold 的表示方式如（3-18）式所示；是故，根據（3-18）式可得：

$$y_{T+\tau} = \mu + \sum_{j=0}^{\infty} \psi_j u_{T+\tau-j},\ \tau = 1, 2, \cdots \tag{4-15}$$

而其對應的至 T 期的線性預測函數爲：

$$\hat{y}_T(\tau) = \mu + \sum_{k=0}^{\infty} \alpha_k^{\tau} u_{T-k},\ \tau = 1, 2, \cdots \tag{4-16}$$

其中 α_k^{τ} 爲未知的參數。有了（4-15）與（4-16）二式，我們可以定義 τ 步向前預測誤差爲 $f_T(\tau) = y_{T+\tau} - \hat{y}_T(\tau)$。當然，上述預測誤差愈小，表示預測函數愈佳。通常，我們可以使用最小的均方差（mean squared error, MSE）做爲評估標的，即根據（4-15）與（4-16）二式，MSE 可以寫成：

$$E[f_T^2(\tau)] = E[(y_{T+\tau} - \hat{y}_T(\tau))^2]$$

$$= E\left[\left(\sum_{j=0}^{\infty}\psi_j u_{T+\tau-j} - \sum_{k=0}^{\infty}\alpha_k^{\tau} u_{T-k}\right)^2\right]$$

$$= E\left[\left(u_{T+\tau} + \psi_1 u_{T+\tau-1} + \cdots + \psi_{\tau-1}u_{T+1} + \sum_{k=1}^{\infty}(\psi_{\tau+k} - \alpha_k^{\tau})u_{T-k}\right)^2\right]$$

因 $E(u_t u_s) = \begin{cases}\sigma_u^2, \; t = s \\ 0, \; t \neq s\end{cases}$，MSE 可以進一步寫成：

$$E[f_T^2(\tau)] = (1 + \psi_1^2 + \cdots + \psi_{T-1}^2)\sigma_u^2 + \sigma_u^2\sum_{k=0}^{\infty}(\psi_{\tau+k} - \alpha_k^{\tau})^2 \qquad (4\text{-}17)$$

因此，根據（4-17）式，只要 $\alpha_k^{\tau} = \psi_{\tau+k}$，預測誤差的變異數爲最小；換言之，（4-16）式亦可改寫成：

$$\hat{y}_T(\tau) = \mu + \sum_{k=0}^{\infty}\psi_{\tau+k}u_{T-k}, \; \tau = 1, 2, \cdots \qquad (4\text{-}18)$$

（4-18）式可以稱爲 τ 步向前預測之最適線性預測函數（the optimal linear prediction function）。因爲就 $u_t, u_{t-1}, \cdots$ 而言，u_{t+s} 的預期爲：

$$E(u_{t+s} \mid u_t, u_{t-1}, \cdots) = \begin{cases}u_{t+s}, \; s \leq 0 \\ 0, \; s > 0\end{cases}$$

因此，就（4-15）式而言，可得 $y_{T+\tau}$ 的條件預測爲：

$$E(y_{T+\tau} \mid u_t, u_{t-1}, \cdots) = \mu + \sum_{k=0}^{\infty}\psi_{\tau+k}u_{T-k} \qquad (4\text{-}19)$$

比較（4-15）與（4-19）二式，可知利用至 T 期的資訊，$y_{T+\tau}$ 的條件預測值竟等於最適線性預測值；換言之，$y_{T+\tau}$ 的條件預測值竟隱含著 τ 步向前預測之 MSE 最小。

根據（4-15）與（4-18）二式，τ 步向前預測誤差可再寫成：

$$f_T(\tau) = y_{T+\tau} - \hat{y}_T(\tau) = u_{T+\tau} + \psi_1 u_{T+\tau-1} + \psi_2 u_{T+\tau-2} + \cdots + \psi_{\tau-1}u_{T+1} \qquad (4\text{-}20)$$

其中 $E[f_T(\tau)\,|\,u_T, u_{T-1}, \cdots] = E[f_T(\tau)] = 0$。由（4-20）式可知預測誤差其實就是由無法觀察到的「外在衝擊」的線性組合所構成；比較特別的是，上述「外在衝擊」之間毫不相關。綜合以上所述，我們可以有下列的結果：

(1) 定態的 $ARMA$ 模型對於 $y_{T+\tau}$（$\tau = 1, 2, \cdots$）存在有最佳的線性不偏預測值（best linear unbiased predictions, BLUP），即：

$$\hat{y}_T(\tau) = E(y_{T+\tau}\,|\,y_T, y_{T-1}, \cdots) = E_T(y_{T+\tau})$$

(2) 就向前一步預測誤差而言（即 $\tau = 1$），即 $f_T(1) = u_{T+1}$，可得：

$$E[f_T(1)] = E(u_{T+1}) = 0$$

與

$$E[f_T(1)f_s(1)] = E(u_{T+1}u_{s+1}) = \begin{cases} \sigma_u^2, & T = s \\ 0, & T \neq s \end{cases}$$

換言之，向前一步預測誤差純粹就是 u_{T+1}，後者可以用 $ARMA$ 模型的殘差值序列表示。

(3) 就向前 τ 步預測誤差而言（即 $\tau > 1$），即根據（4-19）式可知其相當於一種 $MA(\tau - 1)$ 過程，除了可得 $E[f_T(\tau)] = 0$ 之外，同時其變異數爲：

$$Var[f_T(\tau)] = (1 + \psi_1^2 + \cdots + \psi_{\tau-1}^2)\sigma_u^2 \qquad (4\text{-}21)$$

利用上述結果，我們可以進一步計算向前 τ 步預測的信賴區間；不過，因牽涉到 ψ_i 的估計，實際的信賴區間可能較大。

(4) 根據（4-21）式可知向前 τ 步預測誤差之變異數會隨 τ 值擴大，即：

$$Var[f_T(\tau)] \geq Var[f_T(\tau - 1)]$$

(5) 根據（4-21）式可得向前 τ 步預測誤差之變異數的極限值，即：

$$\lim_{\tau\to\infty} Var[f_T(\tau)] = \lim_{\tau\to\infty}(1+\psi_1^2+\cdots+\psi_{\tau-1}^2)\sigma_u^2 = \sigma_u^2\sum_{j=0}^{\infty}\psi_j^2 = Var(y_T)$$

即向前 τ 步預測誤差之變異數不會大於 y_t 之變異數。

(6) 根據（4-21）式可得出一種變異數分解（variance decomposition），即：

$$Var(y_t) = Var[\hat{y}_t(\tau)] + Var[f_t(\tau)]$$

(7) 其次，因：

$$\lim_{\tau\to\infty}\hat{y}_T(\tau) = \lim_{\tau\to\infty}\left(\mu + \sum_{k=0}^{\infty}\psi_{\tau+k}u_{t-k}\right) = \mu = E(y_T)$$

即當預測期間擴大，上述預測值會收斂至 y_t 之（非條件）平均數。

雖說使用 Wold 分解定理易於導出預測的理論值，不過於實際應用上該定理卻較不實際（畢竟需估計較多的參數值）；因此，底下我們使用另外一種方式，即直接考慮 *ARIMA* 模型的預測值。考慮一個 *ARIMA*(p, d, q) 模型如：

$$\phi(L)\Delta^d y_t = \delta + \theta(L)u_t,\ u_t \sim WN(0,\sigma_u^2)$$

通常我們有 y_t 之至 T 期的實現值，故欲預期 $y_{T+\tau}$ 值。考慮一種落後運算式多項式：

$$\alpha(L) = \phi(L)\Delta^d = 1-\alpha_1 L-\alpha_2 L^2-\cdots-\alpha_{p+q}L^{p+q}$$

而存在一種最小 MSE 的預測（函數）$\hat{y}_T(\tau)$，其中 $\hat{y}_T(\tau)$ 是以條件預期的形式呈現，而 $\hat{y}_T(\tau)$ 可寫成：

$$\hat{y}_T(\tau) = E(\alpha_1 y_{T+\tau-1}+\alpha_2 y_{T+\tau-2}+\cdots+\alpha_{p+q}y_{T+\tau-(p+q)}+\delta$$

$$+u_{T+\tau}-\theta_1 u_{T+\tau-1}-\cdots-\theta_q u_{T+\tau-q}\mid y_T, y_{T-1},\cdots)$$

其中

$$E(y_{T+j} \mid y_T, y_{T-1}, \cdots) = \begin{cases} y_{T+j}, & j \le 0 \\ \hat{y}_T(j), & j > 0 \end{cases}$$

與

$$E(u_{T+j} \mid y_T, y_{T-1}, \cdots) = \begin{cases} u_{T+j}, & j \le 0 \\ 0, & j > 0 \end{cases}$$

即上述條件預期使用直覺的判斷：第一，若 $j \le 0$，則使用已知的 y_{T+j} 與 u_{T+j} 取代預測值；第二，若 $j > 0$，則分別以 $\hat{y}_T(j)$ 與 0 取代 y_{T+j} 與 u_{T+j}。

我們亦舉一個例子說明。考慮一種 $AR(2)$ 模型如 $(1-\phi_1 L - \phi_2 L^2) y_t = \delta + u_t$，故 $\alpha(L) = 1 - \phi_1 L - \phi_2 L^2$；因此，可得：

$$y_{T+\tau} = \phi_1 y_{T+\tau-1} + \phi_2 y_{T+\tau-2} + \delta + u_{T+\tau}$$

考慮 $\tau = 1$ 與 $\tau = 2$，分別可得：

$$\hat{y}_T(1) = \phi_1 y_T + \phi_2 y_{T-1} + \delta \text{ 與 } \hat{y}_T(2) = \phi_1 \hat{y}_T(1) + \phi_2 y_T + \delta$$

是故，若 $\tau > 2$，則可得：

$$\hat{y}_T(\tau) = \phi_1 \hat{y}_T(\tau-1) + \phi_2 \hat{y}_T(\tau-2) + \delta$$

上式亦可改寫成：

$$\hat{y}_T(\tau) = (\phi_1 + \phi_2)\hat{y}_T(\tau-1) - \phi_2[\hat{y}_T(\tau-1) - \hat{y}_T(\tau-2)] + \delta$$

使用反覆替代的方式，可得：

$$\hat{y}_T(\tau) = (\phi_1 + \phi_2)^\tau y_T - \phi_2 \sum_{j=0}^{\tau-1} (\phi_1 + \phi_2)^j [\hat{y}_T(\tau-1-j) - \hat{y}_T(\tau-2-j)] + \delta \sum_{j=0}^{\tau-1} (\phi_1 + \phi_2)^j \tag{4-22}$$

其中 $\hat{y}_T(0) = y_T$ 與 $\hat{y}_T(-1) = y_{T-1}$。因此，若 y_t 屬於定態的隨機過程，即 $\phi_1 + \phi_2 < 1$

且 $|\phi_2| < 1$，則根據（4-22）式，可得：

$$\lim_{\tau \to \infty} \hat{y}_T(\tau) = \frac{\delta}{1 - \phi_1 - \phi_2} = \mu$$

即預測的期間擴大，未來值的最佳預測值竟然是 y_t 的平均數。

接下來，我們考慮 τ 步向前預測誤差。根據第 3 章的附錄 2，可知 $\psi_1 = \phi_1$、$\psi_2 = \phi_1^2 + \phi_2$ 以及 $\psi_j = \phi_1 \psi_{j-1} + \phi_2 \psi_{j-2}$（$j > 2$），故根據（4-21）式，我們自然可以計算 τ 步向前預測誤差的變異數。我們舉一個實際的例子說明。利用圖 3-1 內圖 (g) 的台灣通貨膨脹率序列資料，我們以 $AR(2)$ 模型估計，其結果可為：

$$\hat{y}_T = 1.64 + 0.73 y_{T-1} + 0.11 y_{T-2}$$
$$(0.30)\ (0.05)\quad\ (0.05)$$

圖 4-10 繪製出利用 $AR(2)$ 模型的估計結果所得到的通貨膨脹率向前預測 20 個月的 95% 信賴區間（左圖）以及包括原始資料的 80% 與 95% 信賴區間估計值（右圖）[⑥]。

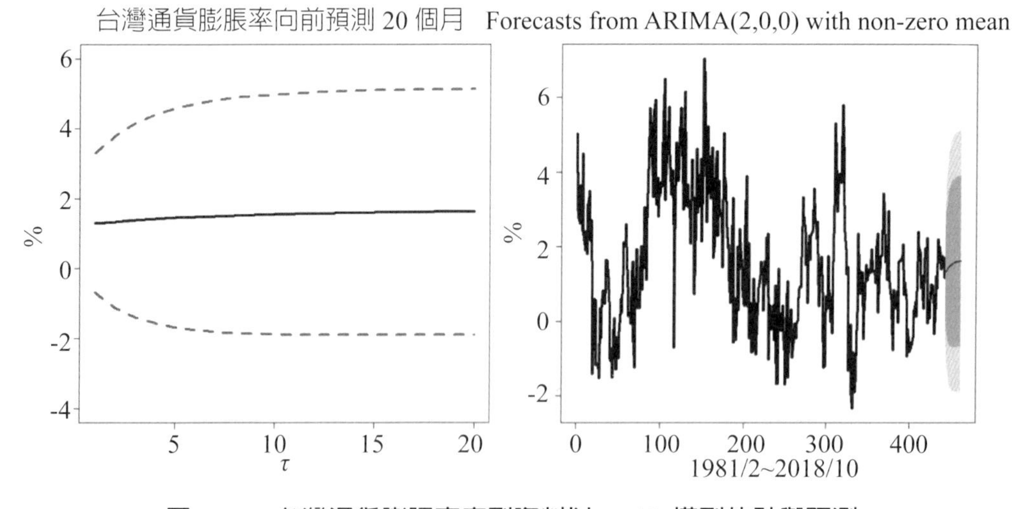

圖 4-10　台灣通貨膨脹率序列資料以 $AR(2)$ 模型估計與預測

---

⑥ 於 R 內我們可以使用 predict() 函數指令取得 $AR(2)$ 模型的預測值與估計標準誤；其次，我們亦可以使用程式套件（forecast）內的 forecast() 函數指令估計，圖 4-10 內的右圖就是使用上述指令所繪製。圖 4-10 是假定預測值屬於常態分配。

例 1　最小 MSE 的預測值

如前所述，若 y_t 屬於定態的隨機過程，我們可以一種 $AR(p, q)$ 過程表示 y_t；或者說，根據 Wold 分解定理，y_t 亦可寫成如（3-18）式所示。重寫（3-18）式可得：

$$y_t = \mu + \sum_{j=0}^{\infty} \psi_j u_{t-j},\ u_t \sim WN(0, \sigma_u^2)$$

根據上式可得到 y_t 之平均數與變異數分別爲 $E(y_t) = \mu$ 以及 $Var(y_t) = \sigma_u^2 \sum_{j=0}^{\infty} \psi_j^2$。令 $I_T = \{y_T, y_{T-1}, \cdots\}$ 表示至 T 期所擁有的訊息集合。利用 I_T 可得 y_T 的最適預測值爲 $\hat{y}_T(\tau)$，$\tau = 1, 2, \cdots, s$；換言之，因 $y_{T+\tau} = \mu + \sum_{j=0}^{\infty} \psi_j u_{T+\tau-j}$ 故 $\hat{y}_T(\tau)$ 表示根據已知的參數値（即 ψ_j 爲已知）對 $y_{T+\tau}$ 的預測值，故對應的預測誤差爲（4-21）式。因此，最小 MSE 的預測值爲 $\hat{y}_T(\tau)$。此時，利用 $f_T(\tau)$ 所計算的 MSE 可寫成 $MSE[f_T(\tau)]$。

例 2　BLUP

就例 1 而言，最小 MSE 的預測值可寫成：

$$\hat{y}_T(\tau) = \mu + \psi_\tau u_t + \psi_{\tau+1} u_{t-1} + \cdots$$

故對應的預測誤差爲：

$$\begin{aligned} f_T(\tau) = y_{T+\tau} - \hat{y}_T(\tau) &= \mu + u_{T+\tau} + \psi_1 u_{T+\tau-1} + \cdots + \psi_\tau u_T + \cdots - (\mu + \psi_\tau u_T + \psi_{\tau+1} u_{T-1} + \cdots) \\ &= \mu + u_{T+\tau} + \psi_1 u_{T+\tau-1} + \cdots + \psi_{\tau-1} u_{T+1} \end{aligned}$$

故最小 MSE 的預測値的變異數爲（4-21）式。

例 3　預測信賴區間

若 $u_t \sim NID(0, \sigma_u^2)$，則 $\hat{y}_T(\tau) \sim N(\mu, \sigma_y^2)$，其中 $\sigma_y^2 = \sigma_u^2(1 + \psi_1^2 + \cdots + \psi_{\tau-1}^2)$，故 $1 - \alpha$ 之 τ 步向前預測信賴區間可寫成：

$$\hat{y}_T(\tau) \pm z_{\alpha/2} \sqrt{\sigma_u^2 (1 + \psi_1^2 + \cdots + \psi_{\tau-1}^2)}$$

其中 $z_{\alpha/2}$ 表示標準常態分配的臨界值（右尾）。顯然，就一組樣本資料而言，上述區間必須涉及到未知參數的估計，故實際的 $\hat{y}_t(\tau)$ 可寫成：

$$\hat{y}_T(\tau)=\hat{\mu}+\hat{\psi}_\tau\hat{u}_T+\hat{\psi}_{\tau+1}\hat{u}_{T-1}+\cdots$$

其中 $\hat{u}_t$ 表示估計模型的殘差值。是故，對應的預測誤差爲：

$$\hat{f}_T(\tau)=(\mu-\hat{\mu})+u_{T+\tau}+\psi_1 u_{T+\tau-1}+\cdots+\psi_{\tau-1}u_{T+1}$$
$$+(\psi_\tau u_T-\hat{\psi}_\tau\hat{u}_T)+(\psi_{\tau+1}u_{T-1}-\hat{\psi}_{\tau+1}\hat{u}_{T-1})+\cdots \tag{4-23}$$

明顯地，$MSE\left[f_T(\tau)\right]\neq MSE\left[\hat{f}_T(\tau)\right]$[7]。

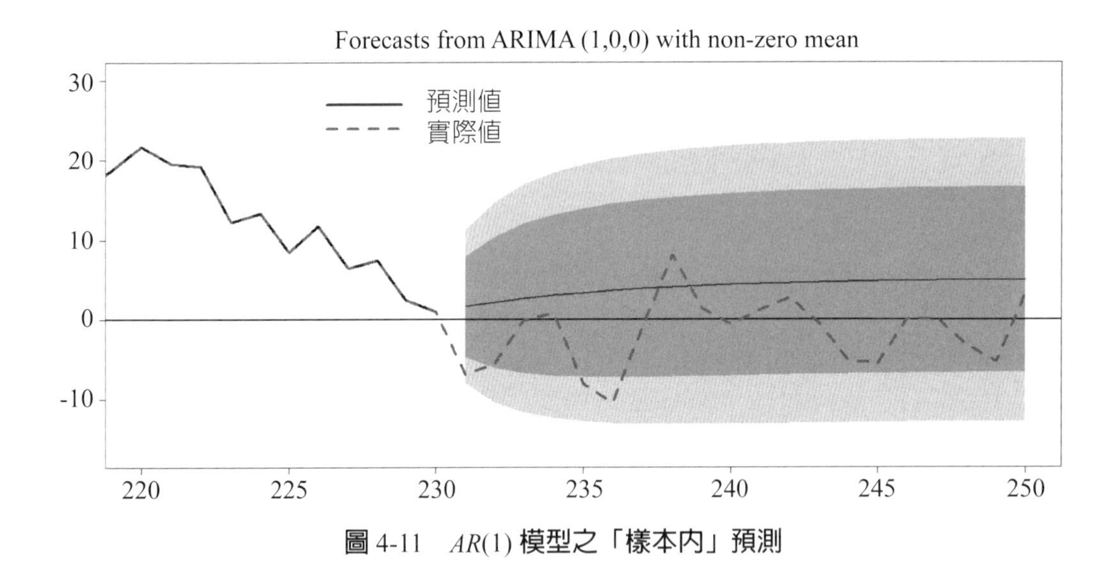

圖 4-11 $AR(1)$ 模型之「樣本內」預測

[7] 畢竟（4-23）式的估計是複雜的，還好許多（電腦）套裝軟體或 R 內的程式套件大多附有對應的函數指令，不過後者的估計皆是 $MSE\left[\hat{f}_T(\tau)\right]$；換言之，除了使用模擬之外，實際上我們的確無法得到 $MSE[f_T(\tau)]$。

例 4　*AR*(1) 模型

考慮一種 $AR(1)$ 模型如 $y_t - \mu = \phi(y_{t-1} - \mu) + u_t$，其中 $u_t \sim WN(0, \sigma_u^2)$。因 Wold 分解定理可知 $\psi_j = \phi^j$，故從 T 期之 τ 步向前預測的實際值爲：

$$y_{T+\tau} = \mu + \phi^{\tau}(y_T - \mu) + u_{T+\tau} + \phi u_{T+\tau-1} + \cdots + \phi^{\tau-1} u_{T+1}$$

而預測值則爲 $\hat{y}_T(\tau) = \mu + \phi^{\tau}(y_T - \mu)$，故預測誤差爲：

$$f_T(\tau) = u_{t+\tau} + \phi u_{t+\tau-1} + \cdots + \phi^{\tau-1} u_{t+1}$$

故預測誤差的平均數與變異數分別爲 0 與 $\sigma_u^2(1+\psi_1^2+\cdots+\psi_{\tau-1}^2)$。我們以 $\mu = 0$、$\phi = 0.9$ 與 $\sigma_u = 5$ 爲例說明。首先，我們考慮「樣本內」的預測效果，即模擬出 250 個觀察值，不過卻只利用前面 1~230 個觀察值估計，即保留最後 20 個觀察值做爲計算以及檢視（或評估）預測誤差之用；最後，該結果繪製於圖 4-11，讀者可以注意程式套件（forecast）內 forecast 函數指令的用法。

例 5　用狀態空間的型態表示

考慮一種 $AR(p)$ 模型如：

$$\phi(L)(y_t - \mu) = u_t,\ u_t \sim WN(0, \sigma_u^2)$$

其中 $\phi(L) = 1 - \phi_1 L - \phi_2 L^2 - \cdots - \phi_p L^p$。一旦我們將上述 $AR(p)$ 模型寫成如（3-45）式的型態，而該型態亦可稱爲狀態空間（state space）型態，則 $AR(p)$ 模型的預測推導類似於 $AR(1)$ 模型；換言之，重寫（3-45）式可得：

$$\xi_t = \mathbf{F}\xi_{t-1} + \mathbf{v}_t$$

其中 $Var(\mathbf{v}_t) = \Sigma_{\mathbf{V}}$。同理，自 T 期之 τ 步向前實際值可寫成：

$$\xi_{T+\tau} = \mathbf{F}^{\tau}\xi_T + \mathbf{v}_{t+\tau} + \mathbf{F}\mathbf{v}_{t+\tau-1} + \cdots + \mathbf{F}^{\tau-1}\mathbf{v}_{t+1}$$

而 τ 步向前預測值可寫成 $\hat{\xi}_T(\tau) = \mathbf{F}^{\tau}\xi_T$，即：

$$\hat{\xi}_T(\tau)=\begin{bmatrix}\phi_1 & \phi_2 & \cdots & \phi_p\\ 1 & 0 & \cdots & 0\\ \vdots & \ddots & \cdots & \vdots\\ 0 & \cdots & 1 & 0\end{bmatrix}^{\tau}\begin{bmatrix}y_T-\mu\\ y_{T-1}-\mu\\ \vdots\\ y_{T-(p-1)}-\mu\end{bmatrix}$$

因此，預測誤差爲：

$$f_T(\tau)=\xi_{T+\tau}-\hat{\xi}_T(\tau)=\mathbf{v}_{T+\tau}+\mathbf{F}\mathbf{v}_{T+\tau-1}+\cdots+\mathbf{F}^{\tau-1}\mathbf{v}_{T+1}$$

而對應的預測 MSE 矩陣爲 $Var[f_T(\tau)]=\sum_{j=0}^{\tau-1}\mathbf{F}^j\Sigma_{\mathbf{v}}\mathbf{F}^{jT}$。值得注意的是，上述矩陣亦可寫成 $Var[f_T(\tau)]=\Sigma_{\mathbf{v}}+\mathbf{F}Var[f_T(\tau-1)\mathbf{F}^T$。

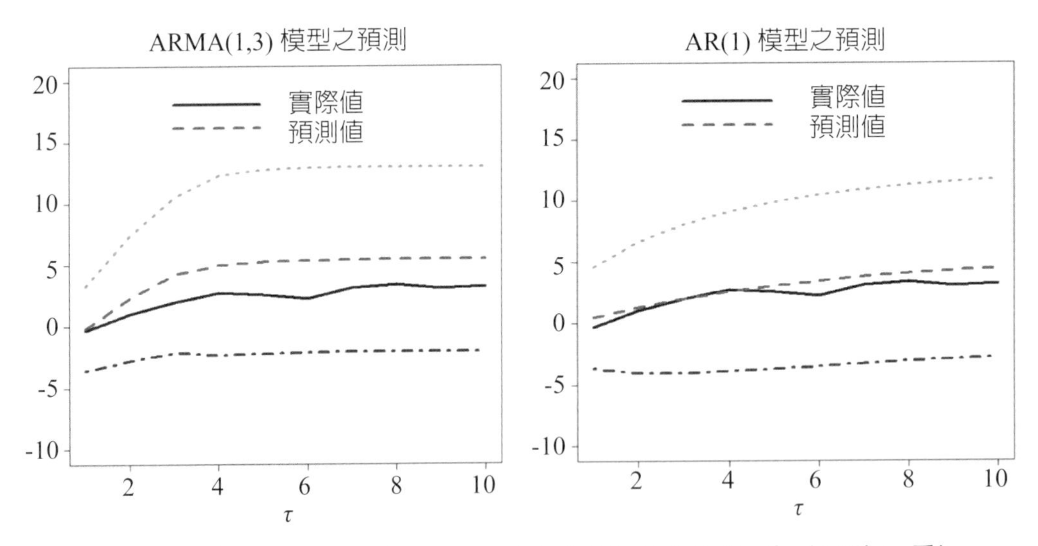

圖 4-12　以 $ARMA(1, 3)$ 與 $AR(1)$ 模型預測台灣季經濟成長率（預測 10 季）

例 6　以 *ARMA*(1, 3) 模型預測台灣季經濟成長率

於 1.3 節內我們發現台灣季經濟成長率序列資料較適合用 $ARMA(1, 3)$ 模型化，現在我們檢視 $ARMA(1, 3)$ 模型的預測效果；換言之，於圖 3-1 的圖 (d) 內，上述序列資料的樣本期間爲 1982/1~2018/2，而表 4-2 的估計期間爲 1982/1~2015/4，因此我們有 10 季的資料可以評估 $ARMA(1, 3)$ 模型的預測結果。圖 4-12 的左圖繪製出

根據 $ARMA(1, 3)$ 模型預測（未來）10 季的預測值以及對應的 95% 預測區間（假定預測值屬於常態分配）（虛線），其中實線爲實際值。爲了比較起見，我們亦以上述估計期間而以 $AR(1)$ 模型估計，其結果可爲：

$$\hat{y}_t = 5.36 + 0.83 y_{t-1}$$
$$(0.05)\ (1.02)$$

至於其對應的預期值以及 95% 預測區間則繪製於圖 4-12 的右圖。出乎意料之外，就預測效果而言，從圖 4-12 內可以看出台灣實質 GDP 成長率序列資料未必以 $ARMA(1, 3)$ 模型化較佳，反而以簡單的 $AR(1)$ 模型就可以「擊敗」$ARMA(1, 3)$ 模型。

例 7　反覆向前 1 步預測

於例 6 內，畢竟預測「未來」10 季較爲困難，倘若是以反覆的方式向前預測 1 季呢？我們的意思是指「逐季估計、逐季預期」。仍以前述台灣季經濟成長率序列資料爲例，我們可以先用 1982/1~2015/4 期間的資料以 $ARMA(1, 3)$ 模型估計，再利用估計結果向前預測 1 季（期）；接下來，再根據 1982/1~2016/1 期間的資料而仍以 $ARMA(1, 3)$ 模型估計，同時再向前預測 1 季（期），如此的動作持續下去，最後的結果就繪製於圖 4-13 的左圖。同理，圖 4-13 的右圖繪製出以 $AR(1)$ 模型取代 $ARMA(1, 3)$ 模型的結果。比較圖 4-12 與 4-13 的結果，顯然後者的預測結果較優。

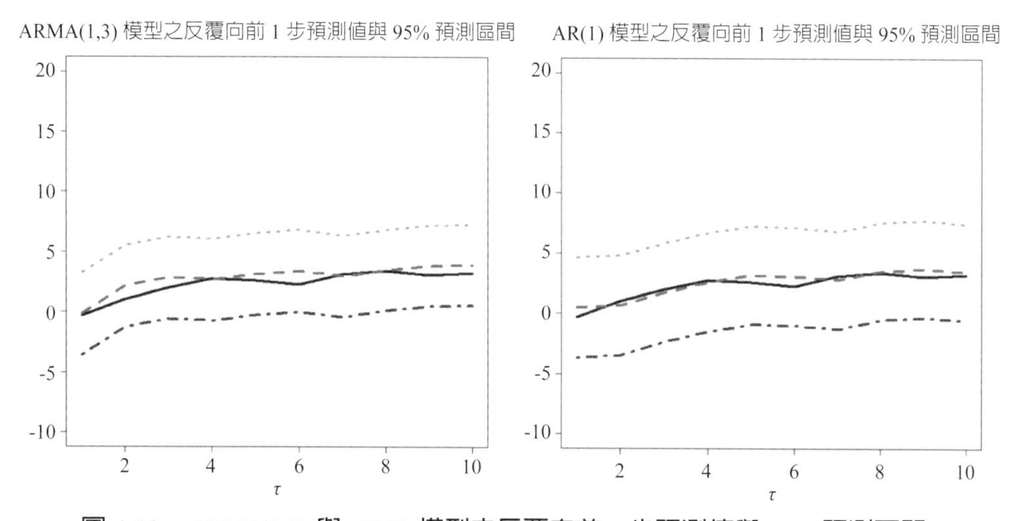

圖 4-13　$ARMA(1,3)$ 與 $AR(1)$ 模型之反覆向前 1 步預測值與 95% 預測區間

例 8 DM 檢定

若再檢視圖 4-13 的結果，我們的確不易判斷出 $ARMA(1, 3)$ 與 $AR(1)$ 模型的預測能力有何不同，此時可以使用 DM 檢定（Diebold 與 Mariano, 1995）檢視。DM 檢定可以用於檢視不同模型的「相同預測能力」。假定 y_t 是預測標的而 $\hat{y}_T^1(\tau)$ 與 $\hat{y}_T^2(\tau)$ 分別表示模型 1 與 2 對 $y_{T+\tau}$ 的預期值，則對應的預測誤差分別可寫成：

$$f_T^1(\tau) = y_{T+\tau} - \hat{y}_T^1(\tau) \text{ 與 } f_T^2(\tau) = y_{T+\tau} - \hat{y}_T^2(\tau)$$

有意思的是，雖說上述預測誤差可用於估計誤差項如 $u_{T+\tau}$，不過即使 $u_{T+\tau}$ 屬於白噪音過程，其卻有可能存在著序列相關[8]。我們可以進一步使用特定的損失函數如平方差以評估上述預測誤差，即 $L[f_T^1(\tau)] = f_T^1(\tau)^2$ 與 $L[f_T^2(\tau)] = f_T^2(\tau)^2$；因此，爲了決定某一模型優於其他模型，我們可用下列的虛無與對立假設檢定，即：

$$H_0 : E\{L[f_T^1(\tau)]\} = E\{L[f_T^2(\tau)]\}$$

與

$$H_a : E\{L[f_T^1(\tau)]\} \neq E\{L[f_T^2(\tau)]\}$$

令損失差距 $d_T = L[f_T^1(\tau)] - L[f_T^2(\tau)]$，故上述假設可改寫成：

$$H_0 : E(d_T) = 0 \text{ 與 } H_a : E(d_T) \neq 0$$

DM 檢定統計量則爲：

$$S = \frac{\bar{d}}{\left(L\hat{R}V_d / T_0\right)^{1/2}}$$

其中 τ 步向前預測假定是從 $t = T, T+1, \cdots, T_1$ 共有 T_0 個預測值，而 $\bar{d} = \frac{1}{T_0}\sum_{t=T}^{T_1} d_t$ 以

---

[8] 因 τ 步向前預測值是使用重疊的資料，故預測誤差有可能存在著序列相關。

及 LRV_d 表示長期變異數（long-run variance），其可寫成 $LRV_d = \gamma(0) + 2\sum_{j=1}^{\infty}\gamma(j)$，其中 $\gamma(j) = Cov(d_t, d_{t-j})$。如前所述，$LRV_d$ 是一種有序列相關的漸近變異數；另一方面，也因屬於有限樣本，我們無法以估計值 $\hat{\gamma}(j)$ 取代 $\gamma(j)$，故 DM 檢定採用一種 Newey-West 估計式，即：

$$L\hat{R}V_d = \hat{\gamma}(0) + 2\sum_{j=1}^{q-1}\left(1 - \frac{j}{q}\right)\gamma(j)$$

實務上，q 值的選定以 $q < T_1$ 爲基準[9]。Diebold 與 Mariano（1995）進一步證明出檢定統計量 S 之漸近分配爲標準常態分配。上述 DM 檢定統計量的推導過程稍嫌複雜，還好我們可以使用程式套件（forecast）內的 dm.test() 函數指令計算。以圖 4-13 內的結果爲例，可得 S 值約爲 1.436 而對應的 p 值則約爲 0.18；是故，根據 DM 檢定可知，其實 $ARMA(1,3)$ 與 $AR(1)$ 模型的預測能力並無顯著的差異。

習題

(1) 如何利用所估計的 $ARMA$ 模型從事預測？試解釋之。

(2) 試解釋圖 4-12。

(3) 試解釋圖 4-13。

(4) 爲何須使用 DM 檢定？

(5) 利用前述的台灣月通貨膨脹率資料（保留最後的 12 月資料從事預測）分別以 $ARMA(1, 2)$ 與 $ARMA(1)$ 模型估計，試繪製出二模型的 95% 預測區間。

(6) 續上題，以 DM 檢定檢視二模型的預測能力。

2. 非定態隨機過程的考量

第 3 章與本章第 1 節我們大多侷限於定態隨機過程的檢視或探討，而於第 1 章的迴歸分析內，我們亦假定因變數與自變數皆屬於定態隨機過程；因此，一個直覺的想法是，於迴歸分析內若其中一個變數屬於非定態隨機過程，其結果爲何？於 2.1 節內，我們嘗試以模擬的方式檢視此一問題；至於 2.2 節則介紹著名的

[9] 下一章會介紹長期變異數的估計。

Beveridge-Nelson（BN）分解。BN 分解是由 Beveridge 與 Nelson（1981）所提出的一種可將一種非定態隨機過程拆解成永久的（permanent）與短暫的（temporary）成分的方法；換言之，我們可以利用 BN 分解找出 *ARIMA* 過程內的非定態與定態隨機過程成分。

2.1 虛假迴歸模型

最簡單的非定態隨機過程莫過於屬於隨機漫步過程如 $y_t = c_0 + y_{t-1} + w_t$，求解後可得 $y_t = c_0 t + \sum_{t=1}^{t} w_t$（假定 $y_0 = 0$）；是故，若假定 w_t 屬於白噪音過程，可知 y_t 的平均數與變異數皆是時間 t 的函數，尤其是後者更是隨 $t \to \infty$ 而趨向於無窮大。考慮一個簡單的迴歸模型如 $y_t = \beta_1 + \beta_2 x_t + u_t$，若使用 OLS 估計，則 β_2 的估計式爲 $b_2 = \dfrac{\sum(x-\bar{x})(y-\bar{y})}{\sum(x-\bar{x})^2}$；因此，即使 y_t 屬於定態隨機過程，只要 x_t 屬於非定態隨機過程如前述之隨機漫步過程，我們可以預期樣本數 $n \to \infty$，$b_2 \to 0$。換言之，於迴歸模型內，因變數 y_t 與自變數 x_t 若分別屬於定態與非定態隨機過程，則 OLS 的估計值將趨近於 0；因此，第 1 章內的「漸近或大樣本理論」並不適用於迴歸模型內自變數屬於非定態隨機過程的情況。

我們舉一個例子說明。利用前述之簡單迴歸模型而 y_t 與 x_t 分別表示台灣季經濟成長率與隨機漫步過程（其中 $c_0 = 0$ 與 w_t 屬於標準常態分配）。利用前述台灣季經濟成長率序列資料、隨機漫步過程的模擬資料以及假定 $u_t \sim WN(0, 4)$，圖 4-14 的上圖繪製出上述簡單迴歸模型內 b_2 的抽樣分配（左圖）以對應的 t 檢定統計量（$H_0: \beta_2 = 0$）分配（右圖）。於圖內可看出 b_2 的確接近於 0，不過從對應的 t 檢定統計量可知，只要 $b_2 \neq 0$，有些估計值卻顯著地異於 0（即 b_2 位於二垂直虛線的外側會拒絕 $H_0: \beta_2 = 0$）[10]。我們姑且將圖 4-14 上圖的結果稱爲模型 1；另外，模型 2 是指以台灣季經濟成長率爲自變數而以隨機漫步過程爲因變數，即模型 1 內的 y_t 與 x_t「互換」就是模型 2。仍使用 OLS 估計模型 2，其結果則繪製於圖 4-14 內的下圖。

[10] 即二垂直虛線可以對應至 t = ±2。

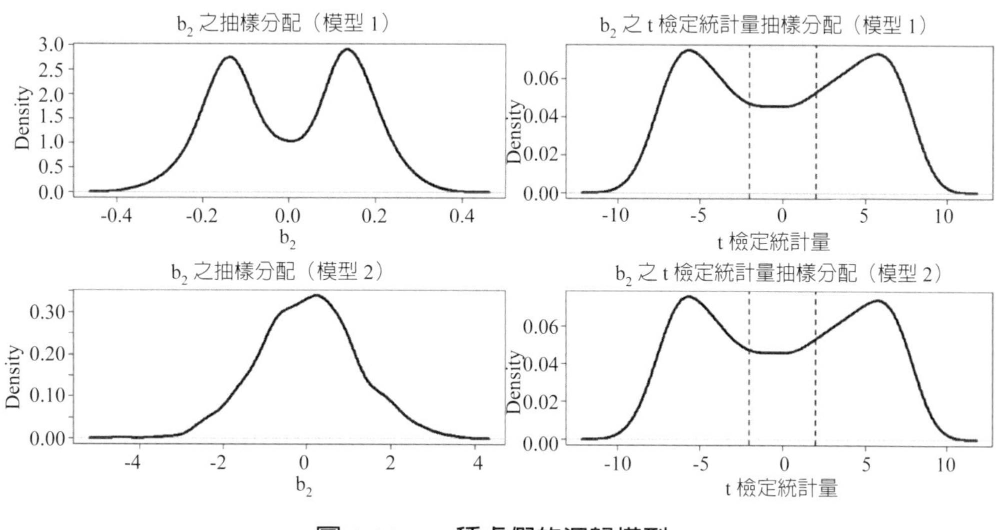

圖 4-14　一種虛假的迴歸模型

圖 4-14 的結果是讓人印象深刻的，因爲模型 1 與 2 內的 y_t 與 x_t 之間應該是不相關的，即對應的 β_2 應接近於 0。例如：模型 2 是以隨機漫步過程的模擬資料爲因變數，而以季經濟成長率序列資料爲自變數，因此模型 2 的目的竟然是希望用台灣季經濟成長率來解釋簡單的隨機漫步過程，而下圖的右圖竟然顯示出約有 78.6% 的可能性 b_2 會顯著地異於 0；換言之，圖 4-14 顯示出一種「窘態」，即 y_t 與 x_t 之間是不相關的，但是我們模擬的結果卻顯示出約有 78.6% 的可能性會誤認 y_t 與 x_t 之間是有關的。我們就稱此種「似是而非」的關係是一種虛假的關係，而稱對應的迴歸模型爲一種虛假的迴歸模型（spurious regression）。因此，於迴歸模型內若有出現類似於上述模型 1 或 2 的情況，若不仔細檢視，倒是有可能產生誤判；另一方面，就圖 4-14 而言，似乎以模型 2 會誤判的可能性較大，畢竟 β_2 的估計値較大（下左圖）。

其實虛假的迴歸更容易出現於因變數與自變數皆屬於非定態隨機過程的迴歸模型內。仍使用上述簡單的迴歸模型，其中 y_t 與 x_t 皆爲包括漂浮項（$\beta_1 = 0.06$ 與 w_t 屬於標準常態分配）的隨機漫步過程，圖 4-15 繪製出樣本數爲 $n = 500$ 與 $\sigma_u = 2$ 的模擬結果）。我們先檢視圖 4-15 內左圖的情況，該圖係繪製出 b_2 之 t 檢定統計量分配，其中垂直虛線可對應至 $t = \pm 2$；是故，從該圖可看出即使 y_t 與 x_t 皆屬於隨機漫步過程，不過卻有高達 91% 的可能性會「誤判」y_t 與 x_t 之間是有顯著關係的結論。另一方面，圖 4-15 的右圖亦繪製出對應的估計 R^2 分配，於圖內不難看出部分估計的 R^2 値亦相當高。

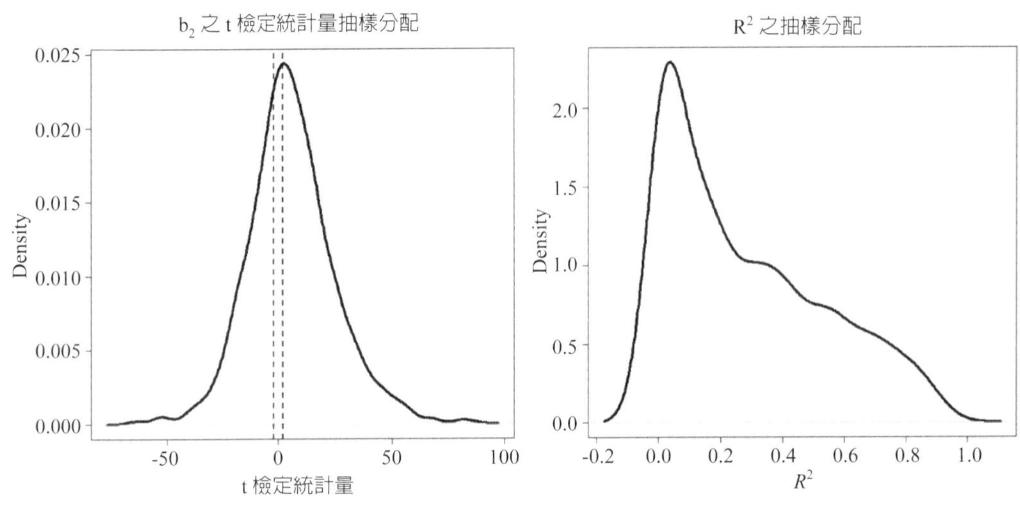

圖 4-15　一種虛假的迴歸模型，其中 y_t 與 x_t 皆屬於隨機漫步過程

因此，當遇到變數有可能屬於非定態隨機過程的迴歸模型時，此容易出現於時間序列迴歸模型，我們應該留意估計的迴歸模型是否有可能只是一種虛假的迴歸模型結果。

例 1　圖 4-14 的重新模擬

於圖 4-14 內，我們是以台灣季經濟成長率爲 y_t 或 x_t，現在以一種 $ARMA(1, 1)$ 過程取代台灣季經濟成長率；換言之，圖 4-16 係模仿圖 4-14 的模擬過程，其仍繪

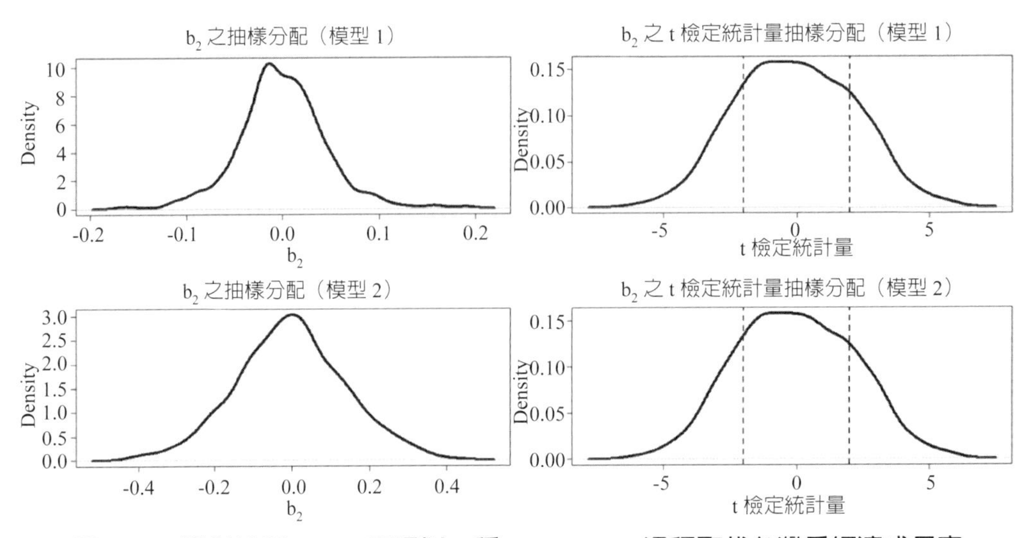

圖 4-16　類似於圖 4-14，不過以一種 $ARMA(1, 1)$ 過程取代台灣季經濟成長率

製出一種簡單迴歸模型的估計結果，其中模型 1（模型 2）內的 y_t 與 x_t 分別屬於隨機漫步與定態的隨機過程（y_t 與 x_t 分別屬於定態的隨機與簡單隨機漫步過程），其中定態的隨機過程是用 $ARMA(1, 1)$ 過程表示。比較圖 4-14 與 4-16 二圖的結果，可以發現前者 b_2 的抽樣分配頗爲接近；不過，雖說 b_2 值相當小，但是其仍有可能會誤判。

例 2　台灣與美國的消費函數資料

圖 4-17 繪製出台灣與美國的季消費函數資料之時間走勢（1981/1~2018/2）[11]，圖內二圖之資料皆以對數值表示。利用上述資料以及 OLS，可得：

$$\hat{y}_t = 0.02 + 0.96x_t \text{ 與 } \hat{y}_t^* = -1.27 + 1.09x_t^*$$
$$(0.17)\ (0.01) \qquad\qquad (0.03)\ (0.00)$$

其中 y_t 與 x_t 分別表示取過對數值後之台灣的季實質 GDP 與季實質（民間）消費變數，而變數上標有「*」表示對應的美國變數。值得注意的是，上述迴歸式的估計 R^2 值約分別高達 0.98 以及接近於 1。

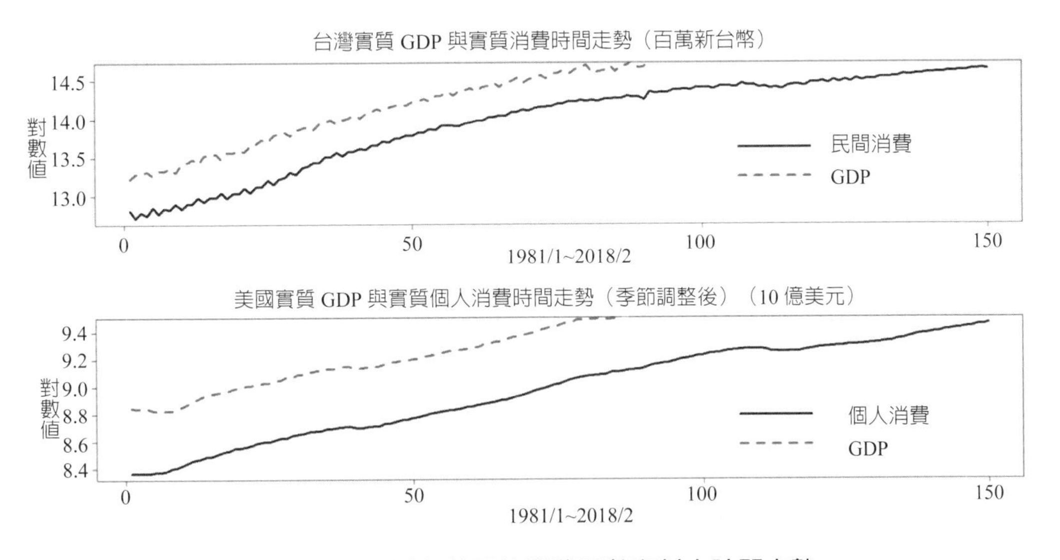

圖 4-17　台灣與美國的消費函數資料之時間走勢

[11] 其中台灣的資料係取自主計總處，而美國的資料則取自 https://fred.stlouisfed.org。

例 3 虛假的迴歸式

若台灣與美國的資料「顛倒使用」，可得：

$$\hat{y}_t = -3.99 + 1.91x_t^* \text{ 與 } \hat{y}_t^* = 1.16 + 0.54x_t$$
$$(0.29)\ (0.03) \qquad\qquad (0.08)\ (0.01)$$

其中對應的 R^2 估計值分別約爲 0.96 與 0.98。於上述估計結果可看出虛假迴歸式的特色：估計參數不僅皆顯著的異於 0，同時亦具有較高的 R^2 估計值。

例 4 Durbin-Watson 檢定

虛假的迴歸結果容易出現於迴歸模型內存在有屬於非定態隨機過程的變數，該結果是由 Granger 與 Newbold（1974）所發現或提出。虛假迴歸式的典型特徵是該迴歸通常有較高的 R^2 估計值以及較低的 Durbin-Watson（DW）檢定統計量；因此，一種簡易判斷虛假迴歸式的方式是 R^2 估計值是否大於 DW 值。原本 DW 檢定統計量是用於檢定迴歸模型的殘差值序列是否存在第一階自我相關[12]，不過 Sargan 與 Bhargava（1983）或 Fukushige 與 Wago（2002）等文獻皆指出利用 DW 檢定統計量反而可以用於偵測虛假的迴歸式。DW 檢定統計量可寫成：

$$DW = \frac{\sum_{t=2}^{T}(e_t - e_{t-1})^2}{\sum_{t=2}^{T} e_t^2} \approx 2(1-\hat{\rho})$$

其中 e_t 表示迴歸式之殘差值，而 $\hat{\rho}$ 表示 e_t 對 e_{t-1} 迴歸式的估計係數。我們可以進一步計算例 3 內的二個迴歸式之 DW 檢定統計量分別約爲 0.11 與 0.36，二估計值皆不大，顯示出二個迴歸式皆有屬於虛假迴歸式的可能；其實，依直覺判斷，應該就能懷疑上述二迴歸式的「似是而非」的結果。有意思的是，若計算例 2 內的「台灣與美國的季消費函數」之 DW 檢定統計量，其分別約爲 0.71 與 0.24，似乎仍指出二消費函數的估計結果皆是一種虛假的結果。

---

[12] DW 檢定用於檢視殘差值是否存在第一階自我相關的用法，可以參考基礎的計量經濟學教科書例如 Gujarati（2004）。

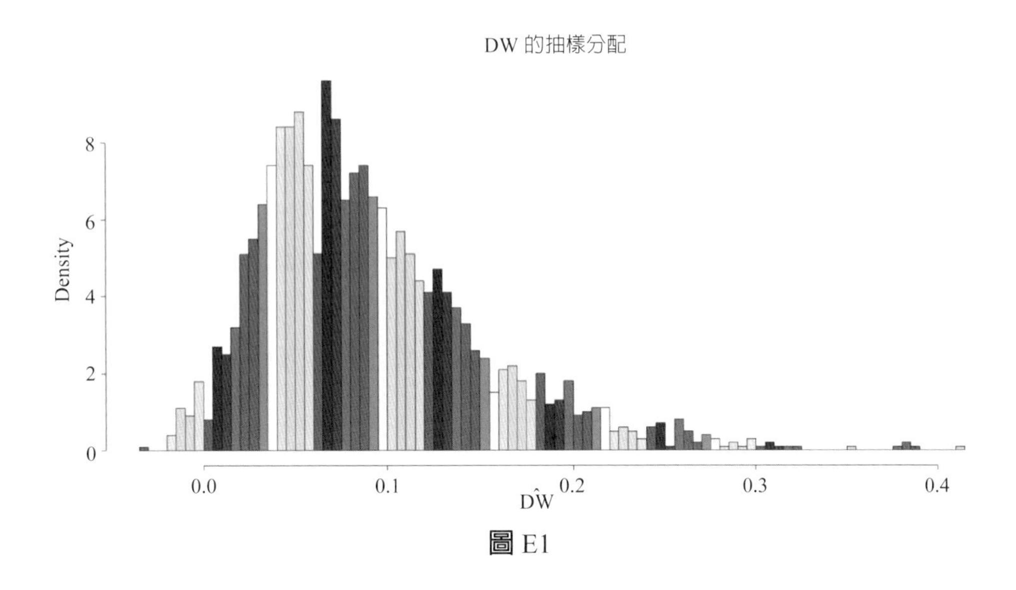

圖 E1

習題

(1) 爲何會存在虛假的迴歸式？試解釋之。

(2) 自變數屬於非定態隨機過程的迴歸模型內，OLS 的估計值爲何？爲什麼？

(3) 通常我們可以使用何方式檢視虛假的結果？

(4) 試繪製出一種虛假迴歸式內 DW 的抽樣分配。提示：可以參考圖 E1。

(5) 續上題，試繪製出對應的 R^2 抽樣分配。提示：可以參考圖 E2。

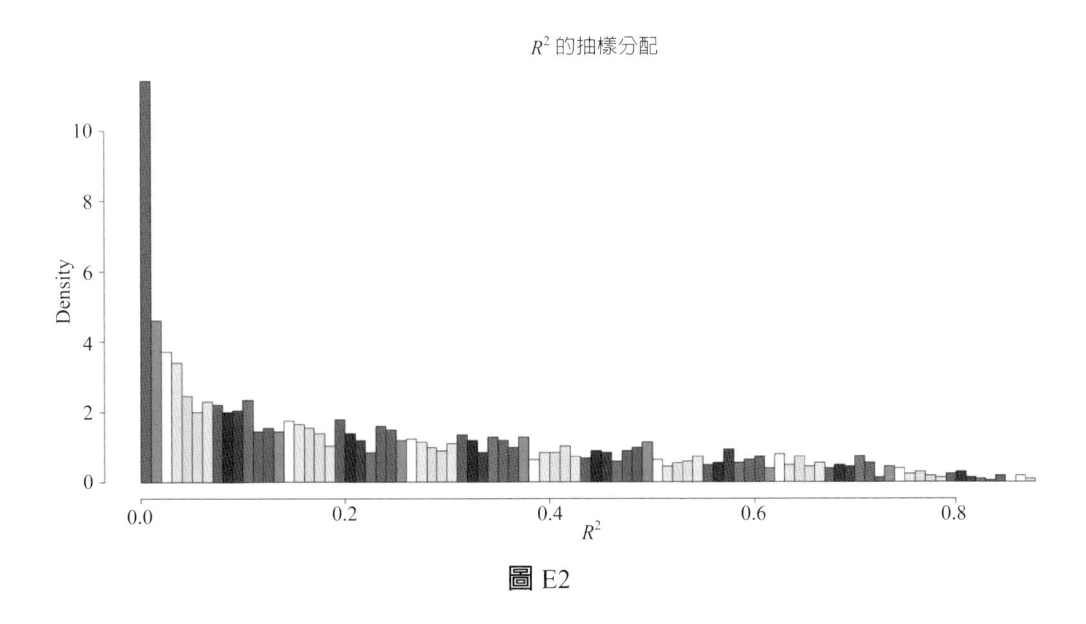

圖 E2

2.2 Beveridge-Nelson 分解

於《衍商》內，我們曾以模擬的方式檢視「外在力量」對定態與非定態隨機過程變數的影響，結果發現該力量對於前者只有短暫而對於後者卻有永久性的效果；換言之，定態與非定態隨隨機過程變數應該分別存在有「短暫」與「永久性」的成分。因此，我們應該可以找出一種時間序列變數可以用 *ARIMA* 模型化的成分。如前所述，BN 提出一種拆解方法。

假定 y_t 屬於一種一階整合的非定態隨機過程變數[13]，則根據 Wold 分解定理可得：

$$\Delta y_t = \mu + C(L)u_t,\ u_t \sim WN(0, \sigma_u^2)$$

其中 $C(L)$ 為 L 之多項式，其階次為 q，當然 q 有可能為 ∞。考慮一種多項式 $D(L)$，其可寫成：

$$D(L) = C(L) - C(1) \tag{4-24}$$

因 $C(1)$ 是一個固定的數值，故 $D(L)$ 亦為一種階次為 q 的多項式。根據（4-24）式，可知 $D(1) = 0$；因此，$D(L)$ 的根等於 1，故（4-24）式可再寫成：

$$D(L) = C^*(L)(1 - L) \tag{4-25}$$

其中 $C^*(L)$ 為一種階次為 $q - 1$ 的多項式。利用（4-24）與（4-25）二式，可得：

$$C(L) = C^*(L)(1 - L) + C(1) \tag{4-26}$$

是故，依（4-26）式可得：

$$\Delta y_t = \mu + C(L)u_t = \mu + C^*(L)\Delta u_t + C(1)u_t \tag{4-27}$$

令 z_t 表示一種過程，其中 $\Delta z_t = u_t$，則（4-27）式可再改寫成：

---

[13] 即 y_t 屬於 $I(1)$。

$$y_t = C^*(L)u_t + \mu t + C(1)z_t$$
$$= C_t + TR_t \quad (4\text{-}28)$$[14]

其中 $C_t = C^*(L)u_t$ 與 TR_t 分別表示 y_t 內之「短暫」與「永久性」的成分。根據 $ARMA$ 過程，可知 y_t 內之「短暫」的成分亦可稱為「週期性成分」（cyclical component），而「永久性」的成分則指 y_t 內之「趨勢成分」，其中後者包括確定與隨機趨勢二種。

我們舉一個例子說明。考慮一種 $ARIMA(1,1,1)$ 過程如 $\Delta y_t = \phi\Delta y_{t-1} + u_t + \theta u_{t-1}$，可知 $C(L) = \dfrac{1+\theta L}{1-\phi L}$、$C(1) = \dfrac{1+\theta}{1-\phi}$ 與 $C^*(L) = \dfrac{C(L)-C(1)}{1-L} = -\dfrac{\theta+\phi}{(1-\phi)(1-\theta L)}$；因此，根據BN分解，即（4-28）式，可得：

$$y_t = C_t + TR_t = -\frac{\phi+\theta}{(1-\phi)(1-\phi L)}u_t + \frac{1+\theta}{1-\phi}z_t \quad (4\text{-}29)$$

其中 $z_t = \sum u_t$。

從（4-29）式可看出BN分解是將屬於 $ARIMA$ 過程的 y_t 拆解成「週期性」與「永久性」二成分，其中前者可用 $ARMA$ 過程模型化，而後者卻接近於簡單的隨機漫步過程。令 $\mu = 0.05$、$\phi = 0.8$、$\theta = 0.7$ 與 $\sigma_u = 3$，根據上述 $ARIMA(1, 1, 1)$ 過程，不難得出：

$$y_t = y_{t-1} + 0.05 + 0.8(y_{t-1} - y_{t-2}) + u_t + 0.7u_{t-1}$$

以及

---

[14] 根據（4-27）式，使用反覆替代的方式，可得：

$y_1 = y_0 + \mu + C^*(L)(u_1 - u_0) + C(1)u_1$

$y_2 = y_1 + \mu + C^*(L)(u_2 - u_1) + C(1)u_2 = y_0 + 2\mu + C^*(L)(u_2 - u_0) + C(1)(u_1 + u_2)$

$\vdots$

$y_t = y_0 + t\mu + C^*(L)(u_t - u_0) + C(1)(u_1 + u_2 + \cdots + u_t)$

令期初值 $y_0 = 0$ 與 $u_0 = 0$ 以及利用 $\sum u = z$ 的結果，自然可得出（4-28）式。

$$C_t = -\frac{1.5}{(1-0.8)(1-0.8L)}u_t \text{ 與 } TR_t = TR_{t-1} + 0.05 + \frac{1.7}{0.2}u_t$$

圖 4-18 繪製出於 $y_0 = 0$ 與 $TR_0 = 0$ 的假定下，y_t 的模擬實現值走勢。雖說 C_t 的實現值走勢較不易模擬，不過因 TR_t 接近於簡單的隨機漫步過程，故由 $y_t - TR_t$ 可得出 C_t。

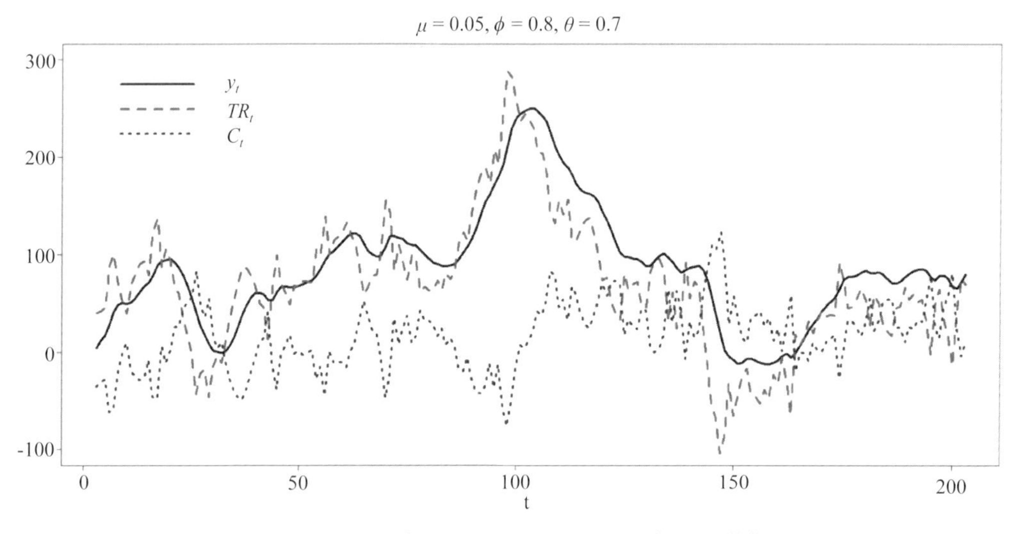

圖 4-18　一種 *ARIMA*(1, 1, 1) 過程之 BN 分解

BN 分解如圖 4-18 所示，存在有下列三點值得我們注意：

(1) 從（4-29）式可看出週期性與永久性二成分的「誤差項」存在完全的負相關，就實際的時間序列而言，則未必如此。
(2) 通常，由 BN 分解所取得的永久性成分，其波動較大。例如：由前述的 *ARIMA*(1, 1, 1) 過程可知 $(1.7 / 0.2)^2\sigma_u^2 > \sigma_u^2$。
(3) 於文獻上尚有其他的分解方法（可參考例 2），故 BN 分解的結果並非唯一。

例 1　台灣季實質 GDP 序列資料之 BN 分解

考慮一種 *ARIMA*(0, 1, 1) 過程如 $\Delta y_t = u_t + \theta u_{t-1}$，其中 $0 < \theta < 1$。根據（4-24）～（4-26）式，可知 $C(L) = 1 + \theta L$ 與 $C(1) = 1 + \theta$，故可得 $C^*(L) = -\theta$；因此，y_t 之 BN 分解可為 $y_t = C_t + TR_t = -\theta u_t + (1 + \theta)z_t$。我們舉一個例子說明。考慮圖 3-1 內的台灣季經濟成長率序列資料之對數值 y_t，我們先以 *ARIMA*(0, 1, 1) 過程模型化 y_t，

可得 μ 與 θ 的估計值分別約爲 0.01 與 −0.6；其次，以上述估計模型之殘差值序列 e_t 取代誤差項序列 u_t，再依 $TR_t = TR_{t-1} + 0.01 + (1 - 0.6)e_t$ 取得趨勢成分估計值序列，其結果可繪製於圖 4-19 內的左圖。從圖內可看出 TR_t 較原始序列 y_t 的波動低；至於估計的週期性成分 $C_t = y_t - TR_t$，則繪製於圖 4-19 內的右圖。因 y_t 爲未經季節調整資料，故估計的 C_t 擁有較明顯的季節性。

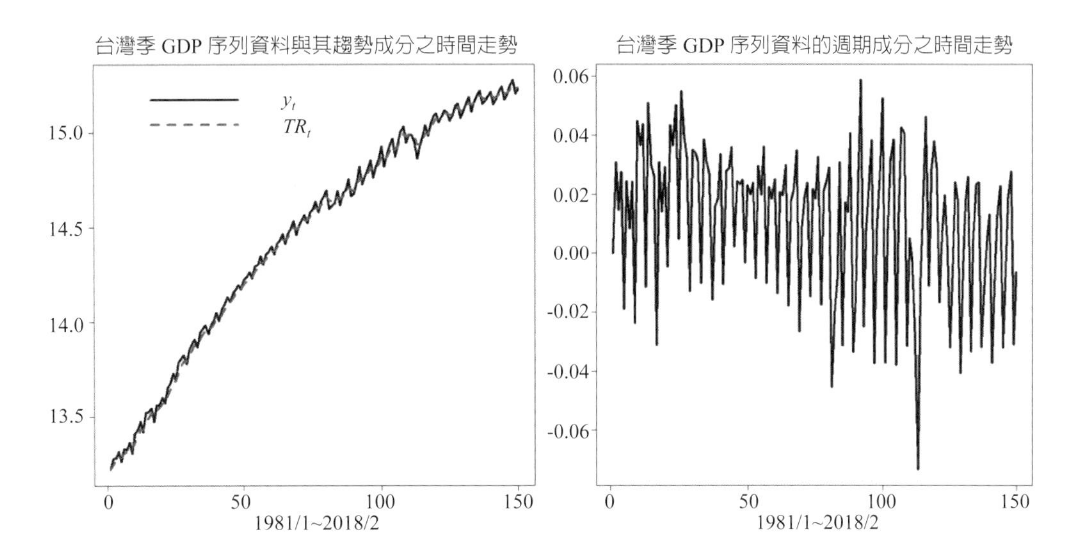

圖 4-19　台灣季 GDP 序列資料（對數值）以 *ARIMA*(0, 1, 1) 過程模型化之 BN 分解

例 2 HP 過濾

除了使用 BN 分解之外，於經濟文獻上尚有著名的 HP 過濾（filter）（Hodrick 與 Prescott, 1997）可將一種非定態隨機過程變數拆解成趨勢與週期二成分。HP 過濾的導出是極小化下列式子：

$$\sum_{t=1}^{T}(y_t - TR_t)^2 + \lambda\sum_{t=2}^{T-1}\left[(TR_{t+1} - TR_t)^2 - (TR_t - TR_{t-1})^2\right]$$

其中參數 λ 可控制趨勢成分之線性化程度，即 λ 愈大，趨勢成分之線性化程度愈大。於實際應用上，若使用年、季或月資料，則 λ 的參考值分別可設爲 100、1,600 或 14,400。於此處，我們不會深入探討 HP 過濾，不過透過 R 卻可以輕易地計算出 HP 過濾的分解估計值[15]。考慮圖 3-1 內的台灣 CPI 時間序列資料，使用 HP 過濾，其分解的估計值則繪製如圖 4-20 內的虛線所示。爲了比較起見，我們亦先使用 $ARIMA(1, 1, 1)$ 過程模型化 CPI 序列資料，然後再使用 BN 分解，其結果則繪製成圖 4-20 內的實線部分。讀者自然可以判斷二種分解方法結果之異同。

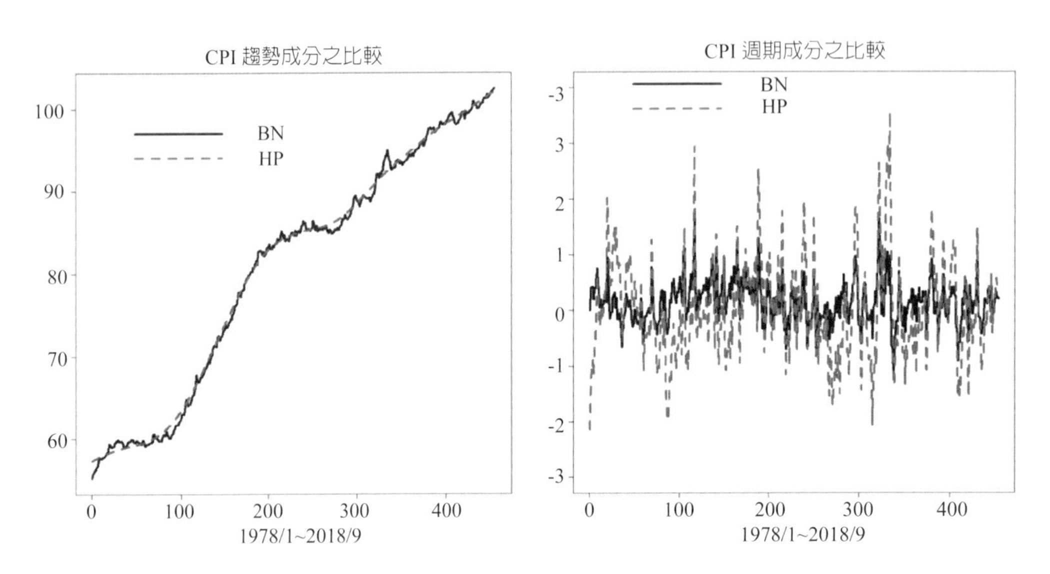

圖 4-20　台灣 CPI 序列資料（1978/1~2018/9）使用 HP 過濾與 BN 分解之比較

習題

(1) 試證明 $TR_t = TR_{t-1} + \mu + C(1)u_t \Rightarrow TR_t = \mu t + C(1)\sum_{i=1}^{t} u_i$。

(2) 令 y_t 表示對數台灣季實質 GDP，利用圖 3-1 內的資料，試以 $ARIMA(1, 1, 1)$ 模型化 y_t，其結果爲何？提示：使用程式套件（forecast）內的函數指令。

(3) 續上題，試以 $ARIMA(1, 0, 1)$ 模型化 Δy_t，其結果爲何？

(4) 續上題，試以 $ARIMA(1, 1, 1)$ 模型化 $\Delta_4 y_t$，其結果爲何？

(5) 續習題 (2)，令 u_t 爲標準常態分配隨機變數，試繪製出 BN 內之 TR_t 與 C_t。

(6) 續上題，若 u_t 以 $ARIMA(1, 1, 1)$ 模型殘差值取代，則 TR_t 與 C_t 是否會受到影響？

(7) 何謂 BN？試解釋之。其有何涵義？

---

[15] 可使用程式套件（mFilter），其使用方式可參考圖 4-20 所附之 R 指令。

Chapter 5

頻譜分析

第 3~4 章所描述的是一種隨機過程（或稱爲時間序列）其實就是指隨時間（走動）的隨機變數，而該二章強調定態的時間序列幾乎可以適當地利用 $ARMA$ 過程模型化，此種分析方式於時間序列文獻上可以稱爲「時域分析」（time domain analysis）。與時域分析對應的是「頻域分析」（frequency domain analysis）；換言之，（定態的）時間序列亦可以使用頻域分析檢視，其特色是欲偵測時間序列資料內所隱藏的週期性（hidden periodicities）。也就是說，根據頻域分析，一個時間序列資料其實是由不同頻率的週期循環所構成，即一個時間序列資料可以用「頻譜表示」（spectral representation）。頻譜估計（spectral estimation）就是欲找出最重要的頻率週期循環。Granger（1964）曾將頻域分析的觀念（特別是使用頻譜估計）引進計量經濟學內；更有甚者，Granger（1966）更進一步指出多數的經濟時間序列資料的波動是來自於低頻率週期循環。

時域分析與頻域分析最主要的差異在於檢視的角度並不相同。例如：時域分析根據 Wold 分解定理（第 3 章）認爲定態的時間序列資料 y_t 可寫成一系列的誤差項表示如（3-18）式所示，即：

$$y_t = \mu + \sum_{j=0}^{\infty} \psi_j u_{t-j}, \quad u_t \sim WN(0, \sigma_u^2) \tag{3-18}$$

其中 $\psi_0 = 1$ 而 $\sum_{j=0}^{\infty} \psi_j^2 < \infty$。另外，頻域分析則以 y_t 可以用週期函數如 $\cos(\omega t)$ 與 $\sin(\omega t)$ 的加權組合表示，即：

$$y_t = \mu + \int_0^{\pi} \alpha(\omega)\cos(\omega t)d\omega + \int_0^{\pi} \delta(\omega)\sin(\omega t)d\omega \qquad (5\text{-}1)$$

其中 ω 表示一個特定的頻率。因此，頻域分析的分析重點與時域分析不同，前者在於強調 y_t 的波動可由不同頻率的週期循環解釋，而後者則強調 y_t 與 y_s（$t \neq s$）之間的關係。

時域分析與頻域分析應該是相輔相成的，即任何定態的時間序列不僅可以用時域表示，同時亦可以用頻域表示。二種分析方式各有其優勢。因此，若與第 3 或 4 章比較，本章的重要性應不容忽視。不過，從（5-1）式可知頻域分析會大量使用與三角函數有關的觀念與應用，讀者可以發現透過 R 的使用，可以大幅降低接觸此領域的困難度。

1. 認識週期函數

無法避免的，於（5-1）式內可看出正弦（sine）與餘弦（cosine）函數於頻譜分析內扮演著重要的角色。於本節我們將簡單介紹正弦與餘弦函數的性質與其應用；特別的是，上述二函數通常於迴歸分析內應用於模型化季節性。

1.1 正弦與餘弦函數

$\sin(\theta)$ 與 $\cos(\theta)$ 是熟悉的三角函數，其分別稱為正弦與餘弦函數。我們知道當 θ 從 0 提高至 2π 時，$\sin(\theta)$ 可以完成一個週期（循環），而於此週期內，$\sin(\theta)$ 的最大值與最小值分別為 1 與 −1，可以參考圖 5-1 內的左圖。換言之，就任何整數 j

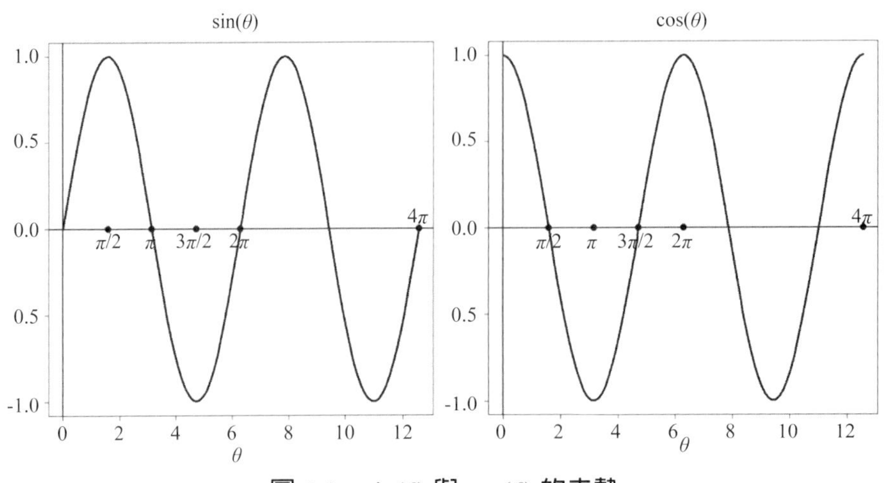

圖 5-1　$\sin(\theta)$ 與 $\cos(\theta)$ 的走勢

而言，$\sin(\theta)$ 具有 $\sin(2\pi j + \theta) = \sin(\theta)$ 的性質。圖 5-1 內的右圖繪製出 $\cos(\theta)$ 的走勢，比較圖 5-1 內的右圖與左圖，可以發現 $\cos(\theta)$ 的走勢相當於將 $\sin(\theta)$ 的走勢往左平移 $\pi/2$ 位置，因此可知 $\cos(\theta) = \sin(\theta + \pi / 2)$。

假定我們建構一個函數爲 $g(\theta) = \sin(2\theta)$，其走勢則繪製於圖 5-2。從圖內可看出當 θ 從 0 提高至 2π 時，$\sin(\theta)$ 可以完成一個週期，不過於相同期間內 $g(\theta)$ 卻完成 2 個週期；因此，我們倒是可以解釋 $\sin(k\theta)$ 表示何意思？其表示若將 0 至 2π 期間視爲單位時間，即於 1 單位時間之下，$\sin(\theta)$ 可完成一個週期，而 $\sin(k\theta)$ 卻可以完成 k 個週期。

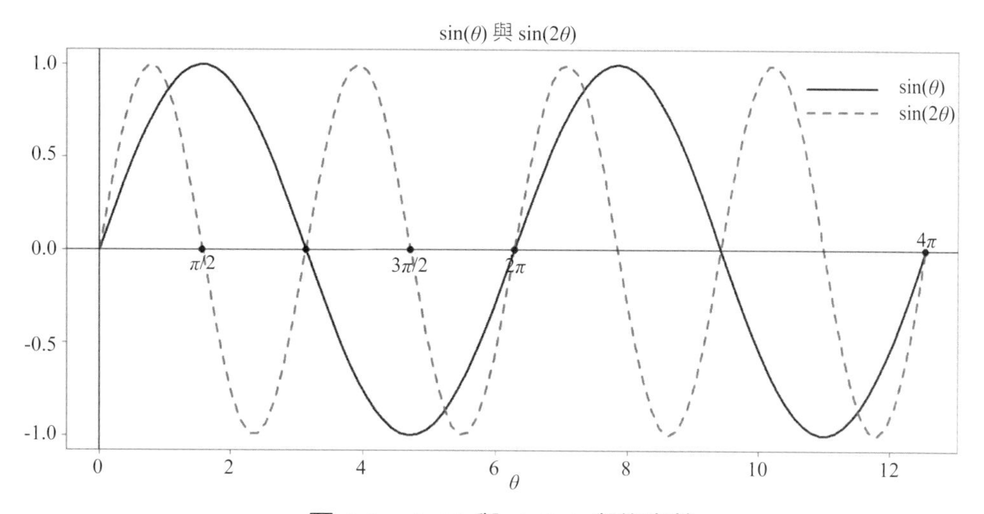

圖 5-2　$\sin(\theta)$ 與 $\sin(2\theta)$ 與的走勢

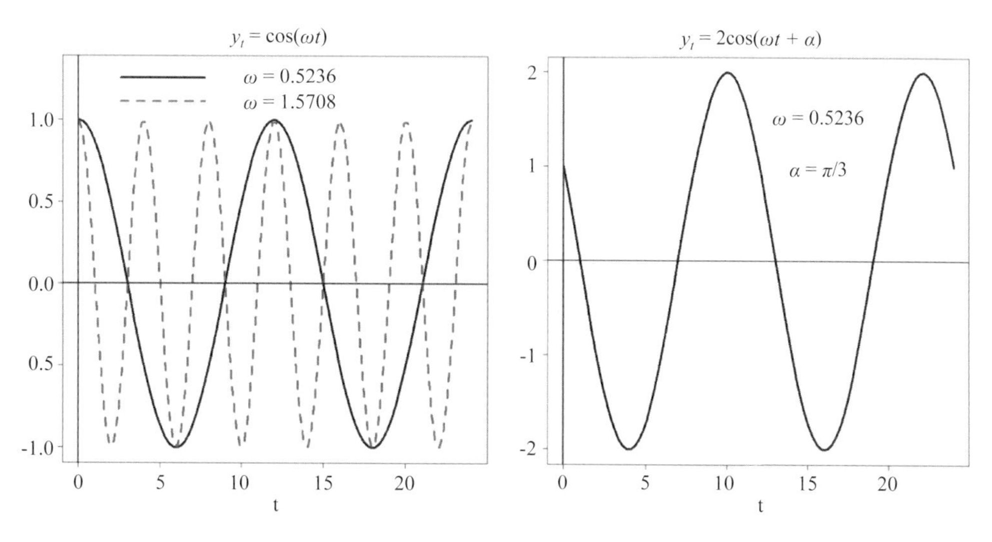

圖 5-3　$y_t = \cos(\omega t)$ 與 $y_t = R\cos(\omega t + \alpha)$ 與的走勢

上述的觀念可以繼續推廣，考慮下列式子：

$$y_t = R\cos(\omega t + \alpha) \tag{5-2}$$

其中 $|R|$ 稱爲振幅而 α 則稱爲「位相」（phase）。於（5-2）式內可看出 y_t 值之最大值與最小值分別爲 $|R|$ 與 $-|R|$。至於 y_t 之「位相」，則相當於 y_0 之值。從圖 5-3 內的右圖可以看出 R 與 α 的意義。例如：圖內繪製出於 $R = 2$ 與 $\alpha = \pi/3$ 之下 y_t 的時間走勢，從圖內可看出 y_t 的走勢介於 2 與 −2 之間；另一方面，因 $\cos(\pi/3) = 0.5$，故可知 $y_0 = 1$。

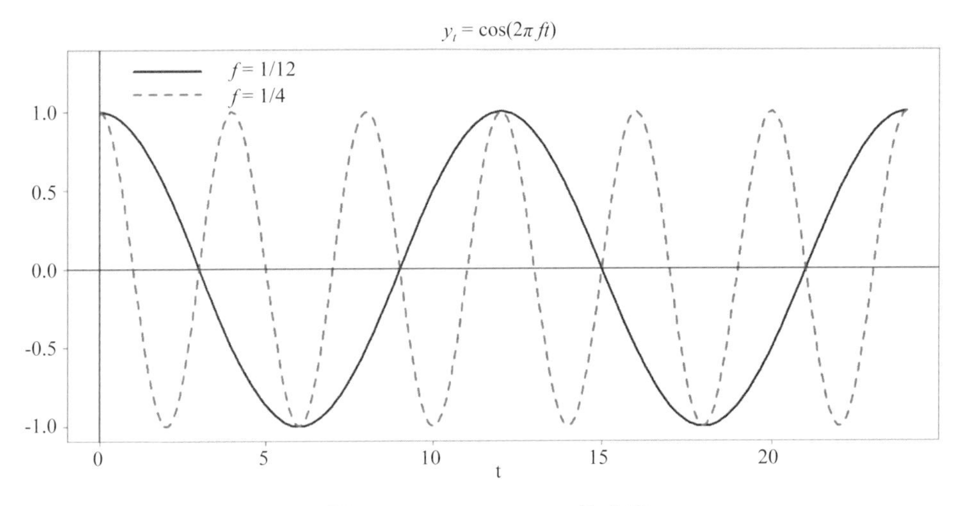

圖 5-4 $y_t = \cos(2\pi ft)$ 的走勢

比較麻煩的是 ω 所扮演的角色。通常我們稱一個週期爲完成一個完全的循環所需要的時間，其可寫成 $2\pi/\omega$，其中稱 ω 爲頻率；因此，若 $\omega = 0.5236$ 表示 y_t 每隔 $2\pi/0.5236 \approx 12$ 期間會重複一次，而若 $\omega = 1.5708$ 則表示 y_t 每隔 $2\pi/1.5708 \approx 4$ 期間會重複一次。比較（3-4）與（5-2）二式，可以發現用後者來表示雖然比較簡易，不過於模擬時卻須使用前者（可以參考所附之 R 指令）。例如，圖 5-3 的左圖是根據（3-4）式所繪製而得，從圖內可看出若 $\omega = 0.5236$，其對應的週期爲 12 期；另外，若 $\omega = 1.5708$，則對應的週期爲 4 期。

有些時候，我們會遇到寫成如 $y_t = \cos(2\pi ft)$ 的形式，而 y_t 的時間走勢則繪製如圖 5-4 所示。比較圖 5-3 內的左圖與圖 5-4 二圖，可以發現二圖是一致的。令 n 表示週期，則可知 $n = \dfrac{2\pi}{\omega} \Rightarrow \omega = 2\pi\dfrac{1}{n} = 2\pi f$ 或 $f = \dfrac{1}{n}$。換言之，頻率亦可用 f 表

示，而上述二圖是繪製 $n = 12$ 與 $n = 4$ 二種情況，其對應的頻率則為 $f = 1/12$ 與 $f = 1/4$。因此，我們倒是有二種方式衡量頻率，其中之一為 ω，另一則為 f，而二者之間的關係為：

$$\omega = 2\pi f \Leftrightarrow f = \frac{\omega}{2\pi} \tag{5-3}$$

因此，根據（5-3）式，圖 5-4 內 $\omega = 0.5236$ 除了可對應至 $n = 12$ 之外，亦可對應至 $f = 0.8333$；同理，$\omega = 1.5708$ 除了可對應至 $n = 4$ 之外，亦可對應至 $f = 0.25$。

例 1 n 與 ω 與之間的關係

因 $\omega = \dfrac{2\pi}{n}$，故不難得出 n 與 ω 之間的關係如圖 5-5 的左圖所示。從圖內可看出 ω 愈小（愈大）所對應的 n 就愈大（愈小）；換言之，愈低頻率對應至愈大的週期期間。

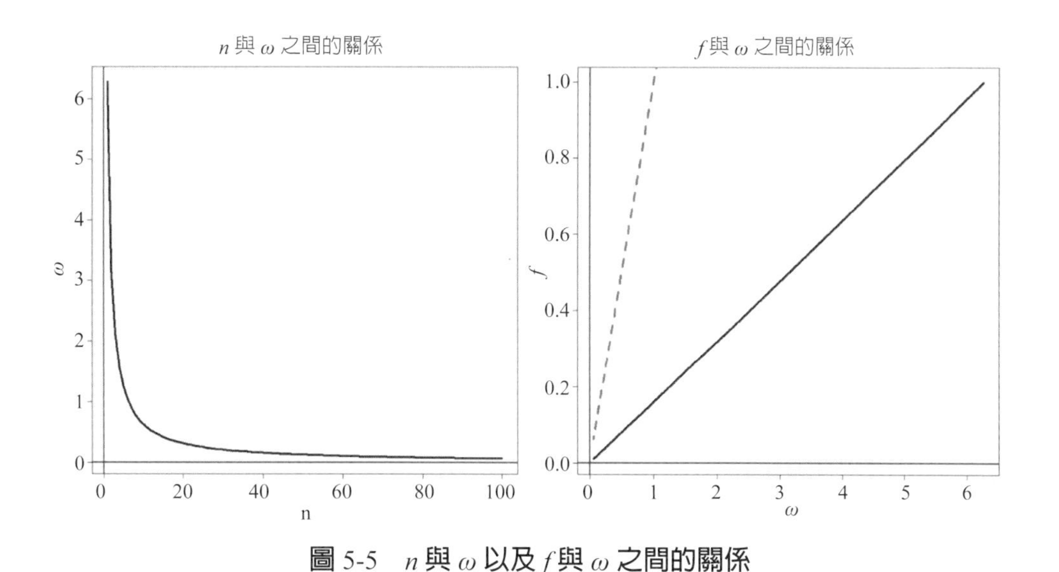

圖 5-5 n 與 ω 以及 f 與 ω 之間的關係

例 2 f 與 ω 之間的關係

根據（5-3）式，可得 f 與 ω 之間的關係，該關係亦可繪製於圖 5-5 的右圖，其中虛線表示 $\omega = \omega$ 直線。

例 3 頻率為負值

於圖 5-5 內我們只考慮頻率爲正值的情況，若是頻率爲負值呢？考慮 DGP 爲：

$$y_t = \alpha\cos(-\omega t) + \delta\sin(-\omega t)$$

其中 $-\omega < 0$ 表示一個特定的負頻率值而 α 與 δ 爲固定的常數值或平均數爲 0 的隨機變數。上述 DGP 的形式於底下倒是常見。因 $\cos(-\omega t) = \cos(\omega t)$ 與 $\sin(-\omega t) = -\sin(\omega t)$，故上式可再改寫成：

$$y_t = \alpha\cos(\omega t) - \delta\sin(\omega t)$$

因此，似乎沒有必要區別 ω 與 $-\omega$ 之間的差異。

習題

(1) 週期與頻率有何表示方式？試解釋之。
(2) 爲何我們不考慮負頻率的情況？試解釋之。
(3) 試繪製出於 $f = 1$ 與 $f = 1/2$ 下之 $y_t = \cos(2\pi ft)$ 的走勢。
(4) 續上題，$y_t = \cos(2\pi ft)$ 可以對應至 $y_t = \cos(\omega t)$，其中 ω 爲何？
(5) 爲何定態隨機過程的實現值走勢，可用例如 $y_t = R\cos(\omega t + \alpha)$ 模型化？

1.2 季節模型

於《財統》內，我們曾使用季節虛擬變數以除去時間序列內的季節成分。考慮下列模型 $y_t = u_t + x_t$，其中 $E(x_t) = 0$。若 y_t 的時間觀察值屬於月資料，則存在 $\beta_1, \beta_2, \cdots, \beta_{12}$ 月平均參數，其中：

$$\mu_t = \begin{cases} \beta_1,\ t = 1, 13, 25, \cdots \\ \beta_2,\ t = 2, 14, 26, \cdots \\ \quad\vdots \\ \beta_{12},\ t = 12, 24, 36, \cdots \end{cases}$$

因此上述模型亦可稱爲季節平均模型。

我們舉一個例子說明。圖 5-6 內的左圖繪製出台灣月通貨膨脹率時間走勢

（1982/1~2018/12）[1]。為了估計上述季節平均模型，我們可以使用季節虛擬變數，而用 OLS 估計，其結果可繪製成如圖 5-6 內左圖的虛線或放大成右圖。從左圖內可看出季節成分所占的份額並不大，不過右圖的週期性曲線形狀倒是引起我們注意；也就是說，利用季節虛擬變數估計季節平均模型相當於「各季節性」皆只用單一參數估計值表示，故其估計值忽略了季節性有可能以平滑的方式表示。換言之，季節平均模型亦可以考慮使用「諧波季節模型」（harmonic seasonal models）估計取代。

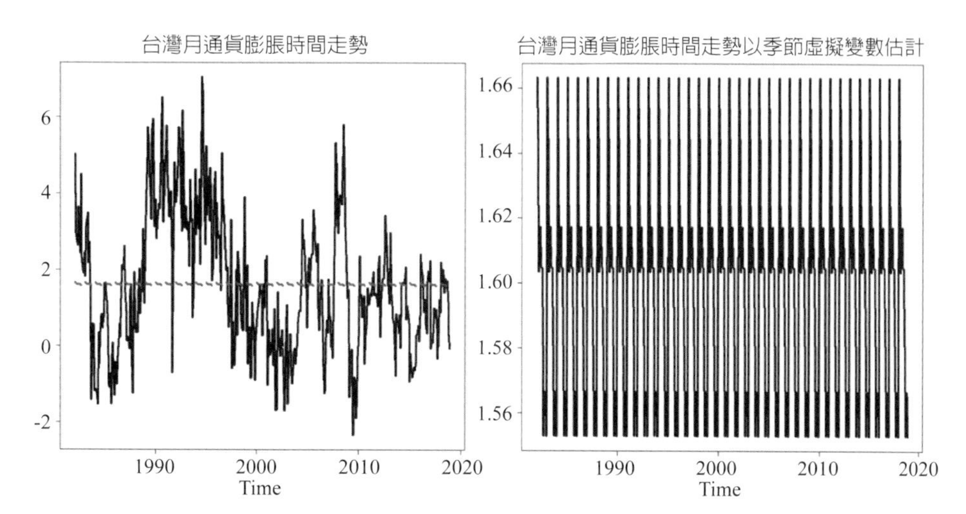

圖 5-6　台灣月通貨膨脹率時間走勢（1982/1~2018/12）以及用季節平均模型估計

所謂的諧波函數就是指 y_t 可寫成：

$$
\begin{aligned}
y_t = A\cos(\omega t) + B\sin(\omega t) &= \rho\cos(\alpha)\cos(\omega t) + \rho\sin(\alpha)\sin(\omega t) \\
&= \rho\left[\cos(\omega t - \alpha)\right] \\
&= \sqrt{A^2 + B^2}\cos(\omega t - \alpha) \qquad (5\text{-}4)
\end{aligned}
$$

（5-4）式的導出有利用到 $\cos(\beta - \alpha) = \cos(\alpha)\cos(\beta) + \sin(\alpha)\sin(\beta)$ 的特性，其中令 $A = \rho\cos(\alpha)$ 與 $B = \rho\sin(\alpha)$ 隱含著 $\tan(\alpha) = B/A$，從而因 $\cos^2(\alpha) + \sin^2(\alpha) = 1$ 故 $\rho^2 = A^2 + B^2$。如前所述，若 n 表示週期，則 $2\pi/n$ 表示頻率，其中 $\rho = \sqrt{A^2 + B^2}$ 表示震幅以及 $\alpha = \arctan(B/A)$ 則表示位相的角度。我們亦可以舉一個例子說明。考慮下

[1] 該資料係從主計總處的 CPI 資料轉換而來。

列參數值 $\omega = 2\pi/12 = 0.5236$、$A = 6$ 與 $B = 8$，因此可得 $\rho = \sqrt{A^2 + B^2} = 10$ 與 α = arctan(1.3333) = 53.13° = 0.2952π = 0.9273。按照 $y_t = A\cos(\omega t) + B\sin(\omega t)$，圖 5-7 繪製出 y_t 的時間走勢圖；另一方面，根據（5-4）式，讀者倒是可以練習以 $y_t = \rho\cos(\omega t - \alpha)$ 繪製出圖內 y_t 的時間走勢。

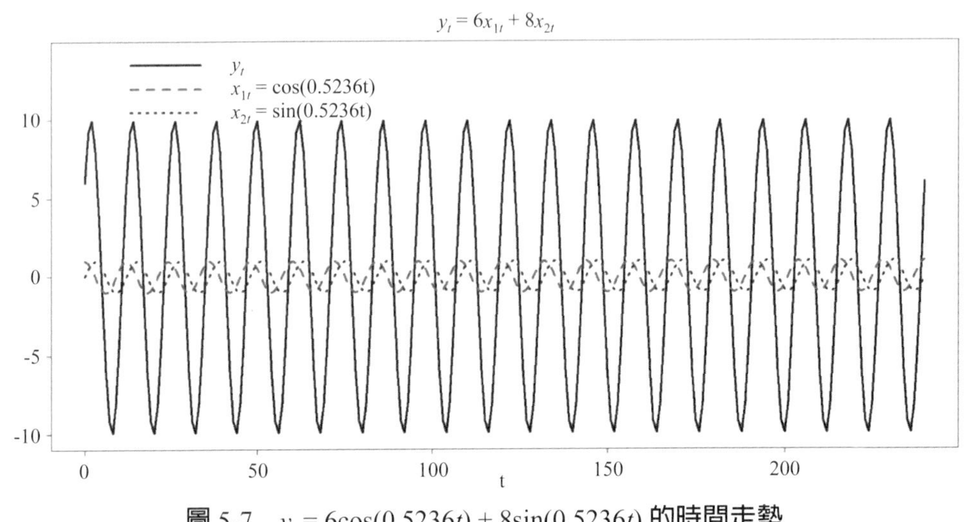

圖 5-7 $y_t = 6\cos(0.5236t) + 8\sin(0.5236t)$ **的時間走勢**

於實際應用上，應留意我們如何衡量「時間」，因後者會影響到頻率的計算。假定圖 5-7 內的期間爲 1982/1~2001/12，其中頻率爲 1/12 ≈ 0.083，故 1982/1 可寫成 1982，而 1982/2 可寫成 1982.083，1982/3 可寫成 1982.167，依此類推。於圖 5-7 內，我們已經有 y_t 的觀察值，假定 $A = \beta_1$ 與 $B = \beta_2$ 爲未知參數，而 y_t 的二個解釋變數分別爲 $\cos(2\pi ft)$ 與 $\sin(2\pi ft)$，其中 $f = 1/n = 1/12$，故上述參數值可用下列迴歸式估計[2]，即：

$$y_t = \beta_0 + \beta_1\cos(2\pi ft) + \beta_2\sin(2\pi ft) + u_t$$

不過，就圖 5-7 內的例子而言，因 y_t 爲確定變數，故若以 OLS 估計上式，應分別可得 $\hat{\beta}_0 = \hat{u}_t = 0$、$\hat{\beta}_1 = 6$ 以及 $\hat{\beta}_2 = 8$ 的結果。

圖 5-7 的結果是有意義的，因 y_t 內的二頻率是相同的，此時自然會有一個疑問，那就是頻率若不相同呢？考慮下列 $y_t = 2x_t + 3z_t$，其中 $x_t = \cos\left(\frac{2\pi}{12}\right)$ 與

[2] 若檢視（5-4）式，因 α 位於 $y_t = \rho\cos(\omega t - \alpha)$ 內，故不易以 OLS 估計。

$z_t = \sin\left(2\pi\frac{7}{12} + 0.6\pi\right)$。圖 5-8 分別繪製出 x_t、z_t 與 y_t 的時間走勢。由於 x_t 與 z_t 皆屬於確定的時間序列，故 y_t 的時間走勢亦屬於確定的走勢；不過，從圖 5-8 內的右圖內則未必能分別出 y_t 是否屬於確定抑或是隨機的時間序列。換言之，圖 5-9 類似於圖 5-8 的繪製，只不過前者以 $z_t = \sin\left(2\pi\frac{7}{12} + u_t\right)$ 取代，其餘不變，其中 u_t 爲獨立的均等分配隨機變數；因此，圖 5-9 內的 y_t 倒是屬於隨機的時間序列。從圖 5-8 與 5-9 的例子內可知頻域分析是吸引人的，因爲上述二圖內的的觀察值有隱藏著顯著的週期，而我們未必能立即偵測出；不過，底下介紹的頻譜分析倒是提供方法檢視。

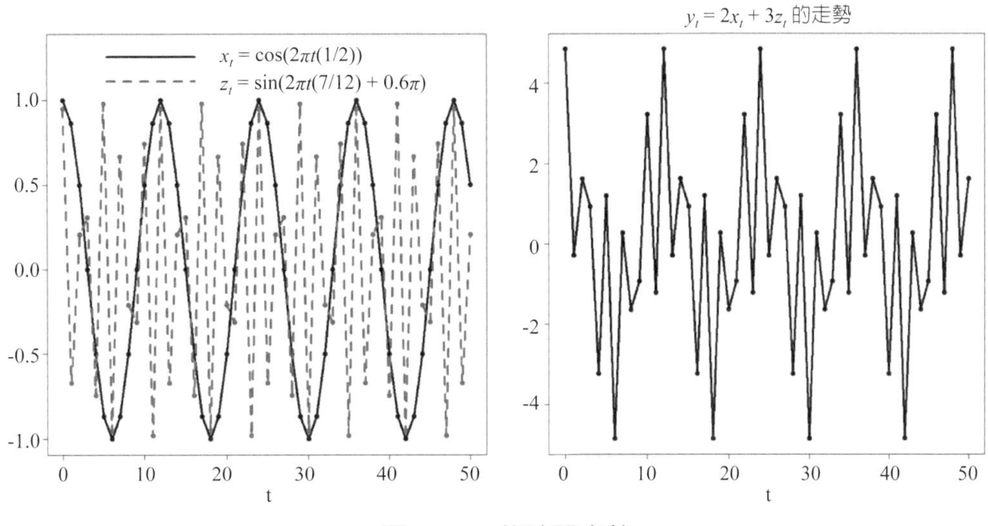

圖 5-8 y_t 的時間走勢

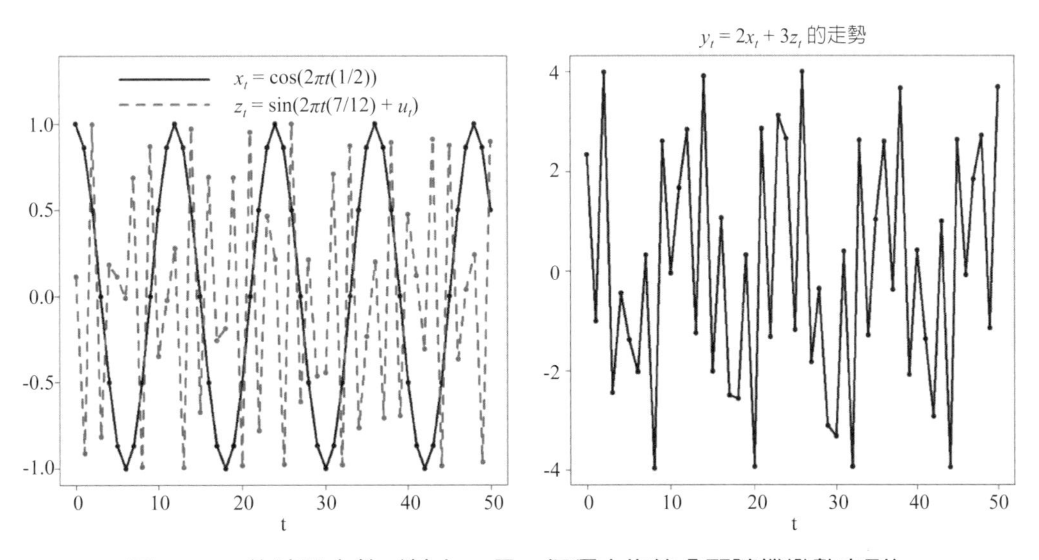

圖 5-9 y_t 的時間走勢（其中 u_t 是一個獨立均等分配隨機變數序列）

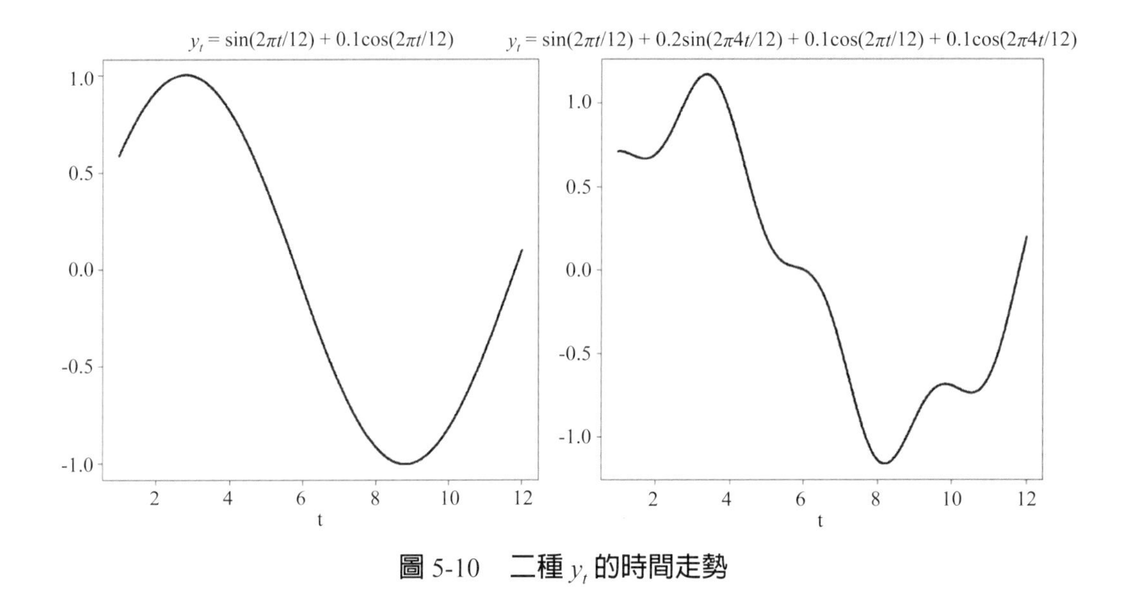

圖 5-10　二種 y_t 的時間走勢

接下來，我們可以來看諧波季節模型。就一個有 s 個季節的時間序列如 $\{y_t\}$ 而言，其有 $[s/2]$ 個可能的週期[3]。諧波季節模型可以定義為：

$$y_t = m_t + \sum_{j=1}^{[s/2]} \left\{ s_j \sin\left(2\pi jt/s\right) + c_i \cos\left(2\pi jt/s\right) \right\} + u_t \quad (5\text{-}5)$$

其中 m_t 表示趨勢項（含常數項），s_j 與 c_j 為未知參數。假定我們使用月資料，即 $s = 12$。乍看之下，我們不易想像季節性頻率大於 1/12 的情況，不過後者顯然會干擾前者的規則性。例如，圖 5-10 繪製出二種 y_t 的時間走勢，其中左圖與右圖分別檢視：

$$y_t = \sin(2\pi t/12) + 0.1\cos(2\pi t/12)$$

與

$$y_t = \sin(2\pi t/12) + 0.2\sin(2\pi 4t/12) + 0.1\cos(2\pi t/12) + 0.1\cos(2\pi 4t/12)$$

---

[3] $[s/2]$ 只取中括號內之值之整數部分，於大多數的應用上通常為整數，故可以不需要使用 $[\cdot]$ 的觀念；不過，有些季節性，s 卻為奇數，故仍需要使用 $[\cdot]$ 的觀念。例如：若描述星期的季節性，則其擁有 $[7/3]$ 個可能的週期。

的時間走勢，即右圖多考慮了一個的頻率，則左圖內的 y_t 的規則走勢已被干擾。換言之，季節模型的設置如（5-5）式所示，反而擴大了模型化季節性的範圍。

我們舉一個實際的例子說明。利用第 1 章內的 SSE 月股價指數資料（2000/1~2016/2），圖 5-11 的上圖繪製出 SSE 的對數報酬率時間走勢。我們有興趣的是該時間走勢是否存在季節性？因屬於月資料，故 $s = 12$。利用（5-5）式，考慮 $m_t = \beta_0 + \beta_1 t = \beta_2 t^2$。我們先以 OLS 估計（5-5）式，再以顯著水準為 10% 為基準，除去不顯著的部分，最後可得：

$$\hat{y}_t = 0.28 + 1.45\cos(2\pi t/12) - 1.81\cos(2\pi 5t/12) - 1.92\cos(2\pi 6t/12)$$
$$(0.57)\ (0.81)\qquad\qquad (0.81)\qquad\qquad (0.89)$$
$$-(2.98e + 11)\sin(2\pi 6t/12)$$
$$(1.19e + 11)$$

其中小括號內之值為對應的估計標準誤。$\hat{y}_t$ 的走勢則繪製於圖 5-11 內的中圖。為了比較起見，圖 5-11 內的下圖則繪製出以季節平均模型化的預期走勢。比較中圖與下圖的結果，可看出以前者呈現的季節性較具彈性。

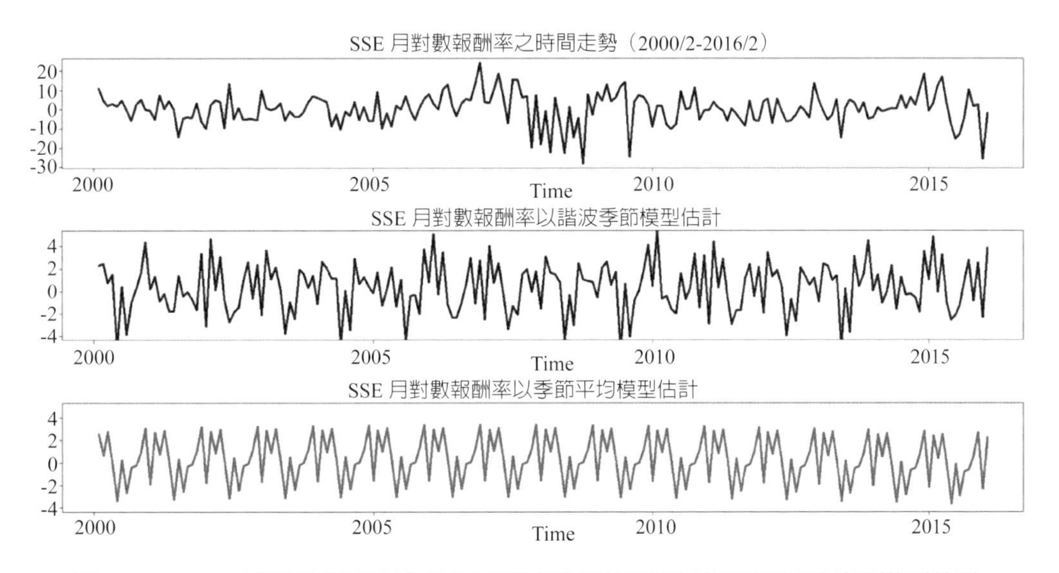

圖 5-11　TWI 月對數報酬率之時間走勢與以季節平均模型與調和季節模型估計

例 1　諧波季節模型的模擬

上述 SSE 的例子倒是提供一種模擬諧波季節模型的方式，考慮下列的 y_t 的

DGP：

$$y_t = 0.1 + 0.005t + 0.001t^2 + \sin(2\pi t/12) + 0.2\sin(2\pi 2t/12) + 0.1\sin(2\pi 4t/12) + 0.1\cos(2\pi 4t/12) + u_t$$

上述 y_t 的構成可以分成三個成分，即 y_t 是由趨勢、季節以及誤差項三個成分所組成。明顯地，根據上述 y_t 的 DGP，其中趨勢與季節部分皆屬於確定項，而誤差項可以爲隨機項。假定 $u_t \sim NID(0, \sigma_u^2)$，圖 5-12 繪製出二種 y_t 的模擬時間序列走勢，其中一種爲 $\sigma_u = 0.5$ 而另外一種則爲 $\sigma_u = 2$。從圖內可以看出 y_t 的三個構成分成，除了趨勢項之外，季節與誤差項成分並不容易區別。

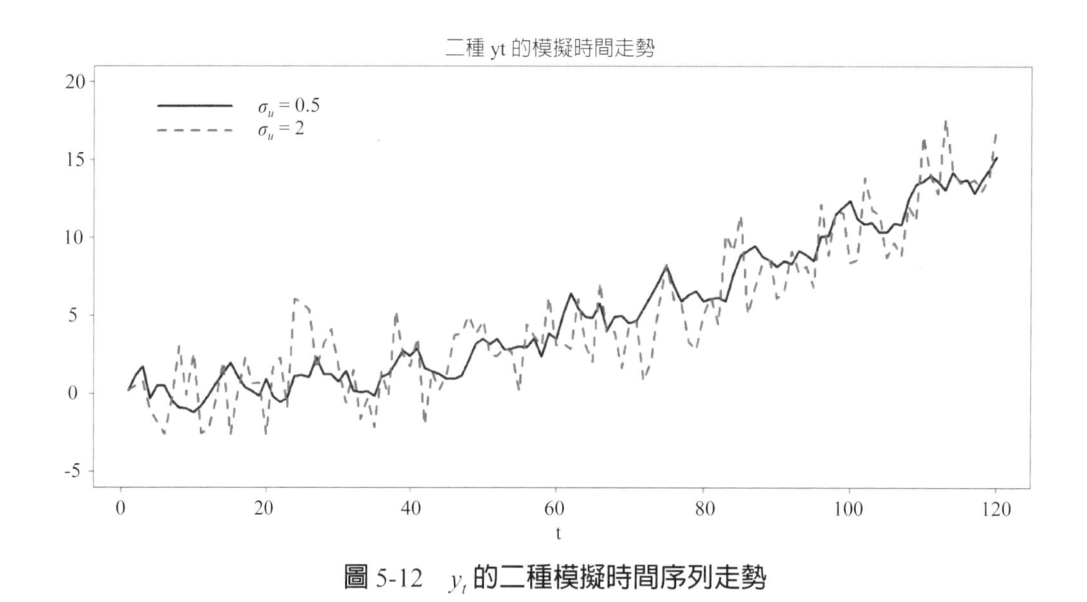

圖 5-12　y_t 的二種模擬時間序列走勢

例 2　頻率的轉換

續例 1，檢視例 1 內 y_t 的 DGP，應可知 $n = 12$ 而 $w = 2\pi/12 = 0.5236$；換言之，例 1 內的 y_t 的 DGP 亦可寫成：

$$y_t = 0.1 + 0.005t + 0.001t^2 + \sin(\omega t) + 0.2\sin(\omega 2t) + 0.1\sin(\omega 4t) + 0.1\cos(\omega 4t) + u_t$$

此爲（5-3）式的應用。讀者倒是可以練習如何利用上式模擬。

例 3 以諧波季節與季節平均模型估計

利用例 1 內 y_t 的觀察值（$\sigma_u = 0.5$），讀者倒是可以練習分別以諧波季節與季節平均模型估計其走勢，其估計結果可繪製於圖 5-13。圖內假定期間爲 1982/1~1991/12。當然，可以參考所附的 R 指令。

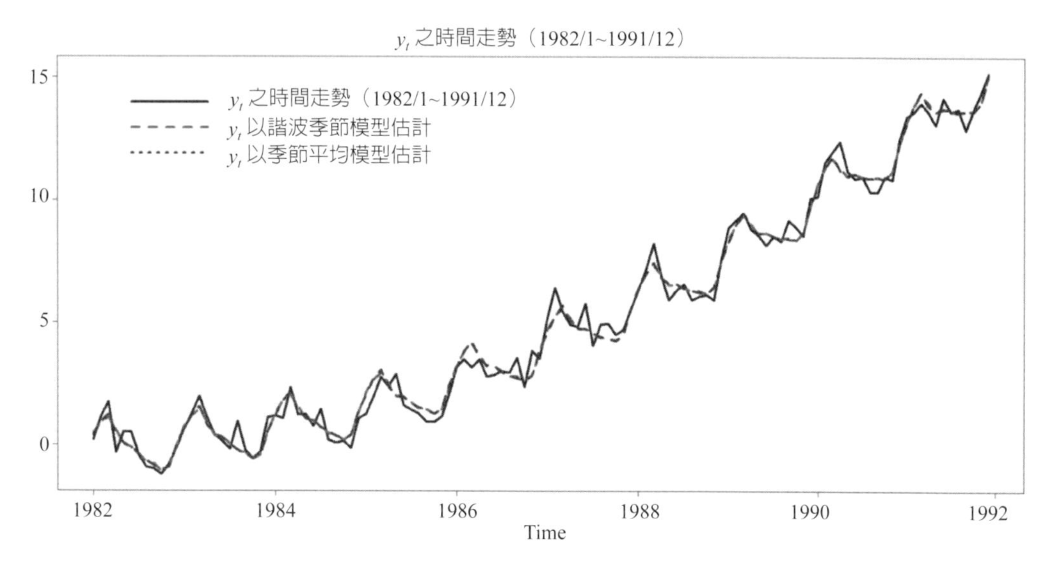

圖 5-13 以諧波季節與季節平均模型估計例 1 內 y_t 的觀察值（$\sigma_u = 0.5$）

習題

(1) 一個時間序列資料其實是由不同頻率的週期循環所構成。試解釋之。
(2) 何謂諧波季節模型？試解釋之。
(3) 何謂諧波函數？試解釋之。
(4) 諧波季節模型與平均季節模型有何不同？試解釋之。
(5) 試解釋例 1~3。

2. 母體頻譜

如前所述，定態的時間序列不僅可以使用時域分析，同時亦可以使用頻域分析；換言之，定態的時間序列同時可有以時域與頻域表示方式如（3-18）與（5-1）二式所示。底下，我們介紹自我共變異數產生函數（autocovariance-generating function, AGF）觀念。透過 AGF，除了可看出時域與頻域表示方式的相通性之外；

另外，更可以透過 AGF 導出定態時間序列的母體頻譜（population spectrum）。

2.1 自我共變異數產生函數

令 $\{y_t\}_{t=-\infty}^{\infty}$ 是一種定態的隨機過程，其中 $E(y_t)=\mu$ 而 $E(y_t-\mu)(y_{t-j}-\mu)=\gamma_j$。假定 γ_j 具有絕對可加總特性[4]，我們可定義 y_t 之 AGF 爲：

$$g_y(z)=\sum_{j=-\infty}^{\infty}\gamma_j z^j \tag{5-6}$$

其中 z 是一個虛數，令 $i=\sqrt{-1}$，z 可寫成：

$$z=\cos(\omega)-i\sin(\omega)=e^{-i\omega} \tag{5-7}$$

就（5-6）式而言，定態時間序列的過程如 AR、MA 或 $ARMA$ 過程可找到特定的自我共變異數，故該過程可對應至特定的 AGF。以 $MA(1)$ 過程如 $y_t=(1+\theta L)u_t$ 爲例，其中 $u_t\sim WN(0,\sigma_u^2)$。於第 3~4 章內，我們已經知道 $\gamma_0=E(y_t-\mu)^2=(1+\theta^2)\sigma_u^2$、$\gamma_1=E(y_t-\mu)(y_{t-1}-\mu)=\theta\sigma_u^2$ 以及 $\gamma_j=E(y_t-\mu)(y_{t-j}-\mu)=0$（$j>1$），故根據（5-6）式可得 y_t 按照 $MA(1)$ 過程模型化的 AGF 爲：

$$g_y(z)=\sigma_u^2(1+\theta z)(1+\theta z^{-1})=\sigma_u^2\left[\theta z+\left(1+\theta^2\right)z^0+\theta z^{-1}\right] \tag{5-8}$$

同理，一種 $MA(q)$ 過程如 $y_t=(1+\theta_1 L+\cdots+\theta_q L^q)u_t, u_t\sim WN(0,\sigma_u^2)$，根據（5-8）式可得 y_t 按照 $MA(q)$ 過程模型化的 AGF 爲：

$$\begin{aligned}g_y(z)&=\sigma_u^2(1+\theta_1 z+\theta_2 z^2+\cdots+\theta_q z^q)(1+\theta_1 z^{-1}+\theta_2 z^{-2}+\cdots+\theta_q z^{-q})\\&=\left(\theta_q\right)z^q+\left(\theta_{q-1}+\theta_q\theta_1\right)z^{(q-1)}+\cdots+\left(\theta_1+\theta_2\theta_1+\theta_3\theta_2+\cdots+\theta_q\theta_{q-1}\right)z^1\\&\quad+\left(1+\theta_1^2+\theta_2^2+\cdots+\theta_q^2\right)z^0+\left(\theta_1+\theta_2\theta_1+\theta_3\theta_2+\cdots+\theta_q\theta_{q-1}\right)z^{-1}+\cdots+\left(\theta_q\right)z^{-q}\end{aligned}$$

---

[4] 就（3-18）式而言，γ_j 具有絕對可加總（absolutely summable）特性隱含著 $\sum_{j=1}^{\infty}\left|\gamma_j\right|<\infty$ 與 $\sum_{j=1}^{\infty}\left|\psi_j\right|<\infty$。

讀者倒是可以檢視 z^j 前的係數是否的確爲 γ_j。因此，若令 $q = \infty$，可得 y_t 按照 $MA(\infty)$ 過程模型化的 AGF 爲：

$$g_y(z) = \sigma_u^2 \left(\sum_{j=0}^{\infty} \theta_j z^j \right) \left(\sum_{j=0}^{\infty} \theta_j z^{-j} \right) = \sigma_u^2 \theta(z) \theta(z^{-1}) \tag{5-9}$$

至於定態的 AR 或 $ARMA$ 過程，由於其可轉換至一種 MA 過程，故不難得出對應的 AGF。

由上述的分析可知，定態的 $ARMA$ 過程皆可找到對應的 AGF。如前所述，定態時間序列過程如 y_t 的頻譜可由 AGF 轉換而得；因此，定態的 $ARMA$ 過程皆有對應的頻譜，故可知時域與頻域分析其實是一種密不可分的關係。

例 1 平均數變異數的估計

乍看之下，我們不容易解釋（5-6）式的意義。不過，從（5-6）式內可看出 γ_j 扮演著重要角色，其實（5-6）式的形式我們未必感到陌生。假定 y_t 是一種定態隨機過程變數可寫成：

$$y_t = \mu + x_t \tag{5-10}$$

其中 $E(x_t) = 0$。令 γ_k 表示 y_t 的落後 k 期共變異數係數。直覺而言，μ 的估計式爲 $\bar{y} = \frac{1}{T}\sum_{t=1}^{T} y_t$；因此，$\bar{y}$ 的變異數亦可寫成：

$$Var(\bar{y}) = \frac{1}{T} \sum_{k=-T+1}^{T-1} \left(1 - \frac{|k|}{T}\right) \gamma_k$$

$$= \frac{\gamma_0}{T} \left[1 + 2 \sum_{k=1}^{T-1} \left(1 - \frac{k}{T}\right) \rho_k \right] \tag{5-11}$$

其中 T 表示樣本個數以及 $\rho_k = \gamma_k / \gamma_0$。（5-11）式的導出可參考本章附錄 1（置於光碟內）。比較（5-6）與（5-11）二式，應可以發現二式有些微的類似。是故，於此我們倒是先知道 y_t 的母體頻譜是何意思？有可能與其變異數有關。

例 2（5-11）式的意義

若（5-10）式內的 $\{x_t\}$ 屬於白噪音過程，則就 $k \neq 0$ 而言，可知 $\rho_k = 0$，因此根據（5-11）式，可得 $Var(\bar{y}) = \gamma_0 / T$。於（5-10）式內，若 y_t 屬於 $MA(1)$ 過程如 $y_t = u_t - 0.5u_{t-1}$，則可得 $\rho_1 = -0.4$，但是若 $k > 1$ 則 $\rho_k = 0$；是故，根據（5-11）式可得：

$$Var(\bar{y}) = \frac{\gamma_0}{T}\left[1 - 0.8\left(\frac{T-1}{T}\right)\right]$$

即當 $n > 50$，因子 $(T-1)/T$ 會接近於 1，故可得 $Var(\bar{y}) \approx 0.2\frac{\gamma_0}{T}$。換言之，若與白噪音過程比較，$MA(1)$ 過程因存在落後 1 期負相關，使得 $Var(\bar{y})$ 會降低，此隱含著有助於平均數的估計。

另一方面，若 $\rho_k > 0$（就所有的 $k \geq 1$ 而言），則根據（5-11）式可得 $Var(\bar{y})$ 會大於 γ_0 / T，故與白噪音過程比較，存在正相關竟然會提高平均數估計的困難度。因此，若存在某些正相關與負相關，我們反而需要使用（5-11）式來檢視平均數估計的「總效果」。

從上述例子內可知若（5-10）式內的 $\{x_t\}$ 屬於具有絕對可加總特性的定態隨機過程，即 y_t 可以包括多種型態的定態隨機過程，則（5-11）式豈不是表示「*ARMA* 版」的 CLT（中央極限定理）（因 $\gamma_0 = Var(y_t)$ 而若 $\{x_t\}$ 屬於白噪音過程，根據 CLT，則 $Var(\bar{y}) = \gamma_0 / T$）？於本章 3.3 節內，我們會進一步指出（5-11）式與「長期變異數」的觀念有關。

例 3 隨機餘弦波

如前所述，（5-2）式亦可寫成：

$$y_t = R\cos(2\pi ft + \alpha) \tag{5-12}$$

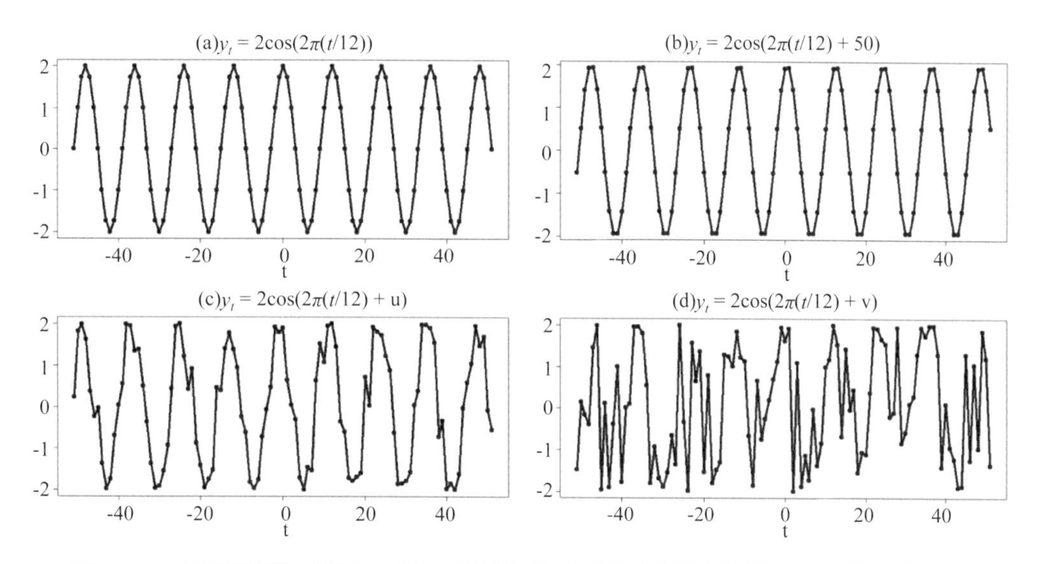

圖 5-14　四種型態（其中 u 與 v 分別為均等分配與標準常態分配隨機變數）

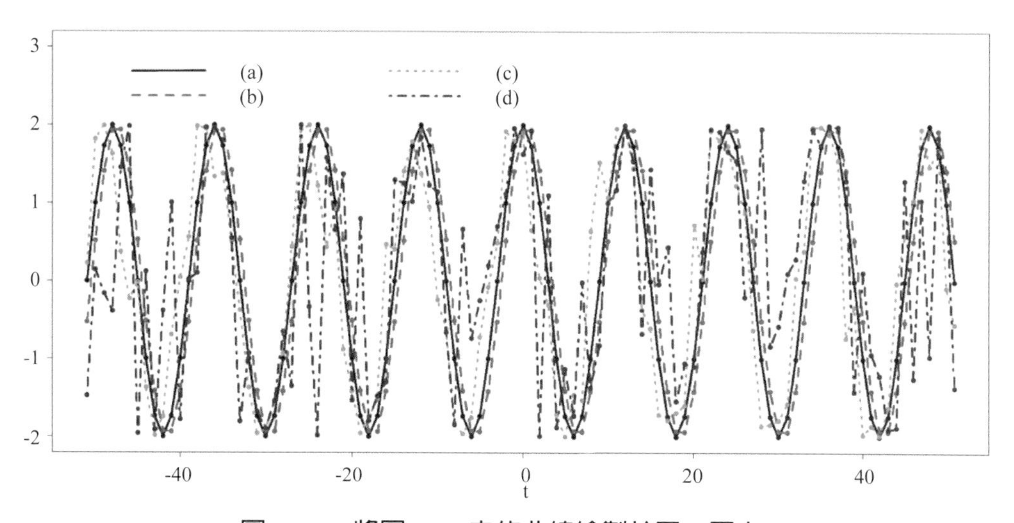

圖 5-15　將圖 5-14 內的曲線繪製於同一圖內

於圖 5-14 的圖 (a) 與 (b) 內可看出（5-12）式內各參數所扮演的角色。若（5-12）式內各參數皆爲確定數值如圖 (a) 與 (b) 內的曲線所示，則 y_t 是一個確定的變數；不過，若上述參數值爲隨機變數呢？顯然 y_t 亦是一個隨機變數。圖 5-14 內的圖 (c) 與 (d) 繪製出二種可能，其中前者是以 $\alpha = u$ 而後者爲 $\alpha = v$，u 與 v 分別爲均等分配與標準常態分配隨機變數，則 y_t 可以爲一種餘弦的隨機變數。圖 5-15 進一步將圖 5-14 內的四種曲線走勢繪製於同一圖內，我們從其中可看出四種曲線之間的差異。圖 5-14 或 5-15 提醒我們定態的時間序列除了以 *ARMA* 模型表示外，似乎還有另外一種表示方式。考慮下列的過程：

$$y_t = \cos\left[2\pi\left(\frac{t}{12}+\alpha\right)\right], t = 0, \pm 1, \pm 2, \cdots \tag{5-13}$$

顯然（5-13）式是（5-12）式的另外一種表示方式。因 $f = 1/12$，故可知「確定的」y_t 成分的週期爲 12 期，不過若 α 是一個隨機變數，則我們就不易判斷 y_t 的頻率或週期如圖 5-14 內的圖 (d) 所示。

根據（5-13）式，Cryer 與 Chan（2008）曾證明若 $\alpha = v$，其中 v 爲介於 0 與 1 之間的均等分配隨機變數，則 $E(y_t) = 0$ 而 $\gamma_t(s) = \frac{1}{2}\cos\left[2\pi\left(\frac{|t-s|}{12}\right)\right]$，因此 $E(y_t)$ 與 $\gamma_t(s)$ 皆不是時間 t 的函數，故 y_t 接近於一種定態的隨機過程。根據上述 $\gamma_t(s)$，可得對應的自我相關係數爲：

$$\rho_k = \cos\left(2\pi\frac{k}{12}\right), k = 0, \pm 1, \pm 2, \cdots \tag{5-14}$$

圖 5-16 繪製出（5-14）式的一種結果，從圖內可看出餘弦波（cosine wave）與 *ARMA* 型的定態隨機過程的自我相關係數圖形狀未必相同，其中後者通常具有隨 k 值遞減的態勢；因此，於此處我們倒是發現欲模型化定態隨機過程（或時間序列）的觀察值，除了 *ARMA* 模型外，尚存在另外一種方式。

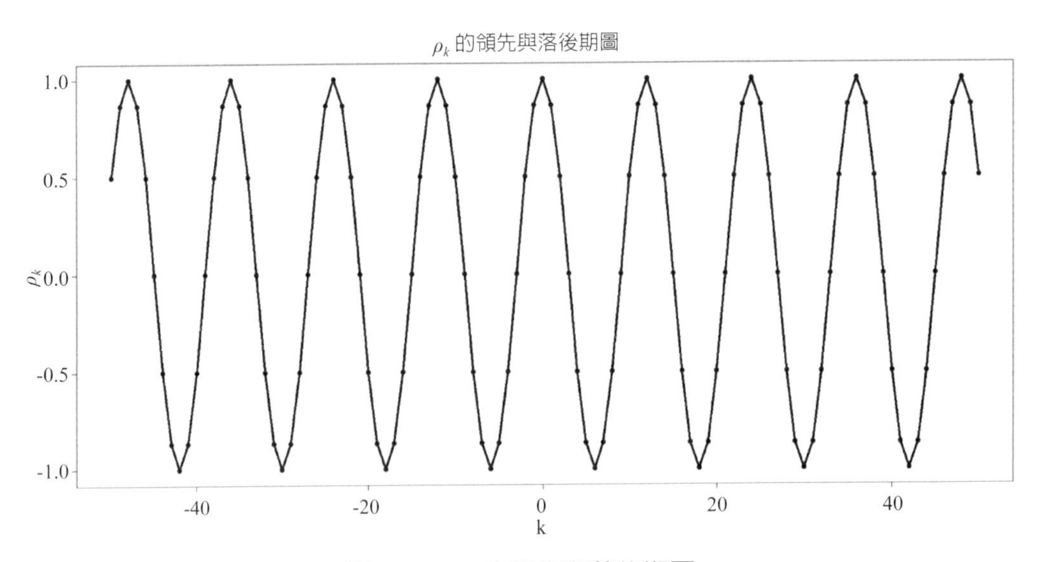

圖 5-16　ρ_k 的領先與落後期圖

習題

(1) 試解釋「*ARMA* 版」的 CLT。

(2) 令 $y_t = 0.05 + 0.8y_{t-1} + u_t$，其中 $u_t \sim N(0, 1)$。試繪製出 $\overline{y}_t$ 的抽樣分配。提示：可以參考圖 E1。

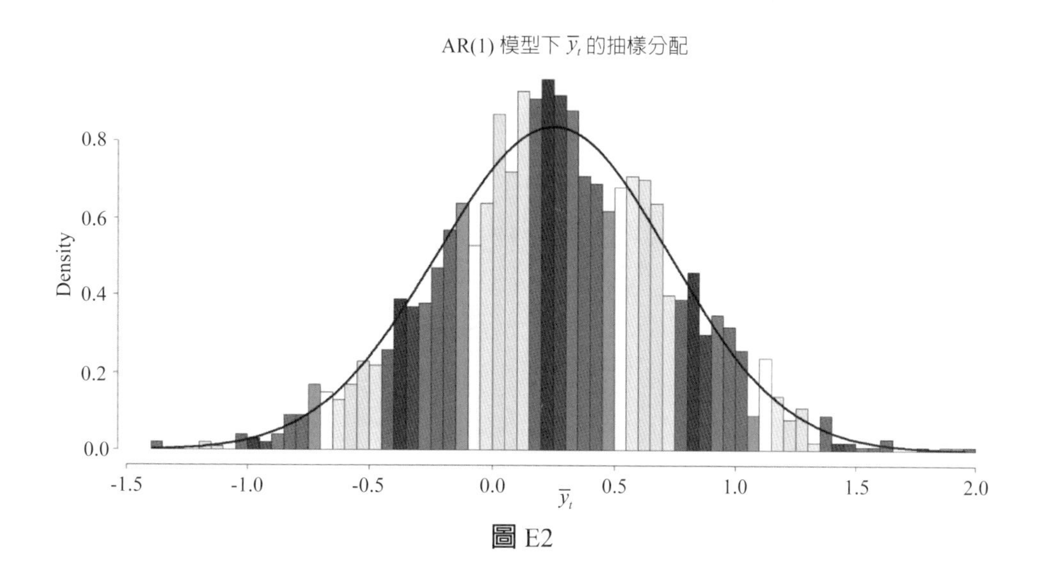

圖 E2

(3) 令 $y_t = u_t - 0.5u_{t-1}$，其中 $u_t \sim N(0, 4)$。試繪製出 $\overline{y}_t$ 的抽樣分配。提示：可以參考圖 E2。

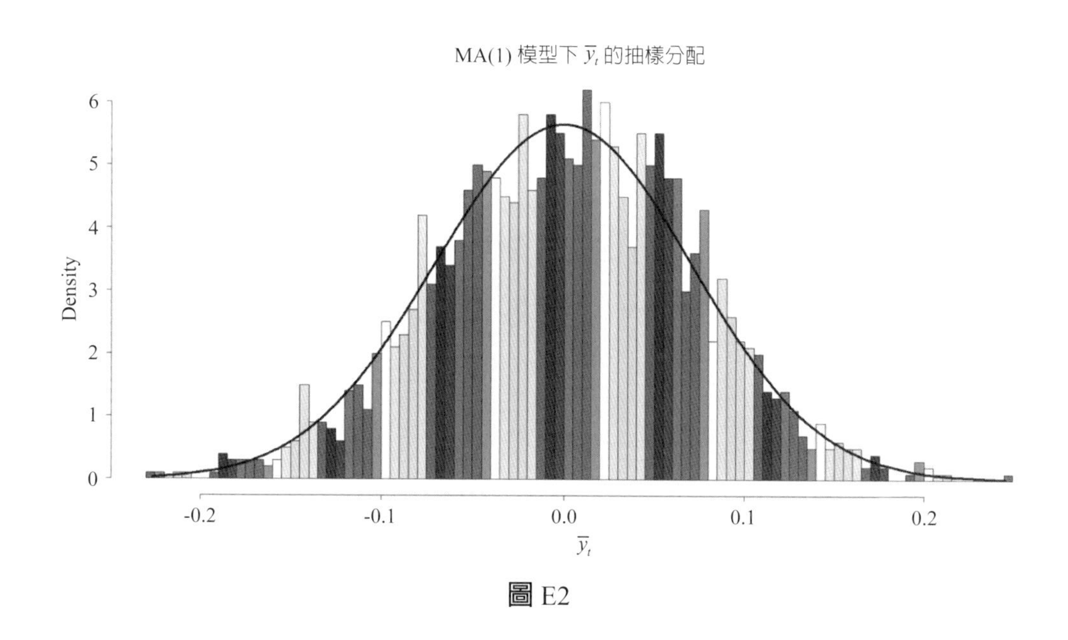

圖 E2

(4) 圖 5-14 可視為月時間序列資料的走勢。若改成季時間序列資料的走勢呢？試繪製出上述走勢。

(5) 其實隨機的走勢亦可以用 $y_t = R\cos(2\pi ft)$ 表示，其中 R 是一個隨機變數。試舉一個例子說明。提示：可以參考圖 E3。

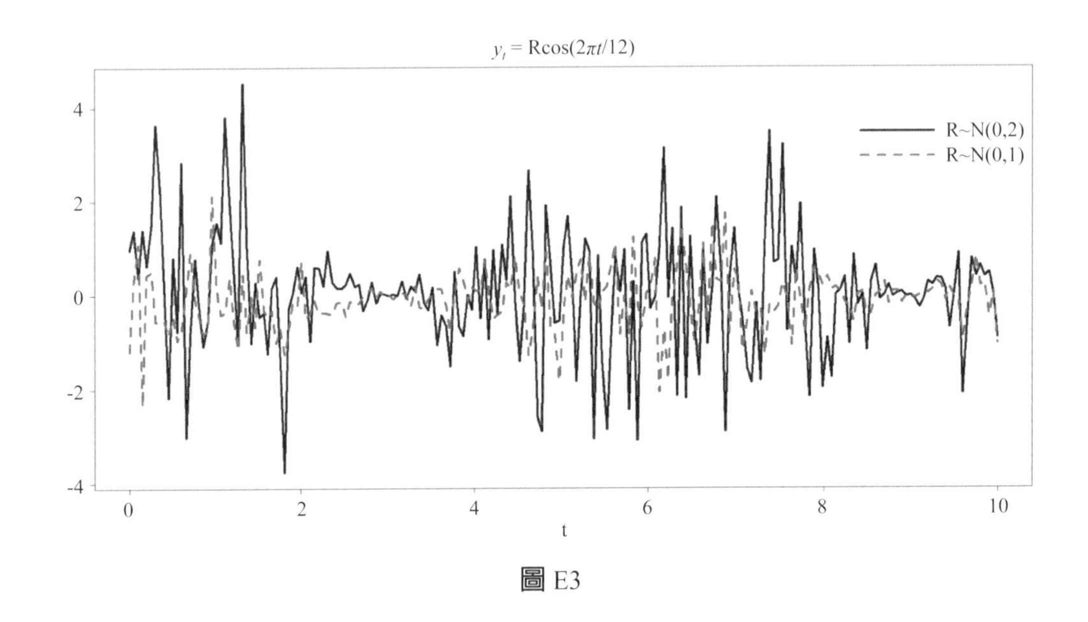

圖 E3

2.2 母體頻譜與其特徵

就特定的 ω 而言[5]，若將（5-6）式除以 2π，則可得 y_t 之母體頻譜函數，即：

$$s_y(\omega) = \frac{1}{2\pi} g_y(e^{-i\omega}) = \frac{1}{2\pi} \sum_{j=-\infty}^{\infty} \gamma_j e^{-i\omega j} \quad (5\text{-}15)$$

值得注意的是上述母體頻譜是 ω 的函數。換言之，根據（5-15）式，於既定的 ω 與 $\{\gamma_j\}_{j=-\infty}^{\infty}$ 之下，我們可以計算 $s_y(\omega)$。利用（5-7）式，$s_y(\omega)$ 亦可寫成：

$$s_y(\omega) = \frac{1}{2\pi} \sum_{j=-\infty}^{\infty} \gamma_j \left[\cos(\omega j) - i\sin(\omega j)\right] \quad (5\text{-}16)$$

[5] 其中 ω 是一個實數值，利用 R，我們倒是可以說明（5-7）式，可以參考所附的 R 指令。

就定態時間序列而言，因 $\gamma_j = \gamma_{-j}$，故（5-16）式隱含著：

$$s_y(\omega) = \frac{1}{2\pi}\gamma_0\left[\cos(0) - i\sin(0)\right] + \frac{1}{2\pi}\left\{\sum_{j=-\infty}^{\infty}\gamma_j\left[\cos(\omega j) + \cos(-\omega j) - i\sin(\omega j) - i\sin(-\omega j)\right]\right\} \tag{5-17}$$

利用 $\cos(0) = 1$、$\sin(0) = 0$、$\sin(-\theta) = -\sin(\theta)$ 與 $\cos(-\theta) = \cos(\theta)$ 結果，（5-17）式可再簡化成：

$$s_y(\omega) = \frac{1}{2\pi}\left[\gamma_0 + 2\sum_{j=1}^{\infty}\gamma_j\cos(\omega j)\right] \tag{5-18}$$

同樣地，（5-18）式的型態竟然與（5-11）式有些微的相似。

母體頻譜（函數）既然可以用（5-18）式表示，若檢視該式，可有下列特色：

(1) 假定 $\{\gamma_j\}_{j=-\infty}^{\infty}$ 具有絕對可加總特性，根據（5-18）式，不僅我們可以計算母體頻譜函數 $s_y(\omega)$ 而且 $s_y(\omega)$ 是一個 ω 的連續函數。

(2) Fuller（1976）曾指出若 $\{\gamma_j\}_{j=-\infty}^{\infty}$ 表示定態隨機過程的自我共變異序列，則就所有的 ω 而言，$s_y(\omega)$ 爲非負值。

(3) 就所有的 ω 而言，因 $\cos(\omega j) = \cos(-\omega j)$，故 $s_y(\omega)$ 是一個對稱的函數。

(4) 就所有的 ω、k 與 j 而言（與皆爲整數），因 $\cos[(\omega + 2\pi k)j] = \cos(\omega j)$，故可得 $s_y(\omega + 2\pi k) = s_y(\omega)$，隱含著 $s_y(\omega)$ 是一個週期函數。換言之，只要我們知道所有介於 $0 \le \omega \le \pi$ 的 $s_y(\omega)$ 值，即可知道任何 ω 下的 $s_y(\omega)$ 值。

(5)（5-15）式提醒我們 $s_y(\omega)$ 與 AGF 之間的關係，顧名思義，我們可以利用 $s_y(\omega)$ 計算 γ_k。根據 Hamilton（1994），可得：

$$\int_{-\pi}^{\pi} s_y(\omega)e^{i\omega k}d\omega = \int_{-\pi}^{\pi} s_y(\omega)\cos(\omega k)d\omega = \gamma_k \tag{5-19}$$

即利用 $\{\gamma_j\}_{j=-\infty}^{\infty}$ 可得 $s_y(\omega)$，而利用後者則可得前者，此顯示出二者其實隱含著相同的資訊。

(6) 續特性 (5)，時序分析強調 $\{\gamma_j\}_{j=-\infty}^{\infty}$ 而頻域分析則強調 $s_y(\omega)$ 的估計，二者是相通的。

(7)（5-19）式的結果是有意義的，因爲 $s_y(\omega)$ 可視爲一種頻譜密度函數（spectral density function）；換言之，定態的頻譜密度函數具有下列特徵：

(a) $s_y(\omega) = s_y(-\omega)$；

(b) $s_y(\omega) \geq 0$；

(c) $\int_{-\pi}^{\pi} s_y(\omega) d\omega < \infty$。

顯然上述特徵 (a) 與特色 (3) 一致，而特徵 (b) 則與特色 (2) 相同。因 $\gamma_0 = \int_{-\pi}^{\pi} s_y(\omega) d\omega$，故特徵 (c) 強調 γ_0 爲有限值。

(8) $s_y(\omega) / \gamma_0$ 可視爲一種定義於 $[-\pi, \pi]$ 的 PDF，即因 $s_y(\omega) / \gamma_0 \geq 0$，可得 $\int_{-\pi}^{\pi} \frac{s_y(\omega)}{\gamma_0} d\omega = 1$。[6]

例 1 白噪音的母體頻譜函數

若 $\{y_t\}$ 屬於白噪音過程，因除了 γ_0 之外，其餘自我共變異數皆爲 0，故利用（5-15）式可得：

$$s_y(\omega) = \frac{\gamma_0}{2\pi} \tag{5-20}$$

即白噪音過程的頻譜函數是其變異數的某一個固定比率，隱含著任何特定頻率並無法影響其母體頻譜，或者也是因此種原因而稱其爲白噪音過程。

例 2 *MA*(1) 過程的母體頻譜函數

若 $\{y_t\}$ 屬於 $MA(1)$ 過程而其對應的自我共變異數函數爲（假定 $\sigma_u = 1$）：

$$\gamma_k = \begin{cases} 1, & k = 0 \\ \rho, & k = \pm 1 \\ 0, & otherise \end{cases}$$

[6] 有興趣的讀者可參考 Brockwell 與 Davis（1991）。

則其對應的母體頻譜函數爲：

$$s_y(\omega)=\frac{1}{2\pi}\sum_{j=-\infty}^{\infty}\gamma_j e^{-i\omega j}=\frac{\rho e^{i\omega}+1+\rho e^{-i\omega}}{2\pi}=\frac{1+2\rho\cos(\omega)}{2\pi} \quad (5\text{-}21)$$

可以留意 $e^{-i\omega}+e^{i\omega}=\cos(\omega)-i\sin(\omega)+\cos(\omega)+i\sin(\omega)=2\cos(\omega)$。從（5-21）式內可以發現 $s_y(\omega)\geq 0$ 的條件爲 $|\rho|\leq 0.5$，此結果不僅符合上述特性 (2)，同時亦與第 4 章第 1 節用時域分析的結果一致。圖 5-17 繪製出二種情況的 $MA(1)$ 過程之母體頻譜函數。從圖內可看出若 $\theta<0$（$\theta>0$），則該頻譜函數與 ω 呈現單調遞增（單調遞減）的關係。若與第 4 章第 1 節比較，可知 $\rho=0.4$ 可對應至 $\theta=0.5$，而 $\rho=-0.4$ 可對應至 $\theta=-0.5$。

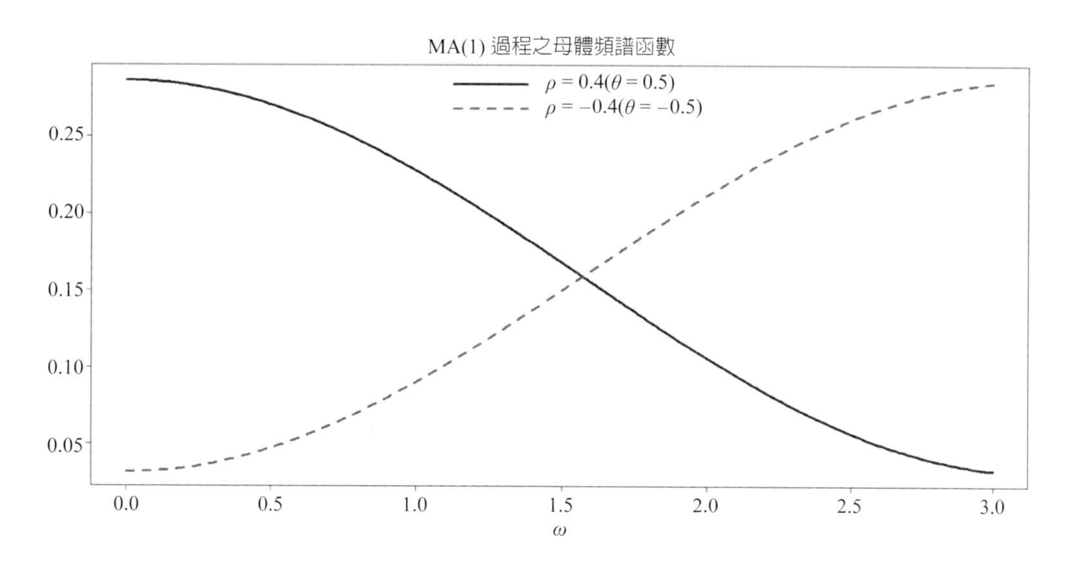

圖 5-17　$MA(1)$ 過程之母體頻譜函數

例 3　$AR(1)$ 過程的母體頻譜函數

考慮 $AR(1)$ 過程如 $y_t=\phi y_{t-1}+u_t$，其中 $u_t\sim WN(0,\sigma_u^2)$。根據（5-15）式，上述 $AR(1)$ 過程的頻譜函數可寫成：

$$s_y(\omega)=\frac{\gamma(0)}{2\pi}\left[1+\sum_{k=1}^{\infty}\phi^k\left(e^{-i\omega k}+e^{i\omega k}\right)\right]=\frac{\sigma_u^2}{2\pi\left(1-\phi^2\right)}\left(1+\frac{\phi e^{i\omega}}{1-\phi e^{i\omega}}+\frac{\phi e^{-i\omega}}{1-\phi e^{-i\omega}}\right)$$

$$= \frac{\sigma_u^2}{2\pi\left(1-2\phi\cos(\omega)+\phi^2\right)} \quad (5\text{-}22)$$

假定 $\sigma_u = 1$，根據（5-22）式，圖 5-18 繪製出四種 $AR(1)$ 過程的母體頻譜函數。有意思的是，當 $\phi > 0$ 如 $\phi = 0.6$，此隱含著正的自我相關係數，圖內顯示出母體頻譜函數呈現圓滑的走勢且愈低頻率的母體頻譜值愈大。值得注意的是，當 ϕ 值愈接近 1 如右圖內的 $\phi = 0.95$ 所示，愈低頻率的母體頻譜值竟愈接近於無窮大，隱含著 $\lim_{\omega \to 0^+} s_y(\omega) = \infty$；換言之，當 $AR(1)$ 過程愈接近於隨機漫步過程，長期波動所占的比重反而愈大（底下我們會介紹長期變異數的估計），此倒是符合前述 Granger（1966）所提及的低頻率（高週期）現象。至於 $\theta < 0$ 的情況，圖內顯示出高頻率反而比較重要。

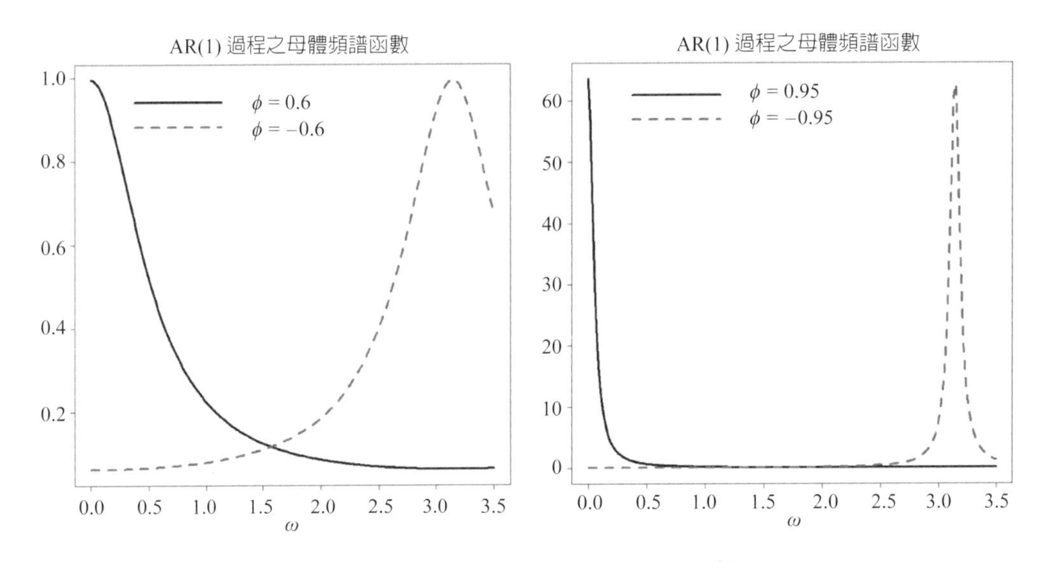

圖 5-18　$AR(1)$ 過程之母體頻譜函數

習題

(1) 何謂 AGF？試解釋之。

(2) 何謂母體頻譜函數？試解釋之。

(3) 於 $AR(1)$ 過程內 $\phi > 0$ 較容易遇到呢？抑或是較容易見到 $\phi < 0$ 的情況？試解釋之。

(4) 續上題，ϕ 值常用於衡量「持續性」的力道，試比較 $\phi = 0.9$ 與 $\phi = 0.2$ 的 $AR(1)$ 過程走勢。可以參考圖 E4。

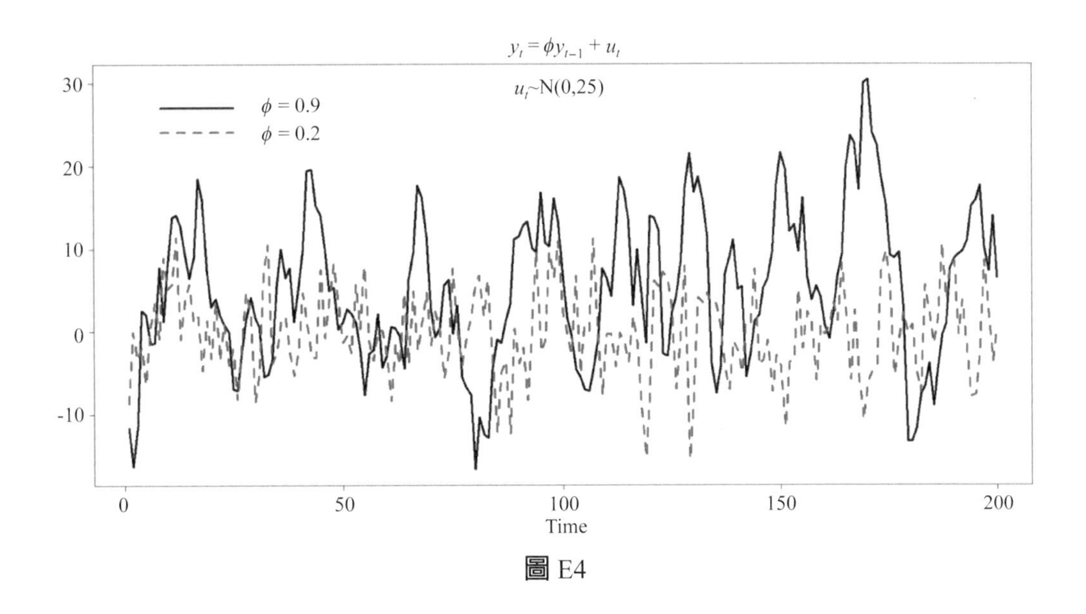

圖 E4

(5) 續上題，若改爲 $\phi = -0.9$ 與 $\phi = -0.2$ 呢？其結果又爲何？

3. 母體頻譜的意義

於上述分析內，我們已經隱約知道母體頻譜的意思，本節我們嘗試解釋母體頻譜的意義並利用此觀念可以導出並估計長期變異數；另一方面，我們亦介紹樣本週期圖（sample periodogram），顯然樣本週期圖可用於估計母體頻譜函數。

3.1 母體頻譜的解釋

（5-19）式的結果是讓人印象深刻的，即利用（5-19）式同時令 $k = 0$，可得：

$$\int_{-\pi}^{\pi} s_y(\omega) d\omega = \gamma_0 \tag{5-23}$$

即於 $-\pi$ 與 π 範圍下，母體頻譜函數 $s_y(\omega)$ 下的面積竟然就是 y_t 的變異數 γ_0。同理，考慮介於 0 與 π 的任何 ω_1，即 $0 \leq \omega_1 \leq \pi$，則：

$$\int_{-\omega_1}^{\omega_1} s_y(\omega) d\omega = 2\int_{0}^{\omega_1} s_y(\omega) d\omega \tag{5-24}$$

表示 y_t 的變異數內 ω 低於 ω_1 的份額。

（5-24）式究竟代表何意思？考慮下列的諧波過程（harmonic process）：

$$y_t = \sum_{j=1}^{M}\left[\alpha_j \cos(\omega_j t) + \delta_j \sin(\omega_j t)\right] \qquad (5\text{-}25)$$

其中 α_j 與 δ_j 皆是互不相關的白噪音過程，不過二者卻有相同的變異數。利用 $\left\{\alpha_j\right\}_{j=1}^{M}$ 與 $\left\{\delta_j\right\}_{j=1}^{M}$ 與的特性，可得：

$$E\left(\alpha_j\alpha_k\right) = \begin{cases}\sigma_j^2, & j=k \\ 0, & j \neq k\end{cases}、E\left(\delta_j\delta_k\right) = \begin{cases}\sigma_j^2, & j=k \\ 0, & j \neq k\end{cases} \text{以及 } E(\alpha_j\delta_k) = 0$$

因 $E(y_t) = 0$，故 y_t 的變異數，根據（5-25）式，可得：

$$\begin{aligned} Var(y_t) = E(y_t^2) &= \sum_{j=1}^{M}\left[E\left(\alpha_j^2\right)\cos^2\left(\omega_j t\right) + E\left(\delta_j^2\right)\sin^2\left(\omega_j t\right)\right] \\ &= \sum_{j=1}^{M}\sigma_j^2\left[\cos^2\left(\omega_j t\right) + \sin^2\left(\omega_j t\right)\right] = \sum_{j=1}^{M}\sigma_j^2 \end{aligned} \qquad (5\text{-}26)$$

因此，根據（5-26）式可知 y_t 的變異數可拆成由 M 個 σ_j^2 所構成之組合，其中 σ_j^2 可對應至 ω_j。若 ω 是按照 $0 < \omega_1 < \omega_2 < \cdots < \omega_M < \pi$ 方式排列，故 y_t 的變異數內 ω 低於 ω_j 的份額爲 $\sigma_1^2 + \sigma_2^2 + \cdots + \sigma_j^2$。

例 1　有限的傅立葉級數

假定我們有一個時間序列 y_t，其中 $t = 1, 2, \cdots, T$。顯然樣本數 T 若爲奇數，只要 $M = (T-1)/2$，則（5-25）式可改寫成：

$$y_t = \mu + \sum_{j=1}^{M}\left[\alpha_j \cos(\omega_j t) + \delta_j \sin(\omega_j t)\right] \qquad (5\text{-}27)$$

其中 μ 爲 y_t 的平均數。（5-27）式的特色是未知參數包括 μ 值以及 α_j 與 δ_j（$j = 1, 2, \cdots, T/2$）的總和恰等於樣本數 T，於下一節內我們會介紹如何估計式內參數。其實，（5-27）式屬於一種有限的傅立葉級數（Fourier series）；換言之，於（5-27）式內，若 $M \to \infty$，則 y_t 屬於一種傅立葉級數。我們從另一個角度思考，傅立葉級數是將一個時間序列拆成由無窮多個正弦與餘弦函數加總，而（5-27）式只是用於估計傅立葉級數[7]。

面對（5-25）或（5-27）式，首先我們必須解釋式內的頻率究竟代表何意思？令 $T = 12$，則 $\omega = \dfrac{2\pi}{T} = 0.5236$，令 $y_{1t} = \cos(\omega t) + \sin(\omega t)$、$y_{2t} = \cos(2\omega t) + \sin(2\omega t)$ 以及 $y_{4t} = \cos(4\omega t) + \sin(4\omega t)$。圖 3-19 分別繪製出 y_{1t}、y_{2t} 以及 y_{4t} 的時間走勢。從左圖內可看出 y_{1t} 的週期爲 12 期，而於 12 期之下 y_{2t} 與 y_{4t} 卻分別重複了 2 次與 4 次，即其週期分別爲 6 期與 3 期。因此，於期之下，y_{Mt} 重複走了 M 次或 y_{Mt} 的週期爲 T / M。同理，右圖內考慮 $T = 120$，其解釋方式與左圖類似。

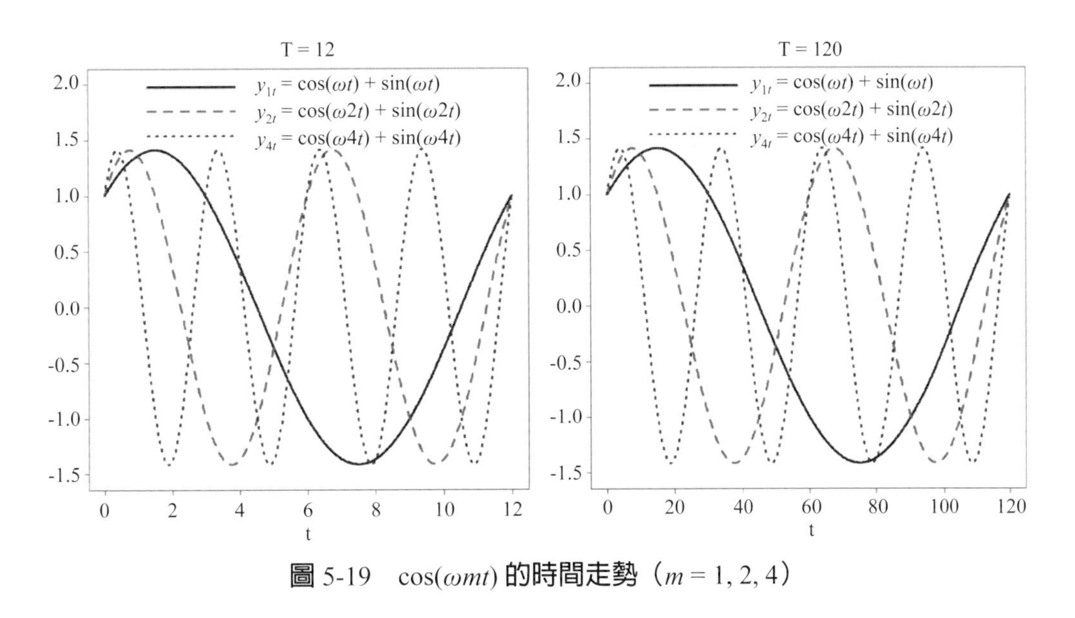

圖 5-19 $\cos(\omega mt)$ **的時間走勢**（$m = 1, 2, 4$）

例 2 **續例 1**

圖 5-19 是將樣本數 T 視爲一個週期，利用（5-25）式，我們倒是可以解釋該式內 $\omega_j t$ 的意思。我們可以進一步將（5-25）式內的 T、M、ω 或 f 之間的關係整理後列於表 5-1 內，其中 ω 與 f 之間的關係則可參考（5-3）式。從該表內可以看出頻率的變化，例如 $\omega = 2\pi / T$ 可對應至週期爲 T 且 $M = 1$，不過若 ω 升至 π 時，此時對應的週期爲 2 且 $M = T / 2$；因此，最大的頻率爲 π。值得注意的是，表內的結果是假定 T 爲偶數。另外，根據（5-26）式的結果，可知 ω_j 可對應至 σ_j，其中

[7] 此可稱爲傅立葉或諧波分析，有興趣的讀者可參考 Bloomfield（2000）。

$\sigma_j = \sqrt{\alpha_j^2 + \delta_j^2}$ 表示能解釋變 y_t 異數之份額，則列於表 5-1 內的最後一行。

表 5-1　(5-25) 式內的一些關係

週期	M	f	ω	σ_j
T	1	$1/T$	$2\pi/T$	σ_1
$T/2$	2	$2/T$	$4\pi/T$	σ_2
$T/3$	3	$3/T$	$6\pi/T$	σ_3
⋮	⋮	⋮	⋮	⋮
$T/(T/2-1)$	$T/2-1$	$(T/2-1)/T$	$(T-2)\pi/T$	σ_{M-1}
2	$T/2$	1/2	π	σ_M

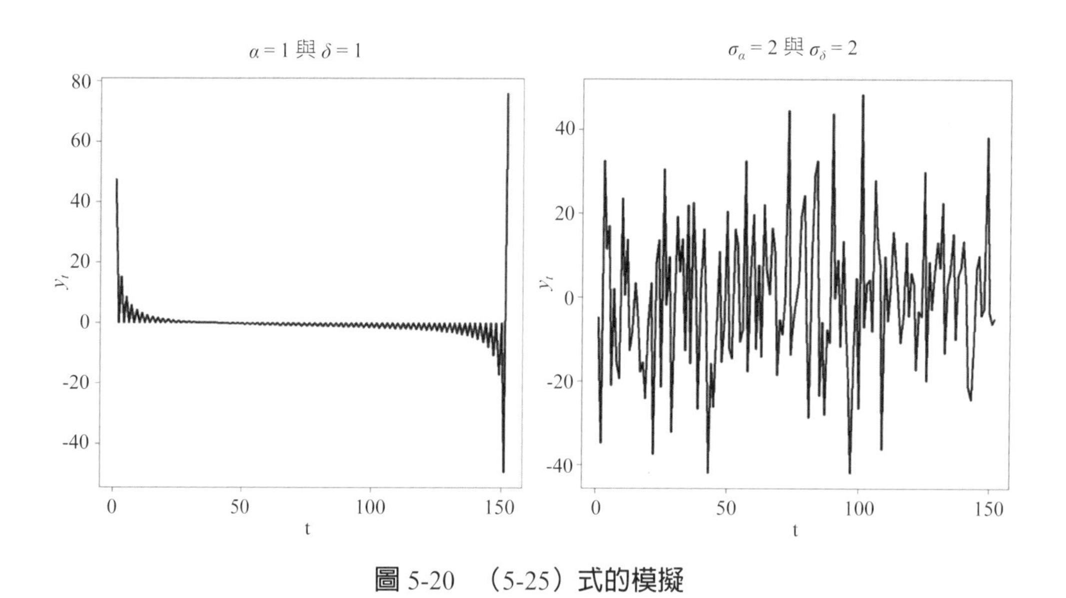

圖 5-20　(5-25) 式的模擬

例 3　(5-25) 式的模擬

接下來，我們來檢視 (5-25) 式的模擬。使用 $T = 152$，圖 5-20 繪製出二種 y_t 的時間走勢，其中左圖假定 $\alpha_j = \delta_j = 1$ 而右圖則假定 α_j 與 δ_j 皆為平均數與變異數分別為 0 與 4 的 (獨立) 常態分配隨機變數。也許，我們從左圖內可以想像出 y_t 是由一系列的正弦與餘弦函數總和所構成；但是，於右圖內，y_t 的 DGP 卻是不易想像。其實，於右圖內，我們倒是會認為 y_t 是一種定態的時間序列走勢；換言之，若 α_j 與 δ_j 為隨機變數，有限的傅立葉級數亦可能產生定態的時間序列。

習題

(1) 試解釋（5-27）式。

(2) 令 $y_{1t} = \alpha\cos(\omega_1 t) + \delta\sin(\omega_1 t)$ 與 $y_{2t} = y_{1t} + \alpha\cos(\omega_2 t) + \delta\sin(\omega_2 t)$，其中 $\alpha \sim N(0, 1)$、$\delta \sim N(0, 4)$、$\omega_1 = 0.5236$ 與 $\omega_2 = 1.5708$。試分別模擬出 y_{1t} 與 y_{2t} 的實現值走勢。提示：可以參考圖 E5。

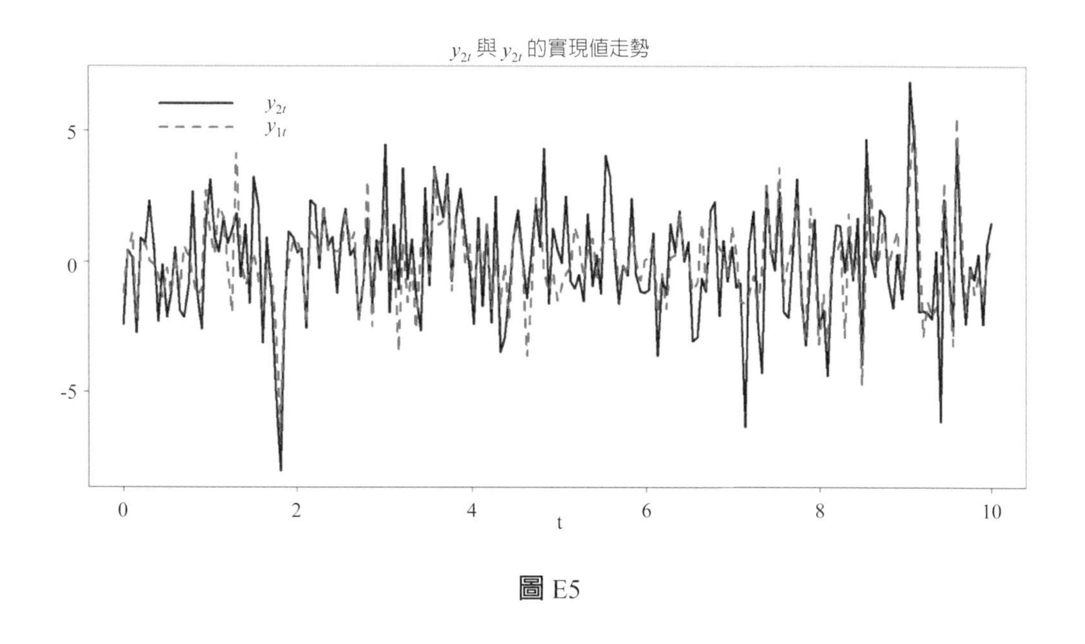

圖 E5

(3) 續上題，$\omega_1 = 0.5236$ 與 $\omega_2 = 1.5708$ 對應的週期爲何？

(4) 有限的傅立葉級數亦可能產生定態的時間序列，試解釋之。

(5) 何謂頻譜分析？試解釋之。

(6) 我們是否可以產生非定態的時間序列？試解釋之。

3.2 樣本週期圖

若 y_t 屬於絕對加總的定態時間序列，其母體頻譜可寫成如（5-15）式所示；換言之，根據該式，y_t 的母體頻譜可以 $\{\gamma_j\}_{j=0}^{\infty}$ 表示。假定我們擁有 y_t 的 T 個觀察值，我們可以計算 $T-1$ 個樣本自我相關係數如下式所示：

$$\hat{\gamma}_j = \begin{cases} T^{-1}\sum_{t=j+1}^{T}\left(y_t-\bar{y}\right)\left(y_{t-j}-\bar{y}\right), j=0,1,2,\cdots,T-1 \\ \hat{\gamma}_{-j}, \text{ j}=-1,-2,\cdots,-T+1 \end{cases} \qquad (5\text{-}28)$$

因此，於既定的 ω 之下，（5-15）式的「樣本版」可寫成：

$$\hat{s}_y(\omega) = \frac{1}{2\pi} \sum_{j=-T+1}^{T-1} \hat{\gamma}_j e^{-i\omega t} \tag{5-29}$$

同理，（5-18）式的樣本型態可稱爲樣本週期圖（函數），其可寫成：

$$\hat{s}_y(\omega) = \frac{1}{2\pi} \left[\hat{\gamma}_0 + 2\sum_{j=1}^{T-1} \hat{\gamma}_j \cos(\omega j) \right] \tag{5-30}$$

因此，如同（5-24）式，於 $-\pi$ 與 $-\pi$ 範圍下，樣本週期函數下的面積爲 $\hat{\gamma}_0$，即：

$$\int_{-\pi}^{\pi} \hat{s}_y(\omega) d\omega = \hat{\gamma}_0 \tag{5-31}$$

如同母體頻譜函數，樣本週期函數亦是一個對稱的函數，故（5-31）式可再寫成：

$$\hat{\gamma}_0 = 2\int_0^{\pi} \hat{s}_y(\omega) d\omega \tag{5-32}$$

因此，何謂樣本週期圖？其相當於母體頻譜函數的樣本函數。

同理，我們亦可以計算（5-25）式的樣本型態，即於 T 個 y_t 的觀察值之下，存在 $\omega_1, \omega_2, \cdots, \omega_M$ 頻率以及 $\hat{\mu}, \hat{\alpha}_1, \hat{\alpha}_2, \cdots, \hat{\alpha}_M, \hat{\delta}_1, \hat{\delta}_2, \cdots, \hat{\delta}_M$ 係數，可得：

$$y_t = \hat{\mu} + \sum_{j=1}^{M} \left\{ \hat{\alpha}_j \cos\left[\omega_j (t-1)\right] + \hat{\delta}_j \sin\left[\omega_j (t-1)\right] \right\} \tag{5-33}$$

其中於 $j \neq k$ 之下，$\hat{\alpha}_j \cos\left[\omega_j(t-1)\right]$ 與 $\hat{\alpha}_k \cos\left[\omega_k(t-1)\right]$ 而 $\hat{\delta}_j \sin\left[\omega_j(t-1)\right]$ 與 $\hat{\delta}_k \sin\left[\omega_k(t-1)\right]$ 之間呈現正交的關係；另一方面，就所有的 j 與 k 而言，$\hat{\alpha}_j \cos\left[\omega_j(t-1)\right]$ 與 $\hat{\delta}_k \sin\left[\omega_k(t-1)\right]$ 與之間亦呈現正交的關係（上述正交性質可參考本章附錄 2）。y_t 的樣本變異數爲 $T^{-1}\sum_{t=1}^{T}\left(y_t - \overline{y}\right)^2$，而該變異數的部分份額可歸因於 ω_j 所造成的，而後者可利用 $\hat{s}_y(\omega_j)$ 計算求得。

根據（5-33）式，我們必須將 ω 拆成 M 個 ω_j。考慮下式：

$$\omega_j = 2\pi j / T \tag{5-34}$$

是故，若 T 爲奇數，則令 $M = (T-1)/2$，根據（5-34）式，可以分別得到：

$$\begin{gathered}\omega_1 = 2\pi / T \\ \omega_2 = 4\pi / T \\ \vdots \\ \omega_M = 2M\pi / T\end{gathered}$$

因此，最大的頻率爲 $\omega_M = \dfrac{2(T-1)\pi}{2T} < \pi$；同理，若 T 爲偶數，則 $M = T/2$[8]。瞭解 M 值的意義後，重新考慮（5-33）式，其若是以迴歸模型檢視可寫成：

$$\begin{aligned} y_t &= \mu + \sum_{j=1}^{M}\left\{\alpha_j \cos\left[\omega_j\left(t-1\right)\right] + \delta_j \sin\left[\omega_j\left(t-1\right)\right]\right\} + u_t \\ &= \beta^T \mathbf{x}_t + u_t \end{aligned} \tag{5-35}$$

其中

$$\begin{aligned}\mathbf{x}_t = \Big[&1, \cos\left(\omega_1(t-1)\right), \sin\left(\omega_1(t-1)\right), \cos\left(\omega_2(t-1)\right), \sin\left(\omega_2(t-1)\right), \\ &\cdots, \cos\left(\omega_M(t-1)\right), \sin\left(\omega_M(t-1)\right)\Big]^T\end{aligned}$$

以及 $\beta^T = [\mu, \alpha_1, \delta_1, \cdots, \alpha_M, \delta_M]$。值得注意的是 $\mathbf{x}_t$ 內有 $(2M+1) = T$ 個元素，故於（5-

---

[8] 底下的分析我們皆只考慮 T 值爲奇數的情況，也就是說，若 T 值爲偶數，我們就捨棄第 1 個觀察值。若 T 值爲偶數，其分析方式類似，不過若考慮使用（5-27）式，顯然該式應改爲：

$$y_t = \mu + \sum_{j=1}^{M-1}\left[\alpha_j \cos(\omega_j t) + \delta_j \sin(\omega_j t)\right] + \alpha_M \cos\left(\omega_M t\right)$$

其中 $M = T/2$。當然我們也可以直接使用（5-25）式，其中 $M = T/2$，不過使用前 y_t 需先除去平均數。

35）式內，不僅解釋變數與觀察值個數相同，而 $\mathbf{x}_t$ 內的元素亦相互獨立（本章附錄 2），此隱含著以 OLS 估計（5-35）式，將有 100% 的配適度，即該式內並無殘差值序列。

根據本章附錄 2，不難得出：

$$\sum_{t=1}^{T}\mathbf{x}_t\mathbf{x}_t^T=\begin{bmatrix} T & \mathbf{0}^T \\ \mathbf{0} & (T/2)\mathbf{I}_{t-1} \end{bmatrix}$$

即 $\sum_{t=1}^{T}\mathbf{x}_t\mathbf{x}_t^T$ 是一個對角矩陣，隱含著解釋變數 $\mathbf{x}_t$ 之間呈正交的關係。（5-35）式可以整理出具有下列特色：

(1) 任何時間序列觀察值如 y_t（$t = 1, 2, \cdots, T$，其中 T 爲奇數），而 y_t 進一步可寫成常數項加上 $(T-1)$ 個週期函數的加權總和，其中該週期函數可有 $(T-1)/2$ 個頻率。類似的結果亦可應用於 T 爲偶數的情況，可參考表 5-1。
(2)（5-35）式內包括 M 個部分，而個別部分如 $\alpha_j\cos(\omega_j t)+\delta_j\sin(\omega_j t)$ 完全只與 ω_j 有關。
(3) 續特色 (2)，各部分之間是無關的。
(4) 續特色 (2)，每一部分的變異數爲 σ_j^2。
(5) 直覺而言，y_t 時間走勢的波動可用其變異數估計，而頻譜分析卻強調 y_t 波動的來源是由一連串不同頻率的週期所造成的；因此，根據（5-26）所示，若 y_t 的變異數爲 σ_y^2，其可寫成 $\sigma_y^2=\sum_{j=1}^{M}\sigma_j^2$；因此，上述每一部分對於 σ_y^2 的解釋能力爲 σ_j^2。
(6) 我們只考慮 $0\le\omega\le\pi$ 部分，有關於 $\omega<0$ 的情況，可以參考本章 1.1 節的例 3；至於 $\omega>\pi$ 的情況，則與「頻疊」（aliasing）的觀念有關，可以參考圖 5-21。該圖分別繪製出 $\cos[(\pi/2)t]$ 與 $\cos[(3\pi/2)t]$ 的時間走勢。比較特別的是，於左圖內，我們將 t 介於與 9 之間拆成 500 個小等分；換言之，於左圖內的 t 值未必爲整數，不過於右圖內的 t 值卻爲整數。我們發現若 t 屬於實數，於左圖內二種函數的走勢與週期並不相同；不過，若 t 屬於整數，則 $\cos[(\pi/2)t]$ 與 $\cos[(3\pi/2)t]$ 的時間走勢與週期竟然完全相同。由於我們檢視時間序列的「頻率」皆是以「間斷的」整數爲主，因此圖 5-21 的右圖隱含著不需要檢視 $\omega>\pi$ 的情況[9]。

---

[9] 理論上應該存在有「連續的」時間序列，如《衍商》或《財數》書內所探討的布朗運動

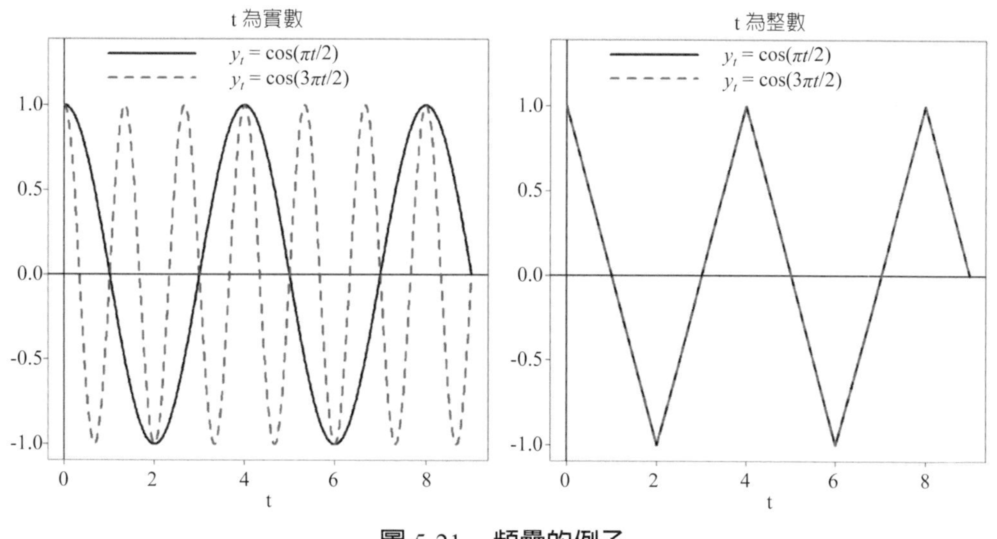

圖 5-21　頻疊的例子

(7) 比較（5-1）與（5-35）二式，我們的確以間斷的傅立葉級數取代連續的傅立葉級數；另一方面，若檢視（5-23）或（5-24）式可知 ω 應屬於實數，而於（5-35）式內，我們仍以間斷的 ω 如（5-34）式取代。

根據（5-34）與（5-35）二式，Hamilton（1994）曾證明出下列結果：

(1) y_t 可寫成如（5-33）式所示，其中 $\hat{\mu} = \overline{y} = T^{-1}\sum_{t=1}^{T} y_t$ 以及

$$\hat{\alpha}_j = (2/T)\sum_{t=1}^{T} y_t \cos\left[\omega_j (t-1)\right], j = 1, 2, \cdots, M \tag{5-36}$$

與

$$\hat{\delta}_j = (2/T)\sum_{t=1}^{T} y_t \sin\left[\omega_j (t-1)\right], j = 1, 2, \cdots, M \tag{5-37}$$

或維納過程，不過因無法觀察到而以間斷的時間序列取代；因此，於實務上我們檢視時間序列如$\{y_t\}$的觀察值，其中 $t = \cdots, -2, -1, 0, 1, 2, \cdots$是以整數的形式呈現。於圖 5-21 內 $y_t = \cos\left[(\pi/2)t\right]$的週期爲 4 期而$y_t = \cos\left[(3\pi/2)t\right]$的週期則爲 4/3 期，不過 t 若是以整數表示，後者仍以$(y_t, y_{t+1}, y_{t+2}, y_{t+3})$的形式完成一個週期。

(2) y_t 的樣本變異數可寫成：

$$(1/T)\sum_{t=1}^{T}\left(y_t-\overline{y}\right)^2=\left(1/2\right)\sum_{j=1}^{M}\left(\hat{\alpha}_j^2+\hat{\delta}_j^2\right) \qquad (5\text{-}38)$$

其中 y_t 的樣本變異數內的部分份額可由 ω_j 造成，該份額爲 $(1/2)\left(\hat{\alpha}_j^2+\hat{\delta}_j^2\right)$。

(3) 上述份額爲 $(1/2)\left(\hat{\alpha}_j^2+\hat{\delta}_j^2\right)$ 亦可寫成：

$$(1/2)\left(\hat{\alpha}_j^2+\hat{\delta}_j^2\right)=\left(2\pi/T\right)\hat{s}_y\left(\omega_j\right) \qquad (5\text{-}39)$$

其中 $\hat{s}_y\left(\omega_j\right)$ 的計算底下自然會說明。

於 2.2 節內，其實我們已經知道 $s_y(\omega)/\gamma_0$ 是一種 PDF，即 $\int_{-\pi}^{\pi}\frac{s_y(\omega)}{\gamma_0}d\omega=1$；也就是說，（5-31）或（5-32）式內的 $\hat{s}_y(\omega)$ 只是 $s_y(\omega)$ 的樣本估計式，因此 $\hat{s}_y(\omega)$ 未必是一個連續且平滑的函數。換言之，（5-39）式內的 $(1/2)\left(\hat{\alpha}_j^2+\hat{\delta}_j^2\right)$ 項是表示母體頻譜的估計值且其恰等於是 $\hat{s}_y(\omega)$ 底下的面積，可以參考圖 5-22 內的小長方形。於該圖內，$\hat{s}_y(\omega_2)$ 表示 ω_2 附近的「高度」，而根據（5-34）式可知圖內小長方形的「寬度」爲 $\Delta\omega_j=\omega_j-\omega_{j-1}=2\pi j/T-2\pi(j-1)/T=2\pi/T$；因此，若 ω_j 的計算方式不同，$\hat{s}_y(\omega_2)$ 未必會相同。

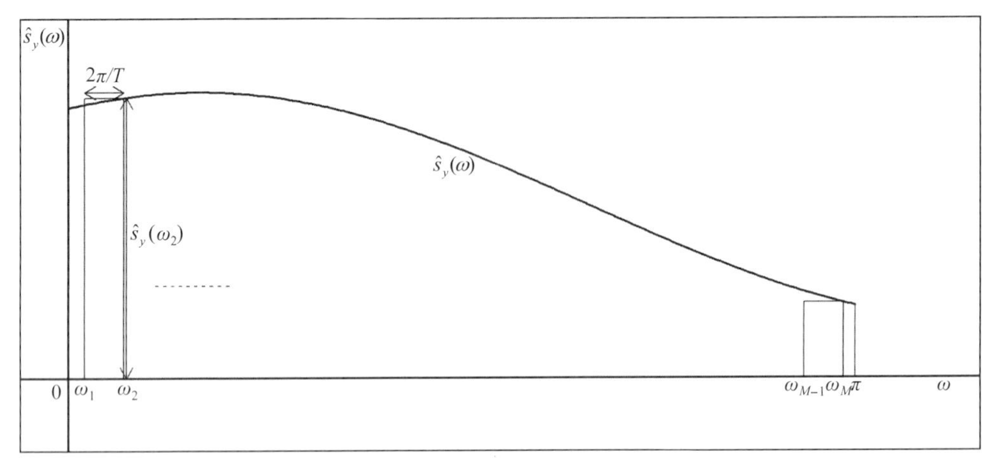

圖 5-22 $\hat{s}_y(\omega)$ 底下的面積

上述 Hamilton（1994）的結果倒是提供一種簡易計算樣本週期圖的方式，即根據（5-36）~（5-39）式，可得：

$$\hat{s}_y(\omega_j) = \frac{T}{8\pi}\left(\hat{\alpha}_j^2 + \hat{\delta}_j^2\right)$$

$$= \frac{1}{2\pi T}\left\{\left[\sum_{t=1}^{T} y_t \cos\left(\omega_j(t-1)\right)\right]^2 + \left[\sum_{t=1}^{T} y_t \sin\left(\omega_j(t-1)\right)\right]^2\right\} \quad (5\text{-}40)$$

其中 $\omega_j = 2\pi j / T$，而 $j = 1, 2, \cdots, (T-1)/2$。我們舉一個例子說明如何使用（5-40）式。利用圖 5-6 內的台灣月通貨膨脹率時間序列資料（1982/1~2018/12），因該序列資料總共有 444 個觀察值，故捨棄 1982/1 的觀察值，因此根據（5-40）式可得台灣月通貨膨脹率之樣本週期圖如圖 5-23 所示；另外，圖 5-24 繪製出圖 5-23 對應的 $\hat{\alpha}_j$ 與 $\hat{\delta}_j$，從該圖內可看出後二者大致圍繞於 0 附近。

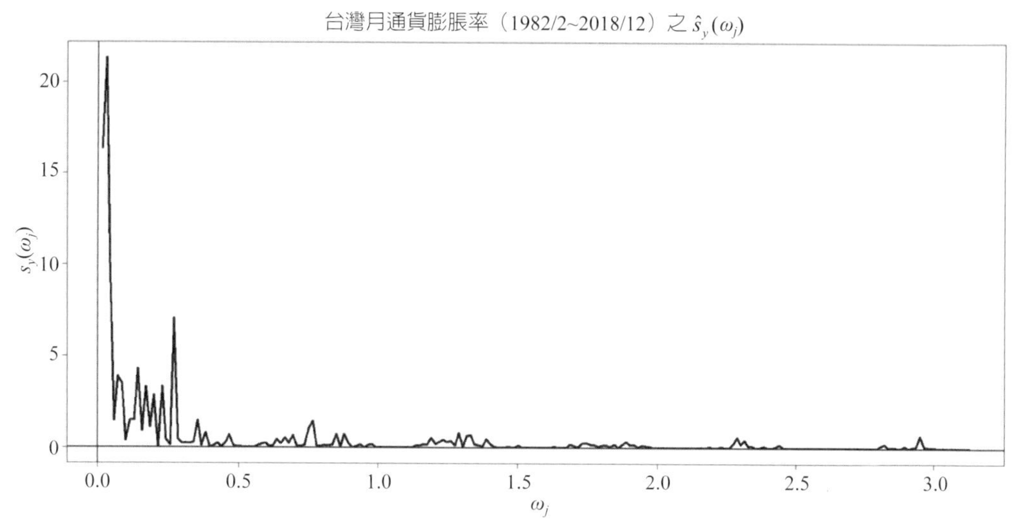

圖 5-23　台灣月通貨膨脹率（1982/2~2018/12）之 $\hat{s}_y(\omega)$

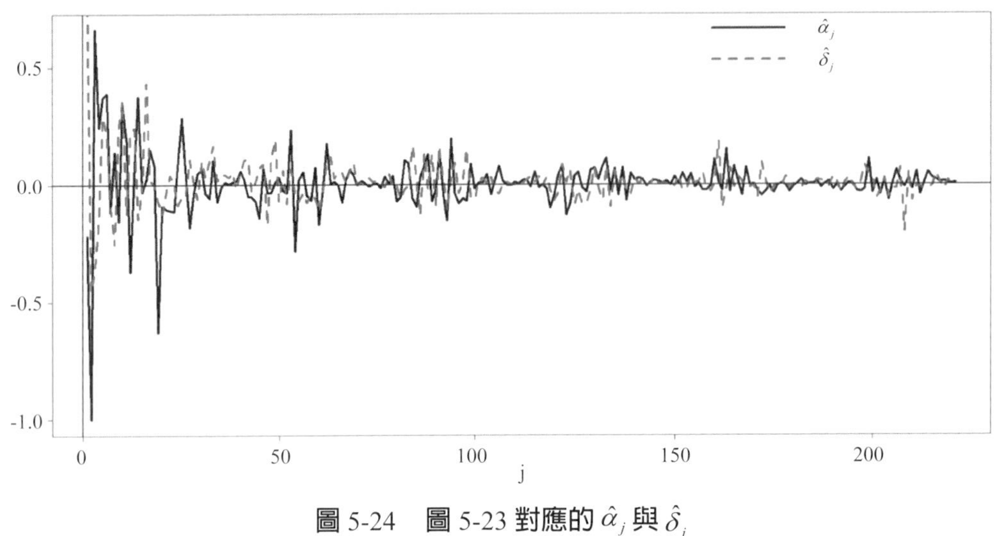

圖 5-24　圖 5-23 對應的 $\hat{\alpha}_j$ 與 $\hat{\delta}_j$

我們有興趣的是圖 5-23 的檢視。從該圖內可看出根據（5-40）式台灣月通貨膨脹率時間序列資料所估計的 $\hat{s}_y(\omega_j)$ 如圖內的實線具有下列特色：

(1) $\hat{s}_y(\omega_j)$ 並非是一個平滑的函數，此與 $s_y(\omega)$ 是一個 PDF 的型態比較仍有差距，故 $\hat{s}_y(\omega_j)$ 仍只是一個樣本估計結果而已。
(2) 可參考圖 5-22，因頻譜估計值是以面積表示，故 $\hat{s}_y(\omega_j)$ 需再乘以 $2\pi/T$ 後方爲頻譜估計值；因此，圖 5-23 可轉換成如圖 5-25 所示，後者內的圖形爲 $\hat{s}_y(\omega_j)$ $(2\pi/T)$，如前所述，頻譜估計值即表示對應的變異數。

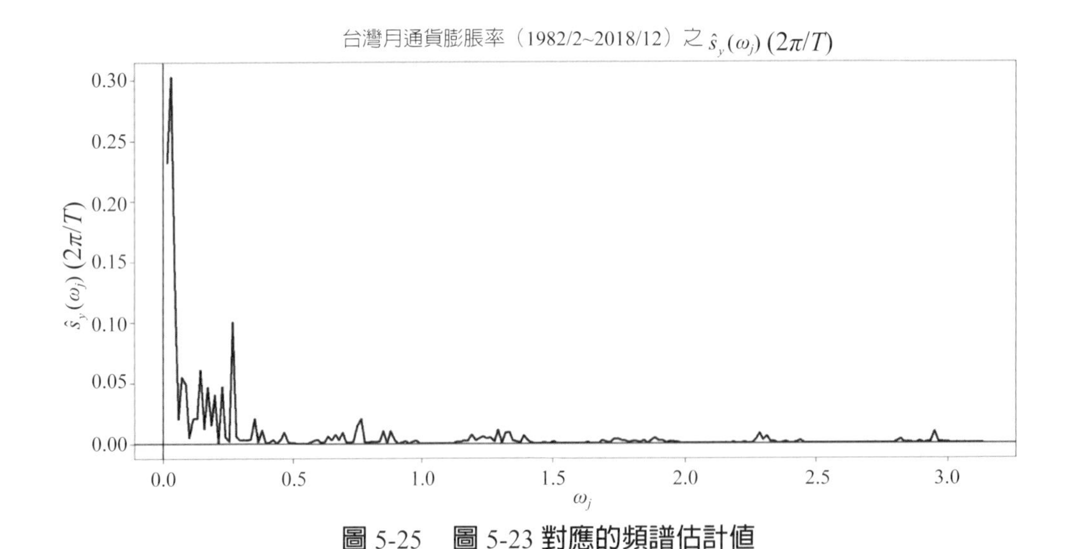

圖 5-25　圖 5-23 對應的頻譜估計值

(3) 因週期爲 $2\pi/\omega_j$ 而圖內的 $\omega_j = 2\pi j/T$，故週期爲 $\omega_j = 2\pi j/T$。例如：圖 5-23 內的 $T = 443$，若 $j = 1$，則對應的週期約爲 443 個月（約爲 36.92 年），而若 $j = 2$ 與 $j = 3$，則對應的週期分別約爲 221.5 個月（約爲 18.46 年）與 147.67 個月（約爲 12.31 年）；換言之，圖 5-25 內的頻譜估計值最高點出現於 ω_1~ω_3，此隱含著週期分別約爲 36.92、18.46 與 12.31 年的通貨膨脹率主導著 1982/2~2018/12 期間通貨膨脹率的波動。

(4) 於圖 5-25 內，若 $M = (T - 1)/2$，則 $M = (T - 1)/2$，故上述二圖相當於計算 $0 < \omega_j < \pi$ 的 $\hat{s}_y(\omega_j)\left(2\pi / T\right)$，故按照（5-32）式，可知 $2\sum_{j=1}^{M}\hat{s}_y(\omega_j)\left(2\pi / T\right)$ 約會等於 $\hat{\gamma}_0$；換言之，$2\sum_{j=1}^{M}\hat{s}_y(\omega_j)\left(2\pi / T\right) \approx 3.16$ 而 $\hat{\gamma}_0 \approx 3.17$，其中後者即爲通貨膨脹率的樣本變異數，因二者差距不大，故根據（5-40）式，（樣本）變異數的確被拆成 M 個小變異數 $\hat{\sigma}_j^2$，而 $\hat{\sigma}_j^2$ 可對應至頻率 ω_j。

(5) 續特色 (3)，ω_1~ω_3 的頻譜估計值（即變異數）分別約爲 0.232、0.303 與 0.143，故於通貨膨脹率的樣本變異數內，上述三頻率所占的比重約爲 42.71%。

例 1　$\hat{s}_y(\omega_j)$ 為對稱的分配

顯然，根據（5-40）式，$\hat{s}_y(\omega_j)$ 是一個對稱的函數，仍以上述台灣月通貨膨脹率時間序列資料爲例，於 $-\omega_j$ 與 ω_j 期間之下，我們可以估計 $\hat{s}_y(\omega_j)$ 而其結果可繪製於圖 5-26。從該圖內可以看出 $\hat{s}_y(\omega_j)$ 的確是一個對稱的函數（分配）。

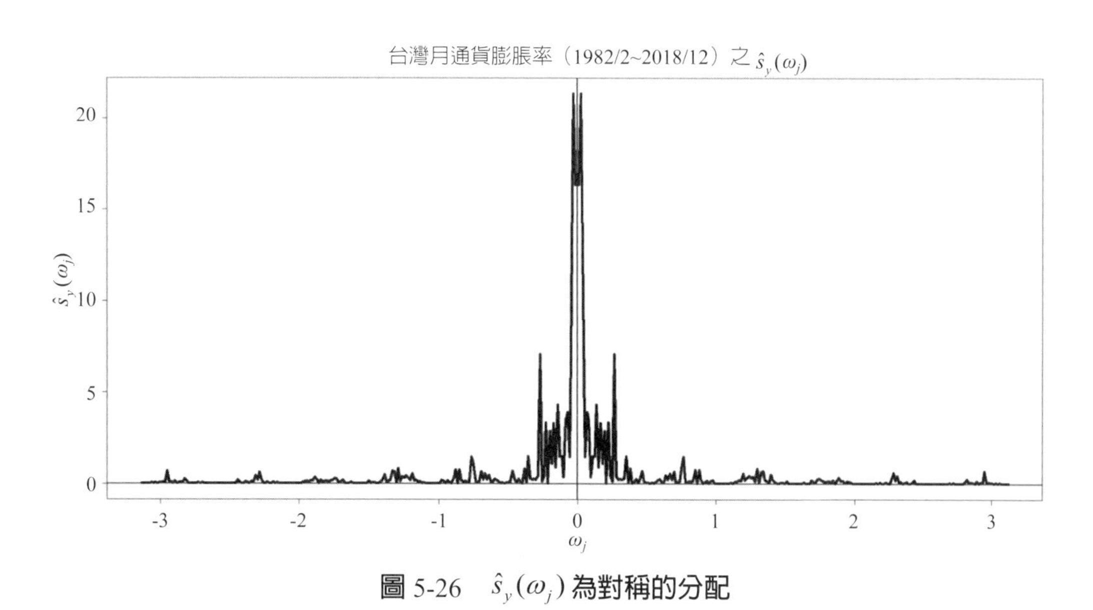

圖 5-26　$\hat{s}_y(\omega_j)$ 為對稱的分配

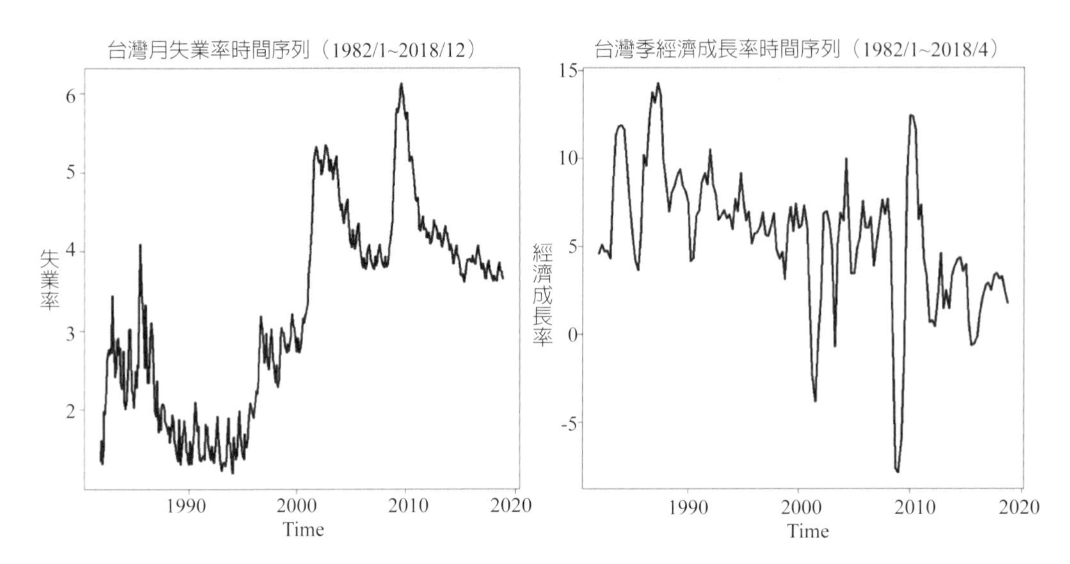

圖 5-27　台灣月失業率（1982/1~2018/12）與季經濟成長率（1982/1~2018/4）之時間走勢

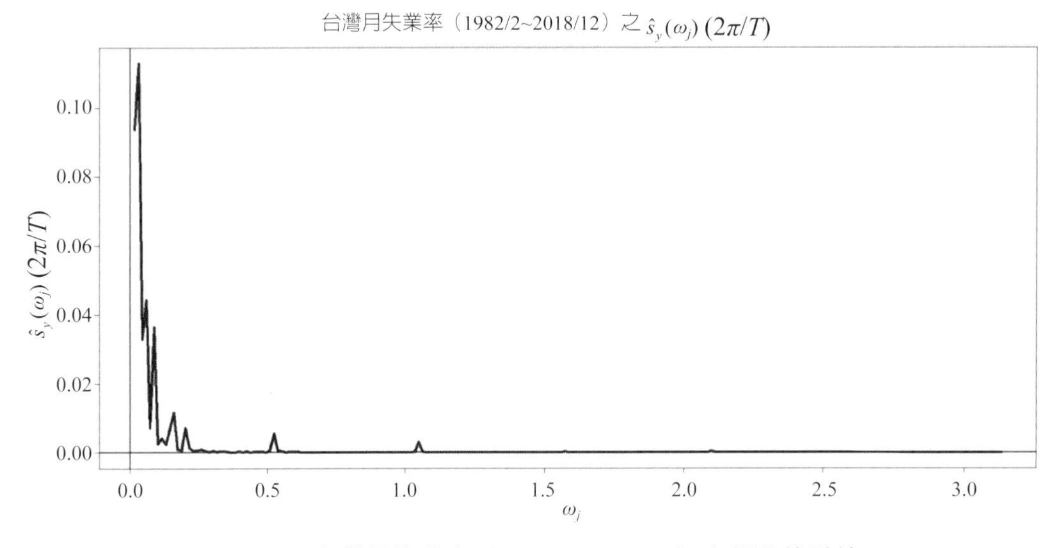

圖 5-28　台灣月失業率（1982/2~2018/12）之頻譜估計值

例 2　台灣月失業率之 $\hat{s}_y(\omega_j)$

圖 5-27 的左圖繪製出台灣月失業率的時間走勢圖（1982/2~2018/12）（該資料取自主計總處），而從圖內可看出該時間走勢似乎存在正向的趨勢走勢；因此，若欲估計該時間序列的頻譜值，我們先過濾掉確定趨勢部分後再根據（5-40）式估計其頻譜，而其結果可繪製於圖 5-28。讀者可嘗試解釋該圖。

例 3 台灣季經濟成長率之 $\hat{s}_y(\omega_j)$

圖 5-27 的右圖繪製出台灣季經濟成長率（由季實質 GDP 的年成長率計算而得，該資料亦取自主計總處）的時間走勢（1982/2~2018/12）。利用上述資料與（5-40）式，可以進一步繪製對應的 $\hat{s}_y(\omega_j)$ 如圖 5-29 所示。讀者亦可練習解釋該圖。

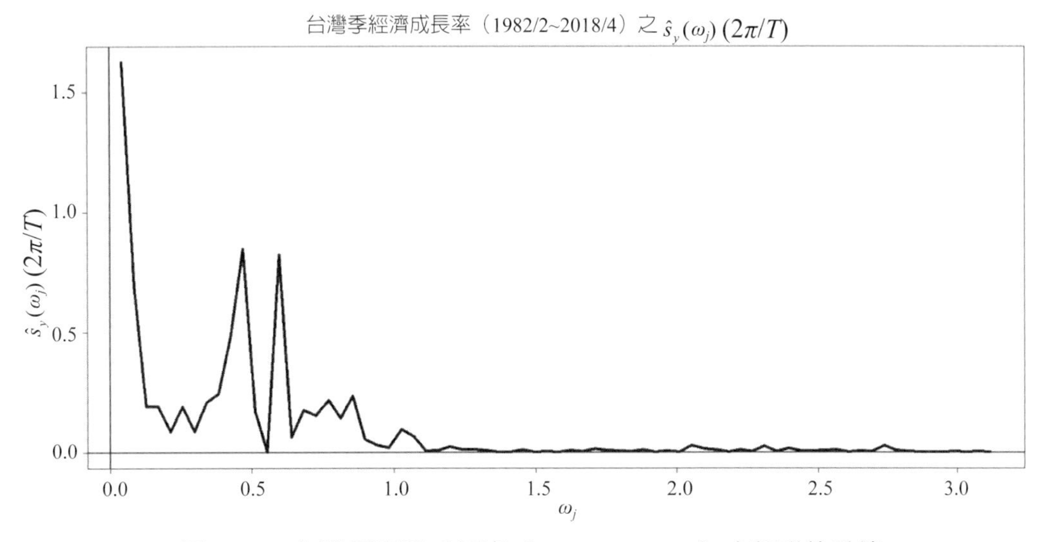

圖 5-29 台灣季經濟成長率（1982/2~2018/4）之頻譜估計值

習題

(1) 試解釋圖 5-29。出現較大的頻譜估計值的頻率爲何？其對應的週期又爲何？

(2) 續上題，台灣季經濟成長率（1982/2~2018/4）的樣本變異數爲何？若利用（5-40）式計算的樣本變異數又爲何？

(3) 爲何須將圖 5-23 轉換成圖 5-25？二圖之間的關係爲何？

(4) 利用第 1 章內的 TWI 月報酬率時間序列資料，試利用（5-40）式估計其樣本週期圖。

(5) 續上題，估計的樣本週期圖有何特色？

(6) 續上題，若改用 NASDAQ 月報酬率時間序列資料呢？

3.3 長期變異數

敏感的讀者也許會注意到於前述的頻譜估計式如（5-40）式內，我們並未包括 $\omega = 0$ 的頻譜估計值，究竟後者代表何意思？於本節我們發現其不僅與（5-11）式同時亦與長期變異數的觀念有關。不過於尚未介紹之前，我們仍須檢視有關於定態隨機過程的一些特徵。假定 $\{y_t\}$ 是一種定態的隨機過程，則其平均數 μ 與自我共變異數 $\gamma(T)$ 具有下列特色：

(1) 若 $\gamma(T) \rightarrow 0$，則 $E(y_t - \mu)^2 \rightarrow 0$。

(2) 若 $\sum_{h=-\infty}^{\infty} |\gamma(h)| < \infty$，則 $TE(y_t - \mu)^2 \rightarrow \sum_{h=-\infty}^{\infty} \gamma(h)$

上述特色 (1) 是顯而易見的，即 $\gamma(T)$ 內有包括 $E(y_t - \mu)^2$。至於特色 (2)，則牽涉到前述的絕對可加總特性（註 4）；換言之，根據附錄 1 可得：

$$0 \leq TE(y_t - \mu)^2 = \frac{1}{T}\sum_{i,j=1}^{T} Cov\left(y_i, y_j\right) = \sum_{|h|<T}\left(1 - \frac{|h|}{T}\right)\gamma(h)$$

$$\leq \sum_{|h|<T} |\gamma(h)|$$

$$= 2\sum_{h=1}^{T} |\gamma(h)| + \gamma(0) \qquad （5\text{-}41）$$

因此，根據（5-41）式，可知 $\lim_{T\rightarrow\infty} \gamma(T) = 0$ 隱含著 $\lim_{T\rightarrow\infty} E(y_t - \mu) = 0$；另一方面，（5-41）式亦隱含著：

$$\lim_{T\rightarrow\infty} TE(y_t - \mu)^2 = \lim_{T\rightarrow\infty} \sum_{|h|<T}\left(1 - \frac{|h|}{T}\right)\gamma(h) = \sum_{h=-\infty}^{\infty} \gamma(h) < \infty \qquad （5\text{-}42）$$

是故，上述特色 (1) 與 (2) 並不難瞭解。

其實上述特色 (1) 與 (2) 說明了樣本平均數 $\bar{y}$ 不僅是 μ 的不偏同時亦是一種具一致性的估計式；換言之，若 y_t 是一種高斯過程，則根據（5-41）式，可得：

$$\sqrt{T}\left(\bar{y} - \mu\right) \sim N\left(0, \sum_{|h|<T}\left(1 - \frac{|h|}{T}\right)\gamma(h)\right) \qquad （5\text{-}43）$$

其中 $\bar{y}$ 的變異數為 $\frac{1}{T}\sum_{|h|<T}\left(1 - \frac{|h|}{T}\right)\gamma(h)$。根據（5-43）式，我們不難擴充思考 $\bar{y}$ 的漸近分配，考慮定理 1。

定理 **1**：

就任何一個定態隨機過程 $\{y_t\}$ 而言，其可寫成：

$$y_t = \mu + \sum_{j=0}^{\infty} \psi_j u_{t-j}$$

其中 $u_t \sim IID(0, \sigma_u^2)$。若 $\sum_{j=0}^{\infty} j^2 \left|\psi_j\right|^2 < \infty$，則 $\bar{y}$ 屬於漸近常態分配，即：

$$\sqrt{T}\left(\bar{y} - \mu\right) \xrightarrow{d} N\left(0, \sum_{h=-\infty}^{\infty} \gamma(h)\right) = N\left(0, \sigma_u^2 \left(\sum_{j=0}^{\infty} \psi_j\right)^2\right) \tag{5-44}$$

上述定理 1 或（5-44）式的證明可參考 Phillips 與 Solo（1992）。

因此，（5-43）與（5-44）二式可視爲「*ARMA* 版」的 CLT，而我們有興趣的是 y 的變異數的計算[10]。根據（5-42）與（5-44）二式，我們可以定義 $\{y_t\}$ 的長期變異數爲：

$$J = \sum_{h=-\infty}^{\infty} \gamma(h) = \gamma(0)\left(1 + 2\sum_{h=1}^{\infty} \rho(h)\right) \tag{5-45}$$

比較（5-18）與（5-45）二式，可知上述長期變異數亦可由 $\omega = 0$ 的頻譜乘以 2π 而得，即：

$$J = 2\pi s_y(0) \tag{5-46}$$

若 $\{y_t\}$ 內存在顯著的自我相關（即 $\rho(h) \neq 0$，其中 $h \neq 0$），則 y_t 的長期變異數 J 與 $\gamma(0)$ 未必會相同，其中 $\gamma(0)$ 爲 y_t 的變異數。例如，考慮一種 $AR(1)$ 過程如 $y_t = \phi y_{t-1} + u_t$，其中 $u_t \sim NID(0, \sigma_u^2)$ 與 $|\phi| < 1$，則於第 3 章可知 $\gamma(0) = \dfrac{\sigma_u^2}{1-\phi^2}$ 以及 $\rho(h) = \phi^{|h|}$。是故，根據（5-45）式可得 $J = \dfrac{\sigma_u^2}{(1-\phi)^2} = \gamma(0)\dfrac{(1+\phi)}{(1-\phi)}$，故 $\gamma(0)$ 有可能大於或小於 J，其竟取決於 ϕ 值的「正負號」；即若 $\phi > 0$（或 $\phi < 0$），則 $\gamma(0)$ 會低估（或高估）

---

[10] 因 $Var(\bar{y}) = \sigma_y^2 / T$，故 $Var\left[\sqrt{T}\left(\bar{y} - \mu\right)\right] = TVar(\bar{y}) = \sigma_y^2$。

J 值，可以參考圖 5-30。

於圖 5-30 內，我們於 $AR(1)$ 過程內假定 $\sigma_u = 1$ 以及考慮 $\phi = \pm 0.9$ 二種情況。我們先於不同的樣本數 T 下模擬出 y_t 屬於 $AR(1)$ 過程的觀察值，再分別計算對應的樣本變異數 $s^2 = \hat{\gamma}(0)$ 以及對應的 J 值（J 值分別約爲 100 與 0.277）。從圖內可看出不管 ϕ 爲何，使用樣本變異數 $\hat{\gamma}(0)$ 皆會錯估長期變異數，其中又以 $\phi > 0$ 的情況特別嚴重（讀者亦可於圖 5-30 內更改 ϕ 值檢視）。圖 5-30 的結果隱含著若欲檢定 H_0：$\mu = \mu_0$，我們應該使用 J 而非 $\hat{\gamma}(0)$；換言之，若使用後者，自然會影響檢定的可信度。

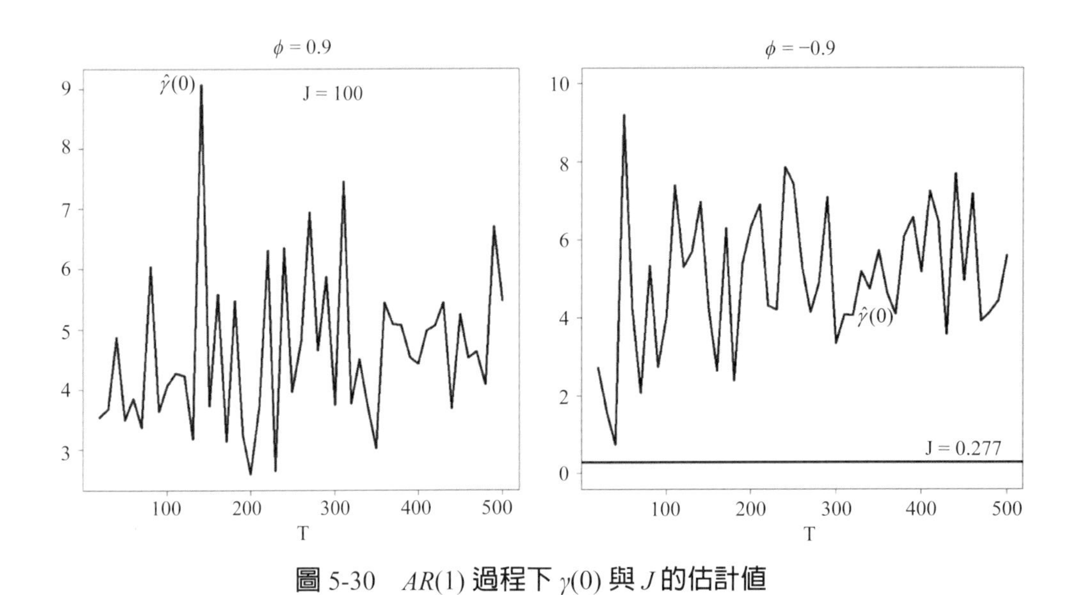

圖 5-30　$AR(1)$ 過程下 $\gamma(0)$ 與 J 的估計值

例 1 （5-44）式的模擬

我們並未證明定理 1 或（5-44）式，不過利用模擬的方式倒是容易得到（5-44）式的結果，可以參考圖 5-31。圖 5-31 分成四種情況，而於每一情況內，我們先模擬出 y_t 屬於 $AR(1)$ 過程的觀察值，其中 $\mu = 0$、$\phi = 0.9$ 與 $\sigma_u = 1$（假定誤差項屬於 NID 過程）。然後再計算 $\sqrt{T}\left(\bar{y} - \mu\right)$ 統計量，如此重複 $N = 1{,}000$ 次，自然可得出圖內的直方圖；另外，因 $J = \dfrac{\sigma_u^2}{(1-\phi)^2} = 100$，故可以繪製出平均數與變異數分別爲 0 與 J 的常態分配的 PDF 曲線，如圖內的虛線所示。從圖 5-31 內，可看出隨著樣本數 T 的愈提高，直方圖與 PDF 曲線之間的配適度愈佳，故可以說明（5-44）式。

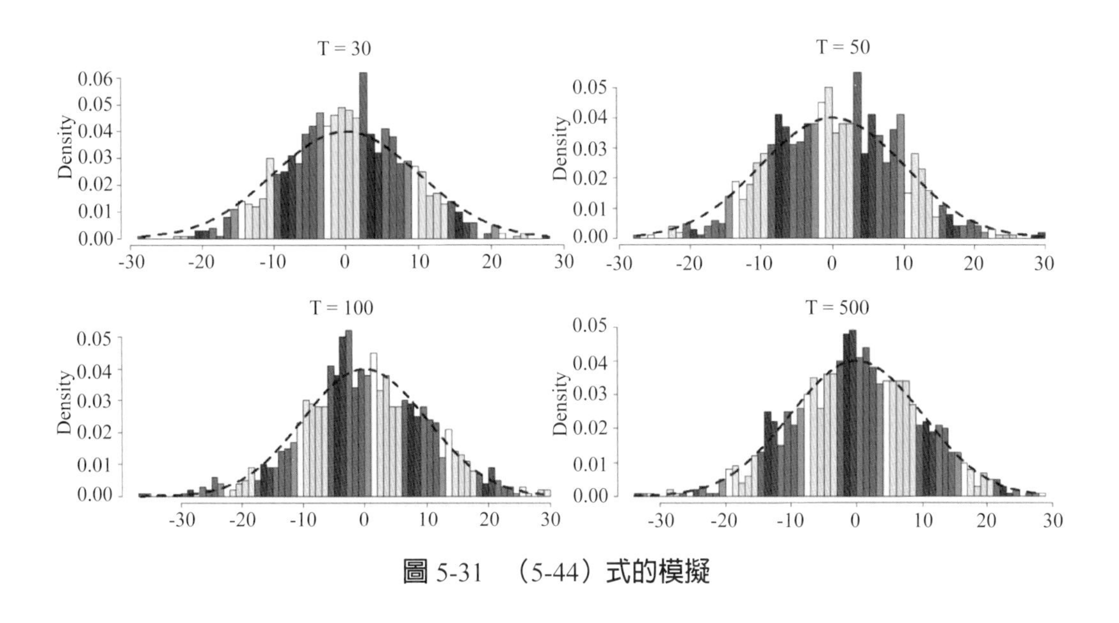

圖 5-31 （5-44）式的模擬

例 2 *J* 的估計

圖 5-30 內的結果倒是提供一種思考長期變異數估計的例子。仍使用圖 5-30 內的假設，故可知 $J=\gamma(0)\dfrac{(1+\phi)}{(1-\phi)}$。假定可以正確地估計出 ϕ 值（即以眞正的 ϕ 值取代），另外以 $\hat{\gamma}(0)$ 取代 $\gamma(0)$，故可得 J 的估計式爲 $\hat{J}=\hat{\gamma}(0)\dfrac{(1+\theta)}{(1-\theta)}$。利用相同於圖 5-30 的模擬方式，圖 5-32 繪製出以 $\hat{J}$ 估計 J 的結果，而從圖內可看出相對於 $\hat{\gamma}(0)$

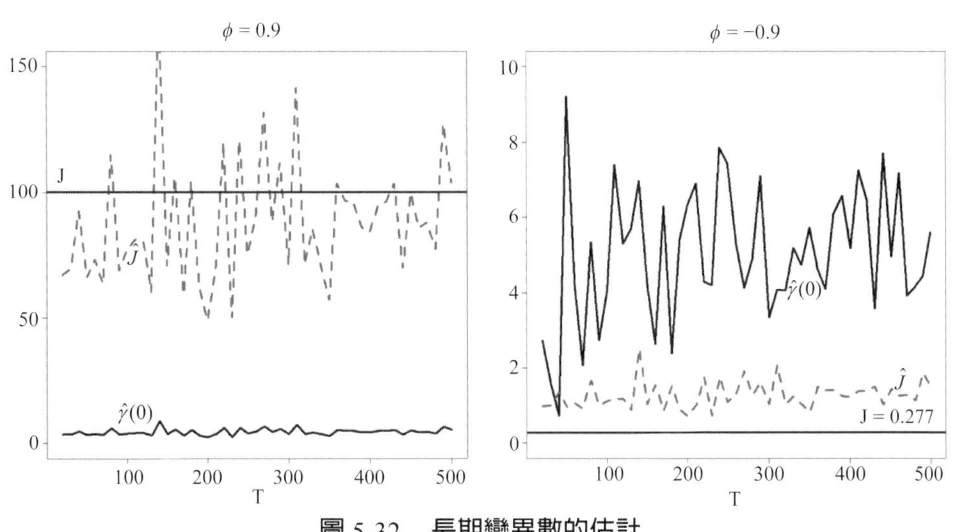

圖 5-32 長期變異數的估計

而言，$\hat{J}$ 值的確較接近於 J 值；因此，從圖 5-32 內可看出以 $\hat{J}$ 取代$\hat{J}$ 的確可降低檢定的失誤。

習題

(1) 試解釋母體頻譜與長期變異數之間的關係。
(2) 何謂長期變異數？試解釋之。
(3) 定態隨機過程變數的漸近分配爲何？試解釋之。
(4) J 與 $\gamma(0)$ 之間的關係爲何？試解釋之。
(5) 爲何我們必須注意長期變異數的估計？試解釋之。

4. 母體頻譜的估計

根據（5-46）式，可知長期變異數與母體頻譜的估計幾乎相同。我們有二種方法可以估計，其一是使用參數方法，另一則使用非參數方法。本節可以分成二部分：首先介紹長期變異數的估計，接下來是母體頻譜估計的檢視。

4.1 長期變異數的估計

重新檢視（5-45）式，若使用第 3 章的 *ARMA* 模型估計隱含的 $\gamma(h)$ 值代入該式即可得 $\hat{J}$；換言之，若樣本數 $T > 1$，因只能取得 $\gamma(0), \cdots, \gamma(T-1)$ 的估計值，代入（5-45）式後可得 $\hat{J} = J_T$，而 $\hat{J}_T$ 可寫成：

$$\hat{J}_T = \sum_{h=-T+1}^{T} \hat{\gamma}(h) = \hat{\gamma}(0) + 2\sum_{h=1}^{T-1} \hat{\gamma}(h) = \hat{\gamma}(0)\left(1 + 2\sum_{h=1}^{T-1} \hat{\rho}(h)\right) \quad (5\text{-}47)$$

其中 $\hat{\gamma}(h)$ 與 $\hat{\rho}(h)$ 分別表示 $\gamma(h)$ 與 $\rho(h)$ 的估計式。上述方法即是使用參數方法估計，顯然其至少存在二個缺點：

(1) 於小樣本下，更高落後期的 $\gamma(h)$ 估計愈分歧，故其可信度較低。
(2) 按照（5-47）式，高低落後期的 $\gamma(h)$ 估計值的加總權數皆相同，故根據缺點 (1)，高落後期的 $\gamma(h)$ 估計值易扭曲 J 的估計。

表 5-2 四種核函數

函數名稱	$k(x)$
Bartlett (B)	$1-\|x\|$
Daniell (D)	$\frac{\sin(\pi x)}{\pi x}$
Tukey-Hanning (TH)	$(1+\cos(\pi x))/2$
Quadratic Spectral (QS)	$\frac{25}{12\pi^2 x^2}\left(\frac{\sin(6\pi x/5)}{6\pi x/5}-\cos(6\pi x/5)\right)$

註：可參考 Andrews（1991）

另外一種則是使用非參數方法，該方法未必需要事先認定 *ARMA* 過程，故其反而較爲簡易[11]。針對上述參數方法的缺點 (2)，非參數方法將（5-47）式改成：

$$\hat{J}_T=\hat{J}_T(l_T)=\frac{T}{T-r}\sum_{h=-T+1}^{T-1}k\left(\frac{h}{l_T}\right)\hat{\gamma}(h) \qquad (5\text{-}48)$$

其中 $k(\cdot)$ 是一個核函數（kernel function），而 l_T 則稱爲「落後截斷參數」（lag truncation parameter）或稱爲「頻寬」（bandwidth）。比較（5-37）與（5-48）二式，可知核函數扮演著「權數」的角色。核函數具有下列的性質：

(1) 於 $|x|\leq 1$ 之下，$k(x)$ 是一個連續的函數。

(2) $k(x)$ 是一個二次式可積分函數，即 $\int_R k(x)^2dx<\infty$。

(3) $k(0)=1$。

(4) $k(x)$ 是一個對稱的函數。

表 5-2 列出四種有名的核函數的數學型態，而圖 5-33 則繪製出該四種核函數的形狀。因此，從上述核函數的性質與圖 5-33 內各函數的形狀，大致可知各核函數頗接近於連續且對稱的 PDF 函數[12]。使用核函數的目的在於校正（5-47）式內 $\hat{\gamma}(h)$ 前的權數皆相同的缺失；換言之，根據圖 5-33 與（5-48）式可知 $x=h/l_T$ 會使得低階與高階落後期的自我共變異數權數並不相同，即前者的權數會高於後者，甚

[11] 底下介紹的非參數方法可以參考 Andrews（1991）或 Andrews 與 Monahan（1992）等文獻。

[12] 於 $|x|\leq 1$ 之下，我們發現 Bartlett 與 Tukey-Hanning 核函數較符合上述性質。

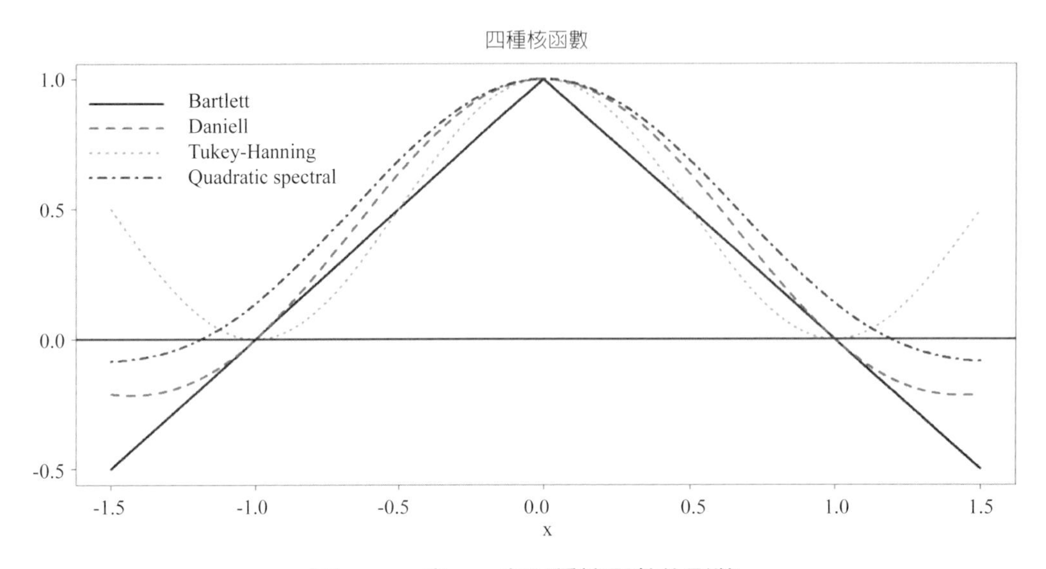

圖 5-33　**表** 5-2 **內四種核函數的形狀**

至於當 $h=0$，$\hat{\gamma}(0)$ 的權數為 1。

再重新檢視（5-48）式，其中 r 表示 $ARMA$ 過程內欲估計的參數個數，即 $T/(T-r)$ 項用於校正長期變異數的估計式。直覺而言，於小樣本下，該項才會顯示出其重要性；不過，於大樣本下，該項就微不足道，故通常予以省略，即假定該項等於 1。至於 l_T 所扮演的角色，於 B 與 QS 二種核函數下，Andrews（1991）倒是建議採用下列的最適頻寬值，即：

$$l_T = 1.1447[\alpha_B T]^{1/3} \text{ 與 } l_T = 1.3221[\alpha_{QS} T]^{1/5}$$

其中 $[\cdot]$ 表示最接近中括號內之值的整數值，而 α_B 與 α_{QS} 則分別為：

$$\alpha_B = \frac{4\hat{\rho}^2}{(1-\hat{\rho}^2)(1+\hat{\rho}^2)} \text{ 與 } \alpha_{QS} = \frac{4\hat{\rho}^2}{(1-\hat{\rho})^4}$$

其中 $\hat{\rho}$ 表示第 1 階的自我相關係數估計值。Newey 與 West（1994）進一步認為上述 α_B 與 α_{QS} 的估計因過於繁雜而建議使用：

$$l_T = \beta_B \left[\frac{T}{100}\right]^{2/9} \text{ 與 } l_T = \beta_{QS} \left[\frac{T}{100}\right]^{2/25}$$

其中 $\beta_B = \beta_{QS} = 4$ 爲可接受的結果。

我們利用上述方法以及圖 5-27 內右圖的台灣季經濟成長率資料估計季經濟成長率的長期變異數。考慮該資料於 1982/2~2018/4 期間，可分別得 $T = 147$、樣本平均數 $\bar{y} = 5.5624$ 以及樣本變異數 $\hat{\gamma}(0) = 14.9881$。我們進一步計算出 $\hat{\rho}(1) = 0.834$、$\hat{\rho}(2) = 0.5838$ 與 $\hat{\rho}(3) = 0.3109$。使用 Bartlett 的核函數，可得 $l_T = 4\left[\dfrac{T}{100}\right]^{2/9} = 4$；因此，根據（5-48）式，長期變異數估計的權數爲：

$$l_T = \begin{cases} 1, & h = 0 \\ 3/4, & h = \pm 1 \\ 2/4, & h = \pm 2 \\ 1/4, & h = \pm 3 \\ 0, & |h| \geq 4 \end{cases}$$

是故，季經濟成長率的長期變異數估計值爲：

$$\hat{J}_T = \hat{\gamma}(0)\left(1 + 2\frac{3}{4}\hat{\rho}(1) + 2\frac{2}{4}\hat{\rho}(2) + 2\frac{1}{4}\hat{\rho}(3)\right) \approx 44.8175$$

顯然，$\hat{J}_T > \hat{\gamma}(0)$。根據（5-46）式，利用上述 $\hat{J}_T$ 可得 $\hat{s}_y(0)$ 約爲 7.1329。

例 1 經濟成長率平均數的檢定

如前所述，利用圖 5-27 內的經濟成長率資料可得其長期變異數估計值約爲 44.8175；另外，亦可計算出樣本平均數與樣本變異數分別約爲 5.5624 與 14.9881，其中 $T = 147$。假定我們欲檢定：

$$H_0 : \mu = 5 \text{ 與 } H_a : \mu \neq 5$$

顯然使用樣本變異數檢定會失眞，即其 t 檢定統計量爲 $t = \dfrac{5.5624 - 5}{\sqrt{\dfrac{14.9881}{147}}} = 1.7462$ 而其對應的 p 值約爲 8.29%；另外，若使用長期變異數估計值檢定，則可得

$t=\dfrac{5.5624-5}{\sqrt{\dfrac{44.8175}{147}}}=1.0186$ 而其對應的 p 值則約為 31.01%。顯然，若顯著水準為 10%，前者會拒絕而後者不會拒絕 H_0。

例 2　月通貨膨脹率的長期變異數

利用前述台灣的月通貨膨脹率資料，考慮 1982/2~2018/12 期間可得 $T=443$、$\hat{\gamma}(0)=3.1705$ 以及 $l_T=6$。因此，仍使用 Bartlett 的核函數，長期變異數可估得：

$$\hat{J}_T=\hat{\gamma}(0)\left(1+2\frac{5}{6}\hat{\gamma}(1)+2\frac{4}{6}\hat{\gamma}(2)+2\frac{3}{6}\hat{\gamma}(3)+2\frac{2}{6}\hat{\gamma}(4)+2\frac{1}{6}\hat{\gamma}(5)\right)\approx 14.5239$$

其中 $\hat{\gamma}(j), j=1,\cdots,5$，可以參考所附之 R 指令或圖 5-34。根據上述長期變異數估計值，可得對應的 $\hat{s}_y=\hat{J}_T/2\pi=2.3116$。

圖 3-34 繪製出台灣月通貨膨脹率與季經濟成長率的估計自我相關圖，從圖內可看出上述通貨膨脹資料的自我相關估計值隨 h 遞減的速度相當緩慢；另一方面，上述經濟成長率資料於較大的 h 值之下仍有顯著異於 0 的自我相關估計值。明顯地，上述估計長期變異數的方法會產生低估的現象。因此，我們需要其他的方法以估計長期變異數。

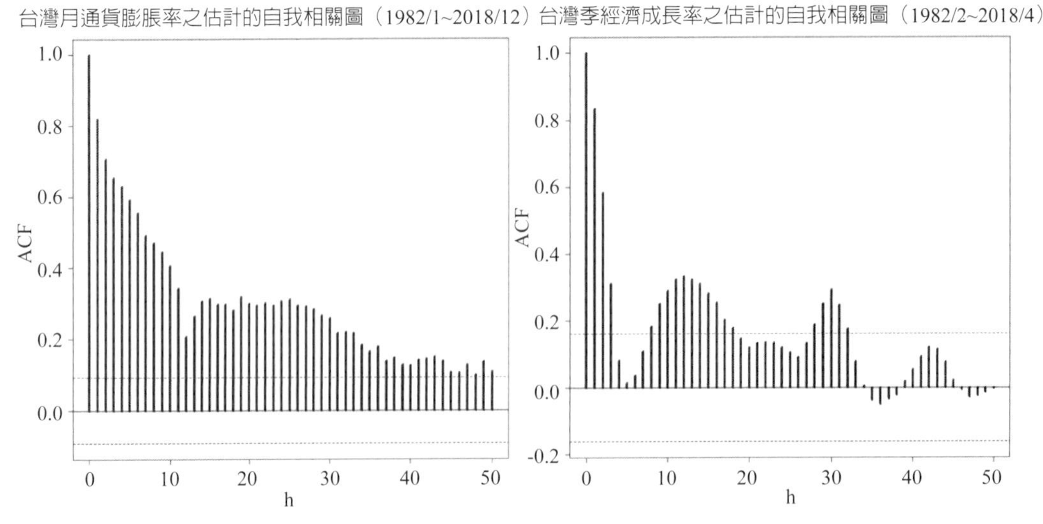

圖 5-34　台灣月通貨膨脹率之估計的自我相關圖

習題

(1) 利用（5-47）式估計有何缺點？爲什麼？

(2) 試解釋我們如何利用台灣季經濟成長率資料估計季經濟成長率的長期變異數。

(3) 至於利用前述台灣月通貨膨脹率資料呢？我們如何估計對應的長期變異數？試解釋之。

(4) 爲何 $\hat{J}_T$ 與 $\hat{\gamma}(0)$ 會有差距？試解釋之。

4.2 母體頻譜的估計

根據（5-46）式我們曾利用長期變異數的估計值「反推導」出 $\hat{s}_y(0)$ 值，而於本節，我們倒是可以先估計出 $\hat{s}_y(0)$ 值後再得到長期變異數的估計值。可惜的是，至目前爲止，我們只能使用（5-40）式估計 $\hat{s}_y(\omega)$。雖說根據（5-40）式，我們可以利用一組樣本資料估計出 $\hat{s}_y(\omega)$，不過該式卻至少有二個缺點：

(1) 根據（5-40）式所得出的 $\hat{s}_y(\omega)$ 並不是一條平滑的曲線，可以參考圖 5-27；因此，利用（5-40）式所得出的結果顯然與 $s_y(\omega)/\gamma(0)$ 是一個 PDF 曲線仍有一段差距。

(2) 利用（5-40）式，我們並無法計算出 $\hat{s}_y(0)$ 值。

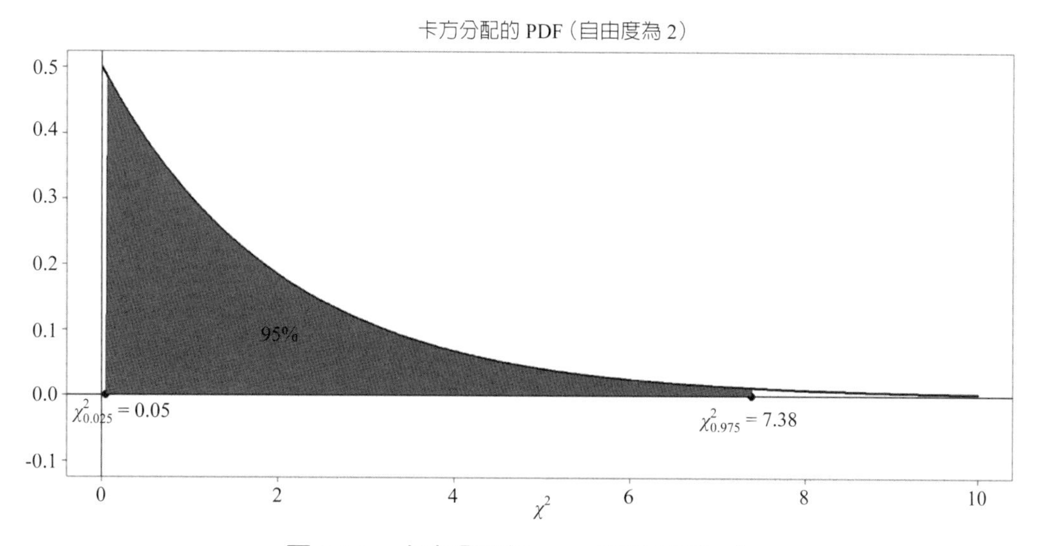

圖 5-35　卡方分配的 PDF（自由度為 2）

其實 Fuller（1976）曾指出於 $\omega \neq 0$ 與大樣本數之下，$2\hat{s}_y(\omega)/s_y(\omega)$ 接近於自由度爲 2 的卡方分配，即：

$$2\hat{s}_y(\omega)/s_y(\omega) \sim \chi^2(2) \tag{5-49}$$

根據（5-49）式，雖說 $\hat{s}_y(\omega)$ 是 $s_y(\omega)$ 的不偏估計式，即 $E\left[\hat{s}_y(\omega)\right] = s_y(\omega)$[13]，而我們知道於 95% 的機率下，$\chi^2(2)$ 值的下限值與上限值分別約爲 0.05 與 7.38 如圖 5-35 所示，故可得 $0.025s_y(\omega) \leq \hat{s}_y(\omega) \leq 3.69s_y(\omega)$；換言之，$\hat{s}_y(\omega)$ 值的可能範圍有可能相當大。

$s_y(\omega)$ 的估計方法類似於前述長期變異數的估計方法，即若檢視（5-30）式可以發現該式內落後期 $\hat{\gamma}_j$ 的權數皆相同，因此類似於（5-48）式的非參數方法，（5-30）式可以改寫成：

$$\hat{s}_y(\omega) = \frac{1}{2\pi}\left\{\hat{\gamma}_0 + 2\sum_{j=1}^{T-1}\kappa_j^*\hat{\gamma}_j\cos(\omega j)\right\} \tag{5-50}$$

其中 κ_j^* 是一種核函數。Hamilton（1994）建議採用一種修正的 Bartlett 核函數，該函數可寫成：

$$\kappa_j^* = 1 - \frac{j}{q+1},\ j = 1, 2, \cdots, q \tag{5-51}$$

其中若 $j > q$ 則 $\kappa_j^* = 0$。將（5-51）式代入（5-50）式內，可得：

$$\hat{s}_y(\omega) = \frac{1}{2\pi}\left\{\hat{\gamma}_0 + 2\sum_{j=1}^{q}\left[1 - j/(q+1)\right]\hat{\gamma}_j\cos(\omega j)\right\} \tag{5-52}$$

檢視（5-51）或（5-52）式，可知 q 是一個事先須先選擇的參數。

---

[13] 因自由度爲 2 的卡方分配的平均數等於 2，故根據（5-49）式可得：

$$E\left[\frac{2\hat{s}_y(\omega)}{s_y(\omega)}\right] = 2 \Rightarrow E\left[\hat{s}_y(\omega)\right] = s_y(\omega)$$

即 $s_y(\omega)$ 並不是一個隨機變數。

我們選擇 $q=\left[2\sqrt{T}\right]$（讀者亦可自行決定其他 q 值）以及使用圖 5-23 內的月通貨膨脹率與圖 5-29 內的季經濟成長率資料，根據（5-52）式，可以繪製 $\hat{s}_y(\omega)$ 曲線如圖 5-36 內的虛線所示，其中左圖與右圖內的實線則分別取自圖 5-23 與圖 5-29。我們從圖 5-36 內的虛線可看出根據（5-52）式所估得的 $\hat{s}_y(\omega)$ 曲線已接近於一條平滑的曲線。根據（5-46）式與圖 5-36 內的 $\hat{s}_y(\omega)$ 函數進一步估計月通貨膨脹率與季經濟成長率的長期變異數分別約為 57.12 與 114.89，顯然二者高出之前的估計值甚多。

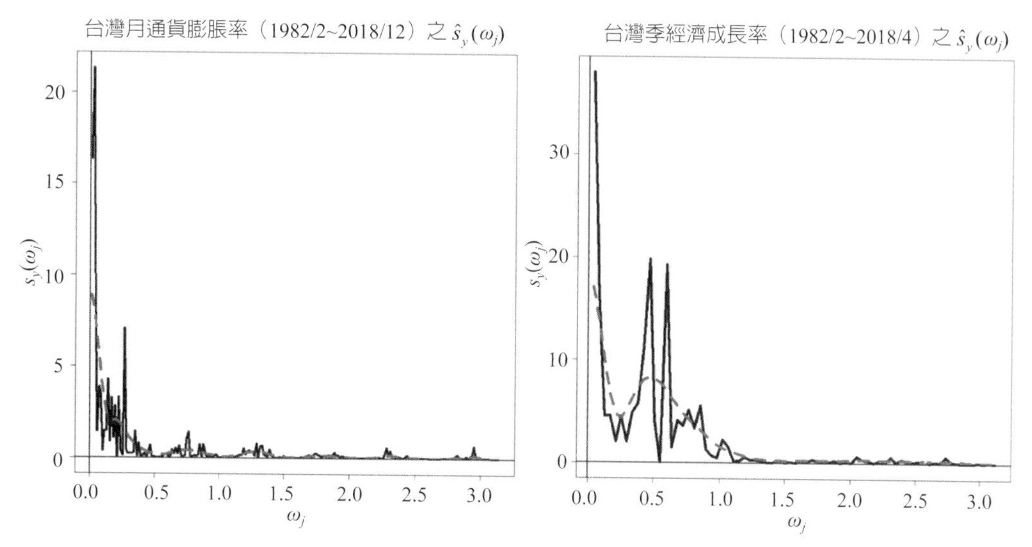

圖 5-36　台灣月通貨膨脹率與季經濟成長率之 $\hat{s}_y(\omega)$（虛線）

例 1　複製 Hamilton 的結果

利用 Hamilton（1994）書內第 6 章的時間序列資料，我們可以檢視所選擇的 $q=\left[2\sqrt{T}\right]$ 是否恰當。Hamilton 使用美國 1947/1~1989/11 期間的月製造業指數時間序列資料，其走勢繪製如圖 5-37 內的圖 (a) 所示。接下來，圖 (b) 繪製出我們估計該時間序列資料的母體頻譜估計函數，而該圖可對應至 Hamilton 書內的圖 6.4。其次，將上述月製造業指數時間序列資料轉換成月（對數）成長率以及年（對數）成長率後，圖 5-37 內的圖 (c) 與 (d) 分別繪製出上述二成長率的母體頻譜估計函數，該二圖則分別可對應至 Hamilton 書內的圖 6.5 與 6.6。有興趣的讀者可對照看看。

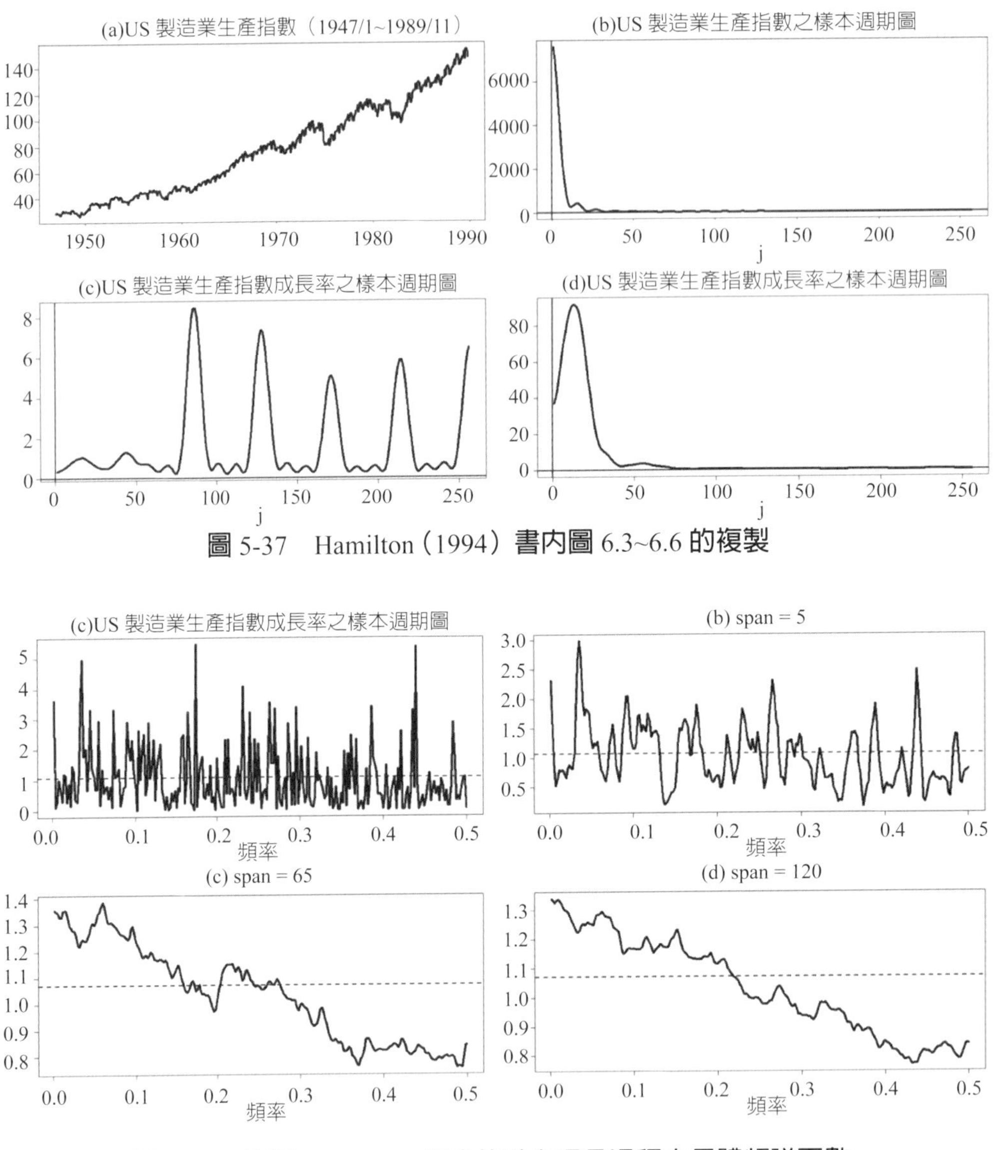

圖 5-38　使用 spectrum() 指令估計白噪音過程之母體頻譜函數

例 2　使用 spectrum() 指令

我們也可以使用 R 內的 spectrum() 指令估計母體頻譜函數。假定 $y_t \sim NID(0,1)$，而我們先模擬出 y_t 的 $T = 500$ 個觀察值，而其樣本變異數約為 1.0708。圖 5-38 內的各圖繪製出使用 spectrum() 指令估計上述觀察值的母體頻譜 $\hat{s}_y(\omega)$，而若檢視各圖的結果，可以發現其具有下列特色：

(1) 圖 5-38 內的各圖皆不用對數值表示，應注意於 spectrum() 內使用 log=”no”，可以參考所附的 R 指令。
(2) 圖 (a) 沒有使用 span 的功能，故其 $\hat{s}_y(\omega)$ 並非是一個平滑的曲線；反觀圖 (b)~(d) 分別使用 span 的功能，則其 $\hat{s}_y(\omega)$ 曲線較平滑；換言之，span 相當於將 $\hat{s}_y(\omega)$ 曲線內的「凸尖點」以移動平均取代，故 span 值愈高，該曲線愈平滑。
(3) 若檢視圖 5-38 內的各圖內的頻率，其是介於 0 與 0.5 之間，故與圖 5-36 的頻率表示方式不同；原來，spectrum() 指令估計出的 $\hat{s}_y(\omega)$，其平均數恰爲樣本變異數，即圖 5-38 內各圖的水平虛線爲 y_t 觀察值的樣本變異數。換言之，圖 5-38 內的各圖的頻率爲 $1/T$，因 $2\sum_{\omega}\hat{s}_y(\omega)/T=\hat{\gamma}(0)$，故按照圖 5-38 內圖 (a)~(d) 的順序可計算 $2\sum_{\omega}\hat{s}_y(\omega)/T$ 值分別約爲 1.0261、1.0294、1.0322 與 1.0323，即有無使用 span 對於樣本變異數的估計影響不大。
(4) 因圖 5-38 內各圖的頻率並不包括 $\omega=0$，故使用 spectrum() 指令並無法取得 $\hat{s}_y(0)$ 的估計值；換言之，有關於長期變異數的估計，使用 spectrum() 指令的困難度較高。

例 3 **（5-52）式與 spectrum() 指令的比較**

利用前述台灣的月通貨膨脹率資料，我們先使用 spectrum() 指令估計上述資料後，再依相同的頻率以（5-52）式估計，其中 $q=\left[2\sqrt{T}\right]$。圖 5-39 繪製出分別使用（5-52）式與 spectrum() 指令估計月通貨膨脹率資料的結果，其中圖 (a) 係使用（5-52）式，而圖 (b)~(d) 則使用 spectrum() 指令。因相對上較平滑，故我們從圖內可看出利用（5-52）式的結果似乎較佳。我們已經知道樣本變異數的波動可由不同頻率的週期循環解釋，因此我們進一步計算各圖內的樣本變異數。上述月通貨膨脹率資料的樣本變異數約爲 3.1901，而該值則繪製於各圖內的水平虛線。按照例 2 的做法，我們分別計算圖 5-39 內各圖的 $2\sum_{\omega}\hat{s}_y(\omega)/T$ 值，按照圖 (a)~(d) 的順序，分別約爲 2.4615、3.2205、3.2603 與 3.2774。上述使用 spectrum() 指令所得到的三個估計值與月通貨膨脹率的樣本變異數差距並不大，不過利用（5-52）式的估計值則與上述樣本變異數的差距較大。換言之，（5-52）式內的樣本變異數無法用 $2\sum_{\omega}\hat{s}_y(\omega)/T$ 值估計。

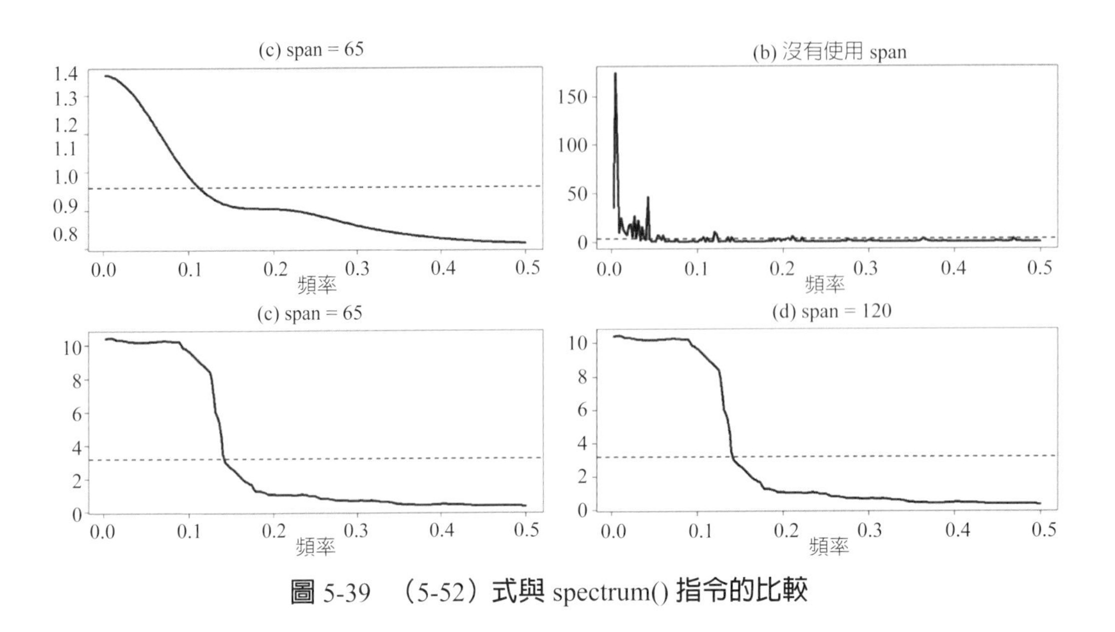

圖 5-39 （5-52）式與 spectrum() 指令的比較

例 4 再檢視（5-52）式

為何於圖 5-39 內的圖 (a) 無法透過以（5-52）式估得的 $\hat{s}_y(\omega)$ 取得 y_t 的樣本變異數估計值，此可分成三部分檢視：

(1)（5-52）式內的頻率表示方式與圖 5-22 或（5-40）式相同，故單一頻率的母體頻譜估計值等於 $\hat{s}_y(\omega_j)(2\pi/T)$；換言之，不同頻率之間的間隔為 $2\pi/T$ 而非 $1/T$。

(2) 顯然 spectrum() 指令或（5-40）式的估計有含 $\hat{s}_y(0)$ 的成分，該部分並無法單獨脫離。

(3) 如（5-31）式所示，其「間斷版」可寫成：

$$\hat{\gamma}(0)=\left[\hat{s}_y(0)+2\sum_{\omega_j\neq 0}\hat{s}_y(\omega_j)\right]\left(2\pi/T\right)$$

因此根據（5-52）式，我們捨棄上述月通貨膨脹率資料的第一個觀察值後（即樣本數為奇數，而 $T=443$），可得樣本變異數約為 3.1705；接下來，令 $\omega_j=2\pi j/T$，其中 $j=1,2,\cdots,(T-1)/2$。令 $q=\left[2\sqrt{T}\right]$，根據（5-52）式，可以得到 $\hat{s}_y(0)\left(2\pi/T\right)$ 與 $2\sum_{\omega_j}\hat{s}_y(\omega_j)\left(2\pi/T\right)$ 分別約為 0.1287 與 3.0344，二者合計則約為 3.1634 與

上述樣本變異數差距不大。換言之，利用（5-52）式，我們可以得到 $\hat{s}_y(0)$。再利用（5-46）式即可得到長期變異數的估計式。

習題

(1) 試敘述如何取得長期變異數的估計式。
(2) 試解釋（5-52）式。
(3) 續上題，其與（5-40）式有何不同？
(4) 以前述台灣的經濟成長率序列資料爲例，我們如何利用（5-52）式取得樣本變異數？
(5) 利用第 1 章的 TWI 月報酬率序列資料，試計算其對應的長期變異數估計值。該估計值與樣本變異數的差距爲何？
(6) 利用第 1 章的 NASDAQ 月報酬率序列資料，試計算其對應的長期變異數估計值。該估計值與樣本變異數的差距爲何？

Chapter 6

單根檢定

第 5 章的內容幾乎可以單獨視之，即本章的內容可視爲第 3~4 章的延伸。第 3 與 4 章我們是探討時間序列變數的 *ARIMA* 或 *SARIMA* 過程的模型化，該模型化亦可稱爲 Box-Jenkins 方法；不過，若重新檢視第 3 與 4 章的內容，應該可以有下列的結果，值得我們注意：

(1) 我們已經知道時間序列變數可以分成定態與非定態隨機過程變數，其中定態隨機過程的假定是無法避免的，畢竟利用該假定可以降低估計的參數數量[①]；但是，我們如何思索非定態隨機過程變數？

(2) BN 分解的貢獻是深遠的，因爲它讓我們得知一種非定態隨機過程變數可以拆解成由趨勢、季節與週期成分所構成，因此非定態隨機過程變數亦可稱爲整合變數（integrated variables）[②]。可惜的是，Box-Jenkins 方法只提醒我們可以用 *ARMA* 過程模型化整合變數內之週期成分，至於趨勢或季節成分，根據該方法，則使用差分或季節差分消除；因此，Box-Jenkins 方法只是教我們如何建立一種短期動態模型而已。

---

① 考慮一種隨機過程 $\{y_t\}$ 與 $(t_1, t_2, \cdots, t_n)$ 內的參數 θ 向量。若無定態隨機過程的假定，則過程 $\{y_t\}$ 的聯合機率的參數向量爲 $\theta = [\mu_{t_i}, Cov(y_{t_i}, y_{t_j})]$，其中 $i, j = 1, 2, \cdots, n$，故總共需估計 $n + \frac{n(n+1)}{2}$ 個參數值：不過，若使用定態隨機過程的假定，則參數向量降至 $\theta = [\mu, \sigma_y^2, \gamma(n)]$，只有 $n+1$ 個參數值。

② 當然，非定態隨機過程若以簡單的隨機漫步過程變數來表示，則該變數因含多種誤差項的加總，故可知非定態隨機過程變數爲一種整合變數。

(3) 換言之，至目前爲止，我們的短期時間序列模型建構步驟爲：第一，先除去時間序列變數內的趨勢與季節成分，此可分成二種方式達成，其一是使用迴歸模型，而該模型可以包括確定趨勢項或季節虛擬變數項，我們只分析上述迴歸模型的殘差值序列，另一則是使用差分或季節差分除去趨勢或季節成分。第二，以 *ARMA* 過程模型化時間序列變數的週期成分。
(4) 顯然，我們尚缺少建立長期模型的方法。

還好，於 1960 年代，有關於 *AR*(1) 過程內自我迴歸參數値等於 1（不安定過程）以及大於 1（發散過程）的探討已出現於文獻上[3]；不過，自 Nelson 與 Plosser（1982）曾指出大多數總體經濟變數存在著單根之後，有關於單根檢定的探討才於文獻上如雨後春筍般的出現。除了單根檢定文獻之外，於 1980 年代，卻出現另外一種主要的發展，即強調長期經濟關係之共整合模型的建立。共整合模型已經不需要先使用差分以除去趨勢或季節成分，反而利用變數自身模型化。直覺而言，考慮二種時間序列 x_t 與 y_t，若 x_t 與 y_t 二者的趨勢有關（共同趨勢），或是 x_t 與 y_t 存在共同的季節因子，此時模型化的標的反而集中於 x_t 與 y_t 的共整合部分（即 x_t 與 y_t 之間的模型），而非強調其短期動態模型（與差分後的模型）。

於本章，我們將檢視非定態隨機過程或稱單根過程變數的特性以及如何利用統計方法以偵測出變數內的單根（單根檢定），至於共整合部分，留待未來介紹。

1. 非定態分配理論

最簡單的非定態隨機過程變數就是簡單的隨機漫步過程變數。考慮下列過程：

$$x_t = \delta + \phi x_{t-1} + u_t, |\phi| < 1 \quad (6\text{-}1)$$

與

$$y_t = \delta + y_{t-1} + v_t \quad (6\text{-}2)$$

其中 u_t 與 v_t 皆屬於一種 IID 或白噪音過程[4]。顯然，x_t 與 y_t 皆屬於 *AR*(1) 過程，不

[3] 可參考 Fuller（1985）的文獻回顧。
[4] 其實 u_t 或 v_t 亦可稱爲平賭差異序列（martingale difference sequence, MDS）。MDS 可按照其

過 y_t 卻是 x_t 過程的一個特例，即 y_t 亦可稱爲隨機漫步過程或稱爲具有單根的 $AR(1)$ 過程（因 y_t 的根等於 1）。

使用反覆替代的方式可得：

$$x_t = \delta\sum_{j=0}^{t-1}\phi^j + \sum_{j=0}^{t-1}\phi^j u_{t-j} + \phi^t x_0 \tag{6-3}$$

與

$$y_t = y_0 + \delta t + \sum_{i=0}^{t-1} v_{t-i}$$

即 x_t 與 y_t 二過程皆可視爲一種 MA 過程。若假定期初值皆爲 0，即 $x_0 = y_0 = 0$，則 x_t 與 y_t 的平均數分別爲 $E(x) \to \delta/(1-\phi)$ 與 $E(y) = \delta t$，而變異數卻分別爲：

$$Var(x_t) = \sum_{i=0}^{t-1}\rho^{2i}Var(u_t) \to \frac{\sigma_u^2}{1-\rho} \text{ 與 } Var(y_t) = \sum_{i=0}^{t-1}Var(v_i) = t \to \infty$$

另一方面，x_t 與 y_t 的共變異數亦分別爲：

$$\gamma_x(\tau) = E(x_t x_{t+\tau}) = \sum_{i=0}^{t+\tau-1}\phi^i\phi^{t+i} \text{ 與 } \gamma_y(\tau) = E(y_t y_{t+\tau}) = t-\tau$$

因此，我們可以預期 x_t 的實現值走勢必會圍繞於其平均數附近（向平均數反轉）；其次，隨著 $t \to \infty$，x_t 的變異數亦會接近於一個常數；因此，上述 x_t 過程屬於定態隨機過程或 Mann-Wald 定理所探討的範圍（第 1 章）。不過，就 y_t 而言，即使 $t \to \infty$，我們會發現並沒有一種力量會讓 y_t 的實現值走回其平均數；另一方面，也因 y_t 的變異數會隨 $t \to \infty$ 而趨向於無窮大，此隱含著當 ϕ 的眞實值等於 1 時，ϕ 之 OLS 估計式[5]無法收斂至漸近的常態分配，因此根據 OLS 所使用的 t 或 F 型態的傳統 t 或 F 檢定並不適用。是故，就統計學的觀點而言，x_t 與 y_t 是完全不同的二過程，

第一階（級）條件動差定義，而寫成 $E_{t-1}(u_t) = E(u_t \mid u_{t-1}, u_{t-2}, \cdots) = 0$，即至 $t-1$ 期的資訊並無助於 u_t 的預期。MDS 具有二種特徵，其一是根據重複期望值定理可知 $E[E_{t-1}(u_t)] = 0$，另一則是一種 MDS 與其過去值無關，即 $E[E_{t-1}(u_t u_{t-k})] = E[u_{t-k}E_{t-1}(u_t)] = 0$。使用 MDS 假定的優點是該假定允許「高階」相關的動差存在。

[5] ϕ 之 OLS 估計式爲 y_t 與 y_{t-1} 的共變異數與 y_t 的變異數之比。

值得我們進一步探究。

於本節我們將檢視非定態分配理論，於底下非定態隨機過程變數具有下列三點值得我們注意：

(1) 樣本動差如（1-60）式內的 $\mathbf{X}^T\mathbf{X}/T$ 或 $\mathbf{X}^T\mathbf{u}/T$ 項不再收斂至有限值，其反而收斂至一種隨機變數[6]。
(2) OLS 估計式收斂至眞實值的速度遠大於定態隨機過程的收斂速度（後者爲 $T^{1/2}$）；換言之，於非定態隨機過程之下，OLS 估計式具有「超級一致性」（super consistent）的特性。
(3) OLS 估計式的漸近分配爲非常態。

1.1 定態與非定態隨機過程變數

圖 6-1 繪製出 Nelson 與 Plosser 所觀察的經濟與財金變數（擴充）的時間走勢[7]，而上述走勢存在一個共同的特徵，就是可以看出具有「趨勢」的走勢；換言之，Nelson 與 Plosser 提醒我們注意經濟與財金資料普遍存在著趨勢的時間走勢。如前

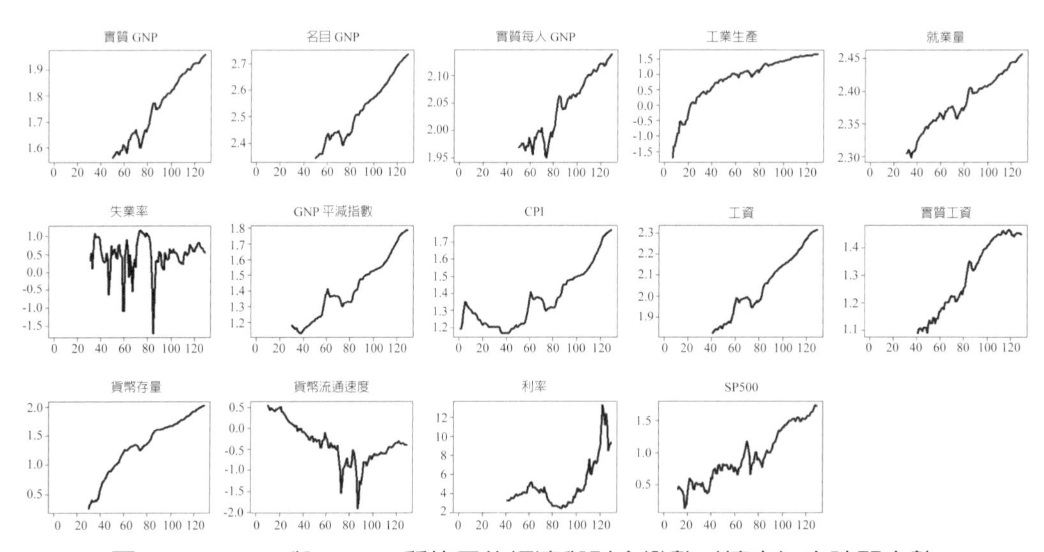

圖 6-1　Nelson 與 Plosser 所使用的經濟與財金變數（擴充）之時間走勢

[6] 於時間序列分析內，樣本數已由改 n 改爲 T。

[7] 圖 6-1 內的資料取自程式套件（urca）內之 Nelson 與 Plosser 的擴充資料（至 1988 年），可以參考該程式套件的使用手冊。除了利率變數之外，圖 6-1 係繪製出變數的對數值時間走勢。

所述，面對樣本趨勢特徵，早期文獻幾乎將其視爲一種「確定趨勢」，不過 Nelson 與 Plosser 卻強調「隨機趨勢」的重要性，而認爲隨機漫步過程頗適合模型化隨機趨勢成分。底下，我們利用 CLT 說明變數不具有與具有隨機趨勢的差異（此可視爲定態與非定態隨機過程變數的差異），即變數具有隨機趨勢的觀念，的確於統計學、時間序列分析或計量經濟學內產生重大的影響。

於（6-1）與（6-2）二式內，令 $\delta = 0$、$\phi = 0.1$ 與 $u_t, v_t \sim IID(0, 4)$，我們可以繪製出 $\bar{x}$ 與 $\bar{y}$ 的抽樣分配如圖 6-2 所示，該圖可視爲定態與非定態隨機過程變數於 CLT 的應用或推廣。顯然地，x_t 屬於定態隨機過程變數，而 y_t 則屬於一種簡單的隨機漫步過程，其中後者屬於非定態隨機過程。我們從圖 6-2 的結果，可以得到下列的省思：

(1) 回想 CLT，若 w 屬於 IID 變數且其平均數與變異數分別爲 μ 與 σ^2，二者皆爲有限值，則 $\bar{w} \sim N(0, \sigma^2 / T)$ 與 $\sum w \sim N(T\mu, T\sigma^2)$。可以注意的是，因 $\phi \neq 0$，故 x_t 並不屬於 IID 變數。換言之，若 ϕ 值愈接近於 0，則 x_t 愈接近於 u_t，則圖 (a) 結果愈接近於 CLT 的結果；相反地，若 ϕ 值愈接近於 1，則 x_t 與 u_t 的差異愈大，則圖 (b) 的結果顯示出離 CLT 的結果愈遠，即 $\bar{y}$ 的抽樣分配（實線）與 $N(0, \sigma_v^2 / T)$ 分配的 PDF 曲線（虛線）的差距頗大。

(2) 因 $y_t = \sum_{s=1}^{t} v_t$，故 $\bar{y}_t = \frac{1}{T}\sum_{t=1}^{T}\sum_{s=1}^{t} v_s = \sum_{t=1}^{T}\left(\frac{T-t+1}{T}\right)v_t$，即 $\bar{y}_t$ 仍是誤差項 v_t 的加總，其中權數皆介於 0 與 1 之間；也就是說，圖 (b) 的結果提醒我們 $\bar{y}_t$ 的抽樣分配（實線）並不是如 CLT 強調的（虛線），即 CLT 並不適用於非定態隨機過程變數。

(3) 於底下的分析內可以得到 $\frac{\bar{y}_t}{\sqrt{T}} \xrightarrow{d} N\left(0, \frac{\sigma_v^2}{3}\right)$，即 $\bar{y}_t$ 的極限分配雖說仍是常態分配，其中變異數並非是 σ_v^2 / T。於圖 (c) 內我們可看出端倪。

(4) 我們知道 $\left(\sum x\right) / \sqrt{T}$ 可以趨近於常態分配，其中 $T^{0.5}$ 扮演著「調整因子」（scaling factor）的角色，隱含著 $\sum x \approx O_p(T^{0.5})$；不過，於圖 (d) 內卻可發現 $\left(\sum y\right)$ 的調整因子卻爲 $T^{1.5}$，即 $\sum y \approx O_p(T^{1.5})$，隱含著 $\sum y$ 比 $\sum x$ 比收斂的速度快[8]。讀

[8] 有關於 $O_p(\cdot)$ 的意義，可參考本書的附錄 3（置於光碟內）。

者倒是可以比較 $\left(\sum y\right)/T^{1/2}$ 與 $\left(\sum y\right)/T^{3/2}$ 之不同。

(5) 顯然，傳統 CLT 並不適用於非定態隨機過程變數。

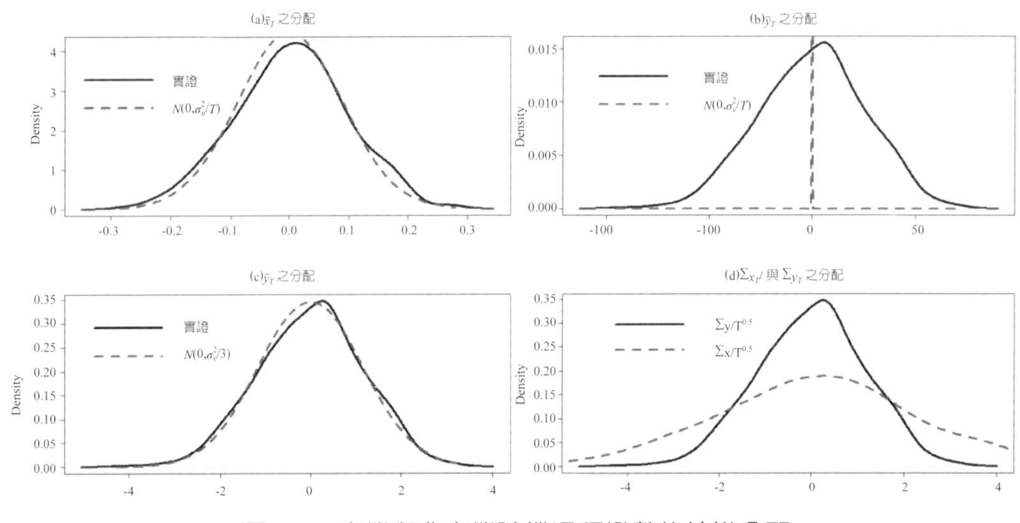

圖 6-2　定態與非定態隨機過程變數的抽樣分配

既然利用 CLT 的觀念可以區別出定態與非定態隨機過程變數的差異，我們可以進一步利用 OLS 估計式檢視上述二變數的區別。考慮（6-1）式，令 $\hat{\delta}$ 與 $\hat{\phi}$ 表示 OLS 估計式，其可寫成：

$$\begin{bmatrix}\hat{\delta}\\ \hat{\phi}\end{bmatrix}=\begin{bmatrix}\sum_{t=2}^{T}1 & \sum_{t=2}^{T}x_{t-1}\\ \sum_{t=2}^{T}x_{t-1} & \sum_{t=2}^{T}x_{t-1}^{2}\end{bmatrix}^{-1}\begin{bmatrix}\sum_{t=2}^{T}x_{t}\\ \sum_{t=2}^{T}x_{t-1}x_{t}\end{bmatrix}$$

利用（6-1）式，上式亦可改寫成：

$$\sqrt{T}\begin{bmatrix}\hat{\delta}-\delta\\ \hat{\phi}-\phi\end{bmatrix}=\sqrt{T}\begin{bmatrix}\sum_{t=2}^{T}1 & \sum_{t=2}^{T}x_{t-1}\\ \sum_{t=2}^{T}x_{t-1} & \sum_{t=2}^{T}x_{t-1}^{2}\end{bmatrix}^{-1}\begin{bmatrix}\sum_{t=2}^{T}u_{t}\\ \sum_{t=2}^{T}x_{t-1}u_{t}\end{bmatrix}$$

$$=\begin{bmatrix}\frac{1}{T}\sum_{t=2}^{T}1 & \frac{1}{T}\sum_{t=2}^{T}x_{t-1}\\ \frac{1}{T}\sum_{t=2}^{T}x_{t-1} & \frac{1}{T}\sum_{t=2}^{T}x_{t-1}^{2}\end{bmatrix}^{-1}\begin{bmatrix}\frac{1}{\sqrt{T}}\sum_{t=2}^{T}u_{t}\\ \frac{1}{\sqrt{T}}\sum_{t=2}^{T}x_{t-1}u_{t}\end{bmatrix} \quad (6\text{-}4)$$

為了瞭解 OLS 估計式如（6-4）式的漸近分配，我們可以先檢視定態隨機過程變數如 x_t 的動差收斂特徵。利用（6-3）式，可知：

$$E(x_t)=\phi^t x_0+\delta\sum_{j=0}^{t-1}\phi^j \Rightarrow \lim_{t\to\infty}E(x_t)=\frac{\delta}{1-\phi}$$

以及

$$Var(x_t)=\sigma_u^2\sum_{j=0}^{t-1}\phi^{2j} \Rightarrow \lim_{t\to\infty}Var(x_t)=\frac{\sigma_u^2}{1-\phi^2}$$

是故

$$\lim_{t\to\infty}E(x_t^2)=\frac{\sigma_u^2}{1-\phi^2}+\frac{\delta^2}{(1-\phi)^2}$$

因此，我們可以預期定態隨機過程變數如 x_t 的前二級動差會趨向於固定的有限極限值，即：

$$m_{1x}=\frac{1}{T}\sum_{t=2}^{T}x_{t-1}\xrightarrow{p}\lim_{t\to\infty}E(x_t) \text{ 與 } m_{2x}=\frac{1}{T}\sum_{t=2}^{T}x_{t-1}^2\xrightarrow{p}\lim_{t\to\infty}E(x_t^2) \quad (6\text{-}5)$$

我們不難用模擬的方式說明（6-5）式，可以參考圖 6-3，該圖的模擬方式類似於圖 6-2，其中上圖是使用樣本數為 $T=100$，而下圖則使用樣本數為 $T=1{,}000$。從圖內可看出 m_{1x} 與 m_{2x} 二估計式的分配逐漸「退化」（degenerate）縮減（可注意上下圖橫軸坐標間距的差異）。

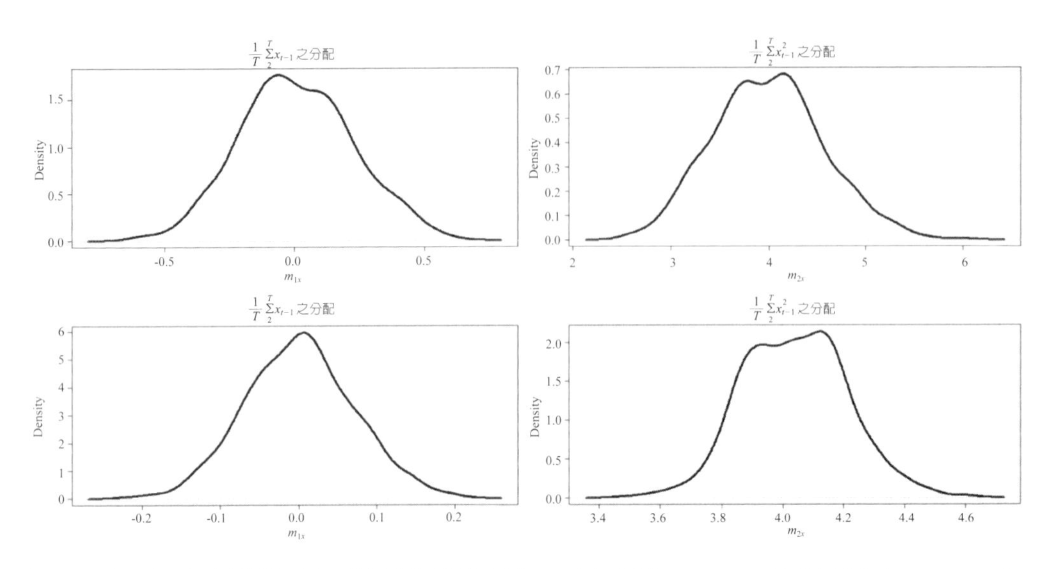

圖 6-3　（6-5）式之模擬（定態隨機過程變數）（上圖使用 $T = 100$ 而下圖使用 $T = 1000$）

至於非定態隨機過程變數呢？利用（6-2）式以及圖 6-2 的模擬方式，我們以模擬的 y_t 值取代（6-5）式內的 x_t 值，圖 6-4 繪製出類似於圖 6-3 的結果。比較圖 6-3 與 6-4 二圖，可以發現後者的 m_{1y} 與 m_{2y} 二估計式皆是一種隨機變數，而其抽樣分配則趨向於「無界機率」（本書附錄 3）的分配；換言之，定態與非定態隨機過程變數的 m_1 與 m_2 的極限值並不相同，定態變數二者皆趨向於一個常數，而非定態變數則趨向於隨機變數（分配）。

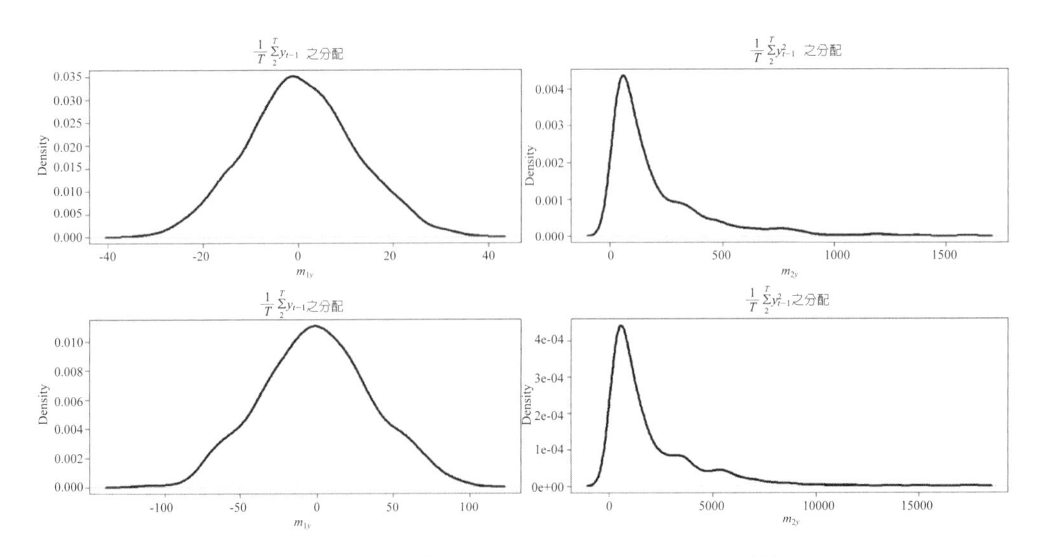

圖 6-4　非定態隨機過程變數（上圖使用 $T = 100$ 而下圖使用 $T = 1000$）

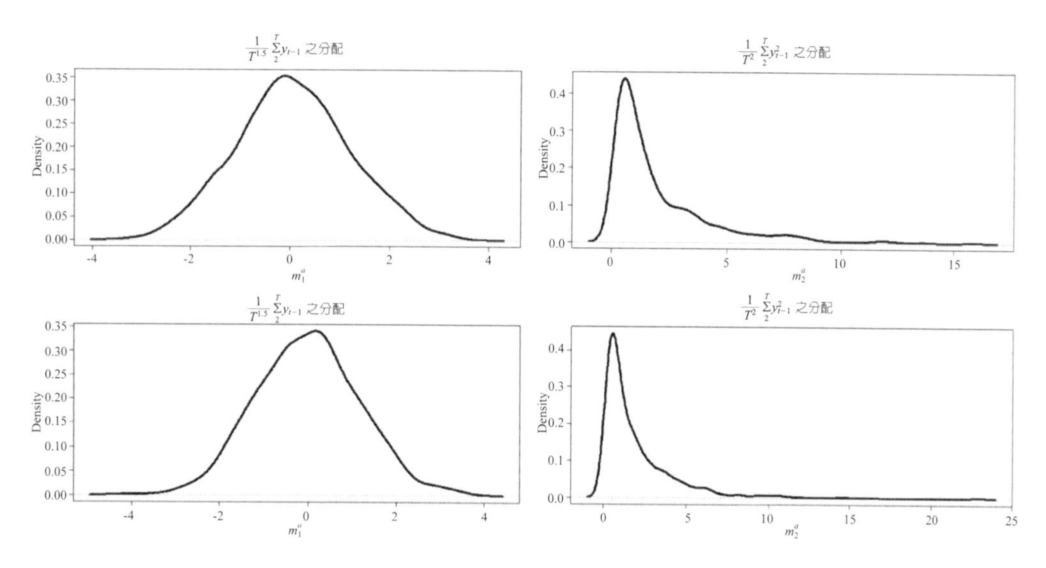

圖 6-5 m_1^a 與 m_2^a 之分配（上圖使用 $T = 100$ 而下圖使用 $T = 1000$）

考慮下列的定義：

$$m_1^a = \frac{1}{T^{3/2}}\sum_{t=2}^{T} y_{t-1} \text{ 與 } m_2^a = \frac{1}{T^2}\sum_{t=2}^{T} y_{t-1}^2 \tag{6-6}$$

即 $m_{1y} \approx O_p(T^{3/2})$ 與 $m_{2y} \approx O_p(T)$。圖 6-5 繪製出（6-6）式的模擬實證抽樣分配。從圖內可看出不管樣本數爲何，該抽樣分配的形狀並不受影響；因此，因圖 6-5 的結果趨向於「有界機率」分配，故（6-6）式反而是恰當的表示方式。於本章的 1.2 節內，我們會檢視（6-6）式內 m_1^a 與 m_2^a 的極限分配。

例 1 簡單隨機漫步走勢

如前所述，最簡單的非定態隨機過程，莫過於簡單的隨機漫步過程如（6-2）式所示。利用（6-2）式，假定 $\delta = 0.05$ 與 $v_t \sim NID(0, 25)$，圖 6-6 繪製出四種簡單的隨機漫步過程模擬走勢。雖說於圖內可看出上述模擬走勢頗有「隨機亂走」的態勢，不過我們已經知道上述模擬走勢著實包括「確定趨勢」與「隨機趨勢」二種力道，故反而不易找出其趨勢走勢。

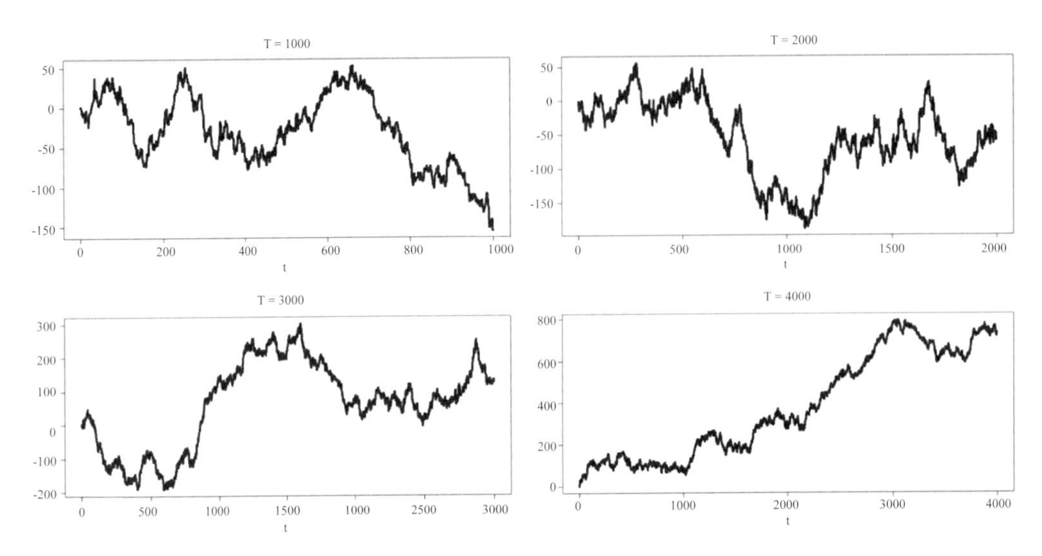

圖 6-6　四種簡單的隨機漫步過程模擬走勢

例 2　確定趨勢

（6-6）式提醒我們留意非定態隨機過程變數的「超級速度收斂」的特徵，使得我們亦想檢視具有確定趨勢的定態隨機過程變數是否也具有上述特徵。考慮下列式子：

$$x_t = \beta_1 + \beta_2 t + u_t, u_t \sim IID(0, \sigma_u^2) \tag{6-7}$$

令 b_1 與 b_2 爲 β_1 與 β_2 的 OLS 估計式，則類似於（6-4）式的導出過程，可得：

$$\begin{bmatrix} b_1 - \beta_1 \\ b_2 - \beta_2 \end{bmatrix} = \begin{bmatrix} \sum_{t=1}^{T} 1 & \sum_{t=1}^{T} t \\ \sum_{t=1}^{T} t & \sum_{t=1}^{T} t^2 \end{bmatrix}^{-1} \begin{bmatrix} \sum_{t=1}^{T} u_t \\ \sum_{t=1}^{T} t u_t \end{bmatrix}$$

因 $\sum_{t=1}^{T} 1 = T = O(T)$、$\sum_{t=1}^{T} t = \frac{T(T+1)}{2} = O(T^2)$ 以及 $\sum_{t=1}^{T} t^2 = \frac{T(T+1)(2T+1)}{6} = O(T^3)$，故上式可再寫成：

$$\begin{bmatrix} T^{1/2}(b_1-\beta_1) \\ T^{3/2}(b_2-\beta_2) \end{bmatrix} = \begin{bmatrix} \dfrac{1}{T}\sum_{t=1}^{T}1 & \dfrac{1}{T^2}\sum_{t=1}^{T}t \\ \dfrac{1}{T^2}\sum_{t=1}^{T}t & \dfrac{1}{T^3}\sum_{t=1}^{T}t^2 \end{bmatrix} \begin{bmatrix} \dfrac{1}{T^{1/2}}\sum_{t=1}^{T}u_t \\ \dfrac{1}{T^{3/2}}\sum_{t=1}^{T}tu_t \end{bmatrix} \quad (6\text{-}8)$$

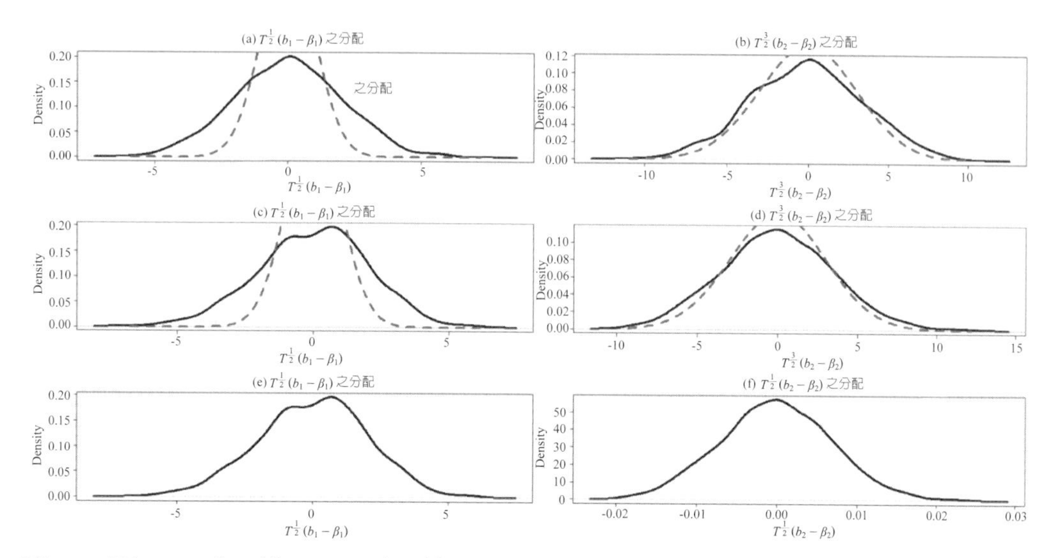

圖6-7 圖(a)~(d)為$T^{1/2}(b_1-\beta_1)$與$T^{3/2}(b_2-\beta_2)$之抽樣分配，其中圖(a)~(b)使用$T=100$而圖(c)~(d)則用$T=500$

圖 6-7 繪製出 $T^{1/2}(b_1-\beta_1)$ 與 $T^{3/2}(b_2-\beta_2)$ 之抽樣分配（圖 (a)~(d)），其中圖 (a)~(b) 使用 $T=100$ 而圖 (c)~(d) 則使用 $T=500$。因 b_1 估計式是使用 $T^{1/2}$ 而 b_2 估計式則是使用 $T^{3/2}$ 調整係數，從圖內可看出後者趨向於理論分配（虛線）的速度較前者快，隱含著 b_2 是一種「超級」估計式的特色；換言之，圖 6-5 與 6-7 二圖凸顯示出一個重要的特徵，只要具有趨勢（不管其是屬於隨機趨勢抑或是確定趨勢，該趨勢的 OLS 估計式具有「超級一致性」估計式的特色。圖 (e) 與 (f) 分別繪製出 $T^{1/2}(b_1-\beta_1)$ 與 $T^{1/2}(b_2-\beta_2)$ 之抽樣分配，從圖內可看出後者只使用 $T^{1/2}$ 調整係數是不夠的，因後者的抽樣分配會「退化收斂」至 0。

於（6-8）式內可知：

$$\lim_{T\to\infty} \begin{bmatrix} \dfrac{1}{T}\sum_{t=1}^{T}1 & \dfrac{1}{T^2}\sum_{t=1}^{T}t \\ \dfrac{1}{T^2}\sum_{t=1}^{T}t & \dfrac{1}{T^3}\sum_{t=1}^{T}t^2 \end{bmatrix} = \begin{bmatrix} 1 & \dfrac{1}{2} \\ \dfrac{1}{2} & \dfrac{1}{3} \end{bmatrix} \quad (6\text{-}9)$$

從而可得：

$$\begin{bmatrix} T^{1/2}(b_1-\beta_1) \\ T^{3/2}(b_2-\beta_2) \end{bmatrix} \xrightarrow{d} N\left(\begin{bmatrix} 0 \\ 0 \end{bmatrix}, \sigma_u^2 \begin{bmatrix} 1 & 4 \\ 4 & 9 \end{bmatrix}\right)$$

此爲圖 6-7 內虛線繪製之依據，可以參考所附的 R 指令。

例 3　確定趨勢之動差

（6-9）式似乎提供一個計算「確定趨勢項」動差的資訊，即令 $m_{1t}=\dfrac{\sum_{t=1}^{T}t}{T^2}$、$m_{2t}=\dfrac{\sum_{t=1}^{T}t^2}{T^3}$、$m_{3t}=\dfrac{\sum_{t=1}^{T}t^3}{T^4}$ 與 $m_{4t}=\dfrac{\sum_{t=1}^{T}t^4}{T^5}$。我們可以預期 $\lim_{T\to\infty} m_{1t}\to\dfrac{1}{2}$ 與 $\lim_{T\to\infty} m_{2t}\to\dfrac{1}{3}$。圖 6-8 繪製出 $T=10{,}000$ 與 $N=50{,}000$（模擬次數）的結果，其中 m_{1t} 與 m_{2t} 的平均數頗接近於上述極限值（可參考所附之 R 指令）；因此，若以平均數取代極限值，m_{3t} 與 m_{4t} 的極限值約爲 5e-09 與 3e-09。

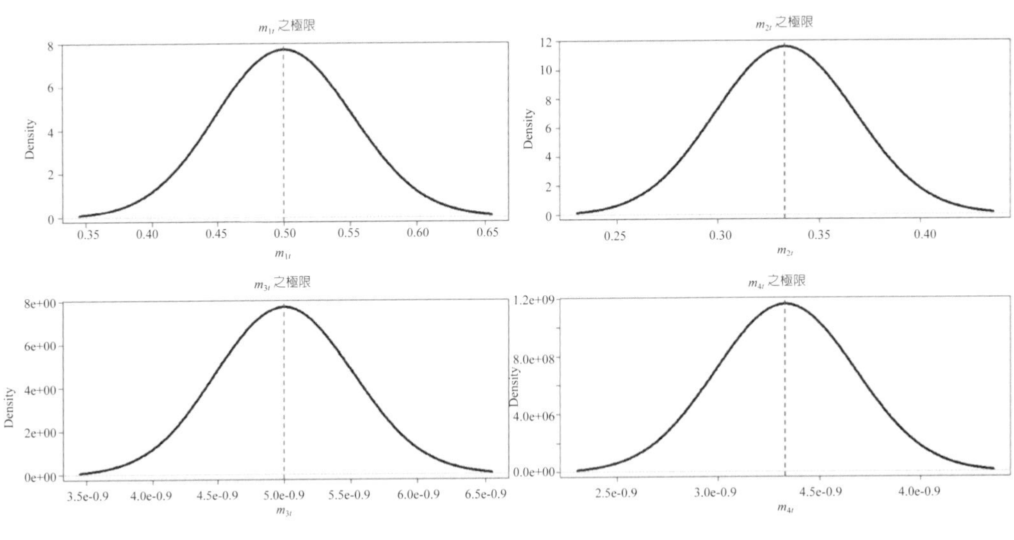

圖 6-8　$m_{it}(i=1,2,3,4)$ 之極限

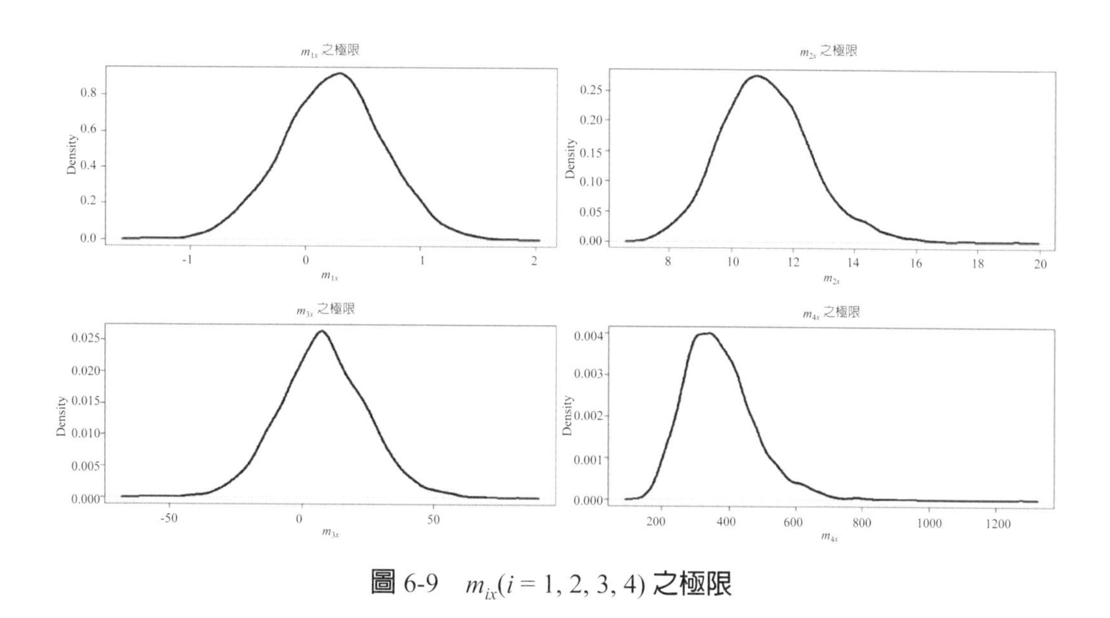

圖 6-9　$m_{ix}(i = 1, 2, 3, 4)$ 之極限

例 4　定態隨機過程變數的動差

（6-5）式提醒我們注意下列動差。就（6-1）式而言，令 $\delta = 0.05$、$\phi = 0.8$ 與 $\sigma_u = 2$，顯然 x_t 是一個定態隨機過程變數。考慮下列的動差，即 $m_{jx} = \dfrac{\sum_{t=1}^{T} x^j}{T}$，$(j = 1, 2, 3, 4)$，如同圖 6-3 的結果，我們可以預期 m_{jx} 會趨向於其機率極限值。圖 6-9 繪製出其收斂過程的其中一種結果（$T = 500$）。讀者可嘗試比較不同 T 值的結果。

例 5　非定態隨機過程變數的動差

例 3 與 4 說明了定態隨機過程變數動差會趨向於其機率極限值的特徵，但是非定態隨機過程變數的動差極限呢？圖 6-5 倒是提供了一個訊息，由於非定態隨機過程變數的動差仍是一種隨機變數，故經過適當的調整係數，我們倒是可以繪製其對應的機率分配。根據（6-6）式，考慮下列的動差：

$$m_j^a = \frac{\sum_{t=1}^{T} y_t^j}{T^{1+0.5j}}, (j = 1, 2, 3, 4) \qquad (6\text{-}10)$$

仍以簡單的隨機漫步過程變數取代非定態隨機過程變數，即根據（6-2）式，令 $\delta =$

0.05 與 $\sigma_v = 2$，我們可以模擬出不同 T 下的 y_t 值，而進一步繪製出圖 6-10 的結果。讀者亦可比較不同 T 下 m_j^a 的抽樣分配，應會發現該抽樣分配的形狀不受值的影響。

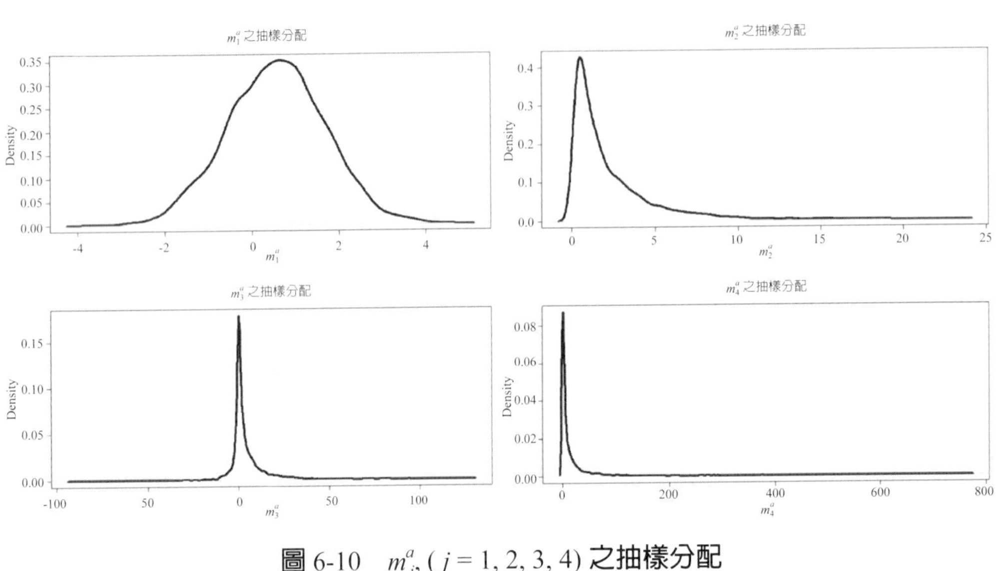

圖 6-10　$m_j^a, (j = 1, 2, 3, 4)$ 之抽樣分配

例 6　整合變數

若重新檢視（6-2）式，若 $\delta \neq 0$，可知 y_t 的實現走勢內不僅包括確定趨勢同時亦包含隨機趨勢走勢。倘若定義 $\Delta y_t = y_t - y_{t-1}$ 表示第一級差分，則根據（6-2）式可得：

$$\Delta y_t = y_t - y_{t-1} = \delta + v_t \tag{6-11}$$

因此，只要 v_t 屬於定態隨機過程，則 Δy_t 亦屬於定態隨機過程。於此情況下，（6-11）式亦可稱爲差分定態（difference stationary）；類似地，（6-7）式亦可稱爲趨勢定態。若差分一次即可將非定態轉換成定態如（6-11）式所示，則稱 y_t 爲一種一階次整合變數[9]，寫成 $I(1)$。同理，有些時候原始序列 y_t 可能須使用第二級差分才能轉換成定態序列，即：

---

[9] 畢竟根據（6-2）式，y_t 內有 $\sum v_t$ 的成分，故稱 y_t 爲一種整合變數。

$$\Delta^2 y_t = (1-L)^2 y_t = (1-2L+L^2) y_t = y_t - 2y_{t-1} + y_{t-2} = \delta + u_t$$

只要 u_t 屬於定態隨機過程，則 $\Delta^2 y_t$ 亦屬於定態隨機過程，故 y_t 屬於 $I(2)$。同理，若 y_t 屬於 $I(d)$，則：

$$\Delta^d y_t = (1-L)^d y_t = \delta + u_t$$

其中 u_t 屬於定態隨機過程。值得注意的是，若 x_t 屬於定態隨機過程，因其不需透過差分轉換，故 x_t 屬於 $I(0)$。

習題

(1) 定態與非定態隨機過程變數的統計分析是否相同？試解釋之。

(2) 何謂超級一致性？試解釋之。

(3) 爲何非定態隨機過程變數的 OLS 估計式的漸近分配屬於非常態？試解釋之。

(4) 定態與非定態隨機過程變數的 CLT 爲何？試解釋之。

(5) 定態與非定態隨機過程變數的動差分別爲何？試解釋之。

(6)「有界機率」與「無界機率」分配的差異爲何？試解釋之。

(7) 試解釋例 3。

(8) 試解釋例 4。

(9) 試解釋例 5。

(10) 根據（6-1）與（6-2）二式，試繪製出 ϕ 之 OLS 估計式 $\hat{\phi}$ 的抽樣分配。提示：可將（6-2）式改寫成 $y_t = \delta + \phi y_{t-1} + v_t$，其中 $\phi = 1$；其次，可參考圖 E1。

(11) 續上題，有何涵義？

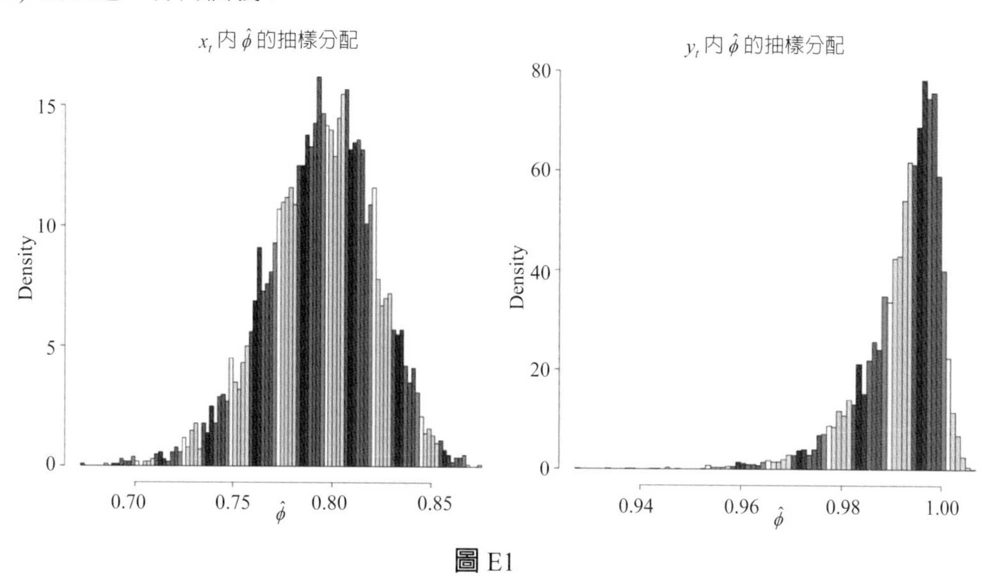

圖 E1

1.2 非定態變數的漸近分析

經濟與財金變數的時間走勢存在有一種共同的特徵，那就是具有趨勢的走勢。如前所述，早期掌握趨勢的方式是於模型內設立確定趨勢項。不過，自 Nelson 與 Plosser 之後，上述設定方式已無法滿足動態模型的要求，取而代之的是隨機趨勢的觀念，而該觀念卻是容易以一種隨機漫步模型化。換言之，經濟與財金變數內的趨勢走勢，從 Nelson 與 Plosser 的觀點來看，卻是屬於一種隨機趨勢而後者利用隨機漫步模型就可以檢視。

我們重新檢視簡單的隨機漫步過程。重新檢視圖 6-6，該圖繪製出四種 T 值的實現值時間走勢。顧名思義，隨機漫步過程指的是「隨機亂走」，此隱含著 y_t 的「平賭特徵」（martingale property）[10]。於圖 6-6 內，我們可以看出上述特徵的實際走勢。雖然從圖 6-6 內可以看出隨機漫步過程的極限值，即 $T \to \infty$。不過，我們亦可使用另外一種方式得到上述極限值，即固定 T 值，令 $\Delta t = T/n$，故當 $n \to \infty$ 時，我們亦可以將圖 6-6 內的走勢轉換成圖 6-11，可以注意上述二圖橫軸座標的差異；是故，此相當於將「時間間隔」由 [0, T] 轉換至 [0, 1]，隱含著將 $T \to \infty$ 轉成 $n \to \infty$ 或 $\Delta t \to 0$。因此，簡單的隨機漫步過程亦可以用「極微小的碎步亂走」表示。

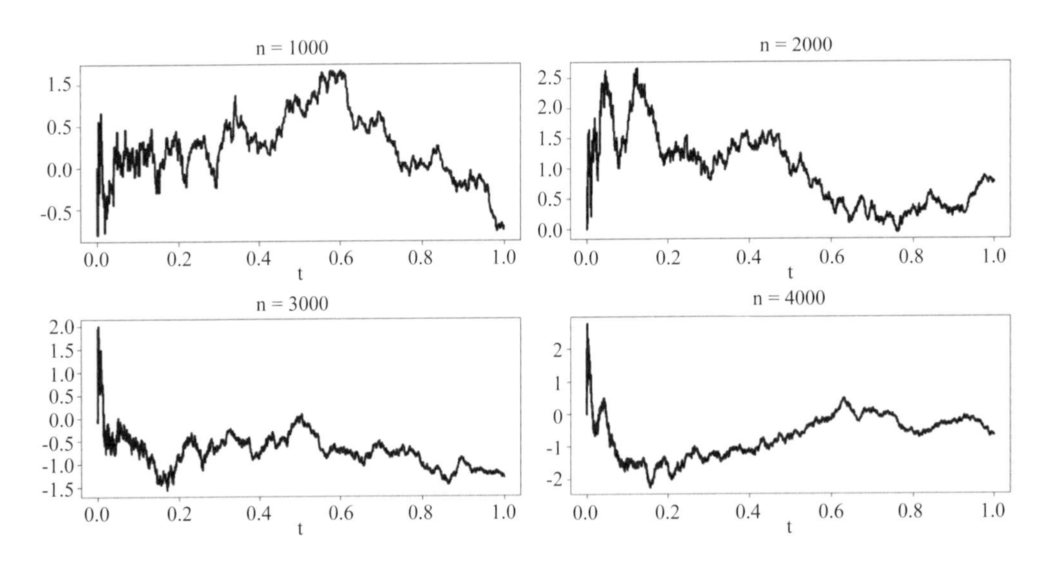

圖 6-11　由 [0, T] 轉換至 [0, 1] 的隨機漫步過程的實現值時間走勢

---

[10] 若 I 表示含 y_t 的落後項的資訊集合，則簡單隨機漫步的平賭特徵指的是 $E_{t-1}(y_t \mid I) = y_t$，其中 $E_{t-1}(\cdot)$ 表示於 $t-1$ 期所形成的預期。上述特徵隱含著 $E_t[y_t - E_{t-1}(y_t \mid I)] = 0$，因此實際與預期值的差異 $y_t - E_{t-1}(y_t \mid I)$，是 I 內「訊息」的來源之一。

直覺而言，我們不難合理化圖 6-6 與 6-11 二圖的意義。若將 T 對應至 $T = 1$，則 $\Delta t = 1/n$，即每一小碎步爲 Δt；因此，若「一步」的變異數爲 σ_u^2，則每一小碎步的變異數不就是 $\Delta t\sigma_u^2$。於單位時間內，因任意一個時點可寫成 $t_j = t_{j-1} + \Delta t$，故於 [0, 1] 內，時間的間隔爲 $0 = t_0, t_1, \cdots, t_{n-1}, t_n = 1$，其中 $t_j = j / n$；換言之，上述簡單的隨機漫步過程亦可寫成：

$$y_{t_j} = y_{t_{j-1}} + \left(\Delta t\right)u_{t_j}, u_{t_j} \sim WN(0, \sigma_u^2) \tag{6-12}$$

根據（6-12）式[11]，y_{t_j} 的條件變異數爲 $Var(y_{t_j} \mid y_{t_{j-1}}) = \Delta t\sigma_u^2$，而 y_{t_j} 的非條件變異數則爲 $Var(y_{t_j}) = t_j\sigma_u^2$；因此，若 $\sigma_u^2 = 1$，則 $Var(y_{t_j}) = t_j$。是故，圖 6-11 係繪製出 $Y_{t_j} = \dfrac{y_{t_j}}{\sigma_u\sqrt{t_j}} = \dfrac{y_{t_j}}{\sqrt{\Delta t}\sigma_u\sqrt{j}}$ 的實現值走勢，其中 $\sigma_u = 5$。因 Y_{t_j} 係標準化後之常態分配變數，即 Y_{t_j} 是標準常態隨機變數，故我們可以進一步繪製出 Y_{t_j} 的極限分配如圖 6-12 所示，該圖繪製出 $Y_{t_j} \xrightarrow{d} N(0,1)$，其中 $j = n$ 的情況；換言之，圖 6-12 內各圖係重複圖 6-11 內的各圖而以 $N = 1{,}000$ 次所繪製而成，其中虛線表示標準常態分配的 PDF。

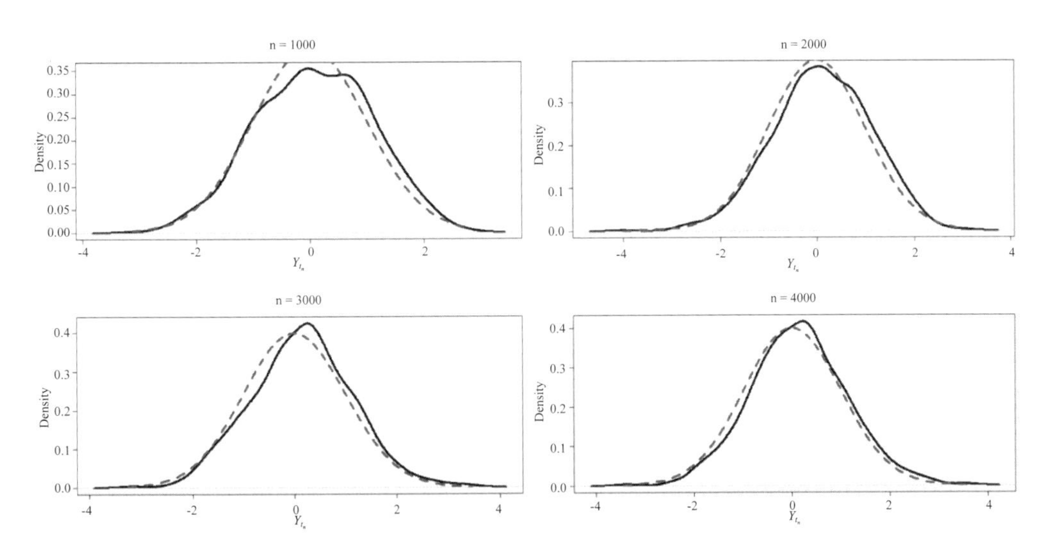

圖 6-12　Y_{t_n} 的極限分配，虛線為標準常態分配

[11] 若加上常數項，（6-12）式可改寫爲 $y_{t_j} = y_{t_{j-1}} + \delta\Delta t + \left(\Delta t\right)u_{t_j}, u_{t_j} \sim WN(0, \sigma_u^2)$。

究竟 Y_{t_j} 表示何意思？敏感的讀者應該可以意識到當 $n \to \infty$ 時，Y_{t_j} 的分配就是布朗運動（Brownian motion）[12]；也就是說，隨機漫步過程的極限就是布朗運動。其實從另一個角度思考可能較簡易；換言之，重新檢視（6-12）式如 $y_t = y_{t-1} + u_t$，其中 $u_t \sim WN(0, \sigma_u^2)$。我們知道於 $y_0 = 0$ 之下，$y_T = \sum_{t=1}^{n} u_t$，即 y_T 是 n 個「白噪音變數」的加總，因 $Var(y_T) = n\sigma_u^2$，故令 $Z_T = \dfrac{y_T}{\sigma_u \sqrt{n}}$，根據中央極限定理（CLT），可知 $Z_T \xrightarrow{d} N(0,1)$。若將 $[0, T]$ 對應至上述 $t_j = j / n$，其中 $j = 0, 1, \cdots, n$ 與 $T = 1$，則 Y_{t_n} 不就非常類似於 Z_T 嗎？

我們如何將 $[0, 1]$ 對應至 t_j？考慮下列的式子：

$$S_T(r) = \sum_{t=0}^{[rT]} u_t, 0 \le r \le 1 \tag{6-13}$$

其中 $[rT]$ 是只取 rT 內的整數部分[13]。於（6-13）式內可得：

$$\begin{gathered}
\text{若 } 0 \le r < \frac{1}{T}\text{，則 } S_T(r) = u_0 = 0 \\
\text{若 } \frac{1}{T} \le r < \frac{2}{T}\text{，則 } S_T(r) = u_1 \\
\text{若 } \frac{2}{T} \le r < \frac{3}{T}\text{，則 } S_T(r) = u_1 + u_2 \\
\vdots \\
\text{若 } \frac{(T-1)}{T} \le r < \frac{T}{T}\text{，則 } S_T(r) = \sum_{t=1}^{T-1} u_t \\
\text{若 } r = \frac{T}{T}\text{，則 } S_T(r) = \sum_{t=1}^{T} u_t
\end{gathered}$$

理所當然，當 $T = 1$ 與 $n \to \infty$，即 $\Delta t = 1 / n \to 0$，則：

$$R_T(r) = \frac{S_T(r)}{\sigma_u \sqrt{T}} \xrightarrow{d} B(r), 0 \le r \le 1 \tag{6-14}$$

---

[12] 布朗運動亦稱爲維納過程（Wiener process）。於本書，我們將布朗運動與維納過程視爲同義詞。本書附錄 4 有介紹布朗運動的一些性質與意義。

[13] 例如：若 $n = 100$ 而 $r = 0.658$，因 $rn = 65.8$ 故 $[rn] = 65$。於 R 內，可使用 trunc() 指令計算 $[rn]$。

其中過程若定義爲連續的，則 $B(r)$ 就稱爲布朗運動。$B(r)$ 其實就是 $N(0, r\sigma_u^2)$，其中若 $\sigma_u^2 = 1$，則稱 $B(r)$ 爲標準的布朗運動。底下，我們皆以 $B(r)$ 表示標準的布朗運動。利用（6-14）式，我們不難以模擬的方式檢視 $B(r)$ 的走勢，其結果就繪製於圖 6-13。

其實於 n 值較小時，我們可於圖 6-13 內（左上圖）看出 $R_T(r)$ 的走勢像「階梯狀」的型態，可以預期隨著 n 值的變大，雖說上述型態愈不明顯，不過卻可知 $R_T(r)$ 或 $B(r)$ 並非屬於一種「圓滑」的走勢，隱含著該未來走勢的非預期性。於此處，讀者應該可以發現到 $B(r)$ 的走勢有二種方式模擬，其一是利用圖 6-11 而另一則使用圖 6-13 的模擬方式（可以參考所附的 R 指令）；換言之，圖 6-13 內的各圖亦提供一種的 $B(r)$ 模擬方式。

若再思索（6-14）式，可以發現該式其實是 CLT 的推廣，不過其仍與後者不同，即（6-14）式是屬於「泛函中央極限定理」（functional central limit theorem, FCLT）的應用而（6-14）式亦可稱爲 Donsker's 定理（Donsker, 1959）。FCLT 的特色是（6-14）式爲隨機過程而非單一隨機變數的函數，我們從圖 6-13 內的各圖亦可看出端倪，即再重複幾次模擬，其時間走勢應會有不同。通常與 FCLT 同時使用的是連續映射定理（continuous mapping theorem, CMT）。簡單來看 CMT，其只不過是一種函數的轉換而已。例如：若 $R_T(r) \xrightarrow{d} B(r)$，而存在一種連續映射函數 $g[R_T(r)] = R_T(r)^2$，則 $R_T(r)^2 \xrightarrow{d} B(r)^2$。

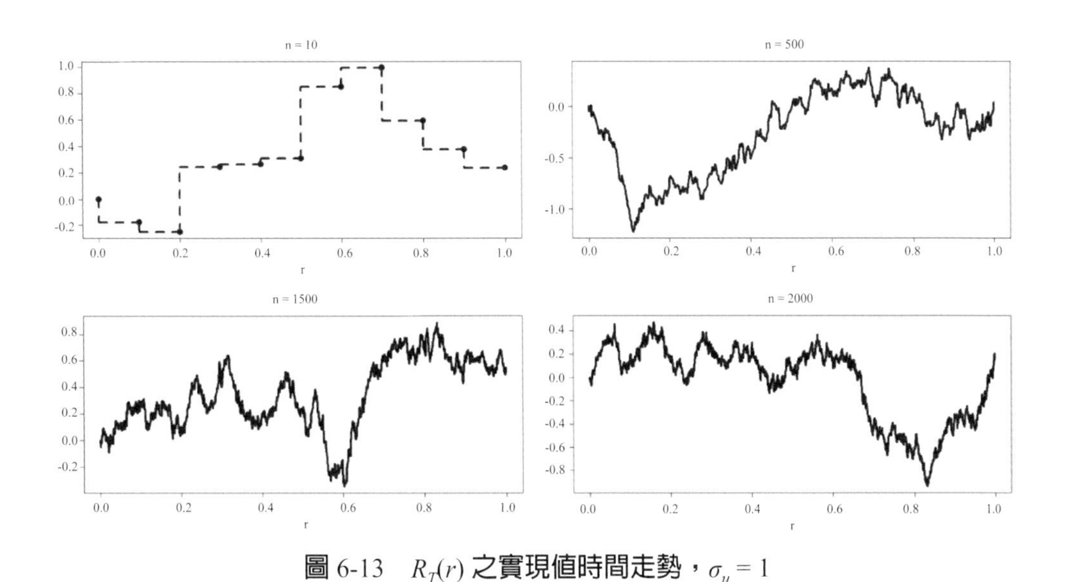

圖 6-13　$R_T(r)$ 之實現值時間走勢，$\sigma_u = 1$

我們可以舉一個單根檢定的例子說明上述觀念的應用。考慮 $y_t = \phi y_{t-1} + u_t$，其中 $u_t \sim IID(0, \sigma_u^2)$。顯然當 $\phi = 1$，y_t 屬於一種簡單的隨機漫步過程，而若使用假設檢定的方式，自然會使用 $H_0 : \phi = 1$ 以及 $H_a : |\phi| < 1$。Dickey 與 Fuller（DF, 1979）提供一種檢定統計量 $\hat{\delta} = T(\hat{\phi} - 1)$（$T$ 為樣本數），其中 $\hat{\phi}$ 為 OLS 估計式，而若 $\hat{\delta}$ 為較大的負數值則與 H_0 不一致。$\hat{\phi}$ 與 $\hat{\delta}$ 分別可寫成：

$$\hat{\phi} = \frac{\sum_{t=1}^{T} y_t y_{t-1}}{\sum_{t=1}^{T} y_{t-1}^2} \quad (6\text{-}15)$$

故

$$\hat{\phi} - 1 = \frac{\sum_{t=1}^{T} y_{t-1}(y_t - y_{t-1})}{\sum_{t=1}^{T} y_{t-1}^2} = \frac{\sum_{t=1}^{T} y_{t-1} u_t}{\sum_{t=1}^{T} y_{t-1}^2} \text{（因 } y_t - y_{t-1} = u_t\text{）} \quad (6\text{-}16)$$

且

$$\begin{aligned} \hat{\delta} &= T(\hat{\phi} - 1) \\ &= T \frac{\sum_{t=1}^{T} y_{t-1} u_t}{\sum_{t=1}^{T} y_{t-1}^2} = \frac{\sum_{t=1}^{T} y_{t-1} u_t / T}{\sum_{t=1}^{T} y_{t-1}^2 / T^2} \end{aligned} \quad (6\text{-}17)$$

根據 Phillips（1987），我們可以得到：

$$\frac{1}{T} \sum_{t=1}^{T} y_{t-1} u_t \xrightarrow{d} \int_0^1 B(r) dB(r) \quad (6\text{-}18)$$

與

$$\frac{1}{T^2} \sum_{t=1}^{T} y_{t-1}^2 \xrightarrow{d} \int_0^1 B(r)^2 dr \quad (6\text{-}19)$$

是故 $\hat{\delta}$ 的極限分配 $F(\hat{\delta})$ 透過 CMT 可為：

$$F(\hat{\delta}) = \frac{\int_0^1 B(r)dB(r)}{\int_0^1 B(r)^2 dr} \tag{6-20}$$

可以注意（6-18）~（6-20）式有牽涉到布朗運動的積分，而該積分是一種隨機積分[14]。是故，DF 單根檢定的檢定統計量的極限分配絕非我們熟悉的分配，值得我們進一步檢視。

例 1 擲銅板過程

利用擲銅板過程，我們倒是可以輕易地說明（6-14）式。令 y_t 表示擲公正的銅板一次的結果，若出現正面其值為 1，而若出現反面則為 −1；因此，$S_n = y_1 + y_2 + \cdots + y_n$ 表示擲銅板 n 次的總和。我們事先可以得出 $E(y_t) = 0$ 以及 $Var(y_t) = 1$；另外，於 $(-1, 1)$ 內以抽出放回的方式取代 IID 過程。圖 6-14 繪製出上述擲銅板過程的 $R_T(1)$ 的 100 種走勢（$n = 500$），讀者自然可以看出圖內的走勢非常類似於圖 6-11 或 6-13 的走勢。值得注意的是，圖 6-14 內的走勢隱含著 n 愈大，走勢的波動愈大。

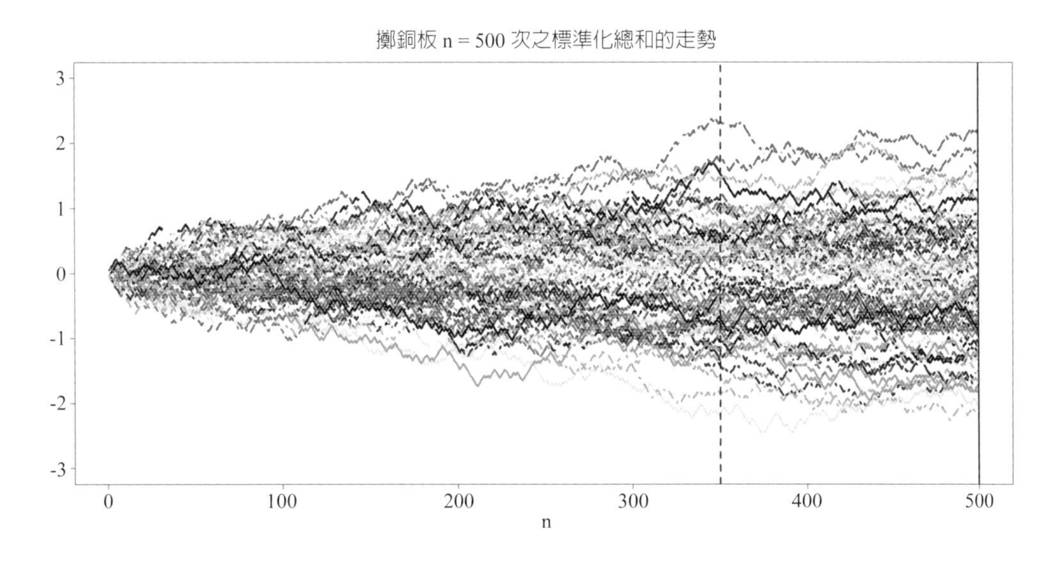

圖 6-14　擲銅板 $n = 500$ 次之 $R_T(1)$ 的走勢

---

[14] 隨機積分的意義，可參考本書附錄 4 與《財數》。

例 2　$B(r)$ 的分配

例 1 是繪製出所有 $0 \le r \le 1$ 的結果，若使用類似於繪製圖 6-14 的方法，不過不同的是我們只找出其中 $r = r_0$ 的所有結果（如圖內的垂直虛線），即我們的意思是指延續例 1，同時令 $n = 10{,}000$ 與 $r_0 = 0.7$，如此的動作重複 $N = 20{,}000$ 次，豈不是可以繪製出 $B(r_0)$ 的分配，其結果就繪製如圖 6-15 所示。換言之，圖 6-15 繪製出 $N = 20{,}000$ 次 $B(0.7)$ 的直方圖，爲了比較起見，圖內實線曲線爲 $N(0, 0.7)$ 的 PDF；因此，圖 6-15 係繪製出實證與理論 $B(0.7)$ 分配，從該圖內可看出二者頗爲接近。讀者應記得 $B(r) \sim N(0, r)$。

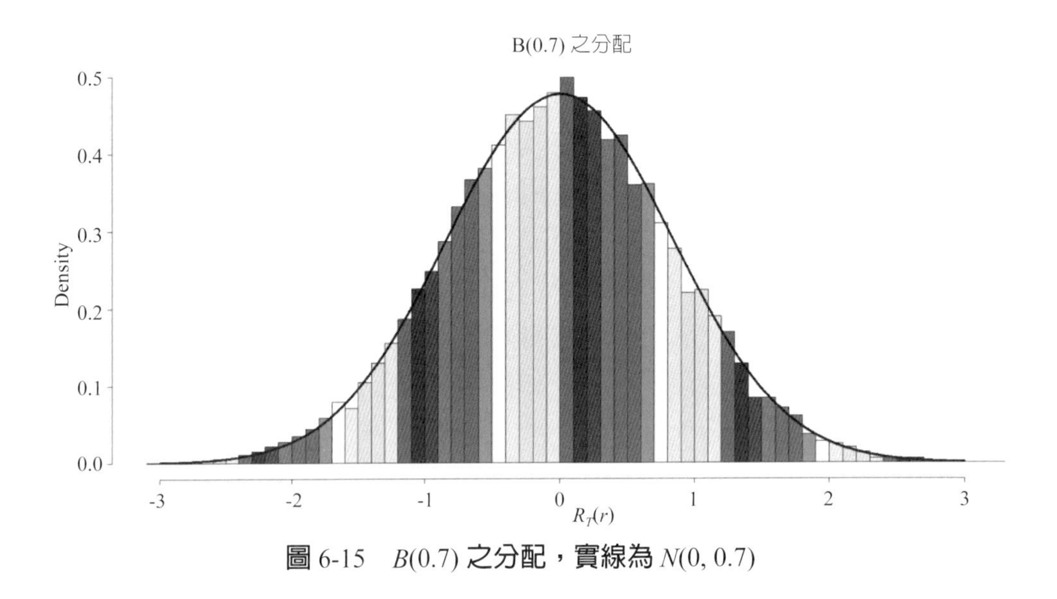

圖 6-15　$B(0.7)$ 之分配，實線為 $N(0, 0.7)$

習題

(1) 何謂布朗運動？試解釋之。
(2) 我們如何導出標準布朗運動？試解釋之。
(3) 何謂 FCLT？其與 CLT 有何不同？試解釋之。
(4) $\hat{\delta}$ 的極限分配亦可稱爲 DF 分配，我們如何以模擬的方式證明其存在？
(5) 續上題，試繪製出 DF 分配的形狀。提示：可以參考圖 E2。
(6) 續上題，有何涵義？試解釋之。

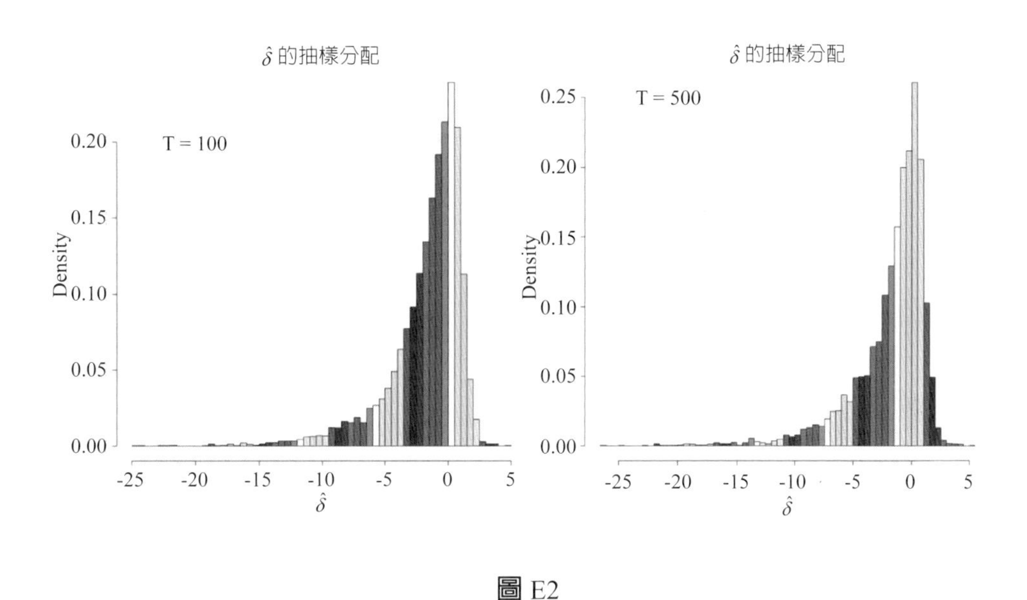

圖 E2

2. 傳統的單根檢定

於本節，我們將介紹四種傳統的單根檢定方法，其分別爲 DF、ADF、PP 以及 KPSS 檢定[15]。上述傳統的單根檢定方法雖說有嚴重的規模失眞（size distortion）（即

[15] 當然，我們未必能完整的介紹單根檢定的發展與相關的文獻。較完整的介紹或文獻回顧，可參考 Maddala 與 Kim（1998）或 Patterson（2011）等文獻。

會過度拒絕或過度接受虛無假設的情況）以及接近於虛無假設爲 $I(1)$ 處有偏低的檢定效力（power）等問題，不過上述方法仍不失其簡單且容易操作等特性。換言之，幾乎所有的計量經濟套裝軟體皆附有上述單根檢定方法，我們反而需要更進一步認識上述方法。

2.1 DF 檢定

單根檢定最簡單的設定方式莫過於無確定項的 $AR(1)$ 過程，可寫成：

$$y_t = \rho y_{t-1} + z_t, t = 1, \cdots, T \tag{6-21}$$

其中 z_t 屬於 $ARMA$ 過程。利用反覆替代的方式，（6-21）式可再寫成：

$$y_t = \rho^t y_0 + \sum_{i=1}^{t} \rho^{t-1} z_i \tag{6-22}$$

若 $\rho = 1$，則（6-22）式亦可改寫成：

$$y_t = y_0 + \sum_{i=1}^{t} z_i \tag{6-23}$$

從（6-23）式可看出 y_t 的分配取決於 y_0 的分配以及 $\{z_t\}_{t=1}^{T}$ 的分配。DF 單根檢定考慮一種最簡單的情況，即假定 $y_0 = 0$ 與 $z_t = u_t \sim IID(0, \sigma_u^2)$，其中 $\sigma_u^2 < \infty$[16]。令 $u_t = z_t$，就（6-21）式而言，其實我們可以分成定態與非定態二種情況來看。首先檢視 $|\rho| < 1$ 的情況，即 y_t 屬於定態隨機過程變數。第 1 章的 3.4 節已經提醒我們，ρ 的 OLS 估計式 $\hat{\rho}$ 是一種具有 $\sqrt{T}$ 一致性的特性，即 $K_1 = \sqrt{T}(\hat{\rho} - \rho)$ 的極限分配爲 $N\left(0, 1-\rho^2\right)$，可以參考（1-64）式或本書第 5 章；換言之，於 y_t 屬於定態隨機過程變數的情況下，可得：

$$K_1 \xrightarrow{d} N\left(0, 1-\rho^2\right) \text{ 或 } \frac{K_1}{\sqrt{1-\rho^2}} \xrightarrow{d} N\left(0, 1\right) \tag{6-24}$$

至於 $\rho = 1$ 的情況，重新定義（6-17）與（6-20）二式爲：

---

[16] Phillips（1987）或 Patterson（2011）曾討論較複雜的情況。

$$K_2 = T\left(\hat{\rho}-1\right) \xrightarrow{d} \frac{\int_0^1 B_r dB_r}{\int_0^1 B_r^2 dr} \qquad (6\text{-}25)$$

（6-25）式可稱為 DF 分配⑰。根據（6-25）式，我們可以進一步計算對應的 t 檢定統計量為：

$$t_{\hat{\rho}} = \frac{\hat{\rho}-1}{\hat{\sigma}_{\hat{\rho}}} \xrightarrow{d} \frac{\int_0^1 B_r dB_r}{\left[\int_0^1 B_r^2 dr\right]^{1/2}} \qquad (6\text{-}26)$$

可惜的是，雖說我們已經知道 $\int_0^1 B_r dB_r = \frac{1}{2}\left(B_t^2 - 1\right) = \frac{1}{2}\left(\chi_1^2 - 1\right)$（本書附錄 4），不過 $\int_0^1 B_r^2 dr$ 的分配卻不易得出。是故，DF 分配的漸近值只能透過模擬的方式得到。

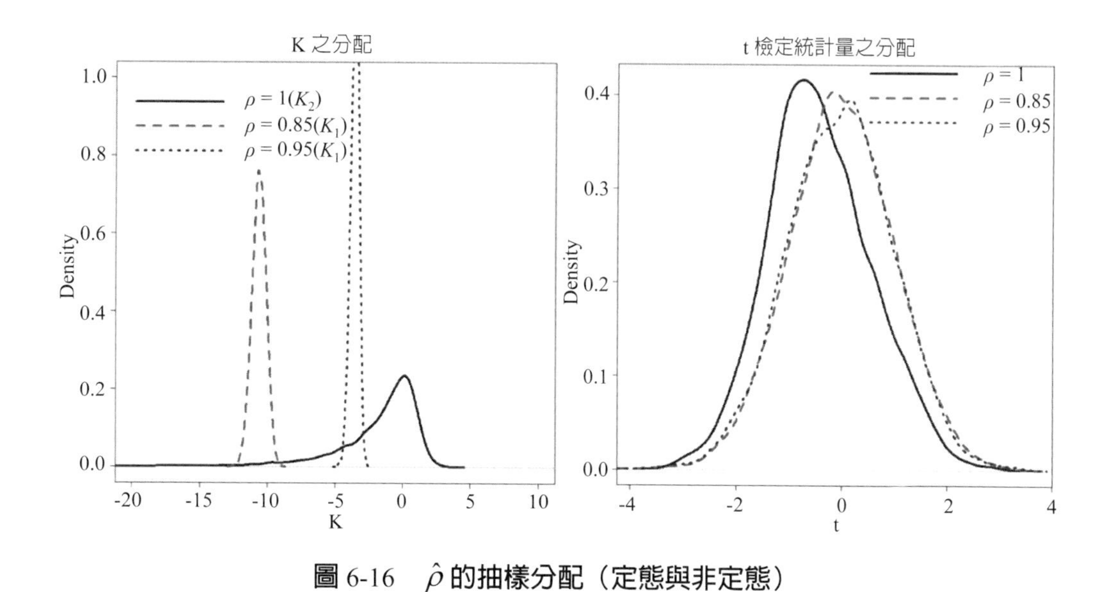

圖 6-16 $\hat{\rho}$ 的抽樣分配（定態與非定態）

比較（6-24）與（6-26）二式，可知定態與非定態變數之 $\hat{\rho}$ 的抽樣分配並不相同，前者（定態）的極限分配仍屬於常態分配而其調整因子為 $\sqrt{T}$，但是後者（非

⑰ 其實於 DF 的原著內如 Fuller（1976）或 DF（1979, 1981）並未指出 $\hat{\rho}$ 的極限分配是布朗運動的函數。事實上，上述 $\hat{\rho}$ 的極限分配以（6-25）式的型態表示是根據 Phillips（1987, 1988）。

定態）的極限分配卻是未知的型態（或稱爲 DF 分配）而其調整因子卻爲 T；顯然，非定態的情況其趨向極限分配的速度較快。針對（6-24）~（6-26）式，我們不難使用模擬的方式說明，其結果就繪製如圖 6-16 所示。該圖分成定態與非定態二種情況。就定態的情況而言，圖內考慮二種可能，其一是 $\rho = 0.85$ 而另一則爲 $\rho = 0.95$，其中左圖繪製出 K_1 而右圖則繪製出 t 檢定統計量的抽樣分配。我們從圖內可看出定態的抽樣分配皆屬於常態分配。至於非定態的情況，即 $\rho = 1$，從圖內可看出二抽樣分配絕非屬於常態分配。

若重新檢視圖 6-16 內的右圖可以發現 $\rho = 1$ 於下，t 檢定統計量的抽樣分配並非傳統的 t 分配（古典 t 分配）而是稍有右偏的非對稱分配；換言之，實際上的檢定統計量爲負值而其絕對值卻大於傳統 t 分配的臨界值，故若使用後者，容易產生「過度拒絕」虛無假設爲 $\rho = 1$ 的情況。表 6-1 列出由 Fuller（1976）所提供的若干的臨界值，而上述臨界值我們不難用模擬的方式取得。例如：考慮樣本數爲 $T = 100$ 以及（6-21）式的情況，於顯著水準分別爲 1% 與 5% 下，根據表 6-1，其 K 檢定與 t 檢定的臨界值分別約爲 −13.3 與 −7.9 以及 −2.60 與 −1.95。根據（6-25）與（6-26）式，於之下，我們重複以 OLS 估計（3-21）式 50000 次，整理後可得 K 檢定與檢定的臨界值依序分別約爲 −13.04 與 −7.82 以及 −2.58 與 −1.94，故可知與表 6-1 內的結果差距不大。是故，不難想像表 6-1 內的各結果是如何模擬計算而得。讀者倒是可以練習看看。

表 6-1　DF 單根檢定的臨界值（$H_0 : \rho = 1$）

樣本數	K 檢定		t 檢定		F_a 檢定		F_b 檢定	
	1%	5%	1%	5%	1%	5%	1%	5%
$AR(1)$ 無常數，無趨勢								
25	−11.9	−7.7	−2.62	−1.95				
100	**−13.3**	**−7.9**	**−2.60**	**−1.95**				
250	−13.6	−8.0	−2.58	−1.95				
500	−13.7	−8.0	−2.58	−1.95				
∞	−13.8	−8.1	−2.58	−1.95				
$AR(1)$ 有常數，無趨勢								
25	−17.2	−12.5	−3.75	−3.00	7.88	5.18		
50	−18.9	−13.3	−3.58	−2.93	7.06	4.86		
100	−19.8	−13.7	**−3.51**	**−2.89**	**6.70**	**4.71**		
250	−20.3	−14.0	−3.46	−2.88	6.52	4.63		

表 6-1 DF 單根檢定的臨界值（$H_0: \rho = 1$）（續）

樣本數	K 檢定		t 檢定		F_a 檢定		F_b 檢定	
500	−20.5	−14.0	−3.44	−2.87	6.47	4.61		
∞	−20.7	−14.1	−3.43	−2.86	6.43	4.59		
$AR(1)$ 有常數，有趨勢								
25	−22.5	−17.9	−4.38	−3.60	10.61	7.24	8.21	5.68
50	−25.7	−19.8	−4.15	−3.50	9.31	6.73	7.02	5.13
100	−27.4	−20.7	**−4.04**	**−3.45**	**8.73**	**6.49**	**6.50**	**4.88**
250	−28.4	−21.3	−3.99	−3.43	8.43	6.34	6.22	4.75
500	−28.9	−21.5	−3.98	−3.42	8.34	6.30	6.15	4.71
∞	−29.5	−21.8	−3.96	−3.41	8.27	6.25	6.09	4.68

說明：1. 表 6-1 係取自 Fuller（1976）而重新列於 Maddala 與 Kim（1998）。
2. F_a 檢定是用於 $H_0: \alpha = \tau_1 = 0$（於 $\Delta y_t = \alpha + \tau_1 y_{t-1} + u_t$ 式內）以及 $H_0: \delta = \tau_2 = 0$（於 $\Delta y_t = \alpha + \delta t + \tau_2 y_{t-1} + u_t$ 式內）。
3. F_b 檢定是用於 $H_0: \alpha = \delta = \tau_2 = 0$（於 $\Delta y_t = \alpha + \delta t + \tau_2 y_{t-1} + u_t$ 式內）。

上述所檢視於 $\rho = 1$ 之下 $\hat{\rho}$ 之分配是屬於一種最簡單的情況，即 DGP 爲「純粹的」隨機漫步過程（無常數項）而估計模型亦使用不包括常數項與趨勢項的 $AR(1)$ 模型。一個自然的延伸爲 DGP 仍爲「純粹的」隨機漫步過程，但是我們卻用包括常數項的 $AR(1)$ 模型估計。於此情況下，爲了檢定方便起見，我們須將（6-21）式轉換成類似於（6-25）式的型態，即利用（6-21）式可得：

$$y_t = \rho y_{t-1} + u_t$$

$$\Rightarrow \Delta y_t = y_t - y_{t-1} = (\rho - 1) y_{t-1} + u_t$$

$$\Rightarrow \Delta y_t = \tau_1 y_{t-1} + u_t \tag{6-27}$$

其中 $\tau_1 = \rho - 1$。換言之，$H_0: \rho = 1$，相當於 $H_0: \tau_1 = 0$。因此，考慮 DGP 爲（6-27）式，而我們卻使用（6-28）式估計，即：

$$\Delta y_t = \alpha + \tau_2 y_{t-1} + u_t \tag{6-28}$$

於此情況下，令 τ_2 的 OLS 估計式爲 $\hat{\tau}_2$，DF（1979）仍提供了 $\hat{\tau}_2$ 之漸近分配的臨界

值如表 6-1 所示，不過根據如 Maddala 與 Kim（1998）所指出 τ_2 的檢定 t 統計量之極限分配仍爲布朗運動的函數。

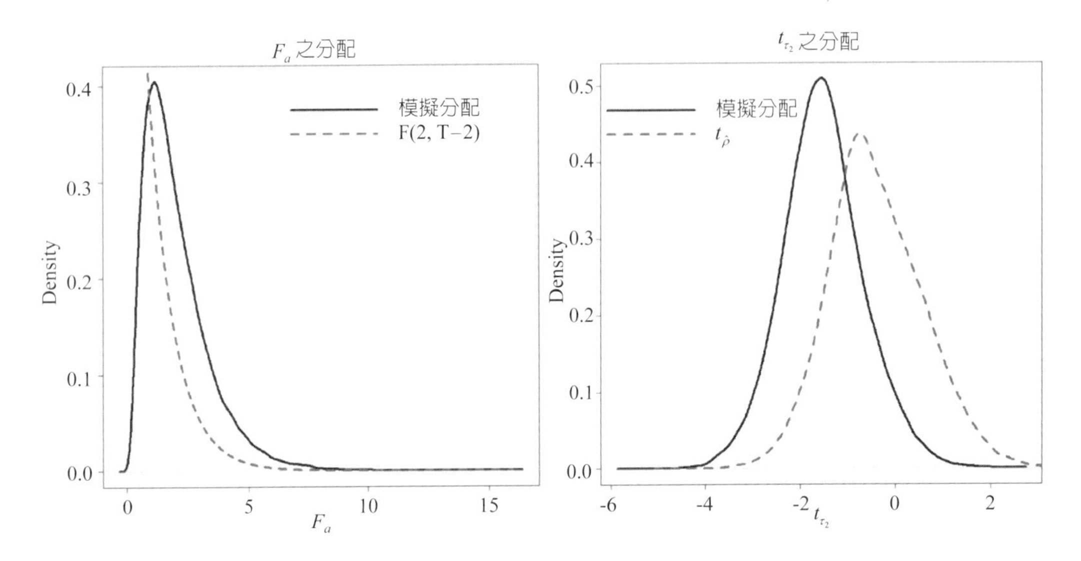

圖 6-17　F_a 與 $t_{\hat{\rho}}$ 之分配，其中 DGP 為（6-27）式而估計模型為（6-28）式

我們仍使用模擬的方式說明如何取得表 6-1 內的臨界值。考慮 $T = 100$ 與模擬次數爲 50,000 次，其中 DGP 爲（6-27）式而估計模型爲（6-28）式，而其結果則繪製於圖 6-17。於此情況下，我們面對二種檢定，其一是 $H_0: \alpha = \tau_2 = 0$ 而另一則爲 $H_0: \tau_2 = 0$；理所當然，前者可以使用 F 檢定而後者則仍使用 t 檢定。不過，因仍屬於非定態隨機過程，故上述 F 檢定與 t 檢定統計量之抽樣分配仍不屬於傳統的 F 與 t 分配。例如：圖 6-17 內的左圖繪製出我們的模擬分配結果（實線）[18]，其中虛線爲對應的傳統 F 分配的 PDF 曲線，從圖內可看出上述二者存在著不小的差距；換言之，考慮上述的 $H_0: \alpha = \tau_2 = 0$ 的檢定，我們無法使用傳統的分配臨界值，仍須使用模擬的方式取得適當的臨界值。利用我們的模擬方式可得於 $H_0: \alpha = \tau_2 = 0$ 下，若顯著水準分別 1% 與 5%，其臨界值分別約爲 6.73 與 4.73（可以參考所附的 R 指令）與表 6-1 內的 6.70 與 4.71 的臨界值差距不大。

至 $H_0: \tau_2 = 0$ 於，比較意外的是，此時 $t_{\hat{\tau}_2}$ 與 $t_{\hat{\rho}}$ 的抽樣分配並不相同，因此需額外使用另外的臨界值；換言之，圖 6-17 內的右圖繪製出 $t_{\hat{\tau}_2}$ 的抽樣分配（實線），其中虛線則爲 $t_{\hat{\rho}}$ 的抽樣分配之 PDF 曲線，從圖內亦可看出二者存在著差異。同

[18] 該模擬分配，可用（2-20）式繪製而成。

理，於顯著水準分別 1% 與 5%，我們模擬的臨界值分別約爲 −3.51 與 −2.89，其與表 6-1 內的結果一致。

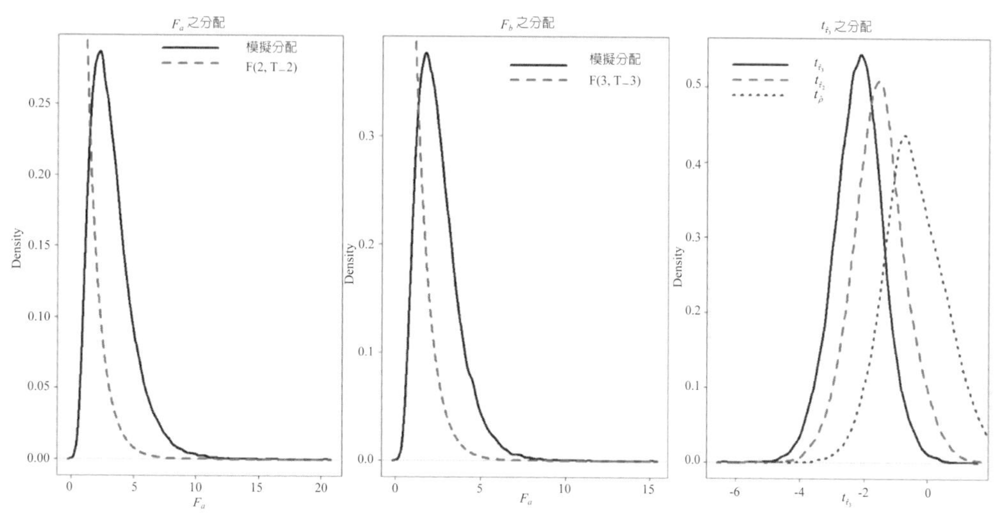

圖 6-18　（6-29）式三種檢定統計量之抽樣分配

同理，若 DGP 爲（6-28）式，而我們卻使用（6-29）式估計，即：

$$\Delta y_t = \alpha + \delta t + \tau_3 y_{t-1} + u_t \tag{6-29}$$

其中 $\tau_3 = \rho - 1$。此時我們面對除了 $H_0: \tau_3 = 0$ 之外，尚有 $H_0: \alpha = \delta = \tau_3 = 0$ 以及 $H_0: \delta = \tau_3 = 0$ 的檢定；當然，前者可用 t 檢定而後二者仍使用 F 檢定。表 6-1 內仍附有上述三種檢定統計量的臨界值，此說明了上述檢定統計量的極限分配仍不屬於傳統的分配。類似於圖 6-17 的模擬方法，圖 6-18 繪製出 DGP 爲（6-28）式但實際是以（6-29）式估計的模擬結果，其中 $\alpha = 0.05$（讀者亦可改變 α 值，其結果並不受影響）以及 $t_{\hat{\tau}_3}$、F_a 與 F_b 三檢定統計量的抽樣分配，其對應的虛無假設依序爲 $H_0: \tau_3 = 0$、$H_0: \delta = \tau_3 = 0$ 與 $H_0: \alpha = \delta = \tau_3 = 0$。

圖 6-18 內左與中圖分別繪製出 F_a 與 F_b 二檢定統計量的抽樣分配（實線），其中虛線爲對應的傳統 F 分配的 PDF 曲線，我們從圖內的確可看出存在著差異；另一方面，圖 6-18 內右圖分別繪製出 $t_{\hat{\tau}_3}$、$t_{\hat{\tau}_2}$ 與 $t_{\hat{\rho}}$ 檢定統計量的抽樣分配，我們亦可看出其間的差異。最後，仍以 $T = 100$ 以及 50,000 次模擬次數爲基準，於顯著水準分別爲 1% 與 5% 之下，$t_{\hat{\tau}_3}$、F_a 與 F_b 的模擬臨界值分別約爲 −4.04 與 −3.46、8.74 與 6.50 以及 6.44 與 4.89。上述結果頗接近於表 6-1 的結果。

上述的推導過程當然可以繼續下去。例如：若 DGP 為（6-29）式，則我們可能須額外再考慮於（6-29）式內再加上一個二次式的確定趨勢項的模型估計，此當然更加「複雜化」；換言之，由於 DF 只列出如表 6-1 內的三種情況，故傳統的 DF 單根檢定只局限於上述三種情況。我們舉一個例子說明如何使用 DF 單根檢定。圖 6-19 繪製出美元兌新台幣之實質匯率時間走勢（1981/1~2019/2）[19]，當然我們的目的是欲利用前述的 DF 單根檢定檢視圖內的實質匯率的時間走勢資料是否具有一個單根。令 y_t 表示上述實質匯率（對數值）序列資料，利用 OLS，分別可得下列估計式：

圖 6-19　美元兌新台幣之實質匯率時間走勢（1981/1~2019/2）

情況 1：

$$\Delta y_t = 0.0002 y_{t-1}$$
$$(0.0002)$$
$$[0.894]$$

---

[19] 直覺而言，若 cpi_t、$cpius_t$ 與 x_t 分別表示台灣 CPI 指數、美國 CPI 指數以及美元兌新台幣匯率，則實質匯率可為 $\dfrac{cpius_t x_t}{cpi_t}$，故實質匯率對數值可寫成 $\log(cpius_t) + \log(x_t) - \log(cpi_t)$。圖內美元兌新台幣匯率資料取自央行網站，而台灣 CPI 資料則取自主計總處網站，至於美國 CPI 資料則取自 FRED。

情況 2：

$$\Delta y_t = 0.0207 - 0.0048 y_{t-1}$$
$$(0.0197) \quad (0.0047)$$
$$[1.048] \quad [-1.016]$$

情況 3：

$$\Delta y_t = 0.0033 + 0.0000t - 0.008 y_{t-1}$$
$$(0.0239)\ (0.0000)\ (0.0059)$$
$$[1.373]\ [0.901]\ [-1.354]$$

其中小括號與中括號內之值分別表示對應的標準誤與 t 值。因 $T = 457$ 且 $\hat{\tau}_1$、$\hat{\tau}_2$ 與 $\hat{\tau}_3$ 的 t 檢定統計量估計值分別約為 0.894、−1.016 與 −1.354，故使用表 6-1 內的樣本數為 500 的臨界值檢定。上述三種情況皆顯示出於顯著水準為 5% 之下無法拒絕虛無假設為 $\rho = 1$ 的結果；另一方面，於情況 2 下可得 F_a 的估計值約為 0.9494，而於情況 3 之下，可得 F_a 與 F_b 的估計值分別約為 0.9223 與 0.9034，根據表 6-1，上述情況亦皆不拒絕對應的虛無假設（顯著水準為 5%）。因此，利用 DF 檢定，我們發現上述實質匯率資料有可能接近於不含漂浮項的簡單隨機漫步過程。

例 1 利用程式套件（urca）

圖 6-19 內的資料亦可使用程式套件（urca）內的 ur.df() 函數指令，可以參考所附的 R 指令。

例 2 MacKinnon 的臨界值與 p 值

程式套件（urca）內尚有包括由 MacKinnon（1996）所提供的 DF 檢定的臨界值之外，亦可依估計的 t 檢定統計量計算 DF 單根檢定的 p 值。換言之，利用前述實質匯率資料之 DF 單根檢定的三種情況，其中 $t_{\hat{\tau}_1}$、$t_{\hat{\tau}_2}$ 與 $t_{\hat{\tau}_3}$ 的估計值分別約為 0.8942、−1.0163 與 −1.354，其對應的 p 值分別約為 0.9007、0.7487 與 0.8728。另外，因 $T = 457$，我們也可以計算出對應的臨界值分別約為 −1.9415、−2.8677 與 −3.4197。可以參考所附的 R 指令。

習題

(1) DF 之 t 檢定統計量與傳統的 t 檢定統計量有何不同？試解釋之。

(2) 爲何 DF 單根檢定分成三種情況檢視？試解釋之。

(3) 試解釋如何用模擬的方式得出表 6-1 內的結果。

(4) 試解釋如何用程式套件（urca）內的函數指令從事 DF 單根檢定。

(5) 試利用第 5 章內的台灣季經濟成長率序列資料（1982/1~2018/4），而以 DF 單根檢定檢視，其結果爲何？

(6) 試利用第 3 章的台灣月通貨膨脹率序列資料（1982/1~2018/12），而以 DF 單根檢定檢視，其結果爲何？

2.2 ADF 檢定

嚴格來說，2.1 節內的 DF 單根檢定有許多限制，可以分述如下：

(1) 其只檢視 $AR(1)$ 過程，即於 2.1 節內，我們只檢視 DGP 爲無與含漂浮項的簡單隨機漫步過程。

(2) 誤差項 u_t 的假定爲 $IID(0, \sigma_u^2)$ 或 $NID(0, \sigma_u^2)$ 似乎過於嚴苛；也就是說，u_t 的假定似乎可以放鬆，即 u_t 可以爲白噪音過程、MDS 或甚至於屬於 $ARMA$ 過程。換言之，若 u_t 存在序列相關或屬於異值變異數序列，則 DF 檢定是否仍可適用？

(3) 是否可將 $AR(1)$ 過程推廣至 $AR(p)$ 過程？

我們是否可將 DF 單根檢定的 $AR(1)$ 過程推廣至 $AR(p)$ 過程？考慮下列的 $AR(3)$ 過程：

$$y_t = \phi_1 y_{t-1} + \phi_2 y_{t-2} + \phi_3 y_{t-3} + u_t$$

$$\Rightarrow y_t - y_{t-1} = \phi_1 y_{t-1} - y_{t-1} + \phi_2 y_{t-2} + \phi_3 y_{t-3} + u_t$$

$$\Rightarrow \Delta y_t = (\phi_1 - 1) y_{t-1} + \phi_2 y_{t-2} - \phi_3 (y_{t-2} - y_{t-3}) + \phi_3 y_{t-2} + u_t$$

$$\Rightarrow \Delta y_t = (\phi_1 - 1) y_{t-1} - \phi_3 \Delta y_{t-2} - (\phi_2 + \phi_3)(y_{t-1} - y_{t-2}) + (\phi_2 + \phi_3) y_{t-1} + u_t$$

$$\Rightarrow \Delta y_t = \left[(\phi_1 + \phi_2 + \phi_3) - 1\right] y_{t-1} - (\phi_2 + \phi_3) \Delta y_{t-1} - \phi_3 \Delta y_{t-2} + u_t$$

因此不難將上述 $AR(3)$ 過程推廣至 $AR(p)$ 過程，即：

$$y_t = \alpha + \sum_{j=1}^{p} \phi_j y_{t-j} + u_t$$

$$= \alpha + \left(\sum_{j=1}^{p} \phi_j\right) y_{t-1} - \sum_{j=2}^{p} \phi_j (y_{t-1} - y_{t-2}) - \sum_{j=3}^{p} \phi_j (y_{t-2} - y_{t-3}) - \cdots - \phi_p (y_{t-(p-1)} - y_{t-p}) + u_t$$

$$= \alpha + \phi y_{t-1} + \sum_{j=1}^{p-1} \gamma_j \Delta y_{t-j} + u_t$$

$$\Rightarrow \Delta y_t = \alpha + \tau y_{t-1} + \sum_{j=1}^{p-1} \gamma_j \Delta y_{t-j} + u_t \tag{6-30}$$

其中 $\phi = \sum_{j=1}^{p} \phi_j$、$\tau = -\phi(1) = \phi - 1$ 與 $\gamma_j = -\sum_{j=i+1}^{p} \phi_j$。（6-30）式即為著名的擴增 DF（augmented DF, ADF）單根檢定。值得注意的是，ADF 檢定類似於 DF 檢定，即如同（6-27）~（6-29）三式，其亦可分成三種型態；另一方面，DF 檢定內的 F 檢定亦適用於 ADF 檢定。換言之，表 6-1 不僅適用於 DF 檢定，同時 ADF 檢定亦使用表 6-1 內的臨界值。

有關於 ADF 檢定的特色整理後可為：

(1) ADF 檢定的虛無假設與對立假設分別為 $H_0: \tau = 0$ 與 $H_a: \tau < 0$。

(2) 我們如何合理化 ADF 檢定？考慮（6-30）式，若 $\tau = 0$ 或 $\phi = 1$，則 y_t 屬於 $I(1)$ 而 Δy_t 屬於 $I(0)$，即式內等號的左右側並不一致。還好 Maddala 與 Kim（1998）曾指出 $I(1)$ 與 $I(0)$ 的估計係數如 $\hat{\tau}$ 與 $\hat{\gamma}_j$ 之漸近分配彼此相互獨立，即 $T(\hat{\tau} - \tau)$ 與 $\sqrt{T}(\hat{\gamma}_j - \gamma_j)$ 相互獨立，不過前者趨向於 DF 分配而後者則趨向於常態分配；換言之，於（6-30）式內，τ 的檢定仍須使用表 6-1，至於 γ_j 的檢定則仍使用傳統的 t 或常態分配。

(3) Said 與 Dickey（1984）曾提醒我們（6-27）~（6-29）三式內的 u_t 可能存在若干程度的序列相關，而後者可以用 $ARMA$ 過程模型化；不過，Said 與 Dickey 指出適當的 $AR(p)$ 過程可以取代上述 $ARMA$ 過程。

(4) 畢竟適當的落後期數值 p 是不易決定的，即使用太大的 p 值較無效的，但是 p 值太小卻未必能消除 u_t 內的序列相關。Schwert（1989）曾建議採用下列的方式選取 p 值，即 $p = [12(T / 100)^{1/4}]$，其中 $[\cdot]$ 表示中括號內之整數值；不過上述建議卻非唯一。

(5) 使用訊息指標如 AIC 或 BIC 最小以選取適當的落後期數值。

我們嘗試利用圖 6-19 內的實質匯率資料執行 ADF 檢定。首先圖內的樣本資料個數爲 $T = 458$，根據 Schwert 的建議，最大的落後期數爲 $p = 13$。我們進一步使用 AIC 選取適當的落後期數。仍考慮如上述 DF 檢定的三種情況，結果我們的 ADF 檢定皆以 $AR(2)$ 過程爲考慮的標的，最後三種情況仍偏向於指出實質匯率資料存在一個單根，其中漂浮項與確定趨勢項的係數皆爲 0，可以參考所附的 R 指令。

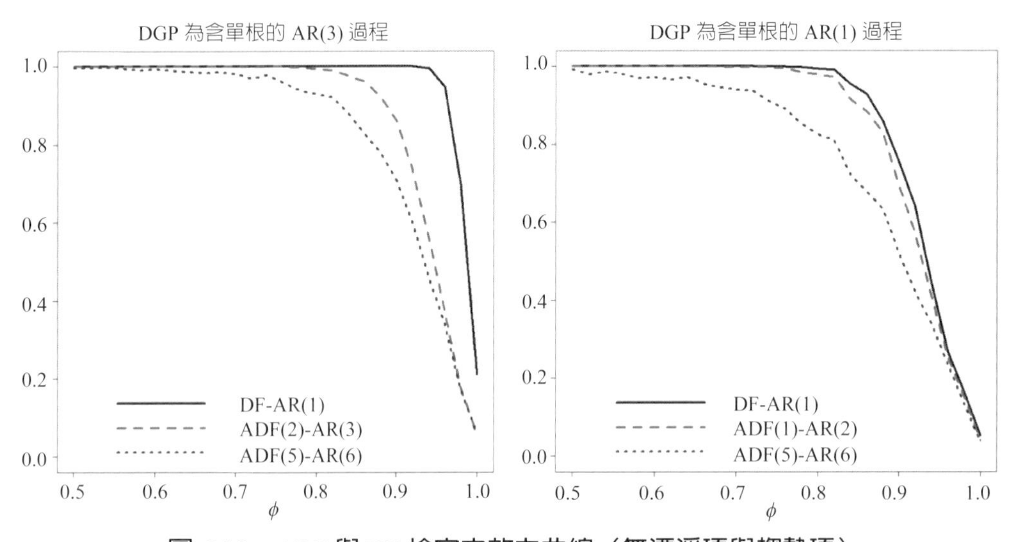

圖 6-20　ADF 與 DF 檢定之效力曲線（無漂浮項與趨勢項）

我們嘗試以效力曲線（power curve）說明 DF 與 ADF 檢定的差異。圖 6-20 的左與右圖分別繪製出 DGP 爲含單根 $AR(3)$ 的過程以及 DGP 爲含單根的 $AR(1)$ 過程，其中 u_t 屬於 $IID(0, 1)$；其次，於該圖內我們分別使用 DF 與 ADF 檢定。例如 ADF(2)，根據（6-30）式，可對應至一種 $AR(3)$ 過程，其餘可類推。有意思的是，於 u_t 屬於 IID 之下，ADF 檢定並無法改善 DF 檢定的效力，我們從圖內可看出端倪。雖說如此，從左圖卻可看出 DF 檢定會出現嚴重的規模失真；也就是說，根據效力的定義，若 $\phi = 1$，其對應的「拒絕 H_0 的機率」應爲 5%（即圖 6-20 是根據顯著水準爲 5% 所繪製而成）；不過，於左圖內，DF 檢定的效力於 $\phi = 1$ 之下卻高達 21%，至於 ADF(2) 與 ADF(5) 則分別約爲 5.6% 與 5.8%。還好，於右圖內，於 $\phi = 1$ 之下，DF、ADF(2) 與 ADF(5) 則分別約爲 5.1%、3.9% 與 3.6%，即 DF 檢定於「正確的 DGP」之下，反而優於 ADF 檢定。

例 1 誤差項存在序列相關

圖 6-20 的模擬結果是假定 u_t 屬於 IID。若 DGP 屬於含單根的過程（不含漂浮項與趨勢項），其中 u_t 爲 $AR(1)$ 過程且其相關係數爲 0.9，圖 6-21 分別繪製出不含漂浮項與趨勢項的 DF 檢定、不含漂浮項與趨勢項的 ADF 檢定以及含漂浮項與不含趨勢項的 ADF 檢定的效力曲線，其中後二者是先以上述 Schwert 的建議取得最大的落後期 p 後，再依 AIC 指標取得適當的 p 值。我們從圖內可看出當 $\phi < 0.96$，DF 檢定的效力高於對應的二種 ADF 檢定，但是當 $\phi > 0.96$，不含漂浮項與趨勢項的 ADF 檢定的效力卻較高；另一方面，不管 ϕ 值爲何，含漂浮項與不含趨勢項的 ADF 檢定的效力仍最低。因此，此例提醒我們，若誤差項存在序列相關，ADF 檢定有可能會改善 DF 檢定的效力。雖說如此，若比較圖 6-20 與 6-21 二圖，可以發現於誤差項存在序列相關之下 DF 與 ADF 檢定的效力並不高。

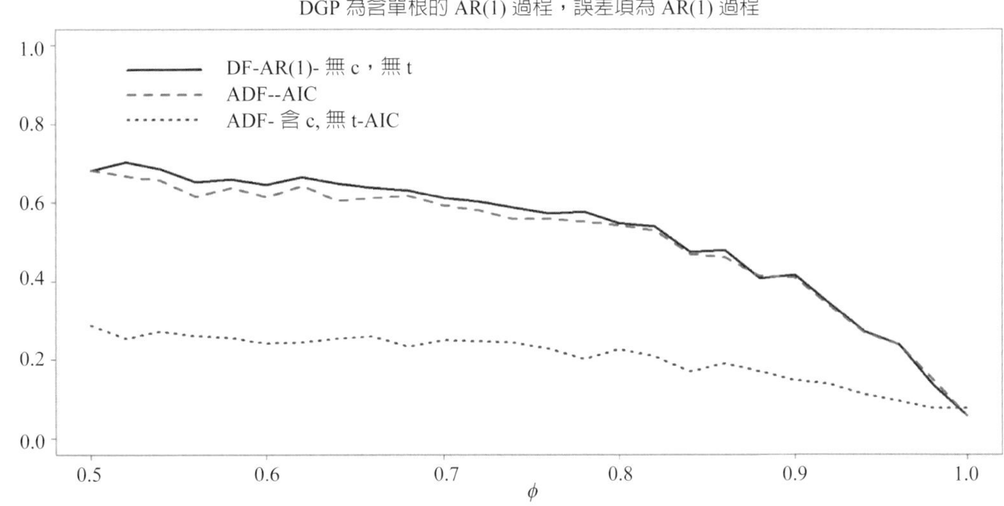

圖 6-21 ADF 與 DF 檢定之效力曲線（誤差項為 $AR(1)$）

例 2 Nelson 與 Plosser 擴充資料的 ADF 檢定

利用圖 6-1 內的序列資料，我們使用 ADF 檢定上述序列資料是否存在有單根，其結果則列於表 6-2。根據表 6-2 的結果的確可以發現多數的變數存在有一個單根。例如，表內以 ADF(8) 檢定 SP500 指數變數，除了發現存在有一個單根之外，其漂浮項並不爲 0，不過確定趨勢項的係數卻有可能爲 0。

表 6-2 圖 6-1 內資料之 ADF 檢定

	T	$t_{\hat{\tau}_1}(p)$	$t_{\hat{\tau}_2}(p)$	$t_{\hat{\tau}_3}(p)$	F_a	F_{a1}	F_b
y_1	80	2.542 (2)	−0.483 (2)	−3.534* (2)	3.438	6.715*	6.247
y_2	80	2.959 (2)	−0.158 (2)	−2.537 (2)	4.374	5.308*	3.274
y_3	80	1.641 (2)	−0.531 (2)	−3.59* (2)	1.501	5.399*	6.522*
y_4	123	0.29 (4)	−4.347* (2)	−3.988* (2)	15.283*	12.561*	12.763*
y_5	99	3.307 (3)	−0.527 (3)	−3.245 (2)	5.604*	6.586*	5.266
y_6	99	−2.232* (3)	−3.961* (3)	−3.938* (3)	7.859*	5.185*	7.765*
y_7	100	2.874 (2)	0.233 (2)	−2.467 (2)	4.102	4.737	2.829
y_8	458	3.44 (14)	−1.468 (14)	−0.777 (14)	7.326*	4.934*	1.165
y_9	298	2.865 (2)	−1.214 (2)	−1.482 (2)	5.003*	3.791	1.415
y_{10}	298	2.865 (2)	−1.214 (2)	−1.482 (2)	5.003*	3.791	1.415
y_{11}	342	3.522 (4)	−1.304 (4)	−1.383 (2)	7.281*	4.22	1.329
y_{12}	422	3.616 (13)	−1.262 (13)	−0.7 (13)	7.621*	5.119*	0.869
y_{13}	298	2.865 (2)	−1.214 (2)	−1.482 (2)	5.003*	3.791	1.415
y_{14}	414	4.797 (8)	−1.404 (8)	−0.574 (8)	12.882*	8.582*	1.006

說明：1. y_i, $i = 1, 2, \cdots, 14$ 分別表示實質 GNP、名目 GNP、實質每人 GNP、工業生產、就業量、失業率、GNP 平減指數、CPI、工資、實質工資、貨幣存量、貨幣流通速度、利率與 SP500（圖 6-1）。

2. 以 Schwert 的建議取得最大的 p 值後，再依 AIC 指標取得適當的 p 值。

3. F_{a1} 表示情況三（含漂浮項與趨勢項）之 F_a 檢定統計量。

4.「*」表示於顯著水準爲 5% 下拒絕 H_0。

習題

(1) 試解釋（6-30）式。

(2) DF 與 ADF 單根檢定的差異爲何？試解釋之。

(3) 試敘述 ADF 單根檢定的執行步驟。

(4) 何謂效力曲線？試解釋之。

(5) 試利用第 3 章的台灣月通貨膨脹率序列資料（1982/1~2018/12），而以 ADF 單根檢定檢視，其結果爲何？

2.3 PP 檢定

如前所述，若（6-27）~（6-29）三式內的 u_t 不屬於 IID 過程或有可能存在若干程度的序列相關，因 ADF 檢定是以估計 $AR(p)$ 過程的方式取代，故 ADF 檢定其實就是一種估計參數的方法；不過，Phillips 與 Perron（PP, 1989）卻認爲上述方法存在多餘的參數（nuisance parameters），而建議使用非參數方法。

類似於（6-28）式，考慮下式：

$$y_t = \mu + \alpha y_{t-1} + \varepsilon_t \quad (6\text{-}31)$$

不同於（6-28）式內的 $u_t \sim IID(0, \sigma_u^2)$，（6-31）式內的 ε_t 卻不屬於 IID。若 $E(\varepsilon_t) = 0$ 且 ε_t 不屬於 IID，則根據 Maddala 與 Kim（1998）可知：

$$T(\hat{\rho}-1) \Rightarrow \frac{\frac{1}{2}\left(\chi_1^2 - 1\right) + \lambda\sigma^{-2}}{\int_0^1 B_r^2 dr} \quad (6\text{-}32)$$

其中 $\lambda = \dfrac{\sigma^2 - \sigma_\varepsilon^2}{2}$、$\sigma^2 = \lim\limits_{T\to\infty} T^{-1} E\left[\left(\sum_{j=1}^{T}\varepsilon_j\right)^2\right]$ 與 $\sigma_\varepsilon^2 = \lim\limits_{T\to\infty} T^{-1}\sum_{j=1}^{T} E\left(\varepsilon_j^2\right)$。比較（6-25）與（6-32）二式，可知若 ε_t 屬於 IID，則（6-32）式非常類似於（6-25）式，即隱含著 $\lambda = 0 \Rightarrow \sigma^2 = \sigma_\varepsilon^2$；同理，若 ε_t 不屬於 IID，則（6-32）與（6-25）二式之間存在著差距，此隱含著 $\lambda \neq 0 \Rightarrow \sigma^2 \neq \sigma_\varepsilon^2$。因此，就 ADF 檢定而言就是希望透過 $AR(p)$ 過程以消除或降低 ε_t 內的序列相關性，而以 $s_\varepsilon^2 = T^{-1}\sum_{t=1}^{T}\hat{\varepsilon}_t^2$ 估計 σ^2，其中 $\hat{\varepsilon}_t$ 表示 $AR(p)$ 過程內的殘差值。

至於 PP 檢定內，PP 則建議採用 $\hat{\sigma}_{Tl}^2$ 估計 σ^2（即前者爲後者的一致性估計式），而前者可寫成：

$$\hat{\sigma}_{Tl}^2 = T^{-1}\sum_{t=1}^{T}\hat{\varepsilon}_t^2 + 2T^{-1}\sum_{\tau=1}^{t} w_{\tau l}\sum_{t=\tau+1}^{T}\hat{\varepsilon}_t\hat{\varepsilon}_{t-\tau}$$

其中 $w_{\tau l} = 1 - \dfrac{\tau}{l+1}$。PP 考慮下列二種情況：

$$\text{情況 1：} y_t = \mu + \alpha y_{t-1} + \varepsilon_t$$

與

$$\text{情況 2：} y_t = \mu + \beta(t - 0.5T) + \alpha y_{t-1} + \varepsilon_t$$

於每一情況下，PP 以 $Z(\hat{\mu})$ 取代 DF 檢定內的 K_i 檢定，而以 $Z(t_{\hat{\alpha}})$ 型態表示 DF 檢定內的 $t_{\hat{\tau}_i}$ 檢定。由於 PP 是以「無參數模型」取代 ADF 檢定內的「參數模型」，故表 6-1 內的臨界值亦適用於 PP 檢定[20]。

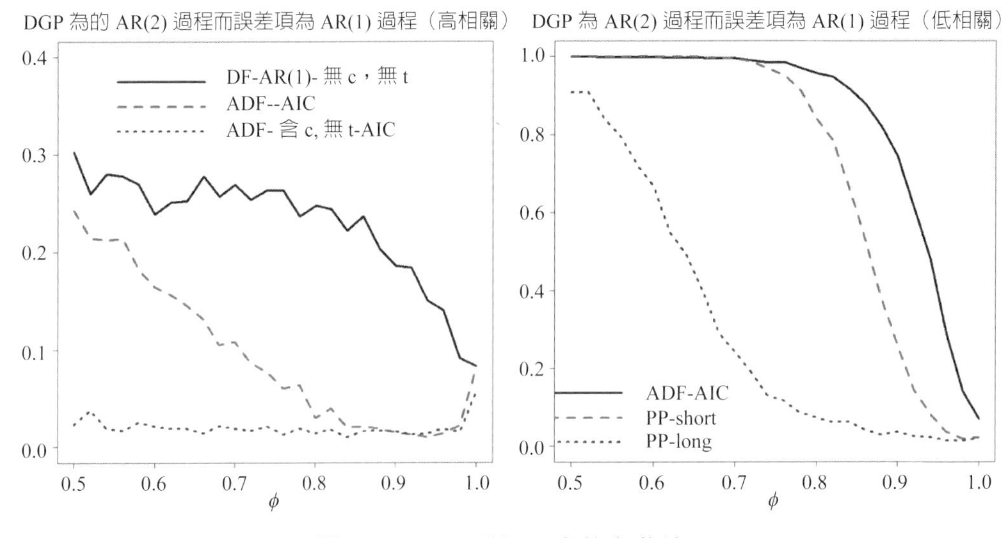

圖 6-22　ADF 與 PP 之效力曲線

利用前述的實質匯率資料（圖 6-19），我們使用 PP 檢定其內的單根。若使用「短」落後期數，於情況 1 之下可得 $Z(\hat{\mu})$ 與 $Z(t_{\hat{\alpha}})$ 分別約爲 −3.0788 與 −1.2138，至於情況 2，則分別約爲 −3.8382 與 −1.3611；另一方面，若使用「長」落後期數，則依序約爲 −3.8382、−1.3611、−6.3068 與 −1.7756。根據表 6-1 內的臨界值（如顯著水準爲 5%），自然可以發現實質匯率資料的確具有一個單根。

[20] 由於 $Z(\hat{\mu})$ 與 $Z(t_{\hat{\alpha}})$ 的數學型態稍嫌繁雜，於此處不宜列出，有興趣的讀者可參考 PP 的原文。由於模擬上的需要，底下我們所用的 PP 檢定的 R 函數指令係修改自程式套件（urca）內的 ur.pp 指令。ur.pp 指令內有使用二種方式取得「短」與「長」落後期，前者利用 $p = [4(T/100)^{1/4}]$，而後者則使用 $p = [12(T/100)^{1/4}]$ 計算。

若假定 DGP 爲單根且含漂浮項的 $AR(2)$ 過程，其中誤差項爲一階序列相關即 $AR(1)$ 過程且其相關係數爲。考慮使用依 Schwert 建議而以 AIC 最小爲落後期 p 的 ADF 檢定與 PP 檢定，圖 6-22 的左與右圖分別繪製出於 $\rho = 0.9$ 與 $\rho = 0.2$ 之下，上述檢定的效力曲線。從圖內可看出上述檢定效力會隨 ρ 值的提高而下降。例如：當 $\rho = 0.9$ 與 $\phi = 0.5$，上述 ADF 檢定與 PP 檢定（短落後期）的效力卻分別約只有 30.3% 與 24.3%（左圖）；不過，於右圖內，可看出當 $\rho = 0.2$ 與 $\phi = 0.5$，上述二檢定的效力卻接近於 1。因此，圖 6-22 的結果隱含著 DGP 內的誤差項若存在嚴重的序列相關，ADF 與 PP 檢定的效力並不高。

例 1 誤差項屬於變異數異質

圖 6-23 繪製出誤差項屬於變異數異質的二個實現值走勢，其中左圖爲標準常態分配隨機變數實現值之平方走勢，而右圖則爲一種 $GARCH(1, 1)$ 過程之實現值走勢。上述 $GARCH(1, 1)$ 過程可寫成 $y_t = u_t$，其中 $u_t = \varepsilon_t\sqrt{h_t}$、$h_t = \omega + \alpha h_{t-1} + \beta u_{t-1}^2$ 以及 ε_t 是標準常態分配隨機變數，圖 6-23 的右圖是使用 $\omega = 1e-6$、$\alpha = 0.23$ 與 $\beta = 0.7$ 所模擬而成。從圖內可看出每一時點的條件變異數並未相等。

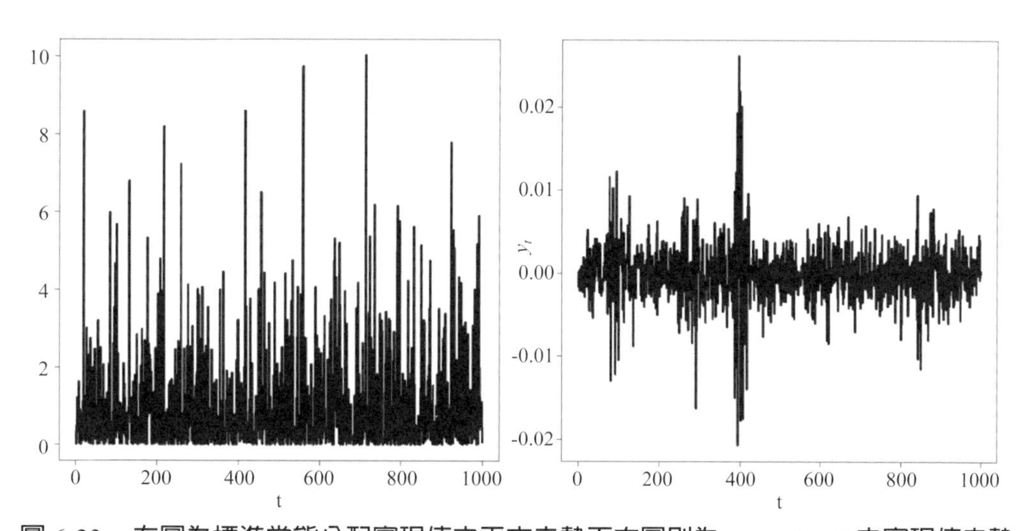

圖 6-23 左圖為標準常態分配實現值之平方走勢而右圖則為 $Garch(1, 1)$ 之實現值走勢

例 2 誤差項屬於變異數異質之效力曲線

利用例 1 內誤差項屬於變異數異質的結果，我們倒是可以進一步繪製 ADF 與 PP 檢定的效力曲線；換言之，圖 6-22 欲知上述二種檢定於誤差項存在序列相關時

的效力為何，但是若誤差項屬於變異數異質呢？類似於圖 6-22，圖 6-24 繪製出於誤差項屬於變異數異質，ADF 與 PP 檢定的效力曲線，其中左圖是使用圖 6-23 內左圖的假定，而右圖則假定誤差項屬於 $GARCH(1, 1)$ 過程，如圖 6-23 的右圖所示。

首先，我們先檢視圖 6-24 內左圖的結果。雖然我們發現 ADF 檢定的效力普遍較 PP 檢定高，不過於 $\phi = 1$ 與顯著水準為 5% 之下，ADF、PP（短）與 PP（長）檢定的「拒絕 H_0 的機率」卻分別約為 0.7%、1.7% 以及 2.5%，顯示出二檢定皆存在若干程度的規模失眞的情況。接下來，我們檢視圖 6-24 內右圖的結果。出乎意料之外，右圖顯示出當誤差項屬於變異數異質時，上述二種檢定效力的計算容易收到扭曲而失眞；例如：於 $\phi = 0.98$ 之下，ADF、PP（短）與 PP（長）檢定的效力竟分別約高達 89.3%、99.1% 與 99.1，顯然與我們的直覺不合。

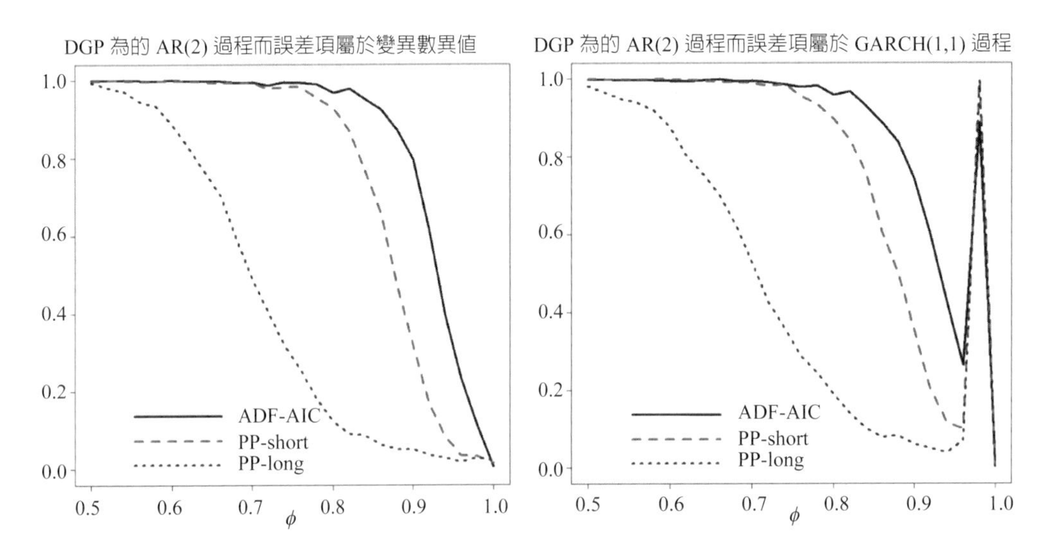

圖6-24　ADF與PP之效用曲線，其中左圖的誤差項為標準常態分配隨機變數平方，而右圖的誤差項屬於*GARCH*(1 ,1)過程（其參數值則取自例1）

習題

(1) 何謂 PP 檢定？試解釋之。

(2) 續上題，其與 ADF 檢定有何不同？

(3) 試敘述如何執行 PP 檢定。

(4) $Z(\hat{\mu})$ 與 $Z(t_{\hat{\alpha}})$ 型態的意義為何？試解釋之。

(5) 試利用第 5 章內的台灣季經濟成長率序列資料（1982/1~2018/4），而以 PP 單根檢定檢視，其結果為何？
(6) 試利用第 3 章的台灣月通貨膨脹率序列資料（1982/1~2018/12），而以 PP 單根檢定檢視，其結果為何？

2.4 KPSS 檢定

ADF 與 PP 二檢定皆可以稱為一種非定態型檢定（nonstationarity test），因上述二種檢定於 H_0 為眞之下，y_t 屬於 $I(1)$。與上述非定態型檢定對照的是一種定態型檢定（stationarity test），即該檢定於 H_0 為眞之下，y_t 卻屬於 $I(0)$。典型的定態型檢定當首推 Kwiatkowski et. al.（KPSS, 1992）所發展出的 KPSS 檢定。KPSS 根據（6-33）式導出 KPSS 檢定，即：

$$y_t = \beta^T \mathbf{D}_t + \mu_t + u_t \quad (6\text{-}33a)$$

與

$$u_t = u_{t-1} + \varepsilon_t, \varepsilon_t \sim NID(0, \sigma_\varepsilon^2) \quad (6\text{-}33b)$$

其中 $\mathbf{D}_t = [\mathbf{1} \quad \mathbf{t}]^T$，$\mathbf{1}$ 與 $\mathbf{t}$ 皆為 $(t \times 1)$ 向量[21]；另一方面，u_t 屬於 $I(0)$ 且有可能存在變異數異質。

值得注意的是，μ_t 是一種變異數為 σ_ε^2 的簡單隨機漫步過程，故當 $\sigma_\varepsilon^2 = 0$ 時，μ_t 為一個常數，使得 y_t 屬於 $I(0)$；因此，於 KPSS 檢定內，其虛無假設與對立假設反而設為 $H_0: \sigma_\varepsilon^2 = 0$ 與 $H_0: \sigma_\varepsilon^2 > 0$。KPSS 檢定的檢定統計量可寫成：

$$KP = \left(T^{-2} \sum_{t=1}^{T} \hat{S}_t^2 \right) / \hat{\lambda}^2 \quad (6\text{-}34)$$

其中 $\hat{S}_t = \sum_{j=1}^{t} \hat{u}_j$ 而 $\hat{u}_t$ 為 $\mathbf{D}_t$ 對 y_t 迴歸式之殘差值；另外，$\hat{\lambda}$ 為使用 $\hat{u}_t$ 估計 u_t 之變異數的一致性估計式。於 H_0 之下，y_t 屬於 $I(0)$，KPSS 指出 KP 檢定統計量趨向於布朗運動的函數，即於 $\mathbf{D}_t = \mathbf{1}$ 之下，KP 的極限分配為：

---

[21] $\mathbf{1}$ 為元素皆為 1 的向量，而 $\mathbf{t}$ 則為確定趨勢向量。

$$KP_1 \xrightarrow{d} \int_0^1 V_1(r)dr \tag{6-35}$$

其中 $V_1(r) = B_r - rB_1$ 而 $r \in [0, 1]$。但是，若 $\mathbf{D}_t = [\mathbf{1} \quad \mathbf{t}]^T$，則：

$$KP_2 \xrightarrow{d} \int_0^1 V_2(r)dr \tag{6-36}$$

其中 $V_2(r) = B_r - r(2-3r)B_1 + 6r(r^2-1)\int_0^1 B_s ds$。因（6-35）與（6-36）二式有差異，故 KPSS 的極限分配可以分成「常數項」與「常數與趨勢項」二種。

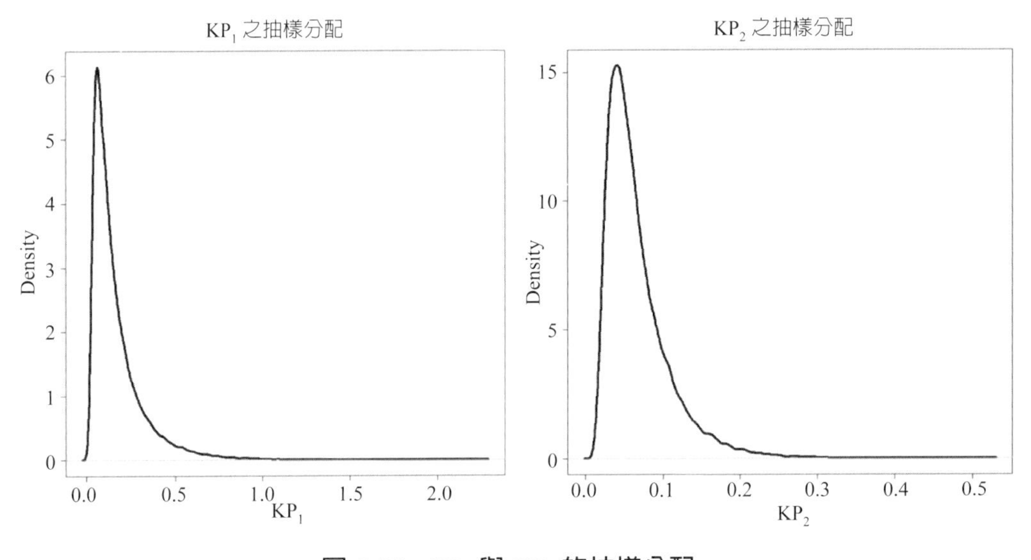

圖 6-25　KP_1 與 KP_2 的抽樣分配

利用（6-34）式，我們不難以模擬的方式繪製出 KP_1 與 KP_2 的抽樣分配如圖 6-25 所示，該圖是以觀察值個數爲 2,000 以及模擬次數爲 50,000 次所繪製而成。其實於（6-34）式內已知 KPSS 檢定是屬於一種右尾檢定，故不難預期 KPSS 的抽樣分配應是屬於一種右偏的分配，因此圖 6-25 係繪製出其中的一種模擬結果。利用圖 6-25 的結果，我們可以進一步計算出 KPSS 檢定的臨界值；換言之，若顯著水準分別爲 10%、5%、2.5% 與 1%，我們計算出的臨界值於 KP_1 下分別約爲 0.349、0.466、0.588 與 0.75，而於 KP_2 下該臨界值則分別約爲 0.12、0.149、0.178 與 0.219。KPSS 所提供的臨界值於 KP_1 下分別約爲 0.347、0.463、0.574 與 0.739，至於 KP_2 的臨界值則分別約爲 0.119、0.146、0.176 與 0.216。是故，我們所計算的臨界值與 KPSS 提供的臨界值，二者之間的差距並不大。

仍使用圖 6-19 內的實質匯率序列資料，我們使用程式套件（urca）內的 ur.kpss() 指令執行 KPSS 檢定，其中 ur.kpss() 指令亦使用「零」、「短」與「長」落後期計算[22]。利用上述指令，KP_1 按照上述落後期分別約為 22.535、3.819 與 1.326；同理，KP_2 則分別約為 4.882、0.829 與 0.292。因此，不管利用我們所計算的臨界值或根據 KPSS 所提供的臨界值，於顯著水準為 5% 之下，拒絕 H_0 為實質匯率序列資料屬於 $I(0)$，即實質匯率序列資料應該存在著一個單根。

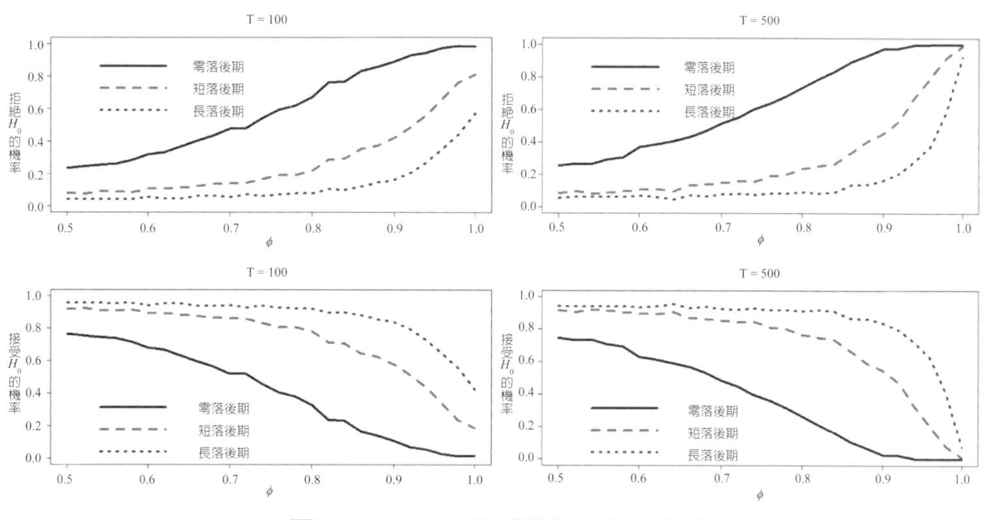

圖 6-26　KPSS 的「類似」效力曲線

例 1　KPSS 的效力曲線

根據（6-33）式，我們代入 $\mu_t = \phi\mu_{t-1} + \varepsilon_t$、$\sigma_\varepsilon = 1$ 以及 $\mathbf{D}_t = 1$ 取代該式，考慮不同的 ϕ 值與使用臨界值 0.463（即 KP_1 於顯著水準為 5% 的臨界值），我們可以繪製出KPSS檢定的「類似」效力曲線如圖 6-26 所示，即上圖仍繪製出於不同 ϕ 值下，拒絕虛無假設的機率（效力曲線為於不同 ϕ 值下接受虛無假設的機率）；不過，因虛無假設為不具有單根，故隨著 ϕ 值的接近於 1，其對應的拒絕虛無假設的機率反而會增加。利用上圖的結果，我們不難將其轉換成下圖，即下圖係繪製出於不同的 ϕ 值下，接受虛無假設機率的情況。雖說從圖內可看出於 KPSS 檢定內，似乎以使用長落後期的方式較佳；不過，KPSS 檢定卻具有頗為嚴重的規模失真，即若 $\phi = 1$ 以及顯著水準為 5% 下，按照零、短以及長落後期的順序，其「接受虛無假設的機

[22] 可以參考程式套件（urca）的使用手冊。

率」分別為左圖的 1.7%、18.6% 與 42.4% 以及右圖的 0%、0.8% 與 7.5%，隱含著於小樣本數下容易出現「過度接受虛無假設」與於大樣本下會「過度拒絕虛無假設」的特性。

習題

(1) KPSS 檢定與 ADF 檢定有何不同？試解釋之。
(2) KP_1 與 KP_2 檢定統計量的差異為何？試解釋之。
(3) 試利用第 5 章內的台灣季經濟成長率序列資料（1982/1~2018/4），而以 KPSS 單根檢定檢視，其結果為何？
(4) 試利用第 3 章的台灣月通貨膨脹率序列資料（1982/1~2018/12），而以 KPSS 單根檢定檢視，其結果為何？
(5) 我們如何得到 KPSS 檢定的效力曲線？試解釋之。

3. 較有效的單根檢定

上一節介紹的 ADF 與 PP 檢定雖說於大樣本下差距不大，不過因校正序列相關方法的不同，而於有限樣本下，上述二種檢定結果的差距卻頗大。事實上，Schwert（1989）曾指出若 Δy_t 內含 $ARMA$ 過程，則 ADF 與 PP 二檢定存在嚴重的規模失真，而後者失真的程度遠大於前者。有鑑於此，Perron 與 Ng（1996）曾提出有效的修正方法以降低 PP 檢定的失真程度。

其實不只規模失真，ADF 與 PP 檢定亦存在著較低效力的問題，此尤其表現在 y_t 接近於 $I(1)$ 的情況。換言之，單根檢定的確很難區別出高持續性定態隨機過程與非定態隨機過程變數之不同；另一方面，單根檢定的效力與確定項數呈相反的關係，即含常數項與趨勢項的單根檢定相對上比只含常數項的單根檢定的效力低。本節我們將介紹二種較為有效的單根檢定，其一是由 Elliott et al.（ERS, 1996），而另一則是 Ng 與 Perron（NP, 2001）所提出的單根檢定，其中後者係修正 PP 檢定而來。

3.1 除去趨勢化

如前所述，傳統的單根檢定因具有較低的檢定效力以及嚴重的規模失真，使得我們必須介紹其他的單根檢定方法；換言之，後續單根檢定的發展，有一個重要的特色，值得一提。令虛無假設與對立假設分別為 $H_0: \phi = 1$ 與 $H_0: \phi < 1$。若重新檢視（6-33）式，可以發現該式提供了單根檢定的二個步驟。即更改（6-33a）與（6-

33b）二式分別爲：

$$y_t = \beta^T \mathbf{D}_t + u_t = \beta_1 + \beta_2 t + u_t \tag{6-37}$$

與

$$u_t = \phi u_{t-1} + v_t \tag{6-38}$$

其中 v_t 有可能屬於 $ARMA$ 過程。利用（6-37）與（6-38）二式，可知上述二步驟爲：

步驟 1：除去趨勢化（detrending）

以 OLS 或 GLS 估計（6-37）式，可得：

$$\hat{u}_t = y_t - \hat{\beta}_1 - \hat{\beta}_2 t \tag{6-39}$$

其中 $\hat{\beta}_1$ 與 $\hat{\beta}_2$ 分別爲 β_1 與 β_2 的 OLS 或 GLS 的估計式，而 $\hat{u}_t$ 則表示（6-37）式內的殘差值。

步驟 2：檢定

將 $\hat{u}_t$ 代入（6-38）式內，以執行單根檢定。

直覺而言，上述二步驟具有相當的彈性。由於將單根檢定過程分成二個步驟，爲了提高檢定的執行效率，我們反而可以於每一個步驟內有較大的選擇或改善空間。

於單根檢定內假定 ϕ^* 爲一個固定數值，我們發現不同的檢定方法有使用不同的除去趨勢化步驟。令 $t = 1$，根據（6-37）與（6-38）二式可得 $y_1 = \beta_1 + \beta_2 + u_1$ 與 $u_1 = \phi u_0 + v_1$。假定 $u_0 = 0$，則 $u_1 = v_1$。同理，於 $t > 1$ 之下利用根據（6-37）與（6-38）二式，可得：

$$\begin{aligned}
& y_t = \beta_1 + \beta_2 t + u_t \\
& \phi^* y_{t-1} = \phi^* \beta_1 + \phi^* \beta_2 (t-1) + \phi^* u_{t-1} \\
& \Rightarrow y_t - \phi^* y_{t-1} = \beta_1 (1-\phi^*) + \beta_2 [t - \phi^* (t-1)] + v_t^* \\
& \Rightarrow \mathbf{y}^* = \mathbf{X}^* \beta^* + \mathbf{u}^*
\end{aligned} \tag{6-40}$$

其中比較特別的是：

$$\mathbf{y}^* = \begin{bmatrix} y_1 \\ y_2 - \phi^* y_1 \\ y_3 - \phi^* y_2 \\ \vdots \\ y_T - \phi^* y_{T-1} \end{bmatrix} 與 \mathbf{X}^* = \begin{bmatrix} 1 & 1 \\ 1-\phi^* & 2-\phi^* \\ 1-\phi^* & 3-2\phi^* \\ \vdots & \vdots \\ 1-\phi^* & T-(T-1)\phi^* \end{bmatrix} \quad (6\text{-}41)$$

如前所述，不同的檢定方法有考慮不同的除去趨勢化步驟，其可分成底下三類：

(1) OLS（DF, 1979, 1981）：$\phi^* = 0$；

(2) 差分（Schmidt 與 Phillips, SP, 1992）：$\phi^* = 1$；

(3) GLS（ERS）：$\phi^* = 1 + \dfrac{\bar{c}}{T}$，其中若含常數項而無趨勢項，則 $\bar{c} = -7$；另一方面，若含常數項與趨勢項，則 $\bar{c} = -13.5$。

首先，我們來看以 OLS 除去趨勢化，即 $\phi^* = 0$。從（6-41）式可知：

$$\mathbf{y}^* = \begin{bmatrix} y_1 \\ y_2 \\ y_3 \\ \vdots \\ y_T \end{bmatrix} 與 \mathbf{X}^* = \begin{bmatrix} 1 & 1 \\ 1 & 2 \\ 1 & 3 \\ \vdots & \vdots \\ 1 & T \end{bmatrix} \quad (6\text{-}42)$$

即除去趨勢化後之變數為原先的變數。換言之，前述 DF 檢定亦可以除去趨勢化步驟視之，即（6-37）式直接可用 OLS 估計，而檢定只針對殘差值序列如上述步驟 2。

類似於圖 6-20，我們不難使用模擬的方式以比較原始與除去趨勢化的 ADF 檢定的效力，可參考圖 6-27。圖 6-27 內的上圖是假定 y_t 的 DGP 屬於不含常數項 $AR(1)$ 過程，而下圖的 DGP 則屬於含常數項 $AR(1)$ 過程。於各圖內，我們分別使用原始與除去趨勢化的 ADF 檢定，其中落後期分別固定為 1、2 與 6。從圖內可看出使用除去趨勢化皆較原始的 ADF 檢定的效力高，顯示出上述除去趨勢化過程的確是一種較有效率的方法。

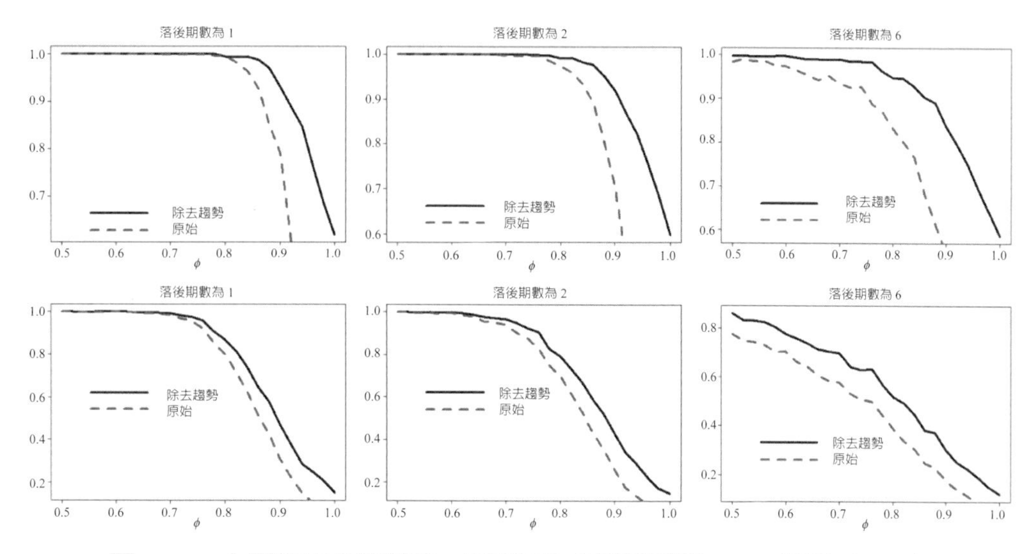

圖 6-27　上圖為不含漂浮項，而下圖為含漂浮項的 $AR(1)$ 過程（DGP）

接下來，我們來檢視 SP 的情況。SP 於虛無假設爲一個單根下假定 $\phi^* = 1$，代入（6-41）式內，可得：

$$\mathbf{y}^* = \begin{bmatrix} y_1 \\ y_2 - y_1 \\ y_3 - y_2 \\ \vdots \\ y_T - y_{T-1} \end{bmatrix} \text{與 } \mathbf{X}^* = \begin{bmatrix} 1 & 1 \\ 0 & 1 \\ 0 & 1 \\ \vdots & \vdots \\ 0 & 1 \end{bmatrix} \tag{6-43}$$

是故，按照上述步驟，SP 檢定相當於使用轉換的變數如（6-43）式內的 $\mathbf{y}^*$ 與 $\mathbf{X}^*$ 取得 β_1 與 β_2 的估計值（即 $\hat{\beta}_1$ 與 $\hat{\beta}_2$）後，再利用（6-39）式取得去除趨勢序列資料。

SP 提出以 LM 型態的單根檢定方法。換言之，合併（6-37）與（6-38）二式，可得：

$$y_t = \gamma_0 + \gamma_1 t + \phi y_{t-1} + v_t \tag{6-44}$$

其中 $\gamma_0 = \beta_1(1-\phi) + \phi\beta_2$ 與 $\gamma_1 = \beta_2(1-\phi)$ [23]。（6-44）式亦可寫成：

---

[23] 根據（6-37）與（6-38）二式可得：

$$\Delta y_t = \gamma_0 + \gamma_1 t + \tau y_{t-1} + v_t \qquad (6\text{-}45)$$

其中 $\tau = \phi - 1$。令 $\hat{S}_{t-1}$ 表示常數項與趨勢項 t 對 y_{t-1} 迴歸式的殘差值，以 $\hat{S}_{t-1}$ 取代（6-45）式內的 y_{t-1}，即：

$$\Delta y_t = \gamma_0 + \gamma_1 t + \tau \hat{S}_{t-1} + v_t \qquad (6\text{-}46)$$

則（6-45）與（6-46）二式內的 τ 估計其實是相同的。因此，若（6-46）式與（6-40）～（6-41）二式比較，豈不是隱含著後者的 ϕ^* 值等於 1 嗎？

爲了導出 LM 統計量，SP 假定 v_t 屬於 $NID(0, \sigma_v^2)$，故於 $\phi = 1$ 之下，可得：

$$\begin{aligned} y_t &= (\beta_1 + u_0) + \beta_2 t + v_1 + \cdots + v_t \\ &= \delta + \beta_2 t + v_1 + \cdots + v_t \end{aligned} \qquad (6\text{-}47)$$

其中 $\delta = \beta_1 + u_0$。根據（6-47）式，可知：

$$\Delta y_t = \beta_2 + v_t \qquad (6\text{-}48)$$

因此，根據 OLS 估計式，可知：

$$\tilde{\beta}_2 = \frac{y_T - y_1}{T-1} \text{（即 } \Delta y_t \text{ 的平均數）} \qquad (6\text{-}49)$$

另一方面，亦可知：

$$\tilde{\delta} = y_1 - \tilde{\beta}_2 \qquad (6\text{-}50)$$

$$\begin{aligned} & y_{t-1} = \beta_1 + \beta_2(t-1) + u_{t-1} \Rightarrow \phi y_{t-1} = \phi\beta_1 + \phi\beta_2(t-1) + u_t - v_t \\ & \Rightarrow \phi y_{t-1} = \phi\beta_1 + \phi\beta_2 t - \phi\beta_2 + \beta_1 + \beta_2 t - \beta_1 - \beta_2 t + u_t - v_t \\ & \Rightarrow \phi y_{t-1} = \beta_1(\phi - 1) - \phi\beta_2 + \beta_2(\phi - 1)t + y_t - v_t \\ & \Rightarrow y_t = \beta_1(1-\phi) + \phi\beta_2 + \beta_2(1-\phi)t + \phi y_{t-1} + v_t \end{aligned}$$

此恰爲（6-42）式。

令於 $\phi = 1$ 之下，(6-37) 式的殘差值爲：

$$\tilde{S}_t = y_t - \tilde{\delta} - \tilde{\beta}_2 t, t = 1, 2, \cdots, T \quad (6\text{-}51)$$

類似於 (6-46) 式，SP 檢定的估計方程式可寫成：

$$\Delta y_t = c + \varsigma \tilde{S}_t + \upsilon_t \quad (6\text{-}52)$$

其中 c 與 υ_t 分別表示常數項與誤差項。令 $\tilde{\varsigma}$ 表示 ς 的估計值，則 SP 的 LM 統計量可寫成：

$$\hat{\rho} = T\tilde{\varsigma} \quad (6\text{-}53)$$

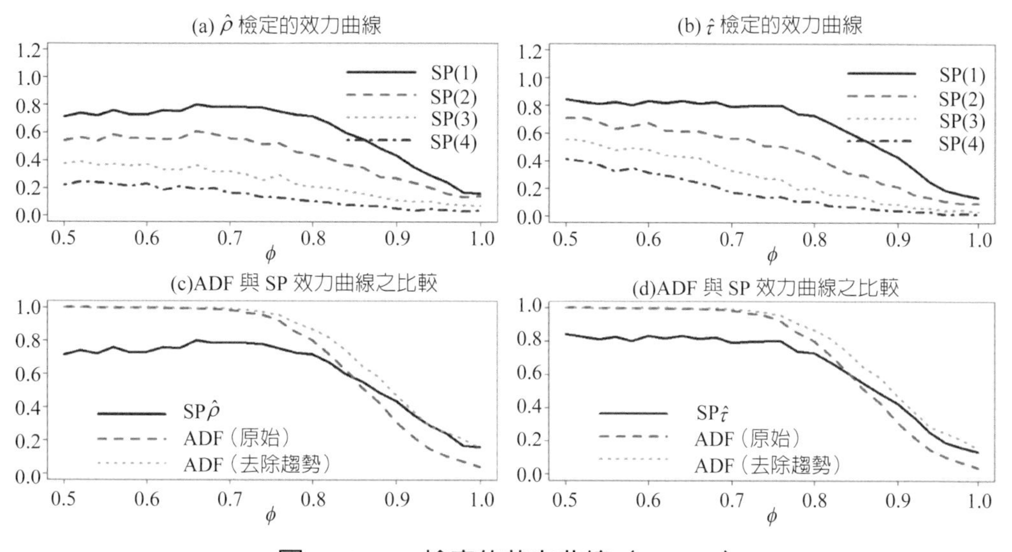

圖 6-28　SP 檢定的效力曲線（$T = 100$）

於程式套件（urca）內有提供 SP 檢定的函數指令 ur.sp()，該函數指令除了提供 (6-53) 式內的 LM 檢定統計量 $\hat{\rho}$ 外，尚有提供 t 檢定統計量 $\hat{\tau}$，上述二檢定統計量亦搭配 1~4 階的趨勢多項式的估計。利用函數指令 ur.sp()，我們先檢定圖 6-19 內的實質匯率資料；換言之，上述實質匯率資料使用 SP 檢定，按照 1~4 階的趨勢多項式順序，$\hat{\tau}$ 檢定統計量分別約爲 −2.47（−3.04）、−2.51（−3.55）、−2.59（−3.99）與 −2.56（−4.33），而 $\hat{\rho}$ 檢定統計量則分別約爲 −12.19（−18.1）、−

12.63（−24.8）、−13.49（−30.6）與 −13.17（−36.2），其中小括號內之值爲對應的顯著水準爲 5% 的臨界值。因此，利用 SP 檢定，我們亦發現上述實質匯率資料無法拒絕虛無假設爲有單根的情況。

我們進一步檢視 SP 檢定的效力。利用圖 6-27 內的 DGP，圖 6-28 繪製出 SP 檢定的效力曲線（$T = 100$），其中 SP(i) 表示使用 i 階趨勢多項式。從圖 6-28 內的上圖可看出，根據 $\hat{\rho}$ 與 $\hat{\tau}$ 檢定統計量所得到的效力曲線皆指出使用 1 階趨勢多項式較占優勢。值得注意的是，比較圖 6-28 的下二圖的結果，可以發現於我們的 DGP 之下，約於 $\phi \geq 0.86$ 處，SP 檢定優於原始的 ADF 檢定；不過，若與去除趨勢的 ADF 檢定比較，SP 檢定未必優於後者。

習題

(1) 何謂除去趨勢化？試解釋之。
(2) 爲何需要除去趨勢化？試解釋之。
(3) 試利用第 5 章內的台灣季經濟成長率序列資料（1982/1~2018/4），先以 OLS 除去趨勢再使用 DF 檢定，其結果爲何？
(4) 何謂 SP 檢定？試解釋之。
(5) 試利用第 5 章內的台灣季經濟成長率序列資料（1982/1~2018/4），而以 SP 單根檢定檢視，其結果爲何？
(6) 試利用第 3 章的台灣月通貨膨脹率序列資料（1982/1~2018/12），而以 SP 單根檢定檢視，其結果爲何？

3.2 ERS 檢定

若檢視如圖 6-27 內的效力曲線，似乎可以找到於不同的 ϕ 值下最大的效力；也就是說，若存在一種檢定方法可以達到上述的特色（即於不同的 ϕ 值下有最大效力），則該檢定方法就是一種最適的檢定（the optimal test）。換言之，最適檢定的效力曲線可以提供於不同 ϕ 值下效力的上限值。ERS 考慮 $\phi = 1$ 的局部值（local-to-unit）$\phi_1 = 1 + c / T$ 的漸近分配，其中 $c < 0$。ERS 導出二種檢定統計量，而上述統計量的效力曲線應漸近於上述的上限值。

令局部值爲 $\phi = 1 + c / T$，其中 $c < 0$。於（6-41）式內以 ϕ 取代 ϕ^* 可得：

$$\mathbf{y}^* = \begin{bmatrix} y_1 \\ y_2 - (1+c/T)y_1 \\ y_3 - (1+c/T)y_2 \\ \vdots \\ y_T - (1+c/T)y_{T-1} \end{bmatrix} \text{與 } \mathbf{X}^* = \begin{bmatrix} 1 & 1 \\ 1-(1+c/T) & 2-(1+c/T) \\ 1-(1+c/T) & 3-2(1+c/T) \\ \vdots & \vdots \\ 1-(1+c/T) & T-(T-1)(1+c/T) \end{bmatrix} \quad (6\text{-}54)$$

因此根據上述去除趨勢步驟，只要根據（6-54）式取得 $\mathbf{y}^*$ 與 $\mathbf{X}^*$ 值，再根據（6-40）式，自然可以取得（6-37）式的估計值 $\hat{\beta}_1$ 與 $\hat{\beta}_2$；是故，（6-39）式內的 $\hat{u}_t$ 爲去除趨勢的資料。

我們不難將上述的過程以一般化的形式表示。令 $\mathbf{y}_\phi$ 表示一個 $(T\times 1)$ 向量與 $\mathbf{D}_\phi$ 爲一個個 $(T\times q)$ 矩陣，則根據（6-54）式可得：

$$\mathbf{y}_\phi = \begin{bmatrix} y_1 & y_2 - \phi y_1 & \cdots & y_T - \phi y_{T-1} \end{bmatrix}^T$$

與

$$\mathbf{D}_\phi = \begin{bmatrix} \mathbf{D}_1^T & \mathbf{D}_2^T - \phi \mathbf{D}_1^T & \cdots & \mathbf{D}_T^T - \phi \mathbf{D}_{T-1}^T \end{bmatrix}^T$$

其中 $\mathbf{D}_t$ 表示一個內含確定變數的 $(1\times q)$ 向量。令 $S(\phi)$ 表示 $\mathbf{D}_\phi$ 對 $\mathbf{y}_\phi$ 迴歸式的殘差值平方和，即 $S(\phi) = \tilde{\mathbf{y}}_\phi^T \tilde{\mathbf{y}}_\phi$，其中 $\tilde{\mathbf{y}}_\phi = \mathbf{y}_\phi - \mathbf{D}_\phi \hat{\beta}_\phi$ 而 $\hat{\beta}_\phi = (\mathbf{D}_\phi^T \mathbf{D}_\phi)^{-1} \mathbf{D}_\phi^T \mathbf{y}_\phi$。ERS 指出一種可行的點最適單根檢定（$H_0 : \phi = 1; H_a : \phi < 1$）的檢定統計量可寫成：

$$P_T = \left[S(\phi^*) - \phi^* S(1) \right] / \hat{\lambda}^2 \quad (6\text{-}55)$$

其中 λ^2 表示「長期」的變異數而 $\hat{\lambda}^2$ 爲 λ^2 的一致性估計式[24]。P_T 就是 ERS 內的點最適檢定（point optimal test）統計量。透過一連串的模擬，ERS 發現若選擇 $\phi^* = 1 + \bar{c}/T$，其中 $\bar{c} < 0$，P_T 的效力曲線會接近於效力的上限值；換言之，就固定的樣本數 T 與確定變數向量 $\mathbf{D}_t$ 而言，ERS 指出若 $\mathbf{D}_t = 1$，則建議選擇 $\bar{c} = -7$，而若 $\mathbf{D}_t = [1 \quad t]$，則選擇 $\bar{c} = -13.5$。

R 的程式套件（urca）內的函數指令 ur.ers() 除了有提供「含常數項（$\mathbf{D}_t = 1$）」

[24] 有關於 $\hat{\lambda}^2$ 的數學型態，可參考（6-59）式。

以及「含常數項與趨勢項（$\mathbf{D}_t = [1 \quad t]$）」的 P_T 的估計值之外；另一方面，上述函數指令內亦附有由 ERS 模擬提供的檢定臨界值。利用函數指令 ur.ers()，我們估計圖 6-19 內的實質匯率資料的 P_T 的估計值，按照含常數項以及含常數項與趨勢項的順序分別約為 16.17 與 16.64，而其對應的 5% 顯著水準則分別約為 3.26 與 5.62，故明顯地不拒絕虛無假設為單根的情況。

我們進一步修改 ur.ers() 指令使其能用於估計效力曲線。於 $T = 100$ 之下，圖 6-29 分別繪製出含常數項以及含常數項與趨勢項的 P_T 的效用曲線，其中 y_t 的 DGP 取自圖 6-27；另一方面，為了比較起見，圖內繪製出以 OLS 去除趨勢的 ADF 的效力曲線（取自圖 6-28）。從圖內可看出於顯著水準為 5% 的情況下，含常數項較含常數項與趨勢項的 P_T 的效力曲線優，不過前二者未必優於去除趨勢的 ADF 的效力曲線。雖說如此，圖內的 ADF 的效力曲線的可信度並不高，因於 $\phi = 1$ 之下，拒絕 H_0 的機率應為 5%，而 ADF 檢定的機率卻高達 15.1%，隱含著會過度拒絕 H_0；反觀，P_T 檢定於 $\phi = 1$ 之下，含常數項以及含常數項與趨勢項的拒絕 H_0 的機率分別約為 5.1% 與 5.7%。因此，圖 6-29 的結果顯示出 ADF 檢定的規模失眞程度相當嚴重，而 P_T 檢定之規模失眞則較小。

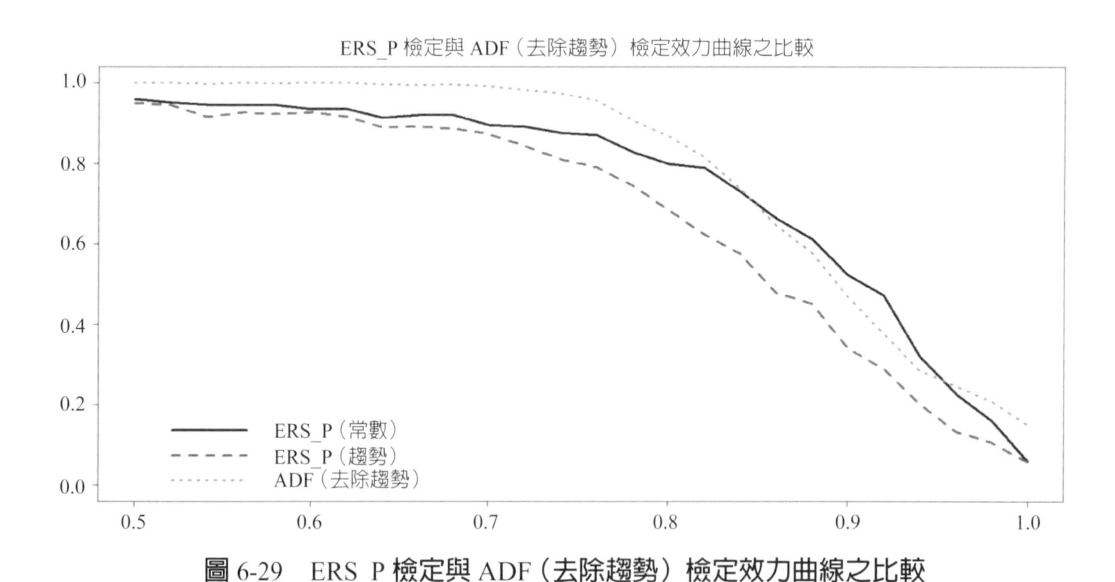

圖 6-29　ERS_P **檢定與** ADF**（去除趨勢）檢定效力曲線之比較**

如前所述，ERS 有提供二種檢定統計量，即除了前述 P_T 檢定之外，ERS 尚有提供 DF-GLS 檢定統計量；換言之，就前述的去除趨勢步驟而言，ERS 先以 $\hat{\beta}_{\phi^*} = \left(\mathbf{D}_{\phi^*}^T \mathbf{D}_{\phi^*}\right)^{-1} \mathbf{D}_{\phi^*}^T \mathbf{y}_{\phi^*}$ 估計未知的參數 β，然後再使用 ADF 之 t 檢定，故其稱為

DF-GLS 檢定[25]。因此，先以 GLS 除去趨勢後，再以 ADF 檢定（6-56）式，其中：

$$\Delta y_t^d = \phi y_{t-1}^d + \sum_{j=1}^{p} \gamma_j \Delta y_{t-j}^d + \varepsilon_t \qquad (6\text{-}56)$$

其中 y_t^d 表示以 GLS 除去趨勢後的 y_t。仍使用圖 6-19 內的實質匯率資料，根據 ur.ers() 函數指令，令 p 分別等於 1 與 4，可得 DF-GLS 檢定統計量含常數項的估計值分別約爲 −0.5(−2.89) 與 −0.55(−1.94)，而含常數項與趨勢項的估計值則分別約爲 −1.64(−2.89) 與 −1.7(−2.89)，其中小括號內之值表示對應的 5% 顯著水準臨界值。是故，使用 DF-GLS 檢定，我們仍得出前述的實質匯率資料可能具有單根。

我們繼續修改 ur.ers() 函數指令，若 y_t 的 DGP 與圖 6-29 相同，圖 6-30 分別繪製出 DF-GLS 與 P_T 檢定的效力曲線（顯著水準爲 5%）。從圖內可看出二檢定統計量皆顯示出含常數項的效力曲線較占優勢。其實，圖 6-30 內亦顯示出 DF-GLS 與 P_T 檢定的規模失眞程度並不嚴重。例如：於 $\phi = 1$ 之下，含常數項以及含常數項與趨勢項的 DF-GLS 檢定的拒絕虛無假設的機率分別約爲 4.5% 與 5.1%。

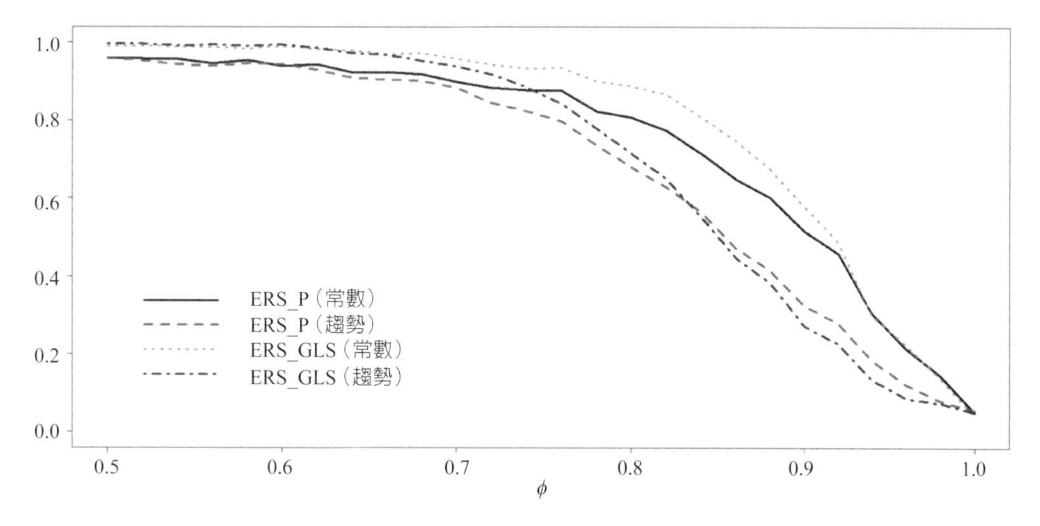

圖 6-30　ERS_GLS 檢定與 ADF（去除趨勢）檢定效力曲線之比較

[25] ERS 指出以 OLS 先除去有可能含序列相關資料的趨勢項，於大樣本下，該結果相當於使用考慮序列相關的 GLS 方法，故 ERS 稱爲去除趨勢的 GLS 方法。

例 1　漸近局部效力曲線

嚴格來說，上述效力曲線的繪製如圖 6-30 並不是 ERS 所要說明的部分。如前所述，單根檢定最麻煩的部分是無法區分出例如 $\phi = 0.99$ 與 $\phi = 1$ 的差別，因此 ERS 強調的是漸近局部的效力曲線（asymptotic local power curve）。考慮下列的接近於單根模型：

$$y_t = \left(1 + \frac{\bar{c}}{T}\right) y_{t-1} + u_t, u_t \sim NID(0, \sigma_u^2) \tag{6-57}$$

令 $y_0 = 0$、$\sigma_u = 1$、$T = 1{,}000$ 與 $\bar{c} = -30, -29, \cdots, -1, 0$，圖 6-31 分別繪製出 DF-OLS（以 OLS 除去趨勢）、DF-GLS 與 P_T 的漸近局部效力曲線（顯著水準爲 5%）。從圖內可看出 DF-GLS 與 P_T 的漸近局部效力曲線頗爲接近，但是 DF-OLS 的漸近局部效力曲線卻顯示出有些異常；換言之，若 $\phi = 1$，則拒絕 $H_0: \phi = 1$ 的機率，按照 DF-OLS、DF-GLS 以及 P_T 檢定的順序，分別約爲 28.6%、5.2% 與 5.1%。顯然，使用 DF-OLS 仍有嚴重的規模失真（過度拒絕虛無假設），不過 DF-GLS 以及 P_T 檢定的規模失眞的程度，的確較低；另一方面，圖內似乎顯示出 DF-GLS 檢定較優於 P_T 檢定。

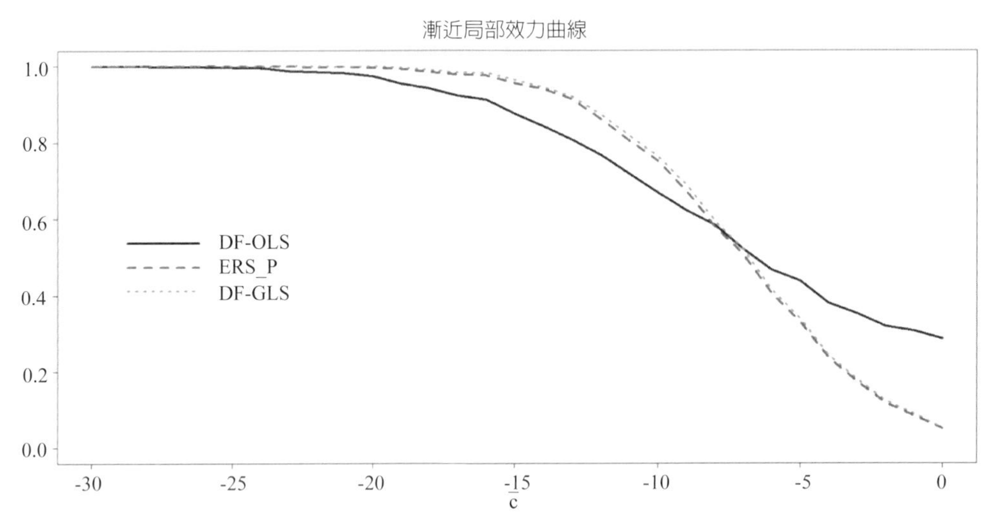

圖 6-31　漸近局部效力曲線（$T = 1{,}000$）

習題

(1) 何謂最適檢定的效力曲線？試解釋之。

(2) 何謂漸近局部的效力曲線？試解釋之。

(3) 何謂去除趨勢的 GLS 方法？試解釋之。

(4) 試解釋圖 6-30。

(5) 試解釋圖 6-31。

(6) 試利用第 5 章內的台灣季經濟成長率序列資料（1982/1~2018/4），而以 DF-GLS 單根檢定檢視，其結果爲何？

(7) 試利用第 3 章的台灣月通貨膨脹率序列資料（1982/1~2018/12），而以 DF-GLS 單根檢定檢視，其結果爲何？

3.3 有效的修正 PP 檢定

根據 Perron 與 Ng（1996）所提出的修正 PP 檢定，NP 進一步使用 ERS 的 GLS 去除趨勢過程而提出有效的修正 PP 檢定。NP 宣稱上述有效的修正 PP 檢定不僅可以減低 PP 檢定的規模失眞問題，同時 ϕ 於接近於 1 時，亦能大爲提高 PP 檢定的效力。換言之，使用GLS去除趨勢後的資料y_t^d，有效的修正PP檢定統計量可寫爲：

$$
\begin{aligned}
MZ_\alpha &= \left(T^{-1}(y_T^d)^2 - \hat{\lambda}^2\right)\left(2T^{-2}\sum_{t=1}^{T} y_{t-1}^d\right)^{-1} \\
MSB &= \left(T^{-2}\sum_{t=1}^{T}(y_{t-1}^d)^2 / \hat{\lambda}^2\right)^{1/2} \\
MZ_t &= MZ_\alpha \times MSB
\end{aligned} \tag{6-58}
$$

其中 MZ_α 與 MZ_t 分別爲 PP 檢定的「含常數項」與「含常數項與趨勢項」之有效修正統計量。NP 導出 MZ_α 與 MZ_t 的漸近分配，同時指出後者的漸近分配接近於 DF-GLS 之 t 檢定統計量分配。

另一方面，NP 亦強調長期變異數 λ^2 的估計不僅於 ERS 檢定，同時亦於上述有效修正 PP 檢定內扮演著重要的角色。NP 建議根據（6-56）式取得 λ^2 的估計式，即：

$$
\hat{\lambda}^2 = \frac{\hat{\sigma}_p^2}{\left(1-\hat{\gamma}(1)\right)^2} \tag{6-59}
$$

其中 $\hat{\gamma}(1)=\sum_{j=1}^{p}\hat{\gamma}_j$ 與 $\hat{\sigma}_p^2=(T-p)^{-1}\sum_{t=p+1}^{T}\hat{\varepsilon}_t^2$，而 $\hat{\gamma}_j$ 與 $\hat{\varepsilon}_t$ 分別為（6-56）式內對應的 OLS 估計值。

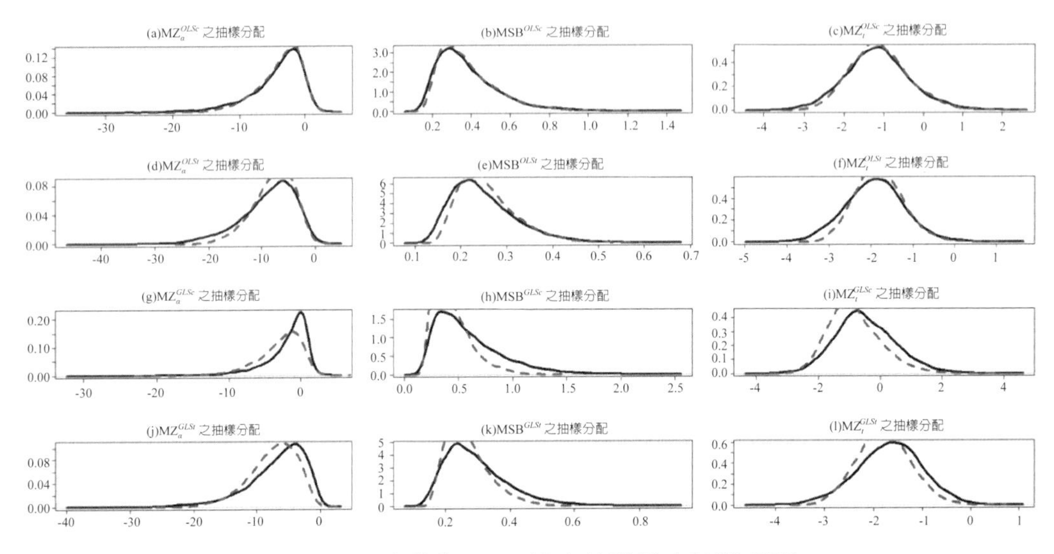

圖 6-32　有效修正 PP 檢定統計量之抽樣分配

瞭解如何計算上述有效修正的 PP 檢定統計量後，我們嘗試分別繪製出上述檢定統計量之抽樣分配如圖 6-32 所示；也就是說，該圖係假定 y_t 的 DGP 為 $y_t=y_{t-1}+u_t$，其中 $y_0=0$ 與 $u_t\sim NID(0,1)$。除了於（6-56）式內假定 $p=0$ 以及令 $T=500$（實線）與 $T=50$（虛線）以及使用模擬次數為 10,000 次（即 $N=10{,}000$）之外，另外我們分別考慮以 OLS 與 GLS 除去趨勢[26]。換言之，於圖 6-32 內，例如 MZ_α^{OLSc} 表示含常數項之 MZ_α 檢定統計量，不過其卻以 OLS 除去常數項；同理，MZ_t^{GLSt} 則表示以 GLS 除去趨勢同時其為含常數項與趨勢項之 MZ_t 檢定統計量。其餘可類推。因此，從圖內的各小圖的結果可看出即使使用 OLS 去除趨勢，（6-58）式內各檢定統計量的抽樣分配並非屬於常態分配[27]。

如前所述，MZ_t^{GLS} 與 DF-GLS 的漸近分配趨向一致，因此我們可以借用 ur.ers() 函數指令內所附的臨界值取得 MZ_t^{GLS} 檢定下不同顯著水準的臨界值，不過於有限樣本下，我們從圖 6-32 內可看出不同的 T 之下，MZ_t^{GLS} 檢定的抽樣分配有明顯的差

[26] 於所附的 R 程式內，若令 $\bar{c}=-T$，則表示以 OLS 去除趨勢。
[27] 事實上，（6-58）式內各檢定統計量仍是布朗運動的函數，可參考 NP 的原文。

距，是故我們進一步以模擬的方式取得不同的 T 之下，MZ_t^{OLS} 與 MZ_t^{GLS} 檢定於顯著水準爲 5% 的臨界值，其結果則列於表 6-3。表 6-3 內的結果是假定 y_t 的 DGP 與圖 6-32 相同。我們以 $N = 100{,}000$ 以及顯著水準爲 5% 爲基準，而只列出 MZ_t^{OLS} 與 MZ_t^{GLS} 檢定統計量的臨界值。從表內可看出隨著 T 的提高，表內的臨界值「漲跌互見」，我們從圖 6-32 亦可看出類似的結果。讀者倒是可以練習改變上述假定，重新模擬看看。

表 6-3　有效修正的 PP 檢定臨界值的模擬（顯著水準為 5%）

T	25	50	100	250	500	1000
	含常數項					
MZ_t^{OLSc}	−2.036	−2.239	−2.359	−2.432	−2.449	−2.467
MZ_t^{GLSc}	−2.008	−2.701	−2.054	−1.99	−1.966	−1.952
	含常數項與趨勢項					
MZ_t^{OLSt}	−2.329	−2.078	−2.921	−3.055	−3.107	−3.132
MZ_t^{GLSt}	−2.345	−2.666	−2.791	−2.833	−2.844	−2.847

若假定（6-56）式內 $p = 0$，我們也可以用有效的修正 PP 檢定，重新檢視圖 6-19 內的實質匯率資料是否具有單根。按照 MZ_t^{OLSc}、MZ_t^{OLSt}、MZ_t^{GLSc} 與 MZ_t^{GLSt} 的順序，計算的統計量分別約爲 −0.815、−1.353、−0.196 與 −1.349。若以表 6-3 內的 $T = 500$ 爲基準，顯然於顯著水準爲 5%，仍不拒絕虛無假設爲具有單根。

類似於圖 6-31 的繪製，我們亦於顯著水準爲 5% 之下，進一步繪製有效修正 PP 檢定的效力曲線，可以參考圖 6-33。換言之，使用（6-57）式，於 $T = 1{,}000$、$y_0 = 0$ 與 $\sigma_u = 1$ 之下，圖 6-33 繪製出有效修正 PP 檢定的漸近局部效力曲線，其中 OLSc 與 OLSt 分別表示含常數項以及含常數項與趨勢項的以 OLS 去除趨勢的檢定，至於 GLSc 與 GLSt 則可以類推[28]。從圖 6-33 內可看出只含常數項的效力曲線顯然較優；另一方面，GLSc 明顯優於 OLSc 的效力曲線，隱含著使用 GLS 去除趨勢較佳。我們亦可比較於 $\phi = 1$ 之下，按照 OLSc、OLSt、GLSc 與 GLSt 的順序，拒絕虛無假設的機率分別約爲 4.9%、4.3%、5.2% 與 4.1%，亦隱含著即使使用 OLS 去除趨勢，有效修正 PP 檢定的規模失真並不嚴重。

[28] 圖 6-33 的臨界值，就 GLS 而言取自 DF-GLS，而就 OLS 而言，則取自表 6-3。

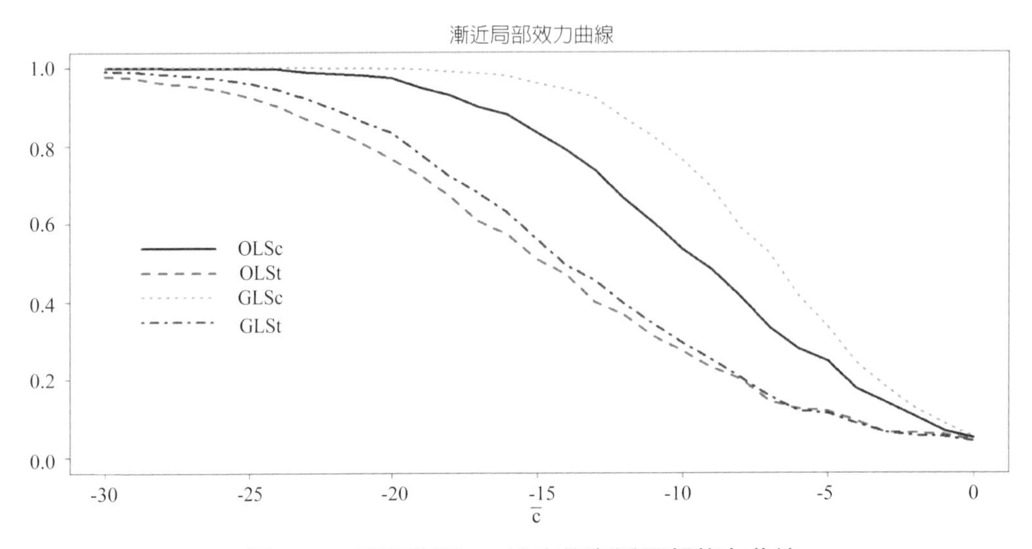

圖 6-33　有效修正 PP 檢定的漸近局部效力曲線

除了上述有效的修正 PP 檢定之外，NP 更進一步強調檢定的規模與效力與適當的選擇（6-56）式內的落後期數 p 有關；換言之，NP 認爲透過傳統的訊息指標如 AIC 或 BIC 於非定態變數內並無法適當地選出 p 值，故建議採取修正的訊息指標（MIC），即選擇 $MIC(p)$ 的最小 p 值 p_{mic}。$MIC(p)$ 可定義爲：

$$MIC(p) = \log(\hat{\sigma}_p^2) + \frac{C_T(\tau_T(p)+p)}{T - p_{\max}} \tag{6-60}$$

其中 $\tau_T(p) = \dfrac{\hat{\phi}\sum_{t=p_{\max}+1}^{T} y_{t-1}^d}{\hat{\sigma}_p^2}$ 與 $\hat{\sigma}_p^2 = \dfrac{1}{T-p_{\max}}\sum_{t=p_{\max}+1}^{T}\hat{\varepsilon}_t^2$。於（6-60）式內，若 $C_T = 2$，則 $MIC = MAIC$（修正的 AIC）；另一方面，若 $C_T = \log(T - p_{\max})$，$MIC = MBIC$（修正的 BIC）。至於 $p_{\max}$ 的選取，Ng 與 Perron 認爲可以採取前述 Schwert 的建議。

習題

(1) 何謂有效修正的 PP 檢定？試解釋之。

(2) 於圖 6-32 內，MZ_{α}^{OLSt} 與 MZ_t^{GLSt} 有何不同？試解釋之。

(3) 試解釋圖 6-32。

(4) 何謂 $MAIC$？試解釋之。

(5) 何謂 $MBIC$？試解釋之。

(6) 試解釋圖 6-33。

(7) 若利用上述實質匯率資料，使用 $MAIC$ 訊息指標選出適當的 p 值，則 MZ_{α}^{GLS} 與 MZ_{t}^{GLS} 分別為何？

(8) 試利用表 6-3 檢視，其結果為何？

(9) 試說明如何執行 NP 之有效修正的 PP 檢定。

VAR模型

第 3 與 4 章探討的是單變量的 *ARMA* 過程，一個自然的延伸是檢視多變量的向量 *ARMA*（*VARMA*）過程；換言之，如同單變量的定態動態過程可用前者模型化，多變量或聯立方程式的動態過程則可用後者模型化。其實，若仔細思索單變量的模型，可以發現該模型的因變數（或被解釋變數）的解釋變數竟然是因變數與誤差項的落後期變數，即單變量的 *ARMA* 模型的建立竟然與經濟或財務理論無關。根據計量經濟學的術語，按照經濟或財務理論所建立的模型可稱爲「結構型」的模型（structural model），而前述單變量的 *ARMA* 模型則稱爲「縮減型」的模型（reduced model）；因此，*VARMA* 模型亦可稱爲一種聯立方程式體系模型（如總體經濟模型）的縮減型模型。

由於牽涉到誤差項的估計，故 *VARMA* 模型的使用程度反而不如向量自我迴歸（vector autoregression, VAR）模型簡易與普及。*VAR* 模型可說是 *VARMA* 模型的一個特例，正如同我們可以用單變量的 *AR* 模型取代對應的 *ARMA* 模型，一種 *VARMA* 模型亦可以用對應的 *VAR* 模型估計取代。*VAR* 模型是由 Sims（1980）所提出，目前於總體經濟或財務領域已逐漸取代傳統的聯立方程式模型。由於 *VAR* 模型已於時間序列計量經濟學內占有一個相當重要的角色，故本書將分成本章與下一章介紹，而於本章我們將重心集中於檢視模型內的變數皆屬於 $I(0)$ 的情況。於尚未介紹之前，我們倒是可以先見識一下 *VAR* 模型的特色。考慮下列的 $VAR(2)$ 模型：

$$\begin{cases} y_{1t} = a_{11,1}y_{1t-1} + a_{12,1}y_{2t-1} + a_{13,1}y_{3t-1} + a_{11,2}y_{1t-2} + a_{12,2}y_{2t-2} + a_{13,2}y_{3t-2} + u_{1t} \\ y_{2t} = a_{21,1}y_{1t-1} + a_{22,1}y_{2t-1} + a_{23,1}y_{3t-1} + a_{21,2}y_{1t-2} + a_{22,2}y_{2t-2} + a_{23,2}y_{3t-2} + u_{2t} \\ y_{3t} = a_{31,1}y_{1t-1} + a_{32,1}y_{2t-1} + a_{33,1}y_{3t-1} + a_{31,2}y_{1t-2} + a_{32,2}y_{3t-2} + a_{33,2}y_{3t-2} + u_{3t} \end{cases} \quad (7\text{-}1)$$

於（7-1）式內可看出縮減型的 *VAR* 模型建立的確與經濟或財務理論無關；換句話說，於（7-1）式內所有的內生變數方程式除了皆有相同的解釋變數之外，另外每一解釋變數於 t 期皆為已知數值，即 y_{it-j} 亦可稱為預定變數（predetermined variable）。

我們不難將（7-1）式擴充並改成以矩陣的形式表示，即一個 $VAR(p)$ 模型可寫成：

$$\mathbf{y}_t = \mathbf{A}_1\mathbf{y}_{t-1} + \mathbf{A}_2\mathbf{y}_{t-2} + \cdots + \mathbf{A}_p\mathbf{y}_{t-p} + \mathbf{u}_t \qquad (7\text{-}2)$$

其中

$$\mathbf{y}_t = \begin{bmatrix} y_{1t} \\ y_{2t} \\ \vdots \\ y_{Kt} \end{bmatrix} \text{、} \mathbf{u}_t = \begin{bmatrix} u_{1t} \\ u_{2t} \\ \vdots \\ u_{Kt} \end{bmatrix} \text{與} \mathbf{A}_i = \begin{bmatrix} a_{11,i} & a_{12,i} & \cdots & a_{1K,i} \\ a_{21,i} & a_{22,i} & \cdots & a_{2K,i} \\ \vdots & \vdots & \cdots & \vdots \\ a_{K1,i} & a_{K2,i} & \cdots & a_{KK,i} \end{bmatrix}, i = 1, \cdots, p$$

即 $\mathbf{y}_t$ 與 $\mathbf{u}_t$ 皆是一個 $K \times 1$ 向量，而 $\mathbf{A}_i$ 則是一個 $K \times K$ 矩陣。因此，於（7-1）式內整個聯立方程式體系包括三條方程式（即存在 3 個內生變數），而於（7-2）式內則由 K 條方程式構成一個聯立方程式體系。當然，於（7-1）或（7-2）式內，我們可再加上常數項、趨勢項或其他的外生變數。類似於（7-2）式，考慮一個依「結構型」建立的 $VAR(p)$ 模型，該模型可稱為 $SVAR(p)$ 模型；換言之，一個 $SVAR(p)$ 模型可寫成：

$$\mathbf{B}_0\mathbf{y}_t = \mathbf{B}_1\mathbf{y}_{t-1} + \mathbf{B}_2\mathbf{y}_{t-2} + \cdots + \mathbf{B}_p\mathbf{y}_{t-p} + \mathbf{w}_t \qquad (7\text{-}3)$$

其中 $\mathbf{B}_i(i = 0, 1, \cdots, p)$ 與 $\mathbf{w}_t$ 分別為一個 $K \times K$ 矩陣與 $K \times 1$ 向量。比較（7-2）與（7-3）二式，顯然（7-2）式屬於縮減型或稱為傳統的 *VAR* 模型，而（7-3）式則屬於 *SVAR* 模型。*VAR* 與 *SVAR* 模型彼此之間是有關的，即根據（7-2）與（7-3）二式，可知只要 $\mathbf{B}_0$ 是一個非奇異矩陣，則 $\mathbf{A}_i = \mathbf{B}_0^{-1}\mathbf{B}_i$ 與 $\mathbf{u}_t = \mathbf{B}_0^{-1}\mathbf{w}_t$。有關於 *VAR* 與 *SVAR* 模型的檢視，倒是有下列幾點值得注意：

(1) 直覺而言，*SVAR* 模型的估計是困難的，還好 *VAR* 模型的估計較為直接且簡易，因此欲瞭解前者反倒是可以先認識後者。
(2) 雖說 *VAR* 模型的估計較為簡易，不過因牽涉到龐大的未知參數，我們應該使用何方法估計？例如：於（7-1）式內就存在有 18 + 6 個未知參數，我們若再擴充至 $VAR(4)$ 模型，則未知參數會倍增[①]。

(3) 於 VAR 模型內衝擊反應函數的估計是一種常用的工具，不過只要 $\mathbf{u}_t$ 的共變異數矩陣不屬於對角矩陣，即 $Cov(u_{it}, u_{jt}) \neq 0$（$i \neq j$），則我們並無法單獨取得外在結構上（或誤差）的衝擊，使得 VAR 模型應用的範圍較為有限。

(4) 於（7-3）式內 $\mathbf{B}_0$ 矩陣是描述同時期各變數之間的關係。例如：根據（7-1）式所對應的 $SVAR(2)$ 模型，若該模型的 $\mathbf{B}_0$ 矩陣為一個下三角矩陣，即：

$$\mathbf{B}_0 = \begin{bmatrix} 1 & 0 & 0 \\ b_{21,0} & 1 & 0 \\ b_{31,0} & b_{32,0} & 1 \end{bmatrix}$$

則 $\mathbf{B}_0\mathbf{y}_t = \begin{bmatrix} 1 & 0 & 0 \\ b_{21,0} & 1 & 0 \\ b_{31,0} & b_{32,0} & 1 \end{bmatrix}\begin{bmatrix} y_{1t} \\ y_{2t} \\ y_{3t} \end{bmatrix} \Rightarrow \begin{cases} y_{1t} \\ b_{21,0}y_{1t} + y_{2t} \\ b_{31,0}y_{1t} + b_{32,0}y_{2t} + y_{3t} \end{cases}$。是故類似於（7-3）式，可得：$\mathbf{y}_t = \begin{bmatrix} y_{1t} \\ y_{2t} \\ y_{3t} \end{bmatrix} = \begin{bmatrix} 0 \\ -b_{21,0}y_{1t} \\ -b_{31,0}y_{1t} - b_{32,0}y_{2t} \end{bmatrix} + \mathbf{B}_1\mathbf{y}_{t-1} + \cdots$，即 y_{1t} 會「同時期」影響 y_{2t} 與 y_{3t}，但是後二者卻無法影響「同時期」的 y_{1t}；同理，y_{2t} 會「同時期」影響 y_{3t}，但是後者卻無法影響「同時期」的 y_{2t}。另一方面，因 $\mathbf{u}_t = \mathbf{B}_0^{-1}\mathbf{w}_t \Rightarrow \mathbf{B}_0\mathbf{u}_t = \mathbf{w}_t$，即透過 $\mathbf{B}_0$ 的轉換，$\mathbf{w}_t$ 的共變異數矩陣已是一種對角矩陣，故已經可以得到「有意義的」衝擊反應函數了。

(5) 延續 (4)，$\mathbf{B}_0$ 顯然矩陣內各元素的設定需要有經濟或財務理論的支撐，不過於 $SVAR$ 模型內自然會發現除了 $\mathbf{B}_0$ 矩陣的建立之外，尚存在其他的設定方式；換言之，$SVAR$ 模型的設定並不是唯一的[②]。

(6) 如前所述，也許 $SVAR$ 模型是透過 VAR 模型「間接」取得估計值，此之間需要利用經濟或財務理論的「認定」；也就是說，也許 VAR 模型可以稱為一種時間序列模型，但是 $SVAR$ 模型應該屬於一種經濟或財務理論的計量模型。

---

① 就（7-2）式而言，其內就存在 K^2p 個未知係數參數，另外 $\mathbf{u}_t$ 的共變異數矩陣亦存在有 $K(K+1)/2$ 個未知參數。

② 如序言所述，筆者未來會介紹 $SVAR$ 模型。

於本章，我們將介紹 *VAR* 模型，讀者倒是可以留意爲何我們稱其只是一種「純粹的」時間序列模型。

1. *SUR* 模型與線性 *VAR* 過程

本節將分成二部分介紹。首先，我們將介紹計量經濟學內的「似不相關聯迴歸」（seemingly unrelated regression, SUR）模型。原則上，*SUR* 模型屬於一種多條迴歸方程式，於此處我們姑且將其稱爲一種聯立方程式體系。*SUR* 模型有三個特色值得我們注意：

(1) *SUR* 模型是一種縮減型的聯立方程式體系，即體系內的因變數可寫成以外生變數（即解釋變數）與誤差項所構成的迴歸式表示。
(2) 聯立方程式體系的每一迴歸式皆有相同的解釋變數。
(3) 上述聯立方程式體系的「整體」估計竟然與「個別」估計體系內的迴歸式相同。

換言之，*SUR* 模型會引起我們注意，在於上述特色 (1) 與 (2) 竟然與 *VAR* 模型頗爲類似，即後者不就是有相同的解釋變數嗎？有意思的是，特色 (3) 提醒我們，就 *VAR* 模型如（7-1）式而言，若以 OLS 估計（7-1）式內的每一個迴歸式，其結果會不會與 *VAR* 模型的估計結果相同？若相同，則 *VAR* 模型不就被簡單化了嗎？

至於本節的第二個部分，爲了能進一步探討 *VAR* 模型的統計特徵，我們當然需要將第 2 章的單變量定態隨機過程的觀念擴充至檢視多變量定態隨機過程的情況。

1.1 SUR 模型

考慮下列的二條迴歸式如[3]：

$$\mathbf{y}_i = \mathbf{X}_i \beta_i + \mathbf{u}_i,\ i = 1, 2 \tag{7-4}$$

其中 $\mathbf{y}_i$ 與 $\mathbf{u}_i$ 皆是一個 $n \times 1$ 向量而 $\mathbf{X}_i$ 則是一個 $n \times k_i$ 矩陣以及 β_i 是一個 $k_i \times 1$ 向量；另外，$\mathbf{u}_i \sim N(\mathbf{0}, \sigma_i^2\, \mathbf{I}_n)$。顯然，（7-4）式未必僅適用於時間序列資料，其亦可應用於使用橫斷面資料的情況。我們已經知道於（7-4）式內，β_i 的 OLS 估計式具

[3] 本小節部分內容係參考 Baltagi（2008）。

有 BLUE 的性質（第 1~2 章）。

Zellner（1962）提出 *SUR* 模型的觀念，相當於將（7-4）式內的 i 條方程式合併成：

$$\begin{bmatrix} \mathbf{y}_1 \\ \mathbf{y}_2 \end{bmatrix} = \begin{bmatrix} \mathbf{X}_1 & \mathbf{0} \\ \mathbf{0} & \mathbf{X}_2 \end{bmatrix} \begin{bmatrix} \beta_1 \\ \beta_2 \end{bmatrix} + \begin{bmatrix} \mathbf{u}_1 \\ \mathbf{u}_2 \end{bmatrix} \tag{7-5}$$

或寫成：

$$\mathbf{y} = \mathbf{X}\beta + \mathbf{u} \tag{7-6}$$

其中 $\mathbf{y}$、β 以及 $\mathbf{u}$ 及分別爲一個 $2n\times1$、$2(k_1 + k_2)\times1$ 與 $2n\times1$ 向量，而 $\mathbf{X}$ 則是一個 $2n\times(k_1 + k_2)$ 矩陣。根據（7-6）式，我們進一步計算 $\mathbf{u}$ 的共變異數矩陣爲：

$$\Omega = \begin{bmatrix} \sigma_{11}\mathbf{I}_n & \sigma_{12}\mathbf{I}_n \\ \sigma_{21}\mathbf{I}_n & \sigma_{22}\mathbf{I}_n \end{bmatrix} = \Sigma \otimes \mathbf{I}_n \tag{7-7}$$

其中 $\Sigma = [\sigma_{ij}]$，而 $\sigma_{ii} = \sigma_i^2$，$i, j = 1, 2$ [4]。令 $\rho = \sigma_{12} / \sqrt{\sigma_{11}\sigma_{22}}$ 表示二條方程式之間的相關係數。顯然，Zellner的興趣在於如何估計（7-6）式？因 ρ 未必等於 0，故（7-6）式內 β 的估計以使用 GLS 較 OLS 占優勢，即 β 的 GLS 估計式可寫成：

$$\hat{\beta}_{GLS} = \left(\mathbf{X}^T\Omega^{-1}\mathbf{X}\right)^{-1}\mathbf{X}^T\Omega^{-1}\mathbf{y} \tag{7-8}$$

其中 $\Omega^{-1} = \Sigma^{-1} \otimes \mathbf{I}_n$。值得注意的是，我們只需透過 Σ^{-1} 即可簡單地轉換成 Ω^{-1}，故若令 $\Sigma^{-1} = [\sigma^{ij}]$，經過簡單的代數操作，（7-8）式可再改寫成：

$$\hat{\beta}_{GLS} = \begin{bmatrix} \sigma^{11}\mathbf{X}_1^T\mathbf{X}_1 & \sigma^{12}\mathbf{X}_1^T\mathbf{X}_2 \\ \sigma^{21}\mathbf{X}_2^T\mathbf{X}_1 & \sigma^{22}\mathbf{X}_2^T\mathbf{X}_2 \end{bmatrix} \begin{bmatrix} \sigma^{11}\mathbf{X}_1^T\mathbf{y}_1 + \sigma^{12}\mathbf{X}_1^T\mathbf{y}_2 \\ \sigma^{21}\mathbf{X}_1^T\mathbf{y}_1 + \sigma^{22}\mathbf{X}_2^T\mathbf{y}_2 \end{bmatrix} \tag{7-9}$$

雖說如此，畢竟 OLS 的使用較 GLS 簡易，Zellner 進一步指出存在二種使用 OLS 取代 GLS 的（充分）條件情況，該二種情況分別爲：

---

[4]「⊗」稱爲 Kronecker 積（Kronecker product）的運算式，可以參考本章附錄（置於光碟內）。

情況 1：$\rho = 0$

即若 $\rho = 0$ 隱含著 $\sigma_{ij} = 0$，即第 i 與 j 條迴歸式的誤差項之間無關，其亦隱含著 Σ 與 Σ^{-1} 皆是一種對角矩陣，其中 $\sigma^{ii} = 1 / \sigma_{ii}$。因此，（7-9）式可再改寫成：

$$\hat{\beta}_{GLS} = \begin{bmatrix} \sigma_{11}(\mathbf{X}_1^T\mathbf{X}_1)^{-1} & \mathbf{0} \\ \mathbf{0} & \sigma_{22}(\mathbf{X}_2^T\mathbf{X}_2)^{-1} \end{bmatrix} \begin{bmatrix} \mathbf{X}_1^T\mathbf{y}_1 / \sigma_{11} \\ \mathbf{X}_2^T\mathbf{y}_2 / \sigma_{22} \end{bmatrix} = \begin{bmatrix} \hat{\beta}_{1,OLS} \\ \hat{\beta}_{2,OLS} \end{bmatrix}$$

即 GLS 與 OLS 的估計式相同。

情況 2：*SUR* 模型內的迴歸式皆有相同的解釋變數

此隱含著與 $\mathbf{X}_1 = \mathbf{X}_2 = \mathbf{X}^*$ 與 $k_1 = k_2 = k$，故 $\mathbf{X} = \mathbf{I}_k \otimes \mathbf{X}^*$。是故，（7-8）式可改寫成：

$$\hat{\beta}_{GLS} = \left[\left(\mathbf{I}_k \otimes \mathbf{X}^{*T}\right)\left(\Sigma^{-1} \otimes \mathbf{I}_n\right)\left(\mathbf{I}_k \otimes \mathbf{X}^*\right)\right]^{-1}\left(\mathbf{I}_k \otimes \mathbf{X}^{*T}\right)\left(\Sigma^{-1} \otimes \mathbf{I}_n\right)\mathbf{y} = \hat{\beta}_{OLS}$$

即 GLS 與 OLS 有相同的估計式。

爲了說明起見，上述只考慮 *SUR* 模型內只有二條迴歸式；也就是說，按照上述的推導過程，我們不難將上述 *SUR* 模型擴充至包括 K 條迴歸式。

我們舉一個例子說明。考慮一個 3 變數的 *SUR* 模型如：

$$\begin{cases} y_{1i} = \alpha_1 x_{1i} + u_{1i} \\ y_{2i} = \alpha_2 x_{2i} + u_{2i} \\ y_{3i} = \alpha_3 x_{3i} + u_{3i} \end{cases}$$

其中 $i = 1, 2, \cdots, n$，而 $u_i \sim NID\left(\begin{bmatrix} 0 \\ 0 \\ 0 \end{bmatrix}, \begin{bmatrix} \sigma_{11} & \sigma_{12} & \sigma_{13} \\ \sigma_{21} & \sigma_{22} & \sigma_{23} \\ \sigma_{31} & \sigma_{32} & \sigma_{33} \end{bmatrix}\right)$。上述 *SUR* 模型可寫成矩陣型態如：

$$\mathbf{y}_i + \mathbf{x}_i\mathbf{A} = \mathbf{u}_i$$

其中 $\mathbf{y}_i = \begin{bmatrix} y_{1i} & y_{2i} & y_{3i} \end{bmatrix}$、$\mathbf{x}_i = \begin{bmatrix} x_{1i} & x_{2i} & x_{3i} \end{bmatrix}$ 與 $\mathbf{u}_i = \begin{bmatrix} u_{1i} & u_{2i} & u_{3i} \end{bmatrix}$；其次，$\mathbf{A}$ 是一個 3×3 的對角矩陣，即 $\mathbf{A} = \begin{bmatrix} -\alpha_1 & 0 & 0 \\ 0 & -\alpha_2 & 0 \\ 0 & 0 & -\alpha_3 \end{bmatrix}$。

令 $\alpha_1 = 0.95$、$\alpha_2 = 1$ 與 $\alpha_3 = 1.05$ 以及 $\begin{bmatrix} \sigma_{11} & \sigma_{12} & \sigma_{13} \\ \sigma_{21} & \sigma_{22} & \sigma_{23} \\ \sigma_{31} & \sigma_{32} & \sigma_{33} \end{bmatrix} = \begin{bmatrix} 1 & \rho & \rho \\ \rho & 1 & \rho \\ \rho & \rho & 1 \end{bmatrix}$。圖 7-1 分別繪製出於 $\rho = 0.5$、$n = 500$ 與 $N = 5{,}000$（模擬次數）之下，α_j 與 σ_{ij}（$i, j = 1, 2, 3$）之估計值 $\hat{\alpha}_j$ 與 $\hat{\sigma}_{ij}$ 的抽樣分配，其中直方圖是使用 R 內程式套件（systemfit）內的函數指令 systemfit() 所估計的 *SUR* 模型所繪製而得，至於各圖內曲線部分，則是以 OLS 估計模型內的每一條迴歸式所繪製而成[5]。從圖內可看出二種方法的估計結果的差距並不大，隱含著只要擁有共同的解釋變數，即使模型內的迴歸式彼此之間存在著相關，我們亦可以模型內的每一條迴歸式的 OLS 估計取代「整體」*SUR* 模型的估計。

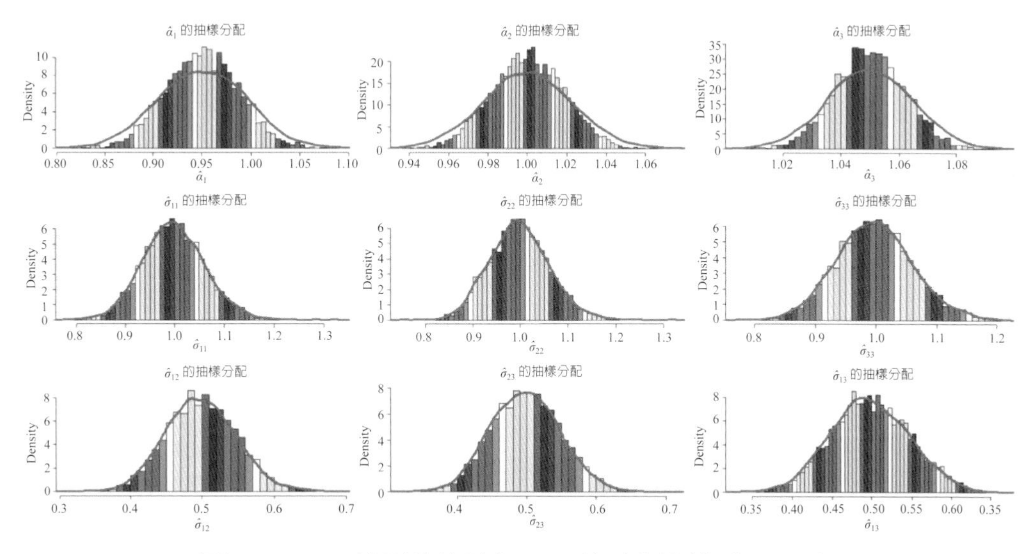

圖 7-1　*SUR* 模型的估計與 OLS 估計的比較（$\rho = 0.5$）

---

[5] 因 *SUR* 模型並非我們欲介紹的重點，故我們並未詳細介紹 *SUR* 模型的估計方法，有興趣的讀者可參考例如 Greene（2003）。至於如何使用 systemfit() 函數指令估計 *SUR* 模型，應注意此時應將資料以 Panel data 的形式表示，可以參考所附的 R 指令。

雖說如此，上述 *SUR* 模型與 OLS 的估計還是有些差異，特別是當 ρ 值相當大時；換言之，以 $\rho = 0.95$ 取代圖 7-1 內的 $\rho = 0.5$，其餘不變，重新複製圖 7-1，該結果則繪製於圖 7-2。出乎意料之外，於圖 5-2 內可以發現就 σ_{ij} 的估計值而言，*SUR* 模型與 OLS 的估計差距仍不大；不過，就 α 值的估計而言，相對上 OLS 的估計波動較大，還好此時 OLS 的估計式仍具有不偏或一致性的性質。例如，考慮 $\alpha_2 = 1$ 的情況，使用 *SUR* 模型估計，$\hat{\alpha}_2$ 抽樣分配內的最小值、中位數、平均數與最大值估計值分別約爲 0.98、1、1 與 1.02，而若使用 OLS 估計則分別約爲 0.91、1、1 與 1.08，顯然若以 OLS 估計，$\hat{\alpha}_2$ 抽樣分配的標準誤變大了。類似的情況亦出現 α_1 與 α_3 上。因此，當 *SUR* 模型內的迴歸式具有高度相關，我們仍可使用「單獨」OLS 估計取代「整體」*SUR* 模型的估計，只是應留意前者估計的波動較大。

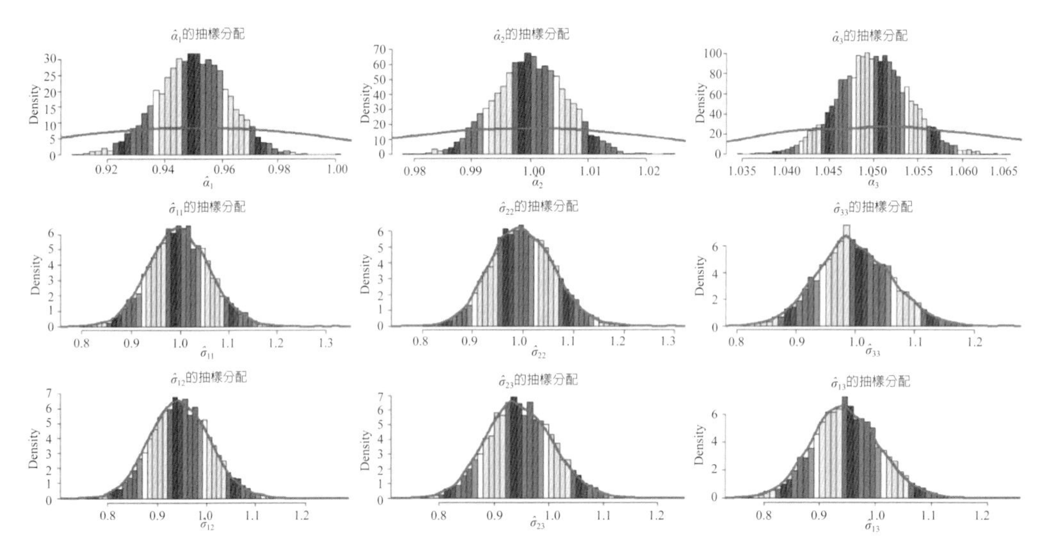

圖 7-2　*SUR* 模型的估計與 OLS 估計的比較（$\rho = 0.95$）

習題

(1) 何謂縮減型模型？試解釋之。

(2) 何謂 *SUR* 模型？試解釋之。

(3) 爲何本章要先介紹 *SUR* 模型？試解釋之。

(4) 試以圖 7-1 的假定模擬並繪製出一種 $\mathbf{y}_i$（$i = 1, 2, \cdots, 500$）的走勢。

(5) 續上題，若將 ρ 改爲 0.1 呢？

1.2 線性 *VAR* 過程

現在我們來檢視線性 *VAR* 過程。首先，我們考慮 K 個時間序列變數的關係。我們想像上述關係的 DGP 是由確定與隨機二個部分所構成，即：

$$\mathbf{y}_t = \mu_t + \mathbf{x}_t \tag{7-10}$$

其中 $\mathbf{y}_t$、μ_t 與 $\mathbf{x}_t$ 皆是一個 $K \times 1$ 向量而 $t = 1, 2, \cdots, T$。μ_t 表示上述 DGP 的確定項部分，其可包括常數項、趨勢項以及表示確定的季節的虛擬變數或其他的虛擬變數向量。至於純粹的隨機項部分，假定其屬於一種 $VAR(p)$ 過程，即：

$$\mathbf{x}_t = \mathbf{A}_1\mathbf{x}_{t-1} + \cdots + \mathbf{A}_p\mathbf{x}_{t-p} + \mathbf{u}_t \tag{7-11}$$

因此，若 $\mu_t = \mathbf{0}$，則 $\mathbf{y}_t = \mathbf{x}_t$，即（7-11）與（7-2）式相同。通常，假定誤差項向量 $\mathbf{u}_t$ 屬於白噪音向量過程，即 $\mathbf{u}_t \sim WN(0, \Sigma_\mathbf{u})$，其中 $E(\mathbf{u}_t^T\mathbf{u}_t) = \Sigma_\mathbf{u}$。

明顯地，（7-10）或（7-11）式定義出一種聯立方程式體系，而於該體系內，每一個 y_{it} 變數可用自身落後期變數（至 y_{it-p}）以及其他 y_{jt} 變數的落後期變數（至 y_{jt-p}）表示，可以參考（7-1）式。爲了簡潔表示起見，定義一種多項式落後期向量運算式，即 $\mathbf{A}(L) = \mathbf{I}_K - \mathbf{A}_1L - \cdots - \mathbf{A}_pL^p$，則（7-11）式可改寫成：

$$\mathbf{A}(L)\mathbf{x}_t = \mathbf{u}_t \tag{7-12}$$

根據（7-10）~（7-12）式，可得 $\mathbf{A}(L)\mathbf{y}_t = \mathbf{A}(L)\mu_t + \mathbf{u}_t$；換言之，若 μ_t 是一個與時間無關的常數項，即 $\mu_t = \mu_0$，則（7-10）式可轉換成：

$$\mathbf{y}_t = \nu + \mathbf{A}_1\mathbf{y}_{t-1} + \cdots + \mathbf{A}_p\mathbf{y}_{t-p} + \mathbf{u}_t \tag{7-13}$$

其中 $\nu = \mathbf{A}(L)\mu_0 = \mathbf{A}(1)\mu_0 = \left(\mathbf{I}_K - \sum_{j=1}^{p}\mathbf{A}_j\right)\mu_0$。重新檢視（7-13）式，因 y_{it} 皆可以用預定變數表示，故（7-13）式是一種縮減型聯立方程式體系。

我們可以將第 3~4 章的單變量定態隨機過程觀念擴充至定義一種多變量定態隨機過程的情況。即上述假定 $\mathbf{y}_t$ 有一個固定的平均數向量以及誤差項屬於白噪音過程，後者隱含著有一個與時間無關的誤差項矩陣結構，則（7-13）式就是在描述一

個定態的 VAR 過程；換言之，我們可以判斷（7-13）式是否是一個安定的 VAR 過程，其判斷條件爲：

$$\det\left(\mathbf{A}(z)\right)=\det\left(\mathbf{I}_K-\mathbf{A}_1 z-\cdots-\mathbf{A}_p z^p\right)\neq 0, |z|\leq 1 \tag{7-14}$$

其中 det(·) 表示行列式之值。（7-14）式描述若 VAR 模型之 $\mathbf{A}(L)$ 內的根位於單位圓之外，則該 VAR 模型是一個安定的體系，隱含著 VAR 模型內的變數皆屬於 $I(0)$[6]。嚴格來說，我們不易利用（7-14）式判斷 VAR 模型是否安定，取而代之的是將（7-13）式改以用伴隨矩陣（companion matrix）表示的 VAR 模型，即類似於（3-45）式。換句話說，若令 $\mathbf{Y}_t=\left[\mathbf{y}_t^T, \ \mathbf{y}_{t-1}^T, \ ,\cdots, \ \mathbf{y}_{t-p+1}^T\right]^T$ 爲一個 $pK\times 1$ 向量，則可將（7-13）式的 $VAR(p)$ 模型改以用 $VAR(1)$ 模型表示，即：

$$\mathbf{Y}_t=\upsilon+\mathbf{A}\mathbf{Y}_{t-1}+\mathbf{U}_t \tag{7-15}$$

其中

$$\upsilon=\begin{bmatrix}\nu\\ \mathbf{0}\\ \vdots\\ \mathbf{0}\end{bmatrix}、\mathbf{A}=\begin{bmatrix}\mathbf{A}_1 & \mathbf{A}_2 & \cdots & \mathbf{A}_{p-1} & \mathbf{A}_p\\ \mathbf{I}_K & \mathbf{0} & \cdots & \mathbf{0} & \mathbf{0}\\ \mathbf{0} & \mathbf{I}_K & \cdots & \mathbf{0} & \mathbf{0}\\ \vdots & \vdots & \ddots & \ddots & \vdots\\ \mathbf{0} & \mathbf{0} & \cdots & \mathbf{I}_K & \mathbf{0}\end{bmatrix}\text{與 }\mathbf{U}_t=\begin{bmatrix}\mathbf{u}_t\\ \mathbf{0}\\ \vdots\\ \mathbf{0}\end{bmatrix}$$

顯然 υ 與 $\mathbf{U}_t$ 皆是一個 $pK\times 1$ 向量，而 $\mathbf{A}$ 則是一個 $pK\times pK$ 矩陣，其中 $\mathbf{A}$ 亦可稱爲伴隨矩陣。類似於（7-14）式，若 $\mathbf{Y}_t$ 是一個安定的 $VAR(p)$ 模型，則：

$$\det\left(\mathbf{I}_{Kp}-\mathbf{A}z\right)\neq 0, |z|\leq 1 \tag{7-16}$$

直覺而言，從（7-15）式內可看出該 $VAR(p)$ 模型是否安定取決於 $\mathbf{A}$ 矩陣內的特性根之「長度」是否小於 1，即 $\mathbf{A}$ 矩陣內的特性根之「長度」若小於 1，則該 $VAR(p)$ 模型是一個安定的模型，而（7-14）或（7-16）式只是在計算上述

[6]（7-14）式的判斷方式類似於（3-27）或（3-30）式。

特性根的倒數。換言之，直接檢視 **A** 矩陣內的特性根反而是一種簡易的判斷方式。考慮下列二個三個變數的 $VAR(p)$ 模型。模型 1 是一個 $VAR(1)$ 模型，其中

$\mathbf{A}_1 = \begin{bmatrix} 0.91 & 0.09 & -0.08 \\ 0.07 & 0.84 & -0.09 \\ 0.03 & 0.03 & 0.95 \end{bmatrix}$；另外，模型 2 則是一個 $VAR(2)$ 模型，其中：

$$\mathbf{A}_1 = \begin{bmatrix} 0.93 & 0.00 & -1.3 \\ 0.19 & 0.64 & -0.51 \\ 0.01 & 0.03 & 1.52 \end{bmatrix} \text{與} \ \mathbf{A}_2 = \begin{bmatrix} -0.04 & 0.18 & 1.22 \\ -0.16 & 0.27 & 0.42 \\ 0.02 & -0.03 & -0.58 \end{bmatrix}$$

是故我們相當於分別考慮 $VAR(1)$ 與 $VAR(2)$ 二個模型。就模型 1 而言，因 $\mathbf{A} = \mathbf{A}_1$，檢視 **A** 內的 3 個特性根之「長度」分別約為 0.96、0.96 與 0.79，故該 $VAR(1)$ 模型是安定的。至於模型 2，因 $\mathbf{A} = \begin{bmatrix} \mathbf{A}_1 & \mathbf{A}_2 \\ \mathbf{I}_3 & \mathbf{0} \end{bmatrix}$，故可進一步計算 **A** 內的 6 個特性根之「長度」，其分別約為 0.93、0.93、0.78、0.78、0.17 與 0.11，由於皆小於 1，故上述模型 $VAR(2)$ 亦是安定的。由於上述模型 1 與 2 皆是安定的模型，故根據第 3~4 章可知，模型 1 與 2 亦是皆屬於一種定態的隨機過程。

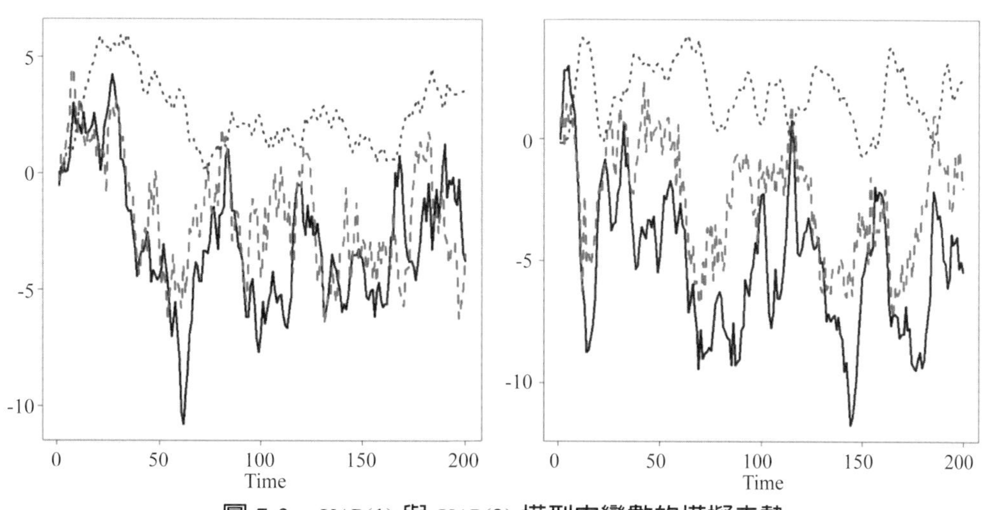

圖 7-3 $VAR(1)$ 與 $VAR(2)$ **模型內變數的模擬走勢**

例 1 ***VAR*(*p*) 模型的模擬**

就上述模型 1 與 2 而言，若前者的 μ_0 與 $\Sigma_{\mathbf{u}} = E\left(\mathbf{u}_t^T \mathbf{u}_t\right)$ 分別爲 $\mu_0 = \begin{bmatrix} 0.1 \\ 0.2 \\ 0.3 \end{bmatrix}$ 與

$\Sigma_{\mathbf{u}} = E\left(\mathbf{u}_t^T \mathbf{u}_t\right) = \begin{bmatrix} 1.00 & 0.21 & -0.16 \\ 0.21 & 1.22 & -0.05 \\ -0.16 & -0.05 & 0.09 \end{bmatrix}$，圖 7-3 內的左圖繪製出上述 *VAR*(1) 模型內三個變數的模擬時間走勢；另外，若模型 2 內 μ_0 與 $\Sigma_{\mathbf{u}}$ 分別爲 $\mu_0 = \begin{bmatrix} 0.1 \\ 0 \\ 0.25 \end{bmatrix}$ 與

$\Sigma_{\mathbf{u}} = \begin{bmatrix} 0.84 & 0.10 & -0.09 \\ 0.10 & 1.10 & -0.01 \\ -0.09 & -0.01 & 0.05 \end{bmatrix}$，圖 7-3 內的右圖則繪製出 *VAR*(2) 模型內三個變數的模擬時間走勢。圖 7-3 內二圖的繪製是使用誤差項屬於多變量常態分配的假定，即 $\mathbf{u}_t \sim MN(\mathbf{0}, \Sigma_{\mathbf{u}})$。我們從圖 7-3 內可看出定態 *VAR*(1) 與 *VAR*(2) 模型的模擬時間走勢。

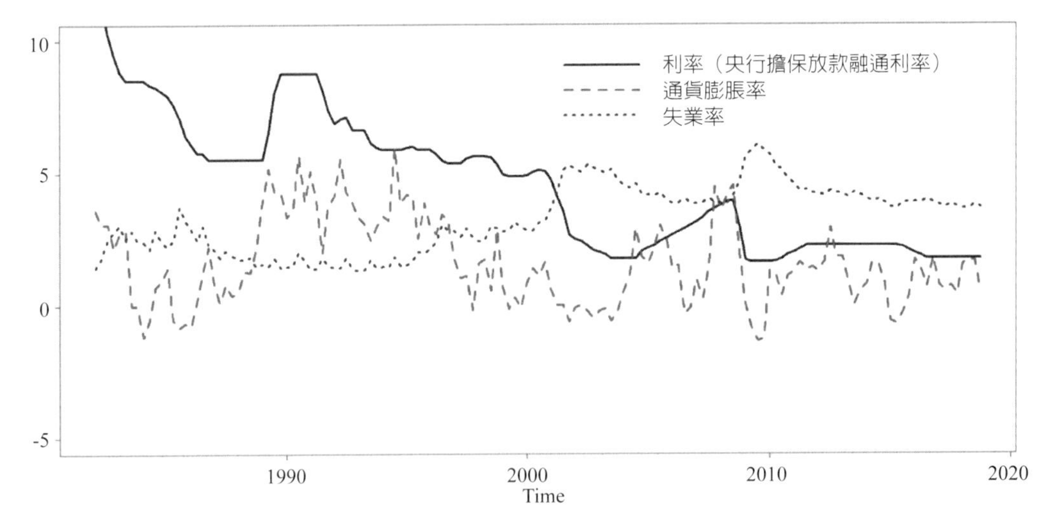

圖 7-4　台灣利率、通貨膨脹率與失業率的季時間走勢（1982/1~2018/4）

例 2 台灣利率、通貨膨脹率與失業率的季時間走勢

圖 7-4 繪製出台灣利率、通貨膨脹率與失業率的季時間走勢（1982/1~2018/4）[7]。比較圖 7-3 與 7-4 二圖內變數的走勢，應可以發現二圖非常類似，故大致可知由上述三變數所構成的 *VAR* 模型有可能屬於定態的模型。事實上，於第 2 節內，我們的確估計出上述 *VAR* 模型是安定（定態）的模型。

例 3 跨相關係數矩陣

我們亦可以將第 2 章的衡量單變量的自我共變異與自我相關係數推廣至多變量的情況；換言之，於定態多變量隨機過程變數 $\mathbf{y}_t$（$K \times 1$）下，可定義落後 h 期的跨共變異數矩陣（cross-covariance matrix）爲：

$$\Gamma_h = Cov\left(\mathbf{y}_t, \mathbf{y}_{t-h}\right) = E\left[\left(\mathbf{y}_t - \mu\right)\left(\mathbf{y}_{t-h} - \mu\right)^T\right]$$

$$= \begin{bmatrix} E\left(\tilde{\mathbf{y}}_{1t}\tilde{\mathbf{y}}_{1t-h}\right) & E\left(\tilde{\mathbf{y}}_{1t}\tilde{\mathbf{y}}_{2t-h}\right) & \cdots & E\left(\tilde{\mathbf{y}}_{1t}\tilde{\mathbf{y}}_{Kt-h}\right) \\ E\left(\tilde{\mathbf{y}}_{2t}\tilde{\mathbf{y}}_{1t-h}\right) & E\left(\tilde{\mathbf{y}}_{2t}\tilde{\mathbf{y}}_{2t-h}\right) & \cdots & E\left(\tilde{\mathbf{y}}_{2t}\tilde{\mathbf{y}}_{Kt-h}\right) \\ \vdots & \vdots & \ddots & \vdots \\ E\left(\tilde{\mathbf{y}}_{Kt}\tilde{\mathbf{y}}_{1t-h}\right) & E\left(\tilde{\mathbf{y}}_{Kt}\tilde{\mathbf{y}}_{2t-h}\right) & \cdots & E\left(\tilde{\mathbf{y}}_{Kt}\tilde{\mathbf{y}}_{Kt-h}\right) \end{bmatrix} \quad (7\text{-}17)$$

其中 $E(\mathbf{y}_t) = \mu$ 而 $\tilde{\mathbf{y}}_t = \mathbf{y}_t - \mu$ 表示去除平均數後的序列向量。可以注意的是，於（7-17）內可看出因 $\mathbf{y}_t$ 屬於定態隨機過程序列向量，故 Γ_h 只是 h 的函數而非時間 t 的函數；另一方面，若 $h = 0$，此相當於計算 $\Sigma_{\mathbf{y}}$，即 $\Gamma_0 = \Sigma_{\mathbf{y}}$。

若令 $\gamma_{ij}(h)$ 表示 Γ_h 的第 i 列與第 j 列元素，此相當於衡量 y_{it} 與 y_{jt-l} 的共變異數，故 Γ_h 亦可寫成 $\Gamma_h = [\gamma_{ij}(h)]$。類似於 $\gamma_{ij}(h) = \gamma_{ij}(-h)$ 的性質（第 2 章），Γ_h 具有下列的特性：

$$\Gamma_h = \Gamma_{-h}^T \quad (7\text{-}18)$$

即欲將「正落後期」的 Γ_h 轉換成「負落後期（即領先）」的 Γ_h，後者之矩陣須轉置。

---

[7] 利率的資料是取自央行擔保放款融通利率（央行網站），至於通貨膨脹率則是由 CPI 資料轉成年通貨膨脹率資料。CPI 與失業率資料皆取自主計總處。上述三種資料皆爲月資料，我們以月平均轉成季資料。

利用 Γ_h，我們不難將其轉換成對應的跨相關矩陣（cross correlation matrix）ρ_h，即 ρ_l 可定義成：

$$\rho_h = \mathbf{D}^{-1}\Gamma_h\mathbf{D}^{-1} = \left[\rho_{ij}(h)\right] \tag{7-19}$$

其中 $\mathbf{D}$ 表示一個對角矩陣，其中對角值分別爲 $\mathbf{y}_t$ 的標準差。（7-18）與（7-19）二式的推導過程，可以參考 Tsay（2014）；取代的是，我們可以用模擬或計算的方式說明 Γ_h 與 ρ_h 的性質。例如：利用例 2 內的台灣時間序列資料，我們可以繪製出 ρ_h 的圖形如圖 7-5 所示，其中 $h = -50, -49, \cdots, 0, 1, \cdots, 50$。圖 7-5 內各圖的意思並不難瞭解，例如：檢視左下圖「失業率 vs. 利率」的例子，若令失業率與利率分別爲 u_t 與 i_t，則圖內是計算 u_t 與 i_{t-h} 的相關係數，其餘可類推。於圖 7-5 內可以發現 ρ_h 未必是一個對稱的矩陣，其實類似於（7-18）式，ρ_h 亦具有 $\rho_l = \rho_{-h}^T$ 的性質，可以參考所附的 R 指令的說明。按照相同的作法，讀者應不難繪製出 Γ_h 的情況。

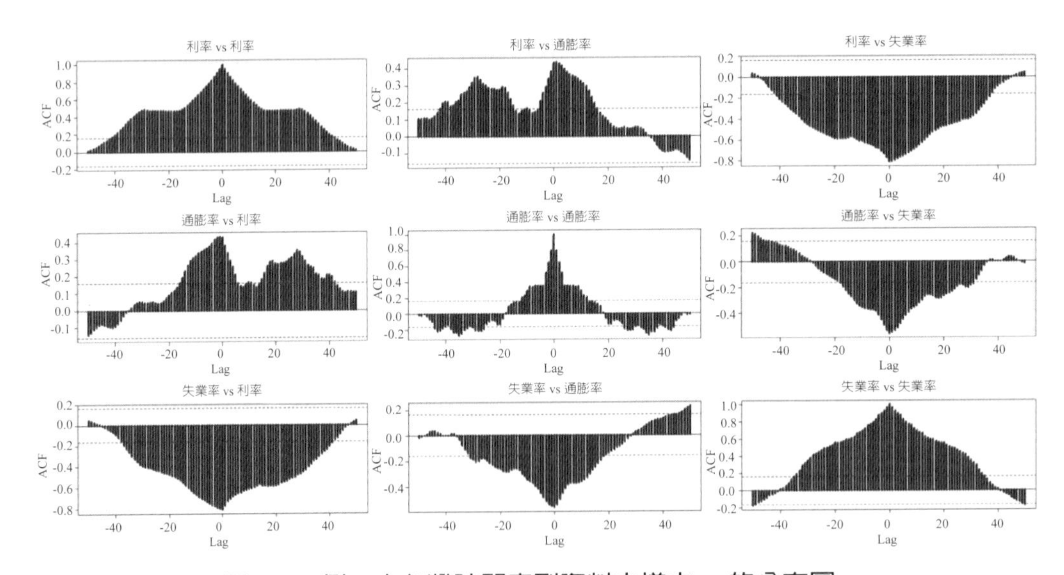

圖 7-5　例 2 內台灣時間序列資料之樣本 ρ_h 的分布圖

例 4 *VMA* 模型

考慮一個 $VAR(1)$ 模型如 $\mathbf{y}_t = \nu + \mathbf{A}_1\mathbf{y}_{t-1} + \mathbf{u}_t$，使用反覆替代方式，可得：

$$\mathbf{y}_t = \sum_{i=0}^{\infty}\mathbf{A}_1^i\nu + \sum_{i=0}^{\infty}\mathbf{A}_1^i\mathbf{u}_{t-i} = \left(\mathbf{I}_K - \mathbf{A}_1\right)^{-1}\nu + \sum_{i=0}^{\infty}\mathbf{A}_1^i\mathbf{u}_{t-i} \tag{7-20}$$

是故，只要 $\mathbf{A}_1$ 內的特性根之長度皆小於 1，（7-20）式倒是可以成立，即可將 $VAR(1)$ 模型轉換成 $VMA(\infty)$ 模型。同理，一個安定的 $VAR(p)$ 模型亦可寫成 $VMA(\infty)$ 過程，即：

$$\mathbf{y}_t = \mu + \sum_{i=0}^{\infty} \Phi_i \mathbf{u}_{t-i} \tag{7-21}$$

其中 $\Phi_0 = \mathbf{I}_K$ 而 $\Phi_i = \sum_{j=1}^{i} \Phi_{i-j}\mathbf{A}_j, (i = 1, 2, \cdots)$；其次，就 $j > p$ 而言，$\mathbf{A}_j = \mathbf{0}$。（7-21）式並不難證明。考慮下列的 $VAR(p)$ 模型如：

$$\left(\mathbf{I} - \mathbf{A}_1 L - \mathbf{A}_2 L^2 - \cdots - \mathbf{A}_p L^p\right)\mathbf{y}_t = \mathbf{u}_t \tag{7-22}$$

為了簡化起見，我們省略常數項。如前所述，若（7-22）式內的 $VAR(p)$ 模型是安定的，則該 $VAR(p)$ 模型可換成一種 $VMA(\infty)$ 過程，故（7-22）式可再寫成：

$$\left(\mathbf{I} - \mathbf{A}_1 L - \mathbf{A}_2 L^2 - \cdots - \mathbf{A}_p L^p\right)\mathbf{y}_t = \left(\Phi_0 L^0 + \Phi_1 L + \Phi_2 L^2 + \cdots\right)\mathbf{u}_t$$

$$\Rightarrow \mathbf{y}_t = \left(\mathbf{I} - \mathbf{A}_1 L - \mathbf{A}_2 L^2 - \cdots - \mathbf{A}_p L^p\right)^{-1}\mathbf{u}_t = \left(\Phi_0 L^0 + \Phi_1 L + \Phi_2 L^2 + \cdots\right)\mathbf{u}_t \tag{7-23}$$

從（7-23）式可得：

$$\mathbf{I} = \left(\mathbf{I} - \mathbf{A}_1 L - \mathbf{A}_2 L^2 - \cdots - \mathbf{A}_p L^p\right)\left(\Phi_0 L^0 + \Phi_1 L + \Phi_2 L^2 + \cdots\right)$$

$$\Rightarrow \mathbf{I} = \Phi_0 L^0 + \left(\Phi_1 - \mathbf{A}_1\right)L + \left(\Phi_2 - \mathbf{A}_1\Phi_1 - \mathbf{A}_2\right)L^2 + \cdots$$

故可得 $\Phi_0 = \mathbf{I}$、$\Phi_1 = \mathbf{A}_1$、$\Phi_2 = \mathbf{A}_1\Phi_1 + \mathbf{A}_2$、$\Phi_3 = \mathbf{A}_1\Phi_2 + \mathbf{A}_2\Phi_1 + \mathbf{A}_3$、⋯至 $\Phi_i = \sum_{j=1}^{i} \Phi_{i-j}\mathbf{A}_j$，其中就 $j > p$ 而言，$\mathbf{A}_j = \mathbf{0}$。

例 5 Γ_h 的計算

根據（7-21）式，可得安定的 $VMA(\infty)$ 過程，其平均數與變異數分別為 $E(\mathbf{y}_t) = \mu$ 與 $\Gamma_h = Cov\left(\mathbf{y}_t, \mathbf{y}_{t-h}\right) = \sum_{i=0}^{\infty} \Phi_{h+i}\Sigma_{\mathbf{u}}\Phi_i^T$。利用例 1 內的模型 1 的設定，我們不難模擬

出一種安定的 $VAR(1)$ 模型的觀察值 $\mathbf{y}_t$（樣本數爲 5,000）並計算出 Γ_h 的估計值，其結果則繪製於圖 7-6。從圖內可看出安定的 $VAR(1)$ 模型（隱含著定態的 $VAR(1)$ 模型）的樣本自我相關係數與時間無關。

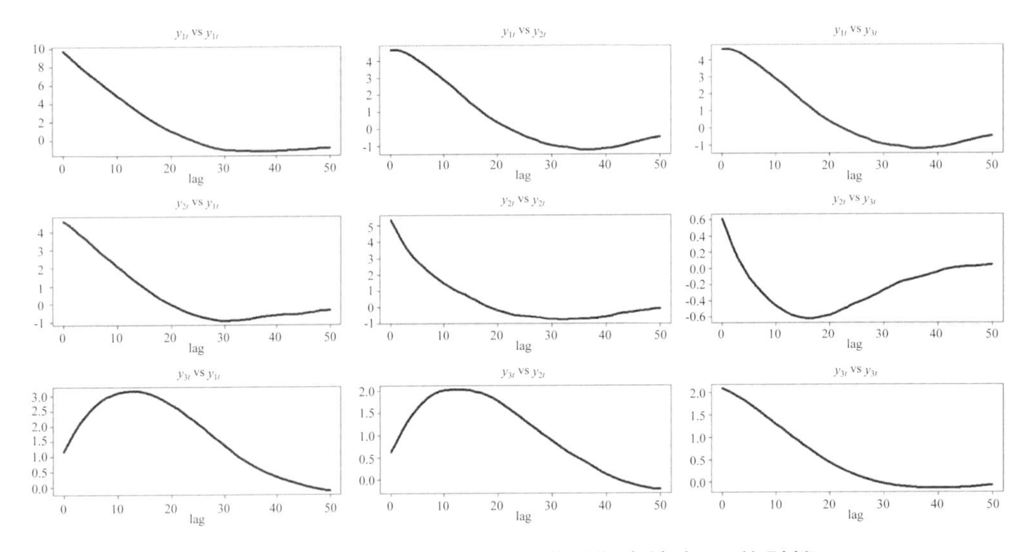

圖 7-6　一種安定的 $VAR(1)$ 模型觀察值之 Γ_h 的計算

若重新檢視上述推導過程，可知一個安定的 $VAR(p)$ 模型可換成一種 $VMA(\infty)$ 過程如（7-22）式，而（7-22）式不就是多變量 Wold 分解定理（第 3 章）的應用嗎？也就是說，因 $VAR(p)$ 模型可轉換成 $VMA(\infty)$ 模型，故若用前者取代後者，不就是符合使用一種較簡潔的模型的要求嗎？如同單變量的 *ARMA* 模型，於多變量時間序列下亦存在著 *VARMA* 模型的延伸，不過因後者的估計較 *VAR* 模型麻煩，故本書並未探討 *VARMA* 模型的應用[8]，而只是將重心集中於 *VAR* 模型的檢視。

習題

(1) 我們如何判斷一個 *VAR* 模型是安定的？試解釋之。

(2) 爲何一個安定的 *VAR* 模型隱含著定態的 *VAR* 模型？試解釋之。

(3) 試敘述如何計算並繪製出圖 7-5 內各小圖的結果。

---

[8] 有關於 *VARMA* 模型的檢視，有興趣的讀者，倒是可以參考 Tsay（2014）。

(4) 續上題，試解釋圖 7-5 內各小圖的意義。
(5) 試解釋模型 $VAR(p)$ 與 $VMA(\infty)$ 模型之間的關係。
(6) 試敘述如何計算並繪製出圖 7-6 內各小圖的結果。
(7) 我們如何模擬出一個安定的 *VAR* 模型？試解釋之。

2. *VAR* 模型的估計

本節我們將介紹 *VAR* 模型的三種估計方法，該三種方法分別爲「無限制」（unrestricted）的 OLS、ML 以及「有限制」（restricted）的 GLS（RGLS）估計方法。換句話說，標準的 *VAR* 模型的估計方法可以分成無限制的 OLS、ML 以及有限制的 GLS 估計方法，其中前二者的估計結果頗爲接近，而此處所謂的「無限制」指的是模型內的參數值沒有受到任何限制，至於「有限制」則指模型內的參數值受到理論上或其他的限制，故 RGLS 估計方法類似於 RLS（第 1~2 章）。

2.1 OLS 與 ML 估計

考慮（7-13）式，我們亦可以重新寫成：

$$\mathbf{y}_t = \mathbf{A}_\nu \mathbf{Z}_{t-1} + \mathbf{u}_t \qquad (7\text{-}24)$$

其中 $\mathbf{A}_\nu = \left[\nu, \mathbf{A}_1, \cdots, \mathbf{A}_p\right]$ 與 $\mathbf{Z}_{t-1} = \left[\mathbf{1}, \mathbf{y}_{t-1}^T, \cdots, \mathbf{y}_{t-p}^T\right]^T$ 分別爲一個 $K \times (Kp + 1)$ 與 $(Kp + 1) \times K$ 矩陣；另外，假定 $\mathbf{u}_t \sim IID(\mathbf{0}, \Sigma_{\mathbf{u}})$。當然，除了常數項外，我們亦可以再加進其他的確定項部分。雖說（7-24）式是一種聯立方程式體系，不過因已經寫成迴歸模型的形式，自然可以使用 OLS 估計（7-24）式內的 $\mathbf{A}_\nu$ 係數矩陣。假定已經擁有 T 組樣本資料而 $\mathbf{y}_{-p+1}, \cdots, y_0$ 爲已知數值，則 $\mathbf{A}_\nu$ 之 OLS 估計式爲有效的。令 $\hat{\mathbf{A}}_\nu$ 爲 OLS 的估計式，則該估計式可寫成：

$$\hat{\mathbf{A}}_\nu = \left[\hat{\nu}, \hat{\mathbf{A}}_1, \cdots, \hat{\mathbf{A}}_p\right] = \left(\sum_{t=1}^{T} \mathbf{y}_t \mathbf{Z}_{t-1}^T\right)\left(\sum_{t=1}^{T} \mathbf{Z}_{t-1} \mathbf{Z}_{t-1}^T\right)^{-1} = \mathbf{Y}\mathbf{Z}^T(\mathbf{Z}\mathbf{Z}^T)^{-1} \qquad (7\text{-}25)$$

其中 $\mathbf{Y} = [\mathbf{y}_1, \cdots, \mathbf{y}_T]$ 是一個 $K \times T$ 矩陣，而 $\mathbf{Z} = \left[\mathbf{Z}_0, \cdots, \mathbf{Z}_{T-1}\right]$ 則是一個 $(Kp + 1) \times T$ 矩陣。

其實從（7-25）式內可看出該式相當於以 OLS 估計 *VAR* 模型內的每一條方程式。我們進一步檢視（7-25）式的抽樣分配。將 $\mathbf{A}_v$ 係數矩陣內的各行累積成一個列向量，即令 $\alpha = vec(\mathbf{A}_v)$，其中 α 是一個 $(K^2p + K) \times 1$。若 *VAR* 模型是安定的，則可得：

$$\sqrt{T}\left(\hat{\alpha} - \alpha\right) \xrightarrow{d} N(\mathbf{0}, \Sigma_{\hat{\alpha}}) \quad （7\text{-}26）$$

其中 $\Sigma_{\hat{\alpha}} = p\lim\left(\frac{1}{T}\mathbf{ZZ}^T\right)^{-1} \otimes \Sigma_{\mathbf{u}}$。（7-26）式可視爲 Mann-Wald 定理的多變量推廣。我們尚欠缺一個步驟，即（7-26）式內的誤差項共變異數矩陣 $\Sigma_{\mathbf{u}}$ 爲未知；不過，理所當然，$\Sigma_{\mathbf{u}}$ 的一致性估計式可寫成：

$$\hat{\Sigma}_{\mathbf{u}} = \frac{\hat{\mathbf{U}}\hat{\mathbf{U}}^T}{T - Kp - 1} \quad （7\text{-}27）$$

其中 $\mathbf{U} = \mathbf{Y} - \hat{\mathbf{A}}\mathbf{Z}$ 爲 OLS 的殘差值矩陣。因此，於大樣本下，$\hat{\alpha}$ 的漸近分配爲：

$$vec(\hat{\mathbf{A}}_v) \overset{a}{\sim} N\left(vec(\mathbf{A}_v), \left(\mathbf{ZZ}^T\right)^{-1} \otimes \hat{\Sigma}_{\mathbf{u}}\right) \quad （7\text{-}28）$$

即（7-28）式頗類似於（1-64）式。

接下來，我們來檢視 ML 估計式。若 $f(\mathbf{y}_1, \cdots, \mathbf{y}_T)$ 的 PDF 爲已知的分配，則可使用 ML 估計。若以 θ 表示 *VAR* 模型內的參數向量（含誤差項之共變異數矩陣的參數）而使用下列的分解方式，即：

$$f(\mathbf{y}_1, \cdots, \mathbf{y}_T \mid \theta) = f_1(\mathbf{y}_1) \times f_2(\mathbf{y}_2 \mid \mathbf{y}_1) \times \cdots \times f_T(\mathbf{y}_T \mid \mathbf{y}_{T-1}, \cdots, \mathbf{y}_1)$$

則對數概似值可寫成：

$$\log l(\theta \mid \mathbf{y}_1, \cdots, \mathbf{y}_T) = \sum_{t=1}^{T} \log f_t(\mathbf{y}_t \mid \mathbf{y}_{t-1}, \cdots, \mathbf{y}_1) \quad （7\text{-}29）$$

極大化（7-29）式可得 ML 估計式 $\hat{\theta}$。於一定的條件下，$\hat{\theta}$ 的漸近分配爲常態分配，即：

$$\sqrt{T}\left(\hat{\theta}-\theta\right)\xrightarrow{a}N\left(\mathbf{0},\mathrm{I}_a(\theta)^{-1}\right)$$

其中 $\mathbf{I}_a(\theta)$ 表示漸近的訊息矩陣。我們可以回想訊息矩陣為負對數概似之黑森矩陣期望值，即：

$$\mathrm{I}(\theta)=-E\left[\frac{\partial^2\log l}{\partial\theta\partial\theta^T}\right]$$

而 $\mathrm{I}_a(\theta)=\lim\limits_{T\to\infty}\mathrm{I}(\theta)/T$。

於 *VAR* 模型內通常假定誤差項矩陣 $\mathbf{u}_t$ 屬於 $N(\mathbf{0},\Sigma_{\mathbf{u}})$，此隱含著（7-24）式內之 $\mathbf{y}_t$ 亦屬於聯合常態分配。於期初值為 $\mathbf{y}_{-p+1},\cdots,\mathbf{y}_0$ 為已知下，可得概似值為：

$$f(\mathbf{y}_t\mid\mathbf{y}_{t-1},\cdots,\mathbf{y}_{-p+1})=\left(\frac{1}{2\pi}\right)^{K/2}\det\left(\Sigma_{\mathbf{u}}\right)^{-1/2}e^{\left(-\frac{1}{2}\mathbf{u}_t^T\Sigma_{\mathbf{u}}^{-1}\mathbf{u}_t\right)}$$

從而對數概似值為：

$$\log l=-\frac{KT}{2}\log(2\pi)-\frac{T}{2}\log\left(\det\left(\Sigma_{\mathbf{u}}\right)\right)$$

$$-\frac{1}{2}\sum_{t=1}^{T}\left(\mathbf{y}_t-\nu-\mathbf{A}_1\mathbf{y}_{t-1}-\cdots-\mathbf{A}_p\mathbf{y}_{t-p}\right)^T\Sigma_{\mathbf{u}}^{-1}\left(\mathbf{y}_t-\nu-\mathbf{A}_1\mathbf{y}_{t-1}-\cdots-\mathbf{A}_p\mathbf{y}_{t-p}\right)$$

極大化上述對數概似值即可得 ML 的估計式。若參數值沒有受到任何的限制，則上述 ML 的估計式其實與 OLS 的估計式如（7-25）式相同。因此，於實際上我們反而較少使用上述的 ML 的估計式，使用（7-25）式估計反而較為簡易。不過，$\Sigma_{\mathbf{u}}$ 的 ML 估計式為 $\tilde{\Sigma}_{\mathbf{u}}=T^{-1}\hat{\mathbf{U}}\hat{\mathbf{U}}^T$，其亦可由 $\tilde{\Sigma}_{\mathbf{u}}=\hat{\Sigma}_{\mathbf{u}}(T-Kp-1)/T$ 取得。

令 $p=2$，根據（7-25）式以及使用 1.2 節內的台灣資料，按照利率、通貨膨脹率與失業率的順序，可得 $\hat{\nu}=\begin{bmatrix}0.3568\\1.9674\\0.1435\end{bmatrix}$、$\hat{\mathbf{A}}_1=\begin{bmatrix}1.5053&0.0313&-0.1901\\0.1011&0.7035&-0.2101\\-0.2318&-0.0251&0.9009\end{bmatrix}$、

$\hat{\mathbf{A}}_2 = \begin{bmatrix} -0.5444 & -0.0370 & 0.1305 \\ -0.1825 & -0.0056 & -0.1359 \\ 0.2195 & 0.0477 & 0.0601 \end{bmatrix}$ 與 $\hat{\Sigma}_{\mathbf{u}} = \begin{bmatrix} 0.0461 & 0.0392 & -0.0150 \\ 0.0392 & 0.9390 & -0.0342 \\ -0.0150 & -0.0342 & 0.0865 \end{bmatrix}$。另外，若檢視 $\hat{\mathbf{A}}_1$ 內的第一列與第一行的值為 1.5053，因其值大於 1 似乎與定態的 *AR* 過程相衝突，不過應記得此為 *AR*(2) 過程且分析的對象為聯立方程式體系；換言之，若使用（7-15）式，可得 *VAR*(2) 體系內的特性根之「長度」分別約為 0.96、0.90、0.74、0.65、0.09 與 0.09，由於皆小於 1，故上述體系是安定的。

例 1　使用程式套件（vars）

上述台灣資料之 *VAR*(2) 模型的例子亦可使用 R 內程式套件（vars）的函數指令估計。讀者可以練習看看。

例 2　高相關之 *VAR* 模型之估計

如前所述，以 OLS 估計 *VAR* 模型相當於模型內的單一方程式皆以 OLS 估計，直覺而言，若模型內的內生變數具有高度的相關程度，則以 OLS 估計可能會有偏差。就總體經濟或財金資料而言，原本就存在著高度相關；例如：若上述台灣資料按照利率、通貨膨脹率與失業率的順序，其計算的樣本相關係數約為：

$$\begin{bmatrix} 1 & - & - \\ 0.4308 & 1 & - \\ -0.8120 & -0.5621 & 1 \end{bmatrix}$$

即利率與通貨膨脹率之間的樣本相關係數約為 43.08%，其餘可類推。是故，我們嘗試以模擬的方式檢視是否「高相關性」會影響 *VAR* 模型的估計。利用 1.2 節內的模型 1 之 μ_0 與 $\mathbf{A}_1$ 的假定，另外將 $\Sigma_{\mathbf{u}}$ 改成：

$$\Sigma_{\mathbf{u}} = \begin{bmatrix} 1 & \rho & \rho \\ \rho & 1 & \rho \\ \rho & \rho & 1 \end{bmatrix}$$

以 OLS 估計模擬的 *VAR*(1) 模型，於樣本數與模擬次數分別為 1,000 與 5,000 的情況下，圖 5-7(a)~(b) 分別繪製出內的 $\hat{\mathbf{A}}_1$ 內各元素的抽樣分配，其中前者使用 $\rho = 0.1$，而後者則使用 $\rho = 0.95$。從圖 5-7(a)~(b) 二圖可看出似乎高相關程度的 *VAR*(1)

模型估計的偏誤較嚴重（垂直虛線表示抽樣分配的平均數而垂直實線則對應至眞正值）；另一方面，可以注意二圖橫軸的標示，應可得出高相關程度抽樣分配的標準誤較大，此結果倒是與上述的 *SUR* 模型類似。讀者若有執行所附的 R 指令應可以發現高與低相關的是的 $\hat{\Sigma}_{\mathbf{u}}$ 是 $\Sigma_{\mathbf{u}}$ 一致性估計式。

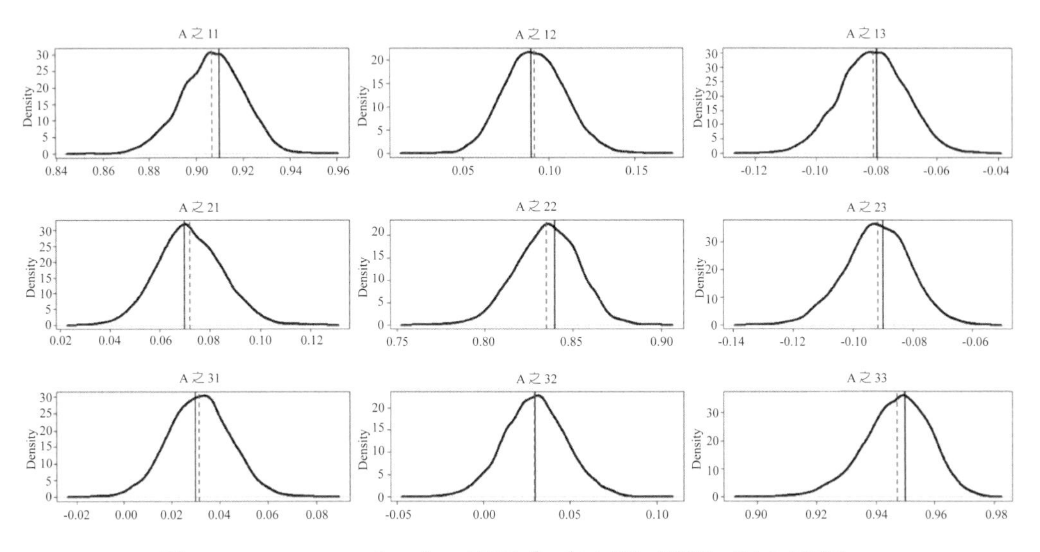

圖 7-7(a)　$\rho = 0.1$（**A** 之 *ij* 表示 $\hat{\mathbf{A}}_1$ 內之第 *i* 列第 *j* 行之元素）

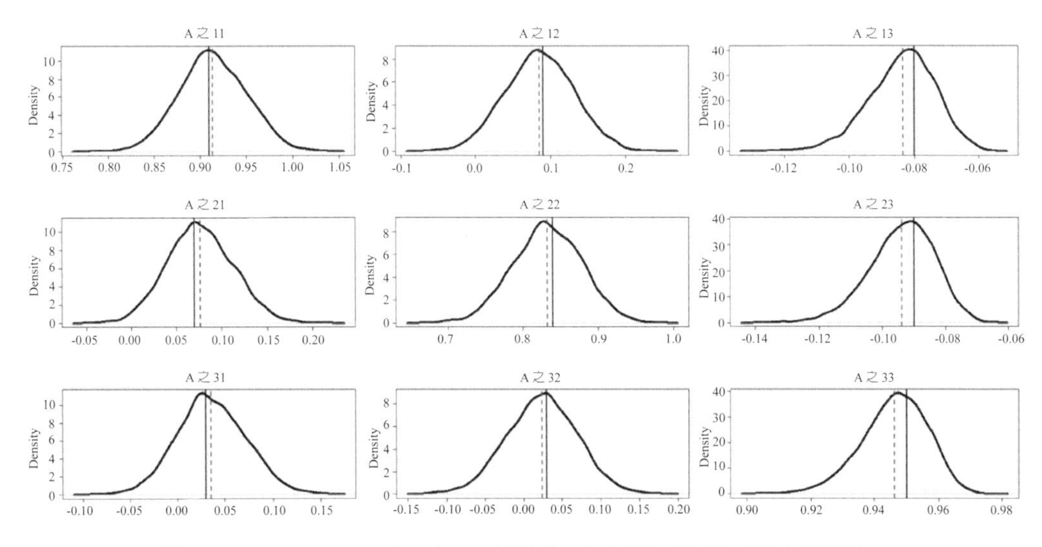

圖 7-7(b)　$\rho = 0.95$（**A** 之 *ij* 表示 $\hat{\mathbf{A}}_1$ 內之第 *i* 列第 *j* 行之元素）

例 3 ML 估計值

雖說我們較少利用 ML 估計 *VAR* 模型，不過於此處倒是可以練習使用 ML 估計方法。仍以上述 *VAR*(2) 模型估計台灣資料爲例，若以模型內的 OLS 估計值爲期初值，使用「BFGS」方法可得 ML 的估計值，讀者可以參考所附的 R 指令，並比較 OLS 與 ML 估計值之間的差異（差異應爲 0）；另一方面，我們亦可得到 $\tilde{\theta}$ 的估計共變異數矩陣。

習題

(1) 我們如何估計一個 *VAR* 模型？試解釋之。
(2) 試解釋如何得到一個 *VAR* 模型的 ML 估計式。
(3) 上述台灣三變數資料若以 *VAR*(3) 模型（含常數項）估計，其結果爲何？
(4) 續上題，其對應的特性根爲何？該估計 *VAR*(3) 模型是否安定？
(5) 續上題，利用程式套件（vars）估計並判斷估計 *VAR*(3) 模型是否安定？
(6) 續上題，利用程式套件（vars）取得估計 *VAR*(3) 模型之估計係數。
(7) 續上題，利用程式套件（vars）取得估計 *VAR*(3) 模型之對應的 *VAR*(12) 模型的估計係數。
(8) 以 OLS 估計高相關的 *VAR* 模型結果爲何？

2.2 RGLS 估計

直覺而言，若讀者有練習 2.1 節的例 1，應可以發現該估計 *VAR*(2) 模型內有不少的估計參數值並不顯著異於 0，例如以顯著水準爲 10% 爲準，我們可以發現（7-25）式爲：

$$\hat{\mathbf{A}}_{\nu}^{*}=\begin{bmatrix} \cdot & - & * & - & - & - & - \\ \cdot & * & - & * & * & * & * \\ \cdot & - & * & - & - & - & * \end{bmatrix}$$

其中「*」表示不顯著異於 0。若上述的結果合乎預期，則豈不是可以以此爲限制進一步再估計一次；或者說，於尚未估計之前，我們可能認爲 $\mathbf{A}_{\nu}$ 內若干參數值（元素）應爲 0，故 $\mathbf{A}_{\nu}$ 內早就存在著「限制」。若模型內的參數值沒有受到任何限制，則（7-25）式倒是與 GLS 的估計結果相同；相反地，若參數值存在著限制，Lütkepohl（2005）曾指出 GLS 估計的使用反而較占優勢。

換言之，於使用模型之前，我們有可能認爲 $\mathbf{A}_\nu$ 內的若干元素應限制爲 0。假定該限制可寫成：

$$\alpha = \mathbf{R}\gamma \tag{7-30}$$

其中 $\mathbf{R}$ 爲一個 $(K^2p+K)\times M$ 矩陣且其秩爲 M，而 γ 則是一個不受限制的參數向量，即 γ 是一個 $M\times 1$ 向量。因此，（7-30）式相當於將不受限制的 α 拆成「限制」與「不受限制」二部分，其中前者用 0 而後者則由 γ 表示。根據 Lütkepohl（2005）或 Kilian 與 Lütkepohl（2017），γ 的 GLS 的估計式可寫成：

$$\hat{\gamma} = \left[\mathbf{R}^T\left(\mathbf{Z}\mathbf{Z}^T \otimes \Sigma_{\mathbf{u}}^{-1}\right)\mathbf{R}\right]^{-1}\mathbf{R}^T vec\left(\Sigma_{\mathbf{u}}^{-1}\mathbf{Y}\mathbf{Z}^T\right) \tag{7-31}$$

其中 $\mathbf{Y}$ 與 $\mathbf{Z}$ 的定義與（7-25）式一致。

類似於（7-26）式，$\hat{\gamma}$ 的極限分配可寫成：

$$\sqrt{T}\left(\hat{\gamma}-\gamma\right)\xrightarrow{d} N\left(\mathbf{0},\left(\mathbf{R}^T\Sigma_{\hat{\alpha}}^{-1}\mathbf{R}\right)^{-1}\right) \tag{7-32}$$

不過因 $\Sigma_{\mathbf{u}}$ 爲未知，通常我們是以 OLS 的估計式如（7-27）式內的 $\hat{\Sigma}_{\mathbf{u}}$ 取代，於 GLS 內，此可稱爲可執行的（feasible）GLS（或 FGLS）。若以 $\hat{\hat{\gamma}}$ 表示 FGLS 的估計式，則根據（7-30）式可知對應的 α 之估計式可寫成 $\hat{\hat{\alpha}} = \mathbf{R}\hat{\hat{\gamma}}$；是故，按照（7-32）式可得：

$$\sqrt{T}\left(\hat{\hat{\alpha}}-\alpha\right)\xrightarrow{d} N\left(\mathbf{0},\mathbf{R}\left(\mathbf{R}^T\Sigma_{\hat{\alpha}}^{-1}\mathbf{R}\right)^{-1}\mathbf{R}^T\right) \tag{7-33}$$

上述分配亦可參考 Lütkepohl（2005）。

我們不難延續上述台灣資料說明 RGLS 的估計。若上述 $\hat{\mathbf{A}}_\nu^*$ 內元素的限制是可以接受的，此相當於將 $\hat{\mathbf{A}}_\nu^*$ 以 $\hat{\alpha}$ 的形式表示（行向量堆積），故其相當於分別將第 5、7、9、11、14、17、20 與 21 的參數皆限制爲 0。使用（7-31）式估計，可得 α 的估計值爲：

$$\hat{\alpha} = \begin{bmatrix} 0.3379 & 1.5155 & 0 & -0.1986 & -0.5522 & -0.0119 & 0.1446 \\ 0.3176 & 0 & 0.7893 & 0 & 0 & 0 & 0 \\ 0.1971 & -0.2325 & 0 & 0.9493 & 0.2156 & 0.0256 & 0 \end{bmatrix}$$

至於 $\Sigma_{\mathbf{u}}$ 的估計，其估計值則與使用 OLS 相同。

例 1 使用程式套件（Var.etp）的函數指令

使用程式套件（Var.etp）的 VAR.Rest 函數指令，我們亦可以取得 RGLS 估計。仍根據上述台灣的資料以及 $\hat{\mathbf{A}}_{v}^{*}$，使用上述函數指令除了可以取得相同 α 的估計值之外，尚可以進一步取得對應的估計參數之 t 檢定統計量矩陣，而該矩陣為：

$$t_{\hat{\alpha}} = \begin{bmatrix} 2.2480 & 23.0248 & - & -3.3193 & -9.1956 & -0.9316 & 2.3569 \\ 2.8219 & - & 16.0728 & - & - & - & - \\ 0.9952 & -2.5923 & - & 25.6701 & 2.6662 & 1.4819 & - \end{bmatrix}$$

讀者應注意上述函數指令內 R 的設定方式，可以參考所附的 R 指令。

例 2 定態 *VAR* 模型

續例 1，根據 RGLS 的估計結果，我們當然必須進一步檢視所估計的結果仍是一個定態的 *VAR* 模型；換言之，我們計算對應的（7-15）式內 $\mathbf{A}$ 之特性根的長度分別約為 0.97、0.92、0.79、0.63、0.06 與 0，由於皆小於 1，故由 RGLS 估計的 *VAR* 模型仍是安定的。

例 3 OLS 與 FGLS 估計的比較

令 a_{ij} 表示 $\mathbf{A}_1$ 內的第 i 列與第 j 行元素，我們限制 1.2 節內的模型 1 的 a_{11} 與 a_{12} 皆為 0，即：

$$\mathbf{A}_1 = \begin{bmatrix} 0 & 0 & -0.08 \\ 0.07 & 0.84 & -0.09 \\ 0.03 & 0.03 & 0.95 \end{bmatrix}$$

其餘不變。讀者倒是可以檢視限制的 *VAR*(1) 模型是否安定。於 $n = 100$ 與 $N = 5{,}000$ 之下，我們先模擬出 *VAR*(1) 模型的樣本資料，再分別使用 OLS 與 RGLS 估計 $\mathbf{A}_1$ 內的參數值，其估計結果可繪製如圖 7-8 所示，其中實線（虛線）是使用 OLS（RGLS）估計，而垂直直線則是對應的眞實參數值。圖 7-8 是繪製出 $\rho = 0.1$ 的結果，而從圖內可看出二種方法的估計結果差距並不大。

雖說如此，若提高 ρ 值，其結果未必相同。換言之，若使用 $\rho = 0.95$ 而其餘不變，圖 7-9 繪製出與圖 7-8 相異的圖形。從圖 7-9 內明顯可看出 FGLS 的估計較占優勢。是故，若使用高相關的限制 *VAR* 模型，使用 FGLS 的估計有可能較適當。

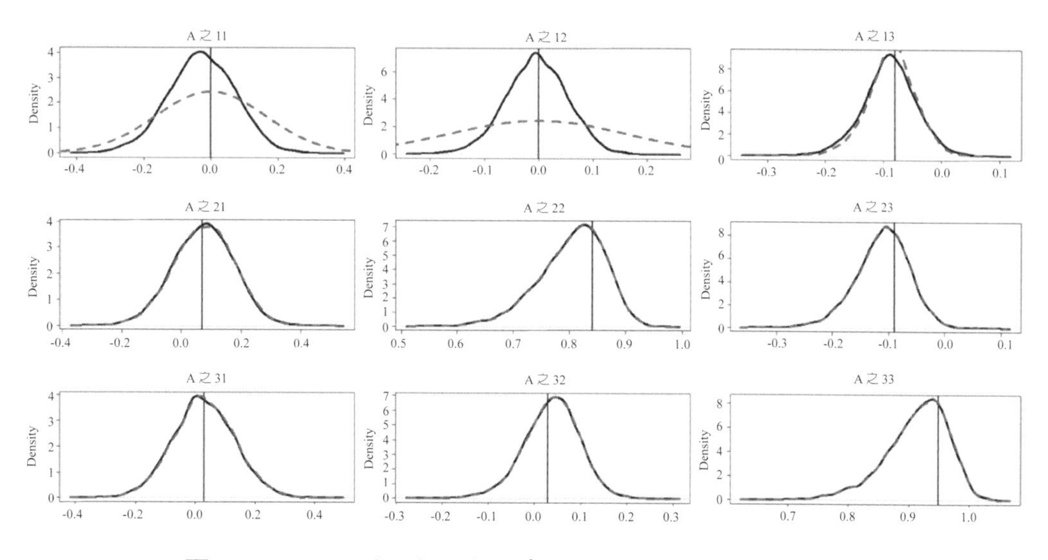

圖 7-8　$\rho = 0.1$（**A** 之 ij 表示 $\hat{\mathbf{A}}_1$ 內之第 i 列第 j 行之元素）

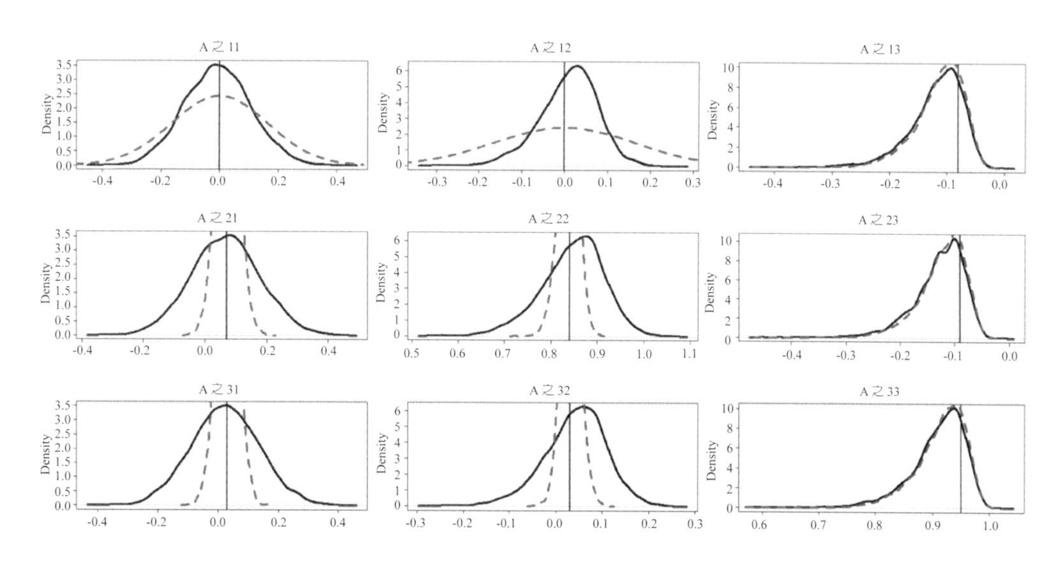

圖 7-9　$\rho = 0.95$（**A** 之 ij 表示 $\hat{\mathbf{A}}_1$ 內之第 i 列第 j 行之元素）

習題

(1) 何謂 FGLS 估計式？試解釋之。
(2) 試敘述如何使用程式套件（Var.etp）的 VAR.Rest 函數指令取得 RGLS 估計值。
(3) 試比較程式套件（Var.etp）與程式套件（vars）的 *VAR* 模型的估計結果。
(4) 續上題，利用上述台灣的三變數資料，分別使用上述二程式套件的函數指令而以 *VAR*(2) 模型（含常數項）估計。

3. 定態的 *VAR* 模型

若再檢視圖 7-3 或 7-4 內變數的走勢，可以發現定態的 *VAR* 模型應可用於預測模型內生變數的未來走勢。沒錯，如前所述，定態的 *VAR* 模型是一種縮減型的模型，其目的是用於預測。其實，除了預測的標的之外，於定態的 *VAR* 模型內，我們還可以進行所謂的「結構上」分析，例如 Granger 因果分析（Granger causality）、衝擊反應分析或預測誤差之變異數拆解（variance decomposition）。

3.1 預測

假定 $\mathbf{y}_t$ 是根據一個 *VAR* 模型如（7-13）式所產生。若 $\mathbf{u}_t$ 是一個白噪音過程同時也是一種 MDS，即 $E(\mathbf{u}_t \mid \mathbf{y}_{t-1}, \mathbf{y}_{t-2}, \cdots) = E(\mathbf{u}_t \mid \mathbf{u}_{t-1}, \mathbf{u}_{t-2}, \cdots) = \mathbf{0}$，則於 T 期 $\mathbf{y}_T$ 之向前 h 步的預測式可寫成：

$$\mathbf{y}_{T+h|T} = E(\mathbf{y}_{T+h} \mid \mathbf{y}_T, \mathbf{y}_{T-1}, \cdots) = \nu + \mathbf{A}_1 \mathbf{y}_{T+h-1|T} + \cdots + \mathbf{A}_p \mathbf{y}_{T+h-p|T} \qquad (7\text{-}34)$$

其中就 $j \le 0$ 而言，$\mathbf{y}_{T+j|T} = \mathbf{y}_{T+j}$。根據 Lütkepohl（2005），$\mathbf{y}_{T+j|T}$ 是一個最適或擁有最小 MSE 的向前 h 步預測式。其實，（7-34）式亦可以使用反覆替代的方式求得，即

$$\begin{aligned} \mathbf{y}_{T+1|T} &= \nu + \mathbf{A}_1 \mathbf{y}_t + \cdots + \mathbf{A}_p \mathbf{y}_{t-p+1} \\ \mathbf{y}_{T+2|T} &= \nu + \mathbf{A}_1 \mathbf{y}_{T+1|T} + \mathbf{A}_2 \mathbf{y}_t \cdots + \mathbf{A}_p \mathbf{y}_{t-p+2} \\ &\vdots \end{aligned} \qquad (7\text{-}35)$$

其中就 $h > 0$ 而言，$\mathbf{u}_{T+h|T} = \mathbf{0}$。因此，（7-35）式提醒我們若 $j \le 0$，則以實際的 $\mathbf{y}_{T+j}$ 取代預測值 $\mathbf{y}_{T+j|T}$。

根據（7-21）式，上述向前 h 步預測誤差可寫成：

$$\mathbf{y}_{T+h}-\mathbf{y}_{T+h|T}=\mathbf{u}_{T+h}+\Phi_1\mathbf{u}_{T+h-1}+\cdots+\Phi_h\mathbf{u}_{T+1} \tag{7-36}$$

其中 Φ_i 可參考（7-23）式。從（7-36）式可看出上述預測誤差之平均數為 $\mathbf{0}$，隱含著該預測式是一個不偏的估計式；另一方面，其對應的變異數為：

$$\Sigma_{\mathbf{y}}(h)=E\left[\left(\mathbf{y}_{T+h}-\mathbf{y}_{T+h|T}\right)\left(\mathbf{y}_{T+h}-\mathbf{y}_{T+h|T}\right)^T\right]=\sum_{j=0}^{h-1}\Phi_j\Sigma_{\mathbf{u}}\Phi_j^T \tag{7-37}$$

即 $\mathbf{y}_{T+h}-\mathbf{y}_{T+h|T}\sim\left(\mathbf{0},\Sigma_{\mathbf{y}}(h)\right)$。不過，從 1.2 節的例 5 可知，若 $\mathbf{y}_t$ 屬於 $I(0)$，於 $h\to\infty$ 之下，$\Sigma_{\mathbf{y}}(h)$ 會趨向於 $\Sigma_{\mathbf{y}}=\Gamma_{\mathbf{y}}(0)$。。換言之，於定態的 VAR 模型內，預測誤差共變異數矩陣會收斂至 $\mathbf{y}_t$ 的非條件共變異數矩陣，此隱含著於定態的 VAR 模型內即使預測期間無限延伸，預測誤差仍是有限的。此種結果頗符合我們的直覺判斷，想像若 $\mathbf{y}_t$ 屬於 $I(1)$，其結果會如何？

於（7-34）或（7-35）式內可看出我們使用 $\mathbf{u}_t$ 屬於 MDS 假定的重要性。若 $\mathbf{u}_t$ 不屬於 MDS，此隱含著於過去的（誤差）觀察值為已知的條件下，條件平均數不為 0，（7-34）式雖仍是最佳的線性預期式；不過，若與其他的非線性預期比較，（7-34）式未必擁有最低的預測 MSE。

值得注意的是，從（7-36）式內可看出預測誤差與 VAR 模型內的確定項無關；換言之，即使後者有考慮到多項式趨勢項，不過預測誤差的計算會抵銷該確定項。雖說如此，因（7-36）式仍未使用 $\mathbf{y}_t$ 的估計值，即若使用估計式如 $\hat{\mathbf{y}}_{T+h|T}$ 取代（7-36）式內 $\mathbf{y}_{T+h|T}$，自然預測誤差亦有包括含確定項的估計誤差。

若 $\mathbf{u}_t\sim NID(\mathbf{0},\Sigma_{\mathbf{u}})$，根據（7-36）式可知預測誤差亦屬於多變量常態分配，即 $\mathbf{y}_{T+h}-\mathbf{y}_{T+h|T}\sim N\left(\mathbf{0},\Sigma_{\mathbf{y}}(h)\right)$，我們自然可以進一步計算對應的預測（信賴）區間，不過若不屬於常態分配，我們倒是可以使用拔靴法建立預測區間（第 4 節）。

例 1 將估計的 *VAR* 模型轉成 *VMA* 模型

根據（7-21）式，我們亦可將估計的 VAR 模型轉成對應的 VMA 模型。令 $\Phi(L)=\mathbf{I}+\Phi_1L+\Phi_2L+\cdots$，以 2.1 節內台灣的利率、通貨膨脹率以及失業率資料所估計的 $VAR(2)$ 模型為例，可得 $\Phi(L)$ 的估計值矩陣序列 $\hat{\Phi}$，而其可繪製於圖 7-10，

其中 $\hat{\Phi}_{ij}$ 表示序列矩陣內之第 i 列與第 j 行元素。換言之，根據估計的 $VAR(2)$ 模型，圖 7-10 繪製出對應的 $VMA(24)$ 模型內估計係數元素的走勢。

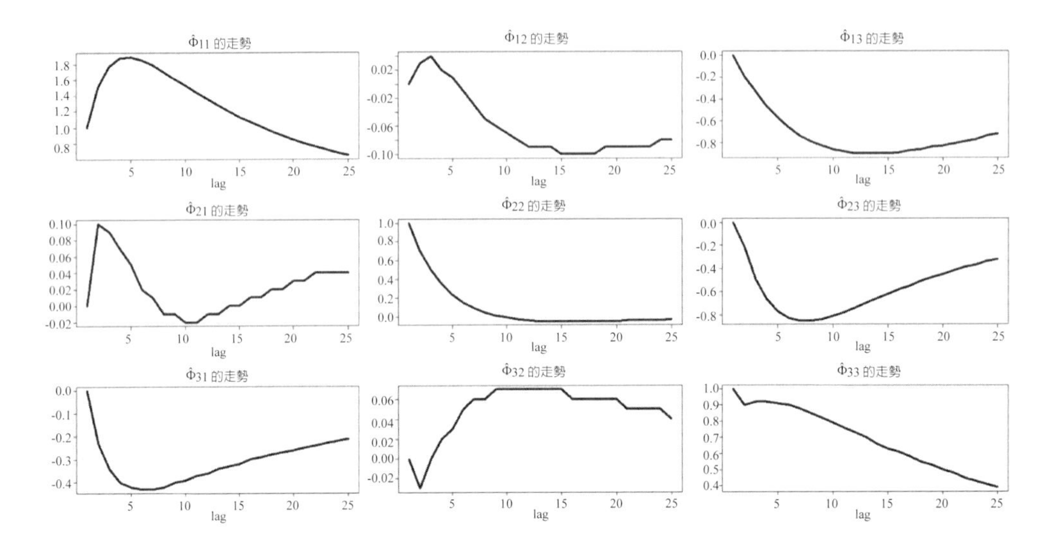

圖 7-10　利用估計的 $VAR(2)$ 模型取得 $VMA(24)$ 模型内的 $\hat{\phi}$ 走勢

例 2　預測誤差變異數之估計

就（7-13）式而言，若眞實的係數 $\mathbf{A}_\nu=(\nu,\mathbf{A}_1,\cdots,\mathbf{A}_p)$ 由估計値 $\hat{\mathbf{A}}_\nu=(\hat{\nu},\hat{\mathbf{A}}_1,\cdots,\hat{\mathbf{A}}_p)$ 取代，則可得預測值 $\hat{\mathbf{y}}_{T+h|T}$ 爲：

$$\hat{\mathbf{y}}_{T+h|T}=\hat{\nu}+\hat{\mathbf{A}}_1\hat{\mathbf{y}}_{T+h-1|T}+\cdots+\hat{\mathbf{A}}_p\hat{\mathbf{y}}_{T+h-p|T} \tag{7-38}$$

其中若 $j\le 0$ 則 $\hat{\mathbf{y}}_{T+j|T}=\mathbf{y}_{T+j}$。根據（7-38）式，其對應的預測誤差爲：

$$\mathbf{y}_{T+h}-\hat{\mathbf{y}}_{T+h|T}=(\mathbf{y}_{T+h}-\mathbf{y}_{T+h|T})+(\mathbf{y}_{T+h|T}-\hat{\mathbf{y}}_{T+h|T}) \tag{7-39}$$

若檢視（7-39）式等號的右側，可以發現第一項只包括 $\mathbf{u}_{T+h}$，不過因我們的樣本資料只到 T 期，故第二項反而是未知的。假定上述二項彼此相互獨立（因 $\mathbf{u}_{T+h}$ 屬於 IID，故上述二項至少不相關），利用（7-37）與（7-39）二式，可以進一步取得預測誤差的變異數爲：

$$\Sigma_{\hat{\mathbf{y}}}(h)=E\left[\left(\mathbf{y}_{T+h}-\hat{\hat{\mathbf{y}}}_{T+h|T}\right)\left(\mathbf{y}_{T+h}-\mathbf{y}_{T+h|T}\right)^{T}\right]$$

$$=\Sigma_{\mathbf{y}}(h)+MSE\left(\mathbf{y}_{T+h}-\hat{\mathbf{y}}_{T+h|T}\right)$$

$$=\Sigma_{\mathbf{y}}(h)+\Omega(h)/T \qquad (7\text{-}40)$$

於例 1 內，我們已經可以取得 Φ_j 的估計值 $\hat{\Phi}_j$，故代入（7-37）式可得（7-40）式等號內右側第一項的估計值，即 $\hat{\Sigma}_{\mathbf{y}}(h)=\sum_{j=0}^{h-1}\hat{\Phi}_j\hat{\Sigma}_{\mathbf{u}}\hat{\Phi}_j$，其中 $\hat{\Sigma}_{\mathbf{u}}$ 則取自（7-27）式。比較麻煩的是 $\Omega(h)$ 的估計。

一種可行的方式是畢竟我們所檢視的是定態的 *VAR* 模型，雖然樣本資料只至 *T* 期，不過若假想該定態結構可以無限地延伸呢？假定該定態結構維持不變，則根據 Lütkepohl（2005），$\Omega(h)$ 可寫成[9]：

$$\Omega(h)=\sum_{i=0}^{h-1}\sum_{j=0}^{h-1}tr\left[\left(\mathbf{A}_{\nu}^{T}\right)^{h-1-i}\Gamma^{-1}\mathbf{A}_{\nu}^{h-1-j}\Gamma\right]\Phi_i\Sigma_{\mathbf{u}}\Phi_j^{T} \qquad (7\text{-}41)$$

其中 $\Gamma=\mathbf{ZZ}^{T}/T$。（7-41）式的推導過程可參考 Lütkepohl（2005）。畢竟（7-41）式過於繁雜，其可簡化成：

$$\frac{1}{T}\hat{\Omega}(h)=\sum_{i=0}^{h-1}\sum_{j=0}^{h-1}\hat{\Phi}_i\hat{\Sigma}_{\mathbf{u}}\hat{\Phi}_j^{T} \qquad (7\text{-}42)$$

R 的程式套件（vars）就是使用（7-42）式，不過程式套件（VAR.etp）卻是使用（7-41）式。根據（7-41）與（7-42）二式，圖 7-11 繪製出不同 *h* 下，上述台灣 *VAR*(2) 模型內利率、通貨膨脹率與失業率預測誤差變異數之估計，其中實線是根據程式套件（vars）而虛線則使用程式套件（VAR.etp）所繪製，當然前者接近於（7-42）式的估計而後者則接近於使用（7-41）式。我們從圖內可看出使用程式套件（vars）會低估。

[9] $tr(\cdot)$ 的意義可參考本章附錄。

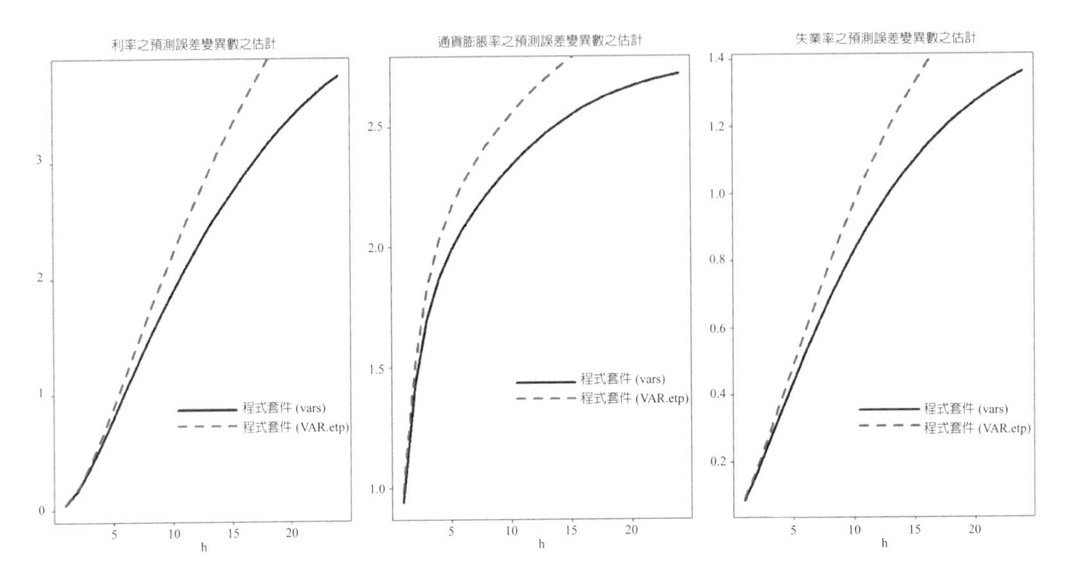

圖 7-11　不同 h 下，利率、通貨膨脹率與失業率預測誤差變異數之估計

例 3　預測區間的計算

仍以上述估計的台灣 $VAR(2)$ 模型爲例。令 $h = 2$，可分別得（按照利率、通貨膨脹率與失業率的順序）：

$$\hat{\mathbf{y}}_{T+1|T} = \begin{bmatrix} 1.7848 \\ 0.8473 \\ 3.7554 \end{bmatrix} \text{與} \ \hat{\mathbf{y}}_{T+2|T} = \begin{bmatrix} 1.8694 \\ 1.1297 \\ 3.7203 \end{bmatrix}$$

若使用程式套件（vars）估計，則 95% 預測區間分別爲：

$$\hat{\mathbf{y}}_{T+1|T} \pm 1.96 s_{\mathrm{y}} = \begin{bmatrix} [1.3639, 2.2051] \\ [-1.0518, 2.7467] \\ [3.179, 4.2218] \end{bmatrix} \text{與} \ \hat{\mathbf{y}}_{T+2|T} \pm 1.96 s_{\mathrm{y}} = \begin{bmatrix} [1.0674, 2.6699] \\ [-1.2094, 3.4688] \\ [2.9173, 4.5240] \end{bmatrix}$$

但是若使用程式套件（VAR.etp）估計，則 95% 預測區間分別爲：

$$\hat{\mathbf{y}}_{T+1|T} \pm 1.96 s_{\mathrm{y}} = \begin{bmatrix} [1.3539, 2.2151] \\ [-1.0968, 2.7917] \\ [3.1654, 4.3454] \end{bmatrix} \text{與} \ \hat{\mathbf{y}}_{T+2|T} \pm 1.96 s_{\mathrm{y}} = \begin{bmatrix} [1.0407, 2.6966] \\ [-1.2814, 3.5409] \\ [2.8912, 4.5501] \end{bmatrix}$$

顯然後者的預期區間較寬。可以參考所附的 R 指令。

例 4　扇形圖的繪製

程式套件（vars）內有提供預測區間以扇形圖（fan chart）繪製的函數指令。仍以上述估計的台灣 *VAR*(2) 模型爲例，令 $h = 24$，圖 7-12 繪製出該扇形圖，可以參考所附的 R 指令。

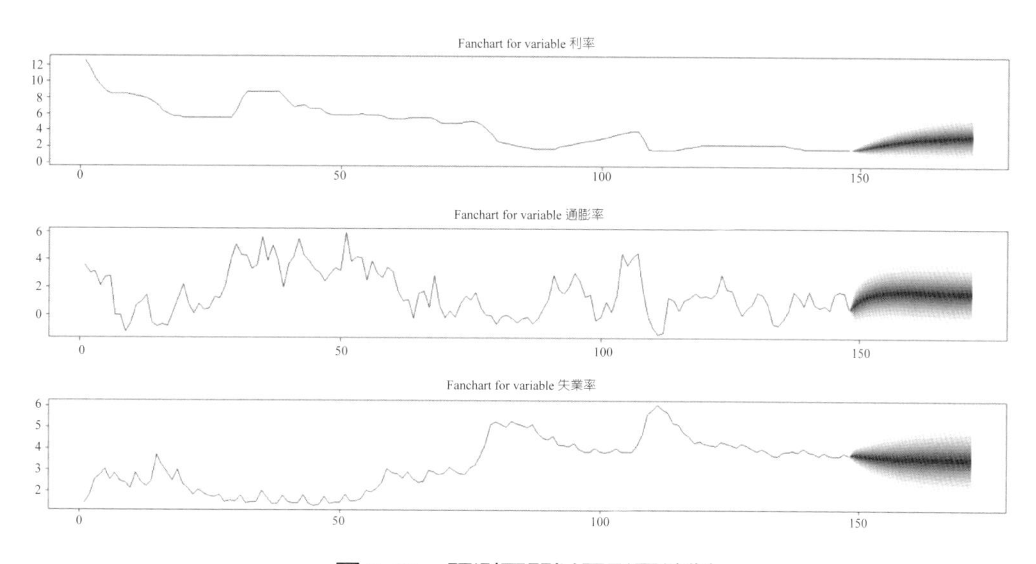

圖 7-12　預測區間以扇形圖繪製

習題

(1) 試敘述如何使用估計的 *VAR* 模型從事預測。

(2) 試敘述如何使用估計的 *VAR* 模型計算預測誤差的變異數。

(3) 我們如何利用程式套件（vars）內的函數指令計算 $1 - \alpha$ 的預測區間？

(4) 我們如何利用程式套件（VAR.etp）內的函數指令計算 $1 - \alpha$ 的預測區間？

3.2 落後期 p 選擇過程

於前面的分析內，$VAR(p)$ 模型的落後期 p 是任意取的。實際上，p 期的選取雖說取決於所可用的樣本資料大小，不過循序檢定過程（sequential testing procedure）與訊息指標的採用，卻是二種普遍用於選擇適當的 $VAR(p)$ 模型的落後期。二種方法皆需要預先設定一個最大的落後期 $p_{\max}$。循序檢定過程可以分成由上向下（top-down）與由下至上（bottom-up）二種。

3.2.1 由上向下循序檢定

由上向下循序檢定指的是循序自 $p_{\max}$ 往下檢定下列假設：

$$H_0^1 : \mathbf{A}_{p_{\max}} = \mathbf{0} \quad \text{vs.} \quad H_a^1 : \mathbf{A}_{p_{\max}} \neq \mathbf{0}$$

$$H_0^2 : \mathbf{A}_{p_{\max}-1} = \mathbf{0} \quad \text{vs.} \quad H_a^2 : \mathbf{A}_{p_{\max}-1} \neq \mathbf{0} \mid \mathbf{A}_{p_{\max}} = \mathbf{0}$$

$$\vdots$$

$$H_0^{p_{\max}} : \mathbf{A}_1 = \mathbf{0} \quad \text{vs.} \quad H_a^{p_{\max}} : \mathbf{A}_1 \neq \mathbf{0} \mid \mathbf{A}_{p_{\max}} = \cdots = \mathbf{A}_2 = \mathbf{0}$$

上述檢定過程將持續下去直至拒絕虛無假設爲止。換言之，若中間有出現拒絕虛無假設，上述循序檢定就可中止，即可選擇出最適的落後期 p；當然，若出現無任何拒絕虛無假設，則 $p = 0$。上述由上向下循序檢定過程亦可稱爲一般至特定過程（general to specific procedure），即從最大的落後期縮減至所選擇的落後期。

通常我們可以利用 LR 檢定以操作上述循序檢定。例如：一個 $VAR(m)$ vs. $VAR(m+1)$ 的 LR 檢定統計量可寫成：

$$LR(m) = T\left[\log\left(\det\left(\tilde{\Sigma}_{\mathbf{u}}(m)\right)\right) - \log\left(\det\left(\tilde{\Sigma}_{\mathbf{u}}(m+1)\right)\right)\right] \tag{7-43}$$

其中 $\tilde{\Sigma}_{\mathbf{u}} = T^{-1}\hat{\mathbf{U}}\hat{\mathbf{U}}^T$ 爲 ML 之 $\Sigma_{\mathbf{u}}$ 估計式。若 $H_0 : \mathbf{A}_{m+1} = \mathbf{0}$ vs. $H_a : \mathbf{A}_{m+1} \neq \mathbf{0}$，則於 H_0 之下，對應的 LR 檢定統計量之漸近分配屬於 $\chi^2_{K^2}$ 分配（即自由度爲 K^2 的卡方分配）。由於 VAR 模型會牽涉到過多的變數與落後期變數，故有限樣本分配與其對應的漸近分配之間可能有較大的差距。有鑑於此，Sims（1980）建議修正（7-43）式而提出：

$$LR^a(m) = \left(T - K(m+1)\right)\left[\log\left(\det\left(\tilde{\Sigma}_{\mathbf{u}}(m)\right)\right) - \log\left(\det\left(\tilde{\Sigma}_{\mathbf{u}}(m+1)\right)\right)\right] \tag{7-44}$$

利用前述台灣的利率、通貨膨脹率以及失業率資料，假定 $p_{max} = 10$，我們分別使用（7-43）與（7-44）二式以決定一個 $VAR(p)$ 模型（含常數項）的最適落後期 p，其結果可繪製於圖 7-13，其中水平直線表示顯著水準爲 5% 的卡方分配的臨界值（約爲 16.92）。從圖內可看出若使用（7-43）式所選擇的 p 等於 6（左圖）；不過，若利用（7-44）式，則所選擇的 p 有可能等於 6 或 2。例如：於 $p = 2$ 之下，利用（7-44）式可得 $LR^a(2) \approx 74.19$，顯然拒絕虛無假設爲 $\mathbf{A}_1 = \mathbf{0}$ 的情況。

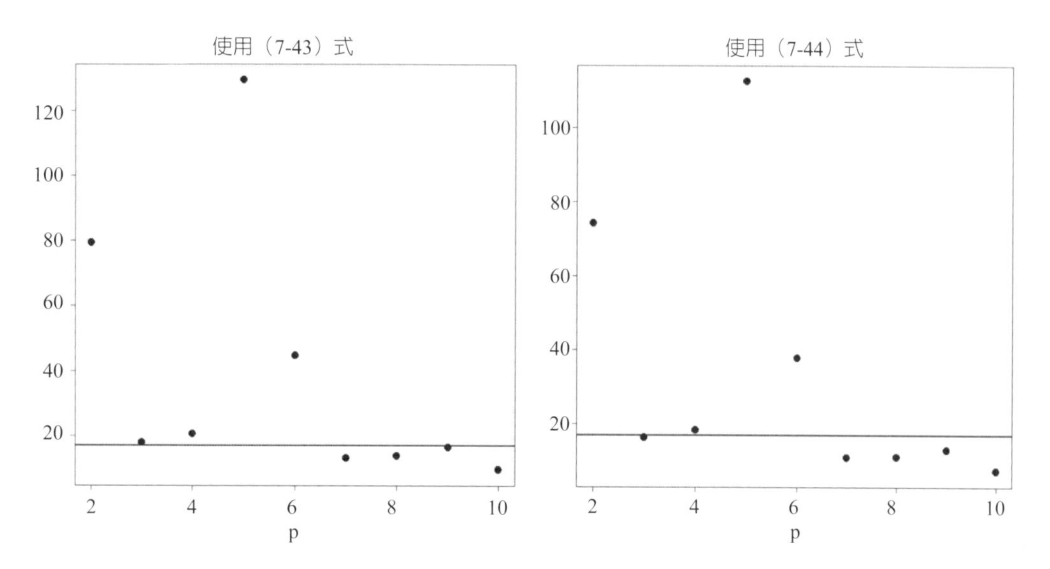

圖7-13 利用（7-43）與（7-44）二式選擇*VAR*模型的落後期（水平直線為顯著水準的卡方臨界值）

3.2.2 由下至上循序檢定

除了由上向下循序檢定之外，我們也可以使用由下至上循序檢定以選擇出 VAR 模型的落後期數 p。由下至上循序檢定亦可稱爲「特定至一般」的循序檢定，即從最小的落後期數 p 開始，只要資料未能反映 VAR 模型的動態結構，則逐次提高 p，其中動態結構是利用模型殘差值序列的自我相關檢定檢視；換言之，由下至上循序檢定是使用自我相關檢定逐次檢視 $VAR(0)$、$VAR(1)$、$VAR(2)$、⋯，直到出現不顯著的自我相關爲止。因此，由下至上循序檢定反而事先不需要預 p_{max} 設值。

於 VAR 模型內，通常用於檢定殘差值序列相關的有 Portmanteau 與 LM 檢定。

Portmanteau 檢定

Portmanteau 檢定是用於檢定 VAR 模型的誤差項是否存在自我相關。考慮下列的虛無假設：

$$H_0 : E(\mathbf{u}_t \mathbf{u}_{t-i}^T) = \mathbf{0}, i = 1, 2, \cdots$$

而其對立假設則是至少存在一個自我相關的矩陣。Portmanteau 檢定統計量可寫成：

$$Q_h = T\sum_{j=1}^{h} tr\left(\hat{C}_j^T \hat{C}_0^{-1} \hat{C}_j \hat{C}_0^{-1}\right) \quad (7\text{-}45)$$

其中 $\hat{C}_j = T^{-1}\sum_{t=j+1}^{T} \hat{\mathbf{u}}_t \hat{\mathbf{u}}_{t-j}^T$ 而 $\hat{\mathbf{u}}_t$ 則爲 OLS 估計的殘差值。換言之，Portmanteau 檢定統計量是根據估計的殘差值自我共變異數矩陣而來；因此，只要定態的 *VAR* 模型的誤差項矩陣屬於 IID 或白噪音過程，於上述 H_0 之下，（7-45）式會漸近於自由度爲 $K^2(h-p)$ 的卡方分配。雖說如此，由於有限樣本分配與漸近分配仍有差距，故 Hosking（1980）建議於有限樣本下使用修正的 Portmanteau 檢定，其檢定統計量可寫成：

$$Q_h^* = T^2\sum_{j=1}^{h} \frac{1}{T-j} tr\left(\hat{C}_j^T \hat{C}_0^{-1} \hat{C}_j \hat{C}_0^{-1}\right) \quad (7\text{-}46)$$

其中 $h > p$。通常 Portmanteau 檢定的使用是選擇某些特定的 h 值，不過其並不適用於較低階的自我相關檢定（即較低的 h 值檢定），而後者則可以 *LM* 檢定取代。

利用前述台灣的資料，我們分別以 $VAR(6)$ 與 $VAR(10)$ 模型（二者皆只含常數項），圖 7-14 繪製出二模型估計殘差值矩陣之 Portmanteau 檢定統計量的 p 值，其中水平虛線爲顯著水準爲 5%，而「原始」與「修正」則分別指使用（7-45）與（7-46）式。我們從圖內可看出若使用原始的 Portmanteau 檢定，雖然於 $VAR(6)$ 模型之下約從 $h = 12$ 之後就出現不拒絕虛無假設的情況，但是若使用修正的 Portmanteau 檢定，則二模型就容易出現拒絕虛無假設存在無自我相關的結果。

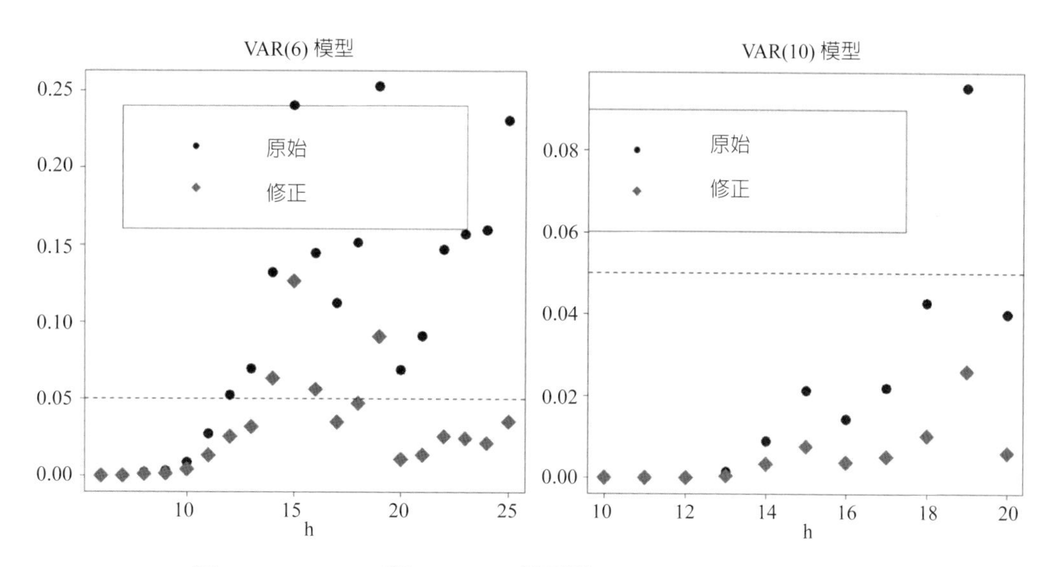

圖 7-14 *VAR*(6) **與** *VAR*(10) **模型的** Portmanteau **檢定之** $\boldsymbol{p}$ **值**

LM 檢定

誤差項的 LM 自我相關檢定是根據 Breusch（1978）與 Godfrey（1978）而來，故合併可稱爲 BG-LM 檢定。考慮下列的模型：

$$\mathbf{u}_t = \mathbf{D}_1\mathbf{u}_{t-1} + \cdots + \mathbf{D}_h\mathbf{u}_{t-h} + \mathbf{v}_t \qquad (7\text{-}47)$$

其中 $\mathbf{v}_t$ 是一種白噪音過程矩陣。根據（7-47）式，BG-LM 檢定的虛無與對立假設分別爲：

$$H_0 : \mathbf{D}_1 = \cdots = \mathbf{D}_h = \mathbf{0} \quad \text{vs.} \quad H_a : \mathbf{D}_i \neq \mathbf{0}, i = 1, \cdots, h$$

因此，BG-LM 檢定相當於是一種「零係數矩陣」檢定。一種簡單操作 BG-LM 檢定是使用（7-47）式的輔助模型，即：

$$\hat{\mathbf{u}}_t = \nu + \mathbf{A}_1\mathbf{y}_{t-1} + \cdots + \mathbf{A}_p\mathbf{y}_{t-p} + \mathbf{D}_1\hat{\mathbf{u}}_{t-1} + \cdots + \mathbf{D}_h\hat{\mathbf{u}}_{t-h} + \mathbf{v}_t^* \qquad (7\text{-}48)$$

其中 $\hat{\mathbf{u}}_t$ 爲 OLS 估計的殘差值矩陣而若 $t \leq 0$ 則以 $\mathbf{0}$ 取代，其次 $\mathbf{v}_t^*$ 可視爲一種輔助的誤差項矩陣。根據（7-48）式，BG-LM 檢定統計量可寫成：

$$LM_h = T\left(K - tr\left(\tilde{\Sigma}_{\mathbf{u}}^{-1}\tilde{\Sigma}_{\mathbf{v}}\right)\right) \quad (7\text{-}49)$$

其中 $\tilde{\Sigma}_{\mathbf{u}} = T^{-1}\sum_{t=1}^{T}\hat{\mathbf{u}}_t\hat{\mathbf{u}}_t^T$ 而 $\tilde{\Sigma}_{\mathbf{v}} = T^{-1}\sum_{t=1}^{T}\hat{\mathbf{v}}_t^*\hat{\mathbf{v}}_t^{*T}$，$\hat{\mathbf{v}}_t^*$ 則爲（7-48）式的估計殘差值矩陣。於虛無假設爲無自我相關的情況下，LM_h 的漸近分配爲自由度爲 hK^2 的卡方分配。

類似於（7-46）式，Edgerton and Shukur（1999）亦提出有限樣本的修正 LM 檢定，於此處稱爲 ES-LM 檢定，其檢定統計量可寫成：

$$LMF_h = \frac{1-(1-R_r^2)^{1/r}}{(1-R_r^2)^{1/r}}\frac{Nr-q}{Km} \quad (7\text{-}50)$$

其中 $R_r^2 = 1-\left|\tilde{\Sigma}_{\mathbf{u}}\right| / \left|\tilde{\Sigma}_{\mathbf{v}}\right|$、$r = \left((K^2m^2-4)/(K^2+m^2-5)\right)^{1/2}$、$q = 1/2Km - 1$、$m = Kh$ 以及 $N = T - K - m - 1/2(K - m + 1)$。利用圖 7-14 的（台灣資料）估計結果，我們進一步計算 LM_h 與 LMF_h 的 p 值，其結果可繪製於圖 7-15，其中水平虛線仍對應至顯著水準爲 5%。從圖內可看出約自 $h \geq 6$，上述二種 LM 檢定皆會顯著拒絕虛無假設爲無自我相關的情況。

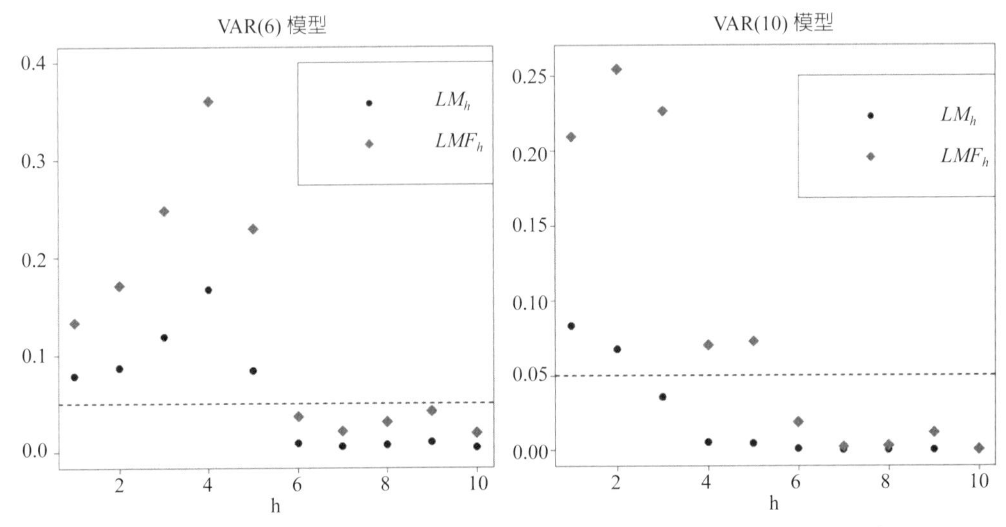

圖 7-15　$VAR(6)$ 與 $VAR(10)$ 模型的 BG-LM 與 ES-LM 檢定之 p 值

從圖 7-14 或 7-15 的二個例子內，不難發現以實際資料估計 *VAR* 模型而欲滿足符合誤差項無自我相關的要求的確有困難；換言之，雖說存在由下至上的循序檢定方法，不過該方法並不容易執行。讀者倒是可以嘗試以其他的 *VAR* 模型重新再檢視看看。

習題

(1) 試敘述如何使用 LR 檢定以操作循序檢定以取得 VAR 模型的 p 落後期。
(2) 試解釋圖 7-14。
(3) 試解釋圖 7-15。
(4) Portmanteau 與 LM 檢定有何不同？試解釋之。

3.2.3 訊息指標

就選擇落後期 p 而言，使用訊息指標來選擇，倒是提供替代上述循序檢定的一種簡單方法。就 VAR 模型而言，訊息指標的一般式可寫成：

$$C(m) = \log\left(\det\left(\tilde{\Sigma}_{\mathbf{u}}(m)\right)\right) + c_T\varphi(m) \tag{7-51}$$

其中 $\tilde{\Sigma}_{\mathbf{u}}(m) = T^{-1}\sum_{t=1}^{T}\hat{\mathbf{u}}_t\hat{\mathbf{u}}_t^T$ 而 $\hat{\mathbf{u}}_t$ 則爲 OLS 估計 $VAR(m)$ 模型的殘差值矩陣。（7-51）式內的 $\varphi(m)$ 可對應至 $VAR(m)$ 模型內自變數（解釋變數）總數量，由於每條方程式內有 mK 個解釋變數，而 $VAR(m)$ 模型內有 K 條方程式，故若模型內無確定項，則 $\varphi(m) = mK^2$，但是模型內若只含常數項，則 $\varphi(m) = mK^2 + K$。我們從第 4 章或從（7-51）式內的殘差值矩陣可知從最低的 $C(m)$ 內挑選落後期 m，故（7-51）有包括 $\varphi(m)$ 可視爲對「大型的 $VAR(m)$ 模型」的一種控制，其中 c_T 就是控制的權數。換言之，若樣本數 T 固定，落後期 m 的提高雖可降低 $\tilde{\Sigma}_{\mathbf{u}}$，但是其亦會提高 $\varphi(m)$，故欲極小化 $C(m)$，反而需平衡上述二種力道。

於 VAR 模型內，有四種訊息指標倒是被經常使用，其分別爲 AIC、HQC、SIC 與 FPE（final prediction error, FPE）。

AIC

AIC 訊息指標可寫成：

$$AIC(m) = \log\left(\det\left(\tilde{\Sigma}_{\mathbf{u}}(m)\right)\right) + \frac{2}{T}\left(mK^2 + K\right)$$

即 $c_T = 2 / T$。AIC 訊息指標是由 Akaike（1973, 1974）所提出。

HQC

HQC 訊息指標可寫成：

$$HQC(m)=\log\left(\det\left(\tilde{\Sigma}_{\mathbf{u}}(m)\right)\right)+\frac{2\log\left(\log(T)\right)}{T}\left(mK^2+K\right)$$

即 $c_T = 2\log(\log(T)) / T$。*HQC* 訊息指標是由 Hannan 與 Quinn（1979）以及 Quinn（1980）所建議採用。

SIC

SIC 訊息指標可寫成：

$$SIC(m)=\log\left(\det\left(\tilde{\Sigma}_{\mathbf{u}}(m)\right)\right)+\frac{2\log(T)}{T}\left(mK^2+K\right)$$

即 $c_T = 2\log(T) / T$。*SIC* 訊息指標的提出最早見於 Schwarz（1978）與 Rissanen（1978）。因 Schwarz（1978）是於一種貝氏設定（Bayesian setting）下導出 *SIC* 訊息指標，故 *SIC* 亦可稱為 *BIC* 訊息指標。

FPE

上述三種訊息指標的一般式可寫成（7-51）式，不過由 Akaike（1973, 1974）所提出的 *FPE* 訊息指標的形式卻與（7-51）不同，其反倒是根據極小化預測誤差如極小化 MSE 而來。*FPE* 訊息指標可寫成：

$$FPE(m)=\left(\frac{T+n^*}{T-n^*}\right)^K\det\left(\tilde{\Sigma}_{\mathbf{u}}(m)\right) \qquad (7\text{-}52)$$

其中 n^* 表示 $VAR(m)$ 模型內每條方程式內的係數總數，即若 $VAR(m)$ 模型內只含常數項，則 $n^* = Km + 1$。我們從（7-52）式內亦可看出落後期數 m 的提高會引起 $\tilde{\Sigma}_{\mathbf{u}}(m)$ 下降以及 n^* 上升二種力道，因此極小化 *FPE* 訊息指標也需平衡上述二種力道。

上述以訊息指標的使用自然是從可能的落後期 $m = 0, 1, \cdots, p_{\max}$ 當中尋找出最小值的訊息指標。因此，以極小化訊息指標以找出落後期 m，仍須事先設定 $p_{\max}$。習慣上，若使用月資料，則 $p_{\max}$ 可選 12 或 24；同理，若使用季資料，則 $p_{\max}$ 可選 4 或 8。直覺而言，若使用循序檢定以選擇落後期 m，因需使用連續檢定，故最終檢定的顯著水準有可能不如預期[10]。反觀以訊息指標來選擇，相對上其困難度就可

---

[10] 例如 Lütkepohl（2005）曾指出於循序檢定內，即使連續檢定內的檢定相互獨立，於顯著水準為 5% 下，第 1~3 次連續檢定對應的顯著水準分別約為 5%、9.75% 以及 14.26%。

降低。

仍使用以 $VAR(m)$ 模型（只含常數項）估計上述台灣三變數資料，表 7-1 計算出 $p_{\max} = 8$ 的四種訊息指標值。從表內可看出除了 SIC 訊息指標選擇 $m = 5$ 之外，其餘三種訊息指標皆選出 $m = 6$；因此，合適的 $VAR(m)$ 模型有可能是 $VAR(5)$ 或 $VAR(6)$ 模型。

表 7-1　台灣資料以訊息指標選擇 $VAR(m)$ 模型（只含常數項）內落後期數 m

	1	2	3	4	5	6	7	8
AIC	−5.2037	−5.6134	−5.5779	−5.6099	−6.4233	**−6.6117**	−6.5314	−6.5029
HQC	−5.1012	−5.4341	−5.3217	−5.2768	−6.0135	**−6.1250**	−5.9678	−5.8625
SIC	−4.9515	−5.1721	−4.9475	−4.7904	**−5.4147**	−5.4140	−5.1446	−4.9270
FPE	0.0055	0.0036	0.0038	0.0037	0.0016	**0.0014**	0.0015	0.0015

3.3 Granger 因果關係

底下三節是屬於 VAR 模型的結構分析。首先我們檢視 Granger 因果關係。VAR 模型可視為一種描述多變數聯合 DGP 的模型。根據 VAR 模型，Granger（1969）倒是提出一種定義經濟變數之間的動態關係方式，現今該方式已於線性預測觀念內被稱為 Granger 因果關係。Granger 的定義方式頗符合直覺的判斷，即「原因」無法為「結果」之後，或者說「前因後果」；換言之，若一個變數 y_1 能影響另一個變數 y_2，則前者自然能改善對後者的預測。

我們嘗試將上述的觀念寫成較一般化的情況。令 Ω_t 表示至 t 期所能蒐集到的所有資訊，而 $y_t(h \mid \Omega_t)$ 則表示根據 Ω_t 所得到的最適（極小化 MSE）向前 h 步預期值，故其對應的預測 MSE 可寫成 $\Sigma_y(h \mid \Omega_t)$。就 Granger 而言，若過程 y_1 是 y_2 過程的「因」，則：

$$\Sigma_{y_2}(h \mid \Omega_t) < \Sigma_{y_2}\left(h \mid \Omega_t \setminus \left\{y_{1,s} \mid s \le t\right\}\right), h = 1, 2, \cdots \tag{7-53}$$

其中$\Sigma_{y_2}\left(h \mid \Omega_t \setminus \left\{y_{1,s} \mid s \le t\right\}\right)$ 表示除去任何有關於 y_1 的資訊後所計算的預測 MSE。符合（7-53）式亦可稱為 y_1 是 y_2 的「Granger 原因」，或者 y_2 是 y_1 的「Granger 結果」。於此處我們簡稱上述的 Granger 因果關係為：若（7-53）式成立，則稱 y_1 是 y_2 的預測因子。換言之，若重新檢視（7-53）式，若有包括 y_1 能降低 y_2 的預測

MSE，則稱 y_1 是 y_2 的預測因子。

若 Ω_t 只包括 y_{1t} 與 y_{2t} 的現在與過去實現值，則上述觀念於 *VAR* 模型倒不難操作。考慮由上述 y_{1t} 與 y_{2t} 所產生的 *VAR* 過程如：

$$\begin{bmatrix} y_{1t} \\ y_{2t} \end{bmatrix} = \begin{bmatrix} v_1 \\ v_2 \end{bmatrix} + \sum_{i=1}^{p} \begin{bmatrix} a_{11,i} & a_{12,i} \\ a_{21,i} & a_{22,i} \end{bmatrix} \begin{bmatrix} y_{1,t-i} \\ y_{2,t-i} \end{bmatrix} + \begin{bmatrix} u_{1t} \\ u_{2t} \end{bmatrix}$$

則 y_{2t} 不是 y_{1t} 的預測因子的條件爲 $a_{12,i} = 0, i = 1, 2, \cdots, p$；換言之，若 y_{2t} 不是 y_{1t} 的預測因子，理所當然於 y_{1t} 的方程式內不存在 y_{2t} 的落後期變數。同理，若 y_{1t} 是 y_{2t} 的預測因子的條件爲 $a_{21,i} \neq 0, i = 1, 2, \cdots, p$。由於 Granger 的非因果關係可以藉由限制 *VAR* 模型內係數爲 0 檢視，故上述 *VAR* 模型若屬於定態的過程，則 Granger 的因果關係倒是可以使用標準的 Wald 檢定檢視。

於 3.2.1 節內我們曾使用 LR 檢定，該檢定需要同時估計受限制與不受限制模型，與 LR 檢定不同的是 Wald 檢定，後者卻只要估計不受限制模型。於此處自然可以發現 Wald 檢定可以適用於何處？考慮 $H_0 : \theta = \theta_0$，而對應的 Wald 檢定統計量可寫成：

$$W = \left(\hat{\theta}_1 - \theta_0\right)^T \left[Cov\left(\hat{\theta}_1 - \theta_0\right)\right]^{-1} \left(\hat{\theta}_1 - \theta_0\right) \qquad (7\text{-}54)$$

（7-54）式的漸近分配爲自由度爲 1 的卡方分配。其實類似於（7-54）式的形式我們曾在第 2 章見過，即可參考（2-50）式。根據 2.1 節，（7-54）式內的 $Cov\left(\hat{\theta}_1 - \theta_0\right)$ 爲 $Cov\left(\hat{\theta}_1 - \theta_0\right) = Cov\left(\hat{\theta}_1\right) = \frac{1}{T} I^{-1}\left(\theta_0\right)$。於 $\hat{\theta} = \theta$ 處，代入（7-54）式內，可得 Wald 檢定統計量爲：

$$W = T\left(\hat{\theta}_1 - \theta_0\right)^T I\left(\hat{\theta}_1\right)\left(\hat{\theta}_1 - \theta_0\right) \qquad (5\text{-}55)$$

因此 Wald 檢定相當於比較不受限制的 $\hat{\theta}_1$ 值與虛無假設的 θ_0 值之間的差距，而該差距 $\left(\hat{\theta}_1 - \theta_0\right)$ 則以其對應的標準差（誤）表示，只要上述差距過大，自然容易拒絕虛無假設。

表 7-2 $VAR(2)$ 模型（含常數項）內 Granger 因果關係檢定

虛無假設	Wald 統計量	自由度	p 值
通膨率 $\overset{\times}{\rightarrow}$ 利率	4.2224	2	0.1211
失業率 $\overset{\times}{\rightarrow}$ 利率	12.0941	2	0.0024
利率 $\overset{\times}{\rightarrow}$ 通膨率	3.0517	2	0.2174
失業率 $\overset{\times}{\rightarrow}$ 通膨率	7.6928	2	0.0260
利率 $\overset{\times}{\rightarrow}$ 失業率	6.9788	2	0.0305
通膨率 $\overset{\times}{\rightarrow}$ 失業率	3.9505	2	0.1387

註：「通膨率 $\rightarrow$ 利率」表示通膨率不是利率的預測因子，其餘類推。

令 θ 是一個 $k\times 1$ 向量，考慮存在 r 個線性限制如 $\mathbf{R}\theta=\mathbf{r}$，其中 $\mathbf{R}$ 是一個 $r\times k$ 矩陣，其秩爲 r（$r<k$）而則爲一個 $r\times 1$ 向量（r 個限制），則 Wald 檢定統計量如（7-54）式可寫成：

$$W=\left(\mathbf{R}\hat{\theta}_1-\mathbf{r}\right)^T\left[Cov\left(\mathbf{R}\hat{\theta}_1-\mathbf{r}\right)\right]^{-1}\left(\mathbf{R}\hat{\theta}_1-\mathbf{r}\right)$$

同理，式內共變異數矩陣可再寫成 $Cov\left(\mathbf{R}\hat{\theta}_1-\mathbf{r}\right)=Cov\left(\mathbf{R}\hat{\theta}_1\right)=\mathbf{R}\frac{1}{T}\hat{\Sigma}\mathbf{R}^T$，其中 $\hat{\Sigma}/T$ 表示 $\hat{\theta}_1$ 的共變異數矩陣，故於線性限制下，Wald 檢定統計量可改寫成：

$$W=T\left(\mathbf{R}\hat{\theta}_1-\mathbf{r}\right)^T\left(\mathbf{R}\hat{\Sigma}\mathbf{R}^T\right)^{-1}\left(\mathbf{R}\hat{\theta}_1-\mathbf{r}\right) \tag{7-56}$$

（7-56）式的型態倒是可以與第 2 章比較。於虛無假設爲 $\mathbf{R}\theta=\mathbf{r}$ 下，（7-56）式的漸近分配爲自由度爲 r 的卡方分配。

有關於（7-56）式的應用，我們可以舉一個例子說明。爲了說明起見，仍以 $VAR(2)$ 模型（含常數項）估計前述台灣的資料後，我們進一步檢視三變數之間的 Granger 因果關係檢定，其結果則列於表 7-2。從表內可看出於顯著水準爲 5% 之下，例如通膨率變數並不是利率變數的預測因子，反之亦然；不過，失業率變數卻是通膨率變數的預測因子，但是通膨率變數並不是失業率變數的預測因子。

例 1 使用程式套件（vars）內的函數指令

類似於表 7-2 的結果，我們亦可以使用程式套件（vars）內的函數指令

causality() 檢視。例如：若設「原因」爲利率變數，則於虛無假設爲利率變數不爲通貨膨脹率與失業率變數的預期因子下，可得 F 檢定統計量約爲 2.2737 [0.0606]，其中括號內之值爲對應的 p 值，故於顯著水準爲5%之下，無法拒絕上述虛無假設[11]。比較特別的是，使用函數指令 causality() 亦會列出「瞬間因果關係」（instantaneous causality）的檢定結果，即於虛無假設爲利率變數與通貨膨脹率、失業率變數之間不存在瞬間因果關係下，可得 χ^2 檢定統計量約爲 11.122 [0.0038]，隱含著於顯著水準爲 5% 之下拒絕上述虛無假設。值得注意的是，此處「瞬間因果關係」這個名詞有點誤用，其實其只是在檢定利率變數與通貨膨脹率、失業率變數之間是否存在著相關而已，即其並沒有找出「原因」亦沒有說明結果。讀者若使用二變數的 *VAR* 模型，應可發現不同的原因，會有相同的瞬間因果關係結果。

例 2　四變數的 *VAR* 模型

除了上述台灣的利率、通貨膨脹率與失業率資料，我們亦可再加上同時期的台灣季經濟年成長率資料[12]，圖 7-16 繪製出四種資料的時間走勢，其中 1、2、3 與 4 分別表示季經濟成長率、利率、通貨膨脹率與失業率資料。仍令 $p_{max} = 8$，則使用訊息指標可以選出上述四種變數的 *VAR* 模型（含常數項）的 $p = 2$（即以 *SIC* 爲準，其餘訊息指標皆選出 $p = 5$）。根據 *VAR*(2) 模型，我們亦可以進一步計算出模型的特性根之長度皆小於 1，故上述四變數 *VAR*(2) 模型屬於定態的 *VAR* 模型。

類似於表 7-2 內結果的計算方式，我們也可以檢視四變數 *VAR*(2) 模型內的 Granger 因果檢定。例如：虛無假設分別爲利率、通貨膨脹率與失業率變數分別不爲季經濟成長率變數的預測因子，其對應的 Wald 檢定統計量分別約爲 6.7062 [0.0350]、20.0747 [0.0000] 以及 2.0203 [0.3642]。顯然，於顯著水準爲 5% 之下，只有失業率變數不爲季經濟成長率變數的預測因子，而利率與通貨膨脹率變數倒是季經濟成長率變數的預測因子。讀者可以嘗試找出其他的結果看看。

---

[11] Lütkepohl（2005）曾說明如何將卡方分配轉換成對應的 F 分配。

[12] 即季實質 GDP 年成長率。該資料取自主計總處（1981/1~2018/4）。

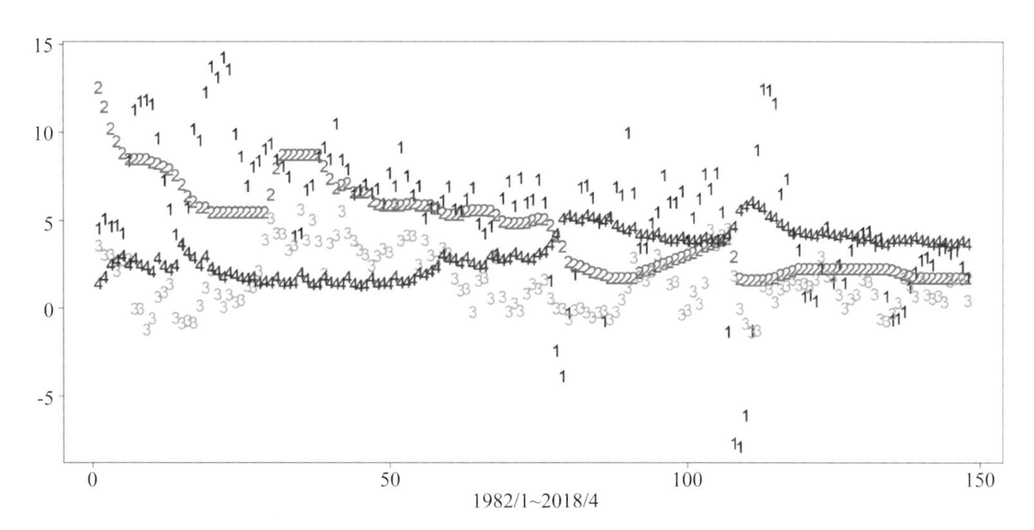

圖 7-16 台灣季經濟成長率 (1)、利率 (2)、通貨膨脹率 (3) 與失業率 (4) 資料之時間走勢

習題

(1) 何謂 Granger 因果關係檢定？試解釋之。

(2) 於 *VAR* 模型內，我們如何從事 Granger 因果關係檢定？試解釋之。

(3) 試敘述如何用 ML 估計方法從事 Granger 因果關係檢定？

(4) 試敘述如何用程式套件（vars）內的函數指令從事 Granger 因果關係檢定？

(5) 續上題，何謂瞬間因果關係？試解釋之。

3.4 衝擊反應函數

接下來，我們來檢視如何由 *VAR* 模型估計衝擊反應函數（IRF）。於第 3 章內，我們已經知道經由 *MA* 模型可以較簡易估計出 IRF；因此，重新檢視一個 *VMA*(∞) 模型如（7-21）式而將該式改寫成：

$$\mathbf{y}_t = \mu + \mathbf{u}_t + \Phi_1 \mathbf{u}_{t-1} + \Phi_2 \mathbf{u}_{t-2} + \ldots \qquad (7\text{-}57)$$

其中 $\Phi_i = \sum_{j=1}^{i} \Phi_{i-j} \mathbf{A}_j, (i = 1, 2, \cdots)$。如前所述，（7-57）式可由一個定態的 *VAR*(*p*) 模型轉換而來；因此，（7-57）式內的 Φ_i 係數矩陣的估計值可以用「間接」的方式取得。

究竟（7-57）式代表何意義（除了常數項之外，$\mathbf{y}_t$ 竟然是由一連串的誤差項所構成）？該式內的誤差項如 $\mathbf{u}_{t-j}$（$j = 0, 1, 2, \cdots$）究竟代表何意思？我們嘗試解釋看看。根據 $t-1$ 期的資訊，（7-57）式的條件預測值爲：

$$E_{t-1}(\mathbf{y}_t) = \mu + \Phi_1\mathbf{u}_{t-1} + \Phi_2\mathbf{u}_{t-2} + \Phi_3\mathbf{u}_{t-3}\cdots \quad (7\text{-}58)$$

理所當然，用 $t-1$ 期的資訊預測不到 $\mathbf{u}_t$，不過 $\mathbf{u}_{t-j}$（$j = 1, 2, \cdots$）倒是爲已知值。利用（7-57）與（7-58）二式，可得：

$$\mathbf{y}_t - E_{t-1}(\mathbf{y}_t) = \mathbf{u}_t \Rightarrow \mathbf{y}_t = \mathbf{u}_t + E_{t-1}(\mathbf{y}_t) \quad (7\text{-}59)$$

即從另一個角度來看 $\mathbf{y}_t$，$\mathbf{y}_t$ 其實是由 $t-1$ 期的預測值與其對應的 t 期預測誤差所組成；換言之，$\mathbf{u}_t$ 其實是表示 $\mathbf{y}_{t-1}$ 的向前一步預測誤差。同理，我們自然可以解釋 $\mathbf{u}_{t-j}$（$j = 1, 2, \cdots$）的意思。至於係數矩陣 Φ_j 的意義呢？我們亦可嘗試解釋看看。

根據（7-58）與（7-59）二式，可得「向前更新」1 期爲：

$$\mathbf{y}_{t+1} = \mu + \mathbf{u}_{t+1} + \Phi_1\mathbf{u}_t + \Phi_2\mathbf{u}_{t-1} + \Phi_3\mathbf{u}_{t-2} + \cdots \quad (7\text{-}60)$$

於（7-60）式內可看出 $\mathbf{u}_t$ 與 $\mathbf{y}_{t+1}$ 之間的動態乘數竟是 Φ_1 矩陣，即 $\mathbf{u}_t$ 影響 $\mathbf{y}_{t+1}$ 是透過 Φ_1 矩陣；換言之，我們欲衡量於 $\mathbf{u}_t$ 的衝擊下 $\mathbf{y}_{t+1}$ 的反應，結果竟然就是 Φ_1 矩陣。按照相同的推導過程可知 $\mathbf{u}_t$ 與 $\mathbf{y}_{t+h}$ 之間的動態乘數爲 Φ_h，即 $\mathbf{u}_t$ 影響 $\mathbf{y}_{t+h}$ 是透過 Φ_h 矩陣；或者說，Φ_h 矩陣的意義爲於 $\mathbf{u}_t$ 的衝擊下 $\mathbf{y}_{t+h}$ 的反應。因此，簡單地說，若我們想要估計 $\mathbf{u}_t$ 對 $\mathbf{y}_{t+h}$ 的衝擊反應效果，就必須估計出 $\Phi_1 \sim \Phi_h$ 矩陣內的各元素之値，還好，於（7-57）式內已知 Φ_i 可由 $\mathbf{A}_j$ 轉換而來，而後者卻可使用 OLS 或 ML 等方法估計。是故，若 $\Phi_1 \sim \Phi_h$ 爲已知數値矩陣，利用 $\mathbf{u}_0$（$\mathbf{u}_t$）的衝擊，我們竟然可以得到 $\mathbf{y}_h$（$\mathbf{y}_{t+h}$）的反應；換言之，（7-57）式內的 $\mathbf{y}_t$ 竟然是 $\mathbf{u}_0$ 衝擊後的結果。

雖說如此，通常我們無法單獨估計到 $\mathbf{u}_t$ 內例如 u_{jt} 對 $\mathbf{y}_{t+h}$ 的衝擊影響結果，原因就在於 $\mathbf{u}_t$ 內的 u_{it} 與 u_{jt}（$i \neq j$）之間未必存在著無關。例如：根據上述台灣的季經濟成長率、利率、通貨膨脹率以及失業率樣本資料的順序，可得四變數的樣本共變異與相關係數矩陣分別約爲：

$$\begin{bmatrix} 14.89 & - & - & - \\ 4.07 & 6.46 & - & - \\ 1.07 & 1.80 & 2.70 & - \\ -2.33 & -2.58 & -1.16 & 1.56 \end{bmatrix} \text{與} \begin{bmatrix} 1 & - & - & - \\ 0.41 & 1 & - & - \\ 0.17 & 0.43 & 1 & - \\ -0.48 & -0.81 & -0.56 & 1 \end{bmatrix}$$

即經濟成長率與失業率、利率與失業率以及通貨膨脹率與失業率之間的樣本相關係數分別約爲 −48%、−81% 以及 −56%；因此，我們的確不易得到例如其餘變數不變，來自通貨膨脹率的（意外）衝擊而引起經濟成長率的反應。

面對上述情況，普遍的處理方式是使用可列斯基拆解（Cholesky decomposition）方法而得到所謂的「正交衝擊反應函數」（orthogonal impulse response function）；換言之，（7-57）式可改寫成[13]：

$$\mathbf{y}_t = \sum_{i=0}^{\infty} \Theta_i \mathbf{w}_{t-i} \tag{7-61}$$

其中 $\mathbf{w}_t = (w_{1t}, \cdots, w_{Kt})^T$ 內各元素之間毫不相關且其共變異數矩陣等於 $\mathbf{I}_K$，即 $\Sigma_{\mathbf{w}} = \mathbf{I}_K$。其實，（7-61）式的取得是透過將（7-57）式內的 $\Sigma_{\mathbf{u}}$ 拆解成 $\mathbf{PP}^T$，即 $\Sigma_{\mathbf{u}} = \mathbf{PP}^T$，其中 $\mathbf{P}$ 是一個 $K \times K$ 的下三角矩陣。令 $\mathbf{w}_t = \mathbf{P}^{-1}\mathbf{u}_t$ 與 $\Theta_i = \Phi_i P$，即可得到（7-61）式。是故，透過（7-61）式我們倒是可以解釋正交衝擊反應函數代表何意思？考慮於 t 期 $\mathbf{w}_t$ 內的某元素如 w_{it} 受到外在因素的影響而有變動，由於 $\mathbf{w}_t$ 內的元素之間爲正交（即毫不相關），故其他元素如 w_{jt}（$i \neq j$）並未隨之變動；另一方面，因 $\mathbf{w}_t$ 的共變異數矩陣等於 $\mathbf{I}_K$，即 w_{it} 的變異數等於 1，故上述 w_{it} 的變動所引起的反應相當於檢視「已標準化後的衝擊反應」，後者的特色是不同變數間的變動反應可以衡量並比較。値得注意的是，Θ_j 矩陣內如 Θ_{ki} 元素表示 $t+j$ 期第 k 個變數受到 w_{it} 衝擊的反應。

有意思的是上述正交衝擊反應的轉換竟與某種結構的 $SVAR$ 模型吻合。考慮下列的 $VAR(p)$ 模型如：

$$\mathbf{y}_t = \mathbf{A}_1 \mathbf{y}_{t-1} + \cdots + \mathbf{A}_p \mathbf{y}_{t-p} + \mathbf{u}_t \tag{7-62}$$

（7-62）式可重新再改寫成模型內每一方程式的誤差項之間彼此無關。令 $\Sigma_{\mathbf{u}} =$

---

[13]（7-58）式省略常數項，因從上述的推理過程，可看出後者並不扮演重要角色。

$\mathbf{W}\Sigma_{\mathbf{v}}\mathbf{W}^T$，其中 $\Sigma_{\mathbf{v}}$ 是一種 $K \times K$ 的對角矩陣，而 $\mathbf{W}$ 則是一個對角元素皆爲 1 的 $K \times K$ 下三角矩陣。上述 $\Sigma_{\mathbf{u}}$ 的分解就是可列斯基拆解的應用，其中 $\Sigma_{\mathbf{u}} = \mathbf{PP}^T$；另外，令 $\mathbf{D}$ 是一個對角元素與 $\mathbf{P}$ 相同的對角矩陣，其中 $\mathbf{W} = \mathbf{PD}^{-1}$ 與 $\Sigma_{\mathbf{v}} = \mathbf{DD}^T$。於（7-62）式內「前乘」$\mathbf{W}^{-1}$，可得：

$$\begin{aligned}\mathbf{W}^{-1}\mathbf{y}_t &= \mathbf{W}^{-1}\mathbf{A}_1\mathbf{y}_{t-1} + \cdots + \mathbf{W}^{-1}\mathbf{A}_p\mathbf{y}_{t-p} + \mathbf{W}^{-1}\mathbf{u}_t \\ &= \mathbf{A}_1^*\mathbf{y}_{t-1} + \cdots + \mathbf{A}_p^*\mathbf{y}_{t-p} + \mathbf{v}_t \end{aligned} \quad (7\text{-}63)$$

其中 $\mathbf{A}_i^* = \mathbf{W}^{-1}\mathbf{A}_i$（$i = 1, 2, \cdots, p$）與 $\mathbf{v}_t = \left(v_{1t}, v_{2t}, \cdots, v_{Kt}\right)^T = \mathbf{W}^{-1}\mathbf{u}_t$ 而其共變異數矩陣爲 $\Sigma_{\mathbf{v}} = E(\mathbf{v}_t\mathbf{v}_t^T) = (\mathbf{W}^{-1})E(\mathbf{u}_t\mathbf{u}_t^T)(\mathbf{W}^{-1})^T$。

於（7-63）式內的等號兩側同時加上 $\left(\mathbf{I}_K - \mathbf{W}^{-1}\right)\mathbf{y}_t$ 項，可得：

$$\mathbf{y}_t = \mathbf{A}_0^*\mathbf{y}_t + \mathbf{A}_1^*\mathbf{y}_{t-1} + \cdots + \mathbf{A}_p^*\mathbf{y}_{t-p} + \mathbf{v}_t \quad (7\text{-}64)$$

其中 $\mathbf{A}_0^* = \mathbf{I}_K - \mathbf{W}^{-1}$。因爲 $\mathbf{W}$ 是一個下三角矩陣，隱含著 $\mathbf{W}^{-1}$ 亦是一個下三角矩陣；因此，可得：

$$\mathbf{A}_0^* = \mathbf{I}_K - \mathbf{W}^{-1} = \begin{bmatrix} 0 & 0 & \cdots & 0 & 0 \\ \beta_{21} & 0 & \cdots & 0 & 0 \\ \beta_{31} & \beta_{32} & 0 & \cdots & 0 \\ \vdots & \vdots & \ddots & \ddots & \vdots \\ \beta_{K1} & \beta_{K2} & \cdots & \beta_{K,K-1} & 0 \end{bmatrix}$$

亦是一個下三角矩陣，不過其對角元素卻皆爲 0。重新檢視（7-64）式應可以發現該 VAR 模型內的第 1 條方程式的內生變數如 y_{1t} 並不受到同時期其他內生變數如 y_{it}（$i \neq 1$）的影響；其次，第 2 條方程式內的內生變數如 y_{2t} 卻只受到 y_{1t} 與其他落後期變數的影響。同理，VAR 模型內的第 K 條方程式的內生變數如 y_{Kt} 不僅會受到所有落後期變數的影響，同時亦受到同時期變數如 y_{jt}（$j = 1, 2, \cdots, K-1$）的影響。於計量經濟學的文獻內，上述 VAR 模型如（7-64）式可稱爲一種遞迴模型（recursive model）。若我們「記錄」一單位 v_{it} 變動的「軌跡」，自然於（7-64）式內可以得到衝擊反應結果。換言之，解（7-64）式可得：

$$\mathbf{y}_t = \left(\mathbf{I}_K - \mathbf{A}_0^*\right)^{-1}\mathbf{A}_1^*\mathbf{y}_{t-1} + \cdots + \left(\mathbf{I}_K - \mathbf{A}_0^*\right)^{-1}\mathbf{A}_p^*\mathbf{y}_{t-p} + \left(\mathbf{I}_K - \mathbf{A}_0^*\right)^{-1}\mathbf{v}_t \quad (7\text{-}65)$$

其中$\left(\mathbf{I}_K - \mathbf{A}_0^*\right)^{-1} = \mathbf{W} = \mathbf{PD}^{-1}$。

上述的推理過程是相當有意義的，因為對 $\Sigma_{\mathbf{u}}$ 項使用可列斯基拆解得到 $\mathbf{P}$ 與 $\mathbf{D}$ 後，即可得到 $\mathbf{W} = \mathbf{PD}^{-1}$ 與（7-64）或（7-65）式，此隱含著若欲估計正交衝擊反應函數，*VAR* 模型內變數的排列順序是相當重要的。換言之，以上述我們多次使用的台灣三變數的 *VAR* 模型為例，若變數的排列順序是利率、通貨膨脹率以及失業率，則若欲估計正交衝擊反應函數，豈不是隱含著同時期的利率變數並不受到同時期通貨膨脹率與失業率變數的影響；其次，同時期通貨膨脹率變數會受到同時期利率變數的影響。最後，同時期失業率變數會受到同時期利率與通貨膨脹率變數的影響。

我們以 OLS 估計台灣三變數的 *VAR*(2) 模型（含常數項）為例，若變數是以是利率、通貨膨脹率以及失業率的排列順序，可得 $\Sigma_{\mathbf{u}}$、$\mathbf{P}$ 與 $\mathbf{W}$ 的估計值分別約為：

$$\tilde{\Sigma}_{\mathbf{u}} = \begin{bmatrix} 0.0438 & 0.0373 & -0.0143 \\ 0.0373 & 0.8940 & -0.0325 \\ -0.0143 & -0.0325 & 0.0823 \end{bmatrix}、\tilde{\mathbf{P}} = \begin{bmatrix} 0.2094 & 0 & 0 \\ 0.1783 & 0.9286 & 0 \\ -0.0682 & -0.0219 & 0.2779 \end{bmatrix} 以及$$

$$\tilde{\mathbf{W}} = \begin{bmatrix} 1 & 0 & 0 \\ 0.8514 & 1 & 0 \\ -0.3256 & -0.0236 & 1 \end{bmatrix}。最後，可得\ \tilde{\mathbf{A}}_0^* = \begin{bmatrix} 0 & 0 & 0 \\ 0.8514 & 0 & 0 \\ -0.3055 & -0.0236 & 0 \end{bmatrix}。果然，$$

我們可以得到同時期利率等三變數之間的影響係數。

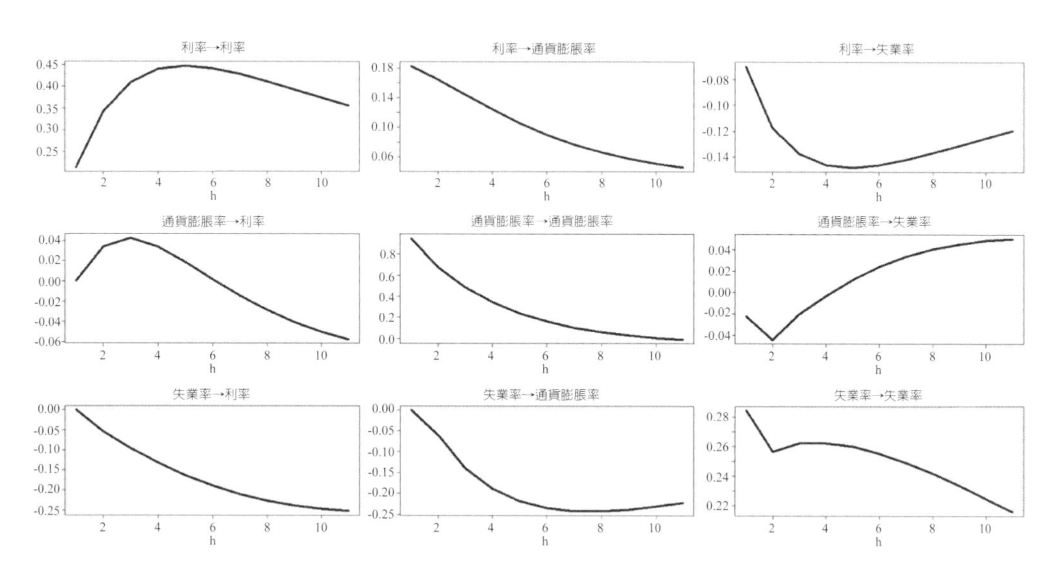

圖7-17　以*VAR*(2)模型（含常數項）估計台灣三變數資料的正交衝擊反應函數，三變數的順序為利率、通貨膨脹率以及失業率

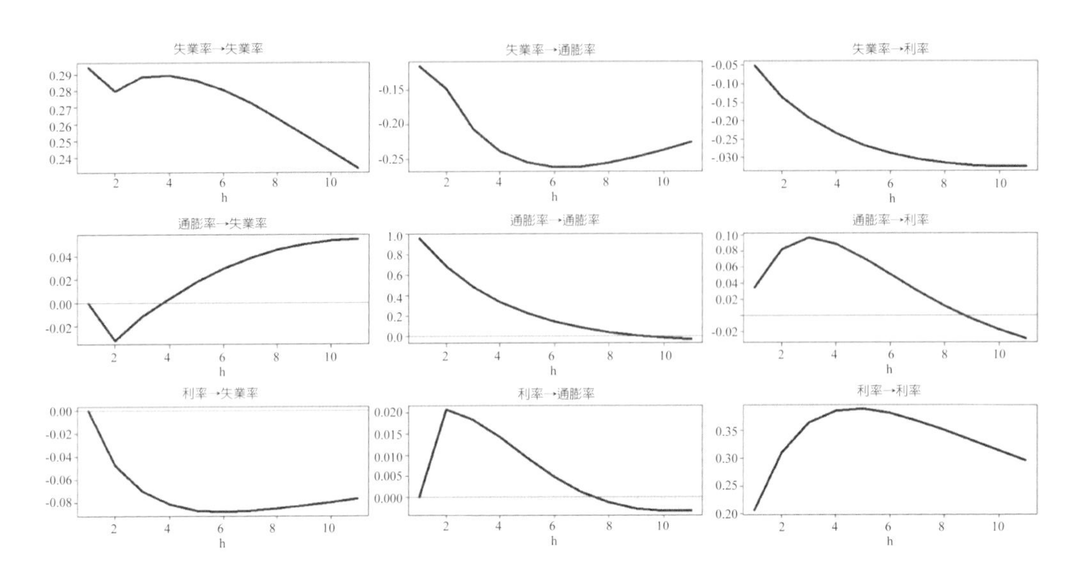

圖7-18　以*VAR*(2)模型（含常數項）估計台灣三變數資料的正交衝擊反應函數，三變數的順序為失業率、通膨率以及利率

我們可以再進一步估計三變數的正交衝擊反應，其結果就繪製於圖 7-17，其中例如利率→通貨膨脹率表示於利率變數的衝擊下通貨膨脹率變數的反應，其餘可類推。於圖 7-17 內，讀者自然可以解釋該圖內各圖的意義。值得注意的是，估計正交衝擊反應函數應注意模型內變數的排列順序，圖 7-17 的繪製是使用利率、通貨膨脹率以及失業率的排列順序，但是圖 7-18 的繪製是根據失業率、通貨膨脹率與利率的排列順序所構成的 *VAR*(2) 模型（含常數項）。比較利率→通貨膨脹率的情況，可以發現二圖內結果並不一致。如前所述，圖 7-17 與 7-18 二圖背後所隱含的意義並不相同，究竟何者較爲正確？我們使用正交衝擊反應函數時應特別注意。

例 1　使用程式套件（VAR.etp）

使用程式套件（VAR.etp）內的函數指令估計上述的正交衝擊反應結果當然較爲簡易，讀者可以練習看看是否可複製出例如圖 7-17 或 7-18 的結果。

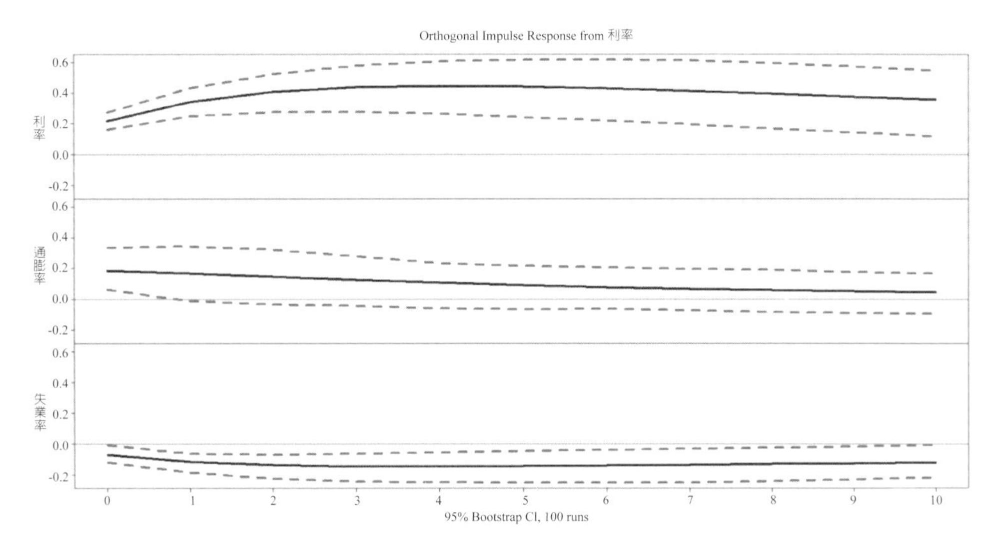

圖 7-19　使用程式套件（vars）內的函數指令估計利率衝擊下三變數的反應

例 2　使用程式套件（vars）

我們亦可以使用程式套件（vars）內的函數指令估計上述的正交衝擊反應結果，例如圖 7-19 繪製出利率衝擊下，利率、通貨膨脹率以及失業率三變數的反應，其中虛線表示使用拔靴法所計算的95%信賴區間，該方法將於第4節內介紹。

例 3　結構方程式的估計

我們以 OLS 估計台灣三變數的 $VAR(2)$ 模型（含常數項）爲例，若變數是以是利率、通貨膨脹率以及失業率的排列順序，則 β_{21}、β_{31} 與 β_{32} 的估計值分別約爲 0.8514、−0.3055 與 −0.0236（可參考上述 $\tilde{\mathbf{A}}_0^*$ 內之元素）。如前所述，VAR 模型的估計亦可以模型內的個別方程式的 OLS 估計取代；換言之，模型內單一方程式的 OLS 估計分別可爲：

$$\hat{y}_{1t} = \cdots$$

$$\hat{y}_{2t} = \underset{(0.3775)}{0.8514} y_{1t} + \cdots$$

$$\hat{y}_{3t} = -\underset{(0.1154)}{0.3055} y_{1t} - \underset{(0.0256)}{0.0236} y_{2t} + \cdots$$

其中小括號內之值爲對應的標準誤。因此，於顯著水準爲 5% 之下 β_{21} 與 β_{31} 的估計值皆顯著異於 0。上述例子提醒我們對 $\hat{\Sigma}_{\mathbf{u}}$ 使用可列斯基拆解，可將模型體系轉換成一種遞迴型的結構方程式體系，而上述結構方程式體系的（OLS）估計可以使用體系內單一方程式的 OLS 估計取代。

習題

(1) 試解釋（7-57）式。
(2) 何謂正交衝擊反應函數？試解釋之。
(3) 何謂遞迴 *VAR* 模型？試解釋之。
(4) 試敘述如何利用程式套件（VAR.etp）內的函數指令估計出圖 7-17 或 7-18 的結果。
(5) 爲何於 *VAR* 模型內變數的排列順序相當重要？試解釋之。

3.5 預測誤差之變異數拆解

瞭解（正交）衝擊反應的意義後，我們可以進一步以預測誤差之變異數拆解得知上述衝擊反應的重要性；換言之，擴充（7-59）式或根據（7-36）式，向前 h 步預測誤差可寫成：

$$\begin{aligned}\mathbf{y}_{T+h}-\mathbf{y}_{T+h|T} &= \sum_{i=0}^{h-1}\Phi_i\mathbf{u}_{T+h-i}\\ &= \sum_{i=0}^{h-1}\Phi_i\mathbf{P}\mathbf{P}^{-1}\mathbf{u}_{T+h-i}\\ &= \sum_{i=0}^{h-1}\Theta_i\mathbf{w}_{T+h-i}\end{aligned} \quad (7\text{-}66)$$

即（7-66）式將預測誤差改成用「正交誤差」$\mathbf{w}_t$ 表示，其中 $\Sigma_{\mathbf{w}}=\mathbf{I}_K$。令 Θ_i 的第 mn 個元素爲 $\theta_{mn,i}$，則根據（7-66）式，$\mathbf{y}_T$ 內的第 j 個變數之向前 h 步預測誤差整理後可寫成：

$$\begin{aligned}y_{j,T+h}-y_{j,T+h|T} &= \sum_{i=0}^{h-1}\left(\theta_{j1,i}w_{1,T+h-i}+\cdots+\theta_{jK,i}w_{K,t+h-i}\right)\\ &= \sum_{k=1}^{K}\left(\theta_{jk,0}w_{k,T+h}+\cdots+\theta_{jk,h-1}w_{k,T+1}\right)\end{aligned} \quad (7\text{-}67)$$

即 $y_{j,\,T+h}$ 的向前 h 步預測誤差可拆解成由 K 個正交誤差 $w_{1T}, \cdots, w_{KT}$ 所構成。因 $w_{k,\,t}$ 與 $w_{k,s}$（$s \neq t$）彼此之間毫不相關且 $w_{k,t}$ 的變異數等於 1，故 $y_{j,T+h|T}$ 的 MSE 可寫成：

$$MSE\left(y_{j,T+h|T}\right) = E\left[\left(y_{j,T+h} - y_{j,T+h|T}\right)^2\right] = \sum_{k=1}^{K}\left(\theta_{jk,0}^2 + \cdots + \theta_{jk,h-1}^2\right) = \sum_{k=1}^{K}\sum_{i=0}^{h-1}\left(\mathbf{e}_j^T \Theta_i \mathbf{e}_k\right)^2$$

（7-68）

其中 $\mathbf{e}_j$ 表示第 j 個元素為 1 其餘皆為 0 的 $K \times 1$ 向量。

（7-68）式內的 $\theta_{jk,0}^2 + \cdots + \theta_{jk,h-1}^2 = \sum_{i=0}^{h-1}\left(\mathbf{e}_j^T \Theta_i \mathbf{e}_k\right)^2$ 項可稱為 $\mathbf{y}_t$ 內之第 k 個變數衝擊之下，$\mathbf{y}_t$ 內第 j 個變數的預測誤差的「貢獻（解釋）成分」。因此，若 $\theta_{jk,0}^2 + \cdots + \theta_{jk,h-1}^2 = \sum_{i=0}^{h-1}\left(\mathbf{e}_j^T \Theta_i \mathbf{e}_k\right)^2$ 除以 $MSE\left(y_{j,T+h|T}\right)$，可得：

$$\omega_{jk,h} = \frac{\sum_{i=0}^{h-1}\left(\mathbf{e}_j^T \Theta_i \mathbf{e}_k\right)^2}{MSE\left(y_{j,T+h|T}\right)} \qquad (7\text{-}69)$$

表示第 j 個變數的向前 h 步預測誤差占 $MSE\left(y_{j,T+h|T}\right)$ 的比重，而該比重可由第個變數的衝擊所引起或解釋。

繼續沿用使用 $VAR(2)$ 模型（含常數項）估計台灣利率、通貨膨脹率以及失業率資料的例子，考慮 h =10，圖 7-20 繪製出（7-69）式估計的結果，其中圖內各小圖由左至右分別表示利率、通貨膨脹率以及失業率變數所能解釋的比重。換言之，圖 7-20 顯示出例如於 h =10 之下，就利率變數的預測誤差變異數而言，利率、通貨膨脹率以及失業率變數所能解釋的比重分別約為 83.33%、0.51% 與 16.16%；其次，就通貨膨脹率變數的預測誤差變異數而言，利率、通貨膨脹率以及失業率變數所能解釋的比重分別約為 5.67%、77.63% 與 16.70%。其次，就失業率變數的預測誤差變異數而言，利率、通貨膨脹率以及失業率變數所能解釋的比重分別約為 21.06%、1.29% 與 77.66%。

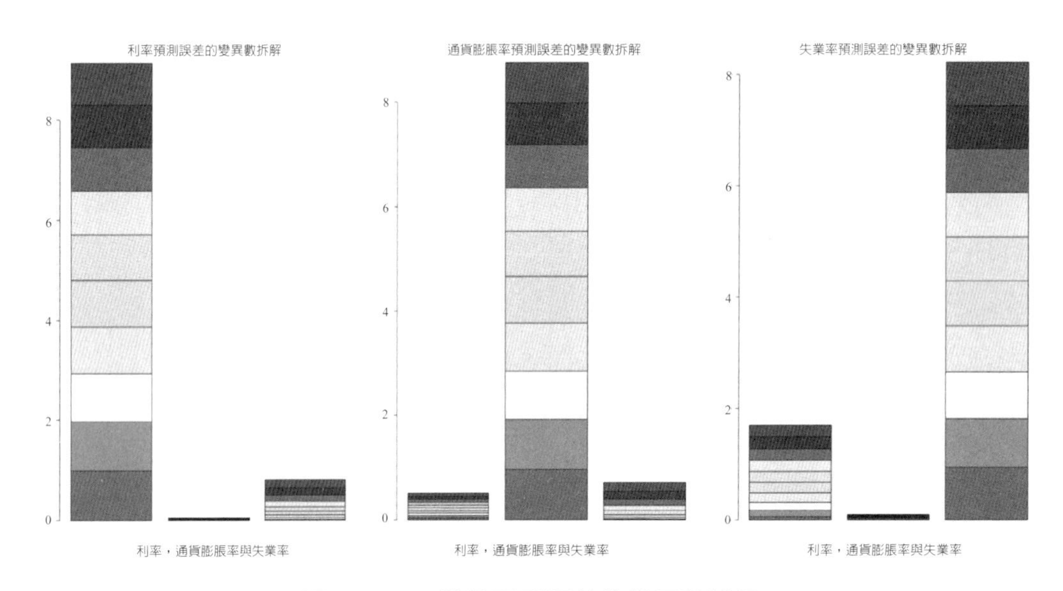

圖 7-20　三變數預測誤差的變異數拆解

直覺而言，因爲從上述變數預測誤差之變異數拆解中可以發現各變數自身的成分仍偏高，例如於 $h = 10$ 之下，利率，通貨膨脹率以及失業率各自占預測誤差變異數的比重分別約爲 83.33%、77.63% 與 77.66%。故從圖 7-20 內的結果可以看出前述估計的直交衝擊反應結果如圖 7-17 所示的可信度並不高。我們嘗試再擴大圖 7-20 內的 *VAR* 模型，即圖 7-21 是根據經濟成長率、利率，通貨膨脹率以及失業率四變數資料而仍以 *VAR*(2) 模型（含常數項）估計所繪製而成。就 $h = 10$ 而言、上述四

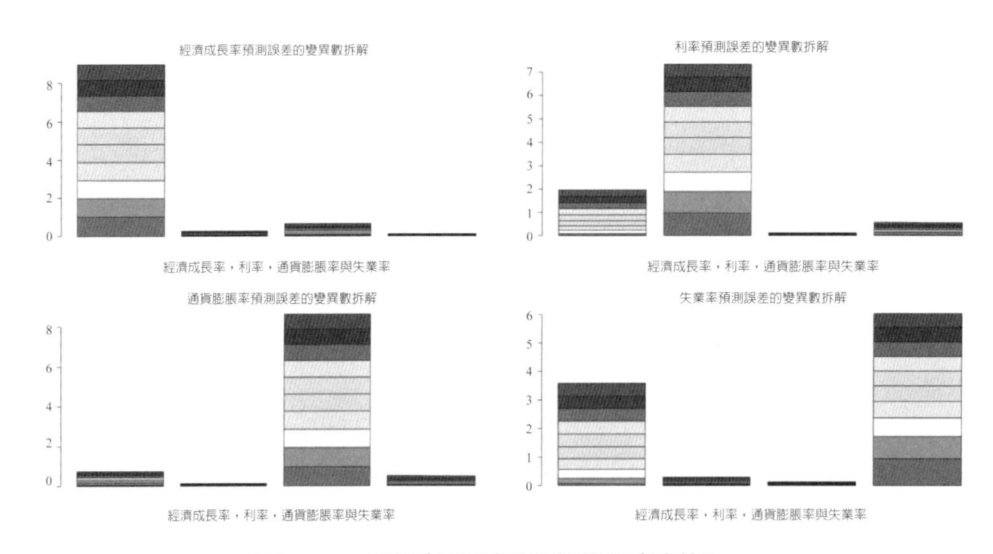

圖 7-21　四變數預測誤差的變異數拆解

變數占自身預測誤差變異數的比重分別約爲 81.26%、58.94%、76.76% 與 50.01%，似乎經濟成長率變數的加入能提高對利率與失業率預測誤差變異的解釋能力。

例 1 使用程式套件（vars）

使用程式套件（vars）內的函數指令亦能得出類似於圖 7-20 與 7-21 二圖的結果，讀者可嘗試看看。

例 2 NASDAQ、SSE 與 TWI 月股價指數資料

利用第 1 章內 NASDAQ、SSE 與 TWI 月股價指數資料（2000/1~2016/1），圖 7-22 繪製出該三資料的時間走勢。從圖內可看出由三資料所構成的 *VAR* 模型有可能屬於定態的模型。首先，我們先檢視 NASDAQ 與 TWI 所構成的 *VAR* 模型（含常數項）。利用 AIC 訊息指標（$p_{max} = 12$）可得 $p = 1$；接下來，我們以 *VAR*(1) 模型（含常數項）估計上述二變數，可得 *VAR*(1) 模型內 **A** 的特性根之長度皆約爲 0.9567，隱含著上述 *VAR*(1) 模型是安定的。最後，於 $h = 10$ 之下，檢視 TWI 預測誤差變異數內 NASDAQ 所占的比重約爲 21.76%。接下來，我們加入 SSE 變數，其排列順序爲 NASDAQ、SSE 與 TWI。仍使用 AIC 訊息指標（$p_{max} = 12$）可得 $p = 3$。以 *VAR*(3) 模型（含常數項）估計上述資料，可得 **A** 的特性根之長度仍皆小於 1，故上述 *VAR*(3) 模型（含常數項）亦是安定的模型。我們進一步估計 TWI 預測誤差變異數（於 $h = 10$ 之下）內 NASDAQ 與 SSE 所占的比重分別約爲 22.79%、12.72%，似乎加入 SSE 變數可提高 TWI 預測誤差變異數的解釋能力。値得注意的

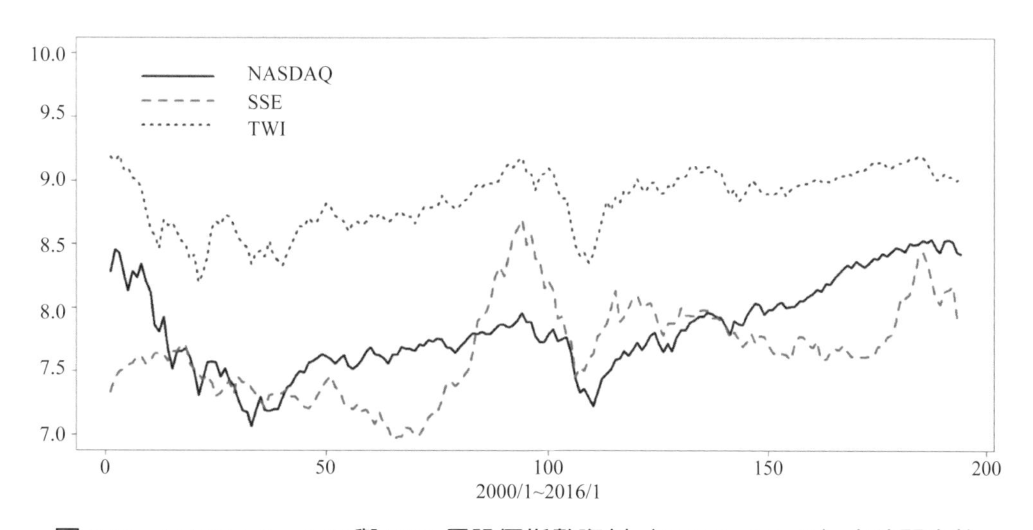

圖 7-22　NASDAQ、SSE 與 TWI 月股價指數資料（2000/1~2016/1）之時間走勢

是，上述 *VAR*(3) 模型若估計正交衝擊函數，其背後隱含著同時期 TWI 會受到同時期 NASDAQ 與 SSE 的影響，而同時期 NASDAQ 並不會受到同時期 TWI 與 SSE 的影響，另外同時期的 SSE 只會受到同時期 NASDAQ 的影響。

習題

(1) 何謂預測誤差的變異數拆解？試解釋之。

(2) 續上題，如何計算？

(3) 試利用例 2 的結果，繪製出 NASDAQ 與 TWI 所構成的 *VAR* 模型（含常數項）的正交衝擊反應函數。

(4) 續上題，有何涵義？試解釋之。

(5) 爲何於例 2 內我們是使用股價指數而非對數報酬率資料？試解釋之。

3.6 診斷檢定

本章 3.2 節曾介紹一些如何於 *VAR* 模型內選擇適當落後期 p 的方法或過程，其實上述方法或過程的目標就是透過一種「*VAR* 模型的過濾過程」將實際資料轉換成白噪音過程。直覺而言，過濾後的實際資料愈接近白噪音過程，愈符合當初建立模型的目的。判斷多變量白噪音過程的方式，除了本章 3.2.2 節介紹的 Portmanteau 與 LM 檢定之外，於本節我們將介紹多變量常態分配檢定以及模型安定檢定[14]。從 *VAR* 模型的診斷檢定可知，*VAR* 模型的建立並不是一件簡單的事。

3.6.1 常態檢定

當然，DGP 的常態分配檢定並非是必須的，畢竟我們可以訴諸於漸近分配，不過根據常態分配倒是可以進一步建立信賴或預測區間；或者說，有些時候，我們只擁有有限的樣本，故若殘差值序列屬於常態分配反倒是可以降低一些不便。於《財統》內我們曾介紹過單變量的 Jarque-Bera 檢定，本小節將擴充至介紹多變量的 Jarque-Bera 檢定。

Jarque-Bera 檢定的導出是根據常態分配的第三級與第四級動差（可分別對應至分配的偏態與峰態）；換言之，若 x 是一個標準常態分配隨機變數，則 $E(x^3) = 0$ 與 $E(x^4) = 3$。假定 $\mathbf{u}_t$ 是一個 K 維白噪音常態分配隨機變數向量，即 $\mathbf{u}_t \sim WN(\mu_{\mathbf{u}}, \Sigma_{\mathbf{u}})$。令 $\mathbf{P}$ 是一個 $K \times K$ 矩陣，其中 $\mathbf{PP}^T = \Sigma_{\mathbf{u}}$；當然，$\mathbf{P}$ 可透過 $\Sigma_{\mathbf{u}}$ 的可列斯基拆解取得。因此，可知：

---

[14] 此處應該再加進多變量的 ARCH 檢定，不過該檢定我們移至未來再介紹。

$$\mathbf{w}_t = \left(w_{1t}, \cdots, w_{Kt}\right)^T = \mathbf{P}^{-1}\left(\mathbf{u}_t - \mu_t\right) \sim N(\mathbf{0}, \mathbf{I}_K)$$

即 $\mathbf{w}_t$ 內的元素是相互獨立的標準常態隨機變數。根據標準常態隨機變數的性質，可得：

$$E\begin{bmatrix} w_{1t}^3 \\ \vdots \\ w_{Kt}^3 \end{bmatrix} = \mathbf{0} \text{ 與 } E\begin{bmatrix} w_{1t}^4 \\ \vdots \\ w_{Kt}^4 \end{bmatrix} = \begin{bmatrix} 3 \\ \vdots \\ 3 \end{bmatrix} = \mathbf{3}_K \tag{7-70}$$

根據（7-70）式就可以推導出 Jarque-Bera 檢定。

假定我們已經擁有 $\mathbf{u}_1, \cdots, \mathbf{u}_T$ 個觀察值，按照上述的推導過程，令：

$$\bar{\mathbf{u}} = \frac{1}{T}\sum_{t=1}^{T}\mathbf{u}_t \text{、} \mathbf{S}_\mathbf{u} = \frac{1}{T-1}\sum_{t=1}^{T}(\mathbf{u}_t - \bar{\mathbf{u}})(\mathbf{u}_t - \bar{\mathbf{u}})^T \text{ 以及 } \mathbf{P}_s\mathbf{P}_s^T = \mathbf{S}_\mathbf{u}$$

我們知道 $\mathbf{P}_s$ 的性質，即 $p\lim \mathbf{P}_s = \mathbf{P}$。定義：

$$\mathbf{v}_t = \left(v_{1t}, \cdots, v_{Kt}\right)^T = \mathbf{P}_s^{-1}\left(\mathbf{u}_t - \bar{\mathbf{u}}\right)$$

可得：

$$\mathbf{b}_1 = \left(b_{11}, \cdots, b_{K1}\right)^T \quad \text{其中} \quad b_{k1} = \frac{1}{T}\sum_{t=1}^{T} v_{kt}^3 \tag{7-71}$$

與

$$\mathbf{b}_2 = \left(b_{12}, \cdots, b_{K2}\right)^T \quad \text{其中} \quad b_{k2} = \frac{1}{T}\sum_{t=1}^{T} v_{kt}^4 \tag{7-72}$$

即（7-71）與（7-72）二式分別爲（7-70）式的估計式。

根據 Lütkepohl（2005），可得：

$$\sqrt{T}\begin{pmatrix} \mathbf{b}_1 \\ \mathbf{b}_2 - \mathbf{3}_K \end{pmatrix} \xrightarrow{d} N\left(\mathbf{0}, \begin{bmatrix} 6\mathbf{I}_K & \mathbf{0} \\ \mathbf{0} & 24\mathbf{I}_K \end{bmatrix}\right)$$

即 $\mathbf{b}_1$ 與 $\mathbf{b}_2$ 的漸近分配屬於常態分配。定義下列二個檢定統計量 λ_s 與 λ_k：

$$\lambda_s = \frac{T\mathbf{b}_1^T\mathbf{b}_1}{6} \xrightarrow{d} \chi_K^2 \text{ 與 } \lambda_k = \frac{T(\mathbf{b}_2 - \mathbf{3}_K)^T(\mathbf{b}_2 - \mathbf{3}_K)}{24} \xrightarrow{d} \chi_K^2$$

即 λ_s 與 λ_k 的漸近分配皆屬於自由度爲 K 的卡方分配。λ_s 檢定統計量可用於檢定：

$$H_0 : E\begin{bmatrix} w_{1t}^3 \\ \vdots \\ w_{Kt}^3 \end{bmatrix} = \mathbf{0} \quad \text{vs.} \quad H_a : E\begin{bmatrix} w_{1t}^3 \\ \vdots \\ w_{Kt}^3 \end{bmatrix} \neq \mathbf{0}$$

而 λ_k 檢定統計量可用於檢定：

$$H_0 : E\begin{bmatrix} w_{1t}^4 \\ \vdots \\ w_{Kt}^4 \end{bmatrix} = \mathbf{3}_K \quad \text{vs.} \quad H_a : E\begin{bmatrix} w_{1t}^4 \\ \vdots \\ w_{Kt}^4 \end{bmatrix} \neq \mathbf{3}_K$$

最後，多變量的 Jarque-Bera 檢定統計量爲：

$$\lambda_{sk} = \lambda_s + \lambda_k \xrightarrow{d} \chi_{2K}^2$$

即其可視爲 λ_s 與 λ_k 的聯合檢定。

我們以 $VAR(2)$ 模型（含常數項）估計前述台灣四變數資料後，以上述多變量的 Jarque-Bera 檢定檢視模型的殘差值矩陣，可得 $\lambda_{sk} \approx 385.53$、$\lambda_s \approx 48.51$ 與 $\lambda_k \approx 337.02$。由於三檢定統計量的 p 值皆接近於 0，故拒絕虛無假設爲常態分配的結果。

例 1　使用程式套件（vars）

利用程式套件（vars）內的函數指令亦可以從事多變量的 Jarque-Bera 檢定。讀者可以練習看看。

3.6.2 模型的穩定性

接下來，我們來檢視 *VAR* 模型之估計係數的穩定性。如前所述，若使用 OLS 估計，*VAR* 模型亦可以模型內各單變量迴歸方程式的估計取代；換言之，*VAR* 模型之估計係數穩定性的檢視，相當於檢視模型內各單變量迴歸方程式估計係數是否安定。文獻上檢視定態單變量迴歸式的參數是否安定大致可以分成二類，其一屬於一般化波動檢定（generalized fluctuation test），而另一則是熟悉的 F 檢定，後者最早由鄒（Chow, 1960）所提出，其可稱爲鄒檢定[15]。鄒檢定雖說只能偵測一次已知的「結構改變」，不過該檢定不失其簡單易懂的特性。考慮下列的假設：

$$H_0 : \beta = \beta_0 \quad \text{vs.} \quad H_a : \beta_i = \begin{cases} \beta_A \ (1 \le i \le i_0) \\ \beta_B \ (i_0 < i \le n) \end{cases}$$

其中 n 與 k 分別表示樣本數與迴歸內解釋變數的個數，而 i_0 則表示於 $(k, n-k)$ 之間的改變點。

於 i_0 已知下，鄒提出下列的 F 檢定統計量：

$$F_{i_0} = \frac{\hat{\mathbf{u}}^T \hat{\mathbf{u}} - \hat{\mathbf{e}}^T \hat{\mathbf{e}}}{\hat{\mathbf{e}}^T \hat{\mathbf{e}} / (n-2k)} \tag{7-73}$$

以檢視於 i_0 處是否有改變。（7-73）式內 $\hat{\mathbf{e}} = \left(\hat{\mathbf{u}}_A, \hat{\mathbf{u}}_B\right)$ 表示不受限制模型的 OLS 估計之殘差值，其中 $\hat{\mathbf{u}}_A$ 與 $\hat{\mathbf{u}}_B$ 表示改變前與後的個別的 OLS 估計之殘差值；另一方面，$\hat{\mathbf{u}}$ 則表示受限制模型（於 H_0 之下）的 OLS 估計之殘差值。理所當然，若 F_{i_0} 愈大，愈有可能拒絕 H_0。F_{i_0} 的漸近分配爲自由度爲 k 的卡方分配；不過，於常態分配的假定下，F_{i_0} / k 卻是分子自由度與分母自由度分別爲 k 與 $n-2k$ 的 F 分配。

鄒檢定最大的缺點是上述結構改變點 i_0 爲已知，許多後續發展的 F 檢定仍是以（7-73）視爲基準，不過後者卻視 i_0 爲未知；換言之，假想於 $(k, n-k)$ 之間皆有可能出現 i_0，則利用（7-73）式可得許多的 F 檢定統計量，利用上述統計量，倒也發展出不少的 F 檢定。於此處，我們只介紹一種由 Andrews（1993）以及 Andrews 與 Ploberger（1994）所曾提出 sup F 檢定統計量的觀念，其中 sup F 檢定統計量可寫成：

$$\sup F = \sup_{\underline{i} \le i \le \bar{i}} F_i \tag{7-74}$$

換言之，sup F 檢定就是找出 F_i 檢定統計量的最大値，其中 F_i 就是假想 i_0 爲 $(k, n-k)$ 其中一點而根據（7-73）式所計算的統計量。

[15] 一般化波動檢定與 F 檢定二類的檢視，可參考 Zeileis et al.（2002）。

根據（7-74）式，我們倒是可以先用模擬的方式說明 sup F 檢定。考慮一個樣本數爲 200 的 $AR(1)$ 模型如 $y_t = 0.05 + \beta y_{t-1} + u_t$，其中 $y_0 = 0$ 與 u_t 爲標準常態分配的隨機變數。假定：

$$\beta = \begin{cases} 0.5 \quad (1 \le t \le 100) \\ 0.9 \ (100 < t \le 200) \end{cases}$$

即約於 $t = 100$ 處 β 值由 0.5 轉成 0.9。於（7-74）式內，令 $\underline{i} = 30$ 與 $\overline{i} = 170$，我們逐步使用（7-73）式計算 F_{i_0} 檢定統計量，故總共可得 141 個 F_{i_0} 檢定統計量。直覺而言，於 sup F = $\max(F_{i_0})$ 處，除了 sup F 檢定統計量外，亦可得到結構改變點 i_0。圖 7-23 繪製出模擬上述步驟 5000 次所得到的結構改變點之次數分配。從圖內可看出利用 sup F 檢定統計量可以偵測出結構改變點大概集中於 t = [90, 100] 附近；例如，偵測出結構改變點出現於 $t = 100$ 處約有 271 次，而出現於 t = [90, 100] 處則約有 2747 次。最後，於顯著水準爲 5% 下，我們的模擬結果發現利用 sup F 檢定統計量檢定虛無假設爲沒有出現結構改變，其中不拒絕虛無假設的「比重」約爲 4.86%。因此，從我們的模擬過程中可以發現 sup F 檢定有一定的可信度。

現在我們利用 sup F 檢定來檢視前述以 $VAR(2)$ 模型（含常數項）估計台灣利率、通貨膨脹率以及失業率資料。我們分別以 sup F 檢定利率、通貨膨脹率以及失業率的個別迴歸式，結果竟然發現三迴歸式並非屬於安定的模型。例如，就利率迴歸式而言，利用 sup F 檢定偵測出結構改變點出現於第 105 個位置，而其對應的

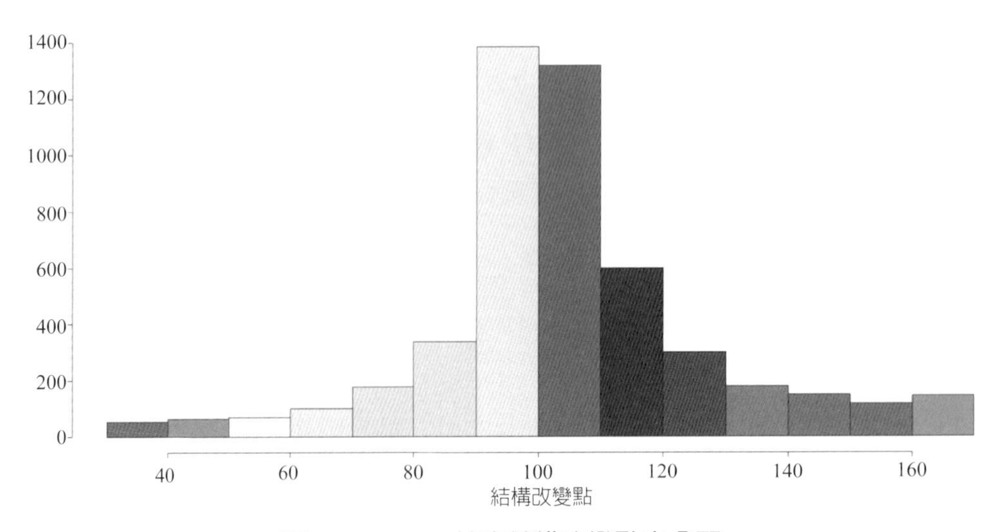

圖 7-23　sup F 檢定結構改變點之分配

sup F 檢定統計量則約爲 38.6，明顯拒絕虛無假設爲沒有結構改變。至於通貨膨脹率與失業率的迴歸式，其結構改變點則分別出現於第 78 個與第 51 個位置，二者仍拒絕虛無假設。因此，從上述的結果可知，台灣利率、通貨膨脹率以及失業率資料以 $VAR(2)$ 模型（含常數項）估計，該估計模型有可能屬於參數不安定的模型。

例 1 使用程式套件（strucchange）

仍考慮上述台灣三變數資料的 $VAR(2)$ 模型（含常數項），若使用程式套件（strucchange）內的函數指令 Fstats() 估計，不難得出類似的結果。圖 7-24 繪製出利用 Fstats() 估計利率、通貨膨脹率以及失業率的迴歸式，其中水平線對應至 5% 的臨界值。從圖內可看出三迴歸式並不是屬於參數安定的迴歸式。

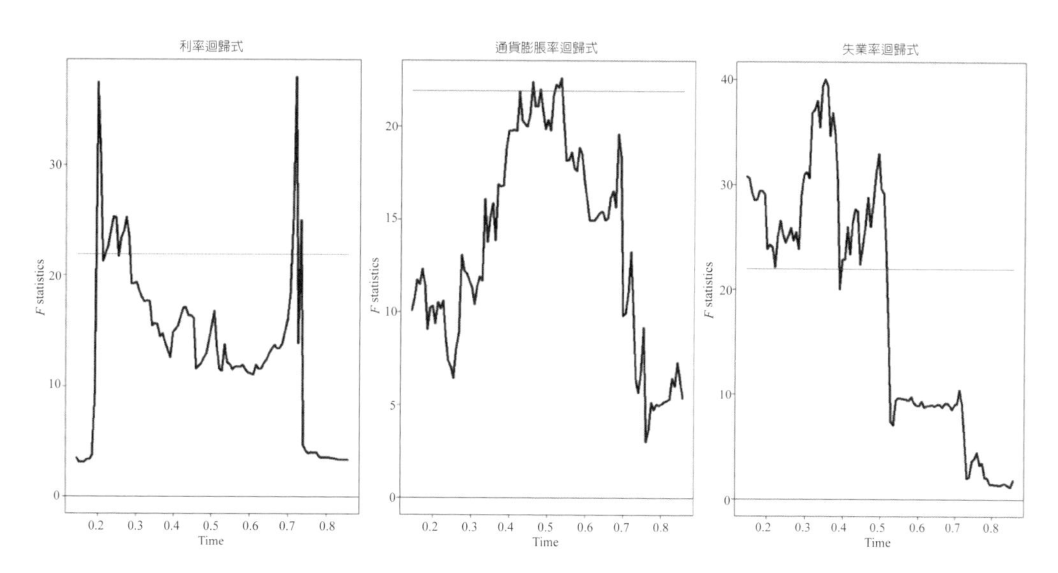

圖7-24 使用程式套件（strucchange）的函數指令估計利率、通貨膨脹率以及失業率迴歸式的 sup F 檢定統計量

例 2 使用程式套件（vars）

我們亦可以使用程式套件（vars）內的函數指令估計上述台灣 $VAR(2)$ 模型，其結果則繪製於圖 7-25，其中直線爲對應的顯著水準爲 5% 的臨界值。從圖內可看出上述 $VAR(2)$ 模型是不安定的。可以參考所附的 R 指令以及程式套件（vars）與（strucchange）的使用手冊。

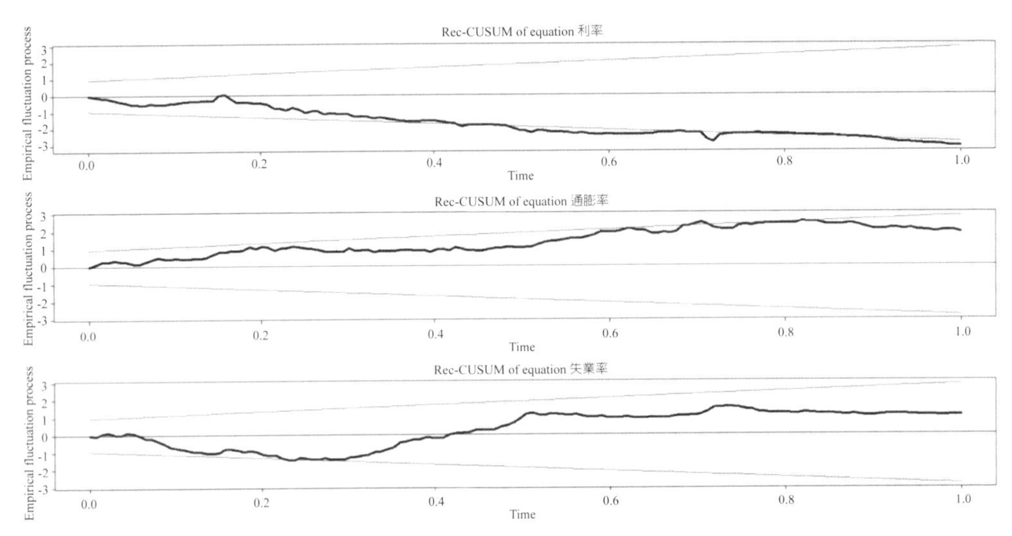

圖 7-25　使用程式套件（vars）內的函數指令估計台灣 $VAR(2)$ 模型

習題

(1) 一個理想的 VAR 模型應包括哪些假定？試解釋之。

(2) 何謂 sup F 檢定統計量？試解釋之。

(3) 試以一種 $VAR(2)$ 模型（含常數項）估計上述台灣經濟成長率、利率、通貨膨脹率以及失業率序列資料。於顯著水準為 5% 之下，試以 sup F 檢定統計量檢視該模型是否是一種參數估計安定的模型？

(4) 續上題，何種單變數迴歸方程式的參數估計不安定？何種單變數迴歸方程式的參數估計安定？

(5) 試說明習題 (3)~(4) 的檢定過程。

(6) 試使用程式套件（vars）內的函數指令檢視上述台灣四變數 $VAR(2)$ 模型的參數穩定情況，其結果為何？試解釋之。

4. 拔靴法

第 2 章我們曾介紹過拔靴法於迴歸模型的應用，於此我們嘗試將拔靴法擴充應用至 $AR(p)$ 與 $VAR(p)$ 模型估計；換言之，除了使用 OLS 估計外，我們也可以使用拔靴法估計 $AR(p)$ 與 $VAR(p)$ 模型的參數。本節分成二部分介紹。首先，我們說明

如何於 $AR(p)$ 模型內應用拔靴法。第二部分則於 $VAR(p)$ 模型內說明如何使用拔靴法；當然，這其中包括利用拔靴法取得衝擊反應函數區間以及 $VAR(p)$ 模型的預測區間。

4.1 *AR*(*p*) 模型

於第 2 章內我們已經知道如何於 $AR(1)$ 模型內使用拔靴法。於此處，我們嘗試將其推廣至 $AR(p)$ 模型。考慮下列的定態 $AR(p)$ 模型如：

$$y_t = \beta_0 + \beta_1 y_{t-1} + \cdots + \beta_p y_{t-p} + u_t \tag{7-75}$$

我們的目的是利用拔靴法估計（7-75）式內的參數值。根據第 2 章，我們已經知道拔靴法的步驟為：

步驟 1：以 OLS 估計（7-75）式，除了取得參數的估計值 $\hat{\beta}_0, \hat{\beta}_1, \cdots, \hat{\beta}_p$ 之外，另外殘差值為 $\hat{u}_t$。

步驟 2：將 $\hat{u}_t$ 轉換成 $u_t^* = \sqrt{\dfrac{n-p}{(n-p)-k}}\hat{u}_t$，其中 n 表示樣本數與 $k = p+1$。

步驟 3：於 u_t^* 內使用「抽出放回」的方式抽取出 n 個觀察值後再搭配 $\hat{\beta}_i$（$i = 0, \cdots, p$），同時根據（7-75）式「建立」y_t^*。利用 y_t^* 重新以 OLS 估計（7-75）式取得新的估計值 $\tilde{\beta}_i$ 後，再校正其估計偏誤而得 $\tilde{\beta}_i^c$，其中 $\tilde{\beta}_i^c = 2\hat{\beta}_i - \tilde{\beta}_i$（第 2 章）。值得注意的是，當上述 $AR(p)$ 模型的「根」接近於 1，難免於估計或校正時會偏離定態的範圍，此時當然須進一步修正。Kilian（1998）曾提出修正方法以強制 $\tilde{\beta}_i^c$ 符合定態的要求（可以參考所附的 R 指令）。

步驟 4：重複步驟 3 的動作 n_{boot} 次，即可取得 n_{boot} 個 $\tilde{\beta}_i^c$。

令 $n_{boot} = 100$ 以及 $n = 202$，我們先舉一個例子說明。考慮一個 $AR(2)$ 模型，其中 $\beta_0 = 0.05$、$\beta_1 = 0.2$、$\beta_2 = 0.7$、$y_0 = 0$ 以及 $u_t \sim NID(0, 1)$。我們先模擬出一組 y_t 的觀察值後再以 OLS 估計，可得 $\hat{\beta}_0 = 0.1418$、$\hat{\beta}_1 = 0.2172$ 與 $\hat{\beta}_1 = 0.6727$。接下來，使用拔靴法（即根據上述步驟）可得 $\tilde{\beta}_i^c$ 的平均數約為 $\tilde{\beta}_0^c = 0.1001$、$\tilde{\beta}_1^c = 0.2309$ 與 $\tilde{\beta}_2^c = 0.6901$；其次，我們也可以進一步取得 $\tilde{\beta}_i^c$ 的 95% 信賴區間估計值分別約為 [0.0031, 0.1875]、[0.1190, 0.3226] 以及 [0.5954, 0.7844]。

我們進一步檢視 $\tilde{\beta}_i^c$ 的抽樣分配。仍使用 $n_{boot} = 100$ 以及 $n = 102$，圖 7-26 與 7-27 分別繪製出 u_t 為標準常態分配與均等分配隨機變數下，$\hat{\beta}_1$、$\hat{\beta}_2$、$\tilde{\beta}_1^c$ 與 $\tilde{\beta}_2^c$ 的抽

樣分配，其中黑點與垂直直線分別表示抽樣分配的平均數與 β_i 值。從圖內可看出於小樣本下，$\hat{\beta}_1$、$\hat{\beta}_2$、$\tilde{\beta}_1^c$ 與 $\tilde{\beta}_2^c$ 未必是 β_1 與 β_2 的不偏估計式，不過 $\tilde{\beta}_1^c$ 與 $\tilde{\beta}_2^c$ 的估計偏誤卻可降低。事實上，從此例可看出拔靴法的使用除了可改善 OLS 的估計偏誤外（特別是於有限樣本下），另一方面亦可看出使用拔靴法的確不需要太多的假定。圖 7-26 與 7-27 是根據 $N = 1{,}000$ 以及 $n_{boot} = 100$ 所繪製而成，讀者倒是可以提高 N 以及 n_{boot} 重新估計看看。

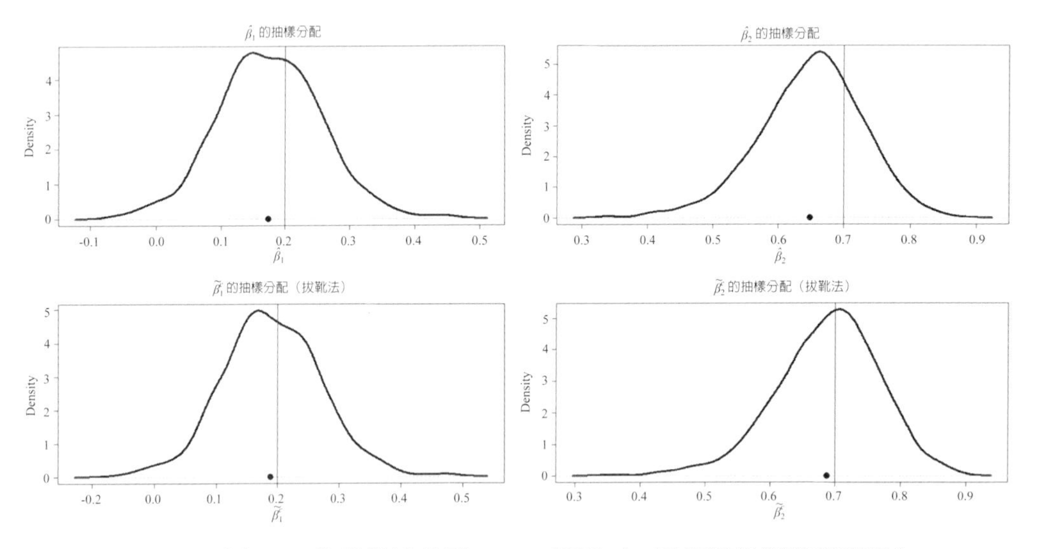

圖 7-26　以 OLS 與拔靴法估計 $AR(2)$ 模型（u_t 是標準常態隨機變數）

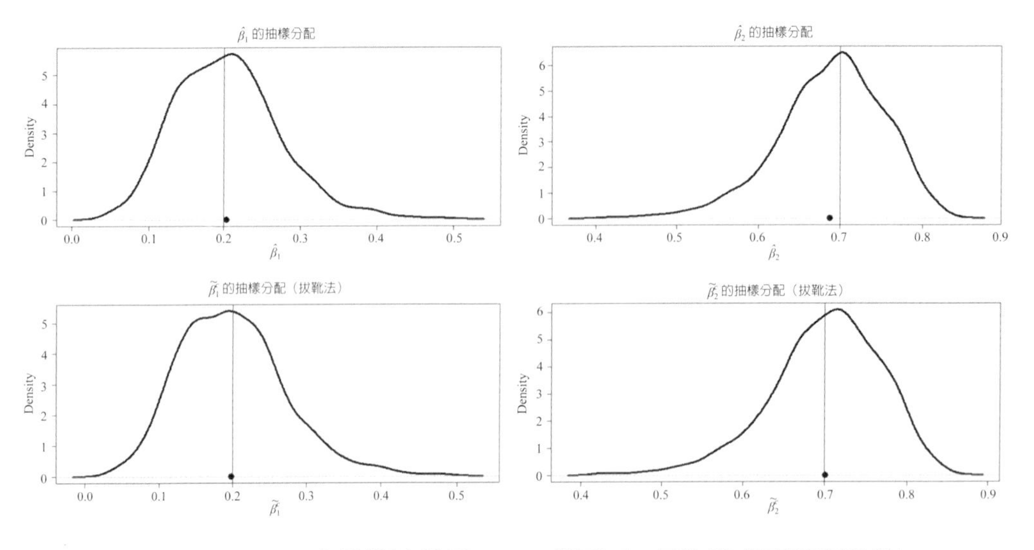

圖 7-27　以 OLS 與拔靴法估計 $AR(2)$ 模型（u_t 是均等分配隨機變數）

例 1 台灣利率、通貨膨脹率以及失業率資料

上述台灣利率、通貨膨脹率以及失業率資料若分別使用 $AR(p)$ 模型（含常數項）估計，令 $p_{max} = 8$ 並使用 AIC 訊息指標，可以分別得到落後期數 p^* 分別爲 5、8 與 8。讀者可以練習使用拔靴法估計模型內的參數以及 95% 信賴區間估計值。

例 2 使用程式套件（BootPR）

續例 1，根據上述所選的 p^*，我們可以估計利率、通貨膨脹率以及失業率資料的 $AR(p^*)$ 模型（含常數項）。利用程式套件（BootPR）內的函數指令可以分別取得向前預測 $h = 10$ 期的預測值。可以參考所附的 R 指令。

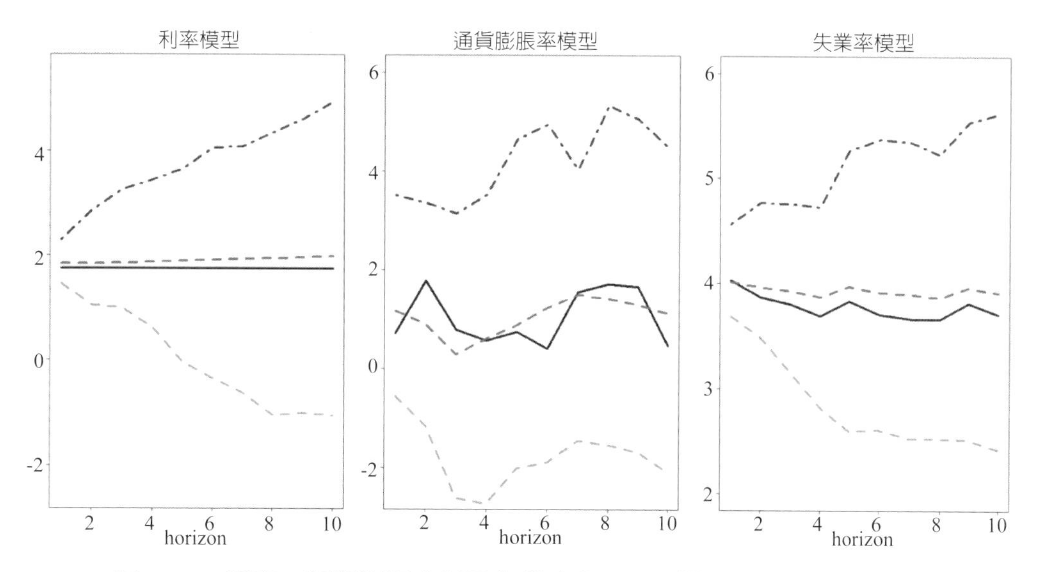

圖 7-28　利率、通貨膨脹率以及失業率的 $AR(p)$ 模型之向前預測 10 期

例 3 雙重拔靴法

續例 2。其實，我們亦可以評估預測的結果，即保留最後 10 期資料當作評估之用；換言之，上述台灣利率、通貨膨脹率以及失業率資料各有 148 個觀察值，而我們各只使用 1~138 個觀察值估計。仍令 $p_{max} = 8$ 並使用 AIC 訊息指標，結果最適落後期數 p^* 仍不變。利用程式套件（BootPR）內的函數指令 BootAfterBootPI()（該指令的用法與原理可參考使用手冊以及其內所附的參考文獻），於 $h = 10$ 之下，可以估計並繪製於圖 7-28，其中實線表示眞實值，而虛線則爲預測值與其對應的 95% 區間預測值。讀者倒是可以評估看看。

習題

(1) 試說明如何於 $AR(p)$ 模型內使用拔靴法。
(2) 何謂雙重拔靴法？試解釋之。
(3) 試解釋圖 7-26 與 7-27。
(4) 使用拔靴法有何優點？試解釋之。
(5) 我們如何取得拔靴法之參數估計信賴區間？試解釋之。

4.2 *VAR*(*p*) 模型

4.1 節介紹的拔靴法估計步驟可以擴充至估計 $VAR(p)$ 模型內的參數值，二者的估計步驟頗為類似。以本章 1.2 節的模型 1 為例，圖 7-29 分別繪製出使用 OLS 與拔靴法估計該 $VAR(1)$ 模型內 A_1 元素的抽樣分配，其中實線與虛線分別表示以 OLS 與拔靴法所繪製的抽樣分配；另一方面，菱形（OLS）與圓形（拔靴法）黑點分別表示上述抽樣分配的平均數，而垂直直線則對應至眞實值。圖 7-29 的繪製是以 $N = 1{,}000$、$n_{boot} = 200$ 以及 $n = 200$ 所繪製而得。不出意料之外，從圖內可看出於小樣本下，拔靴法的確可降低估計偏誤。

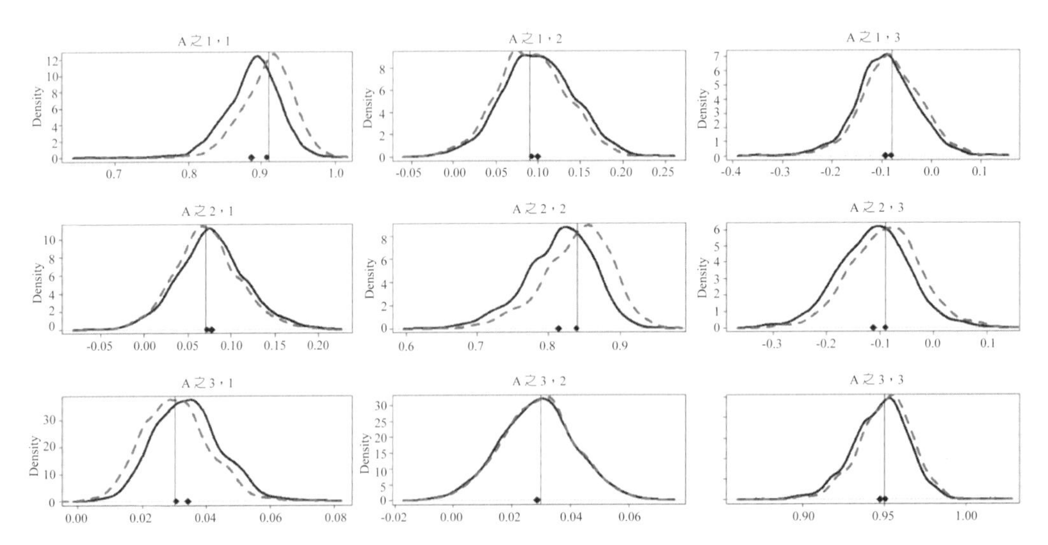

圖 7-29　以 OLS 與拔靴法估計 $VAR(1)$ 模型內 A_1 之元素抽樣分配（A 之 1,2 表示 A_1 內第 1 列與第 2 行元素抽樣分配，其餘可類推）

既然於有限樣本下，拔靴法的使用能降低 OLS 的估計偏誤，我們除了可以使用拔靴法重新估計前述台灣利率、通貨膨脹率與失業率的 $VAR(2)$ 模型（含常數項）

之外，亦重新繪製圖 7-17 內的衝擊反應函數如圖 7-30 所示，其中虛線係根據拔靴法所繪製。從圖內可看出拔靴法的使用有助於改善衝擊反應函數的估計，畢竟後者是由 *VAR* 模型的參數估計值轉換而得。

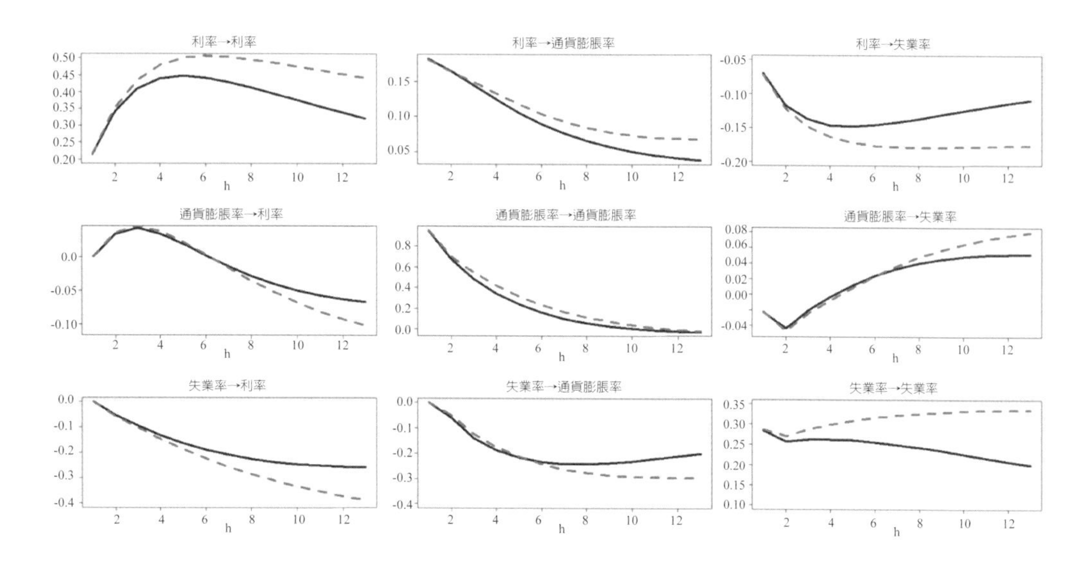

圖 7-30　以拔靴法重新估計圖 7-17（虛線）

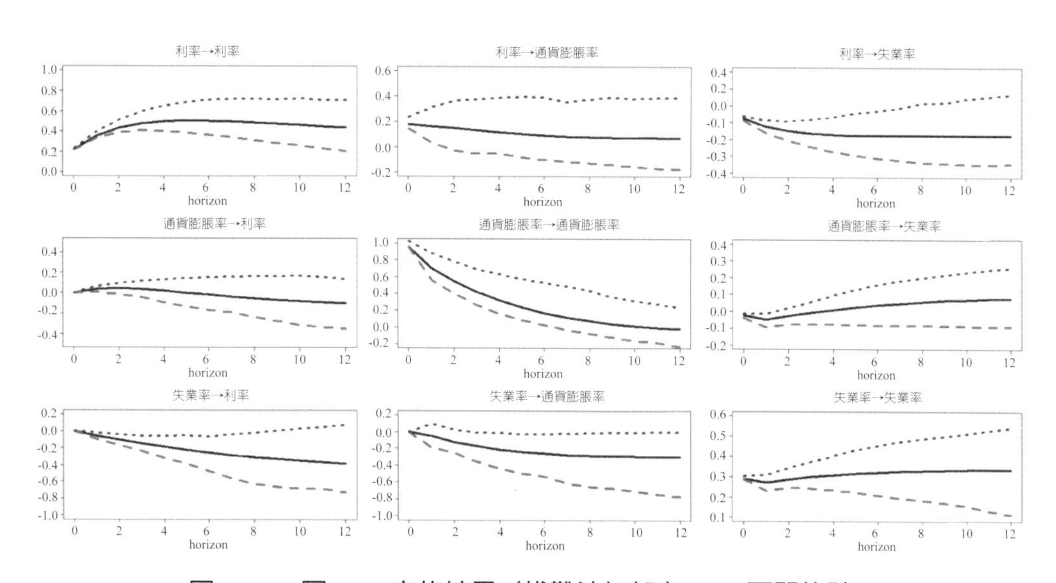

圖 7-31　圖 7-30 內的結果（拔靴法）加上 95% 區間估計

圖 7-30 的繪製是根據「拔靴平均值校正」而得，其中 $n_{boot} = 200$。倘若改成以逐次「拔靴值校正」，則豈不是可得 n_{boot} 個估計值嗎（二者的差異可以參考所附的 R 指令）？改用後者估計有一個好處，就是我們進一步可以取得區間估計值。利

用上述想法，圖 7-31 繪製出拔靴法的衝擊反應（取自圖 7-30）以及 95% 區間估計值（虛線）。

例 1 累積衝擊反應函數的估計

根據圖 7-31 內的結果，我們亦可進一步計算對應的累積衝擊反應估計值，而該結果則繪製於圖 7-32。可以參考所附的 R 指令。

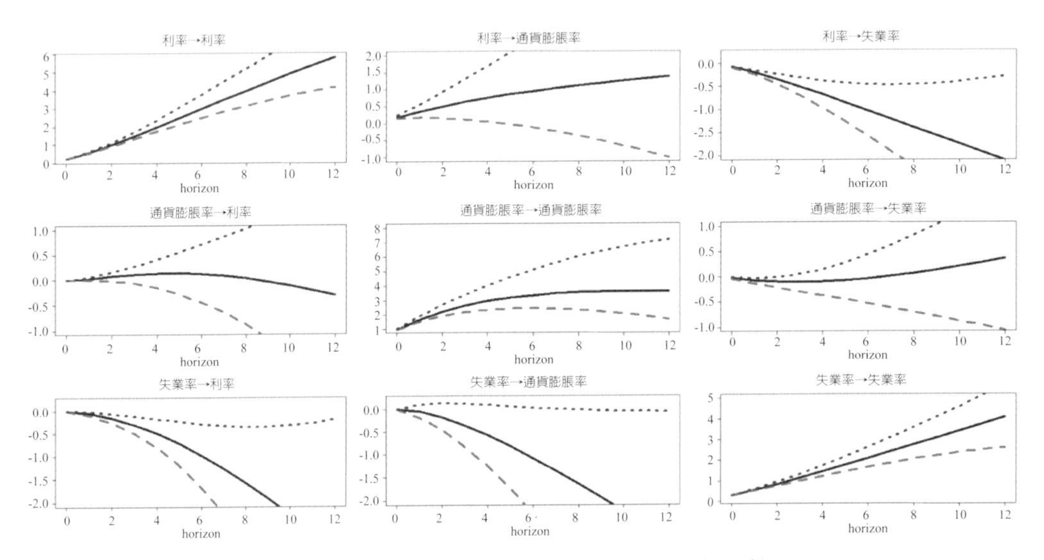

圖 7-32　圖 7-31 的估計累積衝擊反應函數

例 2 使用程式套件（vars）內的函數指令估計

程式套件（vars）內的函數指令亦可以估計拔靴法下的累積衝擊反應函數，不過該函數指令並沒有使用偏誤校正以及 Kilian（1988）所建議的方法。

習題

(1) 試敘述如何於 VAR 模型內使用拔靴法。

(2) 試敘述如何於 VAR 模型內使用拔靴法估計衝擊反應函數。

(3) 使用拔靴法取得衝擊反應函數的區間估計值有何優點？

(4) 試解釋圖 7-30。

(5) 試說明如何取得圖 7-31 內的結果。

(6) 試說明如何使用程式套件（VAR.etp）內的函數指令取得拔靴法之預測區間。

Chapter 8

貝氏VAR模型

於統計學內，除了蒙地卡羅與拔靴法之外，貝氏統計（Bayesian statistics）應該屬於統計學內需要密集使用電腦的模擬或計算的另一個主題。如前所述，早期因電腦的不普及以及功能有限，使得我們無法實際操作上述主題，因此即使質疑上述主題的可信度，但是因沒有實際的操作經驗，故質疑的說服力反而不高。如今由於電腦科技的普及以及其功能已大爲提高，故我們已經能檢視上述主題。於本章，我們嘗試介紹於 *VAR* 模型內應用貝氏統計的觀念，特別是利用 Gibbs 抽樣分法[①]，故本章的內容屬於貝氏 *VAR* 模型的範圍；不過，因貝氏統計畢竟較爲陌生，故本章第 1 與 2 節將簡單介紹貝氏統計的觀念以及將其應用於線性迴歸模型分析[②]。

1. 貝氏統計方法

本節我們將簡單介紹貝氏統計方法。該方法可說是根據貝氏定理而來。本節可分成二部分，其中第一部分爲貝氏理論與貝氏計算的介紹，而第二部分則是說明線性迴歸模型的應用。

---

① Gibbs 抽樣分法屬於馬可夫鏈蒙地卡羅（Markov Chain Monte Carlo, MCMC）模擬方法，有關於 MCMC 模擬方法，可上網查詢或參考 Koop（2003）或 Geweke（2005）等文獻。

② 於本章，我們只約略介紹貝氏計量方法。有關於貝式計量經濟學的導論，可以參考 Koop（2003）。至於貝氏 *VAR* 模型的詳細介紹則可以參考 Garp Koop 的網站以及 Canova（2007），其中後者提供頗多應用總體經濟的例子。本章的內容係參考 Koop（2003）、Koop et al.（2007）以及 Blake 與 Mumtaz（2012）等文獻。

1.1 貝氏理論與計算

如前所述，貝氏統計方法係根源於貝氏定理的應用。假定 x 與 y 爲二個隨機變數，則根據條件機率的定義可得：

$$P(x, y) = P(x \mid y)P(y)$$

其中 $P(x, y)$ 表示 x 與 y 的聯合機率，而 $P(x \mid y)$ 爲 x 的條件機率以及 $P(y)$ 表示 y 的邊際機率。根據貝氏定理可知：

$$P(y \mid x) = \frac{P(x \mid y)P(y)}{P(x)} \tag{8-1}$$

我們不難將（8-1）式的觀念推廣。就迴歸分析而言，假定某迴歸模型是我們的標的，則我們是先蒐集樣本資料（觀察值）而欲估計上述迴歸模型的參數；因此，若 $\mathbf{y}$ 與 θ 分別表示樣本資料向量（或矩陣）與參數向量，同時令 $x = \mathbf{y}$ 與 $y = \theta$，代入（8-1）內，可得：

$$p(\theta \mid \mathbf{y}) = \frac{p(\mathbf{y} \mid \theta)p(\theta)}{p(\mathbf{y})} \tag{8-2}$$

我們如何解釋（8-2）式？顯然，（8-2）式是視參數值 θ 是一個隨機變數，即實際上（8-2）式是 θ 的條件機率分配；換言之，（8-2）式意謂著「於已知的樣本資料下，θ 值爲何？」。即將母體參數值視爲一個隨機變數，多少與我們的統計觀念衝突，因爲通常我們皆將母體參數值視爲一個固定且未知的數值（即眞理只有一個，或眞理愈辯愈明）；不過，貝氏計量（或貝氏統計）卻認爲所面對的是隨機的參數值。因此，爲了區別起見，前者亦可稱爲「頻率計量」（frequentist econometrics）或古典計量；換言之，本章屬於貝氏計量的範圍，而本書的其他章節若沒有特別註明倒皆屬於古典計量的範圍，明顯地上述二範圍使用的方法並不相同。

也許古典計量與貝氏計量之間的分別並不是那麼重要，不過畢竟 θ 值是一個未知數值，從事前來看，θ 值的確像一個隨機變數；因此，我們亦可以將貝氏計量視爲一種新的計量方法。由於 θ 是我們關心的標的，故 $p(\mathbf{y})$ 於（8-2）式內通常予以省略（即因 $\mathbf{y}$ 是一個固定的數值，故 $p(\mathbf{y})$ 亦爲一個固定的數值），即（8-2）式可改寫成：

$$p(\theta \mid \mathbf{y}) = kp(\mathbf{y} \mid \theta)p(\theta) \propto p(\mathbf{y} \mid \theta)p(\theta) \tag{8-3}$$

其中 $k = 1 / p(\mathbf{y})$ 而「$A \propto B$」則表示 A 是 B 的某一個比重（率）。於（8-3）式內，$p(\theta \mid \mathbf{y})$ 可稱爲事後的（posterior）PDF，而稱 $p(\mathbf{y} \mid \theta)$ 爲概似函數，最後稱 $p(\theta)$ 爲事前的（prior）PDF；換言之，（8-3）式描述的是「事後（PDF）爲概似函數乘上事前的（PDF）的某一個比率」。

直覺而言，貝氏計量的方法是吸引人的，畢竟古典計量只估計到 θ 值，但是貝氏計量卻欲估計 $p(\theta \mid \mathbf{y})$，即於 $\mathbf{y}$ 的條件下整個 θ 值的分配；也就是說，取得樣本資料後，貝氏計量欲估計整個 θ 值的分配，故使用貝氏計量方法，反而可以取得更多有關於 θ 值的資訊。有意思的是，$p(\theta \mid \mathbf{y})$ 亦可視爲一種隨資料更新的分配，即隨著樣本資料的更新，有關於 θ 值的資訊亦隨之更新。

於《財統》內，我們曾介紹過概似函數的觀念。換言之，若檢視 $p(\mathbf{y} \mid \theta)$，其可解釋成於參數值已知下，資料產生的 PDF。乍看之下有點抽象，不過舉一個例子自然明瞭。考慮一個 $AR(1)$ 模型，若假定誤差項屬於常態分配，則於參數值 θ 爲已知的條件下，上述 $AR(1)$ 模型的因變數亦屬於某特定的常態分配，而該分配的參數值取決於 θ 值與誤差項的變異數；如此來看，$p(\mathbf{y} \mid \theta)$ 不是像一種 DGP（資料產生過程）嗎？最後，我們來檢視 $p(\theta)$。顯然其並不包括資料 $\mathbf{y}$，故 $p(\theta)$ 著實包括一些有關於非資料的資訊；換言之，面對資料之前，我們大概對參數值有些想法或認識，而 $p(\theta)$ 只不過彙總該資訊而已。例如：仍考慮一個定態的 $AR(1)$ 過程如 $y_t = \beta_1 + \beta_2 y_{t-1} + u_t$，因 y_t 屬於定態的隨機過程，故事先知道 β_2 值必須大於 -1 與小於 1 的資訊。至於爲何 $p(\theta)$ 用 PDF 的型態表示，其只不過方便用電腦來模擬而已。最後，重新檢視（8-3）式可以發現我們所關心的事後 PDF 如 $p(\theta \mid \mathbf{y})$ 其實結合了樣本資料資訊 $p(\mathbf{y} \mid \theta)$ 與非樣本資料資訊 $p(\theta)$。

取得 $p(\theta \mid \mathbf{y})$ 後，下一步自然可用於預測未來的觀察值 $\mathbf{y}^*$。類似於 $p(\theta \mid \mathbf{y})$ 的型態，我們竟然也可以得到預測密度函數 $p(\mathbf{y}^* \mid \mathbf{y})$；換言之，透過積分方式，可得：

$$p(\mathbf{y}^* \mid \mathbf{y}) = \int p\left(\mathbf{y}^*, \theta \mid \mathbf{y}\right) d\theta \tag{8-4}$$

從而（8-4）式可以再改寫成：

$$p(\mathbf{y}^* \mid \mathbf{y}) = \int p\left(\mathbf{y}^* \mid \mathbf{y}, \theta\right) p\left(\theta \mid \mathbf{y}\right) d\theta \tag{8-5}$$

即（8-5）式的導出仍只是（8-1）式的推廣。（8-5）式屬於事後的模擬（posterior simulation）的應用，畢竟該式內有包括 $p(\theta \mid \mathbf{y})$。

事實上，貝氏統計方法特別強調事後的模擬方法，該方法的討論可參考 Koop（2003）或 Geweke（2005）等文獻。於本章，我們會使用蒙地卡羅積分（Monte Carlo integration）與 Gibbs 抽樣二種方法，二方法皆屬於事後的模擬方法的應用。蒙地卡羅積分方法我們並不陌生，畢竟其仍只是 LLN 或 CLT 的應用。假定我們欲計算 $p(\theta \mid \mathbf{y})$ 的平均數，其中 θ 內有 k 個元素，即 $\theta = (\theta_1, \cdots, \theta_k)^T$，則 θ_i 元素的「事後平均數」可寫成：

$$E(\theta_i \mid \mathbf{y}) = \int \theta_i p(\theta \mid \mathbf{y}) d\theta \tag{8-6}$$

除了平均數可表示點估計之外，我們亦可以計算「事後的標準誤」以表示上述點估計的不確定性，即因 $Var(\theta_i \mid \mathbf{y}) = E(\theta_i^2 \mid \mathbf{y}) - E(\theta_i \mid \mathbf{y})^2$，而根據（8-6）式，可得：

$$E(\theta_i^2 \mid \mathbf{y}) = \int \theta_i^2 p(\theta \mid \mathbf{y}) d\theta \tag{8-7}$$

因此，事後的標準誤的計算有牽涉到（8-7）式的使用。透過（8-6）與（8-7）二式，我們亦可將其推廣至：

$$E[g(\theta) \mid \mathbf{y}] = \int g(\theta) p(\theta \mid \mathbf{y}) d\theta \tag{8-8}$$

其中 $g(\theta)$ 是 θ 的函數。

上述（8-6）~（8-8）三式的特性皆是使用積分工具，因此除非 $p(\theta \mid \mathbf{y})$ 屬於特殊的數學型態，否則上述積分結果並不容易取得。雖說如此，蒙地卡羅積分方法卻強調可以用模擬的方式取代積分。例如，根據（8-8）式，只要 $E[g(\theta) \mid \mathbf{y}]$ 存在，透過模擬的方式，的確可以取得 $E[g(\theta) \mid \mathbf{y}]$ 的估計值。

例 1 蒙地卡羅積分

若 $p(\theta \mid \mathbf{y})$ 屬於事後 PDF，而我們可以從 $p(\theta \mid \mathbf{y})$ 內以 IID 的方式抽取樣本並令其結果爲 $\theta^{(r)}$，其中 $r = 1, 2, \cdots, M$。令 $g(\theta)$ 是一個 θ 的函數，則根據（弱）LLN，只要 $E[g(\theta) \mid y]$ 爲有限值，當 $M \rightarrow \infty$，則 $\hat{g} = \frac{\sum_{r=1}^{M} g(\theta^{(r)})}{M}$ 的機率極限爲 $E[g(\theta) \mid y]$。令 $s(x^i) = \frac{\sum_{i=1}^{M} x_i^i}{M}$，圖 8-1 繪製出從平均數與變異數分別爲 0 與 4 的常態分配抽 M

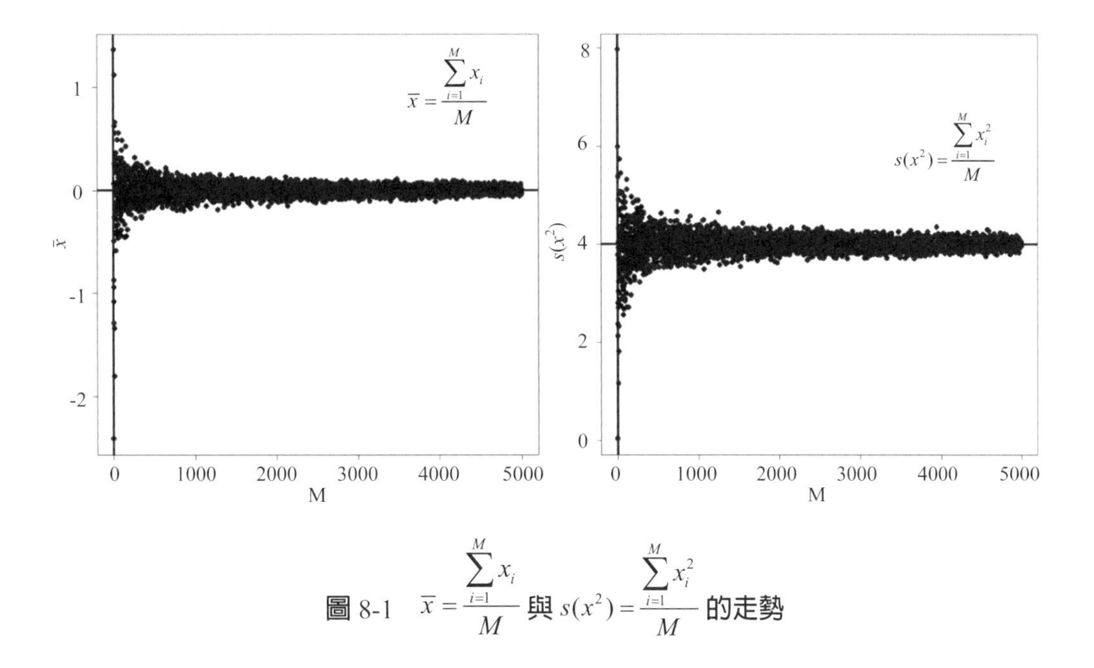

圖 8-1 $\overline{x} = \frac{\sum_{i=1}^{M} x_i}{M}$ 與 $s(x^2) = \frac{\sum_{i=1}^{M} x_i^2}{M}$ 的走勢

取個觀察值之 $s(x) = \overline{x} = \frac{\sum_{i=1}^{M} x_i}{M}$ 與 $s(x^2)$ 的走勢圖。從圖內可看出隨著 M 值的提高，可得 $s(x) \xrightarrow{p} E(x) = 0$（左圖）以及 $s(x^2) \xrightarrow{p} E(x^2) = 4$（右圖）；因此，圖 8-1 的結果隱含著 $s[g(\theta)] \to \int g(\theta) d\theta$。

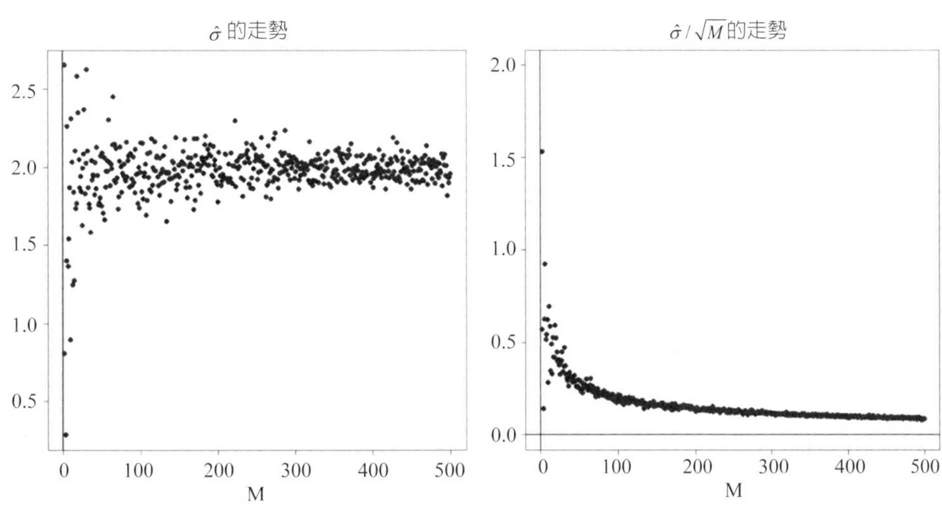

圖 8-2 從 $N(2, 4)$ 抽取 M 個觀察值後計算 $\hat{\sigma} / \sqrt{M}$

例 2 蒙地卡羅估計的數值標準誤

我們擴充例 1 的情況，即令 $\hat{\theta}=\sum_{r=1}^{M}\theta^{(r)}/M$ 為 $E(\theta\mid\mathbf{y})$ 的估計式。就 IID 隨機變數而言，CLT 指出當 $M\rightarrow\infty$，可得：

$$\sqrt{M}\left(\hat{\theta}-\theta\right)\sim N\left(0,\sigma^{2}\right) \tag{8-9}$$

其中 $\sigma^2=Var(\theta\mid\mathbf{y})$。蒙地卡羅積分亦可以估計 σ^2，即：

$$\hat{\sigma}^{2}=\left(1/M\right)\sum_{r=1}^{M}\left(\theta^{(r)}-\hat{\theta}\right)^{2}$$

根據（8-9）式，可得 $\hat{\theta}$ 的漸近分配為 $N\left(\theta,\frac{\hat{\sigma}^{2}}{M}\right)$，其中 $\frac{\hat{\sigma}}{\sqrt{M}}$ 即為蒙地卡羅估計的數值標準誤。圖 8-2 繪製出一種情況。即圖 8-2 係從 $N(2,4)$ 內抽取 M 個觀察值後，再分別計算其 $\hat{\sigma}$（左圖）與 $\frac{\hat{\sigma}}{\sqrt{M}}$（右圖）。讀者應可解釋該圖。

例 3 最高事後密度區間

就貝氏方法而言，已知一個區間（或區域）$C\in\Theta$ 與樣本資料 $\mathbf{y}$，通常我們有興趣想要知道 θ 位於 C 的機率為何？此相當於計算：

$$1-\alpha=P\left(\theta\in C\mid\mathbf{y}\right)=\int_{C}p(\theta\mid\mathbf{y})d\theta \tag{8-10}$$

其中 $0<\alpha<1$。（8-10）式內的區間 C 可稱為貝氏可信區間（Bayesian credible region），即區間 C 類似於統計學內的信賴區間觀念。若 α 為已知，我們有興趣進一步尋找「最短的」可信區間；或者說，考慮下列情況：

(1) $P\left(\theta\in\Theta^{*}\mid\mathbf{y}\right)=1-\alpha$；

(2) 就所有的 $\theta_{1}\in\Theta^{*}$ 與 $\theta_{2}\notin\Theta^{*}$ 而言，可得 $p\left(\theta_{1}\mid\mathbf{y}\right)\geq p\left(\theta_{2}\mid\mathbf{y}\right)$。

若符合上述情況 (1) 與 (2)，則 Θ^* 可稱爲最高事後密度區間（highest posterior density intervals, HPDI）；換言之，於 $1-\alpha$ 之下，相對於其他的參數區域 Θ 而言，於 Θ^* 內的 HPDI 有最短的區間。上述觀念有點抽樣，不過若考慮單峰（unimodal）且對稱的分配，自然可以瞭解。令 θ^m 表示中位數，則 $1-\alpha$ 的 HPDI 爲 $[\theta^m-\delta, \theta^m+\delta]$，即適當選擇 δ，該分配的左右尾部面積皆爲 $\alpha/2$。例如，圖 8-3 繪製出一個 $g(\theta \mid \mathbf{y})$ 的 PDF，顯然其是屬於單峰且對稱的分配；因此，$1-\alpha$ 的 HPDI 屬於圖內的灰黑區域，而該區域面積恰爲 $1-\alpha$ 與左右尾部面積皆爲 $\alpha/2$。如前所述，我們亦可找到對應的面積亦爲 $1-\alpha$ 的其他區域如圖內二個垂直虛線之間所形成的區域。根據 HPDI 的定義，如圖內區域之橫軸距離 2δ 爲最短，即 2δ 小於二個垂直虛線之間的距離。換句話說，該圖是根據 $\alpha=0.1$ 與 $g(\theta \mid \mathbf{y})=N(0, 4)$ 所繪製而成，故 2δ 約爲 3.2897 小於二個垂直虛線之間的距離約爲 3.3995，可以參考所附的 R 指令。

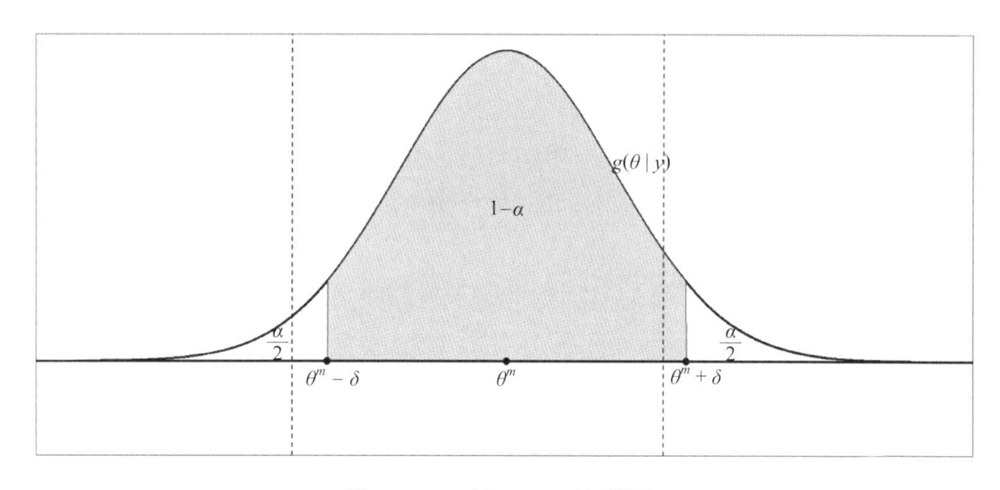

圖 8-3　一個 HPDI 的例子

例 4　HPDI 的估計

本章底下我們會模擬出許多 $p(\theta \mid \mathbf{y})$ 的觀察值，而會使用 R 內的 quantile () 指令[3]估計上述觀察值的 $1-\alpha$ 的 HPDI。底下我們練習 quantile () 指令，可以參考圖 8-4 與 8-5。於 $\alpha=5\%$ 下，圖 8-4 繪製出利用 quantile () 指令估計不同常態與標準 t 分配觀察值的 HPDI，其中常態分配的平均數與變異數分別爲 0 與 4，而標準 t 分配

[3] 即使用 $quantile(x, c(\alpha/2, 1-\alpha))$ 指令計算。

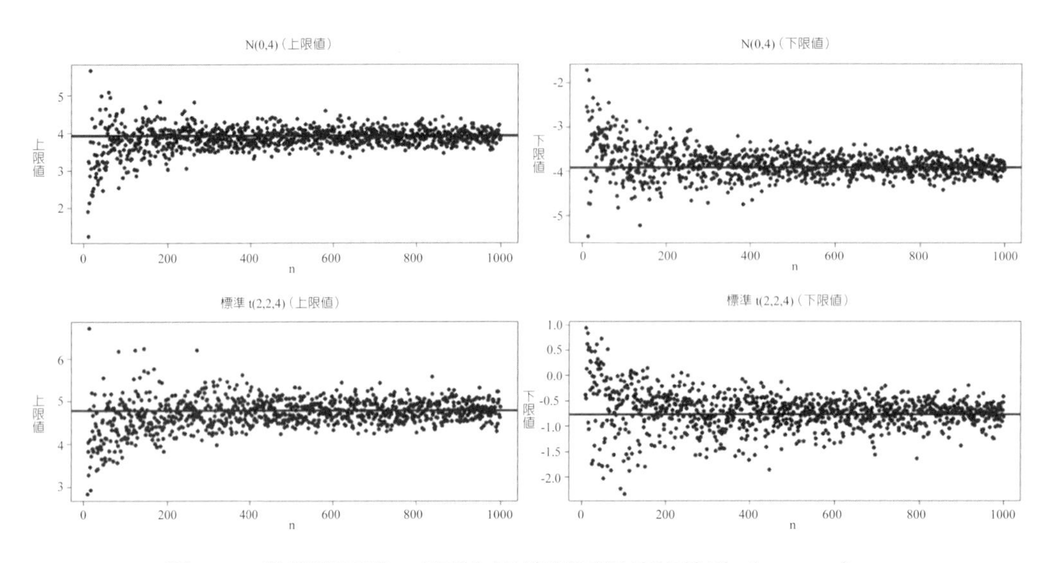

圖 8-4　常態與標準 t 分配上限值與下限值的估計（$\alpha = 5\%$）

的平均數、標準差與自由度則分別爲 2、2 與 4 [4]；換言之，圖 8-4 內的左圖繪製出 HPDI 的上限值，而右圖則繪製出 HPDI 的下限值，其中水平直線則表示對應的眞實值。從圖內可看出就平均而言，quantile () 指令的結果的確能「抓到」HPDI 的上下限值。

因常態與 t 分配皆屬於單峰且對稱分配，我們自然也想知道若不是屬於上述分配型態，quantile () 指令是否仍可以用於估計 HPDI？圖 8-5 考慮二種右偏的分配，其一是卡方分配而另一則爲逆（inverse）Gamma 分配（1.2 節自然會介紹）。於圖 8-5 內，我們仍先模擬出二分配的 n 個觀察值，然後再使用 quantile () 指令計算 $1 - \alpha$ 的 HPDI，即圖內仍假定 $\alpha = 5\%$。我們從圖 8-5 內可看出其結果與圖 8-4 的結果無異。

[4] 於《財統》內，我們曾介紹過標準 t 分配。利用程式套件（fGarch）內的函數指令如 rstd() 可以模擬出標準 t 分配的觀察值，即圖內標準 t(2,2,4) 表示平均數、標準差與自由度則分別爲 2、2 與 4。

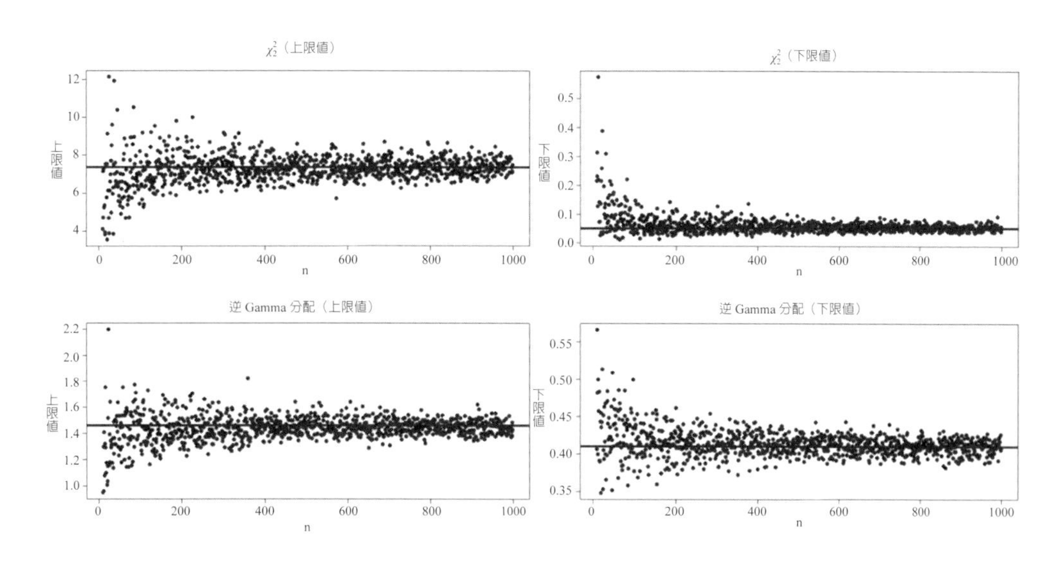

圖 8-5 卡方與逆 Gamma 分配上限值與下限值的估計（$\alpha = 5\%$）

習題

(1) 古典計量與貝氏計量的差別爲何？試解釋之。

(2) 試解釋（8-1）與（8-2）式。

(3) 何謂蒙地卡羅積分？試解釋之。

(4) 何謂 HPDI？試解釋之。

(5) 續上題，實際上我們如何計算 HPDI？

(6) 試解釋（8-4）與（8-5）式。

(7) 爲何概似函數可視爲一種 DGP？試解釋之。

(8) 試解釋（8-3）式。

(9) 事後分配與概似函數有何不同？試解釋之。

1.2 線性迴歸模型

考慮一個線性迴歸模型如：

$$\mathbf{y}_t = \mathbf{X}_t\beta + \mathbf{u}_t \tag{8-11}$$

其中 $\mathbf{y}_t$ 與 $\mathbf{u}_t$ 皆是一個 $T \times 1$ 向量，而 $\mathbf{X}_t$ 與 β 分別是一個 $T \times K$ 矩陣與 $K \times 1$ 向量；

另一方面，假定 $\mathbf{u}_t \sim NID(\mathbf{0}, \sigma^2\mathbf{I})$。如同 1.1 節所述，我們欲估計參數值 β 與 σ^2。若取得 $\mathbf{y}_t$ 與 $\mathbf{X}_t$ 的觀察值，古典計量通常根據概似函數而寫成：

$$L(\mathbf{y}_t \mid \beta, \sigma^2) = \left(2\pi\sigma^2\right)^{-T/2} \exp\left(-\frac{\left(\mathbf{y}_t - \mathbf{X}_t\beta\right)^T \left(\mathbf{y}_t - \mathbf{X}_t\beta\right)}{2\sigma^2}\right) \tag{8-12}$$

即極大化上述概似函數可得 $\tilde{\beta}$ 與 $\tilde{\sigma}^2$ 估計式。不過，通常以 OLS 的估計式 $\hat{\beta}_{OLS}$ 取代 $\tilde{\beta}$，而令 $\tilde{\sigma}^2 = \frac{\hat{\mathbf{u}}_t^T \hat{\mathbf{u}}_t}{T}$，其中 $\hat{\beta}_{OLS} = \left(\mathbf{X}_t^T \mathbf{X}_t\right)^{-1} \mathbf{X}_t^T \mathbf{y}_t$ 與 $\hat{\mathbf{u}}_t$ 表示以 OLS 估計（8-11）式的殘差值向量。因此，古典計量的特色是上述參數值 β 與 σ^2 的估計完全依賴於樣本資料所提供的資訊。

貝氏分析則與上述古典計量所用的方法不同，其倒是認為研究者事先可將有關於 β 與 σ^2 的訊息包括至估計內。換言之，貝氏計量估計（8-11）式的步驟可為：

步驟 1：

研究者事先可蒐集或擁有關於 β 與 σ^2 的相關資訊，而該事前資訊未必與 $\mathbf{y}_t$ 與 $\mathbf{X}_t$ 的觀察值有關。上述事前資訊通常可寫成機率分配的形式，例如 β 的事前資訊可寫成：

$$p(\beta) \sim N\left(\beta_0, \Sigma_0\right) \tag{8-13}$$

其中 $p(\beta)$ 表示 β 的機率分配，而平均數 β_0 表示研究者對 β 的「眞實想法」與變異數（矩陣）Σ_0 則表示該事前資訊的「不確定」。換言之，若研究者對 β_0 値愈「不確定」，隱含著 Σ_0 內的元素愈大，故該事前資訊所占的權數將愈小；相反地，對 β_0 的「確定性」愈大，隱含著 Σ_0 內的元素愈小。以 $K = 2$ 為例，β_0 與 Σ_0 可以分別設為 $\beta_0 = \begin{bmatrix} 1 \\ -1 \end{bmatrix}$ 與 $\Sigma_0 = \begin{bmatrix} 100 & 0 \\ 0 & 100 \end{bmatrix}$，表示研究者事前的一些想法。

步驟 2：

研究者取得 $\mathbf{y}_t$ 與 $\mathbf{X}_t$ 的觀察值並根據（8-12）式建立概似函數 $L(\mathbf{y}_t \mid \beta, \sigma^2)$，因此步驟 2 倒是與古典計量的方法一致。

步驟 3：

研究者的事前資訊（步驟 1）可因資料檢視而更新（步驟 2），最後產生事後

機率分配 $H(\beta, \sigma^2 \mid \mathbf{y}_t) = p(\beta, \sigma^2 \mid \mathbf{y}_t)$。

因此，貝氏計量的興趣在於事後機率分配的檢視，而後者的建立仍脫離不了貝氏定理的範疇；換言之，根據貝氏定理如（8-1）式，可得：

$$H\left(\beta,\sigma^2 \mid \mathbf{y}_t\right) = \frac{F\left(\mathbf{y}_t \mid \beta,\sigma^2\right) \times p(\beta,\sigma^2)}{F(\mathbf{y})} \tag{8-14}$$

其中 $F(\mathbf{y}_t \mid \beta,\sigma^2) = L(\mathbf{y}_t \mid \beta,\sigma^2)$、而 $p(\beta, \sigma^2)$ 為事前聯合分配以及 $F(\mathbf{y}_t) = p(\mathbf{y}_t)$ 為資料的（邊際）機率密度。

根據（8-14）式，可有二種延伸，其中之一為（8-14）式僅描述事後機率分配為概似函數與事前機率的相乘再除以 $F(\mathbf{y}_t)$ 而已，因 $F(\mathbf{y}_t)$ 只是一個純量，故通常（8-14）式可再寫成：

$$H\left(\beta,\sigma^2 \mid \mathbf{y}_t\right) \propto F\left(\mathbf{y}_t \mid \beta,\sigma^2\right) \times p(\beta,\sigma^2) \tag{8-15}$$

即（8-15）式類似於（8-3）式。換言之，（8-15）式說明了事後機率分配只是概似函數與事前機率的相乘的某一個比例。另一種利用（8-14）式可得資料 $\mathbf{y}_t$ 以及參數值 β 與 σ^2 的聯合密度函數，其可寫成：

$$G\left(\mathbf{y}_t,\beta,\sigma^2\right) = F\left(\mathbf{y}_t\right) \times H\left(\beta,\sigma^2 \mid \mathbf{y}_t\right) = F\left(\mathbf{y}_t \mid \beta,\sigma^2\right) \times p(\beta,\sigma^2) \tag{8-16}$$

故聯合密度函數 $G(\mathbf{y}_t, \beta, \sigma^2)$ 可有二種方式表示如（8-16）式所示。

上述貝氏計量的建立步驟可知：

(1) 貝氏計量所關心的是事後機率分配而非將重心集中於概似函數上。
(2) 貝氏計量綜合利用事前與樣本資料資訊，但是古典計量卻只強調後者的資訊。

底下我們分成三種情況檢視貝氏方法於迴歸模型的應用。

情況 1：σ^2 為已知下 β 的事後分配

於此情況下相當於我們欲估計（8-11）式內的參數值 β，不過 σ^2 卻是已知的數值。按照上述步驟分別可得：

事前分配

於事前，研究者必須取得 β 的事前分配，其中 β 屬於一種常態分配如（8-13）式所示倒是普遍的設定方式。以（8-13）式來設置事前分配有一個優點，就是其具有共軛事前分配（conjugate prior distribution）的特性，即上述事前分配與概似函數「搭配」後得到的事後分配竟與事前分配屬於同一種分配。因此，事前機率分配若設爲 $\beta \sim N(\beta_0, \Sigma_0)$，其可寫成：

$$\begin{aligned}&(2\pi)^{-K/2}\left|\Sigma_0\right|^{-1}\exp\left[0.5(\beta-\beta_0)^T\Sigma_0^{-1}(\beta-\beta_0)\right]\\ &\propto\ \exp\left[0.5(\beta-\beta_0)^T\Sigma_0^{-1}(\beta-\beta_0)\right] \qquad (8\text{-}17)\end{aligned}$$

即（8-17）式只是描述 β 的聯合常態 PDF，其中平均數向量與變異數矩陣分別爲 β_0 與 Σ_0。值得注意的是，因 $(2\pi)^{-K/2}\left|\Sigma_0\right|^{-1}$ 爲一個常數值，故上述聯合常態 PDF 可再寫成簡化的形式如（8-17）式所示。

概似函數

於步驟 2，研究者蒐集資料並建立概似函數如：

$$\begin{aligned}F\left(\mathbf{y}_t \mid \beta,\sigma^2\right)&=\left(2\pi\sigma^2\right)^{-T/2}\exp\left(\frac{(\mathbf{y}_t-\mathbf{X}_t\beta)^T(\mathbf{y}_t-\mathbf{X}_t\beta)}{2\sigma^2}\right)\\ &\propto\ \exp\left(-\frac{(\mathbf{y}_t-\mathbf{X}_t\beta)^T(\mathbf{y}_t-\mathbf{X}_t\beta)}{2\sigma^2}\right) \qquad (8\text{-}18)\end{aligned}$$

因 σ^2 爲已知數值，故省略 $\left(2\pi\sigma^2\right)^{-T/2}$ 項。

事後分配

根據（8-15）、（8-17）與（8-18）三式，步驟 3 可得事後分配爲：

$$\begin{aligned}&H\left(\beta \mid \sigma^2,\mathbf{y}_t\right)\\ &\propto\ \exp\left[0.5(\beta-\beta_0)^T\Sigma_0^{-1}(\beta-\beta_0)\right]\times\exp\left[\frac{(\mathbf{y}_t-\mathbf{X}\beta)^T(\mathbf{y}_t-\mathbf{X}\beta)}{2\sigma^2}\right] \qquad (8\text{-}19)\end{aligned}$$

從（8-19）式可看出事後分配 $H(\beta \mid \sigma^2, \mathbf{y}_t)$ 爲二個常態分配相乘下，其仍屬於常態分配；換言之，於 σ^2 已知的條件下，$H(\beta \mid \sigma^2, \mathbf{y}_t)$ 的分配爲：

$$H\left(\beta \mid \sigma^2, \mathbf{y}_t\right) \sim N\left(\mathbf{M}^*, \mathbf{V}^*\right) \tag{8-20}$$

其中

$$\mathbf{M}^* = \left(\Sigma_0^{-1} + \frac{1}{\sigma^2}\mathbf{X}_t^T\mathbf{X}_t\right)^{-1}\left(\Sigma_0^{-1}\beta_0 + \frac{1}{\sigma^2}\mathbf{X}_t^T\mathbf{y}_t\right) \tag{8-21}$$

與

$$\mathbf{V}^* = \left(\Sigma_0^{-1} + \frac{1}{\sigma^2}\mathbf{X}_t^T\mathbf{X}_t\right)^{-1} \tag{8-22}$$

（8-21）與（8-22）二式的導出可以參考 Hamilton（1994）或 Koop（2003）。因 $\hat{\beta}_{OLS} = \left(\mathbf{X}_t^T\mathbf{X}_t\right)^{-1}\mathbf{X}_t^T\mathbf{y}_t$，故（8-21）式可再改寫成：

$$\mathbf{M}^* = \left(\Sigma_0^{-1} + \frac{1}{\sigma^2}\mathbf{X}_t^T\mathbf{X}_t\right)^{-1}\left(\Sigma_0^{-1}\beta_0 + \frac{1}{\sigma^2}\mathbf{X}_t^T\mathbf{X}_t\hat{\beta}_{OLS}\right) \tag{8-23}$$

從（8-23）式的最後一項可看出條件事後分配的平均數其實就是「事前平均數 β_0」與「最大概似估計式（以 $\hat{\beta}_{OLS}$ 表示）」的加權平均數，其中權數分別爲 Σ_0^{-1} 與 $\frac{1}{\sigma^2}\mathbf{X}_t^T\mathbf{X}_t$。因此，若 Σ_0 愈大隱含著 β_0 的權數愈小，則條件事後分配的平均數 $\mathbf{M}^*$ 偏重於 OLS 估計式；相反地，若 Σ_0 愈小隱含著 β_0 的權數愈大，則 $\mathbf{M}^*$ 以 β_0 爲主 [5]。

我們舉一個例子說明。假定 $y_t = 0.5x_t + u_t$，其中 $u_t \sim NID(0, 2)$。圖 8-6 繪製出二個事前平均數皆爲 $\beta_0 = 1$ 的常態機率分配，不過二分配的變異數卻不相同。我們從圖內可看出變異數較大如 $\Sigma_0 = 10$ 相對上比變異數較小如 $\Sigma_0 = 2$ 對 β_0 值的不確定影響較大。於上述假定下，我們可以模擬出 y_t 與 x_t 的觀察值，其中 x_t 爲均等分配

---

[5] 另一方面，因 $Var\left(\hat{\beta}_{OLS}\right) = \sigma^2\left(\mathbf{X}_t^T\mathbf{X}_t\right)^{-1}$，故從（8-20）式亦可看出 $\mathbf{V}^*$ 的組成份子除了須考慮 $Var\left(\hat{\beta}_{OLS}\right)$ 外，亦須考慮事前變異數 Σ_0。

的實現值。利用上述觀察值與（8-16）式，我們倒是可以進一步取得概似值並繪製出概似函數如圖 8-7 的左圖所示，其中該概似函數是以對數值表示。我們亦可從圖內看出於 $\beta = 0.5$ 附近會出現最大的概似值[6]。根據（8-20）~（8-23）式，圖 8-7 的右圖繪製出 β 的事後分配，其中「事後 1」可對應至 $\Sigma_0 = 10$ 而「事後 2」可對應至 $\Sigma_0 = 2$，二分配的事前平均數皆爲 $\beta_0 = 1$。讀者自然可以變更上述事前值以得知 β 的事後分配如何變化。

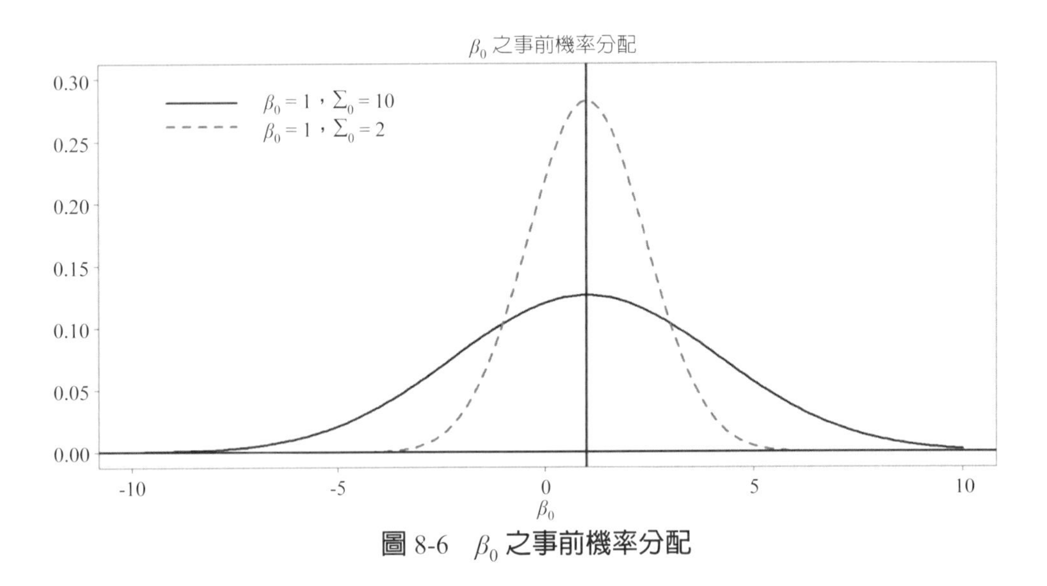

圖 8-6　β_0 之事前機率分配

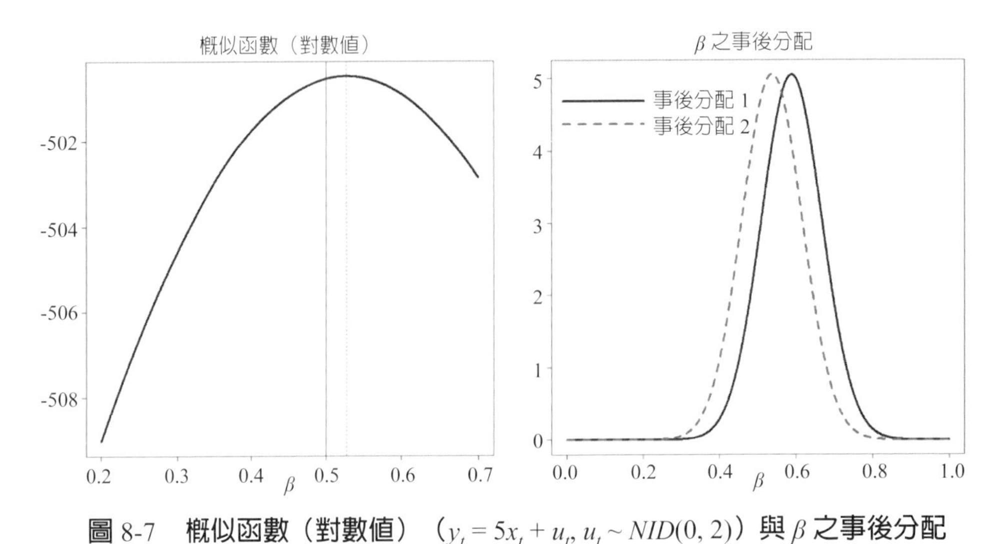

圖 8-7　概似函數（對數值）（$y_t = 5x_t + u_t, u_t \sim NID(0, 2)$）與 β 之事後分配

---

[6] 我們分別各模擬出 1,000 個 y_t 與 x_t 的觀察值，$\hat{\beta}_{OLS}$ 其中約爲 0.5273；因此，圖 8-7 內最大概似值出現於 $\hat{\beta}_{OLS}$ 處（垂直虛線）而非出現於 $\beta = 0.5$ 處（垂直直線）。

情況 2：σ^2 的事後分配（假定 β 為已知）

情況 1 是描述（8-11）式內於 σ^2 爲已知下 β 的估計。接下來，我們互換 σ^2 與 β 的角色，即檢視（8-11）式內於 β 爲已知下 σ^2 的估計。類似情況 1，其亦可分成三個步驟：

事前分配

因常態分配的實現值有可能爲負值，故 σ^2 的事前分配無法使用常態分配。σ^2 的共軛事前分配爲逆 Gamma 分配，或稱 $1/\sigma^2$ 屬於 Gamma 分配[7]。因此，我們需要瞭解 Gamma 分配爲何？假定存在 T 個常態分配隨機變數 v_t 的觀察值，其中 $v_t \sim NID(0, 1/\theta)$。若計算平方和 $w = \sum_{t=1}^{T} v_t^2$，則 w 屬於自由度與尺度參數（scale parameter）分別爲 T 與 θ 的 Gamma 分配，寫成 $w \sim \Gamma\left(\frac{T}{2}, \frac{\theta}{2}\right)$。Gamma 分配的 PDF 可寫成（可以參考例 1~4）：

$$G(w) \propto w^{\frac{T}{2}-1} \exp\left(-\frac{w\theta}{2}\right) \tag{8-24}$$

其中分配的平均數爲 $E(w) = \frac{T}{\theta}$。

因此，$1/\sigma^2$ 的事前密度函數可設爲 $p\left(w = 1/\sigma^2\right) \sim \Gamma\left(\frac{T_0}{2}, \frac{\theta_0}{2}\right)$，其中 T_0 表示事前自由度而 θ_0 則表示事前的尺度參數。我們不難將上述轉換成逆 Gamma（即 $\text{inv}\Gamma$ 或 Γ^{-1}）的型態如圖 8-8 所示[8]。從圖內可看出 T_0 與 θ_0 二參數值所扮演的角色；例如，可檢視圖內固定其中一個參數值後而變動另一個參數值的 PDF 變化。從圖內可看出提高 T_0 或 θ_0 參數值皆縮小 σ^2 的變動幅度；換言之，θ_0 參數值的縮小隱含著提高對 σ^2 的不確定性。最後，根據（8-24）式，σ^2 的事前密度可設爲：

$$\left(1/\sigma^2\right)^{\frac{T_0}{2}-1} \exp\left(-\frac{\theta_0}{2\sigma^2}\right) \tag{8-25}$$

---

[7] σ^2 可稱爲誤差項 u_t 的變異數而 $1/\sigma^2$ 則表示對 u_t 的「精準」（precision）程度；換言之，若 σ^2 愈大（或愈小），表示 u_t 波動程度愈大（或愈小）隱含著 $1/\sigma^2$ 愈小（或愈大）。

[8] 圖 8-8 的繪製是使用程式套件（invgamma）內的函數指令，可以參考所附的 R 指令。

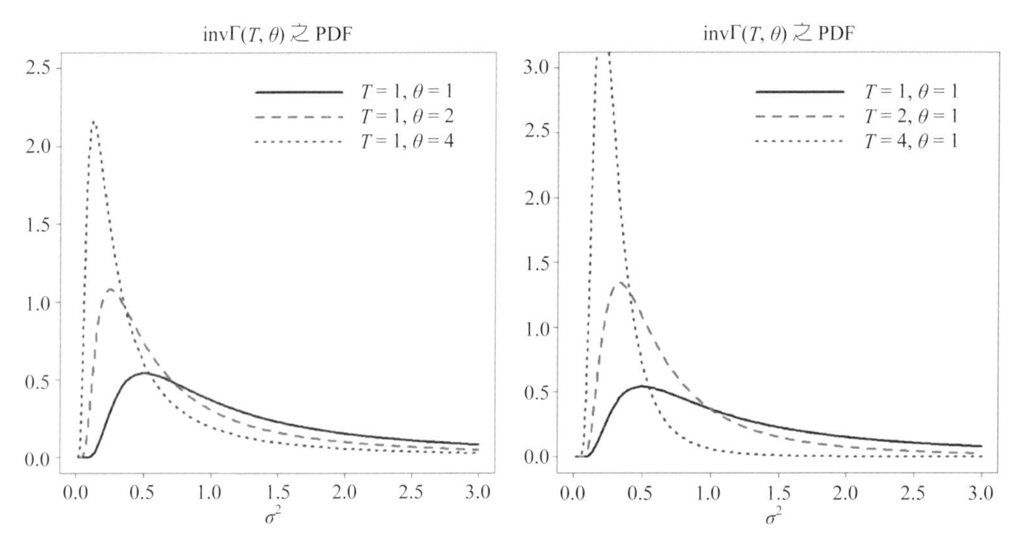

圖 8-8　不同參數值之逆 Gamma 分配（圖內 $\Gamma^{-1}() = inv\Gamma()$）

概似函數

於步驟 2，當研究者取得資料後，可形成概似函數爲：

$$F\left(\mathbf{y}_t \mid \beta, \sigma^2\right) = \left(2\pi\sigma^2\right)^{-T/2} \exp\left(-\frac{\left(\mathbf{y}_t - \mathbf{X}_t\beta\right)^T\left(\mathbf{y}_t - \mathbf{X}_t\beta\right)}{2\sigma^2}\right)$$

$$\propto \left(\sigma^2\right)^{-T/2} \exp\left(-\frac{\left(\mathbf{y}_t - \mathbf{X}_t\beta\right)^T\left(\mathbf{y}_t - \mathbf{X}_t\beta\right)}{2\sigma^2}\right) \quad (8\text{-}26)$$

値得注意的是，因 σ^2 爲未知，故無法完全省略 $\left(2\pi\sigma^2\right)^{-T/2}$ 項。

事後分配

爲了計算 $1/\sigma^2$ 的事後分配（於 β 已知的條件下），（8-25）與（8-26）二式相乘可得：

$$H\left(\frac{1}{\sigma^2} \mid \beta, \mathbf{y}_t\right) \propto \left(\frac{1}{\sigma^2}\right)^{\frac{T_0}{2}-1} \exp\left(-\frac{\theta_0}{2\sigma^2}\right) \times \left(\sigma^2\right)^{-\frac{T}{2}} \exp\left(-\frac{\left(\mathbf{y}_t - \mathbf{X}_t\beta\right)^T\left(\mathbf{y}_t - \mathbf{X}_t\beta\right)}{2\sigma^2}\right)$$

$$\Rightarrow \left(\frac{1}{\sigma^2}\right)^{\frac{T_0}{2}-1-\frac{T}{2}} \exp\left(-\frac{1}{2\sigma^2}\left[\theta_0 + \left(\mathbf{y}_t - \mathbf{X}_t\beta\right)^T \left(\mathbf{y}_t - \mathbf{X}_t\beta\right)\right]\right)$$

$$\Rightarrow \left(\frac{1}{\sigma^2}\right)^{\frac{T_1}{2}-1} \exp\left(-\frac{\theta_1}{2\sigma^2}\right) \tag{8-27}$$

其中 $T_1 = \dfrac{T_0 + T}{2}$ 與 $\theta_1 = \dfrac{\theta_0 + \left(\mathbf{y}_t - \mathbf{X}_t\beta\right)^T \left(\mathbf{y}_t - \mathbf{X}_t\beta\right)}{2}$。有意思的是，（8-27）式顯示出 $1/\sigma^2$ 的事後分配仍是一種 Gamma 分配，其中自由度與尺度參數分別爲 T_1 與 θ_1，隱含著 σ^2 的事後分配是一個自由度與尺度參數分別爲 T_1 與 θ_1 的逆 Gamma 分配。其實，我們也可以進一步檢視上述分配的平均數，即：

$$E\left(\frac{1}{\sigma^2}\right) = \frac{T_1}{\theta_1} = \frac{T_0 + T}{\theta_0 + \left(\mathbf{y}_t - \mathbf{X}_t\beta\right)^T \left(\mathbf{y}_t - \mathbf{X}_t\beta\right)} \tag{8-28}$$

因此。當 $T_0 = \theta_0 = 0$，（8-28）式只是 σ^2 的最大概似估計式之倒數。

情況 3：σ^2 與 β 皆為未知

最後我們考慮 σ^2 與 β 皆爲未知的情況。仍按照上述三個步驟檢視：

事前分配

首先，$1/\sigma^2$ 與 β 的事前聯合分配可設爲：

$$p\left(\beta, \frac{1}{\sigma^2}\right) = p\left(\frac{1}{\sigma^2}\right) \times p\left(\beta \mid \frac{1}{\sigma^2}\right) \tag{8-29}$$

其中 $p\left(\beta \mid \frac{1}{\sigma^2}\right) \sim N\left(\beta_0, \sigma^2\Sigma_0\right)$ 與 $p\left(\frac{1}{\sigma^2}\right) \sim \Gamma\left(\frac{T_0}{2}, \frac{\theta_0}{2}\right)$。利用（8-17）與（8-24）二式分別可得：

$$p\left(\beta \mid \frac{1}{\sigma^2}\right) = \left(2\pi\right)^{-K/2} \left|\sigma^2\Sigma_0\right|^{-1/2} \exp\left(-0.5\left(\beta - \beta_0\right)^T \left(\sigma^2\Sigma_0\right)^{-1} \left(\beta - \beta_0\right)\right)$$

與

$$p\left(\frac{1}{\sigma^2}\right)=\left(\frac{1}{\sigma^2}\right)^{\frac{T_0}{2}-1}\exp\left(-\frac{\theta_0}{2\sigma^2}\right)$$

值得注意的是，於（8-29）式內，β 的事前分配是一種條件分配（於 σ^2 的條件下）。事實上，（8-29）式可稱爲線性迴歸模型的自然共軛先驗（natural conjugate prior）。自然共軛先驗是一種共軛事前分配，其特色是事前分配與概似函數皆屬於相同的函數型態。

概似函數

概似函數與（8-26）式一致，即：

$$F\left(\mathbf{y}_t\mid\beta,\sigma^2\right)=\left(2\pi\sigma^2\right)^{-T/2}\exp\left(-\frac{\left(\mathbf{y}_t-\mathbf{X}_t\beta\right)^T\left(\mathbf{y}_t-\mathbf{X}_t\beta\right)}{2\sigma^2}\right)$$

事後分配

根據上述事前分配與概似函數，h 與 β 的事後聯合分配可爲：

$$H\left(\frac{1}{\sigma^2},\beta\mid\mathbf{y}_t\right)\propto P\left(\beta,\frac{1}{\sigma^2}\right)\times F\left(\mathbf{y}_t\mid\beta,\sigma^2\right)\qquad(8\text{-}30)$$

顯然 $1/\sigma^2$ 與 β 的事後聯合分配如（8-30）式所示，相對上比情況 1 的（8-20）式以及情況 2 的（8-27）式複雜許多。爲了進一步進行統計推論，研究者必須想辦法「孤立」（8-30）式內的 $1/\sigma^2$ 或 β 的成分。例如，就 β 的統計推論而言，研究者必須取得 β 的邊際事後分配如：

$$H\left(\beta\mid\mathbf{y}_t\right)=\int_0^\infty H\left(\beta,\frac{1}{\sigma^2}\mid\mathbf{y}_t\right)d\left(\frac{1}{\sigma^2}\right)\qquad(8\text{-}31)$$

同理，$1/\sigma^2$ 的邊際事後分配可寫成：

$$H\left(\frac{1}{\sigma^2}\mid\mathbf{y}_t\right)=\int_0^\infty H\left(\beta,\frac{1}{\sigma^2}\mid\mathbf{y}_t\right)d\left(\beta\right)\qquad(8\text{-}32)$$

就自然共軛先驗而言，於線性迴歸模型之下，（8-31）與（8-32）二式的積分解倒是一個明確的分配。例如：Hamilton（1994）曾指出 β 的邊際事後分配是一種多變量的 t 分配，而 $1/\sigma^2$ 的邊際事後分配則屬於一種 Gamma 分配。另外，Koop（2003）倒是進一步提供了一種直覺的解釋。

雖說如此，於線性迴歸模型下若使用其他的事前分配，則於（8-31）與（8-32）二式內未必可以找到對應的邊際事後分配，使得貝氏方法不易被應用，此種情況直至模擬方法的提出才獲得改善。

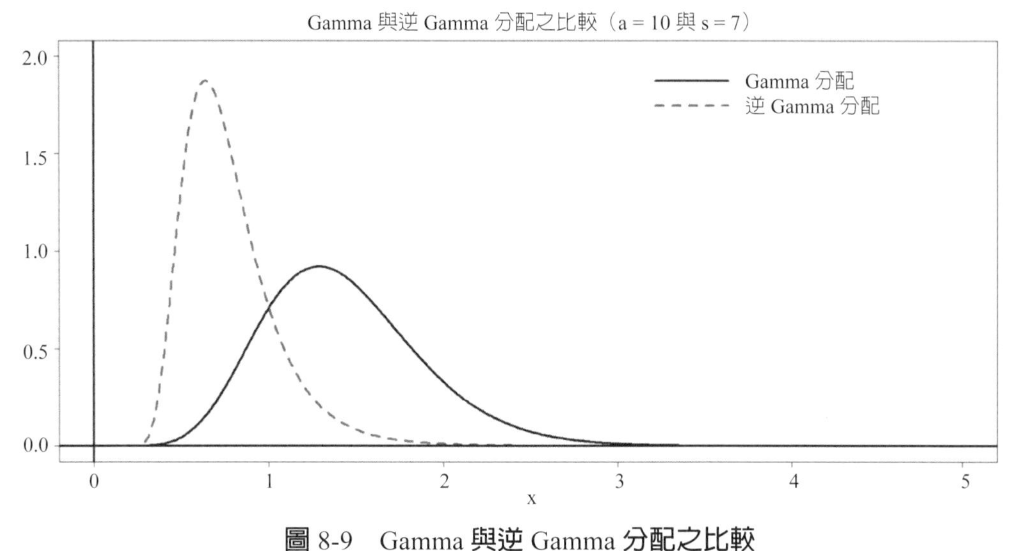

圖 8-9　Gamma 與逆 Gamma 分配之比較

例 1　Gamma 與逆 Gamma 分配

考慮一個 Gamma 分配如 $\Gamma(a, s)$ 分配，其 PDF 可寫成：

$$f(x) = \frac{1}{\Gamma(a)s^a} x^{a-1} e^{(-x/s)}, x > 0 \tag{8-33}$$

其中 $E(x) = as$ 而 $Var(x) = as^2$。（8-33）式的定義取自 R 內 dgamma () 指令的設定方式。比較（8-24）與（8-33）二式，可知（8-33）式內的 $a = \dfrac{T}{2}$ 就是 Gamma 分配的自由度或稱爲型態（shape）參數，而 $s = \dfrac{2}{\theta}$ 則稱爲比率參數（rate parameter）（其爲尺度參數的倒數），故上述二參數皆大於 0。至於逆 Gamma 分配的 PDF 則可寫成：

$$f(x)=\frac{s^{a}}{\Gamma(a)}x^{-a-1}e^{(-s/x)}, x>0 \qquad (8\text{-}34)$$

換言之，Gamma 分配與逆 Gamma 分配之間的關係相當於：若 x 屬於 $\Gamma(a, s)$ 分配，則 $y = 1/x$ 屬於 $\Gamma^{-1}(a, 1/s)$ 分配，透過轉換定理如（2-1）式可看出二者的關係[9]。圖 8-9 繪製出二分配 PDF 的形狀，因於 R 內 Gamma 分配與逆 Gamma 分配皆有對應的指令可以繪製或模擬，因此反而可將二分配視爲二種不同的分配，其中參數皆爲 a 與 s；換言之，圖內是利用二分配的 $a = 10$ 與 $s = 7$ 繪製而成，而從圖內可看出二者的形狀頗爲類似。

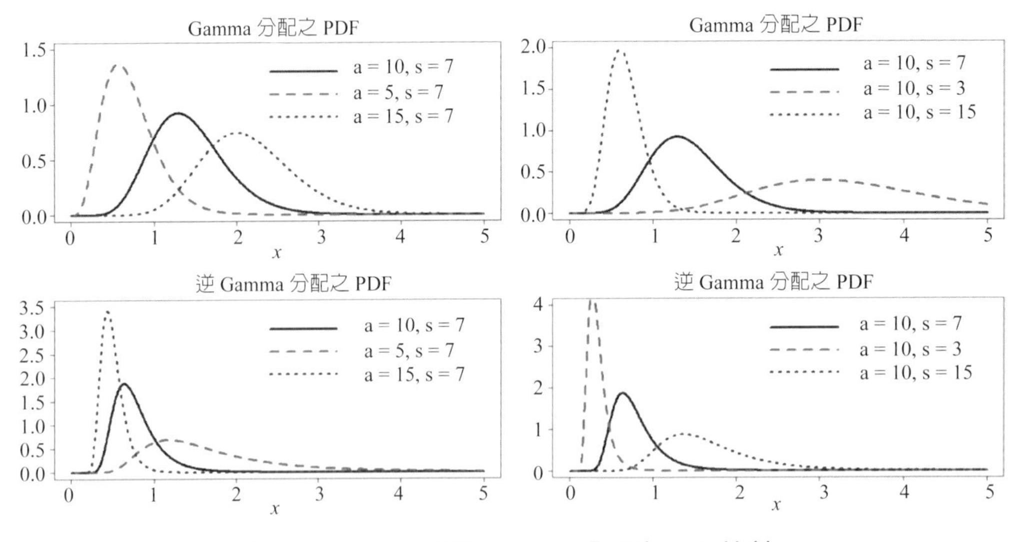

圖 8-10　Gamma 與逆 Gamma 分配之 PDF 比較

例 2　Gamma 與逆 Gamma 分配之 PDF 比較

續例 1，圖 8-10 分別繪製出 Gamma 與逆 Gamma 分配之 PDF 內參數變化的情況，讀者自然可從所附的 R 指令看出各參數所扮演的角色。

---

[9] 即：

$$f_Y(y)=f_X(1/y)\left|\frac{d}{dy}y^{-1}\right|=\frac{1}{\Gamma(a)s^{a}}y^{-a+1}e^{(-1/sy)}y^{-2}=\frac{(1/s)^{a}}{\Gamma(a)}y^{-a-1}e^{(-(1/s)/y)}$$

此爲 $\Gamma^{-1}(a,1/s)$ 分配。

例 3 Gamma 分配的模擬

如前所述，若有 T 個常態分配隨機變數 v_t 的觀察值，其中 $v_t \sim NID(0, 1/\theta)$，而計算平方和 $w=\sum_{t=1}^{T} v_t^2$，則 w 屬於自由度與尺度參數分別爲 T 與 θ 的 Gamma 分配，寫成 $w \sim \Gamma\left(\frac{T}{2}, \frac{\theta}{2}\right)$。上述定義不難用模擬的方式證明，即令 $T = 100$ 與 $\theta = 2$，我們先模擬出 $N = 1000$ 個 w 值，再繪製出直方圖如圖 8-11 所示，其中曲線爲對應的 $\Gamma\left(\frac{T}{2}, \frac{\theta}{2}\right)$ 的 PDF；因此，從圖內可看出上述二者頗爲接近，隱含著亦可用上述方式模擬出 Gamma 分配的觀察值。

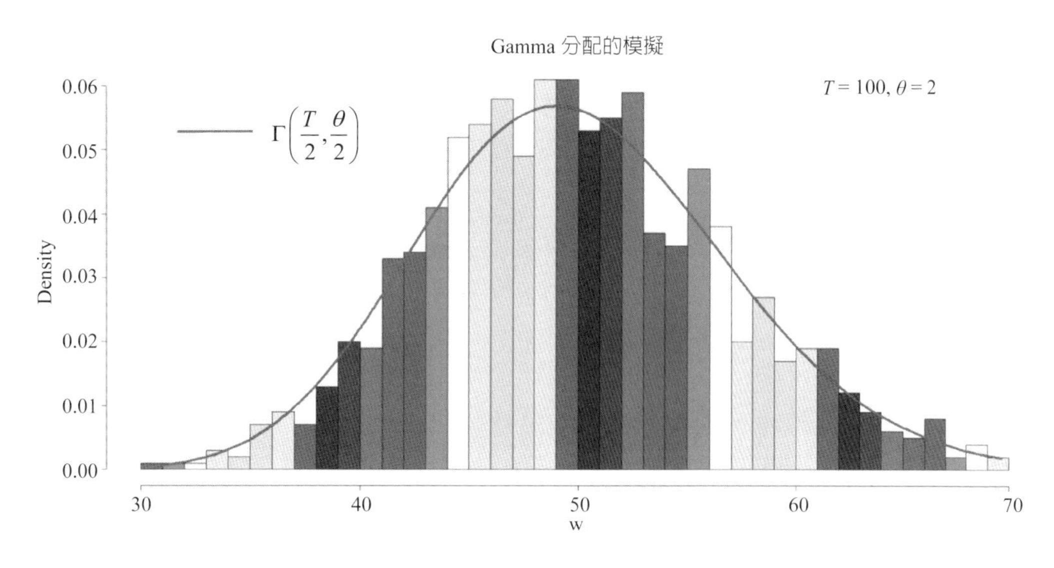

圖 8-11 Gamma 分配的模擬

例 4 Gamma 分配的另外一種定義方式

Koop（2003）定義 Gamma 分配的方式稍有不同，即 x 是一個平均數與自由度分別爲 μ 與 ν 的 Gamma 分配的隨機變數，寫成 $x \sim \Gamma(\mu, \nu)$，而其 PDF 可寫成：

$$f_G\left(x \mid \mu, \nu\right) = \frac{1}{\Gamma\left(\frac{\nu}{2}\right)\left(\frac{2\mu}{\nu}\right)^{\frac{\nu}{2}}} x^{\frac{\nu-2}{2}} e^{\left(-\frac{x\nu}{2\mu}\right)} \tag{8-35}$$

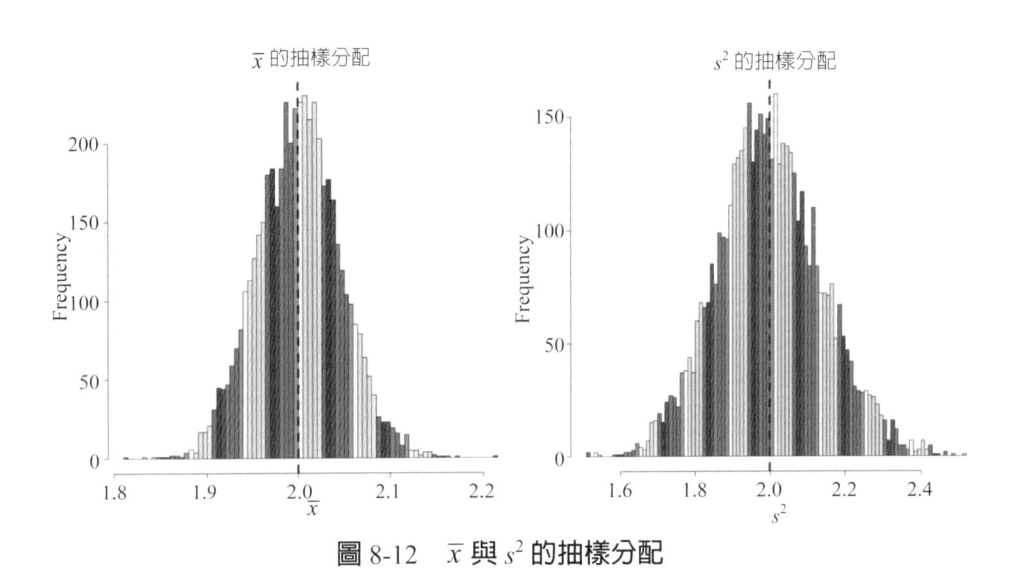

圖 8-12　$\bar{x}$ 與 s^2 的抽樣分配

其中 $E(x) = \mu$ 與 $Var(x) = \mu^2 \frac{2}{\nu}$。比較（8-34）與（8-35）二式，可知 $a = \frac{\nu}{2}$ 與 $s = \frac{2\mu}{\nu}$；因此，不難模擬出平均數與變異數分別爲 μ 與 $\sigma^2 = \mu^2 \frac{2}{\nu}$ 的 Gamma 分配的觀察值。假定 $\mu = 2$ 與 $\nu = 4$，而令 $a = \frac{\nu}{2}$ 與 $s = \frac{2\mu}{\nu}$，根據（8-34）式，我們從 Gamma 分配抽取個數爲 $n = 1{,}000$ 的觀察值，再分別計算其樣本平均數 $\bar{x}$ 與樣本變異數 s^2。重複上述動作 $N = 5{,}000$ 次，即可繪製 Gamma 分配的樣本直方圖如圖 8-12 所示，其中垂直虛線分別爲對應的 μ 與 σ^2。

習題

(1) 貝氏計量估計線性迴歸模型如（8-11）式的步驟爲何？試解釋之。
(2) 本節內的情況 1 的事前分配、概似函數與事前分配分別爲何？試解釋之。
(3) 續上題，究竟情況 1 欲描述何種情況？
(4) 本節內的情況 2 的事前分配、概似函數與事前分配分別爲何？試解釋之。
(5) 本節內的情況 3 的事前分配、概似函數與事前分配分別爲何？試解釋之。
(6) 何謂逆 Gamma 分配？試解釋之。
(7) Gamma 與逆 Gamma 分配的關係爲何？試解釋之。
(8) 續上題，爲何我們需要考慮 Gamma 與逆 Gamma 分配？試解釋之。
(9) 令 $T = 10$ 與 $\theta = 2$，試模擬出 Gamma 分配的 PDF。

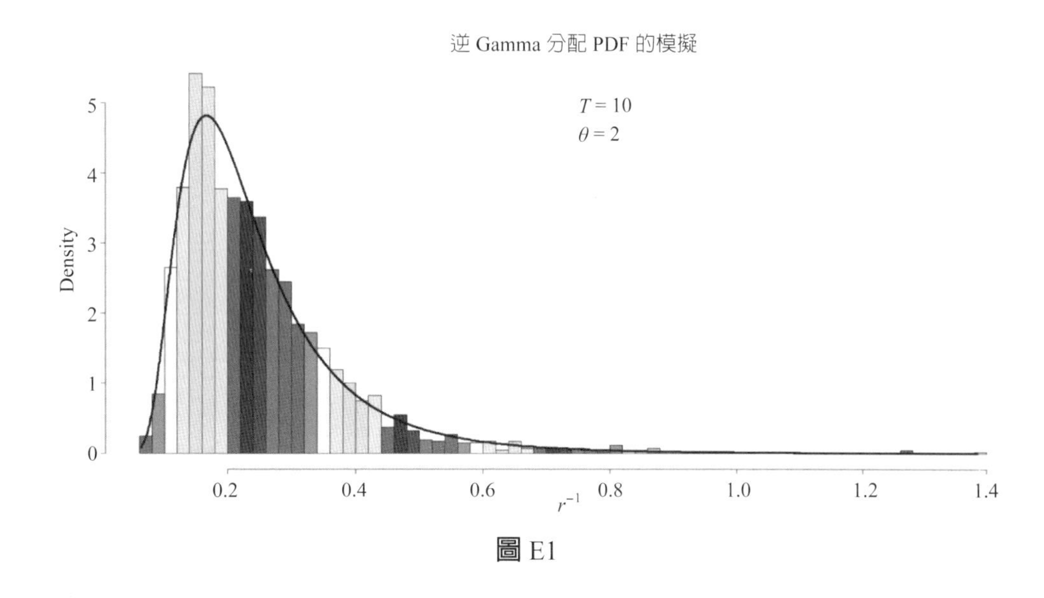

圖 E1

(10) 續上題，試模擬出逆 Gamma 分配的 PDF。提示：可以參考圖 E1。
(11) 何謂自然共軛先驗？試解釋之。

2. Gibbs 抽樣方法

如前所述，模擬方法如 Gibbs 抽樣方法的提出可簡單且取代例如（8-31）與（8-32）二式內的積分解而使得我們可以將貝氏方法擴充至許多的計量模型內。於本節，我們亦分成二部分介紹：第一部分將檢視於線性迴歸模型內如何應用 Gibbs 抽樣方法，而第二部分則檢視 Gibbs 抽樣的收斂。

2.1 線性迴歸模型的應用

首先，我們可以定義 Gibbs 抽樣方法。

Gibbs 抽樣方法

簡單地說，Gibbs 抽樣方法是一種數值方法（numerical method），其利用條件分配的抽樣以估計聯合與邊際分配。

我們嘗試解釋上述的定義。假定有一個 k 變數的聯合分配 $f(x_1, \cdots, x_k)$ 而我們的目的是欲找出對應的邊際分配如 $f(x_i)$，$i = 1, 2, \cdots, k$。當然，標準的方法是採取積分的方式取得，不過於實際上未必能如願。假定條件分配 $f(x_i \mid x_j)$ 爲已知，其中 $i \neq j$。使用 Gibbs 抽樣方法以估計邊際分配的程序爲：

(1) 令期初值爲 $x_1^0, x_2^0, \cdots, x_k^0$；
(2) 從 $f(x_1 \mid x_2, \cdots, x_k)$ 內抽出 x_1，可得 $f(x_1^1, x_2^0, \cdots, x_k^0)$；
(3) 從 $f(x_2 \mid x_1, x_3, \cdots, x_k)$ 內抽出 x_2，可得 $f(x_2^1, x_1^1, x_3^0, \cdots, x_k^0)$；
⋮
(k) 從 $f(x_k \mid x_1^1, x_2^1, \cdots, x_{k-1}^1)$ 內抽出 x_k，可得 $f(x_k^1 \mid x_1^1, x_2^1, \cdots, x_{k-1}^1)$。

如此，可完成「完整一次」的 Gibbs 抽樣過程。

若持續提高上述 Gibbs 抽樣過程的模擬次數，甚至於至無限大時，Casella 與 George（1992）曾證明指出 x_i 的實證分配會接近於 x_i 的邊際分配；換言之，若我們反覆操作上述 Gibbs 抽樣過程的模擬次數至 N 次（即 N 次足夠達到收斂的情況，底下我們會介紹如何取得 N），而儲存最後的 H 次（例如 $H = 1{,}000$），則 H 次 $x_1, \cdots, x_k$ 的實證分配可用於估計 $x_1, \cdots, x_k$ 的邊際分配。當然，上述 Gibbs 抽樣過程能操作的一個重要的前提是我們必須先知道條件分配 $f(x_i \mid x_j)$ 爲何？

我們舉一個例子說明如何以 Gibbs 抽樣方法估計線性迴歸模型。考慮第 7 章內台灣季通貨膨脹率資料（1982/1~2018/4），我們打算以 $AR(2)$ 模型如：

$$y_t = \beta_1 + \beta_2 y_{t-1} + \beta_3 y_{t-2} + u_t, u_t \sim NID\left(0, \sigma^2\right)$$

估計上述台灣季通貨膨脹率資料。令 $\mathbf{X}_t = \left(\mathbf{1}, \mathbf{y}_{t-1}, \mathbf{y}_{t-2}\right)$ 與 $\beta = \left(\beta_1, \beta_2, \beta_3\right)^T$，我們使用 Gibbs 抽樣方法的目的是欲估計 β_i 與 σ^2 的邊際事後分配。如前所述，能操作 Gibbs 抽樣方法的前提是必須先知道於 σ^2 的條件下 β 的條件事後分配，以及於 β 的條件下 σ^2 的條件事後分配，此分別恰爲 1.2 節內的情況 1 與 2；因此，Gibbs 抽樣方法的估計步驟爲：

步驟 1：
設定 β 的事前分配與期初值。首先，假定 β 的事前分配屬於常態分配如：

$$p(\beta) \sim N\left(\beta^0, \Sigma_0\right) = N\left(\begin{pmatrix} \beta_1^0 \\ \beta_2^0 \\ \beta_3^0 \end{pmatrix}, \begin{pmatrix} \Sigma_{\beta_1} & 0 & 0 \\ 0 & \Sigma_{\beta_2} & 0 \\ 0 & 0 & \Sigma_{\beta_3} \end{pmatrix}\right) \tag{8-36}$$

換言之，我們假定 β 的事前分配屬於常態分配 $N(\beta^0, \Sigma_0)$，其中 β^0 與 Σ_0 分別屬於一

個 3×1 向量與 3×3 矩陣。

其次，假定 σ^2 的事前分配屬於逆 Gamma 分配，其中自由度爲 T_0 而尺度參數則爲 θ_0，即：

$$P\left(\sigma^2\right) \sim \Gamma^{-1}\left(\frac{T_0}{2}, \frac{\theta_0}{2}\right) \tag{8-37}$$

此相當於假定 $1/\sigma^2$ 的事前分配屬於 Gamma 分配。

步驟 2：
於 σ^2 爲已知的條件下，抽出 β 值。我們可以藉由（8-20）~（8-22）三式達成。重寫上述三式，可得：

$$H\left(\beta \mid \sigma^2, \mathbf{y}_t\right) \sim N\left(\mathbf{M}^*, \mathbf{V}^*\right) \tag{8-38}$$

其中 $\mathbf{M}^* = \left(\Sigma_0^{-1} + \frac{1}{\sigma^2}\mathbf{X}_t^T\mathbf{X}_t\right)^{-1}\left(\Sigma_0^{-1}\beta_0 + \frac{1}{\sigma^2}\mathbf{X}_t^T\mathbf{y}_t\right)$ 與 $\mathbf{V}^* = \left(\Sigma_0^{-1} + \frac{1}{\sigma^2}\mathbf{X}_t^T\mathbf{X}_t\right)^{-1}$。值得注意的是，於我們的例子內 $\mathbf{M}^*$ 與 $\mathbf{V}^*$ 分別爲一個 3×1 向量與 3×3 矩陣。因此，我們相當於必須從（8-38）式抽取 β 的觀察值（樣本）；換言之，只要 $\mathbf{M}^*$ 與 $\mathbf{V}^*$ 爲已知數值，則可得：

$$\beta^1 = \mathbf{M}^* + \left[\bar{\beta} \times \left(\mathbf{V}^*\right)^{1/2}\right]^T \tag{8-39}$$

其中 $\bar{\beta}$ 是標準常態分配的觀察值[10]，而 β^1 表示 Gibbs 抽樣的第 1 次抽出的觀察值。

步驟 3：
於 β^1 已知的條件下，我們從條件事後分配抽取 σ^2 值，此可藉由（8-27）式達成；換言之，（8-27）式可改寫成：

$$H\left(\sigma^2 \mid \beta, \mathbf{y}_t\right) \sim \mathrm{T}^{-1}\left(\frac{T_1}{2}, \frac{\theta_1}{2}\right) \tag{8-40}$$

[10] 我們亦可從下列方式從 $N(m, v)$ 抽取出 k 個樣本（觀察值）。即 $z = m + z^0 \times v^{1/2}$，其中 z^0 與 z 分別表示 $N(0, 1)$ 與 $N(m, v)$ 的隨機變數。

其中 $T_1 = T_0 + T$（T 爲樣本數）與 $\theta_1 = \theta_0 + \left(\mathbf{y}_t - \mathbf{X}_t\beta^1\right)^T \left(\mathbf{y}_t - \mathbf{X}_t\beta^1\right)$。我們可以從（8-40）式內抽取 $\left(\sigma^2\right)^1$，其中 $\left(\sigma^2\right)^1$ 表示 Gibbs 抽樣的第 1 次抽出的觀察值[11]。

步驟 4：重複步驟 2 與 3 的過程 M 次，分別可得 $\beta^1, \cdots, \beta^M$ 與 $\left(\sigma^2\right)^1, \cdots, \left(\sigma^2\right)^M$，我們分別取最後的 H 個觀察值以計算實證分配；換言之，$M - H$ 個觀察值當作從事 Gibbs 抽樣的「熱身或熱機」（burn-in），故予以捨棄。

利用上述台灣季通貨膨脹率資料，假定期初值爲 $\beta^0 = \left(\beta_1^0, \beta_2^0, \beta_3^0\right)^T = (0,0,0)^T$、

$$\Sigma_0 = \begin{pmatrix} \Sigma_{\beta_1} & 0 & 0 \\ 0 & \Sigma_{\beta_2} & 0 \\ 0 & 0 & \Sigma_{\beta_3} \end{pmatrix} = \begin{bmatrix} 1 & 0 & 0 \\ 0 & 1 & 0 \\ 0 & 0 & 1 \end{bmatrix}$$

、$T_0 = 1$、$\theta_0 = 0.1$、$M = 5000$ 以及 $H = 1000$，我們嘗試使用上述 Gibbs 抽樣的估計步驟估計 $AR(2)$ 模型，不過於估計過程內需牽顧到該估計模型必須屬於定態的 $AR(2)$ 模型。我們可以回想 $AR(2)$ 模型可以寫成伴隨矩陣形式（第 7 章）如：

$$\begin{bmatrix} \mathbf{y}_t \\ \mathbf{y}_{t-1} \end{bmatrix} = \begin{bmatrix} \beta_1 \\ 0 \end{bmatrix} + \begin{bmatrix} \beta_2 & \beta_3 \\ 1 & 0 \end{bmatrix} \begin{bmatrix} \mathbf{y}_{t-1} \\ \mathbf{y}_{t-2} \end{bmatrix} + \begin{bmatrix} \mathbf{u}_t \\ 0 \end{bmatrix}$$

即只要 $\begin{bmatrix} \beta_2 & \beta_3 \\ 1 & 0 \end{bmatrix}$ 內特性根的長度小於 1，則該 $AR(2)$ 模型是安定的；因此，於估計過程內我們必須加上 β^i 的「校正」（可以參考所附的 R 指令）。圖 8-13 繪製出使用 Gibbs 抽樣估計 $AR(2)$ 模型內 $\hat{\beta}_i$ 與 $\hat{\sigma}^2$ 的邊際事後抽樣分配。

圖 8-13 內的估計結果可與 OLS 估計值比較。換言之，上述台灣季通貨膨脹率資料若使用 $AR(2)$ 模型而以 OLS 估計，其估計結果可寫成：

$$\hat{y}_t = 0.2914 + 0.7804 y_{t-1} + 0.0252 y_{t-2}$$

$$(0.1171) \quad (0.0840) \qquad (0.0836)$$

---

[11] 令 z^0 表示從標準常態分配內抽取 $T \times 1$ 個觀察值向量，則 $z = \dfrac{\theta}{\left(z^0\right)^T \left(z^0\right)}$ 表示從 $\Gamma^{-1}\left(\dfrac{T}{2}, \dfrac{\theta}{2}\right)$ 內抽取出觀察值 z。

其中小括號內之值爲對應的估計標準誤，而模型的標準誤爲 $s = 0.988$。另一方面，我們亦可以計算圖 8-13 內各分配的樣本統計量。例如，$\hat{\beta}_1$、$\hat{\beta}_2$、$\hat{\beta}_3$ 與 $\hat{\sigma}^2$ 的平均數分別約爲 0.2878、0.7756、0.0304 與 0.9819，而其對應的估計標準差（即上述分配的標準差）則分別約爲 0.1170、0.0828、0.0825 以及 0.1181。讀者自然可以比較二者的差距並不大。

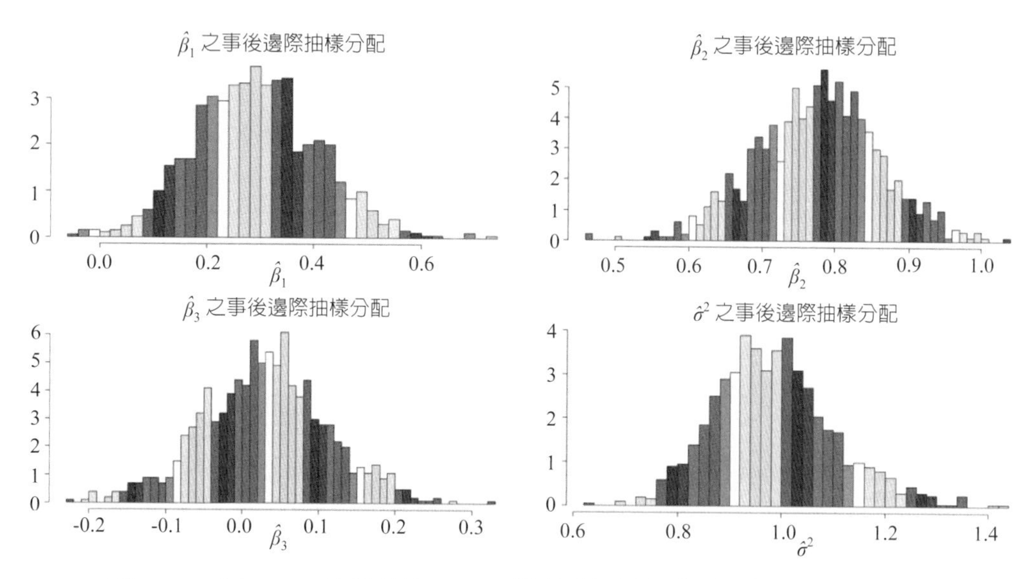

圖 8-13　以 Gibbs 抽樣估計 $AR(2)$ 模型（使用台灣季通貨膨脹率資料）

除了點估計（即上述分配的平均數）之外，貝氏計量亦可根據事後抽樣分配計算估計係數的「信賴區間」；換言之，既然有了 $\hat{\beta}_1$、$\hat{\beta}_2$、$\hat{\beta}_3$ 與 $\hat{\sigma}^2$ 的事後抽樣分配如圖 8-13 所示，我們可以進一步計算上述抽樣分配的 HPDI 估計值。例如，上述 β_1、β_2、β_3 與 σ^2 的 95% 的 HPDI 估計值分別約爲 [0.0589, 0.5150]、[0.6153, 0.9385]、[-0.1314, 0.1920] 與 [0.7783, 1.2368]，顯然於 95% 的可能性下，除了 β_2 值有可能爲 0 之外，其餘參數值皆不爲 0。此結果與上述以 OLS 估計 $AR(2)$ 模型的結果類似。

接下來，我們來看如何利用估計的 $AR(2)$ 模型從事預測。根據當期與落後期的通貨膨脹率資料，向前預測 1 期（即向前 1 步）預測值可寫成：

$$\hat{y}_{t+1} = \hat{\beta}_1 + \hat{\beta}_2 y_t + \hat{\beta}_3 y_{t-1} + \hat{\sigma} u^* \tag{8-39}$$

其中 u^* 表示標準常態隨機變數的觀察值；換言之，（8-39）式的產生是延續圖 8-13 的模擬結果，即我們可以得到 $H = 1{,}000$ 個（8-39）式的模擬值。同理，向前預測

2 期與 3 期預測值分別可寫成：

$$\hat{y}_{t+2} = \hat{\beta}_1 + \hat{\beta}_2 \hat{y}_{t+1} + \hat{\beta}_3 \hat{y}_t + \sigma u^*$$

與

$$\hat{y}_{t+3} = \hat{\beta}_1 + \hat{\beta}_2 \hat{y}_{t+2} + \hat{\beta}_3 \hat{y}_{t+1} + \hat{\sigma} u^* \quad (8\text{-}40)$$

理所當然，類似於（8-40）式，可得 y_t 之向前預測 k 期的模擬觀察值。圖 8-14 繪製出上述通貨膨脹率資料以估計的 $AR(2)$ 模型所得的向前預測三年的預測走勢。

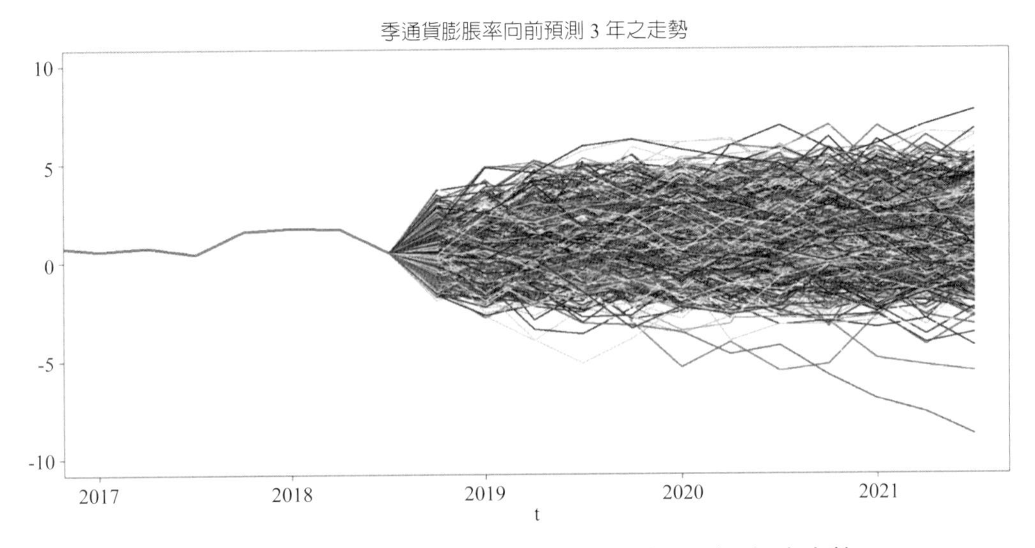

圖 8-14　季通貨膨脹率以 $AR(2)$ 模型向前預測 3 年之走勢

例 1　向前預測 3 年之分位數分配

圖 8-14 內的結果稍嫌繁雜。當然我們可以稍微整理，可以參考圖 8-15。於圖 8-15 內我們分別繪製出上述未來三年預測值的每期之 10%~90% 的分位數走勢（由下至上）。因此，從圖 8-14 或 8-15 內可看出貝氏計量的使用的卻比古典計量取得更多的訊息。

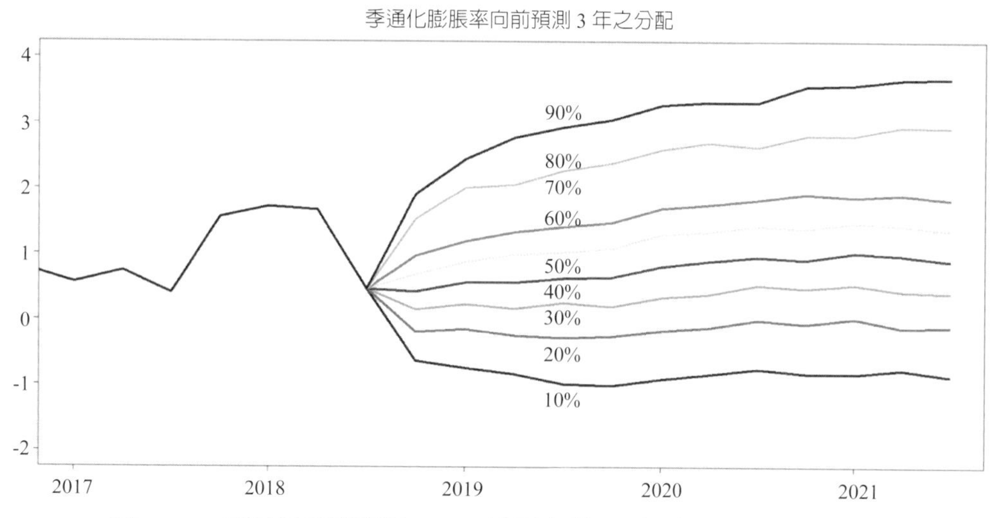

圖 8-15　季通貨膨脹率以 $AR(2)$ 模型向前預測 3 年之分位數分配

例 2　標準 t 分配

根據 Koop（2003）上述預測分配屬於標準 t 分配，可以參考圖 8-16。換言之，圖 8-16 分別繪製出季通貨膨脹率之向前預測 1、5、9 與 12 季之直方圖；爲了比較起見，圖內的曲線表示對應的標準 t 分配，其中平均數、標準差與自由度分別以樣本平均數、樣本標準差以及 T_1 取代。

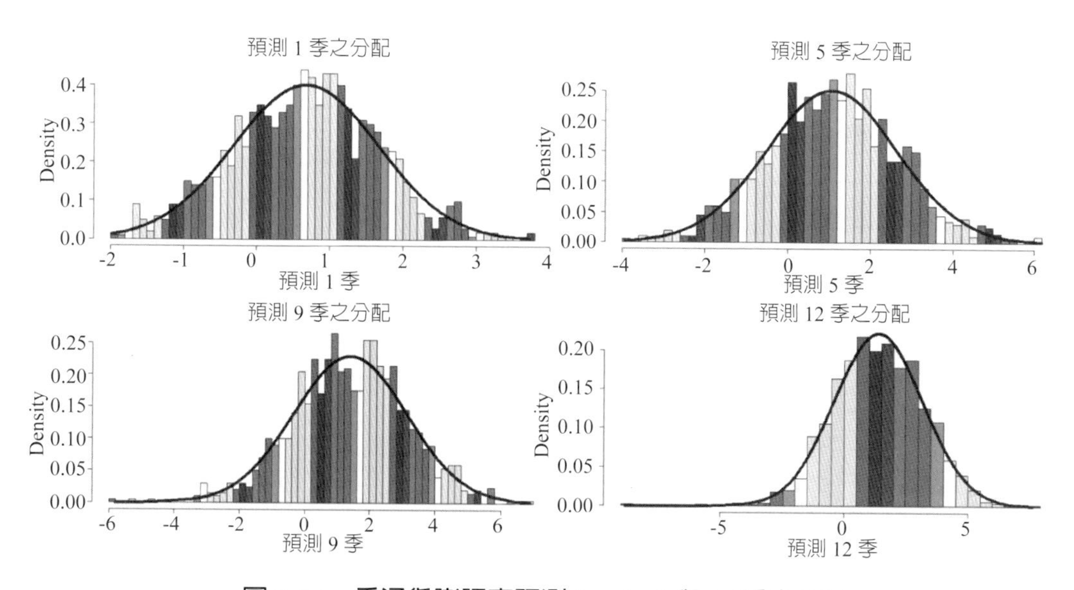

圖 8-16　季通貨膨脹率預測 1、5、9 與 12 季之分配

習題

(1) 何謂 Gibbs 抽樣方法？試解釋之。
(2) 若以 Gibbs 抽樣方法估計線性迴歸模型，1.2 節內的情況 1~3 分別扮演何角色？試解釋之。
(3) 我們如何取得估計線性迴歸模型的未來預期值？試解釋之。
(4) 利用第 7 章內的台灣季經濟成長率時間序列資料，試以 $AR(2)$ 模型估計，其結果爲何？
(5) 續上題，若以上述季經濟成長率時間序列資料取代本節的季通貨膨脹率資料，即仍以 Gibbs 抽樣方法估計季經濟成長率的 $AR(2)$ 模型，試繪製出類似於圖 8-13 的事後分配圖。
(6) 續上題，試繪製出類似於圖 8-15 的圖形。
(7) 試解釋圖 8-15 的意義。

2.2 Gibbs 抽樣的收斂

於 2.1 節內我們並未解釋 Gibbs 抽樣的次數（即 M 值）究竟應爲多大我們才會認爲 M 值是恰當的；或者說，M 值應爲多大，才會讓條件的事後分配會收斂至邊際的事後分配？通常我們有二種方式檢視 Gibbs 抽樣的收斂情況：

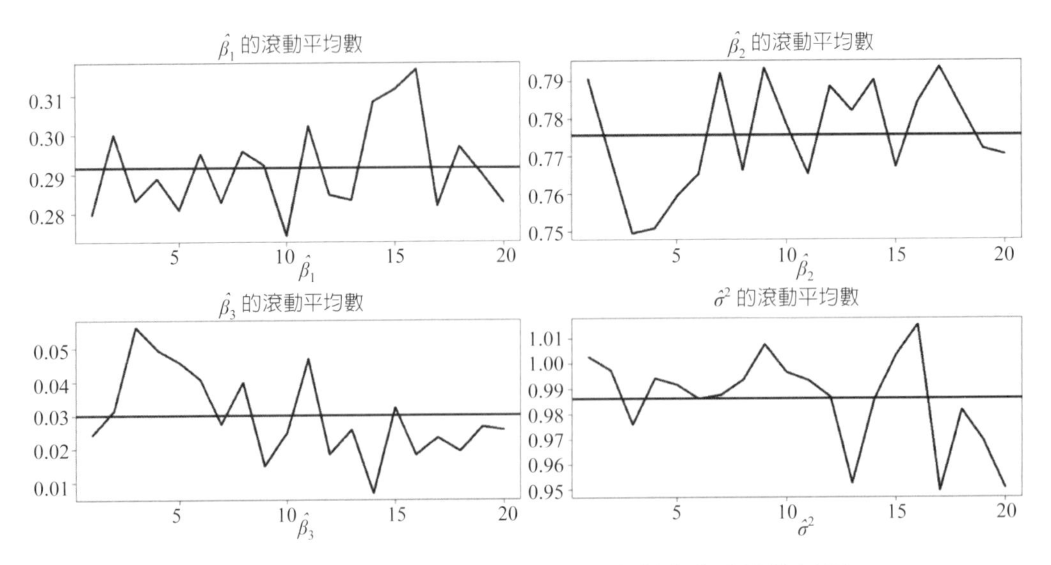

圖 8-17　以滾動平均數計算圖 8-13 內各事後分配的結果

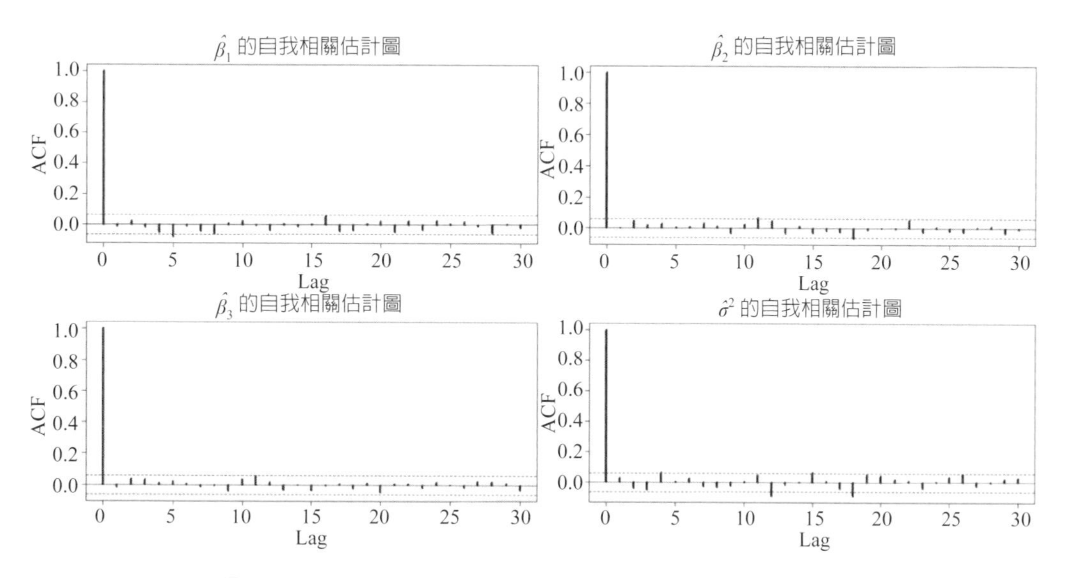

圖 8-18　圖 8-13 內各參數事後分配之自我相關估計圖

(1) 以滾動平均數方式檢視事後分配估計值，即若 Gibbs 抽樣出現收斂的情況，則滾動平均數應會出現較少跳動的情況，即其可能只圍繞於「整體平均數」附近跳動。換言之，以每隔 $n = 50$ 個數爲基準，根據圖 8-13 內的結果，圖 8-17 繪製出滾動平均數的計算結果，其中水平直線表示「整體平均數」。我們從圖內可看出 M 或 H 值太低，我們並不容易得到 Gibbs 抽樣出現收斂的結果。

(2) 計算事後分配之自我相關估計值；換言之，若 Gibbs 抽樣出現收斂的情況，則上述自我相關估計值應會出現不顯著異於 0 的結果。仍根據圖 8-13 的結果，圖 8-18 繪製出對應的自我相關估計圖。從圖內可看出各估計的事後分配內自我相關並不嚴重。

於實際應用上，上述用「圖形目視」的二種判斷 Gibbs 抽樣收斂的方式雖說普遍被使用；不過，Geweke（1991）曾提出一種檢定的方式，反成爲我們從事 Gibbs 抽樣的依據。Geweke（1991）的檢定過程可有下列步驟：

步驟 1：

將參數 θ 的 H 個 Gibbs 抽樣結果分成二個部分，而 Geweke（1991）建議 $H_1 = 0.1H$ 與 $H_1 = 0.5H$。

步驟 2：

分別計算平均數 $M_1 = \dfrac{\sum_{i=1}^{H_1} \theta_i}{H_1}$ 與 $M_2 = \dfrac{\sum_{i=H_2+1}^{H} \theta_i}{H_2}$。

步驟 3：

計算 $\hat{J}_1(0)$ 與 $\hat{J}_2(0)$，其中 $\hat{J}(0)$ 表示長期變異數估計值[12]。

步驟 4：

檢定統計量可寫成：

$$Z = \frac{M_1 - M_2}{\sqrt{\frac{\hat{J}_1(0)}{H_1} + \frac{\hat{J}_2(0)}{H_2}}}$$

而上述檢定統計量之漸近分配 $N(0, 1)$。因此，上述檢定步驟的邏輯是模仿滾動平均數的觀念，即 Z 若顯著異於 0，隱含著 M_1 與 M_2 有顯著的差異，故應提高 H 值改善。

另一方面，Geweke（1991）亦提出「相對數值有效性（relative numerical efficiency, RNE）的衡量，而 RNE 的觀念來自於：若以 IID 的方式從事後分配內抽取 $\theta_i \in \{\theta_1, \theta_2, \cdots, \theta_H\}$，於實際上我們是以 Gibbs 抽樣方式取代上述的抽樣；因此，如前所述（第 5 章），$\hat{J}(0)$ 表示有包括自我相關的長期變異數估計值，故 RNE 的衡量可寫成 $R\hat{N}E_i = \frac{V\hat{a}r(\theta_i)}{\hat{J}_i(0)}$，其中 $V\hat{a}r(\theta_i)$ 表示 θ_i 的樣本變異數。換句話說，若 Gibbs 抽樣出現收斂的情況，則 $R\hat{N}E_i$ 應會接近於 1。

利用 Geweke（1991）建議判斷收斂的方式，我們再檢視 2.1 節內的台灣季通貨膨脹率資料以 Gibbs 抽樣估計的結果。就 $\hat{\sigma}^2$ 而言，可得 Z 與 $R\hat{N}E_i$ 值分別約為 2.07 與 0.93；至於 $\hat{\beta}_j$ 的情況，按照 $j = 1, 2, 3$ 的順序，則分別可得 Z 與 $R\hat{N}E_i$ 值約為 −0.6 與 2.34、0.05 與 0.77 以及 0.4 與 0.83。因此，根據上述結果，顯然收斂的情況並不理想，讀者倒是可以嘗試提高 M 或 H 值重新估計看看。

[12] 即透過（5-46）式可得 $\hat{J}(0) = 2\pi\hat{s}_y(0)$。

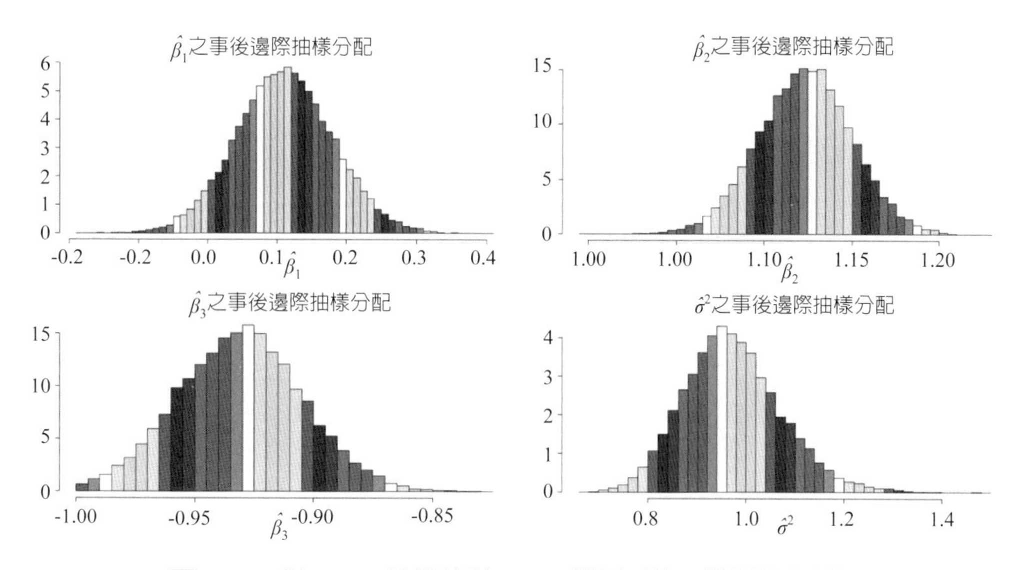

圖 8-19　以 Gibbs 抽樣估計 $AR(2)$ 模型（使用模擬的資料）

例 1　使用模擬的資料

我們以一個模擬的例子說明 Gibbs 抽樣的收斂情況。根據 2.1 節內的 $AR(2)$ 模型，令 $T = 200$、$\beta_1 = 0.1$、$\beta_2 = 1.1$、$\beta_3 = -0.9$ 與 $\sigma = 1$，即我們可以先模擬出定態 $AR(2)$ 模型的觀察值序列 y_t。根據 y_t，仍利用 2.1 節的假定同時使用 $N = 100{,}000$ 與 $H = 20{,}000$，圖 6-19~21 分別繪製出相關的結果。利用圖 8-19 內各事後分配，我們可以進一步計算其對應的 95% 的 HPDI 估計值分別約為 [−0.03, 0.25]、[1.07, 1.17]、[−0.98, −0.88] 與 [0.8, 1.19]（按照 $\hat{\beta}_j$ 與 $\hat{\sigma}^2$ 的順序）；另一方面，從圖 8-20 內亦可看出各參數估計值接近於「穩定」。最後，於圖 8-21 內亦可看出各參數估計值幾乎不存在序列有關。利用上述結果，我們進一步計算 Geweke（1991）所建議的 Z 與 $R\hat{N}E_i$ 值。就 $\hat{\sigma}^2$ 而言，可得 Z 與 $R\hat{N}E_i$ 值分別約為 −0.26 與 1.09；至於 $\hat{\beta}_j$ 的情況，按照 $j = 1, 2, 3$ 的順序，則分別可得 Z 與 $R\hat{N}E_i$ 值約為 −1.53 與 0.97、−0.25 與 1.29 以及 −0.48 與 0.91。顯然，條件事後分配接近於（收斂）邊際事後分配。

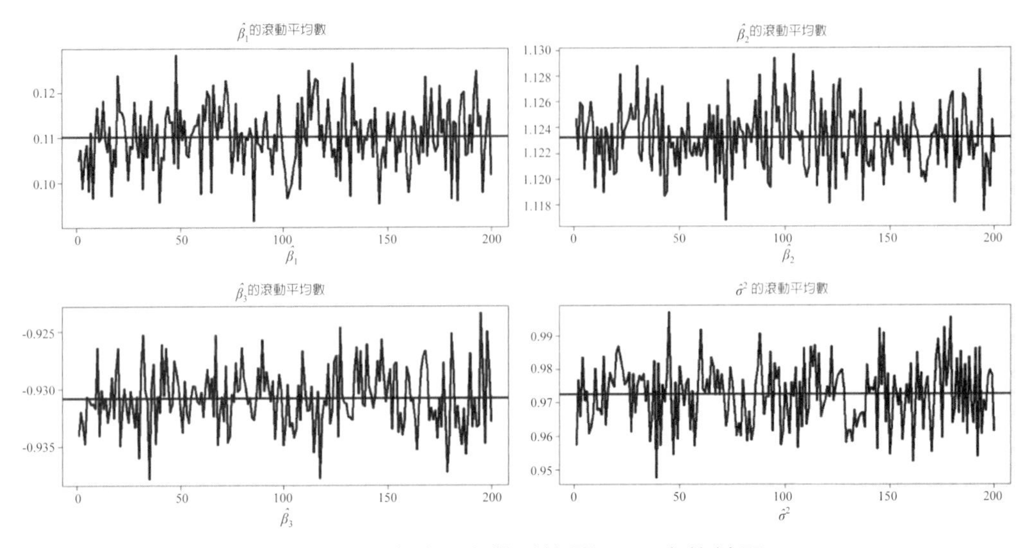

圖 8-20　以滾動平均數計算圖 8-19 內的結果

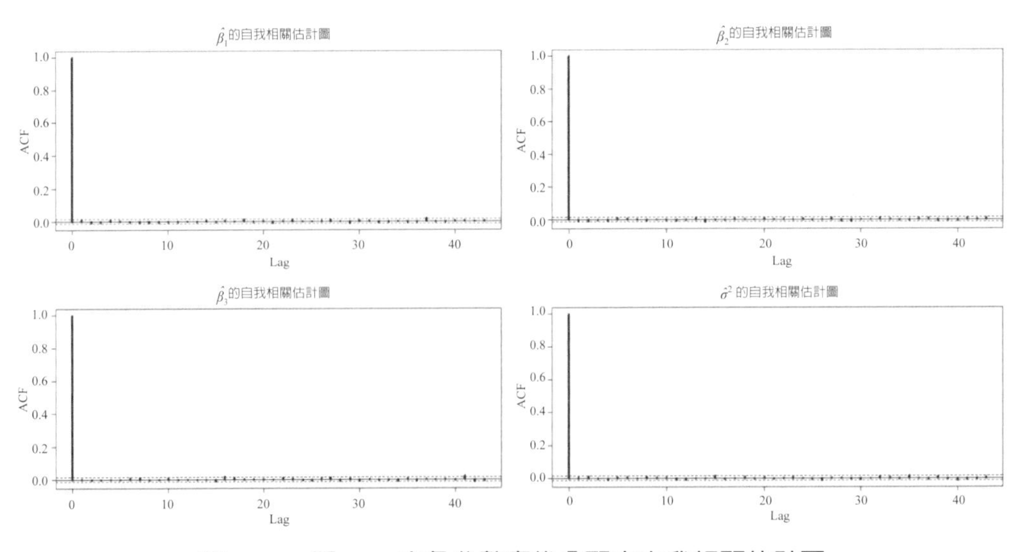

圖 8-21　圖 8-19 內各參數事後分配之自我相關估計圖

例 2　二元變數常態分配之 Gibbs 抽樣

假定我們有一個二元變數常態分配的事後分配如：

$$p\begin{pmatrix}\theta_1\\ \theta_2\end{pmatrix} \sim N\left(\begin{bmatrix}0\\ 0\end{bmatrix}, \begin{bmatrix}1 & \rho\\ \rho & 1\end{bmatrix}\right) \tag{8-41}$$

其中 $|\rho| < 1$ 表示 θ_1 與 θ_2 的相關係數。根據本書附錄可知條件事後分配可為：

$$p(\theta_1 \mid \theta_2) \sim N\left(\rho\theta_2, 1-\rho^2\right) \text{ 與 } p(\theta_2 \mid \theta_1) \sim N\left(\rho\theta_1, 1-\rho^2\right) \quad (8\text{-}42)$$

雖說上述事後分配屬於確定的分配，我們不需要使用蒙地卡羅積分法與 Gibbs 抽樣法以計算 θ_1 與 θ_2 的平均數或標準差，不過若使用上述二種方法，卻可知其優缺點；換言之，我們分別考慮不同的 ρ 值，然後再分別使用蒙地卡羅積分法與 Gibbs 抽樣法。令 $M = 10,100$ 與 $H = 10,000$，根據（8-41）與（8-42）式，我們分別使用蒙地卡羅積分法（MC）與 Gibbs 抽樣法計算 θ_1 與 θ_2 的平均數與標準差，其結果可列於表 8-1。直覺而言，若 $\rho = 0$，因 θ_1 與 θ_2 相互獨立，而條件事後分配等於邊際事後分配，故使用 Gibbs 抽樣法應該等同於使用 MC 法。因此，於表 8-1 內相當於可以用 Gibbs 抽樣法的結果取代（或估計）MC 法的結果；另一方面，亦可檢視圖 8-22 內的上圖，可以發現使用上述二種方法所取得的 θ_1 觀察值差距不大。不過，當 $\rho > 0$ 時，上述用前者估計後者的準確度愈低，尤其是極端的情況如 $\rho = 0.999$，此時不僅從圖 8-22 的下圖看出使用 Gibbs 抽樣法所得到的 θ_1 觀察值的走勢愈平滑，同時亦可從表 8-1 內發現 $E(\theta_i)$ 與 $\sqrt{Var(\theta_i)}$ 的估計值與使用 MC 法大不相同。換句話說，於此例內，可以發現 Gibbs 抽樣法有其侷限處。

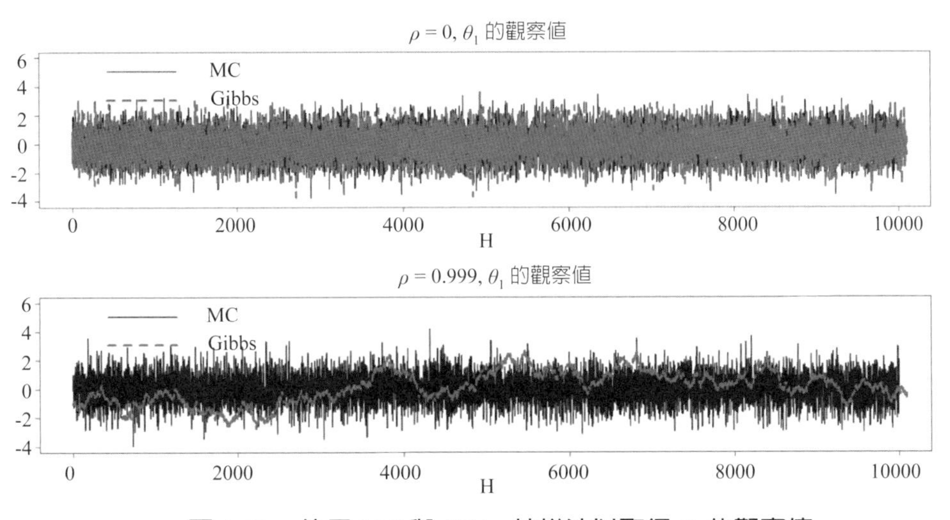

圖 8-22　使用 MC 與 Gibbs 抽樣法以取得 θ_1 的觀察值

表 8-1　MC 與 Gibbs 估計平均數與變異數

	$E(\theta_1)$	$\sqrt{Var(\theta_1)}$	$E(\theta_2)$	$\sqrt{Var(\theta_2)}$
真實值	0	1	0	1
MC				
$\rho = 0$	0.001	1.011	−0.009	1.003
$\rho = 0.25$	0.023	1.014	0.022	1.016
$\rho = 0.5$	−0.006	1.006	0.000	1.011
$\rho = 0.75$	0.009	0.998	0.002	0.996
$\rho = 0.9$	0.011	0.992	0.005	0.990
$\rho = 0.999$	−0.009	1.008	−0.009	1.008
Gibbs				
$\rho = 0$	0.016	1.009	0.004	0.995
$\rho = 0.25$	0.004	1.012	0.013	1.003
$\rho = 0.5$	−0.001	1.011	0.015	1.016
$\rho = 0.75$	0.027	1.003	0.025	1.009
$\rho = 0.9$	0.005	1.021	0.001	1.013
$\rho = 0.999$	−0.264	0.878	−0.263	0.878

習題

(1) 我們有何方式可以判斷 Gibbs 抽樣的收斂情況？試解釋之。

(2) 試敘述 Geweke（1991）的檢定方式。

(3) 何謂 RNE？試解釋之。

(4) 續 2.2 節的習題 (5)~(7)，試繪製出類似於圖 8-17 與 8-18 的圖形。

(5) 續上題，試以 Geweke（1991）的檢定方式檢視，其結果爲何？

(6) 試解釋表 8-1。

(7) 試解釋圖 8-22。

3. VAR 模型的應用

本節將介紹如何於 *VAR* 模型內使用貝氏模擬法。直覺而言，於傳統的 *VAR* 模型內因牽涉到過多的參數估計，故通常於「大模型」下，例如：衝擊反應函數或預測值的估計較缺乏準確度；相反地，因加上事前的資訊，反而使得貝氏 *VAR* 模型估計的準確性較優於傳統的 *VAR* 模型。底下，我們介紹如何於 *VAR* 模型內使用 Gibbs 抽樣。

3.1 BVAR 模型

考慮一個 *VAR*(*p*) 模型如：

$$\mathbf{Y}_t = \mathbf{c} + \mathbf{B}_1\mathbf{Y}_{t-1} + \mathbf{B}_2\mathbf{Y}_{t-2} + \cdots + \mathbf{B}_p\mathbf{Y}_{t-p} + \mathbf{u}_t \tag{8-43}$$

其中內生變數 $\mathbf{Y}_t$ 是一個 $T\times N$ 矩陣而 $\mathbf{c}$ 是一個常數向量；另外，誤差項向量 $\mathbf{u}_t$ 具有下列特徵：$E(\mathbf{u}_t)=0$ 以及若 $t=s$ 則 $E\left(\mathbf{u}_t^T\mathbf{u}_s\right)=\Sigma$，而若 $t\neq s$ 則 $E\left(\mathbf{u}_t^T\mathbf{u}_s\right)=\mathbf{0}$。（8-43）式可改寫成簡潔的方式，即：

$$\mathbf{Y}_t = \mathbf{X}_t\mathbf{B} + \mathbf{u}_t \tag{8-44}$$

其中 $\mathbf{X}_t=\left(c_i, Y_{it-1}, Y_{it-2}, \cdots, Y_{it-p}\right)$。因每一方程式皆有相同的解釋變數，故（8-44）式可以再改寫成：

$$\mathbf{y} = \left(\mathbf{I}_N \otimes \mathbf{X}\right)\mathbf{b} + \mathbf{V} \tag{8-45}$$

其中 $\mathbf{y}=vec(\mathbf{Y}_t)$、$\mathbf{b}=vec(\mathbf{B})$ 與 $\mathbf{V}=vec(\mathbf{u}_t)$。（8-44）與（8-45）二式的合理化可參考例 1。

假定 $\mathbf{b}$ 的事前分配屬於常態分配，即：

$$p(\mathbf{b}) \sim N\left(\tilde{\mathbf{b}}_0, \mathbf{H}\right) \tag{8-46}$$

其中 $\tilde{\mathbf{b}}_0$ 是一個 $N(Np+1)\times 1$ 向量而 $\mathbf{H}$ 則是一個 $N(Np+1)\times N(Np+1)$ 矩陣。根據 Kadiyala 與 Karlsson（1997），於 Σ 與 $\mathbf{Y}_t$ 的條件下，$\mathbf{b}$ 的事後分配亦屬於常態分配，即：

$$H\left(\mathbf{b} \mid \Sigma, \mathbf{Y}_t\right) \sim N\left(\mathbf{M}^*, \mathbf{V}^*\right) \tag{8-47}$$

其中

$$\mathbf{M}^{*}=\left(\mathbf{H}^{-1}+\Sigma^{-1}\otimes\mathbf{X}_{t}^{T}\mathbf{X}_{t}\right)^{-1}\left(\mathbf{H}^{-1}\tilde{\mathbf{b}}_{0}+\Sigma^{-1}\otimes\mathbf{X}_{t}^{T}\mathbf{X}_{t}\hat{\mathbf{b}}\right) \quad (8\text{-}48)$$

與

$$\mathbf{V}^{*}=\left(\mathbf{H}^{-1}+\Sigma^{-1}\otimes\mathbf{X}_{t}^{T}\mathbf{X}_{t}\right)^{-1} \quad (8\text{-}49)$$

其中 $\hat{\mathbf{b}}$ 表示 OLS 的估計值向量。（8-48）與（8-49）二式非常類似於（8-21）與（8-22）二式，例如（8-48）式顯示出事後分配的平均數亦是事前估計值 $\tilde{\mathbf{b}}_0$ 與 *OLS* 估計值 $\hat{\mathbf{b}}$ 的加權平均值。

VAR 模型內共變異數矩陣的共軛事前分配屬於逆 Wishart 分配，其可寫成：

$$p(\Sigma)\sim IW\left(\bar{\mathbf{S}},\nu\right) \quad (8\text{-}50)$$

其中 $\bar{\mathbf{S}}$ 表示事前的尺度矩陣而 ν 則表示事前的自由度。有關於 Wishart 分配與逆 Wishart 分配的介紹可參考例 2 與 3。也許，我們可以將逆 Wishart 分配想像成多變數的逆 Gamma 分配。換句話說，因（8-50）式，故 Σ 的事後分配亦可寫成（於 **b** 條件下）：

$$H\left(\Sigma\,|\,\mathbf{b},\mathbf{Y}_t\right)\sim IW\left(\bar{\Sigma},T+\nu\right) \quad (8\text{-}51)$$

其中 T 為樣本個數而 $\bar{\Sigma}=\bar{S}+\left(\mathbf{Y}_t-\mathbf{X}_t\mathbf{B}\right)^{T}\left(\mathbf{Y}_t-\mathbf{X}_t\mathbf{B}\right)$。

於 *VAR* 模型內使用 Gibbs 抽樣方法，其步驟可為：

步驟 1：

決定 *VAR* 模型內的係數矩陣與共變異數矩陣的事前分配，即分別考慮（8-46）與（8-50）二式，其中 Σ 的期初值可以用 OLS 估計值取代。

步驟 2：

根據（8-47）式，一旦取得 $\mathbf{M}^*$ 與 $\mathbf{V}^*$ 估計值我們就可以抽取 **b** 的觀察值 $\bar{\mathbf{b}}$，即：

$$\mathbf{b}^{1}=\mathbf{M}^{*}+\left[\bar{\mathbf{b}}\left(\mathbf{V}^{*}\right)^{1/2}\right]$$

步驟 3：

根據（8-51）式，即從 $IW\left(\bar{\Sigma}, T+\nu\right)$ 內抽取觀察值 Σ^1，其中：

$$\bar{\Sigma} = \bar{S} + \left(\mathbf{Y}_t - \mathbf{X}_t\mathbf{B}^1\right)^T \left(\mathbf{Y}_t - \mathbf{X}_t\mathbf{B}^1\right)$$

而 $\mathbf{B}^1$ 來自於步驟 2，可記得 $\mathbf{b}^1 = vec(\mathbf{B}^1)$。實際上，我們可以利用下列方式取得 $IW(S, \nu)$ 的觀察值 $\hat{\Sigma}$，即從 $N(\mathbf{0}, \mathbf{S}^{-1})$ 內抽取一個 $\nu \times N$ 矩陣 $\mathbf{Z}$，則 $\hat{\Sigma} = \left(\sum_{i=1}^{\nu} \mathbf{z}_i \mathbf{z}_i^T\right)^{-1}$，其中 $\mathbf{z}_i$ 爲 $\mathbf{Z}$ 內的第 i 列向量。

步驟 4：

重複步驟 2 與 3 的過程 M 次分別可得 $\mathbf{b}^1, \mathbf{b}^2, \cdots, \mathbf{b}^M$ 與 $\Sigma^1, \Sigma^2, \cdots, \Sigma^M$ 個觀察值，而我們取最後的 H 個觀察值即可得到上述參數的實證分配。

綜合以上所述，可以發現於 *VAR* 模型執行 Gibbs 抽樣方法，其步驟過程非常類似於第 2 節內線性迴歸模型情況。如前所述，雖說 *VAR* 模型的估計亦可以使用模型內單一方程式的估計取代，故理論上亦可使用 Gibbs 抽樣方法估計模型內單一方程式以取代 *VAR* 模型的估計；不過，於底下爲了簡化分析我們只考慮一種簡單的稱爲獨立的常態逆 Wishart 先驗（the independent normal inverse Wishart prior）。顧名思義，使用上述獨立的常態逆 Wishart 先驗，（8-47）與（8-51）二式可改爲：

$$H\left(\mathbf{b} \mid \mathbf{Y}_t\right) \sim N\left(\mathbf{M}^*, \mathbf{V}^*\right) \tag{8-47a}$$

與

$$H\left(\Sigma \mid \mathbf{Y}_t\right) \sim IW\left(\bar{\Sigma}, T+\nu\right) \tag{8-51a}$$

即 $\mathbf{b}$ 與 Σ 的事後分配分別屬於常態與逆 Wishart 分配。

爲了說明起見，本節底下的例子皆以 *VAR*(2) 模型（含常數項）爲主，讀者自然可以將其推廣；換言之，一個二變數的 *VAR*(2) 模型可以寫成：

$$\begin{pmatrix} y_t \\ x_t \end{pmatrix} = \begin{pmatrix} c_1 \\ c_2 \end{pmatrix} + \begin{pmatrix} b_{11} & b_{12} \\ b_{21} & b_{22} \end{pmatrix} \begin{pmatrix} y_{t-1} \\ x_{t-1} \end{pmatrix} + \begin{pmatrix} d_{11} & d_{12} \\ d_{21} & d_{22} \end{pmatrix} \begin{pmatrix} y_{t-2} \\ x_{t-2} \end{pmatrix} + \begin{pmatrix} u_1 \\ u_2 \end{pmatrix} \tag{8-52}$$

其中 $\Sigma = Var\begin{pmatrix} u_1 \\ u_2 \end{pmatrix} = \begin{pmatrix} \Sigma_{11} & \Sigma_{12} \\ \Sigma_{12} & \Sigma_{22} \end{pmatrix}$。

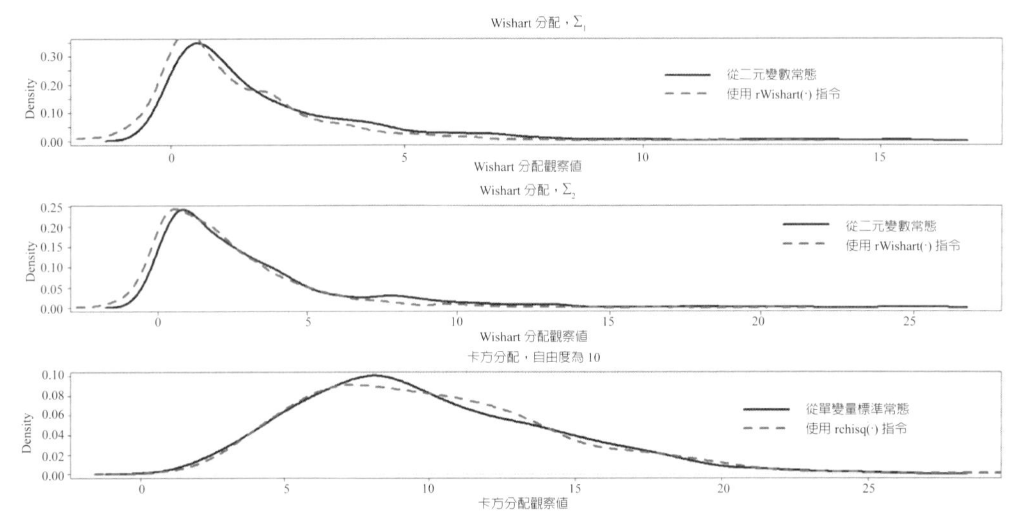

圖 8-23　Wishart 分配與卡方分配的比較

例 1　**（8-44）與（8-45）二式的表示方式**

（8-44）與（8-45）二式的表示方式我們可以藉由第 7 章內的台灣季通貨膨脹率與季經濟成長率資料（1981/1~2018/4）說明；換言之，利用上述二時間序列資料我們以 $VAR(2)$ 模型（含常數項）估計，即皆以 OLS 的估計值 $\hat{\mathbf{B}}$ 與 $\hat{\mathbf{b}}$ 取代式內的 $\mathbf{B}$ 與 $\mathbf{b}$，同時亦以殘差值 $\mathbf{e}$ 取代 $\mathbf{u}_t$。透過 R 的操作，讀者應該能瞭解上述二式的意義，可以參考所附的 R 指令。

例 2　**Wishart 分配**

Wishart 分配爲 Gamma 分配的多元變數延伸。若自由度爲整數，則 Wishart 分配卻爲多元變數卡方分配的延伸；也就是說，卡方分配（自由度爲 n）的觀察值爲 n 個標準常態分配觀察值的平方和，而 Wishart 分配卻是 n 維多元變數常態分配觀察值的平方和（含交叉平方和）。令：

$$\Sigma_1 = \begin{bmatrix} 1 & 0.5 \\ 0.5 & 1 \end{bmatrix} \text{與} \Sigma_2 = \begin{bmatrix} 1 & 0.5 & 0.5 \\ 0.5 & 1 & 0.75 \\ 0.5 & 0.75 & 1 \end{bmatrix}$$

圖 8-23 繪製出根據 500 個觀察值所估計的 Wishart 分配與卡方分配的 PDF，其中 Wishart 分配的觀察值除了可用 R 內的 $rWishart(\cdot)$ 指令取得之外，我們亦可由下列的方式取得：令 $\mathbf{Z}$ 表示從 $N(0, \Sigma_i)$ 內抽取得的觀察值，則 $\mathbf{Z}^T\mathbf{Z}$ 屬於 Wishart 分配。我們從圖 8-23 的上與中圖內可看出二種方式所估計的 PDF 非常接近，值得注意的是，因上圖使用 Σ_1 而中圖則使用 Σ_2，故對應的 Wishart 分配的自由度分別爲 2 與 3。最後，圖 8-23 的下圖繪製出卡方分配的估計 PDF，從圖內可看出 Wishart 分配與卡方分配皆屬於右偏的分配。

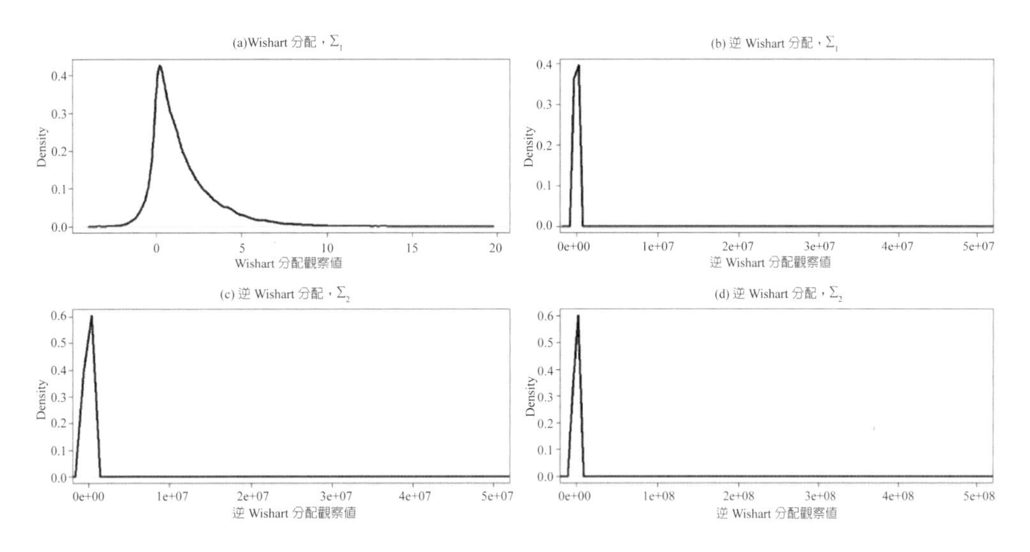

圖 8-24 逆 Wishart 分配與 Wishart 分配的比較

例 3 逆 Wishart 分配與 Wishart 分配

逆 Wishart 分配亦是多元變數逆 Gamma 分配的延伸。若自由度爲整數，則多元變數逆卡方分配的延伸就是逆 Wishart 分配。值得注意的是，從逆 Wishart 分配與 Wishart 分配內皆可取得隨機的共變數矩陣，而逆 Wishart 分配觀察值的產生過程可參考上述步驟 3，其頗類似於例 2 內的 Wishart 分配觀察值的產生過程。圖 8-24 內的圖 (a) 繪製出 Wishart 分配的估計 PDF，而圖 (b)~(d) 則繪製出逆 Wishart 分配的估計 PDF，其中圖 (d) 係使用程式套件（MCMCpack）內的指令。從圖內可看出逆 Wishart 分配與 Wishart 分配的估計 PDF 的形狀頗爲類似。

習題

(1) 試解釋例 1。
(2) 何謂 Wishart 分配？試解釋之。
(3) 何謂逆 Wishart 分配？試解釋之。
(4) 於 *VAR* 模型內使用 Gibbs 抽樣方法，其步驟爲何？
(5) 試敘述逆 Wishart 分配所扮演的角色。

3.2 Minnesota 先驗

Minnesota 先驗（Minnesota prior）[13]指的是 *VAR* 模型內生變數的事前資訊屬於隨機漫步或 *AR*(1) 過程，即以一個二變數的 *VAR*(2) 模型如（8-52）式爲例，Minnesota 先驗的事前平均資訊爲：

$$\begin{pmatrix} y_t \\ x_t \end{pmatrix} = \begin{pmatrix} 0 \\ 0 \end{pmatrix} + \begin{pmatrix} b_{11}^0 & 0 \\ 0 & b_{22}^0 \end{pmatrix} \begin{pmatrix} y_{t-1} \\ x_{t-1} \end{pmatrix} + \begin{pmatrix} 0 & 0 \\ 0 & 0 \end{pmatrix} \begin{pmatrix} y_{t-2} \\ x_{t-2} \end{pmatrix} + \begin{pmatrix} u_1 \\ u_2 \end{pmatrix} \tag{8-53}$$

因此，若事前我們認爲 y_t 與 x_t 有可能屬於定態隨機過程，則事前資訊爲上述二者屬於 *AR*(1) 過程；同理，若事前認爲 y_t 與 x_t 屬於隨機漫步過程，則 $b_{11}^0 = b_{22}^0 = 1$。因此，就（8-46）與（8-53）二式而言，Minnesota 先驗的事前分配平均數可寫成：

$$\tilde{\mathbf{b}}_0 = \begin{pmatrix} 0 \\ b_{11}^0 \\ 0 \\ 0 \\ 0 \\ 0 \\ 0 \\ b_{22}^0 \\ 0 \\ 0 \end{pmatrix} \tag{8-54}$$

即（8-54）內之第 1~5 列與第 6~10 列可以分別對應至（8-53）式內的第 1 條與第 2

[13] 即最早採用是出自於美國明尼蘇達之聯邦儲備局（the Federal Reserve Bank of Minnesota）。

條方程式。

至於（8-46）式內的事前係數 b_{ij} 的變異數 **H**，其內元素係根據（8-55）式設定：

$$\begin{cases} \left(\dfrac{\lambda_1}{l^{\lambda_3}}\right)^2, \ i = j \\ \left(\dfrac{\sigma_i \lambda_1 \lambda_2}{\sigma_j l^{\lambda_3}}\right), \ i \neq j \\ (\sigma_1 \lambda_4)^2, \ \text{常數} \end{cases} \quad (8\text{-}55)$$

其中 i 表示第 j 條方程式或第 i 個內生變數，而 j 則可對應至第 j 個「自」變數；例如：$i = j$ 與 $i \neq j$ 可參考如（8-52）式內 b_{22} 與 b_{12} 等係數。另外，σ_i 表示第 i 條方程式的誤差項之標準差（其可由 OLS 的估計值取代），而 l 則表示落後期數。至於 λ_j 所扮演的角色，其可表示事前研究者（或操作者）控制 **H** 內元素的「鬆緊」程度，即：

(1) λ_1 可控制著自身落後期變數 b_{ii} 的事前波動程度。
(2) λ_2 可控制著非自身落後期變數 b_{ij} 的事前波動程度。
(3) λ_3 可控制著落後期超過 1 期變數的收斂程度。
(4) λ_4 可控制著常數項的事前波動程度。

因此，**H** 可寫成：

$$\mathbf{H} = \begin{pmatrix} (\sigma_1\lambda_4)^2 & 0 & 0 & 0 & 0 & 0 & 0 & 0 & 0 & 0 \\ 0 & (\lambda_1)^2 & 0 & 0 & 0 & 0 & 0 & 0 & 0 & 0 \\ 0 & 0 & \left(\dfrac{\sigma_1\lambda_1\lambda_2}{\sigma_2}\right)^2 & 0 & 0 & 0 & 0 & 0 & 0 & 0 \\ 0 & 0 & 0 & \left(\dfrac{\lambda_1}{2^{\lambda_3}}\right)^2 & 0 & 0 & 0 & 0 & 0 & 0 \\ 0 & 0 & 0 & 0 & \left(\dfrac{\sigma_1\lambda_1\lambda_2}{\sigma_2 2^{\lambda_3}}\right)^2 & 0 & 0 & 0 & 0 & 0 \\ 0 & 0 & 0 & 0 & 0 & (\sigma_2\lambda_4)^2 & 0 & 0 & 0 & 0 \\ 0 & 0 & 0 & 0 & 0 & 0 & \left(\dfrac{\sigma_2\lambda_1\lambda_2}{\sigma_1}\right)^2 & 0 & 0 & 0 \\ 0 & 0 & 0 & 0 & 0 & 0 & 0 & (\lambda_1)^2 & 0 & 0 \\ 0 & 0 & 0 & 0 & 0 & 0 & 0 & 0 & \left(\dfrac{\sigma_2\lambda_1\lambda_2}{\sigma_1 2^{\lambda_3}}\right)^2 & 0 \\ 0 & 0 & 0 & 0 & 0 & 0 & 0 & 0 & 0 & \left(\dfrac{\lambda_1}{2^{\lambda_3}}\right)^2 \end{pmatrix} \quad (8\text{-}56)$$

換言之，（8-56）式內的 **H** 是一個 10×10 矩陣，即於（8-52）式內總共有 10 個係數，而 **H** 內的對角元素表示對應係數的事前變異數。例如：截取（8-56）式內屬於（8-52）式內第 1 條方程式部分，即：

$$\begin{pmatrix} (\sigma_1\lambda_4)^2 & 0 & 0 & 0 & 0 \\ 0 & (\lambda_1)^2 & 0 & 0 & 0 \\ 0 & 0 & \left(\frac{\sigma_1\lambda_1\lambda_2}{\sigma_2}\right)^2 & 0 & 0 \\ 0 & 0 & 0 & \left(\frac{\lambda_1}{2^{\lambda_3}}\right) & 0 \\ 0 & 0 & 0 & 0 & \left(\frac{\sigma_1\lambda_1\lambda_2}{\sigma_2 2^{\lambda_3}}\right)^2 \end{pmatrix} \quad (8\text{-}57)$$

故第 1 個對角元素 $(\sigma_1\lambda_1)^2$ 可用決定常數項的事前波動。（8-57）式內的第 2 個對角元素 $(\lambda_1)^2$ 可用決定 y_{t-1} 的係數 b_{11} 的波動，即其來自於（8-55）式內的 $\left(\lambda_1 / l^{\lambda_3}\right)^2$ 項，其中 $l = 1$。至於第 3 個對角元素爲 b_{12} 的事前波動程度，其亦取自（8-55）式內的 $\left(\frac{\sigma_i\lambda_1\lambda_2}{\sigma_j l^{\lambda_3}}\right)^2$ 項，其中 $i = 1$、$j = 1$ 與 $l = 1$。最後，（8-57）式內的第 4 與 5 個元素分別表示（8-52）式內的係數 d_{11} 與 d_{12} 的事前波動，可注意此時 $l = 2$。

令 $\lambda_i = 1$（$i = 1, 2, 3, 4$）、$b_{11}^0 = b_{22}^0 = 1$、$M = 10{,}000$ 與 $H = 5{,}000$，利用前述台灣季經濟成長率與季通貨膨脹率時間序列資料（保留最後 3 年做爲預測評估）而以 $VAR(2)$ 模型估計。利用上述，Minnesota 先驗的 Gibb 抽樣分法，圖 8-25 繪製出最後 3 年季經濟成長率與季通貨膨脹率的預測分配。爲了比較起見，圖內亦繪出對應的眞實值而以粗黑的曲線表示；因此，從圖 8-25 內可看出眞實值落於對應的預測分配內。類似於圖 8-15 的繪製，我們亦可以進一步將圖 8-25 內的預測分配改以用「分位數」分配表示，其結果則繪製於圖 8-26，其中粗黑曲線仍表示眞實值。從圖 8-26 內可看出若考慮季經濟成長率與季通貨膨脹率的 $VAR(2)$ 模型，前者的未來預測值不如後者理想。

Canova（2007）曾指出下列的參數設定經常於文獻被採用，即 $\lambda_1 = 0.2$、$\lambda_2 = 0.5$、$\lambda_3 = 1$ 與 $\lambda_4 = 10^5$。若使用上述設定以及 $b_{11}^0 = 0.84$ 與 $b_{22}^0 = 0.8$ 的期初設定，以 $M = 10{,}000$ 與 $H = 5{,}000$ 重新估計上述季經濟成長率與季通貨膨脹率的 $VAR(2)$ 模

型，則可得未來三年的預測分位數分配如圖 8-27 所示。比較圖 8-26 與 8-27，或許可以看出期初的預設值所扮演的角色。

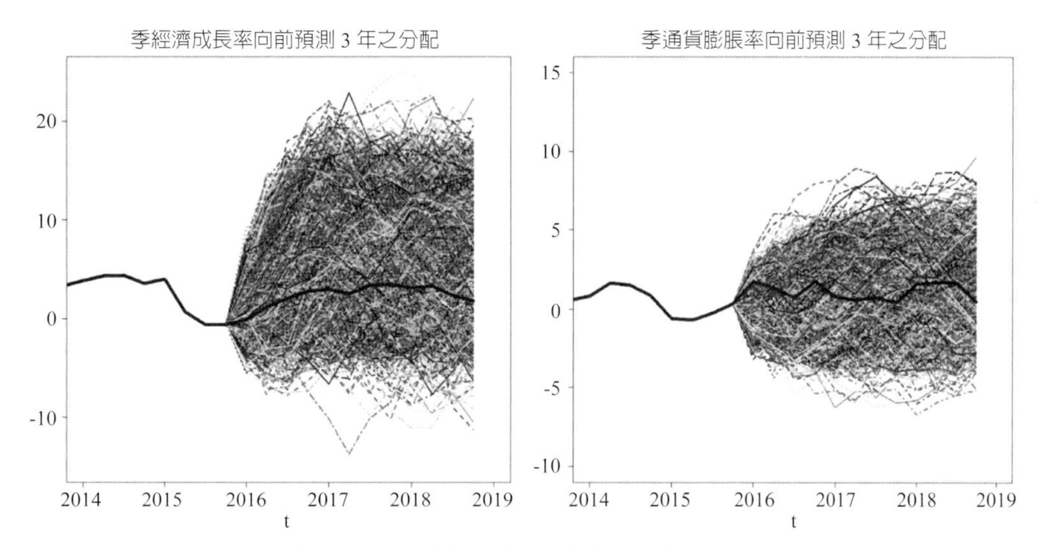

圖 8-25 以 Minnesota 先驗 Gibb 抽樣分法估計季經濟成長率與季通貨膨脹率的 $VAR(2)$ 模型

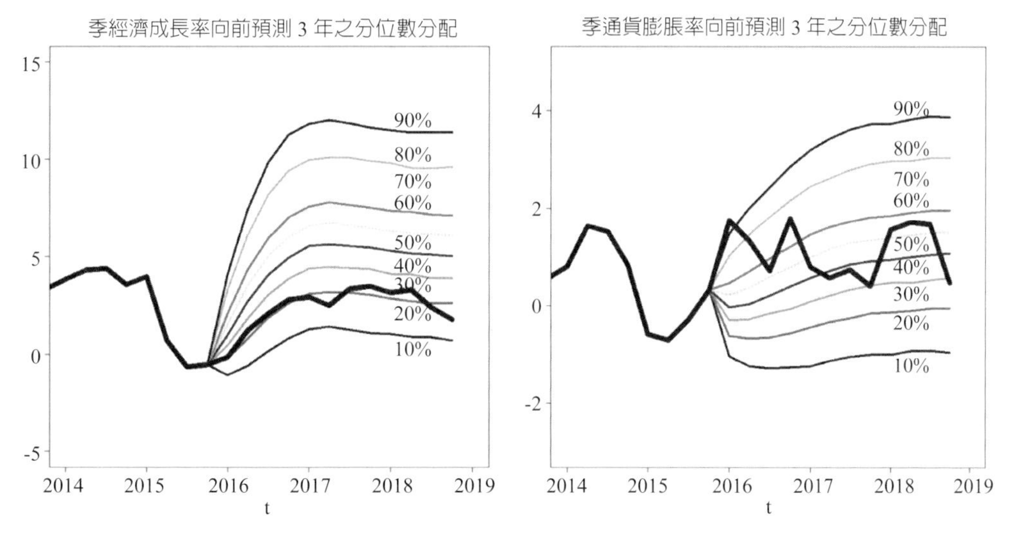

圖 8-26 將圖 8-25 內的預測分配改用分位數分配表示

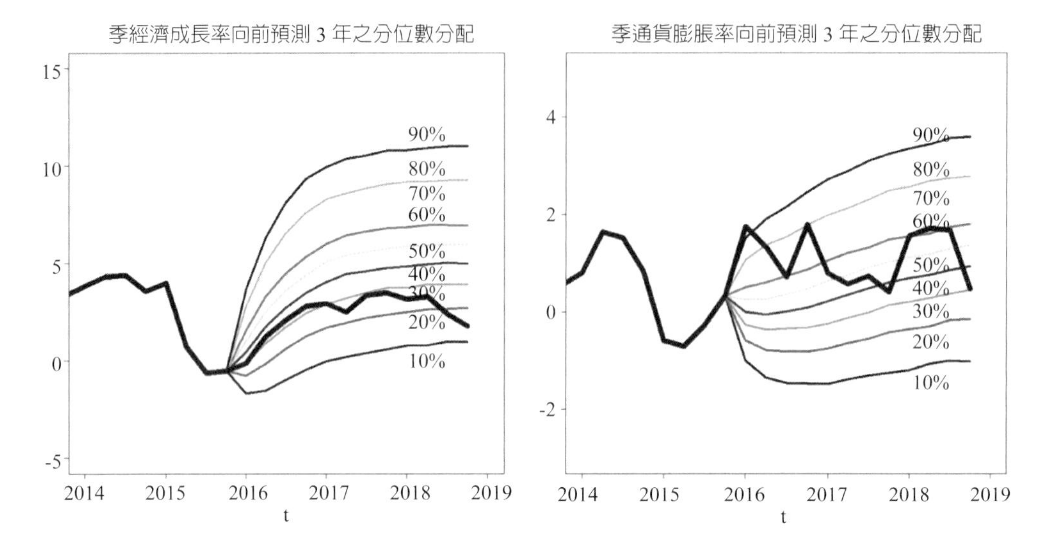

圖 8-27　以 $\lambda_1 = 0.2$、$\lambda_2 = 0.5$、$\lambda_3 = 1$、$\lambda_4 = 10^5$、$b_{11}^0 = 0.84$ 與 $b_{22}^0 = 0.8$ 的期初設定重做圖 8-26

例 1　四變數之 *VAR*(2) 模型

考慮下列的四變數之 *VAR*(2) 模型：

$$\begin{bmatrix} y_{1t} \\ y_{2t} \\ y_{3t} \\ y_{4t} \end{bmatrix} = \begin{bmatrix} c_1 \\ c_2 \\ c_3 \\ c_4 \end{bmatrix} + \begin{bmatrix} b_{11} & b_{12} & b_{13} & b_{14} \\ b_{21} & b_{22} & b_{23} & b_{24} \\ b_{31} & b_{32} & b_{33} & b_{34} \\ b_{41} & b_{42} & b_{43} & b_{44} \end{bmatrix} \begin{bmatrix} y_{1t-1} \\ y_{2t-1} \\ y_{3t-1} \\ y_{4t-1} \end{bmatrix} + \begin{bmatrix} d_{11} & d_{12} & d_{13} & d_{14} \\ d_{21} & d_{22} & d_{23} & d_{24} \\ d_{31} & d_{32} & d_{33} & d_{34} \\ d_{41} & d_{42} & d_{43} & d_{44} \end{bmatrix} \begin{bmatrix} y_{1t-2} \\ y_{2t-2} \\ y_{3t-2} \\ y_{4t-2} \end{bmatrix} + \begin{bmatrix} u_{1t} \\ u_{2t} \\ u_{3t} \\ u_{4t} \end{bmatrix} \tag{8-58}$$

其中

$$Var\begin{pmatrix} u_{1t} \\ u_{2t} \\ u_{3t} \\ u_{4t} \end{pmatrix} = \Sigma$$

根據（8-58）式，假定 y_{it}（$i = 1, 2, 3, 4$）分別表示台灣季通貨膨脹率、季利率、季通貨膨脹率以及季失業率。利用第 7 章的資料，我們欲估計上述 $VAR(2)$ 模型的衝擊反應函數。

例 2 VAR(2) 模型的衝擊反應函數

續例 1，仍使用 Minnesota 先驗的 Gibb 抽樣方法。首先，根據（8-58）式，b_{ij}^0 與 d_{ij}^0 的事前資訊（先驗）可設爲：

$$\begin{bmatrix} y_{1t} \\ y_{2t} \\ y_{3t} \\ y_{4t} \end{bmatrix} = \begin{bmatrix} 0 \\ 0 \\ 0 \\ 0 \end{bmatrix} + \begin{bmatrix} 0.84 & 0 & 0 & 0 \\ 0 & 0.96 & 0 & 0 \\ 0 & 0 & 0.8 & 0 \\ 0 & 0 & 0 & 0.96 \end{bmatrix} \begin{bmatrix} y_{1t-1} \\ y_{2t-1} \\ y_{3t-1} \\ y_{4t-1} \end{bmatrix} + \begin{bmatrix} 0 & 0 & 0 & 0 \\ 0 & 0 & 0 & 0 \\ 0 & 0 & 0 & 0 \\ 0 & 0 & 0 & 0 \end{bmatrix} \begin{bmatrix} y_{1t-2} \\ y_{2t-2} \\ y_{3t-2} \\ y_{4t-2} \end{bmatrix} + \begin{bmatrix} u_{1t} \\ u_{2t} \\ u_{3t} \\ u_{4t} \end{bmatrix}$$

即 b_{ij}^0 的設定是取自對應的樣本資料所估計 $AR(1)$ 模型的持續性，至於其他的事前資訊則設爲 0。**H** 內元素的事前設定，則選 $\lambda_1 = 0.2$ 與 $\lambda_2 = \lambda_3 = \lambda_4 = 1$。使用第 7 章的資料、$M = 400$、$H = 10{,}000$ 以及利用可列斯基拆解，圖 8-28 繪製出於季經濟成長率的衝擊（正向）（即季經濟成長率的衝擊下，各變數的反應函數）。從圖內可看出季經濟成長率的衝擊，除了對自身有（正面的）影響外，大致亦有提高季利率與季通貨膨脹率的影響力；另外，不出意料之外，經濟成長率的提高亦有助於失業率的降低。

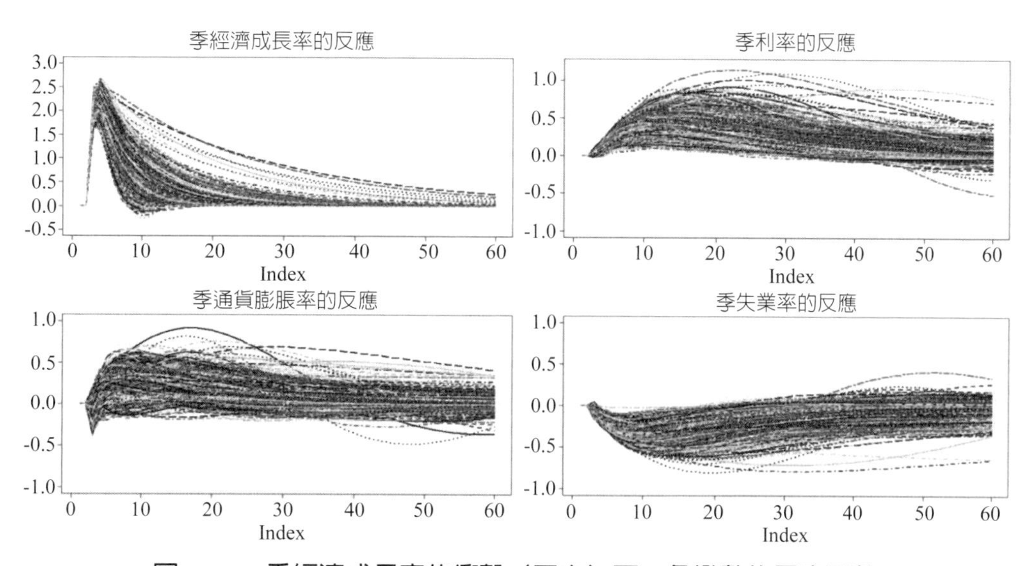

圖 8-28 季經濟成長率的衝擊（正向）下，各變數的反應函數

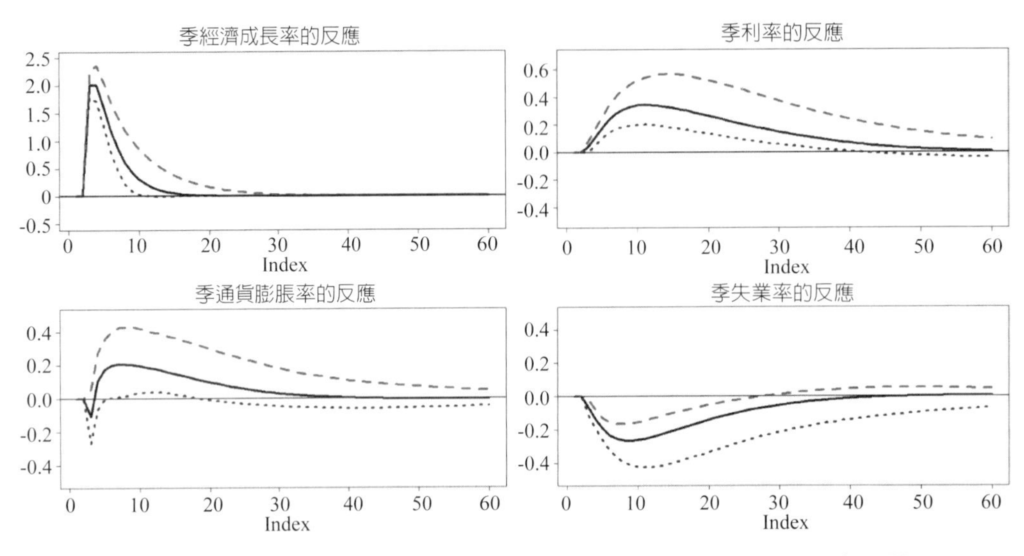

圖 8-29　季經濟成長率的衝擊（正向）下，各變數的 95% 反應區間

例 3　衝擊反應區間

續上題，圖 8-28 試繪製出整個衝擊反應函數，我們不難將其簡化成類似 95% 的反應區間如圖 8-29 所示，其中實線可對應至分配的中位數。從圖內更可看出季經濟成長率的變動對四種變數的影響。讀者倒是可以使用第 7 章的方法重新估計衝擊反應函數，看看是否與圖 8-29 類似。

習題

(1) 試解釋圖 8-25 的估計過程。

(2) 試解釋圖 8-26 與 8-27 有何不同。

(3) 試利用程式套件（vars）內的函數指令重新估計上述四變數 *VAR*(2) 模型的衝擊反應函數，其結果爲何？

(4) 續上題，該結果是否與圖 8-29 相同？試解釋之。

(5) 何謂 Minnesota 先驗？試解釋之。

(6) 試解釋貝氏 *VAR* 模型。

(7) 我們如何得到衝擊反應區間（或分配）？試解釋之。

參考文獻

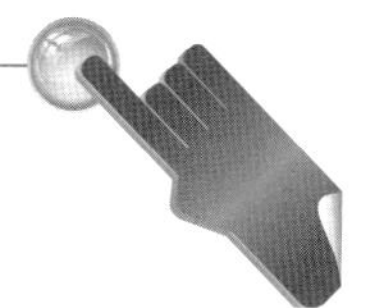

Akaike, H. (1973), "Information theory and an extension of the maximum likelihood principle", in *2nd International Symposium on Information Theory*, ed. by B. Petrov, and F. Cs aki, 267-281, Budapest. Acad emiai Kiad o.

Akaike, H. (1974), "A new look at the statistical model identification", *IEEE Transactions on Automatic Control*, AC-19, 716-723.

Andrews, D.W.K. (1991), "Heteroskedasticity and autocorrelation consistent covariance matrix estimation", *Econometrica*, 59, 817-858.

Andrews, D.W.K. (1993), "Tests for parameter instability and structural change with unknown change point", *Econometrica*, 61, 821-856.

Andrews, D.W.K. and J.C. Monahan (1992), "An improved heteroskedasticity and autocorrelation consistent covariance matrix estimator", *Econometrica*, 60, 953-966.

Andrews, D.W.K. and W. Ploberger (1994), "Optimal tests when a nuisance parameter is present only under the alternative", *Econometrica*, 62, 1383-1414.

Baltagi, B.H. (2008), *Econometrics*, fourth edition, Springer.

Beveridge, S. and C.R. Nelson (1981), "A new approach to decomposition of economic time series into permanent and transitory components with particular attention to measurement of business cycles", *Journal of Monetary Economics*, 7, 151-174.

Blake, A. and H. Mumtuz (2012), "Applied Bayesian econometrics for central bankers", CCBS Technical Handbook No. 4, Bank of England.

Bloomfeld, P. (2000), *Fourier Analysis of Time Series: An Introduction*, second edition, Wiley Series in Probability and Statistics.

Box, G. and G. Jenkins (1970), *Time Series Analysis: Forecasting and Control*, Holden-Day, San Francisco.

Brock, P. and R.A. Davis (1991), *Time Series: Theory and Methods*, Springer.

Breusch, T.S. (1978), "Testing for autocorrelation in dynamic linear models", *Australian Economic Papers*, 17, 334-355.

Canova, F. (2007), *Methods for Applied Macroeconomic Research*, Princeton University Press.

Casella, G. and E. I. George (1992), "Explaining the Gibbs sampler", *The American Statistician*, 46(3), 167-174.

Chow, G.C. (1960), "Tests of equality between sets of coefficients in two linear regressions", *Econometrica*, 28, 591-605.

Cryer, J.D. and K.S. Chan (2008), *Time Series Analysis: with application in R*, second edition, Springer.

Davidson, R. and J.G. MacKinnon (2004), *Econometric Theory and Methods*, Oxford University Press.

Dickey, D.A. and W.A. Fuller (1979), "Distribution of the estimators for autoregressive time series with a unit root", *Journal of the American Statistical Association,* 74, 427-431.

Dickey, D.A. and W.A. Fuller (1981), "Likelihood ratio statistics for autoregressive time series with a unit root," *Econometrica,* 49, 1057-1072.

Diebold, F.X. and R. Mariano (1995), "Comparing predictive accuracy", *Journal of Business and Economic Statistics*, 13, 253-265.

Dobrow, R.P. (2016), *Introduction to Stochastic Process with R*, Wiley.

Donsker, M.D. (1951), "An invariance principle for certain probability limit theorems", *Memoirs of the American Mathematical Society,* 6, 1-12.

Durrett, R. (1984), *Brownian Motion and Martingales in Analysis*, Wadsworth Inc.

Edgerton, D. and G. Shukur (1999), "Testing autocorrelation in a system perspective", *Econometric Reviews*, 18, 343-386.

Efron, B. (1979), "Bootstrap methods: another look at the jackknife", *The Annals of Statistics*, 7 (1), 1-26.

Elliott, G., T.J. Rothenberg, and J.H. Stock (1996), "Efficient tests for an autoregressive unit root", *Econometrica,* 64, 813-836.

Fukushige, M. and H. Wago (2002), "Using the Durbin-Watson ratio to detect a spurious regressions: can we make a rule of thumb", *International Congress on Environmental Modelling and Software*, 259.

Fuller, W.A. (1976), *Introduction to Statistical Time Series*, John Wiley and Sons.

Fuller, W.A. (1985), "Nonstationary autoregressive time series", *Handbook of Statistics,* 5, North-Holland Publishing Co., Amsterdam, 1-23.

Geweke, J. (1991), "Evaluating the accuracy of sampling-based approaches to the calculation of posterior moments", Staff Report 148, Federal Reserve Bank of Minneapolis.

Geweke, J. (2005), *Contemporary Bayesian Econometrics and Statistics*, Wiley, Hoboken, NJ.

Godfrey, L. G. (1978), "Testing for higher order serial correlation in regression equations when the regressors include lagged dependent variables", *Econometrica*, 46, 1303-1313.

Granger, C.W.J. (1964), *Spectral Analysis of Economic Time Series*, Princeton University Press

Granger, C.W.J. (1966), "The typical spectral shape of an economic variable", *Econometrica*, 34, 150-161.

Granger, C.W.J. (1969), "Investigating causal relations by econometric models and cross-spectral methods", *Econometrica*, 37, 424-438.

Granger, C.W.J. and P. Newbold (1974), "Spurious regressions in Econometrics", *Journal of Econometrics*, 2, 111-120.

Greene, W.H. (2003), *Econometric Analysis*, fifth edition, Prentice Hall.

Gujarati, D.N. (2004), *Basic Econometrics*, fourth edition, The McGraw-Hill Company.

Hannan, E.J. and B.G. Quinn (1979), "The determination of the order of an autoregression", *Journal of the Royal Statistical Society B*, 41, 190-195.

Hamilton, J.D. (1994), *Time Series Analysis*, Princeton University Press.

Hassler, U. (2016), *Stochastic Processes and Calculus: An Elementary Introduction with Applications*, Springer.

Hendry, D.F. (1995), *Dynamic Econometrics*, Oxford University Press.

Hodrick, R.J. and E.C. Prescott (1997), "Postwar U.S. business cycles: an empirical investigation", *Journal of Money, Credit and Banking*, 29 (1), 1-26.

Hosking, J.R.M. (1980), "The multivariate portmanteau statistic", *Journal of the American Statistical Association*, 75, 602-608.

Johnston, J. and J. DiNardo (1997), *Econometric Methods*, fourth edition, The McGraw-Hill Company.

Kadiyala, K.R. and S. Karlsson (1997), "Numerical methods for estimation and inference in Bayesian VAR models", *Journal of Applied Econometrics*, 12(2), 99-132.

Kilian, L. (1988), "Small-sample confidence intervals for impulse response functions", *Review of Economics and Statistics*, 80, 218-230.

Kilian, L. and H. Lütkepohl (2017), *Structural Vector Autoregressive Analysis*, Cambridge University Press.

Klebaner, F.C. (2005), *Introduction to Stochastic Calculus with Applications*, third edition, Imperial College Press.

Koop, G. (2003), *Bayesian Econometrics*, Wiley.

Koop, G., D.J. Poirier, and J.L. Tobias (2007), *Bayesian Econometric Methods*, Cambridge University Press.

Kwiatkowski D., P.C.B. Phillips, P. Schmidt, and Y. Shin (1992), "Testing the null hypothesis of stationary against the alternative of a unit root", *Journal of Econometrics,* 54, 159-178.

Luenberger, D.G. (1998), *Investment Science*, Oxford University Press.

Lütkepohl, H. (2005), *New Introduction to Multiple Time Series Analysis*, Springer.

MacKinnon, J.G. (1996), "Numerical distribution functions for unit root and cointegration tests, *Journal of Applied Econometrics*, 11, 601-618.

MacKinnon, J.G. (2006), "Bootstrap methods in Econometrics", Queen's Economics Department Working Paper No. 1028.

Maddala, G.S. and I.M. Kim (1998), *Unit Roots, Cointegration and Structural Change*, Cambridge University Press.

Mankiw, N.G., D. Romer, and D.N. Weil (1992), "A contribution to the empirics of economic growth", *The Quarterly of Journal of Economics*, 107, 407-438.

Mann, H.B. and A. Wald (1943), "On the statistical treatment of linear stochastic difference equations", *Econometrica*, 11, 173-220.

Martin, V.L., A.S. Hurn, and D. Harris (2012), *Econometric Modelling with Time Series*：*Specification, Estimation and Testing*, Cambridge University Press.

Mills, T.C. and R.N. Markellos (2008), *The Econometric Modelling of Financial Time Series*, third edition, Cambridge University Press.

Mittelhammer, R.C. (1996), *Mathematical Statistics for Economics and Business*, Springer.

Nelson, C.R. and C.I. Plosser (1982), "Trends and random walks in macro-economic time series: Some evidence and implications", *Journal of Monetary Economics*, 10, 139-162.

Neusser, K. (2016), *Time Series Econometrics*, Springer.

Newey, W.K. and K.D. West (1994), "Automatic lag selection in covariance matrix estimation", *Review of Economic Studies*, 61, 631-653.

Ng, S. and P. Perron (2001), "Lag length selection and the construction of unit root tests with good size and power", *Econometrica*, 69 (6), 1519-1554.

Øksendal, B. (2000), *Stochastic Differential Equations: An Introduction with Applications*, fifth edition, Springer.

Patterson, K. (2011), *Unit Root Tests in Time Series Volume I*, Palgrave Macmillan.

Perron, P. and S. Ng (1996), "Useful modifications to some unit root tests with dependent errors and their local asymptotic properties", *Review of Economic Studies,* 63, 435-465.

Phillips, P.C.B. (1987), "Time Series Regression with a Unit Root," *Econometrica,* 55, 277-301.

Phillips, P.C.B. (1988), "Regression theory for near-integrated time series", *Econometrica,* 56, 1021-1043.

Phillips, P.C.B. and P. Perron (1988), "Testing for a unit root in time series regression", *Biometrika,*

75, 335-346.

Phillips, P.C.B. and V. Solo (1992), "Asymptotics for linear processes", *The Annals of Statistics*, 20 (2), 971-1001.

Quinn, B. G. (1980), "Order determination for a multivariate autoregression", *Journal of the Royal Statistical Society*, B42, 182-185.

Said, S.E. and D.A. Dickey (1984), "Testing for unit roots in autoregressive-moving average models of unknown order", *Biometrika,* 71, 599-607.

Sargan, J.D. (1980), "Some tests of dynamic specification for a single equation", *Econometrica*, 48, 879-897.

Sargan, J.D. and A.S. Bhargava (1983), "Testing residuals from least squares regression for being generated by the Gaussian random walk", *Econometrica*, 51, 153-174.

Schmidt, P. and P.C.B. Phillips (1992), "LM tests for a unit root in the presence of deterministic trends," *Oxford Bulletin of Economics and Statistics,* 54, 257-287.

Schwarz, G. (1978), "Estimating the dimension of a model", *Annals of Statistics*, 6, 461-464.

Schwert, G.W. (1989), "Tests for unit roots: a Monte Carlo investigation", *Journal of Business and Economic Statistics,* 7, 147-159.

Shumway, R.H. and D.S. Stoffer (2016), *Time Series Analysis and Applications*: *with R Examples*, fourth edition, Springer.

Sims, C.A. (1980), "Macroeconomics and reality," *Econometrica*, 48, 1-48.

Solow, R. (1956), "A contribution to the theory of economic growth", *The Quarterly of Journal of Economics*, 70, 65-94.

Spans, A. (1999), *Probability Theory and Statistical Inference: Econometric Modeling with Observational Data*, Cambridge University Press, Cambridge.

Tsay, R.S. (2014), *Multivariate Time Series Analysis and Its Applications*, Wiley.

White, H. (1980), "A heteroskedasticity-consistent covariance matrix and a direct test for heteroskedasticity" , *Econometrica*, 48, 817-838.

Zeileis, A. (2004), "Econometric computing with HC and HAC covariance matrix estimators", *Journal of Statistical Software*, 11(10), 1-17.

Zeileis, A., F. Leisch, K. Hornik, and C. Kleiber (2002), "Strucchange: an R package for testing for structural change in linear regression models", *Journal of Statistical Software*, 7, 1-38.

Zellner, A. (1962), "An efficient method of estimating seemingly unrelated regressions and tests for aggregation Bias," *Journal of the American Statistical Association*, 57, 348-368.

中文專有名詞

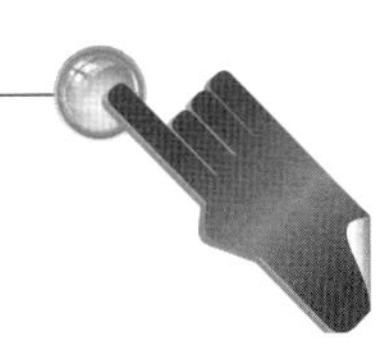

一筆

一般化最小平方法
一般化波動檢定
一般至特定過程
一致性

二筆

二元變量常態機率分配

三筆

子空間
大 O
小 o

四筆

內生變數
內生性
內積
中央極限定理
中央型判定係數
分位數分配
母體頻譜
分配收斂

五筆

外生變數
外生性
正交投影矩陣
正交補餘
正交性
正交衝擊反應函數
正弦
半衰期
平賭差異序列
平賭特徵
由下至上循序檢定
由上向下循序檢定
可轉換性
可列斯基拆解
白噪音過程
古典計量
古典常態線性迴歸模型
布朗運動

六筆

自我共變異數產生函數
自乘不變矩陣
自然共軛先驗
自我迴歸模型
自我迴歸移動平均模型
自我相關函數
同質性
有效的修正 PP 檢定
向量自我迴歸模型
向量空間
共軛事前分配
共變異數定態隨機過程

時域分析

十一筆

規模失眞
動差法
偏態係數
偏誤校正估計值
強大數法則
移動平均
連續映射定理
常態性
常態檢定

十二筆

最小平方法
最大概似估計法
最佳的線性不偏預測值
最適的檢定
最高事後密度區間
最適線性預測函數
週期
週期函數
診斷檢定
單根過程
單根檢定
殘差值
殘差值平方和
虛假的迴歸模型
虛數
傅立葉級數
超級一致性
無界機率 光
循序檢定過程
結構型的模型

十三筆

資料產生過程
概似函數
落後運算式
鄒檢定
跨共變異數矩陣
跨相關矩陣
預測
預測誤差之變異數拆解
預測信賴區間
較有效的單根檢定

十四筆

蒙地卡羅模擬方法
蒙地卡羅積分
漸近理論
漸近局部效力曲線
複根
維納過程
實證樣本規模
遞迴模型
滿秩

十五筆

數値特徵
標準方程式
線性化
線性重合
線性隨機定差方程式
線性齊次定差方程式
衝擊反應函數
樣本週期圖
確定趨勢
標準 t 分配

英文專有名詞

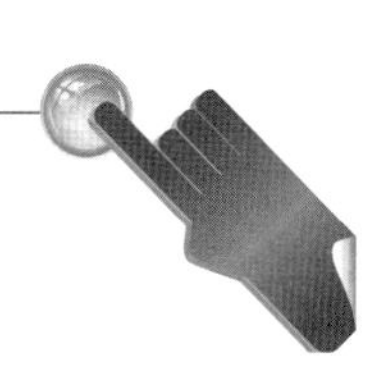

A

ACF

AFR

ADF

AGF

AH

AIC

AL

aliasing

amplitude

AN

AR

ARIMA

ARMA

asymptotic local power curve

asymptotic theory

AT

AX

B

bandwidth

Bayesian statistics

Bayesian credible region

Beveridge-Nelson

bias-corrected estimate

BIC

BLUE

BLUP

BG-LM

bootstrap percentile confidence interval

bootstrapping

bootstrap distribution

Box-Jenkins

Brownian bridge

Brownian motion

BVAR

C

Cauchy-Schwarz

CCF

CDF

CLT

characteristic equation

characteristic root

Cholesky decomposition

Chow test

classical normal linear regression models

CMT

coefficient of determination

codimension

coefficient of kurtosis

coefficient of skewness

companion matrix

conjugate prior distribution

cosine wave

covariance stationary stochastic process

L

M

N

O

P

R

國家圖書館出版品預行編目資料

財金時間序列分析：使用R語言／林進益著.
-- 初版. -- 臺北市：五南, 2020.03
面； 公分
ISBN 978-957-763-760-4(平裝附光碟片)

1.數理統計 2.計量經濟學 3.電腦程式語言

319.53 108019076

1HAK

財金時間序列分析：使用R語言

作　　者 — 林進益
發 行 人 — 楊榮川
總 經 理 — 楊士清
總 編 輯 — 楊秀麗
主　　編 — 侯家嵐
責任編輯 — 李貞錚
文字校對 — 黃志誠、許宸瑞
封面設計 — 王麗娟
出 版 者 — 五南圖書出版股份有限公司
地　　址：106台北市大安區和平東路二段339號4樓
電　　話：(02)2705-5066　　傳　　真：(02)2706-6100
網　　址：http://www.wunan.com.tw
電子郵件：wunan@wunan.com.tw
劃撥帳號：01068953
戶　　名：五南圖書出版股份有限公司

法律顧問　林勝安律師事務所　林勝安律師

出版日期　2020年3月初版一刷
定　　價　新臺幣590元

※版權所有．欲利用本書內容，必須徵求本公司同意※

全新官方臉書

五南讀書趣

WUNAN Books since1966

Facebook 按讚

1 秒變文青

★ 專業實用有趣
★ 搶先書籍開箱
★ 獨家優惠好康

不定期舉辦抽獎
贈書活動喔！！！

經典永恆・名著常在

五十週年的獻禮——經典名著文庫

五南，五十年了，半個世紀，人生旅程的一大半，走過來了。
思索著，邁向百年的未來歷程，能為知識界、文化學術界作些什麼？
在速食文化的生態下，有什麼值得讓人雋永品味的？

歷代經典・當今名著，經過時間的洗禮，千錘百鍊，流傳至今，光芒耀人；
不僅使我們能領悟前人的智慧，同時也增深加廣我們思考的深度與視野。
我們決心投入巨資，有計畫的系統梳選，成立「經典名著文庫」，
希望收入古今中外思想性的、充滿睿智與獨見的經典、名著。
這是一項理想性的、永續性的巨大出版工程。
不在意讀者的眾寡，只考慮它的學術價值，力求完整展現先哲思想的軌跡；
為知識界開啟一片智慧之窗，營造一座百花綻放的世界文明公園，
任君遨遊、取菁吸蜜、嘉惠學子！